Minitab과 함께 하는

공업통계학의 기초 및 활용

한올출판사

머리말

현대와 같은 정보화 시대에서 자료를 수집하고 분석하는데 필요로 하는 통계학은 중요성이 인식되어 대학에서나 실무에서 이에 대한 요구가 점증되고 있다. 통계학은 올바른 예측을 위한 유력한 도구이므로 많은 분야에서 이에 대한 지식을 요구하게 된다.

본서는 각 장마다 본문은 최소한의 통계학 개론 수준의 내용을 간결하고 쉽게 표현하려고 노력하였으며 내용의 서술이 끝난 뒤에 적절한 예를 들어 설명을 첨가하여 이해가 쉽도록 구성하였다. 또, 예제의 결과들은 미니텝을 이용하여 다시 결과들을 확인하게 하여 반복 학습이 이루어지도록 하였다.

한편 더 고급 내용을 원하는 경우에는 고급 수리 통계학 및 통계자료분석에 관한 책 등을 참고하기 바란다.

이 책의 내용은 산업 경영 공학과의 공업통계학 개론 과목의 강의 노트를 중심으로 작성된 것으로서 가장 기본적인 통계 방법과 그 이론부터 시작함으로서 통계학과와 산업공학과, 경영학과는 물론 자연과학 및 사회과학 계통의 학생, 각종자격시험이나 취직 시험을 대비하는 독자들도 쉽게 접근 할 수 있도록 하였다.

이 책은 두 학기 동안 통계학을 강의하는데 2시간 이론 1시간 미니텝 실습으로 필요한 내용으로 집필되었다. 만약 한 학기만 강의해야 되는 경우에는 기술통계 및 확률 기초부분인 2장을 생략하고 1, 3, 4, 5, 6, 9장을 중심으로 강의하고 시간이 허락하면 7, 8장을 요약하여 학습하면 좋을 것으로 사료되고 실습을 하지 않고 이론 강의 3시간만 해야 되는 환경이면 1, 2, 3, 4,을 요약해서 강의하고 추정과 검정부분인 6, 7장을 자세히 다루는 방법도 좋다. 경우에 따라서는 미니텝 부분을 숙제로 돌리고 이론 강의를 한다면 많은 장을 강의 할 수 있을 것으로 사료된다. 두 학기 동안 강의하는 경우에는 1장에서 6장 까지 자세히 다룬 후 두 번째 학기에는 관리도 및 회귀, 응용부분인 7, 8, 10, 11장까지 강의 하는 것이 최적이 아닐까 생각한다.

통계는 자연현상을 이해하고 연구하기 위해서는 필요 불가결한 도구이자 학문이다. 이 책은 실무에서는 직접 이 책을 갖고서 응용할 수 있고, 또한 학부에서는 교재로 사용할 수 있도록 저자들이 지난 몇 년간 대학에서 공업통계학 강의 경험을 토대로 대학의 강의 수준에 맞도록 요약 정리하기 위해 최선을 다하였으나 저자들의 경험이 일천한 관계로 여러 가지 보이지 않는 오류가 있을 것으로 사료되나 독자 여러분의 지도 편달을 받아 수정 보완해 나갈 것을 약속하면서 여러분의 많은 지도 편달을 부탁드린다.

특히 이 책이 나오기까지 열과 성을 다하여준 공업 통계학을 수강한 산업경영공학과 및 실험계획법을 수강한 산업공학과 학생들에게 감사와 고마움을 전한다. 특히 산업 경영 공학과 권효정 학생에게 고마움을 전하고 싶고 출판하는데 애써 주신 한올출판사 여러분께 감사를 표한다.

2008. 01

매주리 연구실에서 저자 씀

C/O/N/T/E/N/T/S

Chapter 1 통계의 시작

Chapter 2 통계자료의 정리 및 요약

Chapter 3 확률분포

Chapter 12 다구찌에 의한 실험계획

CHAPTER 01

통계의 시작

제1장에서는 통계란 무엇인가 간단히 살펴본다.

- 통계란
- 통계의 기본용어 및 개념
- 미니텝의 기본 사용법

1. 통계학이란?

통계학(statistics)이란 합리적인 의사 결정을 내리기 위해 자료를 수집, 정리 요약하고 분석하는 방법을 연구하는 학문이라 한다. 실험이나 조사를 하고자 할 때 먼저 무엇을 대상으로 하느냐, 즉 관심이 있는 대상을 정할 필요가 있다. 예를 들면 한국인 남성의 신장, 공장에서 생산되는 제품의 수명 등이다. 여기에서 흥미의 대상이 되는 것은 한국남성 전체, 생산품 전체이다. 이렇게 관심 있는 대상의 전체를 모집단(population)이라고 한다. 그런데 이 조사를 위해서는 한국의 남성을 전부 조사하거나, 생산품 전부를 조사해야 한다. 이것은 비용과 시간이 많이 소비되기 때문에 불가능하다. 즉 관심의 대상인 모집단이 무한이라면 현실적으로 실험을 몇 회 하거나, 몇 개를 임의로 추출한 다음 이 자료에 의해 모집단을 추론하게 된다. 이를 통계적 추론(statistical inference)이라고 하고, 추출된 자료를 표본(sample)이라고 한다. 모집단에서 표본을 취하는 것을 표본추출이라 하고 표본추출은 임의로 추출(random sampling)이 되어야 한다.

통계조사의 목적은 모집단에 대한 정보를 알아내는 일이다. 여기서 모집단에 대한 정보란 일반적으로 모집단의 평균, 분산 같은 모집단의 특성을 말한다. 이러한 모집단의 특성값을 모수(parameter)라고 한다. 모집단의 특성값은 모집단 전체를 조사하여야만 알 수 있다. 그러나 대부분의 연구에서는 모집단 전체를 조사한다는 것은 불가능하므로 일반적으로 모수는 미지의 수가 된다. 이 경우 모집단을 대표할 수 있는 일부를 택하여 표본을 조사하게 되며, 표본으로부터 계산되는 표본의 평균 또는 표본의 분산과 같은 표본의 특성값 즉, 통계량(statistic)을 이용하여 모수를 추정하게 된다.

통계학은 모집단의 어떤 성질에 대하여 측정한 자료를 과학적 방법으로 다루는 학문으로 기술통계학과 추측통계학으로 구분된다. 기술통계학이란 관심을 갖고 있는 집단으로부터 자료를 수집하여 도표나 통계량 등을 통해 자료를 요약하는 통계이며, 추측통계학은 관심을 갖고 있는 집단으로부터 자료를 수집하여 여러 가지 특성을 관찰하여 분석한 후 분석된 결과에 대하여 집단의 특성을 파악하여 미래의 현상을 예측하는데 도움을 얻고자 하는 통계이다.

2. 공업 통계학이란?

공업통계학은 공학 및 이학 분야에서 수집되는 다양한 데이터를 효과적으로 기술하고 이러한 데이터 정보를 확률이론에 근거를 둔 통계적인 방법을 이용하여 분석하는 방법을 말한다. 시료(표본)에서 얻어지는 정보를 활용하여 모집단의 특성치를 예측하고 예측된 특성치의 적합성 여부를 검사하여 불확실한 상황에서 요구되는 의사결정과정에 효과적으로 활용할 수 있는 능력을 배양함이 공업통계학의 목적이라고 할 수도 있다. 이러한 공업 통계학은 확률이론, 특성치의 통계적추정(estimation), 검정(test), 회귀 분석 및 상관분석, 실험계획법, 공정 및 품질관리 등이 포함된다. 기본적으로 공업통계 방법은 불확실한 현상을 대상으로 자료를 수집 정리하며 이 자료가 수집된 대상에 대하여 적절한 모형을 설정하고 추정(estimation), 검정(testing), 및 예측(forecasting)을 하기 위한 방법 등을 말한다.

3. 기술통계학과 추측통계학

통계적 자료가 모집단 자료이거나 표본자료인 경우에 자료는 단지 숫자의 나열에 불과하므로 자료를 의도와 목적에 적합하게 요약 하거나 정리되면 자료속에 담겨져 있는 정보를 손쉽게 파악 할 수 있다. 따라서 자료를 요약, 정리하는 기법이 필요하게 된다. 이러한 분야를 통계학에서는 기술통계학(descriptive statistic)이라고 말하고 이 분야에서는 자료의 특징을 몇 개의 숫자로 파악 할 수 있는 정리방법과 그림이나 도표, 그래프를 일반적으로 이용하게 된다.

자료가 모집단의 일부분인 표본자료로부터 자료의 요약과 정리도 필요하지만 우리의 최종적 목적은 표본자료를 통해서 모집단의 특성을 파악하는 일이다. 따라서 모집단으로부터 추출된 표본자료를 사용하여 모집단 전체에 대한 특성을 추측해내고 모집단에 대한 의사결정방법을 연구하는 분야를 추측통계학(inferential statistic)이라고 말하고 이 분야에서는 표본자료부터 얻어진 정보를 이용하여 모집단의 특성을 추정하는 방법과 모집단에 대한 주장을 검증하는 검정방법이 있고 자료의 특성과 분석기법에 따라 다양한 분야로 세분될 수 있다.

우리가 흔히 알고 있는 통계적 추정과 검정 방법이 이 분야에 속해 있다.

4. 질적변수와 양적변수

변수는 숫자로 표현된 사실이나 현상으로 그 값이 경우에 따라 변화되는 것이며 변수는 다시 질적변수와 양적변수로 구분해 볼 수 있는데 질적변수란 측정값이 문자로 표시되어 몇 개의 범주로 나타낼 수 있다. 즉, 질적 정보를 코드(code)화해서 숫자로 표현한다. 예를 들면 인간의 성(sex)은 질적 특성으로 직접 숫자로 나타낼 수 없지만 남성이면 1로, 여성이면 0으로 나타내면 질적변수로 활용 할 수 있는 것이다. 양적변수란 크기, 무게 등과 같은 양을 숫자로 표시하는 변수를 말한다. 양적변수는 다시 이산형 변수와 연속형 변수로 구분한다. 이산형 변수는 셀 수 있는 것으로, 예를 들어 불량품의 개수, 오늘 전화가 걸려온 회수, 고객으로부터 크레임 회수 등이고, 연속형 변수는 길이, 무게 등 셀 수 없는 변수를 말한다.

5. 모수와 통계량

실험이나 조사를 행할 때 우선 무엇을 대상으로 하느냐, 즉 흥미가 있는 대상을 정할 필요가 있다. 예를 들면 한국인 남성의 신장, 공장에서 생산되는 제품의 수명, 어느 정당의 지지율 등이다. 여기에서 흥미의 대상이 되는 것은 한국 남성 전체, 생산품 전체, 유권자 전체이다. 이렇게 흥미 있는 대상의 전체를 모집단(population)이라고 한다. 그런데 이 조사를 위해서는 한국의 남성을 전부 조사하거나, 생산품 전부를 조사해야 한다. 이것은 비용과 시간이 많이 소요되기 때문에 불가능하다. 즉 흥미의 대상인 모집단이 무한이라면 현실적으로 실험을 몇 회 행하거나 몇 개를 무작위로 추출한 다음 이 자료에 의해 모집단을 추론하게 된다. 이러한 접근을 통계적 추론(statistical inference)이라고 하고, 모여진 자료를 표본(sample)이라고 한다. 모집단에서 표본을 취하는 것을 표본추출이라 하고 표본추출은 무작위 추출(random sampling)이 되어야 한다. 이 무작위 추출은 모집단에 포함되는 모든 원소가 같은 가능성으로 추출되어짐을 의미한다. 물론 표본의 수가 많을수록 얻어지는 결과의 신뢰도는 더 커진다.

통계조사의 목적은 모집단에 대한 정보를 알아내는 일이다. 여기서 모집단에 대한 정보란 일반적으로 모집단의 평균, 분산 같은 모집단의 특성을 말한다. 이러한 모집단의 특성값을 모수(parameter)라고 한다. 모집단의 특성값은 모집단 전체를 조사하여야만 알 수 있다. 그러나 대부분의 연구에서는 모집단 전체를 조사한다는 것은 불가능하므로 일반적으로 모수는 미지의 수가 된다. 이 경우 모집단을 대표할 수 있는 일부를 택하여 조사하게 되며 이를 표본이라고 한다. 모집단으로부터 표본을 뽑고 표본으로부터 계산되는 표본의 평균 또는 표본의 분산과 같은 표본의 특성값을 통계량(statistic)이라하며 이를 이용하여 모수를 추정하게 된다.

모집단의 특성을 수량적으로 표시하는 데에는 기대값(평균), 분산, 표준편차 등이 사용된다. 이들은 모집단에 대한 일정한 상수로서 각각 모평균, 모분산, 모표준편차 등으로 불리며 이들을 총칭하여 모수라고 한다. 이에 따라 모집단으로부터 얻어진 표본에 관한 측정값의 평균, 분산, 표준편차 등은 동일한 모집단으로부터 추출된 표본이라도 표본마다 다른 값을 가질 수 있는 확률변수로서 이들을 총칭하여 통계량이라고 한다. 어떤 모수를 추정하기 위해서 사용된 통계량을 추정량(estimator)이라고 부르고, 데이터로부터 얻어지는 추정량의 값을 추정값(estimate)이라고 한다. 어떤 추정량의 기대값과 모수가 같으면 그 추정량을 불편추정량(unbiased estimator)이라고 한다.

일반적으로 모수의 추정에 사용되는 통계량은 어떤 표본이 뽑히느냐에 따라 그 값이 달라지고 그 값에 의해 하나의 분포를 이루게 된다. 이 때 통계량의 분포를 표본분포(sampling distribution)라고 한다.

모집단, 표본, 모수 및 통계량의 관계는 다음 그림과 같이 나타낼 수 있다.

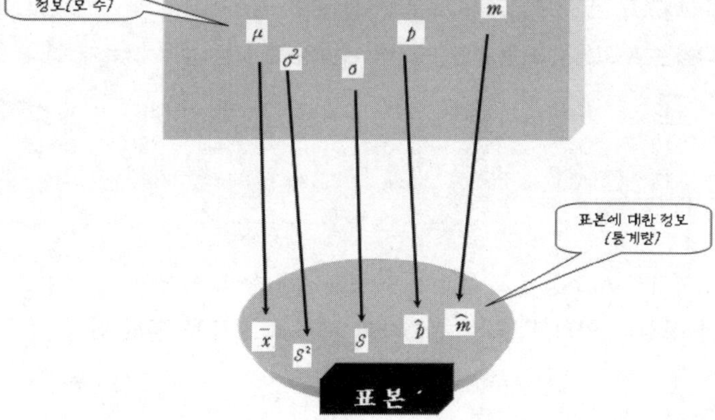

그림 1.1_모집단과 표본, 모수와 통계량의 관계

6. 통계학에서 사용되는 기본 용어

통계학에서 사용되는 기본 용어를 정리하면 다음과 같다.

용 어	의 미
모집단(population)	관심을 갖고 있는 집단을 구성하는 모든 개체로 이루어진 집단
유한모집단	모집단을 구성하는 개체의 수가 유한
무한모집단	모집단을 구성하는 개체의 수가 무한
표본(sample)	모집단으로부터 임의로 추출된 부분 집단
모수(parameter)	모집단의 특성을 나타내는 양적인 측도 모평균 μ, 모분산 σ^2, 모표준편차 σ, 모비율 p, 모결점수 m 등
통계량(statistic)	모수에 대응되는 표본의 특성을 나타내는 양적인 측도 표본평균 $\bar{x}$, 표본분산 S^2, 표본표준편차$S=\sqrt{S^2}$, 표본비율$\hat{p}$, 표본결점수$\hat{m}$ 등

7. 사례를 통한 모집단과 표본, 모수와 통계량 등에 대한 개념

다음은 실제 사례를 중심으로 위의 모집단과 표본, 모수와 통계량 등에 대한 개념을 설명한 것이다.

사례 유한 모집단

다음은 A 고등학교 문과반 30명의 수학능력 시험 성적 자료가 있다

<u>343</u>	340	334	342	345	346	334	<u>344</u>	<u>340</u>	338
340	341	340	<u>336</u>	343	344	<u>350</u>	344	344	339
341	339	352	337	332	343	342	342	338	343

여기서 A 고등학교 문과반 30명의 수학능력 시험이 어느 정도인지 알고자 5명의 성적을 임의로 표본 추출하여 다음의 자료를 얻었다.

336　343　344　350　340

1. 모집단 : 고등학교 어느 반 30명의 수학능력 시험 성적 자료의 모임

2. 모평균 : $\mu=\frac{1}{N}(x_1+x_{2+\cdot}+x_N)$

$=\frac{1}{30}(343+340+334+\cdot\ \cdot\ \cdot\ +343)=341.19$

3. 모분산 : $\sigma^2=\frac{1}{N}\Sigma_{i=1}^{N}(x_i-\mu)^2$

$=\frac{1}{30}((343-341.19)^2+(340-341.19)^2+...+(343-341.19)^2)$

$=18.749$

4. 모표준편차 : $\sigma=\sqrt{\sigma^2}=\sqrt{18.749}=4.33$

표본 : 5명의 성적을 표본 추출

336 343 344 350 340

5. 표본평균 : $\bar{x}=\frac{1}{n}(x_1+x_2+\cdot\ \cdot\ \cdot\ +x_n)$

$=\frac{1}{5}(336+343+344+350+340)=342.65$

6. 표본분산 : $S^2=\frac{1}{n-1}\Sigma_{i=1}^{n}(x_i-\bar{x})^2$

$=\frac{1}{5-1}((336-342.65)^2+(343-342.65)^2+...+(340-342.65)^2)$

$=25.20$

7. 표본표준편차 : $S=\sqrt{S^2}=\sqrt{25.20}=5.02$

8. 통계자료와 컴퓨터

통계학은 자료를 수집·정리하고 관측된 자료로부터 유용한 정보를 도출하는 통계분석과정이 요구된다. 이 과정에서 분석자는 방대한 자료를 다루며 복잡한 수식을 계산해야만 한다. 이러한 관측값들로 구성된 자료를 이용하여 통계분석을 하여야 한다. 따라서 통계분석을 용이하게 수행하기 위해서 컴퓨터의 사용이 필요하며 오늘날 다양한 정보의 요구는 이런 필요성을 더욱 증진시키고 있다. 따라서 개인컴퓨터로도 일반통계와 관련된 방대한 자료를 이용하여 통계분석이 가능하며 컴퓨터를 이용한 통계분석기법도 다양하게 발전하고 있다.

컴퓨터로 통계분석이 가능하도록 계산과정을 정리해 놓은 프로그램을 통계

패키지(statistical package)라고 하는데 일반적으로 통계 분석을 위한 대표적인 통계 패키지로는 SPSS, SAS, Minitab, S+등이 있다. 컴퓨터 언어로는 C언어. 비주얼 베이직, JAVA 등도 가능하다. 그러나 기본적인 자료 처리를 위해 Microsoft Excel 소프트웨어를 이용해도 필요한 자료분석이 가능하도록 기본적인 통계분석도구를 제공하고 있다. 학습용 및 전문가용으로 비교적 쉽게 이용할 수 있는 패키지가 Minitab이다.

미니텝 기본 사용법

통계적 분석방법을 사용하기 위하여 모든 사람들이 통계학의 이론적인 과정을 이해하고 분석방법을 사용하는 것은 불가능하고 또 불필요한 일이므로 통계 전문가들이 통계에 관한 문제들을 전형적으로 해결하기 위해 프로그램이나 관련 서브루틴을 작성하여 모아두었는데 이를 통계 패키지라고 부른다.

1. 미니텝 사용법

1) 미니텝의 기본구성

(1) 미니텝 구성 윈도우

미니텝 Release 14의 기본적인 윈도우는 다음 그림과 같다.

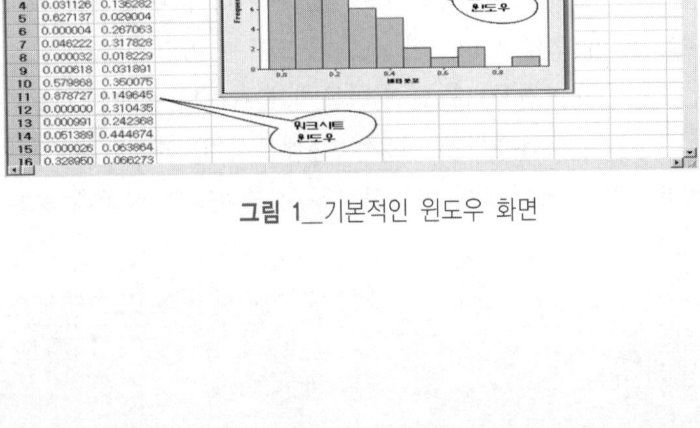

그림 1_기본적인 윈도우 화면

화면의 각 요소의 기능을 설명하면 다음과 같다.

① 세션 윈도우(Session Window) : 미니텝을 수행한 결과를 보여준다.

② 워크시트윈도우(Worksheet Window) : 데이터를 입력, 수정하고 입력된 데이터를 볼 수 있다.

③ 프로젝트 관리 윈도우(Project Manager Window) : 프로젝트를 구성하는 여러 요소들, 세션윈도우, 워크시트, 인포윈도우(Info Window), 히스토리 윈도우(History Window), 그래프윈도우 등을 조작, 관리한다.

④ 그래프 윈도우(Graph Window) : 고해상도 그래프를 보여준다.

(2) 미니텝의 시작과 끝내기

바탕화면에서 미니텝 아이콘 을 더블 클릭하여 미니텝을 시작하면 다음 그림과 같이 초기화면이 나타난다.

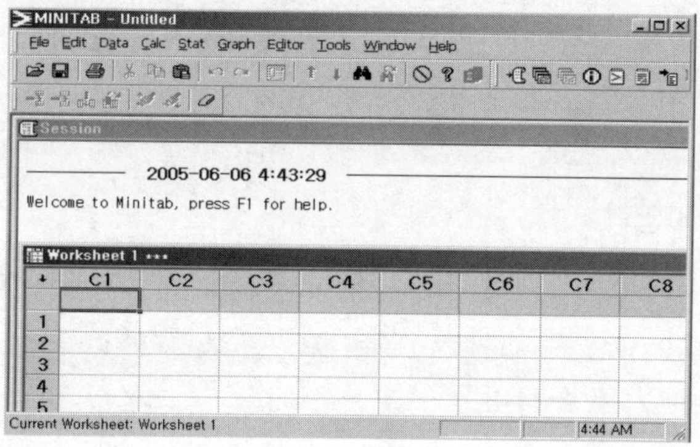

미니텝을 마치려면 메뉴에서 [File] ▸ [Exit]를 선택한다.

2. 미니텝 맛보기

기본예제

공업통계학을 수강한 10명의 학생들을 대상으로 중간고사와 기말고사의 관계를 알아보기 위하여 다음과 같은 중간과 및 기말 점수를 기록하였다.

학생 / 고사	1	2	3	4	5	6	7	8	9	10
중간고사	70	60	85	70	65	65	85	75	80	75
기말고사	85	75	90	60	80	80	90	90	60	90

(1) 변수명

워크시트에서 정의되는 변수의 이름은 해당 변수의 열 번호 아래 셀에 이름을 입력한다.

↓	C1	C2	C3
	학생	중간고사	기말고사
1	1	70	85
2	2	60	75
3	3	85	90
4	4	70	60
5	5	65	80
6	6	65	80
7	7	85	90
8	8	75	90
9	9	80	60
10	10	75	90

변수명을 지정할 때 유의해야 할 점은 다음과 같다.

- 변수명은 31자를 넘지 못하며 영문자, 한글로 변수명을 작성할 수 있다
- 변수명을 지정하지 않으면 각종 대화상자나 결과물에 열 번호가 변수명을 대신한다.

(2) 데이터 입력

워크시트 윈도우에서 키보드를 통해 데이터를 직접 입력하면 된다.

- 데이터 입력을 원하는 셀로 셀 포인터를 이동시킨후 데이터를 입력하고 [Enter] 키를 누른다.
- 데이터창의 첫 번째 줄 첫 번째 칸에 있는 데이터 입력방향 화살표가 →인 경우 [Enter] 키를 누르면 셀포인터는 오른쪽으로 이동되고 화살표가 ↓인 경우 아래쪽으로 이동된다. 데이터 입력 방향 화살표를 누를 때 마다 화살표 방향이 바뀐다.

(3) 변수 유형

미니텝에서 정의되는 변수의 종류와 이들이 표현되는 형태는 숫자, 문자, 시간 및 날짜 등의 세 가지로 구분된다.

- 변수유형은 따로 지정하지 않으면 셀에 입력된 값의 형태에 따라 자동으로 결정된다.
- 열변수가 숫자가 아니면, 열 번호 옆에 데이터 종류를 알리는 문자가 추가

된다. 예를 들어 4번째 열변수가 문자이면 C4-T, 5번째 열변수가 날짜, 시간 변수이면 C5-D가 된다.

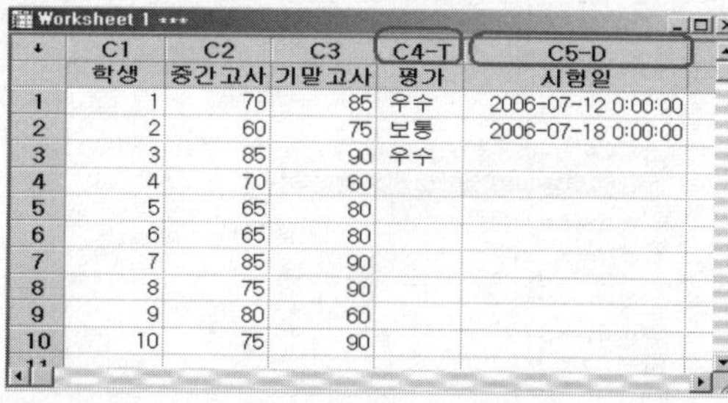

(4) 데이터 저장

데이터 윈도우에서 입력된 데이터는 디스크에 저장하여 다음에 다시 사용할 수 있다. 데이터를 파일로 저장하려면 메뉴에서 [File] ▸ [Save Current Worksheet As]를 선택한 후, [Save Worksheet As] 대화상자에서 파일이 저장될 위치를 지정하고 파일의 이름을 입력하며 파일형식을 선택한다.

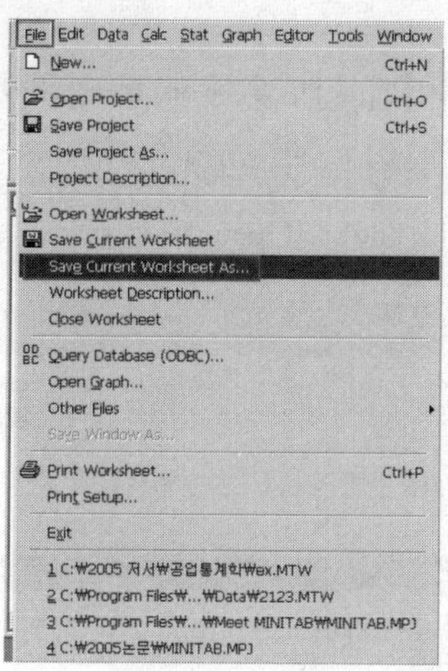

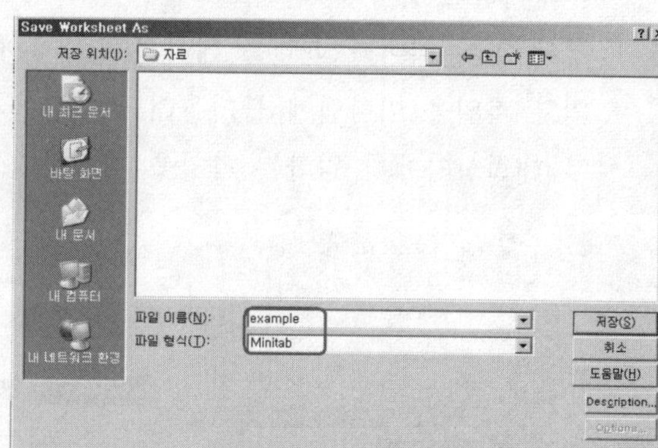

저장될 파일의 형식과 확장자는 다음 표와 같다.

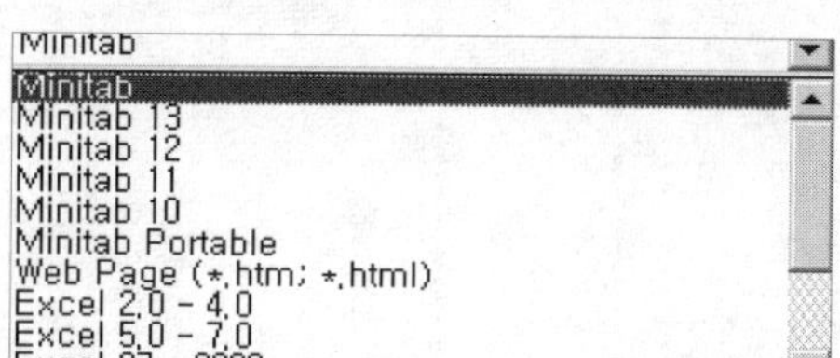

(5) 새로운 워크시트 윈도우 열기

데이터를 입력하기 위해 새로운 워크시트 윈도우를 열려면 메뉴에서 [File] ▸ [New]를 선택한 후 [New] 대화상자에서 [Minitab Worksheet]를 선택하고 OK 를 누른다.

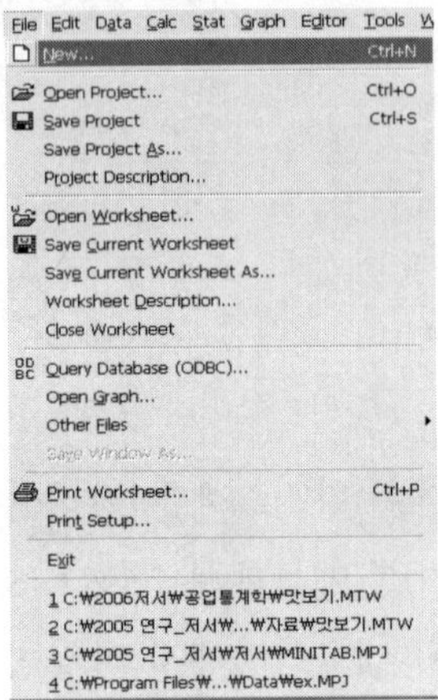

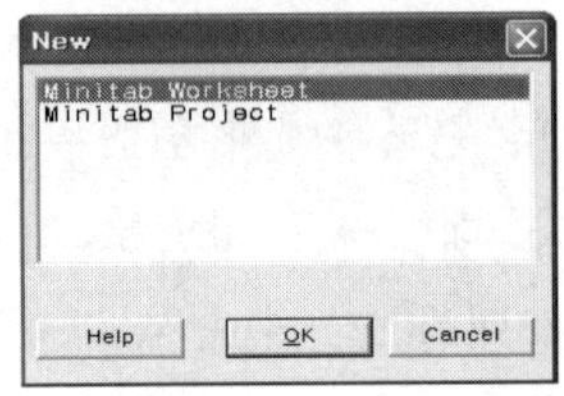

(6) 데이터 파일 불러오기

데이터를 입력할 때 키보드를 이용하여 데이터 윈도우에 직접 입력하거나 외부에 있는 데이터 파일을 데이터 윈도우에 불러올 수 있다.

외부 파일을 미니텝에 불러올려면 메뉴에서 [File] ▸ [Open Worksheet]를 선택한 후 대화상자에서 원하는 파일을 지정한다.

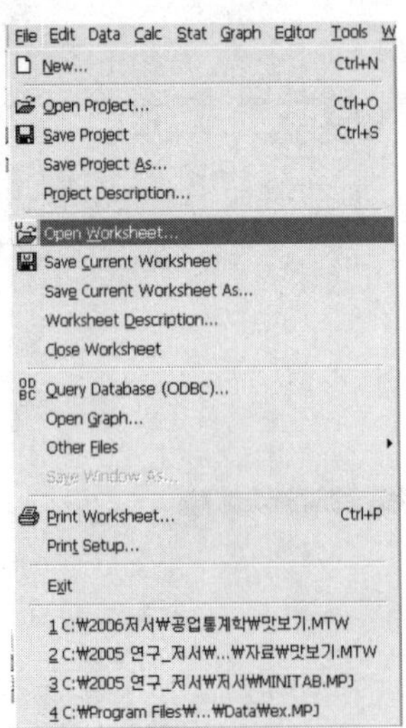

[Open Worksheet] 대화창에서 Preview... 를 누르면 지정된 파일의 내용을 미리 볼 수 있다. 파일 불러오기가 수행되면 데이터 윈도우에 해당되는 파일이 나타난다.

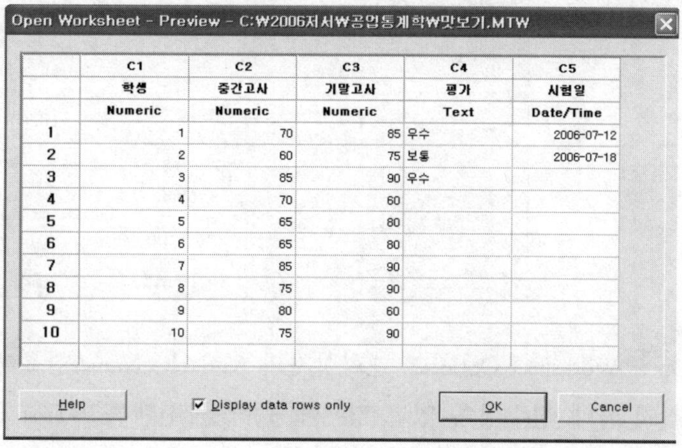

	C1	C2	C3	C4	C5
	학생	중간고사	기말고사	평가	시험일
	Numeric	Numeric	Numeric	Text	Date/Time
1	1	70	85	우수	2006-07-12
2	2	60	75	보통	2006-07-18
3	3	85	90	우수	
4	4	70	60		
5	5	65	80		
6	6	65	80		
7	7	85	90		
8	8	75	90		
9	9	80	60		
10	10	75	90		

(7) Excel 파일 불러오기

최근에는 데이터 파일을 생성, 관리하는 소프트웨어로 엑셀(Excel)을 많이 사용하고 있다. 자료가 엑셀 파일로 저장되어있는 경우 미니텝으로 읽어 들이는 방법은 다음과 같다.

메뉴에서 [File] ▸ [Open Worksheet]를 선택한다.

[Open Worksheet] 대화상자에서 파일형식을 Excel(*.xls)로 지정하고 파일목록에서 해당 Excel 파일이름을 선택한 후 Options... 를 누른다.

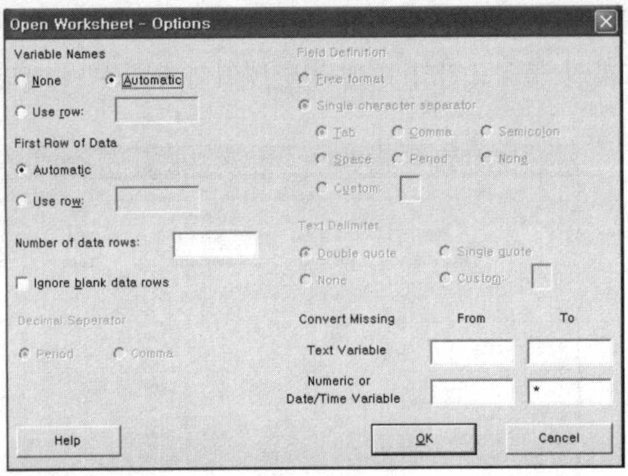

{Open Worksheet-Options} 대화상자의 Variable Names항목에 {Automatic}(엑셀 파일 첫 글에 변수명이 있는 경우에 선택)을 선택하고 First Row of Data항목에 {Automatic}(엑셀 파일 변수명 다음부터 데이터가 시작될 때 선택)을 선택 한 후 를 누른다.

위의 절차에 의하여 데이터 윈도우에 엑셀파일이 다음과 같이 읽혀진다.

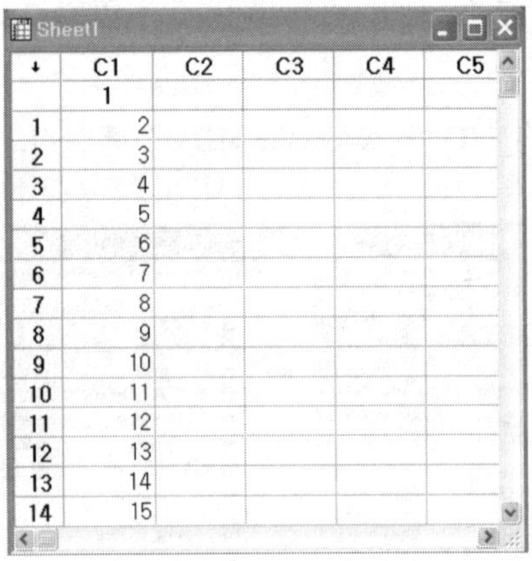

(8) 데이터 변환

워크시트 윈도우에 데이터가 입력되면 이것을 변환하거나 새로운 변수를 생성할 필요가 있다. 예를 들어 C2열에 중간고사, C3열에 기말고사 점수가 입력되어 있다고 할 때 C6열에 합을 나타내기 위하여 즉, C2+C3을 나타내고자 하는 경우는 다음과 같은 절차로 이루어 진다.

메뉴에서 {Calc} ▸ {Calculator}를 선택하면 대화상자가 나타난다.

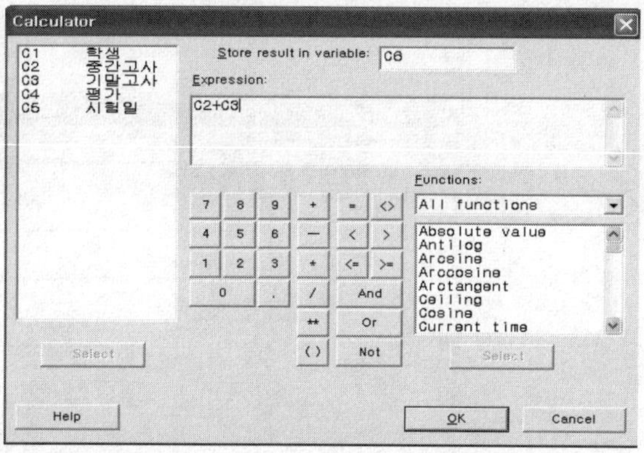

[Calculator] 대화상자의 Store result in variable에 새로 생성될 변수명을 입력하고 Expression에 변수를 정의한 후 OK 를 누른다.

위의 과정이 수행되면 워크시트 윈도우에 새로운 변수가 입력된다.

맛보기.MTW ***

↓	C1	C2	C3	C4-T	C5-D	C6	C7
	학생	중간고사	기말고사	평가	시험일		
1	1	70	85	우수	2006-07-12 0:00:00	155	
2	2	60	75	보통	2006-07-18 0:00:00	135	
3	3	85	90	우수		175	
4	4	70	60			130	
5	5	65	80			145	
6	6	65	80			145	
7	7	85	90			175	
8	8	75	90			165	
9	9	80	60			140	
10	10	75	90			165	
11							

3. 명령어 수행 절차

미니탭에서 명령어를 수행하는 방법은 메뉴 바 또는 툴 바를 통하여 명령어를 선택하는 방법과 키보드로 직접 명령어를 입력하는 방법이 있다. 키보드를 이용하여 명령어를 입력하는 경우에는 세션 윈도우나 커멘드 라인에디터(Command Line Editor)에서 입력할 수 있다. 메뉴를 통하여 명령어를 선택하는 경우 상대적으로 절차가 간편하나 반복적이고 익숙한 명령어인 경우 키보드를 이용하는 것이 효과적이다.

(1) 메뉴에 의한 명령어 수행

메뉴 바를 이용하여 명령어를 수행하는 예를 보자.

메뉴에서 [Stat] ▸ [Basic Statistics] ▸ [Display Descriptive Statistics]을 선택한다.

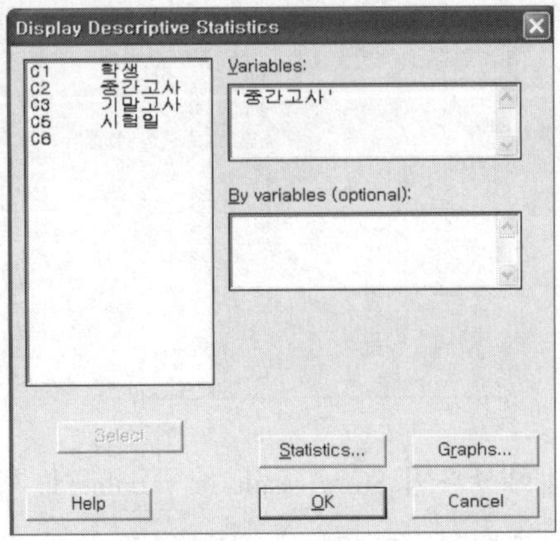

[Display Descriptive Statistics의 Variables에 해당되는 변수들인 "C2"를 더블클릭하여 입력하고 OK를 누르면 세션 윈도우(Session Window)에 다음 그림과 같이 중간고사에 대한 기술통계량의 결과가 나타난다.

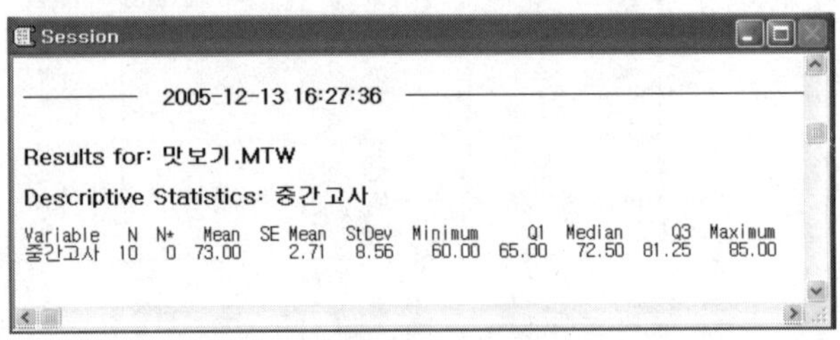

(2) 세션 윈도우에서 명령어 입력

세션 윈도우에서 명령어 입력 수행하려면 우선 세션 윈도우를 클릭한 후 메뉴에서 [Editor] ▸ [Enable Command Langage]를 선택한다. 세션 윈도우에 "MTB"> 프롬프트(prompt)가 나타나면 "MTB"> 다음에 명령어를 입력하고 [Enter] 키를 누르면 명령어가 수행된다.

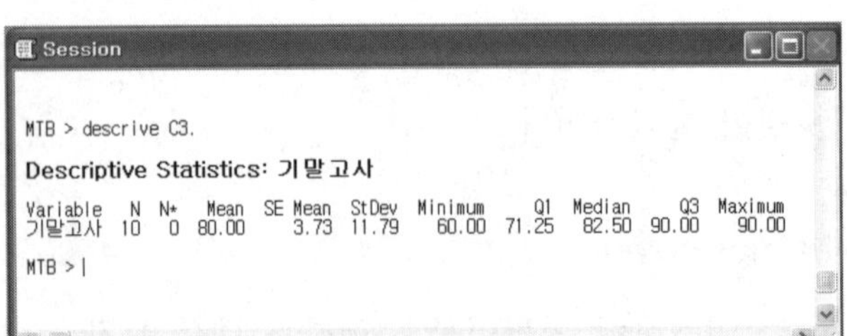

메뉴에서 [Editor] ▸ [Disable Command Language]를 선택하면 원래의 세션 윈도우 상태로 되돌아온다.

4. 그래프 다루기

(1) 그래프 생성

Graph 메뉴에서 여러 그래프를 선택하여 생성할 수 있으며 기본적인 그래프에 몇 개의 옵션들을 추가하여 보다 정교한 그래프들도 만들 수 있다.
미니텝 데이터에서 산점도(Scatter Plot)를 그려보기로 하자.

① 메뉴에서 [Graph] ▸ [Scatterplots]를 선택하면 다음과 같은 대화상자가 나타난다.

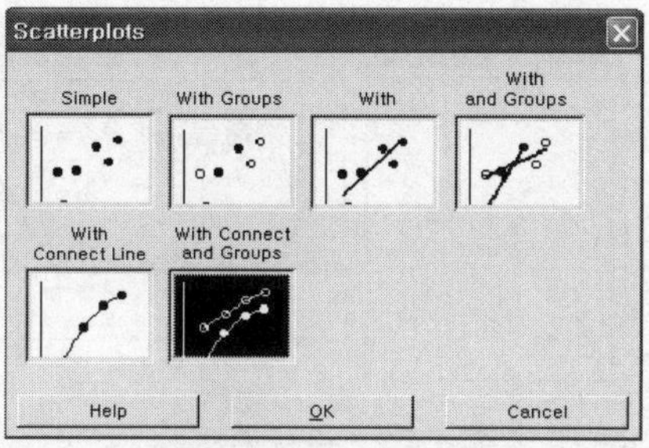

이 대화상자에서 원하는 형태를 선택하고 OK 를 누르면 다음과 같은 대화상자가 나타나는데 이 대화상자에서 Y변수와 X 변수에 해당하는 변수를 입력하고 [Data View] 버튼을 클릭한다.

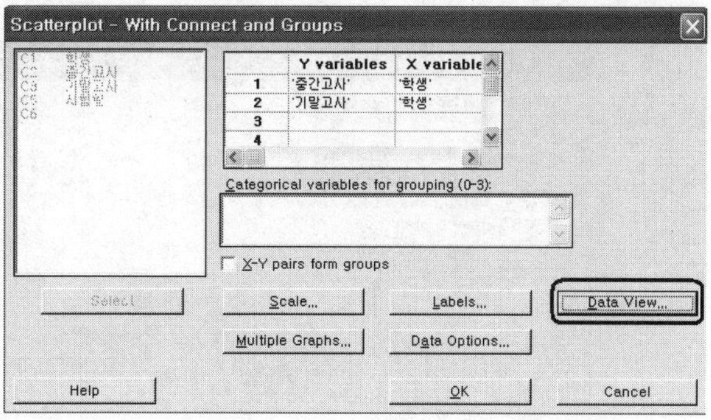

② 다음과 같은 대화상자가 나타나면 [Data Display] 탭을 클릭하여 필요한 항

목을 체크하고 OK 버튼을 클릭한다.

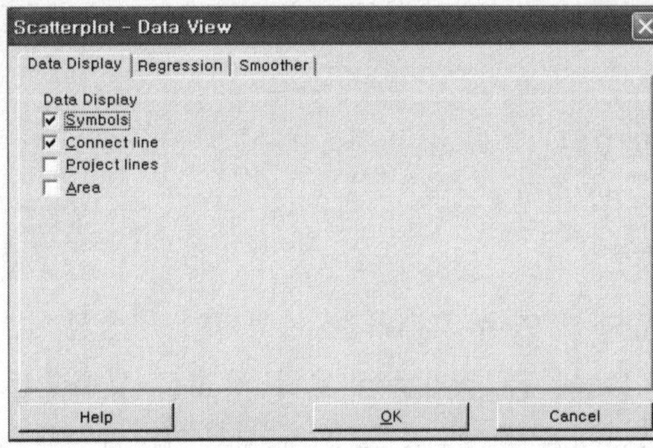

③ 한 그림 위에 중간고사와 기말고사를 나타내기 위하여 [Multiple Graphs] 버튼을 클릭한다.

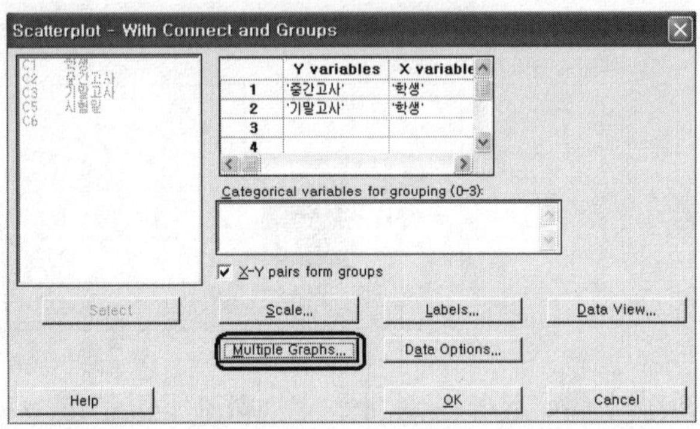

④ 다음과 같이 나타난 대화상자에서 [Overlaid on the same graph]항목을 선택하고 OK 버튼을 클릭한다.

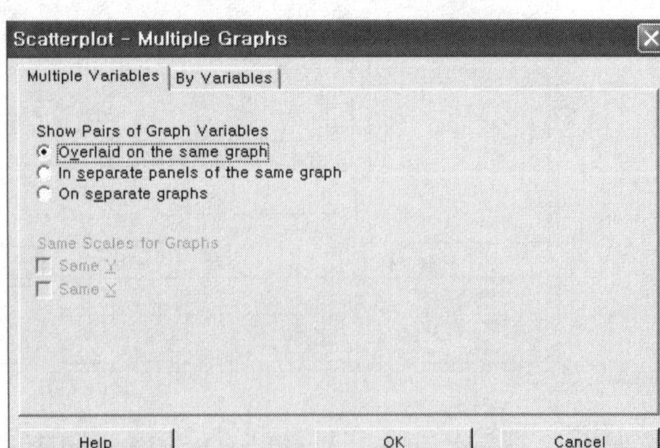

⑤ 다음과 같은 결과화면이 나타난다.

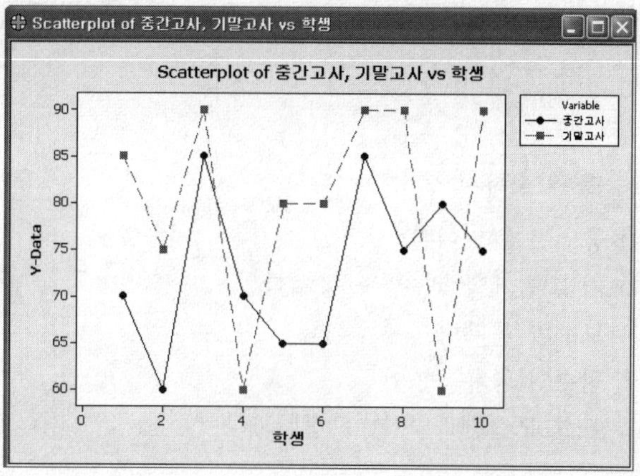

연 / 습 / 문 / 제

1 다음을 약술하시오.

(1) 공업통계학 이란?

(2) 기술 통계학 과 추측 통계학

(3) 모수와 통계량

(4) 변수의 종류

(5) 유한 모집단과 무한 모집단

2 일반적인 통계 팩키지(statistical package)의 종류와 특성에 대하여 설명하라.

3 다음 자료는 소프트웨어 고장자료이다. X축은 Failure number을 Y 축은 각 각 Failure Interval Time, Failure Time을 나타내는 산점도(Scatter Plot)를 그려라.

Failure number	Failure Interval Time	Failure Time
1	9	9
2	12	21
3	11	32
4	4	36
5	7	43
6	2	45
7	5	50
8	8	58
9	5	63
10	7	70
11	1	71
12	6	77
13	1	78
14	9	87
15	4	91
16	1	92
17	3	95
18	3	98
19	6	104

CHAPTER 02

통계자료의 정리 및 요약

제2장에서는 자료를 정리 요약하는 기법들을 소개한다.

- 통계량에 의한 정리
  자료의 중심 집중화 경향을 나타내는 대표치
  대표치를 중심으로 자료의 흩어진 정도를 나타내는 산포도
- 도표 그래프에 의한 정리

자료의 정리방법에는 관측값으로부터 통계량을 구하여 자료의 특성을 파악하는 통계적인 자료 정리 방법과, 도표나 그래프에 의한 자료의 정리가 있다. 본 장에서는 통계적인 자료 정리와 도표나 그래프에 의한 자료의 정리 및 요약으로 나누어 설명한다.

1. 통계량에 의한 자료의 정리

통계량에 의한 자료의 정리는 중심위치를 나타내는 평균, 중위수, 최빈수 등이 있고, 관측값의 흩어진 정도를 측정하는 분산, 표준편차, 범위 등이 있다.

1) 자료의 중심 위치를 측정하는 측도

자료의 중심위치 측정이란 자료를 대표할 수 있는 대표값을 측정하는 것을 말한다. 대표값은 평균과 같은 계산적 대표값과 중위수, 취빈수 등과 같은 위치에 의해 판단되는 위치적 대표값으로 나뉜다. 계산적 대표값은 극단값에 영향을 받지만 위치적 대표값은 극단값에 영향을 받지 않는다.

(1) 평균값(mean)

중심위치의 측도로서 가장 많이 사용되고 있다. 모든 데이터 값의 합을 데이터의 개수로 나누어 구한다. 데이터 $x_1, x_2, \cdots, x_n$에서 평균은 다음과 같다.

$$\bar{x} = \frac{1}{n}(x_1 + x_2 + \cdots + x_n) = \frac{1}{n}\Sigma x_i$$

예제 2.1

다음 자료의 평균값을 구하시오.

3 5 7 9 14

|결과| $\bar{x} = \frac{1}{5}(3+5+7+9+14) = 7.6$

(2) 중위수(median)

전체 데이터를 크기 순서로 배열했을 때 중앙에 위치하는 값이다. 데이터의 수가 홀수이면 중앙에 위치하는 데이터이고, 짝수이면 중앙에 위치하는 두 개의 데이터의 평균값이다. 아주 큰 데이터나 아주 작은 데이터 즉 극단적인 값에 비교적 영향을 받지 않는다.

예제 2.2

다음자료의 중위수를 구하시오.

(1) 3 5 7 9 14

(2) 3 5 7 9 14 15

(3) 3 5 7 9 14 85

|결과| (1) 데이터의 개수가 홀수로 중위수는 7

(2) 데이터의 개수가 짝수로 중위수는 $\frac{(7+9)}{2}=8$

(3) 중위수 $\frac{(7+9)}{2}=8$로 극단적인 값인 85에 영향을 받지 않음을 알 수 있다.

(3) 최빈수(mode)

전체 데이터에서 가장 자주 나오는 값을 말한다. 대표치로 양적자료, 질적자료에 두루 쓰인다. 기성복을 생산하는 공장에서는 많은 고객들이 원하는 의복, 즉 최빈수에 해당되는 의복을 많이 생산해야 될 것이며, 안방에 놓을 가구를 만들 때도 최빈수에 해당하는 가구를 생산해야 될 것이다. 그 외에 최빈수가 적용되는 예는 구두, 책상 등이 있다.

예제 2.3

다음자료의 최빈수을 구하시오.

3 5 5 5 7 9 9 14

|결과| 위 데이터는 5가 3개로 최빈수는 5

2) 자료의 흩어진 정도를 측정하는 측도

대표적인 평균값만 가지고는 자료의 전체적인 분포 상황을 알 수 없다. 예를 들어 자료 48, 50, 52와 자료 2, 50, 98의 평균은 각각 50이다. 그러나 자료의 흩어진 정도는 전혀 다르다. 여기서 자료의 중심위치인 평균만으로는 자료에 대한 충분한 정보가 되지 못함을 알 수 있다. 따라서 자료가 평균값 주변에 어떻게 퍼져 있는지를 알려주는 지표 즉, 산포도가 필요하다. 자료의 흩어진 정도를 나타내는 측도는 분산, 표준편차, 범위 등이 있다.

(1) 분산과 표준편차(variance, standard deviation)

각 자료의 값에서 평균을 빼고 제곱시킨 합을 제곱합(sum of square)

$$SS=\Sigma_{i=1}^{n}(x_i-\overline{x}\ )^2$$

이라 하며, 제곱합을 자료의 총합으로 나누어 계산된 통계량을 분산이라 한다. 분산은 다음과 같이 정의된다.

$$S^2=\frac{1}{n-1}\Sigma_{i=1}^{n}(x_i-\overline{x}\ )^2$$

표준편차는 분산의 제곱근으로

$$S=\sqrt{S^2}=\sqrt{\frac{1}{n-1}\Sigma_{i=1}^{n}(x_i-\overline{x}\ )^2}$$

된다. 분산의 간편한 계산식은 다음과 같다.

$$S^2=\frac{1}{n-1}\Sigma_{i=1}^{n}(x_i-\overline{x}\ )^2=\frac{1}{n-1}\left\{\Sigma_{i=1}^{n}x_i^2-\frac{(\Sigma_{i=1}^{n}x_i)^2}{n}\right\}$$

●●● 참고하세요!!

평균이 μ이고 분산 σ^2은 유한인 임의의 모집단으로부터 크기가 n인 확률분포 X_1, X_2 …, X_n에 의해서 정의되는 표본평균 $\overline{X}$와 표본분산 S^2은 각각 모평균 μ와 모분산 σ^2의 불편 추정량이 됨이 알려져 있다.

$$E(\overline{X})=\mu\ ,\ E(S^2)=\sigma^2$$

그러나

$$T = \frac{\Sigma_{i=1}^{n}(X_i - \overline{X})^2}{n}$$

은 모분산 σ^2의 불편추정량이 되지 않는다. 즉, $E(T) = \frac{n-1}{n}\sigma^2 \neq \sigma^2$ 이므로 편의추정량(unbiased estimator)되고

$$S^2 = \frac{\Sigma_{i=1}^{n}(X_i - \overline{X})^2}{n-1}$$

은 σ^2의 불편추정량이 됨이 알려져 있다.
따라서 표본분산을 정의 할 때 $\Sigma_{i=1}^{n}(X_i - \overline{X})^2$을 표본크기 n으로 나누지 않고 $n-1$로 나누는 이유가 되는 것이다.

예제 2.4

다음 자료의 점그래프를 그리고 분산, 표준편차를 계산하여 비교하라.

자료 :	20.1	20.1	20.0	20.0	20.1	20.0	20.0	20.1	19.9	20.2
자료 :	18.4	18.4	18.9	20.8	19.5	18.2	22.1	23.3	19.2	22.5
자료 :	24.0	26.9	22.9	15.4	17.3	23.0	25.6	20.1	20.4	15.7

|결과| 위 자료에 대해 점그래프를 그리면 다음과 같다.

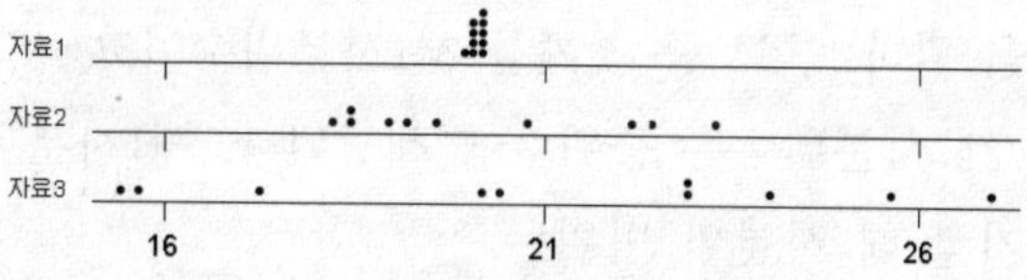

자료1의 분산과 표준편차의 계산은

$$S_1^2 = \frac{1}{n-1}\left\{\Sigma_{i=1}^{n} x_i^2 - \frac{(\Sigma_{i=1}^{n} x_i)^2}{n}\right\}$$

$$= \frac{1}{9}\left\{(20.1^2 + 20.1^2 + \ldots + 20.2^2) - \frac{(20.1 + 20.1 + \ldots + 20.2)^2}{10}\right\} = 0.0072$$

$S_1 = \sqrt{S_1^2} = 0.085$

같은 방법으로 자료2와 자료3의 분산과 표준편차를 각각 계산하면

$$S_2^2 = 3.61\ ,\ S_2 = \sqrt{S_2^2} = 1.90$$
$$S_3^2 = 16.32,\ S_3 = \sqrt{S_3^2} = 4.04$$

|해석| 데이터의 흩어짐이 크면 산포의 측도인 분산이나 표준편차는 값이 크고, 데이터의 흩어짐이 작으면 분산이나 표준편차는 값이 작아짐을 알 수 있다.(수식의 계산 값이나 점그래프를 통해서)

(2) 범위(range)

데이터에서 최대값(x_{max})과 최소값(x_{min})의 차를 범위라고 한다. 범위는 계산하기는 간편하여 품질관리 현장에서 많이 사용하나, 극단적인 값이 존재할 때는 올바른 산포의 측도가 못되는 단점이 있다.

$$R = x_{max} - x_{min}$$

예제 2.5

다음 자료의 범위를 구하시오

3 5 7 9 14

|결과| 위위 데이터의 범위는 $R = x_{max} - x_{min} = 14 - 3 = 11$

(3) 사분위수와 사분위 범위(quartile range)

사분위수는 데이터를 크기 순서에 따라 늘어 놓은 데이터에 대해 4 등분한 값을 말하며, 그 중 첫째를 제1사분위수이고, 셋째를 제3사분위수라 한다. 여기서 제2사분위수는 중위수에 해당된다. 제1사분위수를 Q_1, 제3사분위수를 Q_3로 표기할 때 사분위 범위는

$$QR = Q_3 - Q_1$$

으로 정의한다. 사분위 범위는 극단적인 값에 영향을 덜 받는다.

예제 2.6

다음 자료의 사분위수와 사분위 범위를 구하고 설명하시오.

3 5 7 9 14 15 17 19

|결과| 먼저 크기 순으로 나열하고, 자료를 반으로 나누면 다음과 같이 된다.
1군 : 3 5 7 9
2군 : 14 15 17 19

여기서 1군에서의 중위수 Q_1은 $\frac{1}{2}(5+7)=6$이며, 2군에서의 중위수 Q_3은 $\frac{1}{2}(15+17)=16$이 된다. 따라서 사분위 범위 $QR= Q_3 - Q_1 =$ 16-6=10

(4) 변동계수(coefficiant of variation)

변동계수는 평균에 대한 상대적인 퍼짐의 정도를 백분율로 나타낸다. 측정 단위가 다르거나 중심위치가 아주 다른 두 종류의 데이터를 비교하고자 할 때 사용한다.

$$CV= \frac{s}{\overline{x}} \times 100$$

예제 2.7

두 개의 자료군에서 자료 1은 단위가 mm이다. 또 자료 2는 이를 cm로 바꾼 자료이다. 자료 1군과 자료 2군에 대해 각각의 변동계수를 구하고 의미를 설명하라.

자료 1 (mm단위) : 98 99 79 99 95 102 83 93 78 101
자료 2 (cm단위) : 9.8 9.9 7.9 9.9 9.5 10.2 8.3 9.3 7.8 10.1

|결과| 위 자료군에 대한 점그래프를 그리면 다음과 같다.

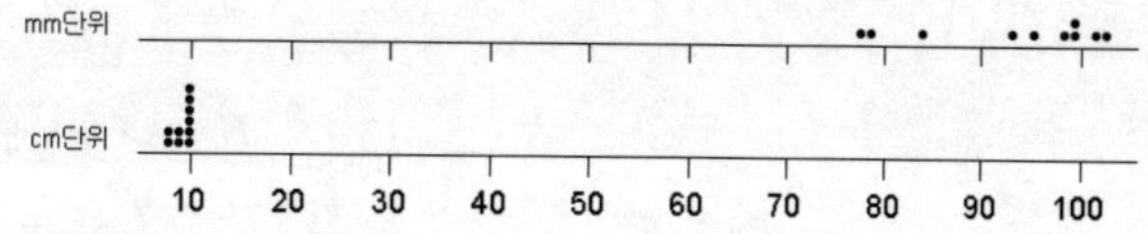

자료 1에서는 표준편차 $s=9.33$, 평균 $\overline{x}=92.79$ 으로, 변동계수는 $\frac{s}{\overline{x}}=\frac{9.33}{92.79}=0.101$ 이며 자료 2에서는 표준편차 $s=0.933$, 평균 $\overline{x}=9.279$ 으로, 변동계수는 $\frac{s}{\overline{x}}=\frac{0.933}{9.279}=0.101$이다.

|해석| 위 점그래프에서는 자료 1이 자료 2에 비해 산포도가 훨씬 크나 변동계수는 같았다. 따라서 단위가 다른 데이터의 산포를 비교하는 데에는 변동계수가 적당함을 알 수 있다. 또 변동계수는 단위에 무관함을 알 수 있다.

(5) 표준오차(standard error)

표준오차는 일반적으로 추정량의 표준편차를 의미한다. 따라서 표준오차는 취급하는 문제에 따라 추정량이 바뀌며, 이의 표준편차도 달라지게 된다. 기술 통계량을 취급 할 때에는 표준오차는 표본평균의 표준편차인 $SE(\bar{x}) = \frac{\sigma}{\sqrt{n}}$ 의 추정값인 $\widehat{SE}(\bar{x}) = \frac{s}{\sqrt{n}}$ 의 값을 의미한다.

3) 정규모집단의 가정의 검토

일반적으로 다루는 통계적인 문제는 정규분포를 따른다는 가정을 하게 된다. 따라서 분석하려고 하는 자료가 정규분포를 따르는지를 판단하는 통계적 방법이 필요하다. 이러한 통계적 방법은 많이 있으나 여기에서는 분포의 치우친 정도를 나타내는 왜도(skewness)와 첨도(kurtosis)에 대하여 알아보도록 하자.

분포의 특성을 기술하는 데 적률의 개념을 사용하여 파악할 수도 있다. 변수 X의 평균 $\bar{x}$와 표준편차 s의 값만으로는 X의 분포상태를 완전하게 파악 못할 경우도 있다. 이 경우 대칭이나 첨예의 정도를 고려하게 되는데, 이경우 사용되는 도구로는 왜도(skewness)와 첨도(kurtosis)가 있다.

(1) 왜도

왜도는 분포의 치우친 정도를 나타내는 측도로서 확률변수X에 대하여 다음과 같이 정의된다.

$$\alpha_3 = \frac{E[(X-\mu)^3]}{\sigma^3}$$

$\alpha_3 = 0$이면 대칭이고 왼쪽으로 치우친(left skewed) 비대칭분포에서는 평균 μ보다 큰 값이 나타날 수 있으므로 $\alpha_3 > 0$을 만족하고 오른쪽으로 치우친(right skewed) 비대칭분포에서는 $\alpha_3 < 0$ 이 된다. 만일 $|\alpha_3|$ 의 값이 크면 비대칭도는 커져서 분포의 모양이 좌측 혹은 우측으로 더 기울어진다.

(2) 첨도

첨도는 대칭인 분포에서 꼬리가 두터운 정도(분포의 봉우리가 얼마나 뾰족한가)를 나타내는 측도로서 일반적으로 확률변수 X에 대하여 다음과 같이 정의된다.

$$\alpha_4 = \frac{E[(X-\mu)^4]}{\sigma^4} - 3$$

두터운 꼬리를 가진 분포는 평균 μ 보다 큰 값이 나타날 경우가 많으므로 α_4의 값이 크게 나타난다. 정규분포의 경우에는 $\alpha_3 = 0, \alpha_4 = 0$ 이다. 즉, 왜도와 첨도의 값이 모두 0 이라 하여 모두가 정규분포를 따른다고 할 수는 없지만 이러한 특성을 이용하여 정규모집단의 검토에 활용할 수 있다.

(3) Pearson의 비대칭계수

자료의 분포가 대칭에서 얼마나 벗어나는가를 측정하는 Pearson의 비대칭계수 PS는 다음과 같이 정의한다.

$$PS = \frac{3(\overline{x} - M_e)}{s}$$

여기서 $\overline{x}$ 는 평균, M_e 는 중앙값, M_o 는 최빈값, s 는 표준편차이다. 분포가 대칭일 때는 PS가 영이 될 것이며, 왼쪽으로 치우친 분포에서는 PS가 음의 값을 가지며, 반대로 오른쪽으로 치우친 분포에서는 양의 값을 갖게 된다.

중앙값과 최빈값에 관한 Pearson의 실험공식은 다음과 같다.

$$3(\overline{x} - M_e) = \overline{x} - M_o$$

예제 2.8

다음 자료는 대형 백화점에서 구매시간을 측정한 40명의 데이터이다. 데이터의 형태를 파악하기 위하여 통계량 평균, 표준편차, 분산, 제1사분위수, 중위수, 제3사분위수, 사분위범위, 범위, 제곱합을 구하라 (단위 : 시간).

고객	시간	고객	시간	고객	시간	고객	시간
1	0.82	11	0.79	21	1.00	31	1.36
2	0.12	12	1.53	22	0.60	32	0.51
3	0.46	13	0.79	23	1.08	33	0.39
4	1.67	14	0.60	24	1.10	34	0.84
5	1.82	15	0.28	25	0.60	35	0.07
6	0.93	16	0.60	26	0.98	36	0.71
7	0.72	17	0.42	27	0.84	37	1.54
8	1.93	18	0.59	28	0.34	38	0.56
9	1.19	19	1.33	29	1.13	39	1.34
10	0.39	20	1.01	30	1.78	40	0.14

Minitab ▶ 이용하기

1. "c1"에 데이터 40개를 입력하고 [Stat] → [Basic Statistics] → [Display Descriptive Statistics..]을 클릭한다.

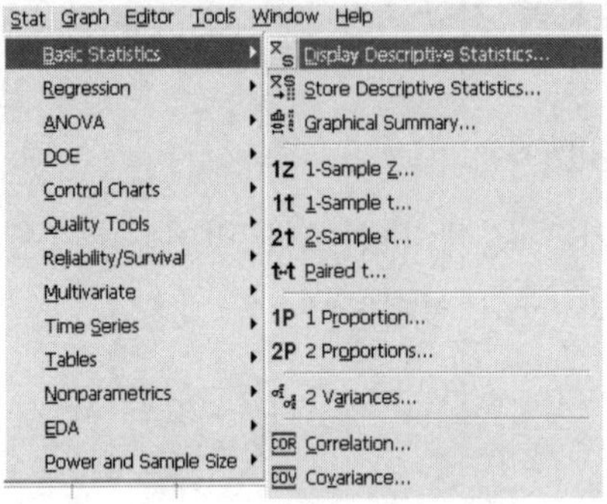

2. 다음과 같은 대화상자가 나타나면 변수란에 "c1"을 클릭하여 입력하고 [Statistics]버튼을 클릭한다.

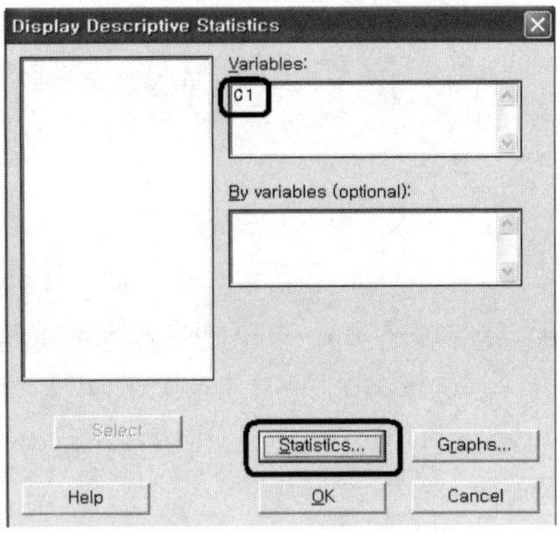

3. 다음과 같은 대화상자가 나타나면 파악하고자 하는 통계량을 선택한다. 예를 들면 평균(Mean), 표준편차(Standard deviation), 분산(Variance), 제1사분위수(First quartile), 중위수(Median), 제3사분위수(Third quartile), 사분위범위(Interquartile range), 범위(Range), 제곱합(Sum of squares)을 체크하고 [OK] 버튼을 클릭한다.

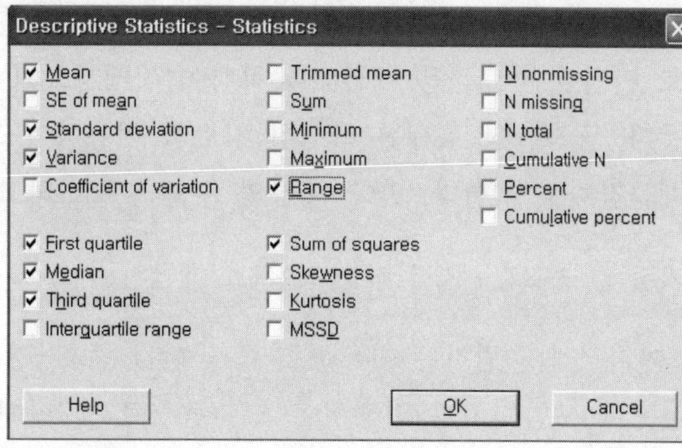

4. 다음과 같은 결과화면이 나타난다.

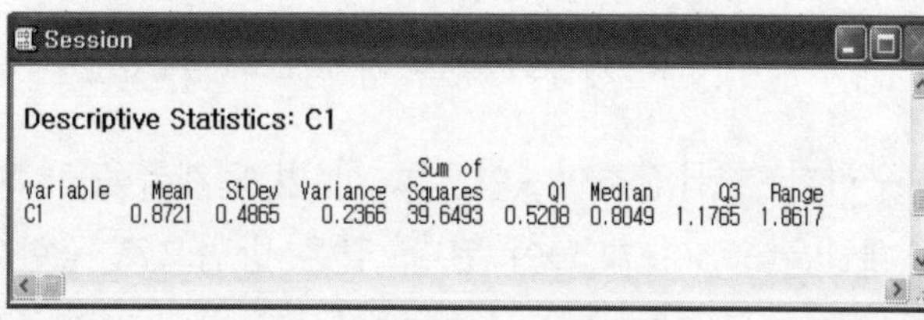

2. 도표와 그래프에 의한 자료의 정리

자료를 분석할 때에 수치적인 방법 즉 통계량에 의한 방법과, 도표나 그래프에 의한 방법이 상호보완적으로 사용된다. 자료를 분석할 때 도표나 그래프에 의한 자료의 정리가 많이 활용되고 있는 데, 이는 도표가 주는 시각적인 효과에 의해 자료의 성격을 쉽게 파악할 수 있기 때문이다.

1) 도수분포표

통계학 점수 자료

89	71	65	93	77	81	96	76	90	73
59	73	64	92	76	84	80	80	63	75
96	85	77	99	60	65	83	79	74	60
80	87	72	82	76	79	97	90	75	85

통계학 점수 자료가 있다. 이 양적자료의 도수분포표를 작성하기 위해서는 먼저 서로 인접한 자료들을 계급(class)화하여 전체자료의 집합을 몇 개의 계급으로 나눈다. 금속판의 두께를 측정한 자료를 이용하여 그 방법을 알아보자.

먼저 계급간격을 정한다. 만약 계급의 수를 6으로 하고 싶으면 계급간격은

(가장 큰 자료값 − 가장 작은 자료값) / 계급의 수 = (99 − 59) / 6 = 6.6 ≒ 7

이 된다. 여기서 반올림하는 이유는 양쪽 극단값 즉, 가장 작은값과 가장 큰 값을 도수분포에 포함시키기 위해서이다. 다음으로 첫 번째 계급의 하측 경계값을 정해야 하는데 어떤 자료값도 경계값에 속하지 않게 하기 위해서 일반적으로 최소단위 1의 반을 최소값으로부터 뺀값을 많이 사용한다. 통계학 점수 자료에서

(첫번째 계급의 하측 경계값) = 59 − 1 / 2 × 1 = 58.50

과 같이 구한다. 계급간격이 7이므로 첫 번째 계급은 58.50~65.50이 될 것이고 두 번째 계급은 65.50~72.50이 된다. 같은 방법으로 구한다. 각 계급도수를 전체자료의 수로 나누어 상대도수를 계산하고 계급값은 중위수(midpoint)를 사용하여 즉,

(58.50+65.50)/2=62, (65.50+72.50)/2=69

등과 같은 방법으로 구한다.

도수분포표의 작성결과는 다음과 같다.

계급번호 i	계급구간	계급값 x_i	도수 f_i	상대도수
1	58.50~65.50	62	7	0.18
2	65.50~72.50	69	2	0.05
3	72.50~79.50	76	12	0.30
4	79.50~86.50	83	9	0.23
5	86.50~93.50	90	6	0.15
6	93.50~100.50	97	4	0.10
총계			40(n)	1

이상의 도수분포표 작성 절차를 요약하면 다음과 같다.

1. 자료의 최대값과 최소값을 찾아 범위(최대값-최소값)을 구한다.
2. 자료의 크기에 따라 5개 내지 20개 정도의 계급의 수를 정하거나 H.A. Sturges 공식을 이용해서 결정한다.

$$\text{즉 계급수} = 1+\frac{\log n}{\log 2}=1+3.32\log n$$

3. 위에서 정한 계급의 수 만큼 동일한 간격의 계급구간을 정한다.
이 때 각 계급구간은 서로 중복되는 구간이 없어야 하며 어떠한 자료값도 계급간의 경계점에 놓이지 않게 한다.
4. 각 계급에 속하는 자료값의 개수를 세어 계급의 도수를 구한다.
5. 각 계급의 도수를 전체자료의 수로 나누어서 상대도수를 구한다.

한편 자료가 계급값으로 분류된 도수분포로 되어 있을 때 평균, 분산을 구하는 방법을 알아보자. 이와 같은 경우 대표값은 계급의 중앙값을 사용하는 것이 일반적이다. 가중평균값의 식은 아래와 같다.(단, 계급의 수는 g개)

$$\bar{x}=\frac{1}{n}(x_1 f_1+x_2 f_2+\cdots\cdots+x_g f_g) \ =\frac{1}{n}\Sigma_{i=1}^{g}x_i f_i$$

이 되고, 분산을 구하는 식은 다음과 같다.

$$s^2=\frac{1}{n-1}\Sigma_{i=1}^{g}f_i\,(x_i-\bar{x}\ )^2$$

예제 2.9

위의 통계학 점수 자료에서 평균과 분산을 구하시오.

|결과| $\bar{x}=\frac{1}{n}(62\times7+69\times2+\cdots\cdots+97\times3)=78.95$

$$s^2=\frac{1}{40-1}(7(62-78.95)^2+2(69-78.95\ )^2+\cdots\ +3(97-78.95)^2)=109.2101$$

2) 히스토그램

히스토그램이란 길이, 무게, 강도 등과 같은 계량치의 데이터가 어떤 분포를 하고 있는지 알아보기 위하여 작성하는 그림으로서 도수분포표를 작성한 이후 기둥(확률)도표의 형태로 그린 다면 전체적인 정보를 알아낼 수 있다. 예를 들어 생산현장의 공정에서 발생되는 데이터에서는 히스토그램을 작성하면 대체적인 평균이나 산포의 크기를 알 수 있으며, 이로부터 공정의 안정도를 판별할 수 있다. 안정공정은 좌우대칭인 정규분포의 모습으로 나타나곤 한다.

다음 그림은 앞의 통계학 점수 데이터로부터 작성된 도수분포표에 대해, 계급의 수를 6개로 막대그래프(히스토그램)를 그린 것이다.

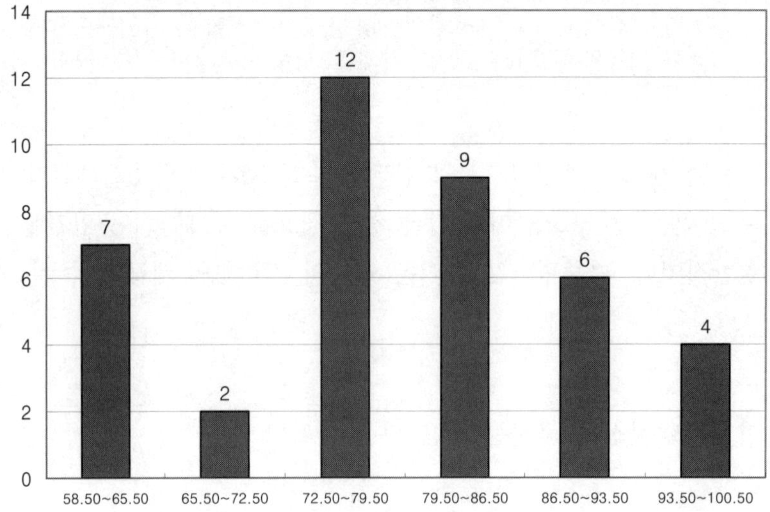

그림 2.1_통계학 점수에 대한 막대그래프

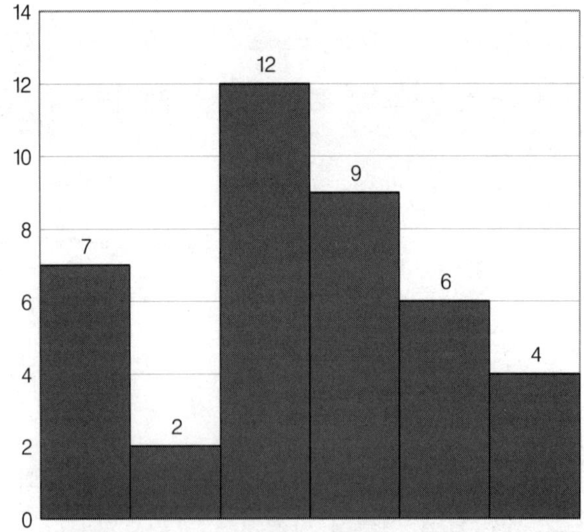

그림 2.2_통계학 점수에 대한 히스토그램

예제 2.10

앞의 통계학 자료에 대하여 점그래프를 그리시오.

Minitab ▶ 이용하기

1. "c1"에 데이터 40개를 입력하고 [Graph] → [Dotplot]을 클릭한다.

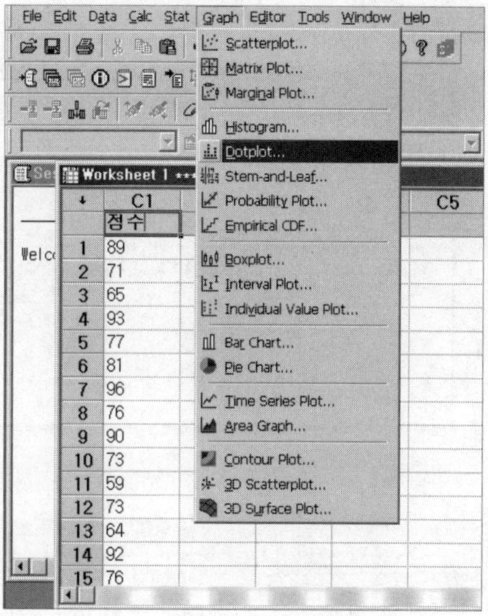

2. 다음과 같은 [Dotplots] 대화상자가 나타나면 [Simple] 패턴을 확인하고 [OK] 버튼을 클릭한다.

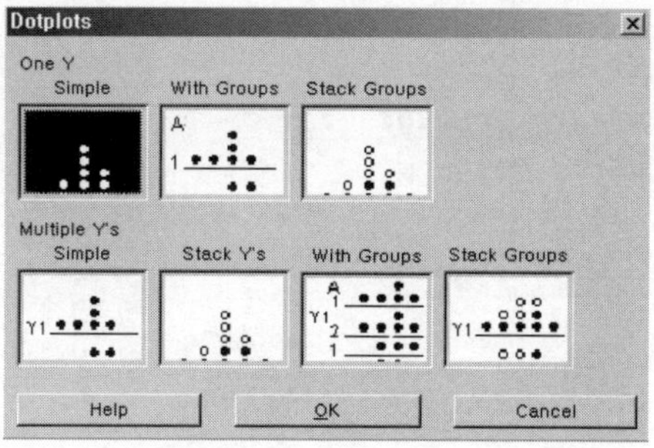

3. "점수"를 더블 클릭하여 변수란에 "C1"열을 입력하고 [OK] 버튼을 클릭한다.

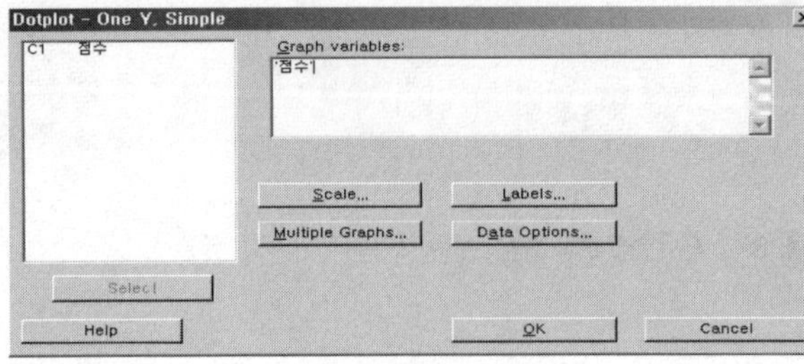

4. 다음과 같은 결과화면이 나타난다.

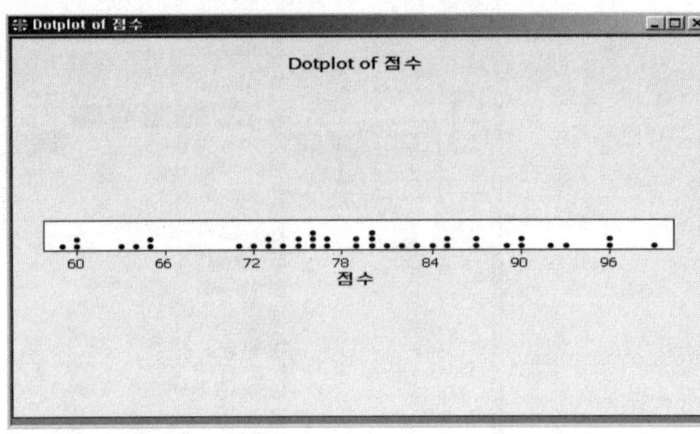

예제 2.11

다음은 앞의 통계학 자료에 대해 계급의 수를 5개, 7개, 9개, 11개로 히스토그램을 각각 그린 그림이다. 그 의미를 설명하라.

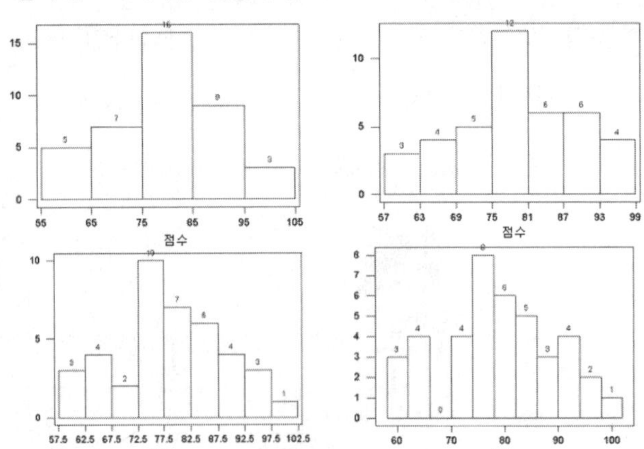

|해석| 위 히스토그램은 계급의 수를 5개, 7개, 9개, 11개로 하면서 그린 그림이다. 여기서 계급의 수에 따라 그래프의 모양이 크게 바뀜을 알 수 있다. 계급의 수를 크게 하면 전반적인 자료의 형태를 파악하기 어렵고, 작게 하면 모호해짐을 알 수 있다. 히스토그램에서는 계급의 수의 결정이 중요함을 알 수 있다. 위의 그림에서 숫자는 계급내의 도수를 나타낸 것이다.
계급의 수가 미니텝에서 자동적으로 정하여지는 경우에 히스토 그림을 그리는 방법을 알아보자.

Minitab ▶ 이용하기

1. "c1"에 데이터 40개를 입력하고 [Graph] → [Histogram]을 클릭한다.

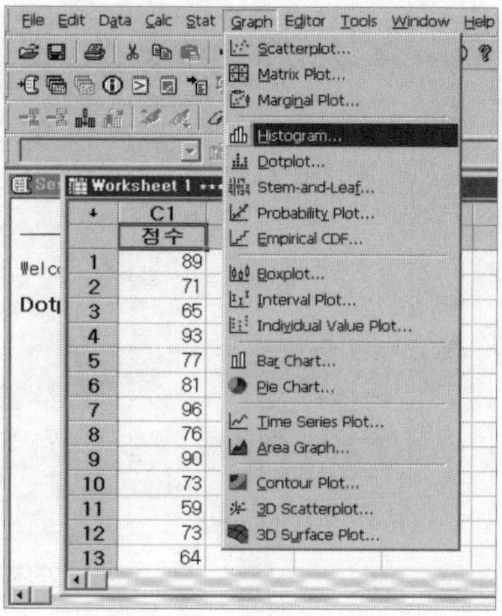

2. 다음과 같은 [Histograms] 대화상자가 나타나면 [Simple] 패턴을 확인하고 [OK] 버튼을 클릭한다.

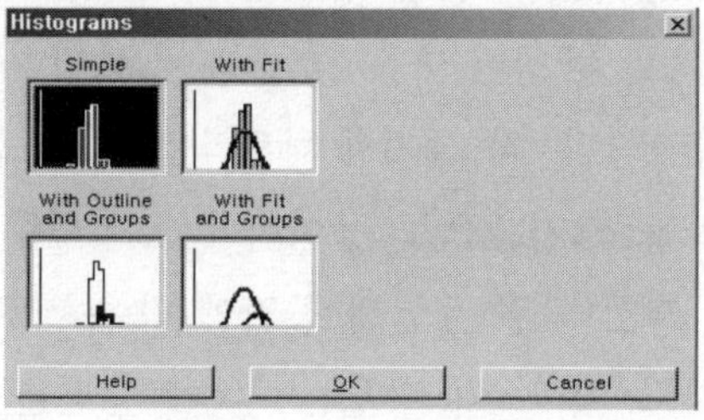

3. "점수"를 더블 클릭하여 변수란에 "C1"열을 입력하고 [OK] 버튼을 클릭 한다.

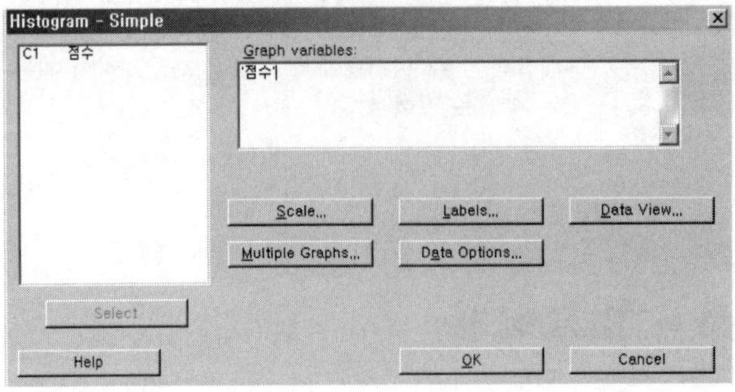

4. 다음과 같은 결과화면이 나타난다.

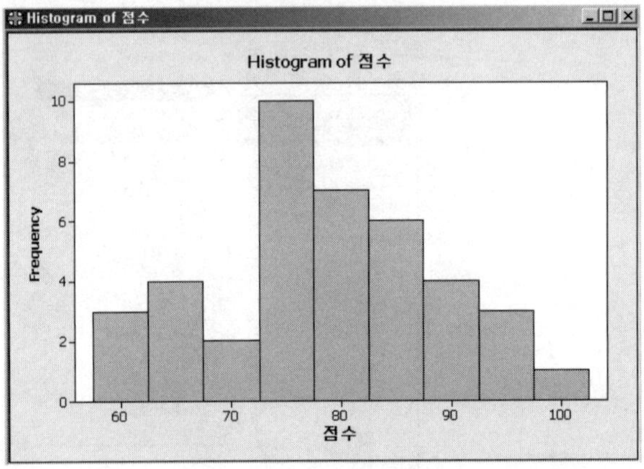

3) 줄기 잎 그림

줄기-잎 그림(stem-leaf)을 그리기 위해서는 먼저 자료의 줄기부분을 선택하고, 잎이라 부르는 줄기부분을 제외한 나머지 부분을 선택한다. 먼저 줄기값을 크기순으로 세로로 나열한 다음 각 줄기에 해당하는 각 자료의 잎의 값을 오른쪽에 가로로 나열한다. 각 줄기에 해당되는 잎의 값을 순서대로 다시 배열한다. 이 그림은 자료를 크기순으로 용이하게 구별해주는 장점이 있는 반면에 자료 집합의 크기가 크게 되면 제한된 공간에 많은 자료들을 다 적는 것은 불편하다는 단점을 가지고 있다. 이 경우는 히스토그램을 그리면 더 효과적이다.

예제 2.12

통계학 점수 자료에서 줄기 잎 그림을 그리시오.

Minitab ▶ 이용하기

1. "c1"에 데이터 40개를 입력하고 [Graph] → [Stem-and-Leaf]을 클릭한다.

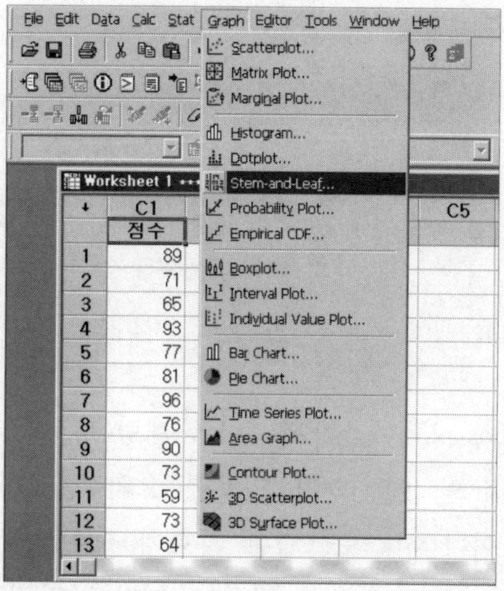

2. "점수"를 더블 클릭하여 변수란에 "C1"열을 입력하고 [OK] 버튼을 클릭한다.

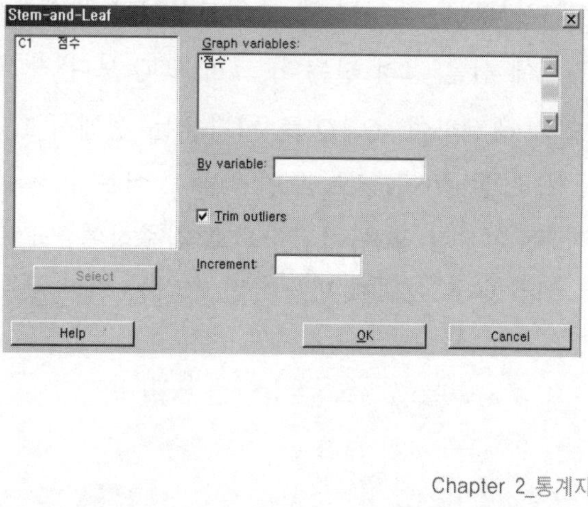

3. 다음과 같은 결과화면이 나타난다.

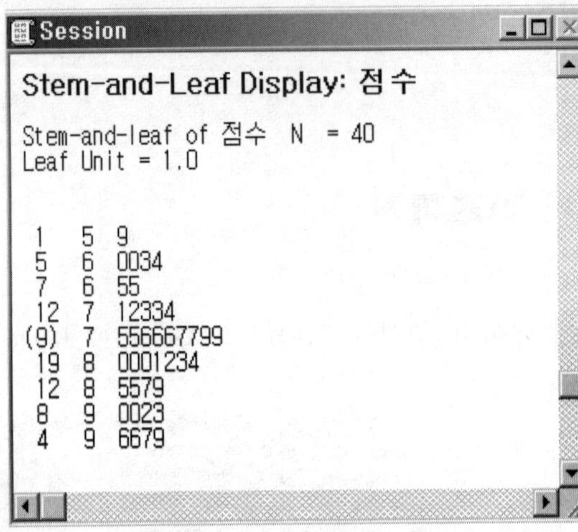

|해석| 대체적으로 75~85 점대에 관측값이 몰려있고 줄기-잎 그림에서 보여 주듯이 중위수는 (9) 줄기에 중위수가 존재하고 극단값은 존재하지 않는다.

4) 박스 플롯

박스 플롯(box plot)은 5가지 순서통계량(최소값, 제1사분위수, 중위수, 제3사분위수, 최대값)을 이용하여 자료를 요약 정리하는 그래프적 표현방법으로, 줄기-잎 그림이나 히스토그림은 자료가 모여 있는 위치나 자료의 범위 등에 관한 대략적인 내용을 한 눈에 볼 수 있는 장점이 있으나 중위수, 사분위수 등의 수치를 쉽게 알아 볼 수 없다는 단점이 있다. 이에 대해 박스플롯은 5가지 순서통계량을 가지고 그린 그림으로 히스토그램에서 찾을 수 없는 수치적 정보를 제공해준다. 박스플롯을 그리는 절차는 다음과 같다. 먼저, 제1사분위수 Q_1과 제3사분위수 Q_3 사이를 중앙부분이라 생각하여 상자형태로 나타내고 중위수 위치에 선을 그려 넣는다. 그리고 Q_1보다 작거나 Q_3보다 큰 수는 손-발 부분으로 생각하여 Q_1, Q_3를 나타내는 선에서 $1.5(Q_3 - Q_1)$을 넘지 않는 최대값과 최소값까지 실선으로 연결한다. 이보다 큰 수는 중심으로부터 멀리 떨어진 점 즉 이상점 혹은 극단값으로 간주하여 *표로서 표시되고 그 사이를 점선으로 연결한다. 이렇게 만들어진 그림을 박스 플롯, 혹은 상자그림이라고 한다.

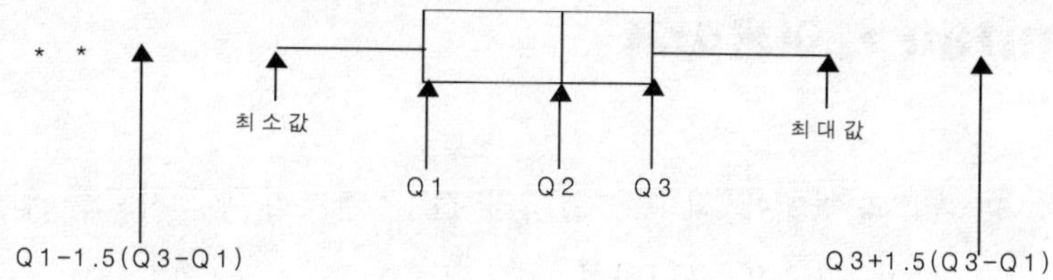

그림 2.3_상자그림 작성의 예

여기서 Q_1 : 제1사분위수(데이터를 순서대로 나열했을 때 1/4에 위치하는 값)

Q_2 : 중위수(데이터를 순서대로 나열했을 때 가운데에 위치하는 값)

Q_3 : 제3사분위수(데이터를 순서대로 나열했을 때 3/4에 위치하는 값)

$Q_3 - Q_1$: 사분위범위

* : 이상치

예제 2.13

자동차 부품의 치수가 열처리의 전후에 변화가 있는 것 같아서 10개의 표본(시료)를 뽑아서 열처리 전에 한 번 측정하고 같은 시료에 대하여 열처리 후에 짝을 지어 측정한 결과 다음과 같은 데이터를 얻었다. 박스플롯으로 열처리 전후의 평균치의 차가 있는가를 비교하라.

열처리전 x_i	열처리후 y_i	차 $d_i = x_i - y_i$
1.94	2.00	−0.06
1.99	1.99	0.00
1.98	1.95	0.03
2.03	2.07	−0.04
2.03	2.03	0.00
1.96	1.98	−0.02
1.95	2.03	−0.08
1.96	2.02	−0.06
1.92	2.01	−0.09
2.00	1.99	0.01
		$\overline{d} = -0.031$

Minitab ▶ 이용하기

1. "c1"과 "c2"에 각 각 "열처리 전", "열처리 후" 자료를 입력하고 [Graph] → [Boxplot]을 클릭한다.

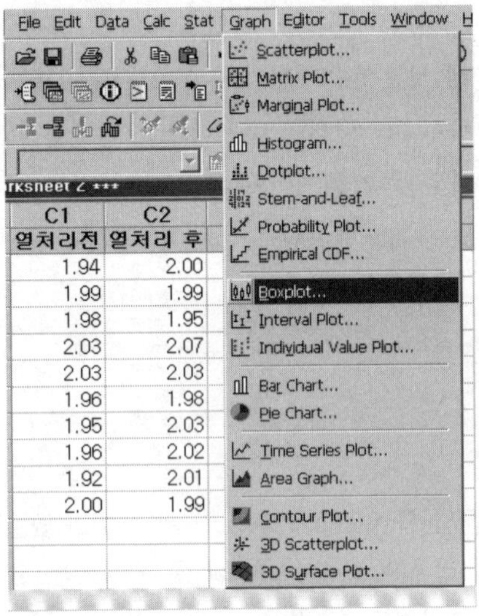

2. 다음과 같은 [Boxplots] 대화상자가 나타나면 [Multiple Y's Simple] 패턴을 선택하고 [OK] 버튼을 클릭한다.

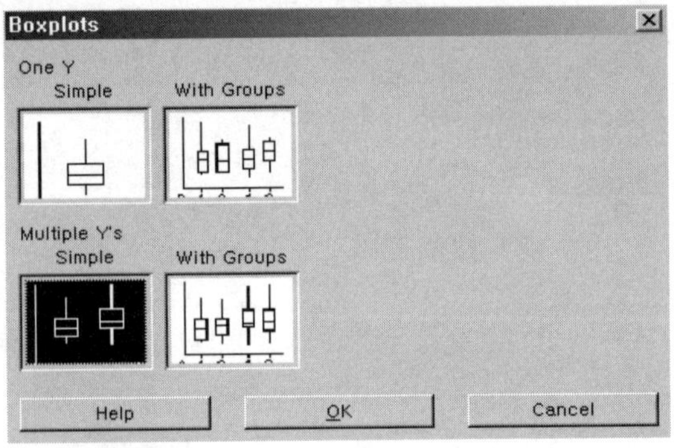

3. "c1"과 "c2"를 더블 클릭하여 변수란에 "c1"과 "c2"열을 입력하고 [OK] 버튼을 클릭한다.

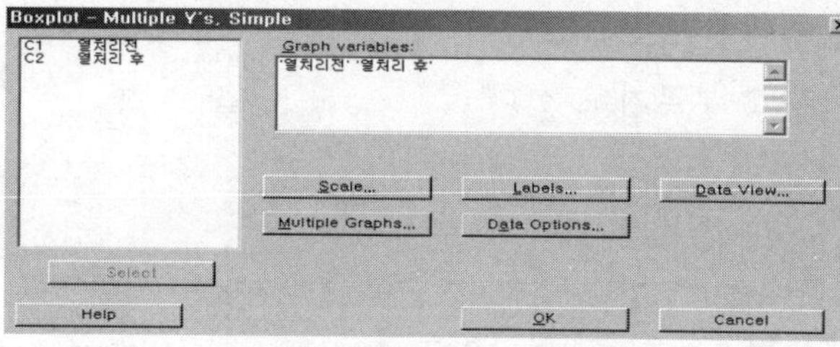

4. 다음과 같은 결과화면이 나타난다.

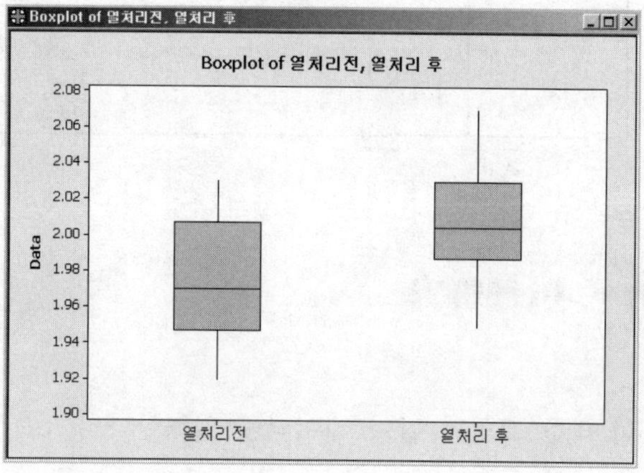

|해석| 열처리 전보다 후에 치수가 커졌고 산포는 약간 작아 졌다는 것을 알 수 있다

5) 특성요인도

특성요인도(Cause-and-effect diagram)는 품질특성의 결과에 영향을 주는 요인들이 어떤 관계를 가지고 있는지를 전체적으로 파악하고자 할 때 사용한다. 특성요인도의 특성(effect)은 일의 결과로, 예를 들면 제품의 성질, 생산량, 안정상황 등 일의 결과 이며, 현장에서는 '문제점'인 경우가 많다. 한편 요인(Cause)이란 일의 결과에 영향을 미치는 원인으로 흔히 4M(작업자(men), 기계(machines), 원료(materials), 방법(method))에 근거하여 도출하게 된다.

특성요인도는 많은 의견을 한 장의 그림에 요약할 때 바람직한 방법이며 그룹활동이나 QC분임조 활동 중에서 분임원으로부터 제시된 의견을 특성요인도로 묶고, 이 중에 중요한 항목을 찾아서 대책 수립이나 개선의 상황을 발견하는데 사용되어진다. 이 그림이 생선뼈와 유사하다고하여 생선뼈그림(fish-bone diagram)이라고 부르기도 한다

예제 2.14

다음의 입력 자료와 같은 요인들, 즉 사람(men), 설비(machines), 재료(materials), 방법(method)은 성형불량에 영향을 준다 한다. 특성요인도를 작성하라.

성형 불량에 영향을 주는 특성				
요인	사람	설비	재료	방법
특성	미숙련	기어 마모	첨가제	작업 온도차
	주인의식부족	벨트 마모	안정제	온도 변화
	작업자 부족		안료	투입 시점
			충격보강제	배합 시 간

Minitab ▶ 이용하기

1. 우선 다음 그림과 같이 데이터를 입력한다.

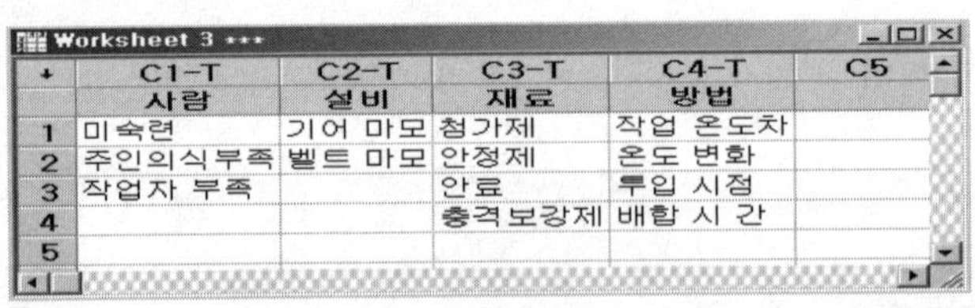
Worksheet 3 ***

+	C1-T	C2-T	C3-T	C4-T	C5
	사람	설비	재료	방법	
1	미숙련	기어 마모	첨가제	작업 온도차	
2	주인의식부족	벨트 마모	안정제	온도 변화	
3	작업자 부족		안료	투입 시점	
4			충격보강제	배합 시 간	
5					

2. 메뉴에서 [Stat] → [Quality Tools] → [Cause-and-Effect...]을 클릭한다.

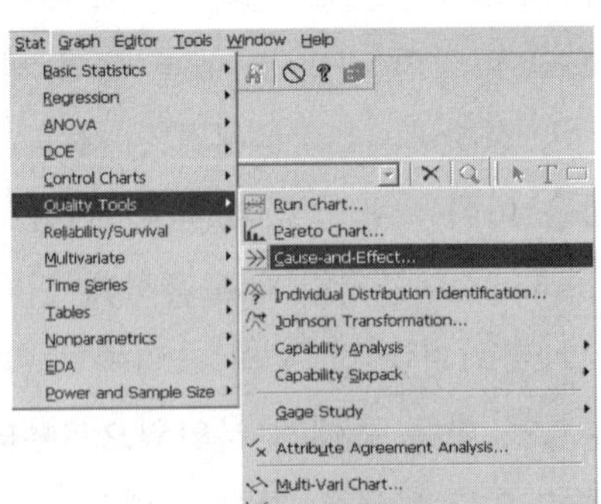

3. 특성요인도 대화상자가 나타나면 각각의 요인과 특성을 입력하고 효과란에 "성형불량"이라고 입력한다. 그리고 나머지 부분을 나타내지 않도록 하기 위하여 [Do not display empty branches] 항목을 선택하고 [OK] 버튼을 누른다.

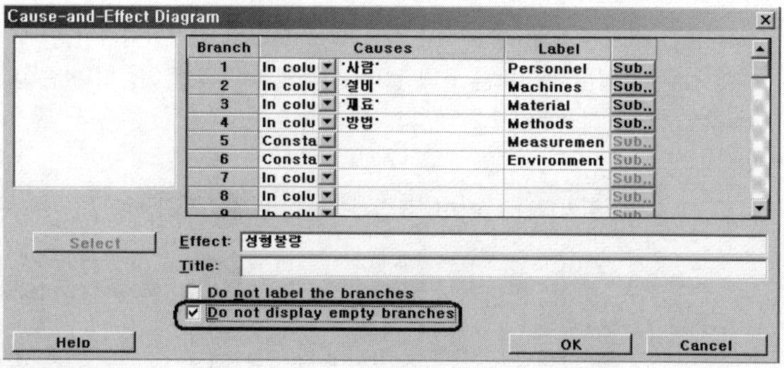

4. 다음과 같은 결과화면이 나타난다.

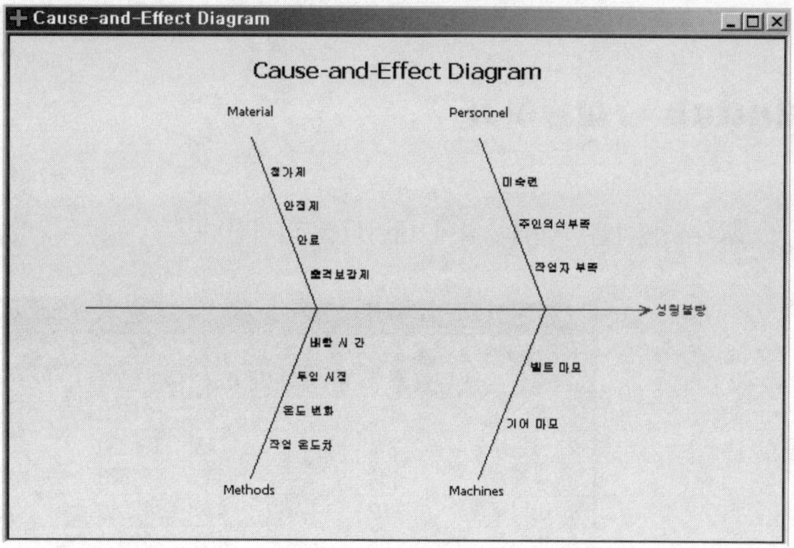

6) 파레토그림

파레토그림(Pareto diagram)은 불량, 결점, 고장 등의 발생수 또는 손실금액 등에 대한 분류항목별로 나누어 크기의 순서대로 나열한 그림으로서 어떤 항목이 문제가 있는가, 어떤 항목이 영향력이 어느 정도인가 등을 탐색하고자 할 때 사용한다.

예제 2.15

자동차 공장의 도금 공정에서 최근 도금 불량을 조사하였더니 아래와 같은 결과를 얻었다. 손실금액은 다음 표와 같다. 다음의 데이터를 이용하여 손실금액에 대한 파레토그림을 작성하라.

불량항목	불량개수	한 개당 재가공비	손실금액
흠	412	60	24720
크롬불량	264	740	195360
얼룩	148	490	72520
바닥불량	92	470	43240
벗겨짐	48	460	22080
수세불량	34	25	850
기 타	62	84	5208

Minitab ▶ 이용하기

1. 우선 다음 그림과 같이 데이터를 입력한다.

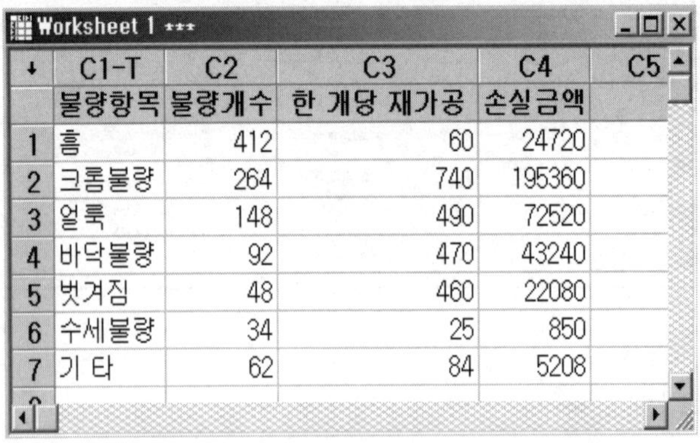

↓	C1-T	C2	C3	C4	C5
	불량항목	불량개수	한 개당 재가공	손실금액	
1	흠	412	60	24720	
2	크롬불량	264	740	195360	
3	얼룩	148	490	72520	
4	바닥불량	92	470	43240	
5	벗겨짐	48	460	22080	
6	수세불량	34	25	850	
7	기 타	62	84	5208	

2. 메뉴에서 [Stat] → [Quality Tools] → [Pareto Chart...]을 클릭한다.

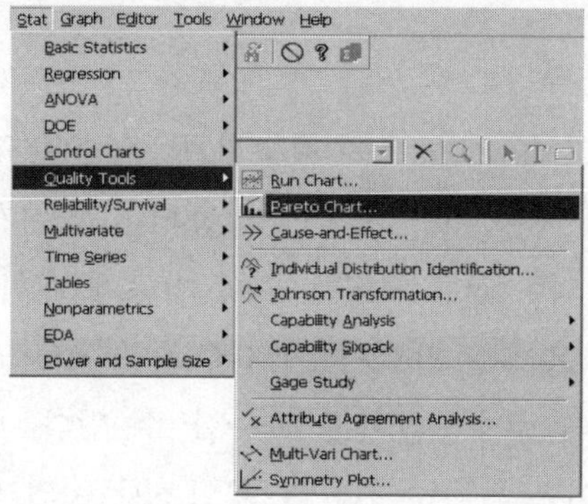

4. 파레토 그림 대화상자가 나타나면 각각 "c1"과 "c4"를 더블 클릭하여 "불량항목"과 "손실 금액"자료를 입력한다. 그리고 누적합이 95% 이후의 항목들을 하나로 묶어서 나타내도록 하기 위하여 "95"를 입력하고 [OK] 버튼을 클릭한다.

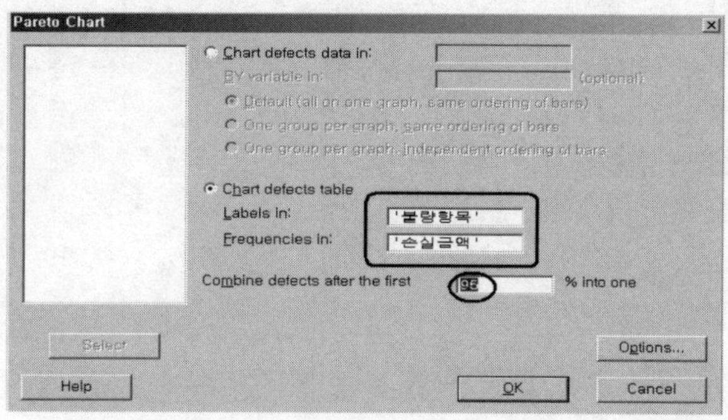

5. 다음과 같은 결과화면이 나타난다.

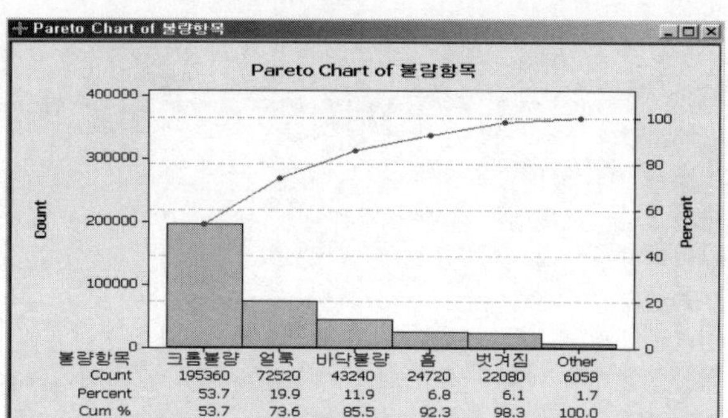

|해석| 크롬불량에 대한 손실금액이 전체 53.7%로 특별한 검토가 요망된다.

7) 체크시트

체크시트(check sheet)란 주로 계수치(예 불량수, 결점수)가 분류항목별의 요인 중 어느 요인에 혹은 어느 시점에 집중되어 있는가를 알아보기 쉽도록 나타낸 그림이나 표를 의미한다. 이것은 일상 자료에 대한 기록용지 구실을 하여 주며 기록이 끝난 다음에는 자료가 어디에 집중되고 있는지를 비교, 검토함으로서 문제점이 어디에 존재하는지를 판단할 수 있다. 따라서 체크시트는 불량이나 오점의 발생원인을 기록하거나 그 원인조사를 위해서 사용된다. 파레토 그림을 그리기 위하여 데이터를 수집하는 과정에서 이 체크시트를 많이 사용한다. 다음은 실제 체크시트 활용 예이다.

표 2.1_컴퓨터 조립공정의 불량 항목별 체크시트

	월	화	수	목	금	토	계
납땜불량	𝍸	‖	|||	𝍸	𝍸	‖	22
결점불량	𝍸	‖	𝍸	‖	𝍸	‖	21
조임불량			|||	|||	‖	𝍸	‖	16
색상불량	𝍸	‖	‖	|||	‖	‖	16
모양불량	𝍸	‖			‖	‖		12
계	41	11	14	14	19	8	

예제 2.16

카메라 조립공정에서 최근 2개월간의 불량발생 상황을 조사한 결과 다음 표와 같은 체크시트가 만들어졌다. 이 데이터를 이용하여 파레토그림을 그려라.

불량항목	10월 1주	2주	3주	4주	11월 1주	2주	3주	4주	합계
납땜불량		1	2		7	8	2		20
쇼트	1		1				1	2	5
나사풀림	6	15	13		10	7	7	5	63
간격불량	2		1	1		4			8
부품누락			1					2	3
접착불량	1	2	3		3		2	3	14
작동불량			2						2
흠	4	9	9	2	2	2	1	2	31
합계	14	27	32	3	22	21	13	14	146

Minitab ▶ 이용하기

1. 우선 다음 그림과 같이 데이터를 입력한다.

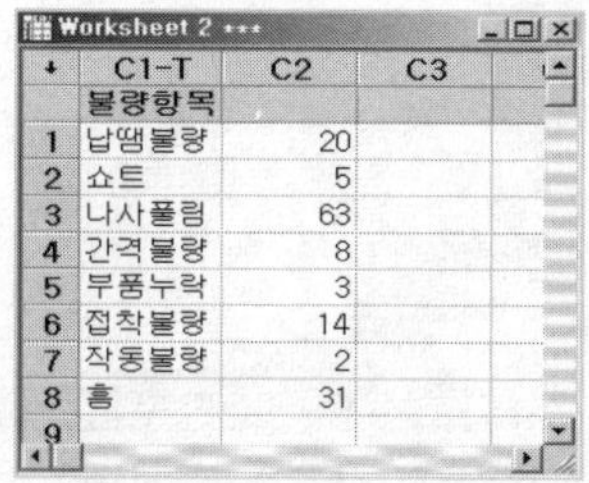

2. 메뉴에서 [Stat] → [Quality Tools] → [Pareto Chart...]을 클릭한다.

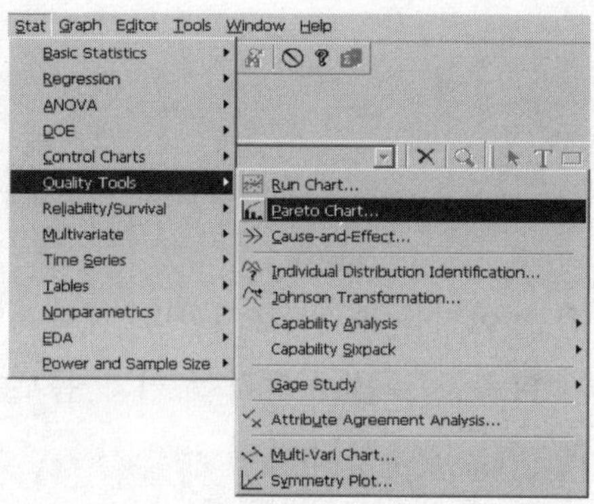

3. 파레토 그림 대화상자가 나타나면 각각 "c1"과 "c2"를 더블 클릭하여 "불량항목"과 "체크시트의 합"자료를 입력한다. 그리고 누적합이 95% 이후의 항목들을 하나로 묶어서 나타내도록 하기 위하여 "95"를 입력하고 [OK] 버튼을 클릭한다.

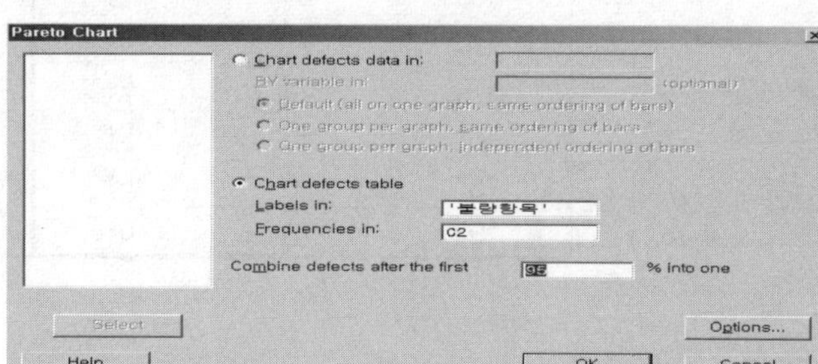

4. 다음과 같은 결과화면이 나타난다.

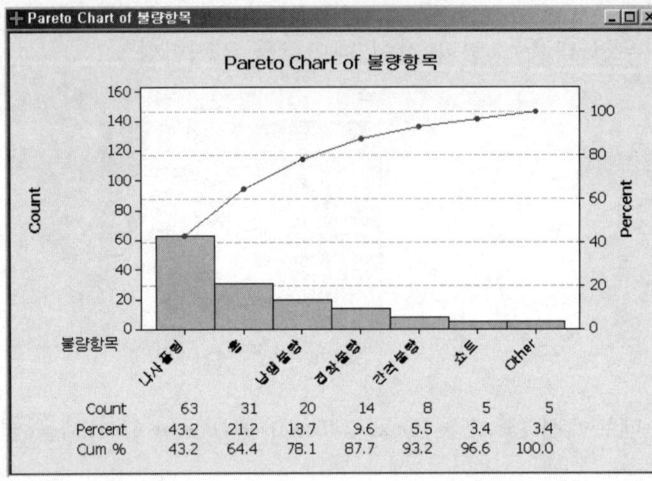

8) 각종 그래프

(1) Dot plot

선위에 측정된 데이터를 dot로 표시한다. 대략적인 데이터의 형태를 파악하는 데 용이하다. 다음 자료를 이용하여 키와 몸무게에 대한 점그래프를 그려보자.

키	몸무게	성별
168	64	남
169	62	여
162	54	남
173	79	여
166	56	남
175	71	여
179	74	남
161	53	남
157	50	남
169	65	여

Minitab ▶ 이용하기

1. "C1"과 "C2"에 키와 몸무게의 자료를 입력하고 [Graph] ➔ [Dotplot]을 클릭 한다.

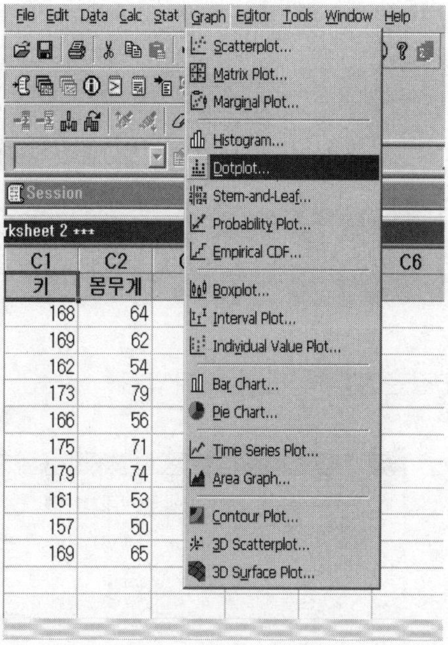

2. 다음과 같은 [Dotplots] 대화상자가 나타나면 [Multiple Y's Simple] 패턴을 선택하고 [OK] 버튼을 클릭한다.

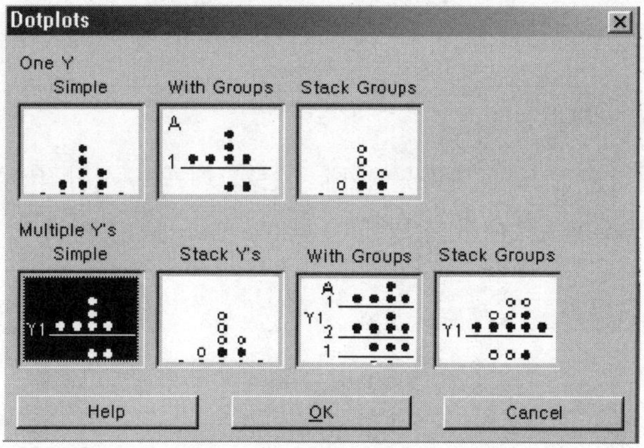

3. "C1"과 "C2"를 더블 클릭하여 변수란에 "키"과 "몸무게"열을 입력하고 [OK] 버튼을 클릭한다.

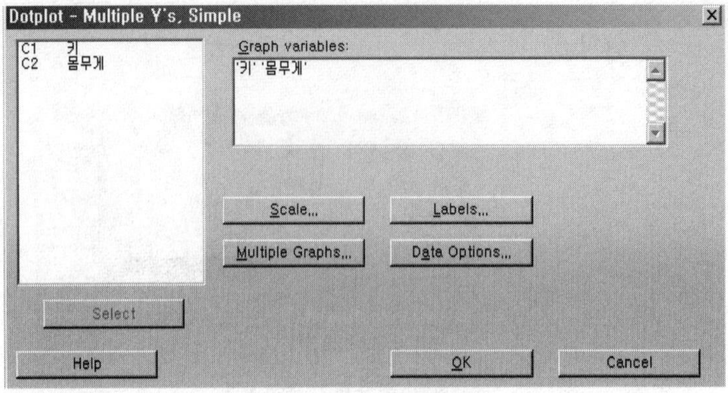

4. 다음과 같은 결과화면이 나타난다.

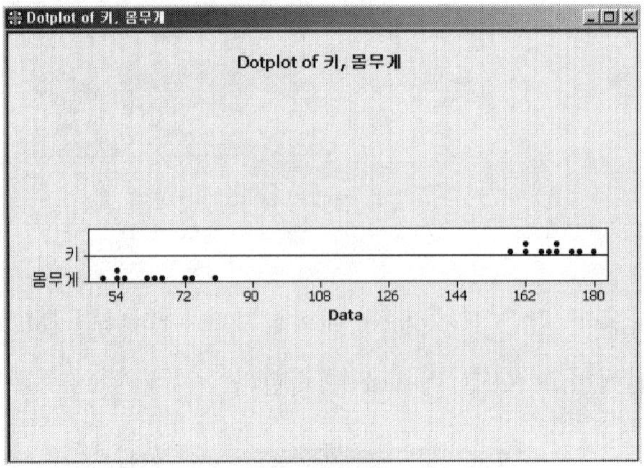

(2) Pie Chart

데이터를 빈도에 따라 구분해 주는 그래프로 시각적인 효과가 있다. 앞 절의 키와 몸무게자료에서 성별에 대한 Pie Chart를 그려보자.

Minitab ▶ 이용하기

1. "C3"에 성 별 자료를 입력하고 [Graph] ➔ [Pie Chart]을 클릭 한다.

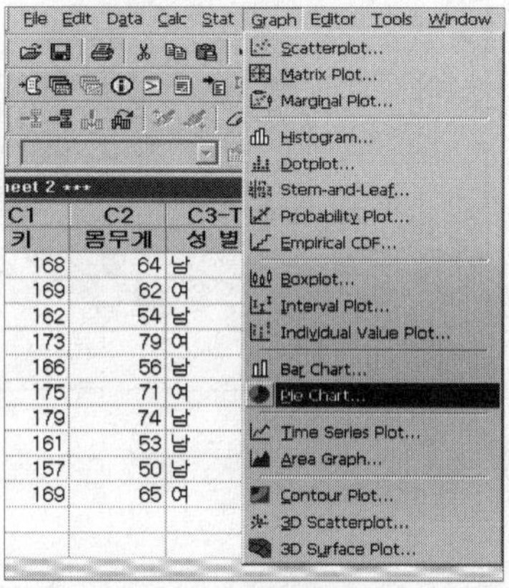

2. 다음과 같은 [Pie Chart] 대화상자가 나타나면 [Labels...] 버튼을 클릭한다.

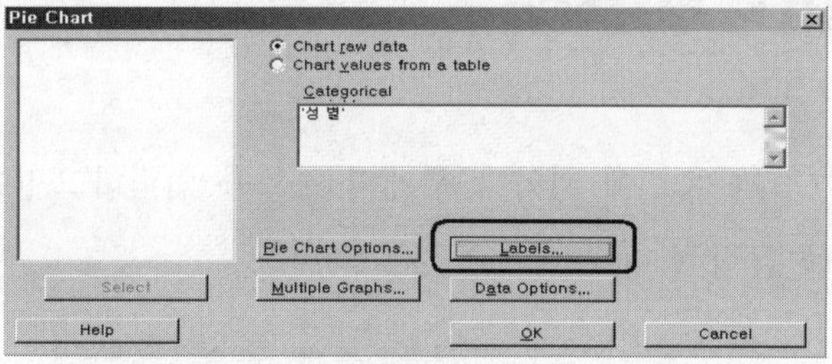

3. [Labels...] 대화상자가 나타나면 Slice Labels 탭을 선택하여 그림에 필요한 사항을 체크하고 [OK] 버튼을 클릭한다.

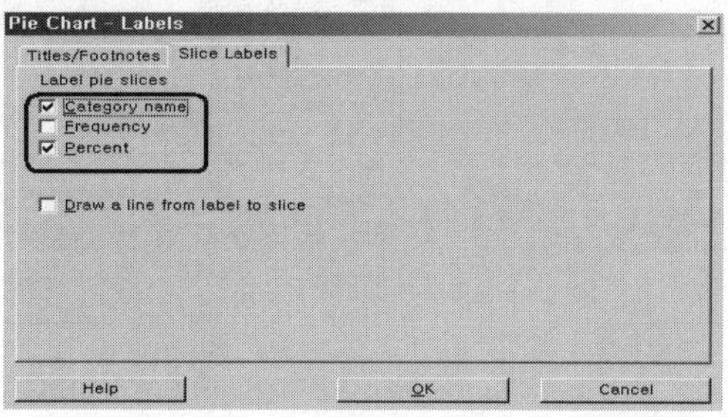

4. 다음과 같은 결과화면이 나타난다.

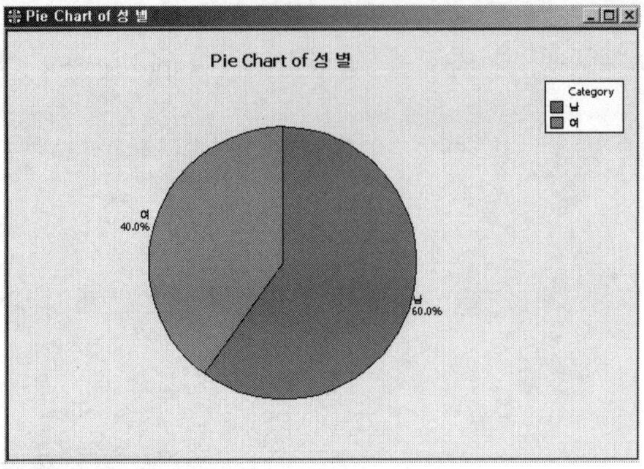

(3) Marginal plot

X, Y 데이터의 plot과 함께 X, Y의 산포와 크기를 함께 볼 수 있다. 앞 절의 키와 몸무게에 자료를 이용하여 Marginal Plot를 그려보자.

Minitab ▶ 이용하기

1. "C1"과 "C2"에 키와 몸무게의 자료를 입력하고 [Graph] → [Marginal Plot]을 클릭 한다.

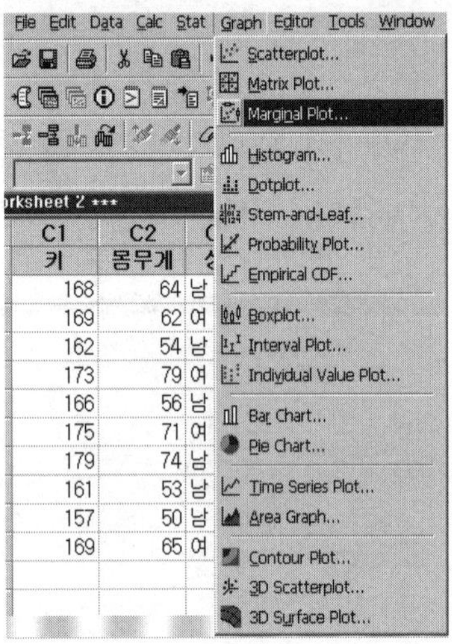

2. 다음과 같은 [Marginal Plot] 대화상자가 나타나면 원하는 패턴을 선택하고 [OK] 버튼을 클릭한다.

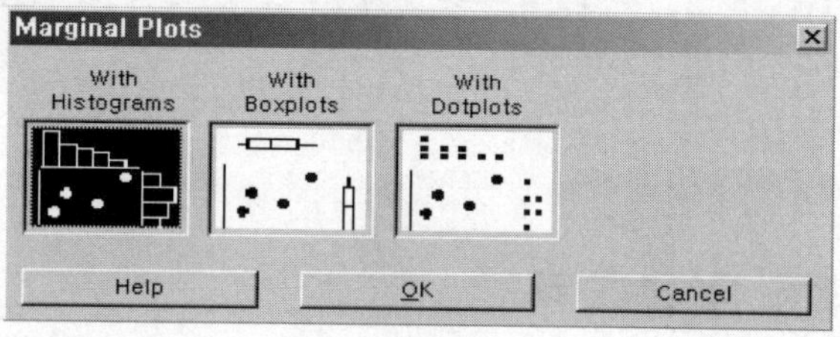

3. "C1"과 "C2"를 더블 클릭하여 Y변수란에 "키"과 X변수란에 "몸무게"열을 입력하고 [OK] 버튼을 클릭한다.

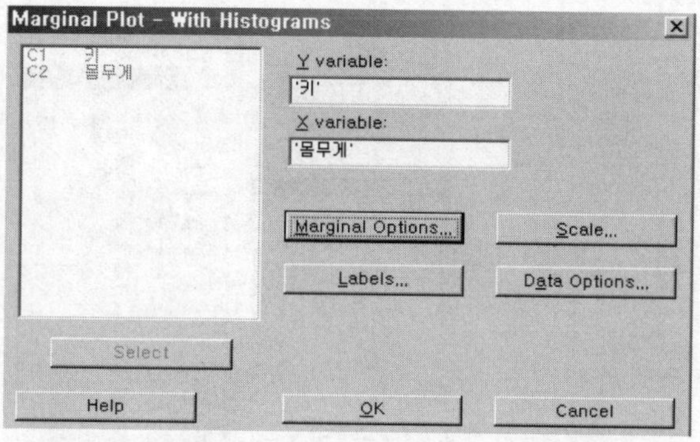

4. 다음과 같은 결과화면이 나타난다.

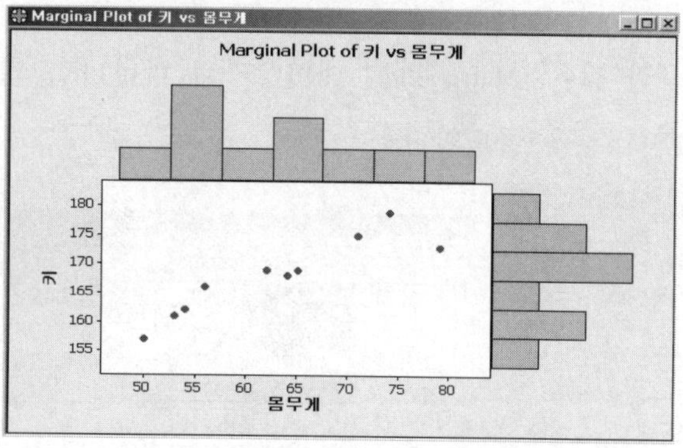

|해석| 키와 몸무게에는 양의 상관관계가 존재함을 보여주고 있다 키의 분포는 중심에 데이터가 몰려 있으며 몸무게는 비대칭을 이루고 있다.

(4) Matrix plot

여러 변수들 간의 관계를 파악하고자 할 경우 사용된다. 한번에 20개의 변수까지 동시에 볼 수 있다. 앞 절의 예 사원의 신체 상태자료에서 키와 몸무게에 대한 Matrix plot를 그려보자.

Minitab ▶ 이용하기

1. "C1" 과 "C2"에 키와 몸무게의 자료를 입력하고 [Graph] → [Matrix Plot]을 클릭 한다.

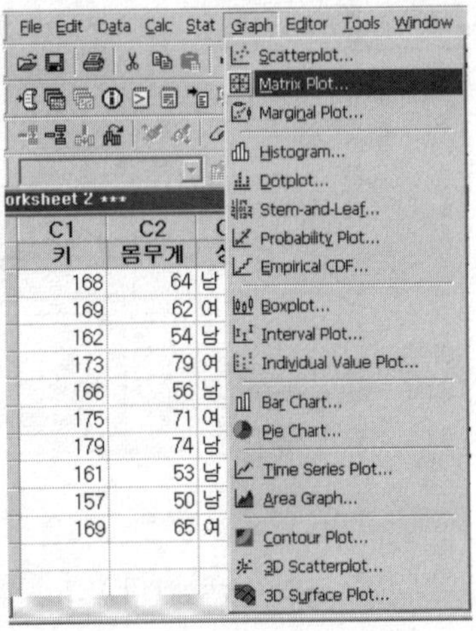

2. 다음과 같은 [Matrix Plot] 대화상자가 나타나면 원하는 패턴을 선택하고 [OK] 버튼을 클릭한다.

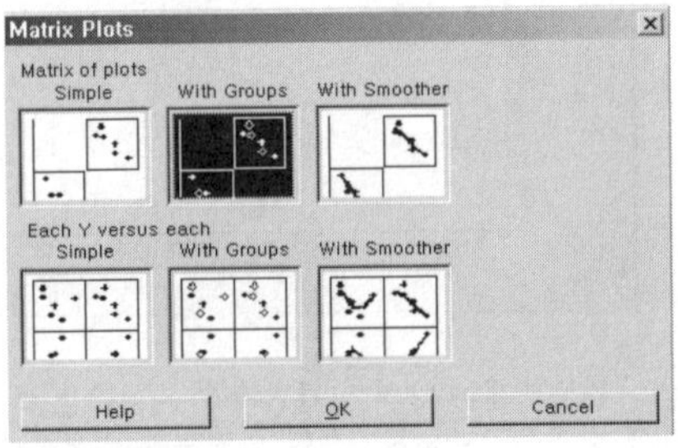

3. "C1"과 "C2"를 클릭하여 구룹 변수란에 "키", "몸무게" 열을 입력하고 [OK] 버튼을 클릭한다.

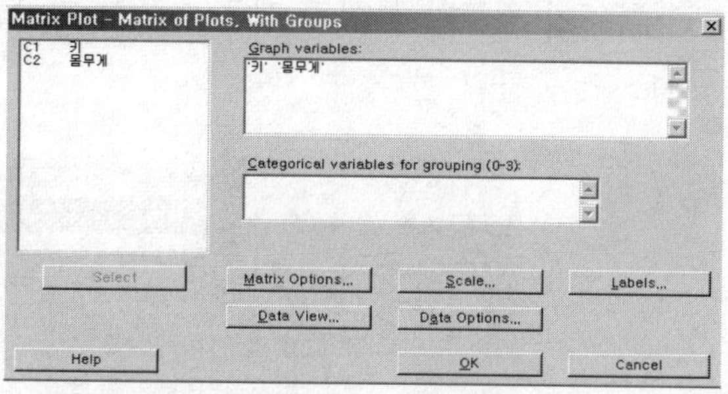

4. 다음과 같은 결과화면이 나타난다.

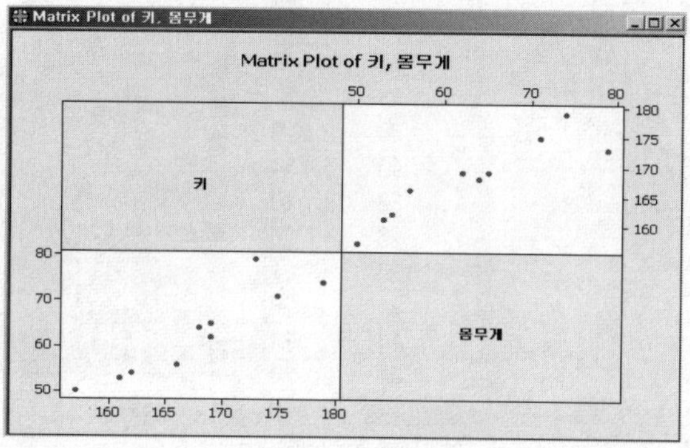

(5) Plot

산점도(scatter diagram)는 서로 대응되는 두 변수간의 관계를 파악하고자 하는 경우에 흔히 사용된다.

예제 2.17

> 다음 자료는 원료의 특성(x)과 이 원료를 써서 만든 제품의 특성(y)에 관한 조사 결과 자료가 다음과 같다. 산점도를 그려라.
>
> 원료의 특성(x) : 36 40 34 44 33 36 40 33 26 36 31 44 41 29 42 35 45 31 32 38
>
> 제품의 특성(y) : 29 32 29 40 31 29 34 30 25 31 28 34 34 27 33 33 34 27 30 33

Minitab ▶ 이용하기

1. "C1"과 "C2"에 원료의 특성과 제품의 특성 자료를 입력하고 [Graph] → [Satterplot…]을 클릭 한다.

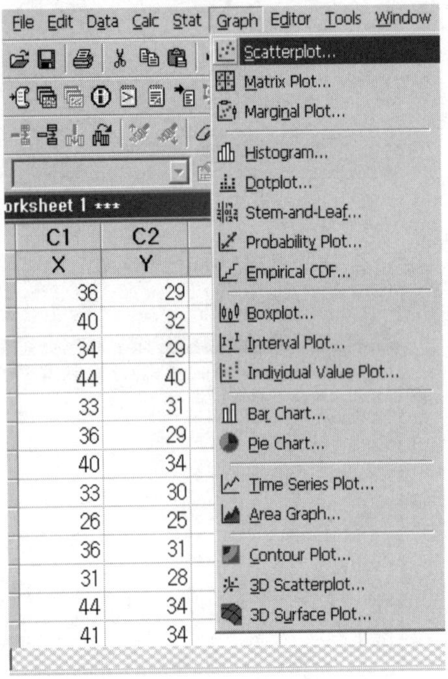

2. 다음과 같은 [Satterplots...] 대화상자가 나타나면 원하는 패턴을 선택하고 [OK] 버튼을 클릭한다.

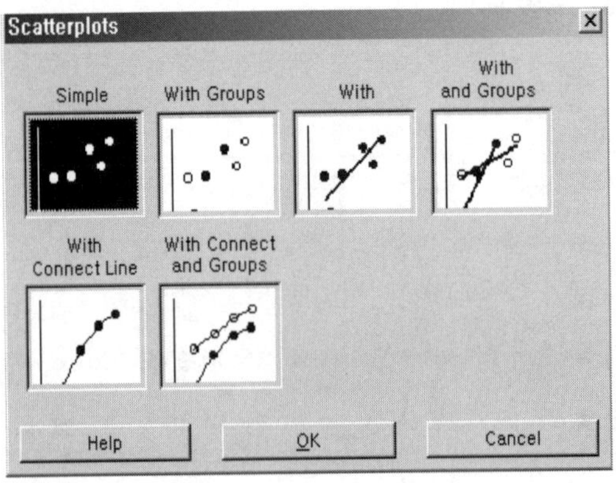

3. "C1"과 "C2"를 더블 클릭하여 Y변수란에 "제품의 특성"과 X변수란에 "원료의 특성"열을 입력하고 [OK] 버튼을 클릭한다.

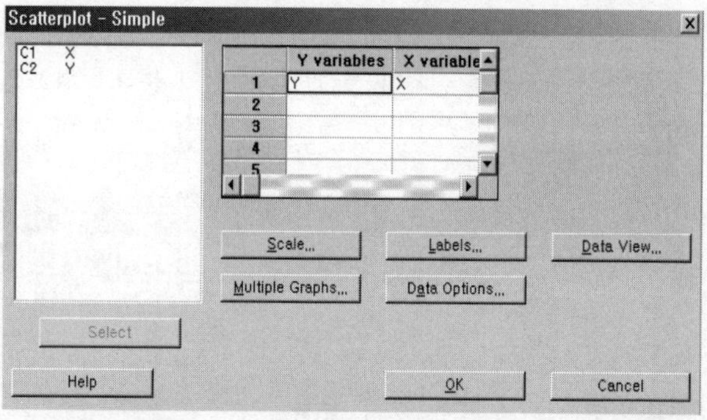

4. 다음과 같은 결과화면이 나타난다.

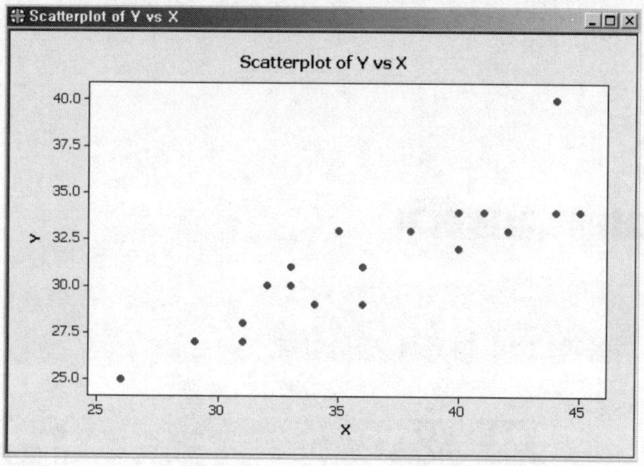

|해석| 원료의 특성(x)와 제품의 특성(y)에는 양의 상관관계가 존재함을 보여주고 있다.

9) 층화

층화(stratification)는 어떤 특성에 따라 몇 개의 부분군으로 분류함을 의미하는데 가령 작업자를 연령, 성별, 숙련도 등으로 분류할 수 있고, 혹은 계절별, 시간별 등으로 구분함이 그 예가 되고 이렇게 구분함으로서 품질의 변동원인을 쉽고 빠르게 파악 할 수 있다.

예제 2.18

6시그마 컨설턴트는 9명의 직원들에게 6시그마 교육을 실시하면서 다음과 같은 데이터를 얻었다. 종속변수는 6시그마의 분석(추검정)을 이해하는 데 소요되는 시간이고, 독립변수는 교육을 실시하기 전 적성검사의 성적과 통계전공과 비통계전공로 구분했다.

통계전공		비통계전공	
소요시간	적성검사 점수	소요시간	적성검사 점수
160	16	163	28
89	27	271	14
176	22	294	11
31	30	68	38
105	22	85	31
278	2	224	21
211	12	166	20
120	19	305	13
290	4	124	30

Minitab ▶ 이용하기

1. 다음과 같이 자료를 입력한다.

층별산점도.MTW ***

↓	C1	C2	C3	C4	C5
	소요시간1	적성검사점수1	소요시간2	적성검사점수2	
1	160	16	163	28	
2	89	27	271	14	
3	176	22	294	11	
4	31	30	68	38	
5	105	22	85	31	
6	278	2	224	21	
7	211	12	166	20	
8	120	19	305	13	
9	290	4	124	30	

2. 메뉴에서 [Graph] → [Satterplot...]을 클릭 한다.

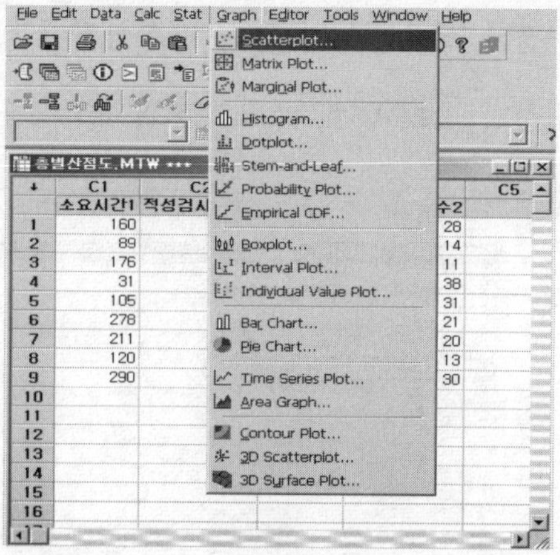

3. 다음과 같은 [Satterplots...]대화상자가 나타나면 원하는 패턴을 선택하고 [OK] 버튼을 클릭한다.

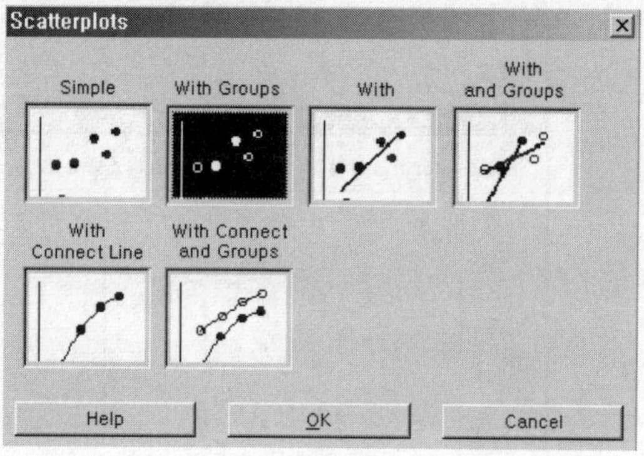

4. 다음과 같이 X,Y변수에 입력하고 [Multiple Graphs..] 버튼을 클릭한다.

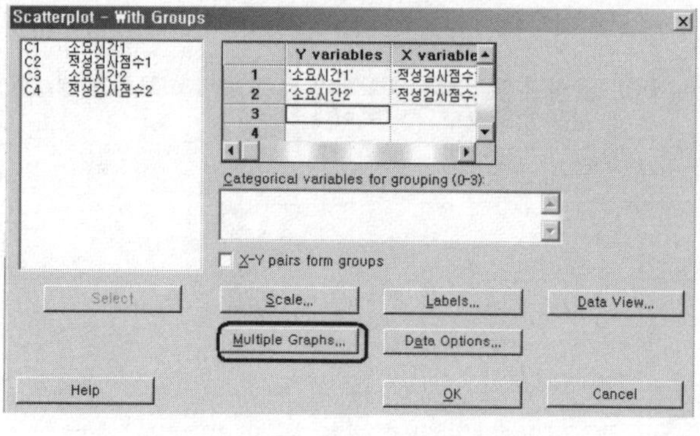

5. 다음과 같은 [Multiple Graphs..] 대화상자가 나타나면 중복으로 그림을 그리기 위하여 ⊙ Overlaid on the same graph 항목을 선택하고 [OK] 버튼을 클릭한다.

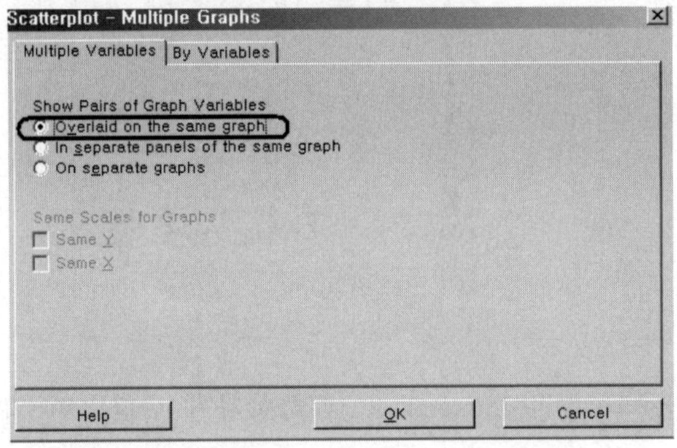

6. 다음과 같은 결과화면이 나타난다.

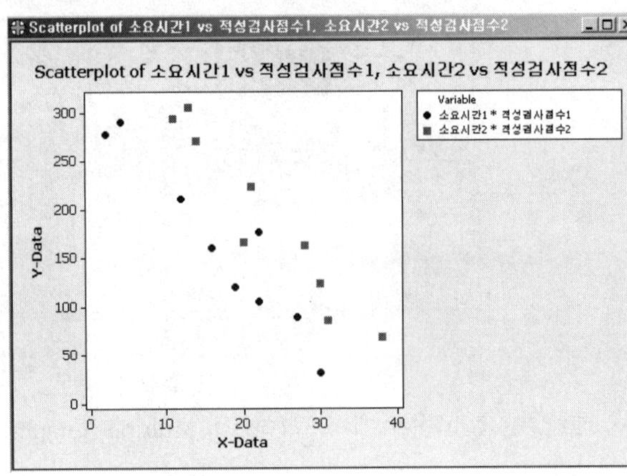

|해석| 층화된 산점도는 층화되지 않은 산점도 보다는 정보를 더 제공해주고 있다. 층화의 필요성이 요구되는 예이다.

연 / 습 / 문 / 제

1 1-1) 한 음식점에서 짜장면을 주문하여 집에 배달되는 데 시간을 조사하였다. 다음 물음에 답하라. (단위;분)

10 17 20 33 15 22 19

(1) 평균 (2) 중위수 (3) 제곱합 (4) 분산
(5) 표준편차 (6) 범위 (7) 사분위범위 (8) 변이계수

1-2) 의상학과에서는 의복재단에 활용하고자 미혼여성의 허리 사이즈를 측정하여 다음과 같은 자료를 얻었다. 이 자료를 가지고 평균, 분산, 중앙치, 최빈치를 구하면?

26 23 24 24 25 28 25 27 29 26 31 24 26 26 27
24 25 22 28 29 25 24 23 28 24 29 27 25 27 30

2 다음 자료 1과 자료 2 데이터에 대해 점그래프를 보면서 물음에 답하라. 여기서 자료 2 데이터는 자료 1 데이터에 각각 3씩을 더했다.

자료1 :	8	9	9	10	10	10	11	11	11	12
자료2 :	11	12	12	13	13	13	14	14	14	15

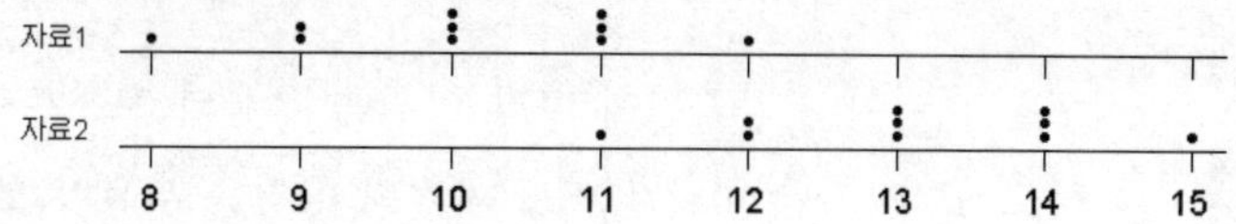

(1) 자료1의 평균과 분산을 구하라.
(2) 자료2의 평균과 분산을 구하라.
(3) 자료1과 자료2의 평균과 분산을 비교하고, 의미를 점그래프를 통해 설명하라.

3 다음은 어느 부품의 길이와 무게를 측정한 데이터이며, 이에 대한 점그래프다.

자료1(부품의 길이:cm) : 3.6 3.4 3.5 4.0 3.0
자료2(부품의 무게:g) : 66 59 67 64 71

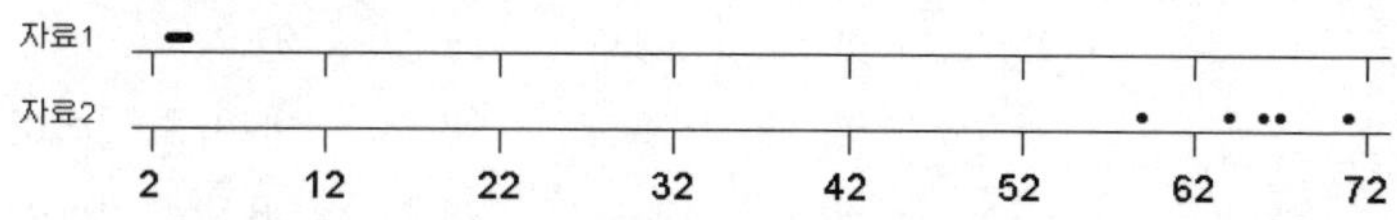

(1) 부품의 길이와 부품의 무게 각각의 평균과 표준편차를 구하라.
(2) 부품의 길이와 부품의 무게 각각의 변동계수를 구하라.
(3) 부품의 길이와 부품의 무게의 점그래프와 변동계수를 비교하고 의미를 설명하라.

4 다음 자료는 어느 회사의 입사 시험에 응시한 30명의 적성검사 결과를 나타내고 있다.

50 56 88 78 78 94 66 96 78 56
78 88 9 9 56 65 78 67 78 88 90
88 67 56 98 56 78 88 78 77 69

(1) 도수분포표를 작성하고, 이로부터 평균과 분산을 구하라.
(2) 도수분포표로부터 히스토그램을 그려라.
(3) 줄기-잎그림을 그리고 히스토그램과 비교하라.
(4) 박스플롯을 그려라.

5 대학 1학년 학생 30명의 하루 용돈을 조사한 결과 다음과 같았다.

2500, 1500, 5000, 4200, 3600, 1800, 2100, 3900, 4200, 5300, 4800, 1900, 6300, 2700, 3600
4700, 5100, 1200, 3700, 5500, 2600, 4500, 1800, 2700, 2500, 1000, 2300, 3300, 2200, 3600

① Minitab 이용하여 막대그림표를 작성하면?
② Minitab 이용하여 점도표를 작성하면?

6 식생활 패턴이 서구화됨에 따라 아침을 우유와 토스트로 대신하는 가정이 증가하고 있다. 지난 10년간 어느 가정의 아침을 우유와 토스트로 대신하는 횟수를 조사한 자료는 다음과 같다. Minitab을 이용하여 산점도를 작성하면?

년 도	83	84	85	86	87	88	89	90	91	92
회 수	45	37	76	72	42	83	94	101	124	151

7 보석상에서 제조한 금반지에 금의 함량이 부족하다고 하여 보석 감정원에서는 21개의 보석상에서 금반지를 수거하여 순도를 조사해 보았더니 다음과 같았다. 도수분포표를 작성하면?

98.72, 97.69, 98.00, 98.72, 97.87, 98.23, 98.41
98.95, 98.56, 98.56, 98.98, 98.87, 98.63, 98.88
98.56, 98.32, 98.09, 98.23, 98.57, 98.41, 97.94

8 추운 겨울에 운동부족으로 체중이 증가할 것이라는 예상을 하고 이 예상을 확인하기 위해 8명을 임의로 선정하여 여름과 겨울에 체중을 측정한 결과 다음과 같다. 산점도를 그려라.

여 름 : 52 60 63 43 46 56 62 50

겨 울 : 58 62 62 48 50 55 68 57

9 다음 자료는 어느 회사의 입사 시험에 응시한 30명의 적성검사 결과를 나타내고 있다.

50 56 88 78 78 94 66 96 78 56

78 88 9 9 56 65 78 67 78 88 90

88 67 56 98 56 78 88 78 77 69

(1) 도수분포표를 작성하고, 이로부터 평균과 분산을 구하라.
(2) 도수분포표로부터 히스토그램을 그려라.
(3) 줄기-잎그림을 그리고 히스토그램과 비교하라.
(4) 박스플롯을 그려라.

10 다음 자료는 2002년 6월부터 2007년 7월 까지 서초구 재건축 아파트의 평당 가격이다(단위: 만원).

1414.67, 1479.82, 1517.15, 1573.58, 1532.04, 1535.80, 1519.20, 1524.91, 1529.84, 1563.66, 1605.91, 1616.32, 1630.68, 1702.43, 1789.82, 1812.09, 1797.34, 1794.87, 1818.92, 1834.96, 1852.23, 1875.62, 1855.68, 1855.68, 1854.40, 1826.53, 1848.27, 1845.66, 1841.24, 1844.60, 1849.26, 1877.33, 2009.51, 2032.71, 2079.34, 2193.25, 2208.39, 2228.86, 2232.83, 2210.16, 2210.16, 2238.53, 2367.07, 2435.12, 2567.84, 2710.03, 2766.51, 2800.89, 2824.07, 2864.29, 2890.90, 3017.83, 3147.22, 3175.16, 3186.68, 3186.68, 3186.68, 3145.15, 3125.30, 3125.30.

(1) 도수분포표를 작성하고, 이로부터 평균과 분산을 구하라.
(2) 도수분포표로부터 히스토그램을 그려라.
(3) 줄기-잎 그림을 그리고 히스토그램과 비교하라.
(4) 박스플롯을 그려라.

CHAPTER 03

확률분포

제3장에서는 추/검정의 기초가 되는 기본 확률 및 확률분포에 대해 이룬다.

- 확률변수와 확률분포의 정의 및 특징
- 이산형 확률분포와 특징
- 연속형 확률분포와 특징
- 확률분포의 근사관계

1. 확률분포

1) 확률변수

주사위를 던질 때 나타나는 눈의 수에 대한 확률실험을 살펴보자. 이 때 예상되는 모든 결과를 나타내는 표본공간은 다음과 같다.

$$S = \{1, 2, 3,\ 4,\ 5,\ 6\}$$

주사위의 눈의 수를 X 라는 변수로 표시하면 X 는 1, 2, 3, 4, 5, 6 중 어느 하나의 값을 가질 수 있으며 각 값에는 확률이 부여된다. 여기서 확률이 부여되는 X를 확률변수(random variable)라고 한다. 즉 표본공간 S 에서 정의된 실수치 함수를 확률변수라고 정의할 수 있다. 확률변수는 일반적으로 대문자로 표시하고 소문자는 구체적인 측정값을 의미한다.

확률변수에는 이산확률변수와 연속확률변수가 있다. 이산확률변수는 확률변수가 취할 수 있는 실수값으로 셀 수 있는 변수가 된다. 이에 대한 예는 다음과 같다.

- 동전을 3번 던질 때 앞면이 나오는 횟수
- 어느 주말 고속도로에서 교통사고 건수
- 하루 동안 어느 은행을 방문한 고객의 수
- 공장에서 생산한 100개의 완성품 중 불량품의 개수

한편 연속확률변수는 확률변수가 취할 수 있는 실수값으로 어느 특정구간의 전체에 해당되며 그 수는 셀 수 없는 변수가 된다. 이에 대한 예는 다음과 같다.

- 주유소에서 한 달 동안 판매한 휘발유의 양
- 근로자가 직장에 도착하는 시간
- 어느 공장에서 생산되는 전구의 수명
- 생산되는 벽돌 한 개의 무게

2) 확률분포, 기대값 및 분산

(1) 이산확률분포

이산확률변수의 확률분포를 이산확률분포라 한다. 확률변수 X가 취할 수 있는 값을

x_1, $x_{2,}$ ⋯ , x_n이라 할때, 이 때 X가 x_i 를 취할 확률은

$$P(X=x_i)=p(x)\ (\ i=1,\ 2,\ \cdots,\ n)$$

와 같이 정의하자. 그러면 확률변수 X의 확률구조를 나타내는 함수 $p(x)$를 확률밀도함수(probability density function)라 하며, 이러한 확률밀도함수는 다음 조건을 만족한다.

(1) 모든 x 값에 대해 $p(x)\geq 0$

(2) $\Sigma_{\text{모든 }x}\,p(x)=1$

예제 3.1

1개의 동전을 3번 던지는 확률실험에서 앞면이 나오는 횟수를 확률변수 X라 하자. 확률분포를 구하고 확률분포함수임을 확인하라.

|결과| 확률변수 X를 앞면이 나오는 횟수라 하고, 앞면은 H 뒷면은 T라 할 때 표본공간은 다음과 같다.

표본공간	TTT	TTH THT HTT	HHT HTH THH	HHH
X = x	0	1	2	3

따라서 확률분포는

$$P(X=0)=\frac{\text{앞면이 한번도 나오지 않는 사건의 원소 갯수}}{\text{표본공간의 원소 갯수}}=\frac{1}{8}$$

같은 방법으로

$$P(X=1)=\frac{3}{8},\ P(X=2)=\frac{3}{8},\ P(X=3)=\frac{1}{8}$$

이며, 이에 대한 확률분포표는 다음과 같다.

x	0	1	2	3	합
p(x)	$\frac{1}{8}$	$\frac{3}{8}$	$\frac{3}{8}$	$\frac{1}{8}$	1

위의 확률분포표를 그래프로 표현하면 다음과 같다.

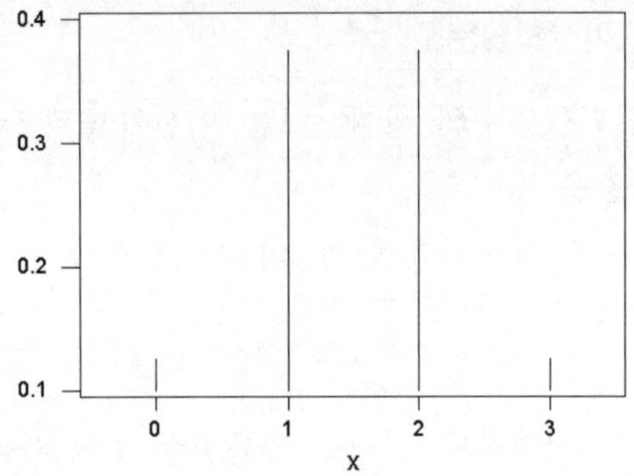

|해석| [예제3.1]의 확률실험은 임의의 x에서 확률값이 $p(x) \geq 0$이며, x = 0, 1, 2, 3 에서 각각의 확률 값을 합하면 1로 확률분포함수 임을 알 수 있다. $\Sigma_{모든\ x}\, p(x) = 1$

Minitab ▶ 이용하기

1. C1열에 데이터 0,1,2,3을 입력하고 [Calc] → [Probability Distributions] → [Binomil...]을 클릭한다.

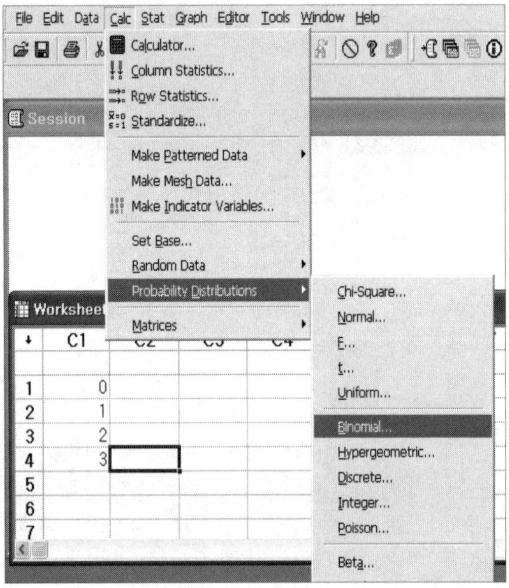

2. 이항분포 대화상자가 나타나면 [Probability] 항목을 선택하고 시행횟수와 성공의 확률인 3, 0.5를 입력하고 투입 열란에 “C1”, 결과열을 저장할 열 “C2”을 입력하고 [OK] 버튼을 클릭한다.

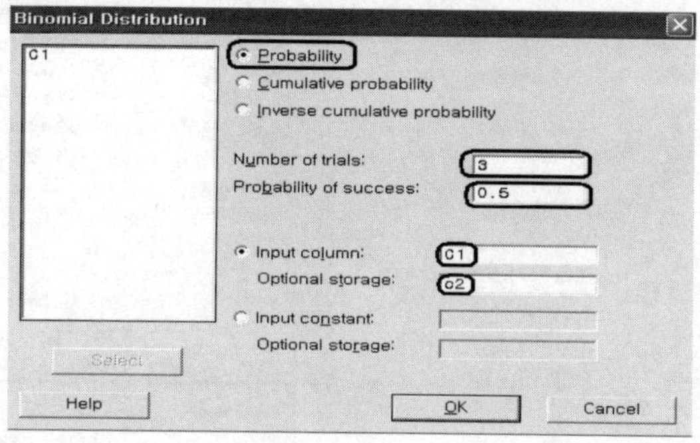

3. 계산된 각 확률값이 “1” 됨을 보이기 위하여 [Stat] → [Basic Statistics] → [Display Descriptive Statistics...]을 클릭한다.

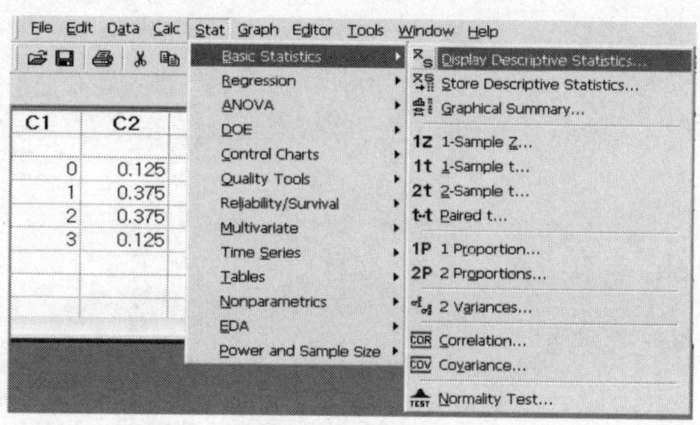

4. 다음과 같은 대화상자가 나타나면 변수입력란에 “C2”을 입력하고 [Statistics…] 버튼을 클릭한다.

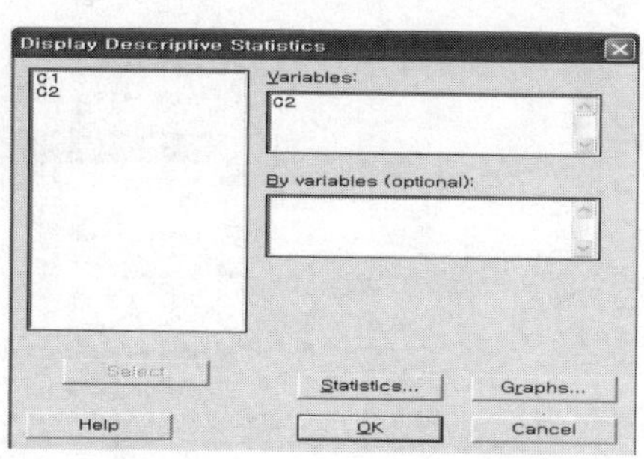

5. 다른 항목들은 선택해제하고 [SUM] 항목만 선택하고 [OK] 버튼을 클릭한다.

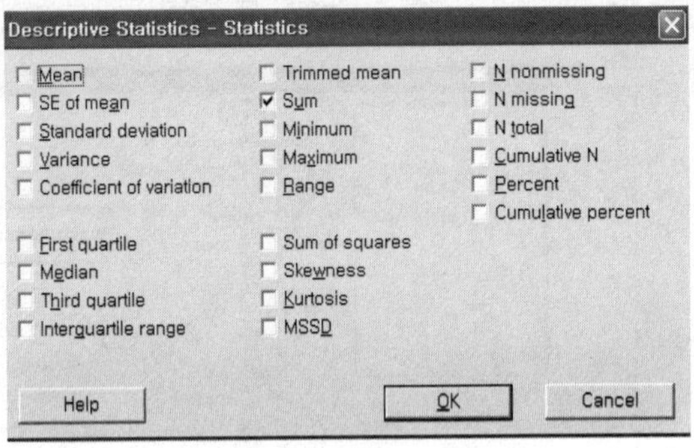

6. 다음과 같은 결과화면이 나타난다.

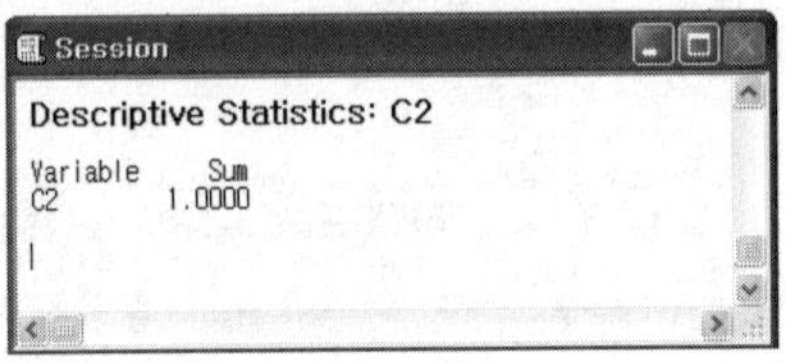

7. [Graph] ➔ [Bar Chart]를 선택한다.

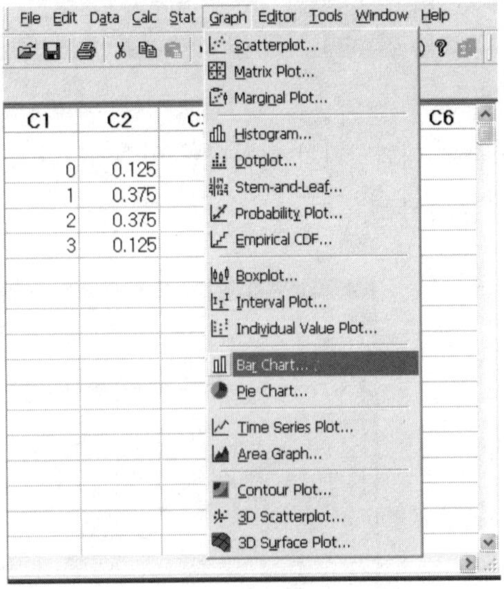

8. [Bar represent] 항목에서 스크롤바를 이용하여 [A function of a variable]를 선택하고 [OK] 버튼을 클릭한다.

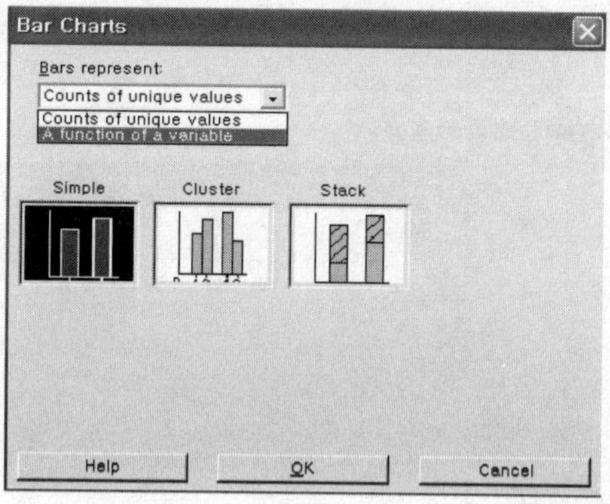

9. 그래프 변수를 "C2"에 범주변수를 "C1"으로 하여 [OK] 버튼을 클릭한다.

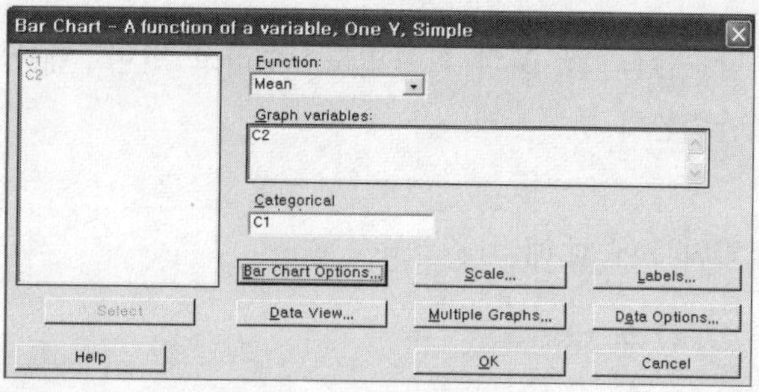

10. 다음과 같은 결과화면이 나타난다.

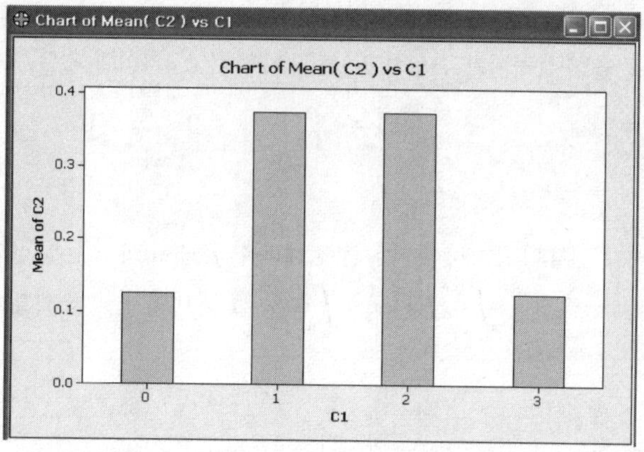

예제 3.2

8명의 스터디 그룹이 있다. 여기에서 5명인 감기환자가 포함되어 있다. 3명을 선택할 때 감기환자의 수를 확률변수 X라 할 경우의 확률분포표를 작성하라.

|결과| 확률분포표

x	0	1	2	3
$p(x)$	$\dfrac{\binom{5}{0}\binom{3}{3}}{\binom{8}{3}}$	$\dfrac{\binom{5}{1}\binom{3}{2}}{\binom{8}{3}}$	$\dfrac{\binom{5}{2}\binom{3}{1}}{\binom{8}{3}}$	$\dfrac{\binom{5}{3}\binom{3}{0}}{\binom{8}{3}}$

(2) 연속확률분포

연속확률변수의 확률분포를 연속확률분포라 한다.

연속확률변수 X의 사건 $\{a \le X \le b\}$의 확률이 $\int_a^b f(x)\,dx$으로 표시되며, 이때 연속함수 $f(x)$를 X의 확률밀도함수라고 한다. 확률밀도함수 $f(x)$는 다음 조건을 만족한다.

(1) 임의의 x에 대해 $f(x) \ge 0$

(2) $\int_{-\infty}^{\infty} f(x)\,dx = 1$

예제 3.3

확률변수 X가 0과 1사이에서 다음과 같은 확률밀도함수를 갖는다. 확률밀도 함수의 조건을 만족하는가 확인하고 X가 0.2에서 0.4사이의 값을 가질 확률을 구하라.

$$f(x) = \begin{cases} 1 & 0 \le x \le 1 \\ 0 & \text{그 외} \end{cases}$$

|결과| 모든 실수값 X에 대하여 $f(x) \ge 0$의 조건을 만족하며

$\int_{-\infty}^{\infty} f(x)dx = \int_0^1 1dx = 1$ 이므로 $f(x)$는 확률밀도함수이다.

$$P(0.2 \le X \le 0.4) = \int_{0.2}^{0.4} 1dx = 0.2$$

예제 3.4

X는 연속확률변수로서 구간 [0, 2]에서 다음의 확률밀도함수를 가진다. 다음의 확률을 구하라.

$$f(x) = \begin{cases} \frac{1}{2}x & 0 \le x \le 2 \\ 0 & \text{그 외} \end{cases}$$

① $P(1 \le X \le 1.5)$
② $P(X \le 1)$

|결과| ① $P(1 \le X \le 1.5) = \int_1^{1.5} \frac{1}{2}x dx = \left[\frac{x^2}{4}\right]_1^{1.5} = \frac{1.5^2}{4} - \frac{1}{4} = 0.3125$

② $P(X \le 1) = \int_0^1 \frac{1}{2}x dx = \left[\frac{x^2}{4}\right]_0^1 = \frac{1}{4}$

(3) 기대값과 분산

확률변수의 성질을 나타내는 대표적인 것으로 확률변수의 기대값(expectation)을 들 수 있다. 확률변수의 기대값은 $E(X)$ 라고 쓰며 이산형과 연속형에 따라서 다음과 같이 각각 정의된다.

$$E(X) = \begin{cases} \Sigma_{i=1}^n \, x_i \, p(x_i) \; (\text{이산}) \\ \int_{-\infty}^{\infty} x f(x) dx \; (\text{연속}) \end{cases}$$

확률변수의 기대값을 $E(X) = \mu$ 라 할 때 X의 분산은 $\sigma^2(X) = E(X-\mu)^2$ 로 다음과 같이 표현된다.

$$\sigma^2(x) = \begin{cases} \Sigma_{i=1}^n (x_i - \mu)^2 p(x_i) & (\text{이산}) \\ \int_{-\infty}^{\infty} (x-\mu)^2 f(x) dx & (\text{연속}) \end{cases}$$

●●● 참고하세요!!

확률분포에서 X와 $E(X)$ 의 차 $d = X - E(X)$ 를 편차라고 정의되는데 이 때 d 의 기대값은 항상 $E(d) = 0$ 이다.
따라서 d 의 기대값을 확률분포의 흩어진 정도를 나타내는 산포의 측도를 나타낼 수 없기 때문에 $E(X-\mu)^2$ 을 사용하게 되는데 이 산포의 측도를 X의 분산이라고 한다.

한편 분산은 기대값의 성질을 이용하여 다음과 같이 쓸 수 있다.

$$\sigma^2(X) = Var(X) = E(X-\mu)^2$$
$$= E(X^2 - 2\mu X + \mu^2)$$
$$= E(X^2) - 2\mu E(X) + \mu^2$$
$$= E(X^2) - \mu^2$$

a, b가 상수일 때 확률변수 X, Y의 기대값과 분산의 성질은 다음과 같다.

기 대 값	분 산
❶ $E(a) = a$	❶ $Var(a) = 0$
❷ $E(aX) = aE(X)$	❷ $Var(X) \geq 0$
❸ $E(aX+b) = aE(X) + b$	❸ $Var(X+b) = Var(X)$
❹ $E(X+Y) = E(X) + E(Y)$	❹ $Var(aX+b) = a^2 Var(X)$

예제 3.5

다음의 기대값과 분산의 성질을 증명하시오(a, b는 상수).

$$E(aX+b) = aE(X) + b \ , \ Var(aX+b) = a^2 Var(X)$$

|결과| 기대값의 특성들은 기대값의 정의에 의하여 증명할 수 있다.

$$E(aX+b) = \Sigma(ax_i + b)\, p(x_i)$$
$$= a\Sigma\, x_i\, p(x_i) + b\Sigma\, p(x_i)$$
$$= a(E(X) + b$$

$Y = aX + b$ 라고 하면

$$Var(Y) = E[(Y - E(Y)]^2)$$
$$= E[(aX + b - E(aX+b))]^2$$
$$= E[(aX - aE(X)]^2$$
$$= a^2 [E(X - E(X)]^2$$
$$= a^2 [(E(X-\mu)]^2$$
$$= a^2\, Var(X)$$

예제 3.6

다음과 같은 상금이 걸려 있는 복권이 있다. 모두 2,000매가 발행되었다면 복권의 기대값은 얼마인가를 구하라.

구 분	매 수	상 금
1등	1	100,000원
2등	5	20,000원
3등	10	5,000원
4등	20	500원
5등	1,964	100원

|결과| 복권상금의 확률분포는

x	100,000	20,000	5,000	500	100	합
$P(X=x)$	$\frac{1}{2,000}$	$\frac{5}{2,000}$	$\frac{10}{2,000}$	$\frac{20}{2,000}$	$\frac{1,964}{2,000}$	1

복권상금액을 X라 하면 기대값의 정의에 의해

$$E(X) = \Sigma\, x\, p(x)$$
$$= 100,000\frac{1}{2,000} + 20,000\frac{5}{2,000} + 5,000\frac{10}{2,000} + 500\frac{20}{2,000} + 100\frac{1,964}{2,000}$$
$$= 228\text{원}$$

|해석| [예제3.6]의 기대값 228원은 전체 상금액수를 전체 매수로 나눈값이 된다.
즉, 기댓값=

$$\frac{100,000\times1 + 20,000\times5 + 5,000\times10 + 500\times20 + 100\times1,964}{2,000} = 228\text{원}$$

이는 복권을 한 장 구입할 때 기대할 수 있는 금액으로 수없이 많은 복권을 구입하는 경우 평균적으로 기대할 수 있는 금액이 된다는 뜻이다. 위의 예제에서 복권 1장의 기대가치는 228원으로 만약 이 복권을 500원에 판매한다면 복권 발매자는 복권1장당 272원의 이익을 얻는 셈이다.

예제 3.7

1개의 동전을 3번 던지는 실험에서 앞면이 나오는 횟수를 확률변수 X라 하자. 기대값과 분산을 구하라.

|결과| 확률변수 X를 앞면이 나오는 횟수라 하면

x	0	1	2	3	합
p(x)	$\frac{1}{8}$	$\frac{3}{8}$	$\frac{3}{8}$	$\frac{1}{8}$	1

$$E(X) = \Sigma\, x\, p(x)$$
$$= 0\frac{1}{8} + 1\frac{3}{8} + 2\frac{3}{8} + 3\frac{1}{8} = 1.5$$
$$V(X) = E(X-\mu)^2 = E(X^2) - \mu^2 = \Sigma\, x^2 p(x) - \mu^2$$
$$= 0^2\frac{1}{8} + 1^2\frac{3}{8} + 2^2\frac{3}{8} + 3^2\frac{1}{8} - (1.5)^2 = 0.75$$

예제 3.8

연속확률변수 X의 확률밀도함수가 다음과 같을 때 기대값과 분산을 구하라.

$$f(x) = \begin{cases} \frac{2}{5}(1-x^2) & -1 \le x \le 1 \\ 0 & \text{그 외} \end{cases}$$

|결과| $E(X) = \int_{-\infty}^{\infty} x f(x)\, dx$

$$= \int_{-1}^{1} x \frac{2}{5}(1-x^2)\, dx$$
$$= 2 \times \frac{2}{5}\int_{0}^{1}(-x^3 + x)\, dx$$
$$= \frac{1}{5}$$
$$V(X) = \int_{-\infty}^{\infty} x^2 f(x)\, dx - (E(X))^2$$
$$= \int_{-1}^{1} x^2 \frac{2}{5}(1-x^2)\, dx - \left(\frac{1}{5}\right)^2$$
$$= \frac{1}{15}$$

예제 3.9

연속확률변수 X 의 확률밀도함수가 다음과 같을 때 k 값, 기대값과 분산을 구하라.

$$f(x) = \begin{cases} kx & 0 \le x \le 1 \\ 0 & \text{그 외} \end{cases}$$

|결과| 확률밀도함수의 성질에 의해 다음이 만족 된다.

$$\int_{0}^{1} kx\, dx = 1, \quad \therefore\ k = 2 \quad .$$

기대값의 정의에 의해 다음과 같이 계산된다.

$$E(X) = \int_{-\infty}^{\infty} x f(x)\, dx = \int_0^1 x\,(2x) dx = 2\int_0^1 x^2\, dx = \frac{2}{3}$$

분산의 정의 계산식에 의하면 다음과 같이 된다.

$$V(X) = \int_{-\infty}^{\infty} x^2 f(x)\, dx - (E(X))^2 = \int_0^1 2\,x^3\, dx - \left(\frac{2}{3}\right)^2 = \frac{1}{18}$$

예제 3.10

통계 실무자 연수과정에서 실시한 성적의 평균은 $E(X) = 4$, 분산은 $V(X) = 1$이라 한다. 점수를 다음과 같이 조정하기로 하였다. 여기서 확률변수 X는 성적이며, 10점 만점 시험이다. 주어진 실제 자료(원 데이터 X)와 점수 조정을 실시한 자료에 대하여 점그래프를 그렸다. 의미를 비교하여 설명하시오.

점수조정
기본점수 2점씩 추가
10점만점을 100점 만점으로
100점만점 성적에 기본점수를 20점씩 추가

원 데이터 X :	4	3	5	4	3	4	3	4	4	4
X+2 :	6	5	7	6	5	6	5	6	6	6
10X :	40	30	50	40	30	40	30	40	40	40
10X+20 :	60	50	70	60	50	60	50	60	60	60

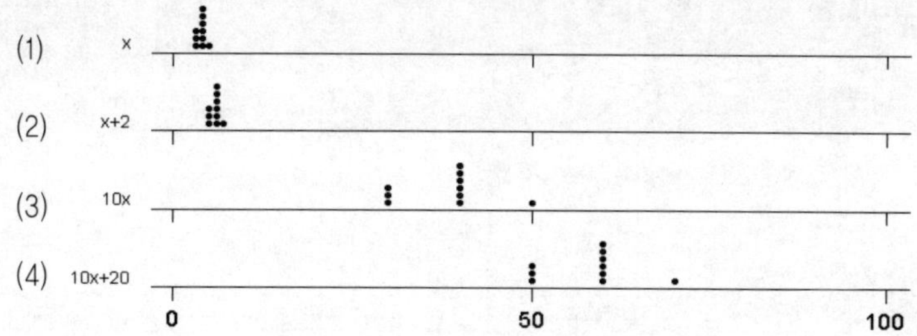

|결과| (1)와 (2)은 평균이 2만큼 평행이동 했을 뿐 분산은 변하지 않았다.

즉, $E(X+2)=E(x)+2=6$, $V(X+2)=V(X)=1$

(3)와 (4)도 평균이 20만큼 평행 이동했을 뿐 분산은 변하지 않았다.

즉, $E(10X+20)=10E(X)+20=10\times40+20=60$, $V(10X+20)=V(10X)=100\times1=100$

(1)와 (3)는 원 데이터에 10배를 했을 때 평균은 10배로 커지며, 분산은 100배로 커졌다.

즉, $E(10X)=10E(X)=10\times4=40$, $V(10X)=10^2V(X)=100\times1=100$

(4) 분포함수

임의의 실수 x에 대하여 확률변수 X가 x보다 작거나 같은 값을 취할 누적 확률은

$$F(x) = P(X \le x)$$

이 되며, 이와 같은 함수를 X의 분포함수(distribution function)라고 정의한다. X가 확률분포함수 $p(x_i)$를 갖는 이산확률변수이면 $F(x)$는

$$F(x) = \sum_{x_i \le x} p(x_i)$$

와 같으며, 이 때 $F(x)$는 계단함수(step function)가 된다. 한편 X가 확률밀도함수 $f(x)$를 갖는 연속확률변수이면 $F(x)$는

$$F(x) = \int_{-\infty}^{x} f(t)dt$$

와 같다. 분포함수는 다음과 같은 성질이 있다.

1. $F(-\infty) = 0, F(+\infty) = 1$ 즉 최대값은 1이고 최소값은 0이다.
2. F(x)는 비감수 함수(nondecreasing function)
3. F(x)는 x에서 오른쪽으로 연속
4. $P(a \le X \le b) = F(b) - F(a)$.
5. 연속형 확률변수에서는
   $\frac{dF(x)}{dx} = F'(X) = f(x)$

예제 3.11

3개의 동전을 던지는 확률실험에서 앞면이 나오는 횟수를 확률변수 X라고 할 때 확률밀도함수와 분포함수를 구하고 그래프를 그려라.

|결과|

X	0	1	2	3	합 계
$p(x)$	1/8	3/8	3/8	1/8	1
$F(x) = p(X \le x)$	1/8	4/8	7/8	1	

$$F(x)=\begin{cases}0 & -\infty \leqq x<0 \\ 1/8 & 0 \leqq x<1 \\ 1/8+3/8=4/8 & 1 \leqq x<2 \\ 1/8+3/8+3/8=7/8 & 2 \leqq x<3 \\ 1/8+3/8+3/8+1/8=1 & 3 \leqq x<\infty\end{cases}$$

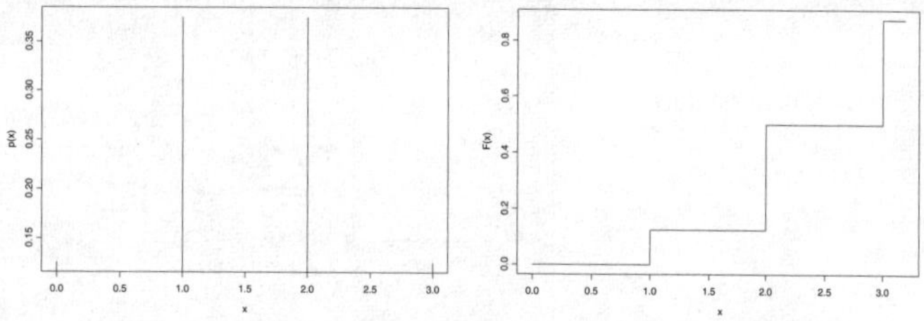

그림 4.1_확률밀도함수와 누적분포함수그래프

Minitab ▶ 이용하기

1. "c1"열에 데이터 0,1,2,3을 입력하고 [Calc] → [Probability Distributions] → [Binomil...]을 클릭한다.

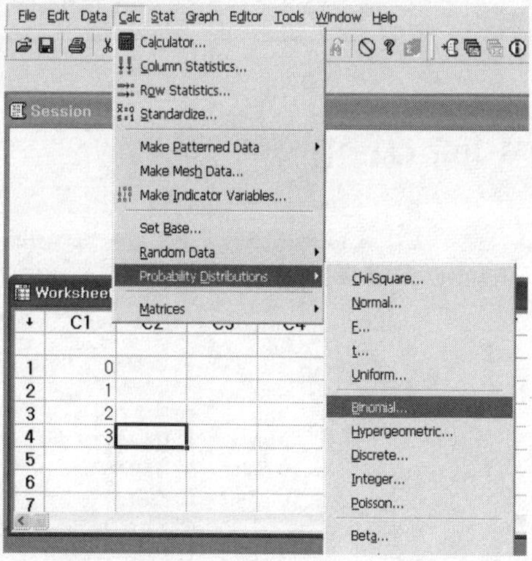

2. 누적분포함수 그래프를 그리기 위하여 이항분포 대화상자가 나타나면 [Cumulative Probability] 항목을 선택하고 시행횟수 와 성공의 확률인 3, 0.5를 입력하고 투입 열란에 "c1", 결과 열을 저장할 열 "c3"을 입력하고

[OK] 버튼을 클릭한다.

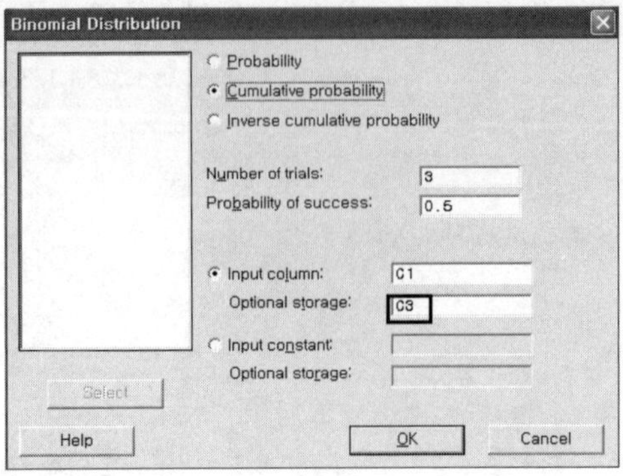

3. 다음과 같은 결과화면이 나타난다.

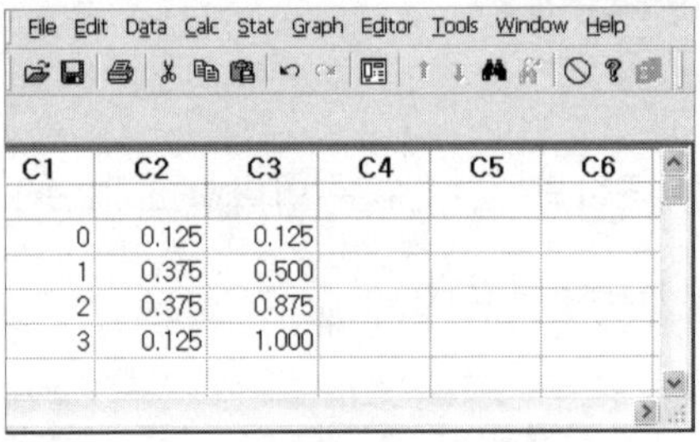

4. [Graph] ➔ [Bar Chart]를 선택한다.

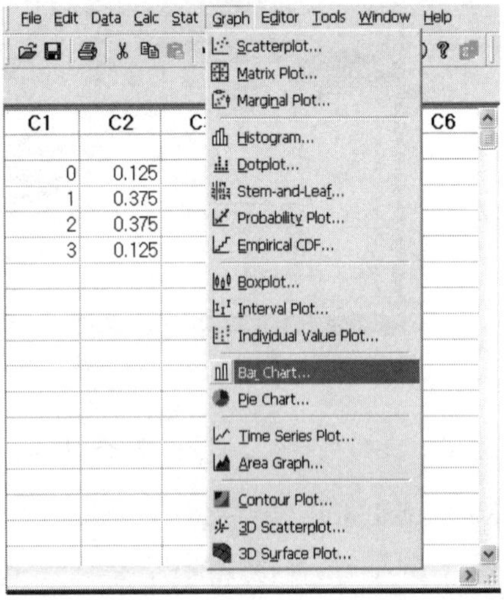

5. [Bar represent] 항목에서 스크롤바를 이용하여 [A function of a variable]를 선택하고 [OK] 버튼을 클릭한다.

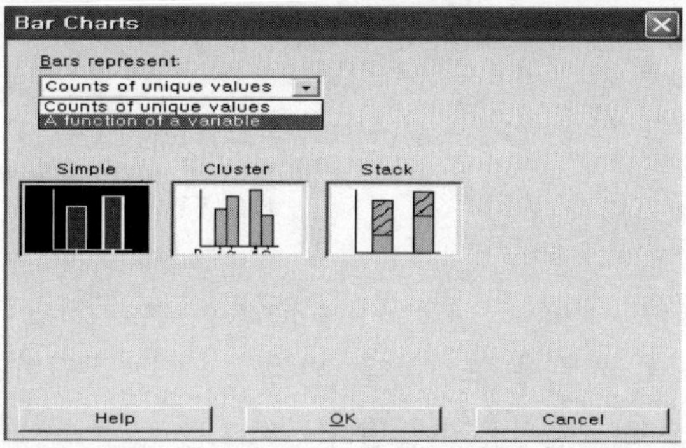

6. 그래프 변수를 “C3”에 범주변수를 “C1”으로 하여 [OK] 버튼을 클릭한다.

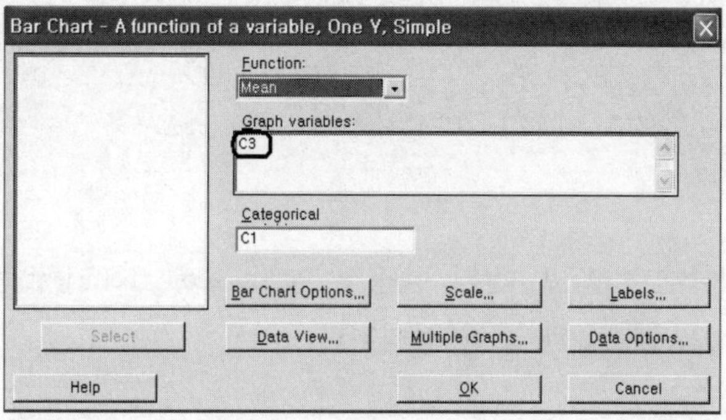

7. 다음과 같은 결과화면이 나타난다.

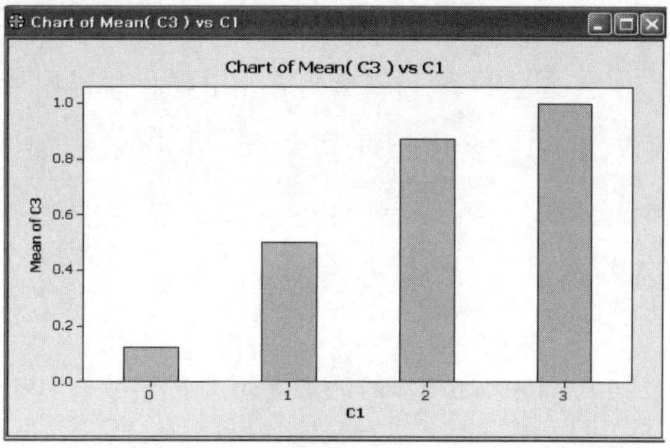

3) 공분산과 상관계수

두 개의 확률변수 X, Y의 기대값과 분산을 각각 μ_x, μ_y 및 σ_x^2, σ_y^2 이라고 할 때 다음과 같은 기대값을 생각해 볼 수 있다.

$$\begin{aligned} E(X-\mu_x)(Y-\mu_y) &= E(XY-\mu_y X-\mu_x Y+\mu_x\mu_y) \\ &= E(XY)-\mu_x\mu_y \end{aligned}$$

이와 같은 기대값을 X, Y의 공분산(covariance)이라고 하며, 일반적으로 σ_{xy} 혹은 $Cov(X, Y)$로서 표시한다. 만약 X, Y가 독립이면 $E(XY)=E(X)\cdot E(Y)$ $=\mu_x\mu_y$이므로 공분산은 0이 된다.

●●● 참고하세요!!

확률변수 X와 Y가 독립이면 다음이 성립한다.

1. $E(XY)=E(X)\,E(Y)$
2. $Cov(X,Y)=0$
3. $V(X\pm Y)=V(X)+V(Y)$
4. $\rho(X,Y)=0$

두 확률변수 X, Y 간의 상관계수(correlation coefficient)는 $Corr(X, Y)$ 혹은 ρ로 나타내며 다음과 같이 정의된다.

$$\begin{aligned} \rho &= \frac{E(X-\mu_x)(Y-\mu_y)}{\sqrt{E(X-\mu_x)^2\,E(Y-\mu_y)^2}} \\ &= \frac{Cov(X, Y)}{\sqrt{V(X)V(Y)}} \end{aligned}$$

만약 X, Y가 독립이면 $Cov(X, Y)=0$이므로 $\rho=0$이 된다. 공분산 및 상관계수는 다음과 같은 성질이 있다.

1) $V(X\pm Y)=V(X)+V(Y)\pm 2Cov(X, Y)$

2) $-1\le \rho(X, Y)\le 1$

3) $\rho(aX+b, cY+d)=\rho(X, Y)$, $(a, c\neq 0)$

예제 3.12

A 지점의 생산량을 X, B 지점의 생산량을 Y라 한다. 두 지점의 기술통계량 정보는 다음과 같다.
단, $E(X)=10$, $E(Y)=20$, $V(X)=30$, $V(Y)=5$, $Cov(X,Y)=-2$이라고 하면 $W=X+Y$를 전체 생산량이라 할 때, 전체 생산량의 평균 $E(W)$과 분산 $V(W)$을 구하라.

|결과| $E(W)=E(X+Y)=E(X)+E(Y)=10+20=30$
$V(W)=V(X+Y)=V(X)+V(Y)+2Cov(X,Y)=30+5+2(-2)=31$

예제 3.13

어떤 조립완제품은 부품의 길이가 각각 X, Y, Z인 3개의 부품으로 이뤄져 있다 한다. 이 조립완제품은 3개의 부품을 임의의 조립방법에 의해 길이로 직렬 연결, 즉 $W=X+Y+Z$으로 한다. 조립완제품의 길이의 평균과 분산을 구하라.(단, $E(X)=20$, $V(X)=1$, $E(Y)=30$, $V(Y)=2$, $E(Z)=40$, $V(Z)=3$이며 부품의 길이 간에는 서로 독립)

|결과| $E(W)=E(X+Y+Z)=E(X)+E(Y)+E(Z)=20+30+40=90$
$V(W)=V(X+Y+Z)=V(X)+V(Y)+V(Z)=1+2+3=6$

2. 이산형 확률분포

1) 이항분포

흔히 실험의 결과를 두 가지 중의 하나로 분류하는 경우를 볼 수 있다. 한 번의 실행에서 참 혹은 거짓을 판별하는 것, 예를 들면 제품의 검사 결과를 양호 또는 불량 중의 하나로 분류하는 것, 시험에 응시한 결과 합격 또는 불합격, 출산 시 아들 혹은 딸 등이 된다. 이와 같이 어떤 실험 결과가 오직 두 가지 중의 하나로 나타날 때, 이 실험을 베르누이 시행(bernoulli trial)이라 한다. 베르누이 시행에서 흔히 관심이 있는 결과를 "성공(success)"으로, 그리고 나머지 한 결과를 "실패(failure)"로 나타낸다.

●●● 참고하세요!!

일반적으로 베르누이 시행에서는 두 가지의 현상을 성공(1), 실패(0)라고 분류하고 각각의 사건이 일어날 확률을 p 및 $1-p$라고 하면 확률변수 X의 기대값과 분산은 다음과 같다

$$E(X) = 1 \cdot p + 0 \cdot (1-p) = p$$
$$V(X) = \Sigma_{i=1}^{n}[(x_i - E(X)]^2 = (1-p)^2 \cdot p + (0-p)^2 \cdot (1-p) = p(1-p)[(1-p)+p] = p(1-p)$$

베르누이 시행을 독립적으로 반복한 베르누이 확률변수의 합 $X = X_1 + X_2 + \cdots + X_n$으로 표기되면 다음과 같이 이항분포의 평균과 분산이 된다.

$$E(X) = E(X_1) + E(X_2) + \cdots + E(X_n) = np$$
$$V(X) = V(X_1) + V(X_2) + \cdots + V(X_n) = np(1-p)$$

다음 예제를 통해 이항분포를 설명한다.

예제 3.14

A 회사의 생산라인에서는 20%의 불량품이 나오는 것으로 알려져 있다. 여기서 4개의 제품표본을 취했다. X를 불량품의 개수라 할 때 표본공간, 경우의 수 및 확률분포를 구하라.

|결과| 불량품과 양품의 경우를 각각 s와 f로 나타내면 다음 표와 같은 표본공간과 각각의 확률을 구할 수 있다.

표본공간	경우의 수	$X=x$	$P(X=x)$
f f f f	$\binom{4}{0}$	0	$\binom{4}{0}(0.2)^0(1-0.2)^4$
f f f s f f s f f s f f s f f f	$\binom{4}{1}$	1	$\binom{4}{1}(0.2)^1(1-0.2)^3$
f f s s f s f s f s s f s f f s s f s f s s f f	$\binom{4}{2}$	2	$\binom{4}{2}(0.2)^2(1-0.2)^2$
s s s f s s f s s f s s f s s s	$\binom{4}{3}$	3	$\binom{4}{3}(0.2)^3(1-0.2)^1$
s s s s	$\binom{4}{4}$	4	$\binom{4}{4}(0.2)^4(1-0.2)^0$

일반적으로 n개의 제품 중에서 불량률을 p라 할 때, 불량품의 개수가 $X=x$일 확률은 다음과 같다.

$$P(X=x)=\binom{n}{x}p^x(1-p)^{n-x} \quad (x=0,\ 1,\cdots,n) \qquad (*)$$

위의 예제에서 각 제품에서 양품, 불량품을 선택하는 일은 베르누이 시행의 한 예이다. 위의 예제의 시행은 서로 독립적으로 시행된다. 이와 같이 동일한 성공의 확률을 가진 베르누이 시행을 독립적으로 반복하여 시행할 때, 성공의 횟수 X를 이항 확률변수(Binomial random variable)라 하고, 위의 식(*)를 이항분포(Binomial distribution)라고 한다. 일반적으로 시행횟수가 n이고 성공률이 p이며 성공횟수가 X인 이항분포의 표현은 $X \sim B(n,\ p)$로 나타낸다. 다음은 이항 확률변수를 따르는 대표적인 예들이다.

시 행	성공	실패	성공률 p	시행횟수 n	성공횟수 X
동전 던지기	앞면	뒷면	1/2	동전을 던진 횟수	앞면의 수
한 가정에서 아이의 출생	아들	딸	1/2	아이의 수	아들의 수
4지선다형	정답	틀린 답	1/4	문제의 수	정답 수
공정	불량품	양품	공정의 불량률p	표본의 크기	불량품 개수

다음은 $P(X=x)=\binom{n}{x}\frac{1}{6}^x\left(1-\frac{1}{6}\right)^{n-x} \quad (x=0,\ 1,\cdots,n)$의 그래프이다. 이 그래프에서 n이 증가 할수록 대칭의 형태로 변해가고 있다.

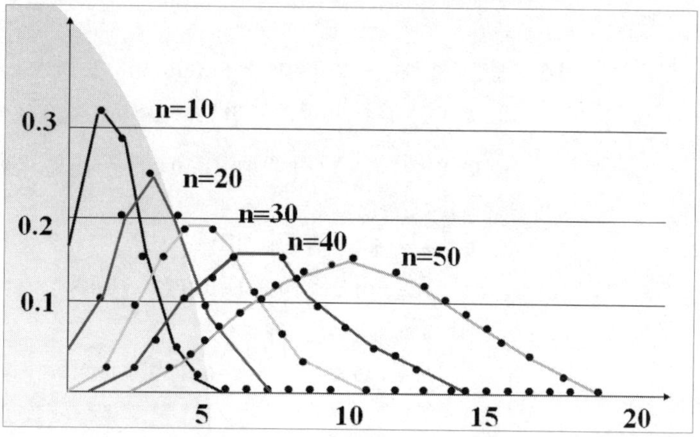

이항 확률변수에 관한 여러 가지 확률을 계산할 때 누적확률분포표를 사용하면 편리하다. 누적확률이란 어떤 한 점까지의 확률을 모두 더한 것을 말한다. 예를 들면

$$P(2 \leq X \leq 6) = P(X=2) + P(X=3) + P(X=4) + P(X=5) + P(X=6)$$
$$= \{P(X=0) + P(X=1) + \cdots + P(X=6) - \{\mathrm{P}(\mathrm{X}=0) + \mathrm{P}(\mathrm{X}=1)$$
$$= P(X \leq 6) - P(X \leq 1)$$

과 같다. 일반적으로는

$$P(a \leq X \leq b) = P(X \leq b) - P(X \leq a-1)$$
$$P(X=c) = P(X \leq c) - P(X \leq c-1)$$
$$P(X \geq c) = 1 - P(X \leq c-1)$$

과 같은 등식이 성립하므로 부록의 누적확률분포표를 이용하여 여러 가지 확률들을 계산할 수 있다.

예제 3.15

생산 공정에서 특정한 제품의 불량률은 0.3이라한다. 이 생산 공정에서 제품 10개를 임의로 표본추출하였다. 다음 물음에 답하라.

① 불량품의 개수가 3개일 확률

② 불량품의 개수가 4개 이하일 확률(누적확률분포표를 이용)

③ 확률분포표와 그래프를 그리고, 확률분포함수임을 확인하라.

|결과| 불량품의 개수를 X라 하면 $X \sim B(10, 0.3)$를 따른다. 따라서

① $P(X=3) = \binom{10}{3} 0.3^3 (1-0.3)^{10-3} = 0.267$

② $P(X \leq 4) = \sum_{0 \leq x \leq 4} \binom{10}{x} 0.3^x (1-0.3)^{10-x} = 0.85$

③ 확률분포표와 그래프

불량품의 개수 X가 0개 일 때

$$P(X=0) = \binom{10}{0} 0.3^0 (1-0.3)^{10-0} = 0.028$$

불량품의 개수 X가 1개 일 때

$$P(X=1) = \binom{10}{1} 0.3^1 (1-0.3)^{10-1} = 0.121$$

같은 방법으로 계산하여 얻은 확률값은 다음 표와 같다.

x	0	1	2	3	4	5	6	7	8	9	10	합
$P(X=x)$	0.028	0.121	0.233	0.267	0.200	0.103	0.037	0.009	0.001	0.000	0.000	1

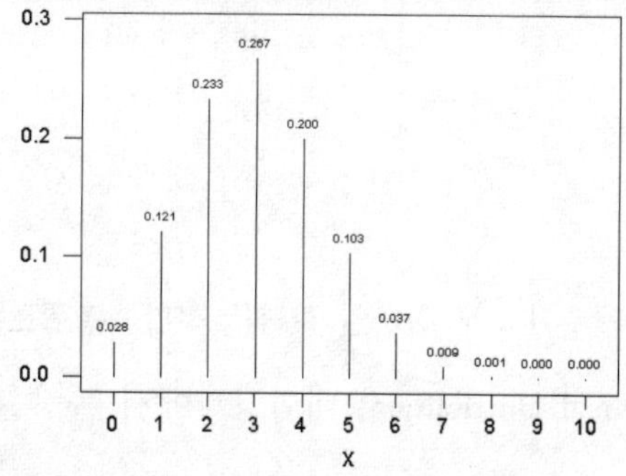

Minitab ▶ 이용하기

① 불량품의 개수가 3개일 확률

1. "메뉴에서 [Calc] → [Probability Distributions]→[Binomial...]을 클릭하고 나타난 [Binomial Distribution] 대화상자에서 불량률이 나올 확률을 구하고자 하므로 ⊙ Probability 을 체크하고 시행횟수와 불량률인 10, 0.3을 각각 기입하고 구하고자 하는 확률인 "3"을 입력하고 [OK] 버튼을 클릭한다.

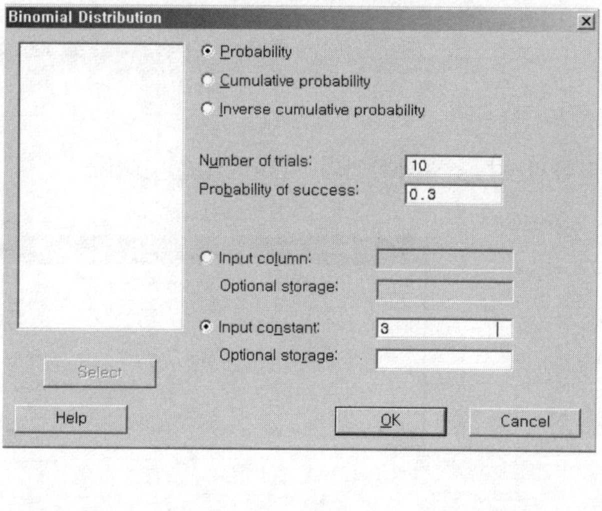

2. 다음과 같은 결과화면이 나타난다.

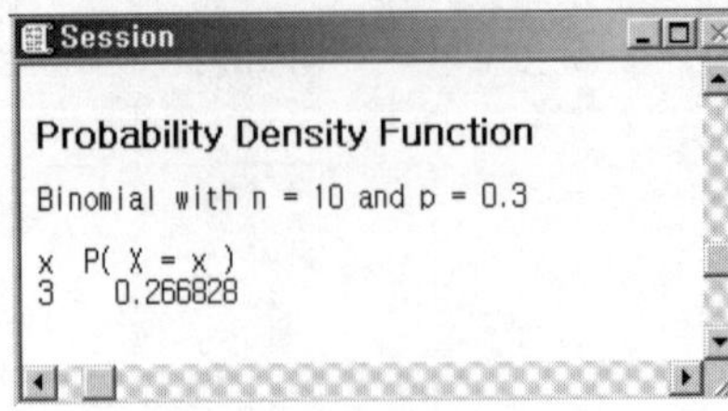

② 불량품의 개수가 4개 이하일 확률(누적확률분포표를 이용)

1. {Binomial Distribution} 대화상자에서 불량률이 나올 누적 확률을 구하고자 하므로 ⊙ Cumulative probability을 체크하고 시행횟수와 불량률인 10, 0.3을 각각 기입하고 구하고자 하는 확률인 "4"을 입력하고 OK 버튼을 클릭한다.

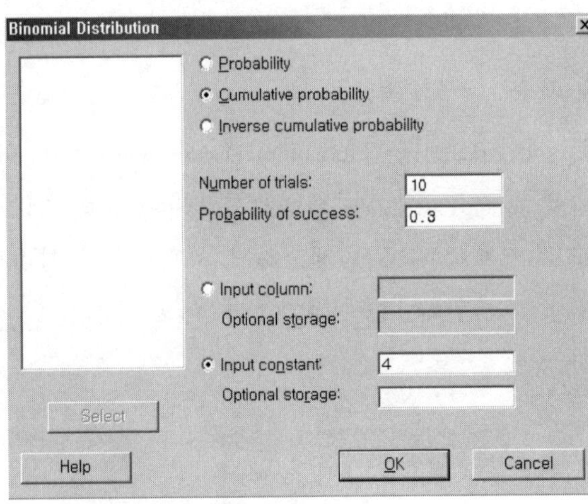

2. 다음과 같은 결과화면이 나타난다.

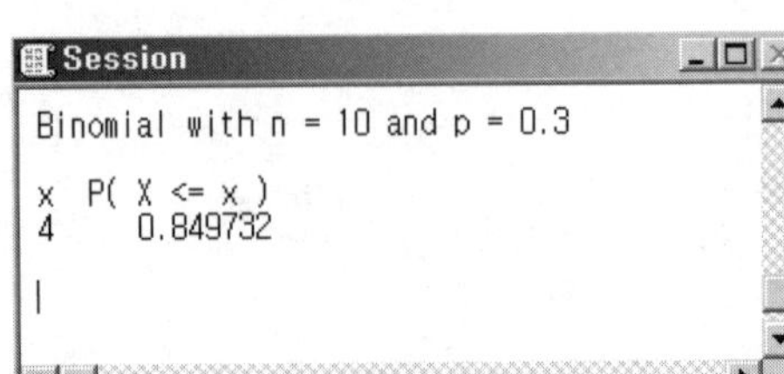

③ **확률분포표와 그래프를 그리고, 확률분포함수임을 확인하라.**

1. "c1"열에 0부터 10까지를 입력하고 메뉴에서 [Calc] → [Probability Distributions] →[Binomial...]을 클릭하고 나타난 [Binomial Distribution] 대화상자에서 불량률이 나올 확률을 구하고자 하므로 ◉ Probability 을 체크하고 시행횟수와 불량률인 10, 0.3을 각각 기입하고 계산할 열란에 "c1"을 입력하고 결과열을 저장할 열 "c2"을 입력하고 [OK] 버튼을 클릭한다.

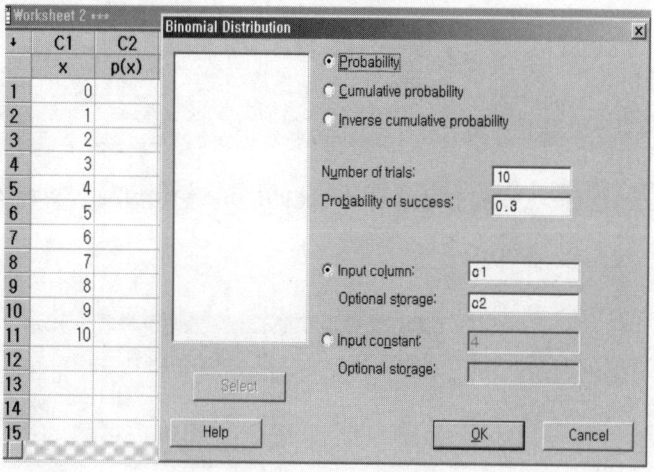

2. 다음과 같은 계산 결과 화면이 나타난다.

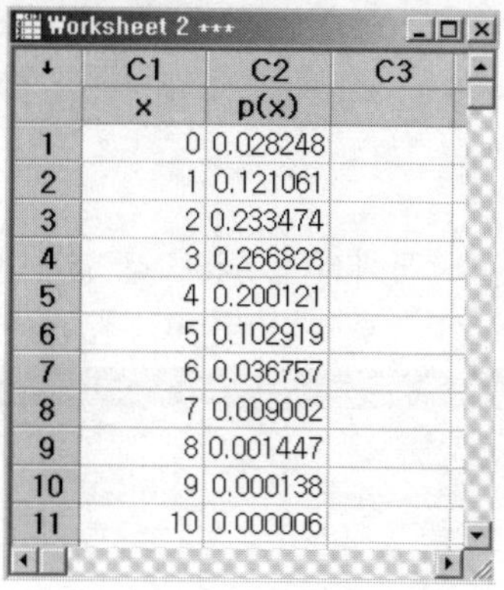

↓	C1	C2	C3
	x	p(x)	
1	0	0.028248	
2	1	0.121061	
3	2	0.233474	
4	3	0.266828	
5	4	0.200121	
6	5	0.102919	
7	6	0.036757	
8	7	0.009002	
9	8	0.001447	
10	9	0.000138	
11	10	0.000006	

3. 계산된 각 확률값이 "1" 됨을 보이기 위하여 [Stat] → [Basic Statistics] → [Display Descriptive Statistics...]을 클릭한다.

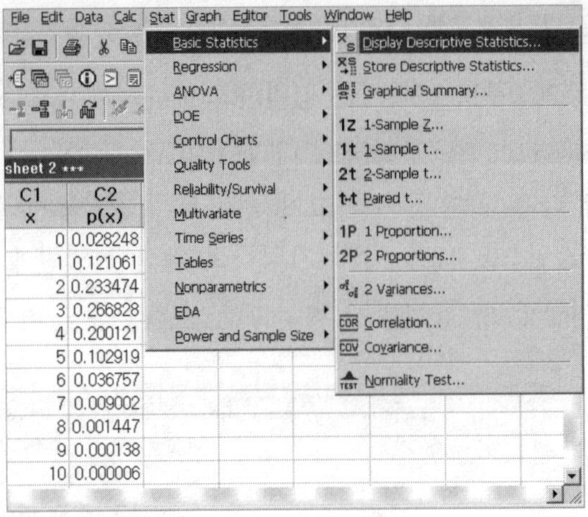

4. 다음과 같은 대화상자가 나타나면 변수입력란에 "c2"을 입력하고 [Statistics..] 버튼을 클릭한다.

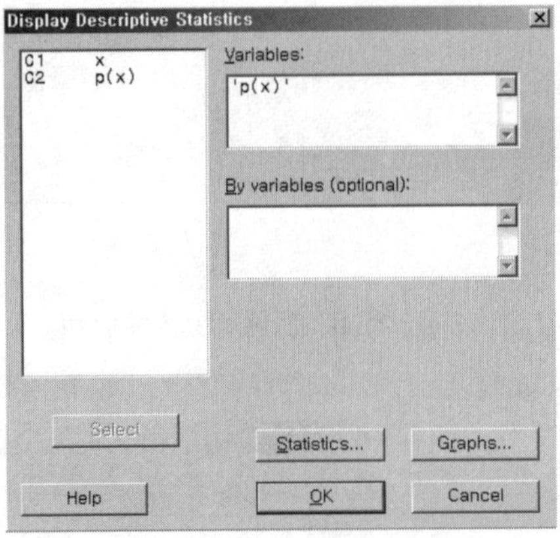

5. 다른 항목들은 선택해제하고 [SUM] 항목만 선택하고 [OK] 버튼을 클릭한다.

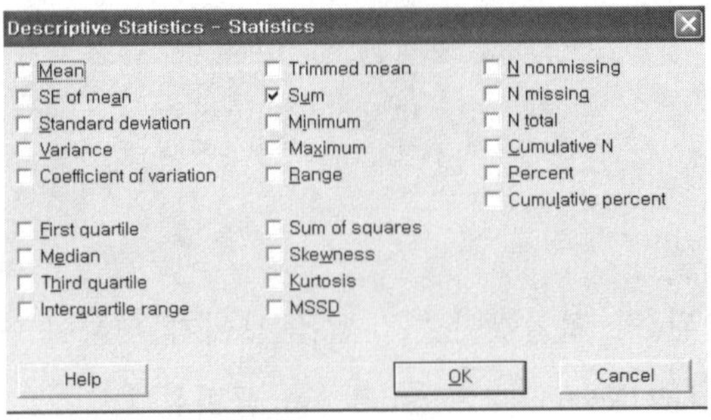

6. 다음과 같은 결과화면이 나타난다.

7. 메뉴에서 [Graph] ➔ [Bar Chart]선택하고 [Bar represent] 항목에서 스크롤 바를 이용하여 [A function of a variable]를 선택하고 [OK] 버튼을 클릭한다.

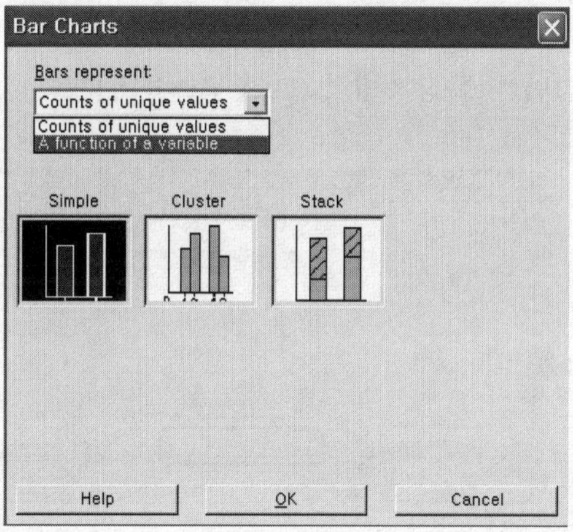

8. 그래프 변수를 "C2"에 범주변수를 "C1"으로 하여 [Labels]버튼을 클릭한다.

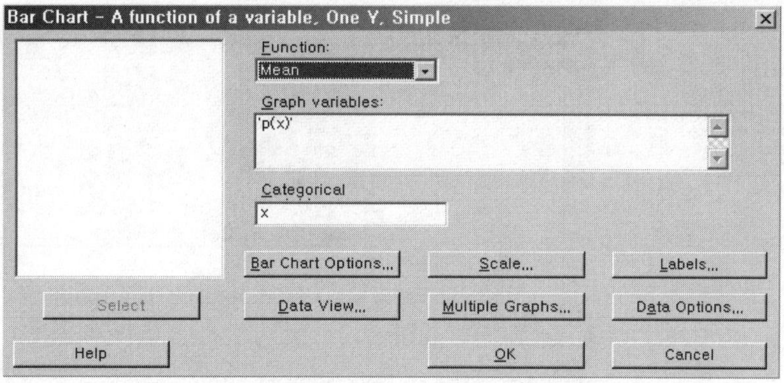

9. 나타난 대화상자에서 Data Labels 탭을 누른 후 ⊙ Use y-value labels 항목을 체크하여 [OK] 버튼을 클릭한다.

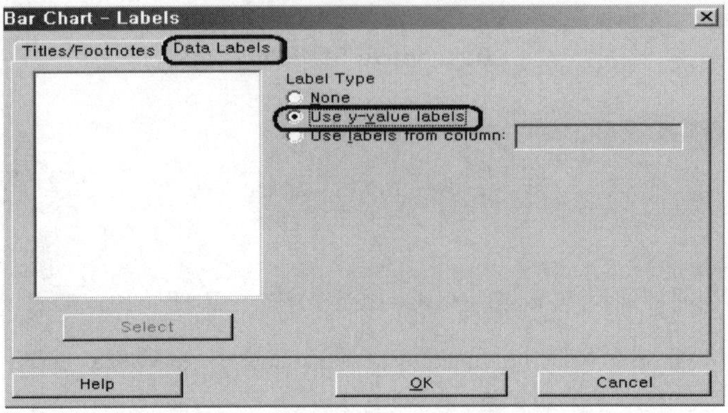

10. 나타난 대화상자에서 [Data View] 버튼을 클릭한다.

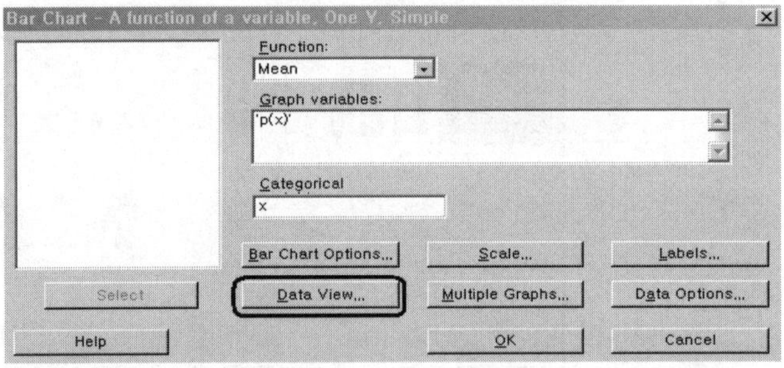

11. [Data view] 대화 상자가 나타나면 ☑ Project lines 항목을 선택하고 [OK] 버튼을 클릭한다.

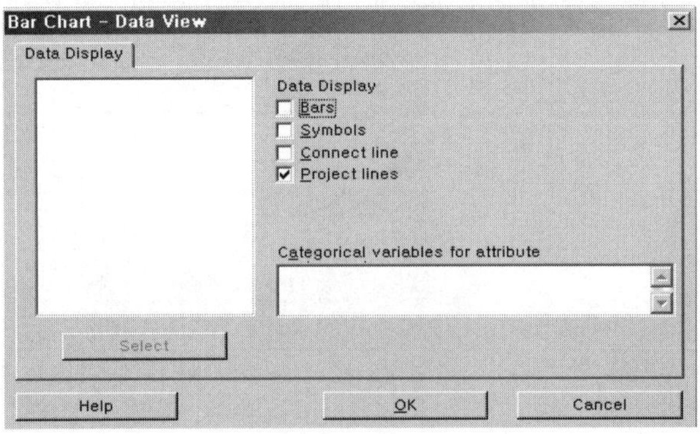

12. 다음과 같은 결과화면이 나타난다.

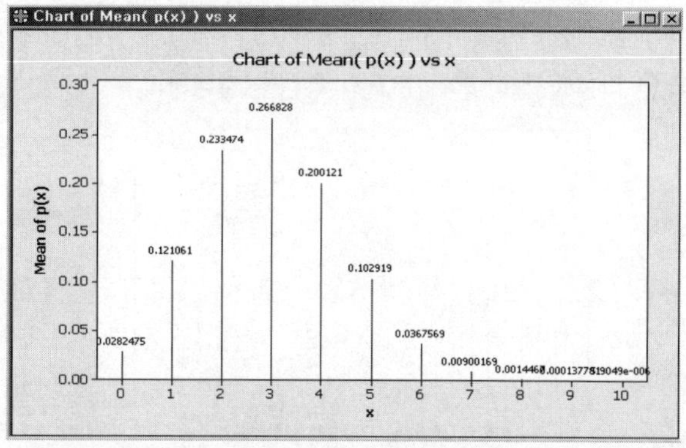

|해석| 위의 확률분포표에서는 임의의 x에서의 확률값은 $p(x) \geq 0$이며, x=0, 1, 2, ..., 10에서 각각의 확률값을 합하면 1로 확률분포함수 임을 알 수 있다. 이런 분포함수를 이항분포 함수라 한다.

X가 이항분포를 따를 때 다음과 같은 특징을 가진다.

1. $E(X) = np$, $V(X) = np(1-p)$
2. $p = 0.5$일 때는 기대값 $E(X) = np$에 대하여 대칭이 된다.
3. $np \geq 5$ 이고, $n(1-p) \geq 5$ 혹은 $np \geq 5$ 이고, $p \leq 0.1$일 때 정규분포에 근사된다.
4. $p \leq 0.1$ 이고, $n \geq 50$일 때는 포아송분포에 근사된다.

예제 3.16

어느 보험회사의 영업사원이 한 고객을 만나 그 사람을 보험에 가입하게 할 확률은 과거의 경험으로 보아 20%라 한다. 오늘 영업사원이 10명의 고객을 만날 예정이라 한다. 다음 물음에 답하라.

① 세 사람이 보험에 가입할 확률

② 두 사람 이상이 보험에 가입할 확률

③ 평균적으로 몇 사람이 가입하리라 생각되는가? 분산은?

|결과| X 를 10명의 고객 중 보험에 가입할 사람 수라 하면 $X \sim B(10,\ 0.2)$를 따른다.

① 세 사람이 가입할 확률은 $P(X=3) = \binom{10}{3} 0.2^3 (1-0.2)^{10-3} = 0.2013$

② $P(X \geq 2) = 1 - P(X \leq 1) = 1 - \sum_{0 \leq x \leq 1} \binom{10}{x} 0.2^x (1-0.2)^{10-x} = 0.6242$

③ $E(X) = np = 10 \times 0.2 = 2$

$V(X) = np(1-p) = 10 \times 0.2 \times 0.8 = 1.6$

예제 3.17

이항분포의 $n=20$에서 $p=0.2,\ p=0.5,\ p=0.7,\ p=0.9$에 대해 각각의 그래프를 그리면 다음과 같다. 이항분포의 특징을 설명하라.

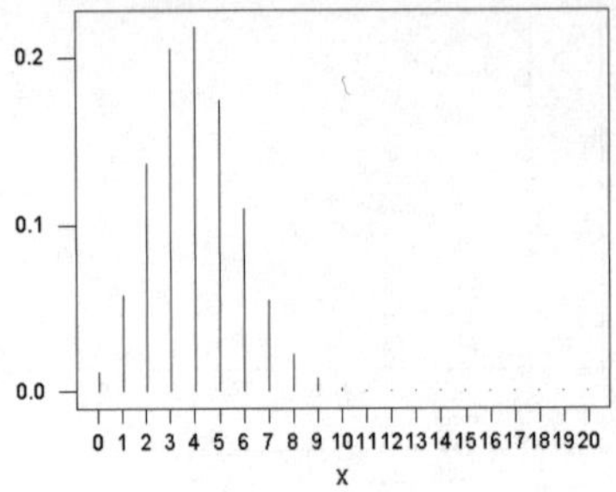

n=20 p=0.2인 경우

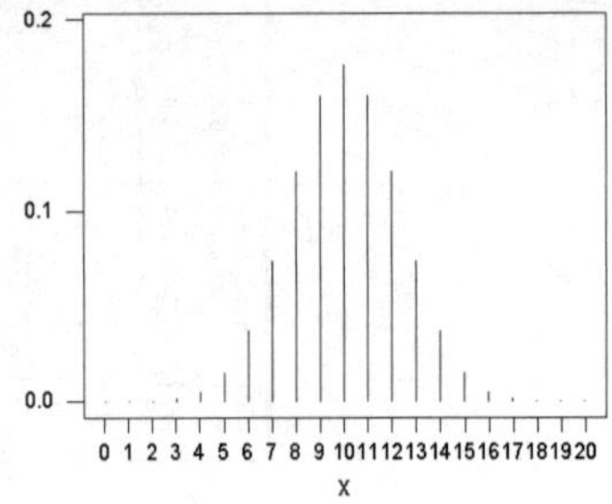

n=20 p=0.5인 경우

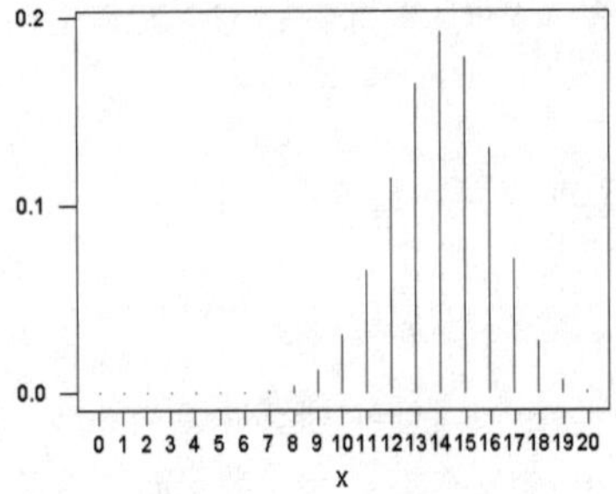

n=20 p=0.7인 경우

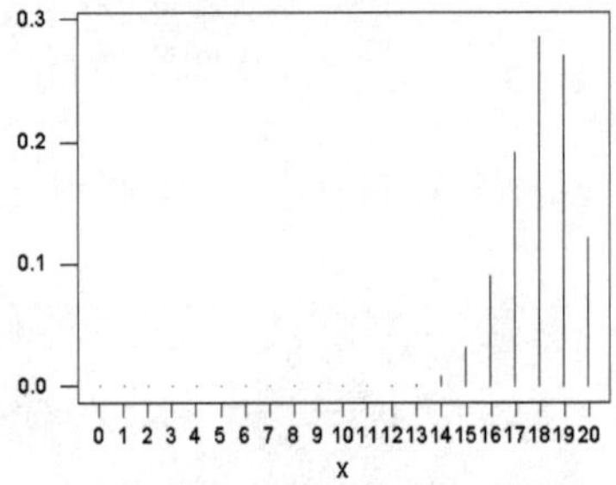

n=20 p=0.9 인 경우

|해석| n을 20으로 고정하고 p를 증가하면 평균이 오른쪽으로 이동하는 경향이 있음을 보여주고 있다. $p=0.5$일 때 기대값 $E(X)=np=20\times0.5=10$에서는 좌우 대칭의 형태를 보여주고 있다.

2) 초기하분포

무한모집단에서 표본을 비복원추출하거나 유한모집단에서 복원추출하는 경우에 베르누이 시행조건을 만족함으로써 이항분포를 사용할 수 있다. 그러나 유한모집단에서는 비복원추출을 할 때는 독립이 아니므로 베르누이 시행의 조건을 사용하지 못하므로 이항분포를 사용할 수 없게 된다. 이러한 상황에서 초기하분포를 사용하게 된다. 크기 N인 유한모집단의 로트에서 불량률이 p이고 크기 n인 표본을 비복원추출하였을 때 X를 불량개수라 하면 X는 다음과 같은 초기하분포(hypergeometric distribution)를 한다.

$$P(X=x)=\frac{\binom{Np}{x}\binom{N-Np}{n-x}}{\binom{N}{n}} \qquad x=0,1,2,\cdots,\min(n,Np)$$

X가 초기하분포를 따를 때 평균과 분산은 다음과 같다.

$$E(X)=np$$
$$V(X)=\frac{N-n}{N-1}np(1-p)$$

$\frac{N-n}{N-1}$는 유한모집단 수정계수라 하고 N이 충분히 크면 1에 수렴한다.

●●● 참고하세요!!

초기하분포에서 크기 N인 모집단의 로트에서 불량률이 p이고 크기 n인 표본을 비복원추출하였을 때 $Np=M$ (즉, $N/M=p\ (0<p<1)$)라 하고 모집단의 크기 N을 무한히 크게 하면 X의 분포는 점차적으로 이항분포 $B(n,p)$ (즉, $p=N/M$)에 접근함을 다음과 같이 수식으로 보일 수 있다.

$$\begin{aligned}P(X=x)&=\frac{\binom{M}{x}\binom{N-M}{n-x}}{\binom{N}{n}}\\
&=\binom{n}{x}\cdot\frac{\frac{M}{N}\left(\frac{M}{N}-\frac{1}{N}\right)\cdots\left(\frac{M}{N}-\frac{x-1}{N}\right)\cdot\left(1-\frac{M}{N}\right)\cdots\left(1-\frac{M}{N}-\frac{n-x-1}{N}\right)}{1\cdot\left(1-\frac{1}{N}\right)\cdots\left(1-\frac{n-1}{N}\right)}\\
&=\binom{n}{x}\cdot\frac{p\left(p-\frac{1}{N}\right)\cdots\left(p-\frac{x-1}{N}\right)\cdot(1-p)\cdots\left(1-p-\frac{n-x-1}{N}\right)}{1\cdot\left(1-\frac{1}{N}\right)\cdots\left(1-\frac{n-1}{N}\right)}\\
&\approx\binom{n}{x}p^x(1-p)^{n-x}\end{aligned}$$

예제 3.18

양품인 전구 5개와 불량품인 전구 2개가 들어 있는 상자에서 3개를 임의로 비복원추출했을 때 이 중에서 1개의 전구가 불량품일 확률은? 확률분포표와 그래프를 그리고 확률분포함수임을 확인하라.

|결과| 7개의 전구 중에서 3개의 전구를 추출하는 경우의 수는 $\binom{7}{3}$

불량품인 전구 2개 중에서 1개의 전구를 추출하는 경우의 수는 $\binom{2}{1}$

양품인 전구 5 개중에서 2개의 전구를 추출하는 경우의 수 는 $\binom{5}{2}$
따라서 $N=7, n=3, x=1$ 즉 3개중 불량품이 1개 있을 확률은

$$P(X=1)=\frac{\binom{2}{1}\cdot\binom{5}{2}}{\binom{7}{3}}=\frac{\frac{2!}{1!(2-1)!}\cdot\frac{5!}{2!(5-2)!}}{\frac{7!}{3!(7-3)!}}=\frac{4}{7}=0.5714$$

또 3개중 불량품이 0개 있을 확률은

$$P(X=0)=\frac{\binom{2}{0}\cdot\binom{5}{3}}{\binom{7}{3}}=0.2857$$

같은 방법으로 3개중 불량품이 2개, 3개 있을 확률을 각각 구하면 다음 표와 같다.

x	0	1	2	3	합
$P(X=x)$	0.2857	0.5714	0.1428	0.000	1

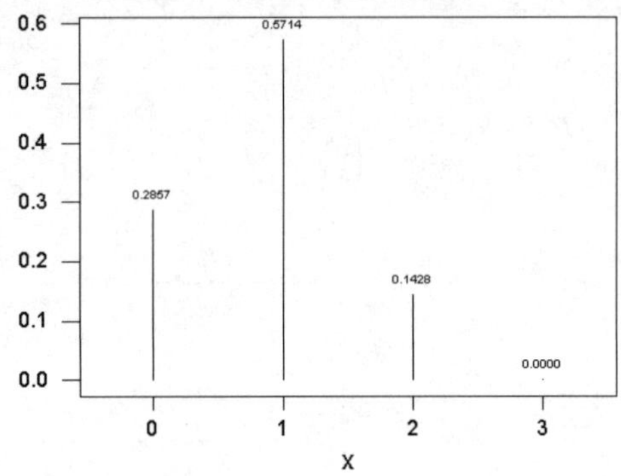

Minitab ▶ 이용하기

① 불량품의 개수가 1개일 확률

1. 메뉴에서 [Calc] → [Probability Distributions] → [Hypergeometric...]을 클릭하고 나타난 [Hypergeometric Distribution] 대화상자에서 ⊙ Probability 을 체크하고 모집단의 크기 "7", 속성을 가지는 개수 "2", 표본의 크기 "3", 확률을 구하고자 값 "1"을 입력하고 OK 버튼을 클릭한다.

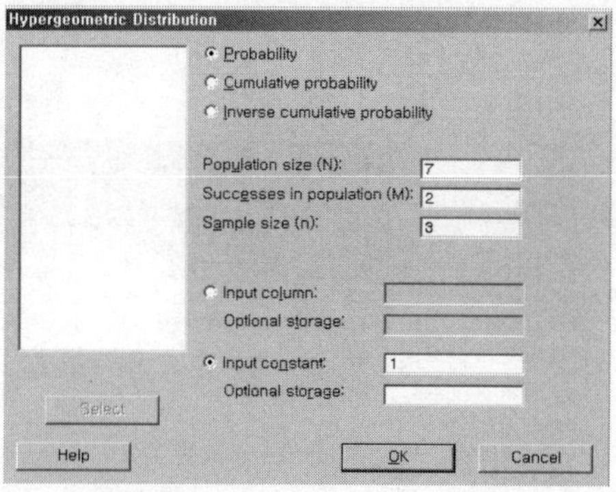

2. 다음과 같은 결과화면이 나타난다.

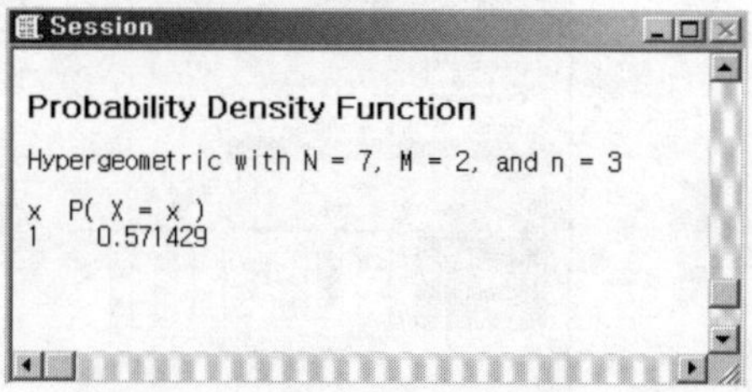

3. "c1"열에 0,1,2,3을 입력하고 메뉴에서 [Calc] → [Probability Distributions] → [Hypergeometric...]을 클릭하고 나타난 [Hypergeometric Distribution] 대화상자에서 ⊙ Probability 을 체크하고 모집단의 크기 "7", 속성을 가지는 개수 "2", 표본의 크기 "3", 확률을 구하고자 열 "c1"을 더블클릭하여 "x"을 입력하고 "c2"을 더블클릭하여 계산된 확률값이 나타내는 열 "p(x)"을 입력한 다음 [OK] 버튼을 클릭한다.

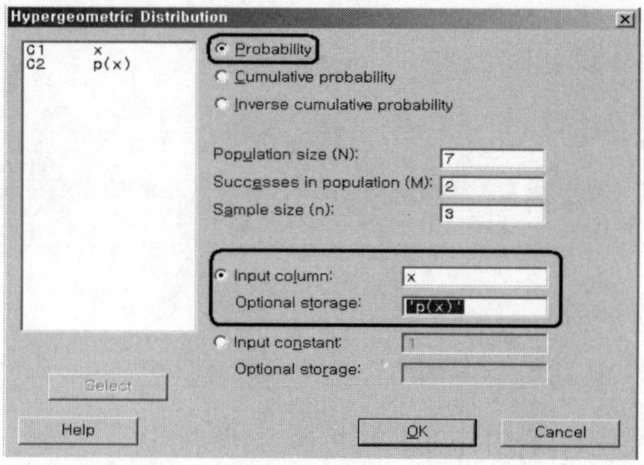

4. 다음과 같은 결과화면이 나타난다.

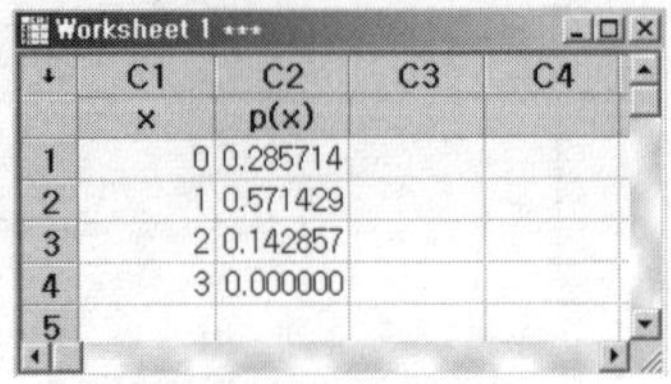

5. 메뉴에서 [Graph] → [Bar Chart]선택하고 [Bar represent] 항목에서 스크롤바를 이용하여 [A function of a variable]를 선택하고 [OK] 버튼을 클릭한다.

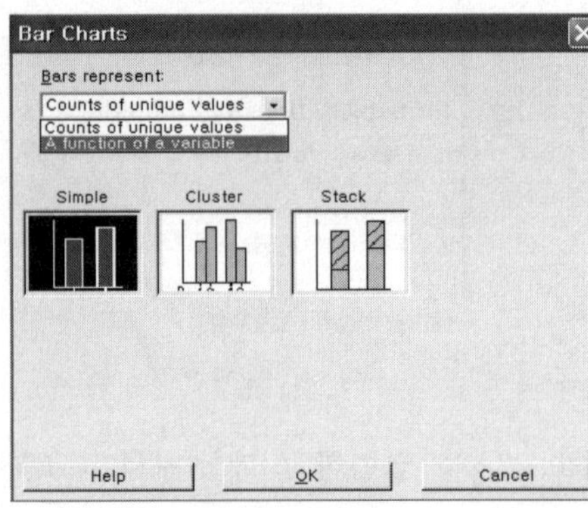

6. 그래프 변수를 "C2"에 범주변수를 "C1"으로 하여 [Labels]버튼을 클릭한다.

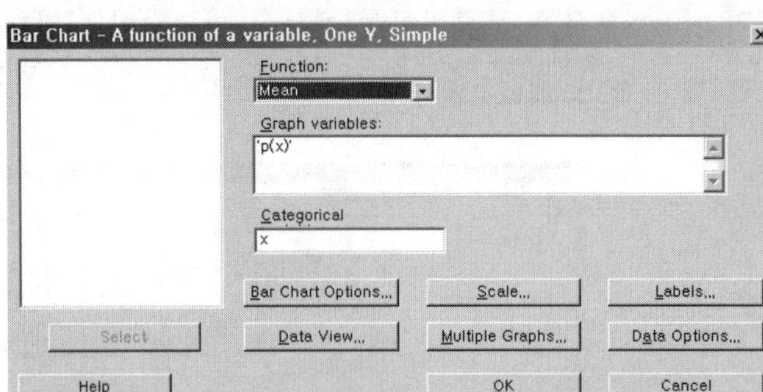

7. 나타난 대화상자에서 Data Labels 탭을 누른 후 Use y-value labels 항목을 체크하여 [OK] 버튼을 클릭한다.

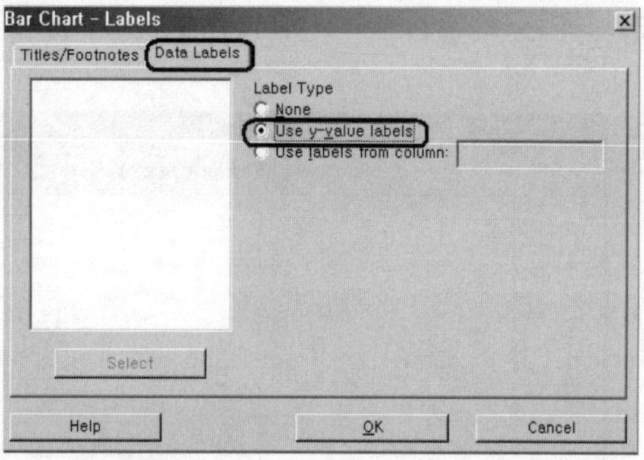

8. 나타난 대화상자에서 [Data View] 버튼을 클릭한다.

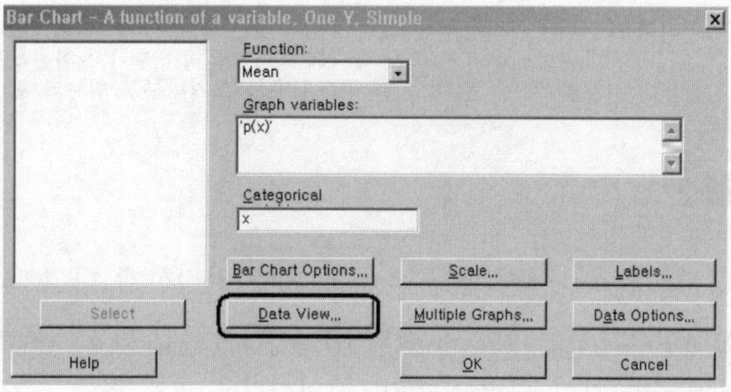

9. [Data view] 대화 상자가 나타나면 ☑ Project lines 항목을 선택하고 [OK] 버튼을 클릭한다.

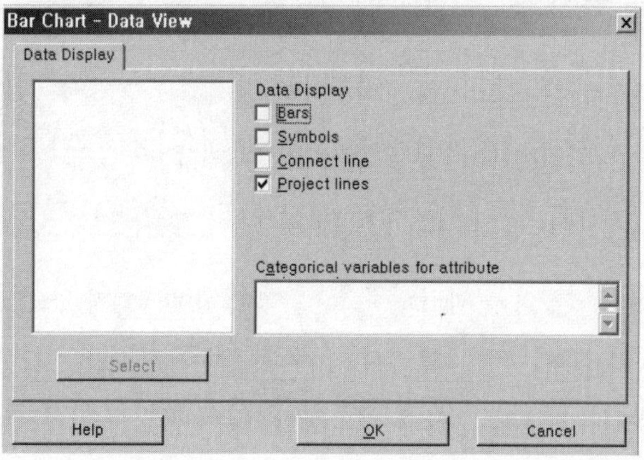

10. 다음과 같은 결과화면이 나타난다.

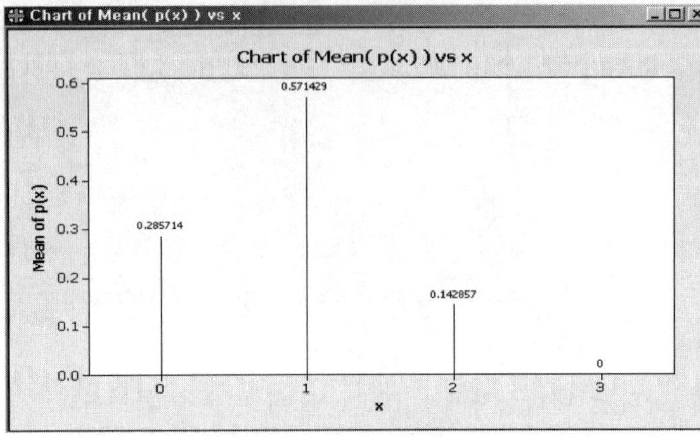

|해석| 위의 확률실험에 대한 확률분포 그래프에서는 임의의 x에서의 확률값은 $p(x) \geq 0$이며, x=0,1,2,3에서 각각의 확률값을 합하면 1로 확률분포함수의 조건을 만족시킴을 알 수 있다. 이런 분포함수를 초기하분포 함수라 한다.

3) 포아송분포

이항분포 $B(n,p)$에서 평균 $np=m$으로 일정하게 하고, n을 한없이 크게 할 때 (상대적으로 p는 한없이 작아짐) 그 근사적인 확률분포를 포아송분포(Poisson distribution)라 하며 다음과 같이 정의한다.

$$P(X=x) = \frac{e^{-m} m^x}{x!} \ (x=0,1,2,\cdots)$$

●●● 참고하세요!!

$$\binom{n}{x} p^x (1-p)^{n-x}$$

$$= \frac{1}{x!} \cdot n(n-1)\cdots\cdots(n-x+1)\left(\frac{m}{n}\right)^x \left(1-\frac{m}{n}\right)^{n-x}$$

$$= \left(\frac{m^x}{x!}\right)\left(1-\frac{m}{n}\right)^n \left(1-\frac{m}{n}\right)^{-x} \cdot 1 \cdot \left(1-\frac{1}{n}\right)\cdots\cdots\left(1-\frac{x-1}{n}\right)$$

이고 n이 충분히 클 때 $\left(1-\frac{m}{n}\right)^n = e^{-m}$이 됨이 알려져 있으므로 다음과 같이 나타낼 수 있다.

$$P(X=x) \approx \frac{e^{-m} m^x}{x!} = P(m), \ \ x=0,1,2,\cdots$$

주어진 시간 혹은 일정한 단위당 결점수(Defect Per Unit : DPU), 정해진 영역에서 성공의 출현 횟수를 X라고 하면 X는 포아송분포를 한다. 우리 주변에는 포아송분포를 따르는 실제현상의 예가 많다. 예를 들면 다음과 같다.

- 119구조대에 시간당 걸려오는 전화횟수
- 어떤 지역에서 1일 교통사고로 인한 사망자의 수
- 한 권의 책에서 각 페이지에 발생하는 오자의 수
- 옷감의 단위 면적당 발생되는 결점수
- 한 야구경기에서의 실책의 수

예제 3.19

인터넷 컨설팅 회사에서 오전 10시부터 12시 사이에 1분당 평균 3회의 상담 문의가 온다. 상담 문의의 전화 횟수가 포아송분포를 따른다고 할 때 다음 물음에 답하라.
① 1분에 4회의 전화가 걸려 올 확률
② 1분에 3회 이하 걸려 올 확률
③ 확률분포표와 그래프를 그리고, 확률분포함수임 확인하라.

|결과| X를 상담 문의 전화 횟수라 할 때(부록의 (누적)포아송 분포표이용)

①$P(X=4)=\dfrac{e^{-m}\,m^{x}}{x!}=\dfrac{e^{-3}\,3^{4}}{4!}=0.1680$

②$P(X\le 3)=\sum_{x=0}^{3}\dfrac{m^{x}e^{-m}}{x!}=\sum_{x=0}^{3}\dfrac{3^{x}e^{-3}}{x!}=0.6472$

③ 확률분포표와 그래프
전화가 걸려 오는 횟수가 0회 일 때

$$P(X=0)=\frac{e^{-3}\,3^{0}}{0!}=0.050$$

전화가 걸려 오는 횟수가 1회 일 때

$$P(X=1)=\frac{e^{-3}\,3^{1}}{1!}=0.140$$

같은 방법으로 계산하여 얻은 확률값은 다음 표와 같다.

x	0	1	2	3	4	5	6	7	8	9	…	합
$P(X=x)$	0.050	0.140	0.224	0.224	0.168	0.101	0.050	0.022	0.009	0.003	…	1

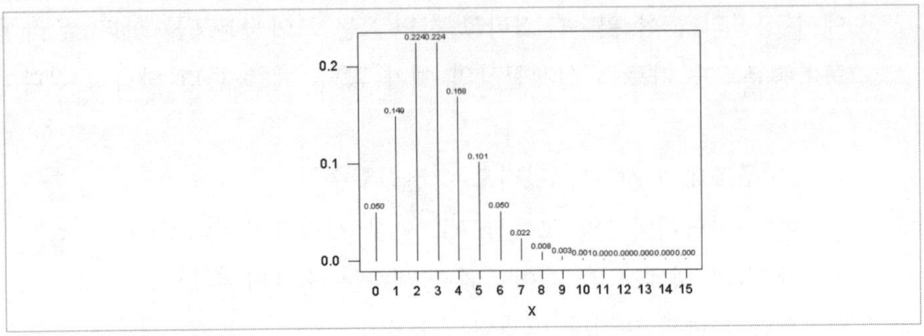

Minitab ▶ 이용하기

① 1분에 4회의 전화가 걸려 올 확률

1. 메뉴에서 [Calc] → [Probability Distributions] → [Poisson]을 클릭하고 나타난 [Poisson Distribution] 대화상자에서 ⊙ Probability 을 체크하고 평균 "3" 을 기입하고 구하고자 하는 확률인 "4"을 입력하고 OK 버튼을 클릭한다.

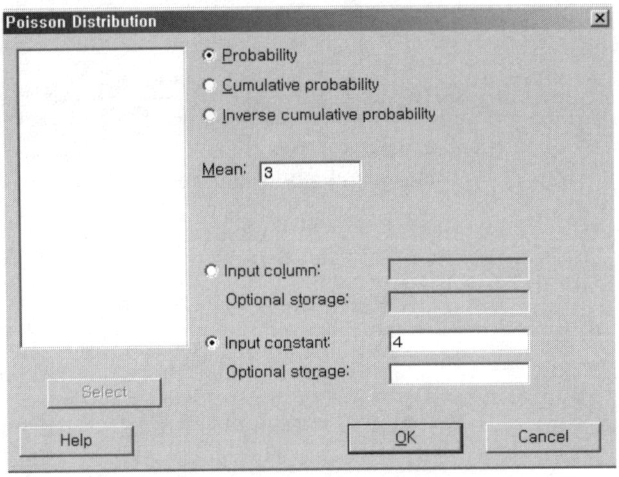

2. 다음과 같은 결과화면이 나타난다.

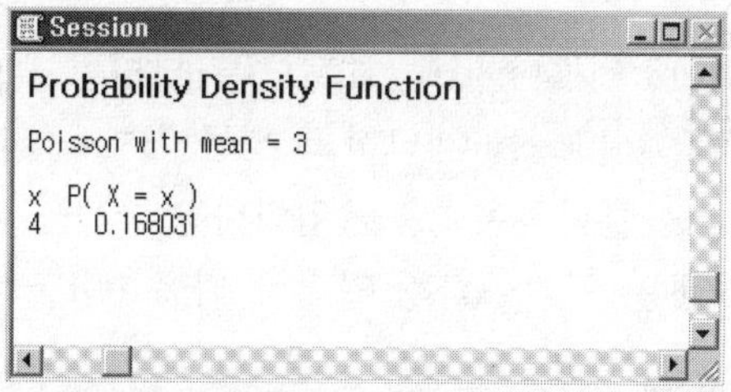

② 1분에 3회 이하 걸려 올 확률

1. {Poisson Distribution} 대화상자에서 누적 확률을 구하고자 하므로 평균 "3"을 기입하고 Cumulative probability 을 체크하고 구하고자 하는 확률인 "3"을 입력하고 OK 버튼을 클릭한다.

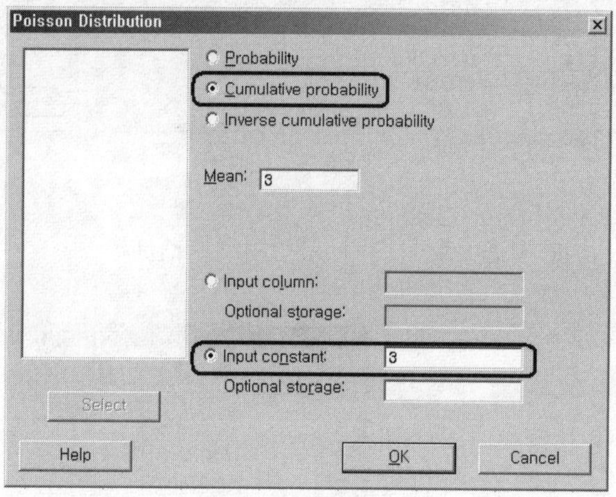

2. 다음과 같은 결과화면이 나타난다.

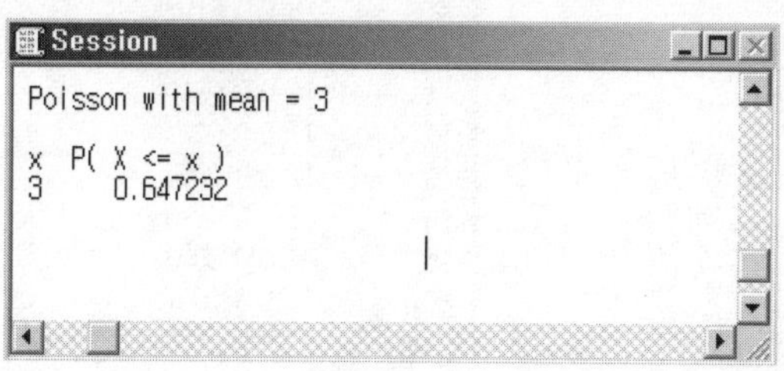

③ 확률분포표와 그래프를 그리고, 확률분포함수임을 확인하라.

1. "c1"열에 0부터 15까지를 입력하고 메뉴에서 [Calc] ➔ [Probability Distributions]➔[Poisson]을 클릭하고 나타난 [Poisson Distribution] 대화상자에서 ◉ Probability 을 체크하고 평균 "3" 을 기입하고 확률을 구하고자 열 "c1"을 더블클릭하여 "x"을 입력하고 "c2"을 더블클릭하여 계산된 확률값이 나타내는 열 "p(x)"을 입력한 다음 [OK] 버튼을 클릭한다.

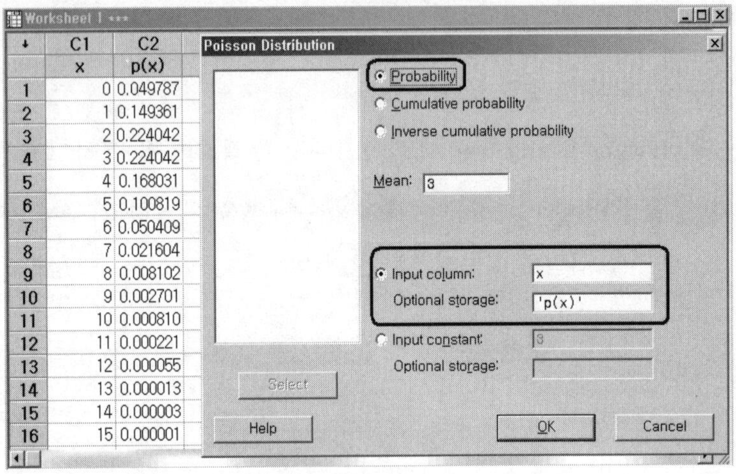

2. 다음과 같은 계산 결과 화면이 나타난다.

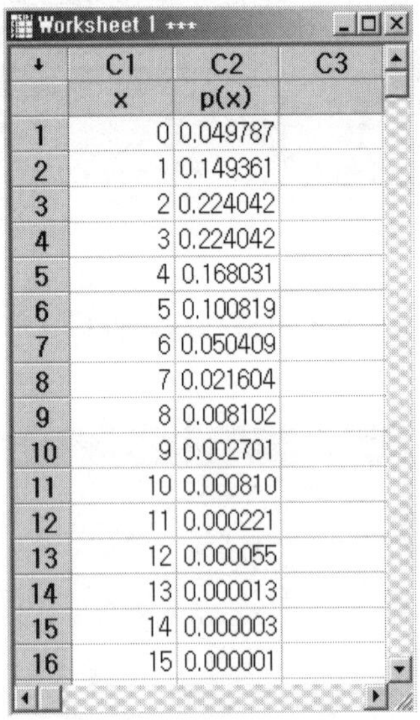

↓	C1	C2	C3
	x	p(x)	
1	0	0.049787	
2	1	0.149361	
3	2	0.224042	
4	3	0.224042	
5	4	0.168031	
6	5	0.100819	
7	6	0.050409	
8	7	0.021604	
9	8	0.008102	
10	9	0.002701	
11	10	0.000810	
12	11	0.000221	
13	12	0.000055	
14	13	0.000013	
15	14	0.000003	
16	15	0.000001	

3. 메뉴에서 [Graph] → [Bar Chart]선택하고 [Bar represent] 항목에서 스크롤바를 이용하여 [A function of a variable]를 선택하고 [OK] 버튼을 클릭한다.

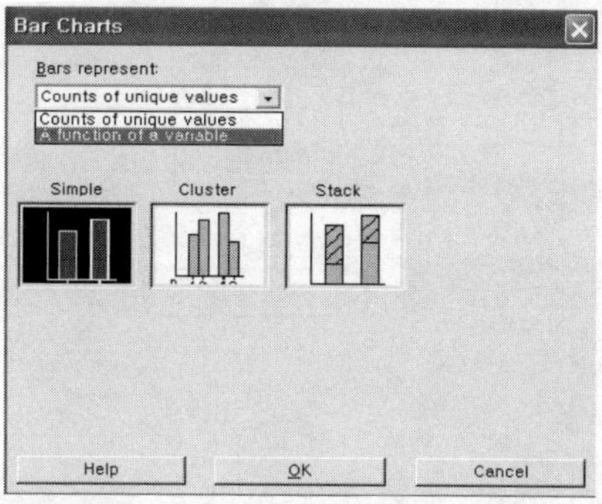

4. 그래프 변수를 "C2"에 범주변수를 "C1"으로 하여 [Labels] 버튼을 클릭한다.

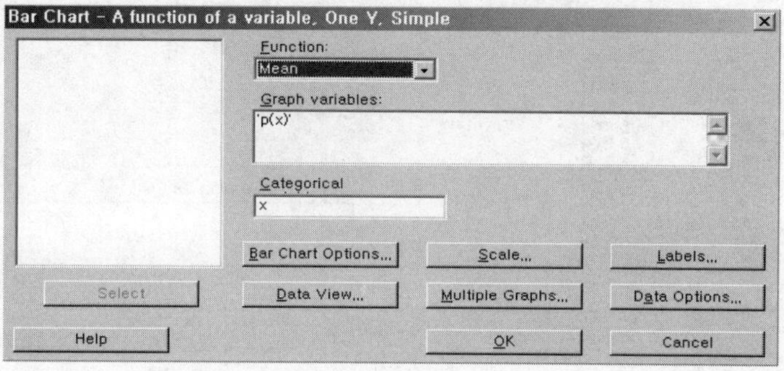

5. 나타난 대화상자에서 Data Labels 탭을 누른 후 ◉ Use y-value labels 항목을 체크하여 [OK] 버튼을 클릭한다.

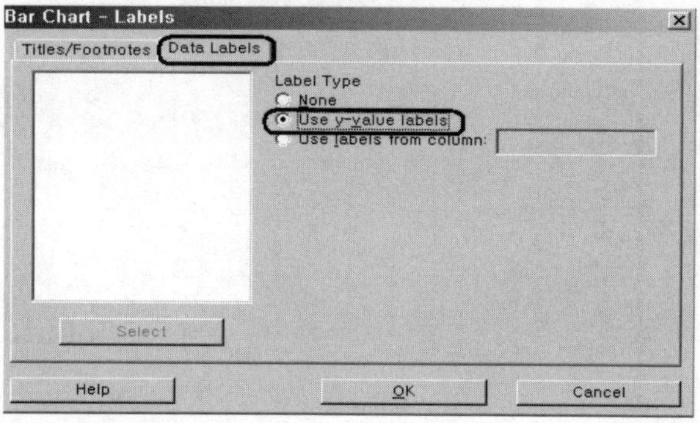

6. 나타난 대화상자에서 [Data View] 버튼을 클릭한다.

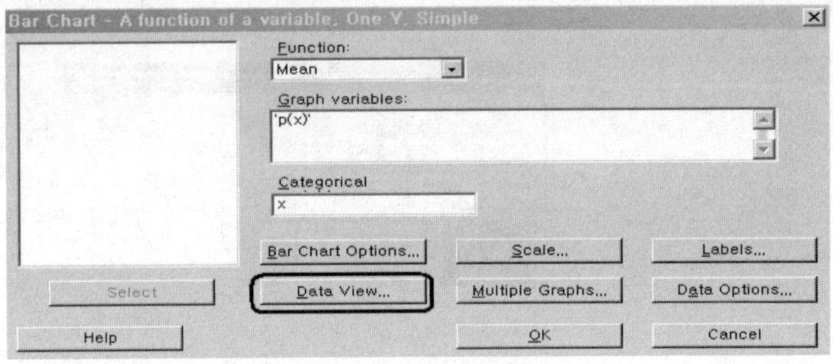

7. [Data view] 대화 상자가 나타나면 ☑ Project lines 항목을 선택하고 [OK] 버튼을 클릭한다.

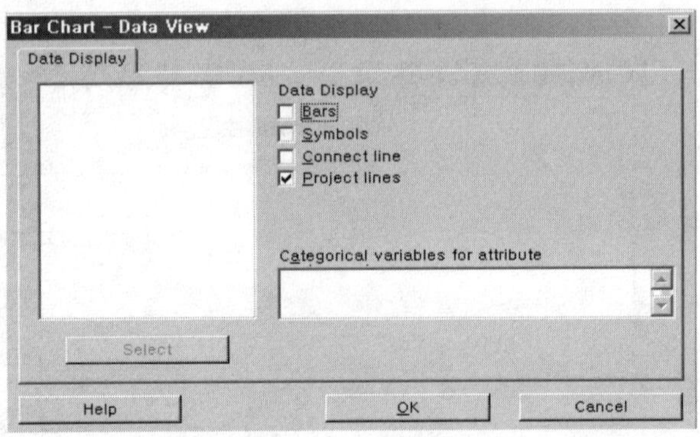

8. 다음과 같은 결과화면이 나타난다.

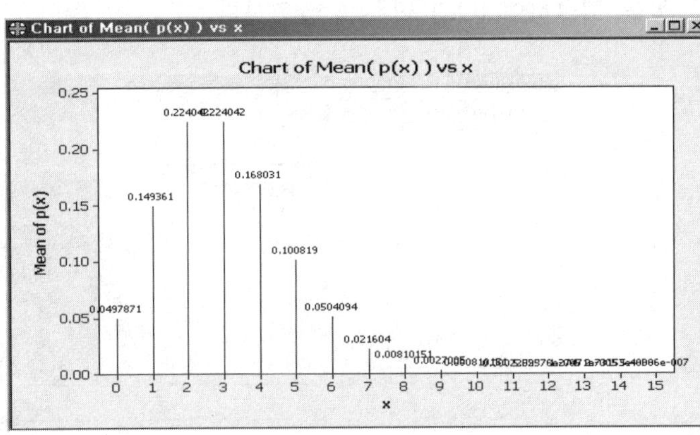

|해석| 위의 확률분포표에서는 임의의 x에서 확률값은 $p(x) \ge 0$이며, x=0,1,2,3,...에서 각각의 확률값을 합하면 1로 확률분포함수 임을 알 수 있다. 이런 분포함수를 포아송분포 함수라 한다.

●●● 참고하세요!!

포아송 분포 $P(m)$ 의 평균과 분산은 다음과 같이 유도 할 수 있다.

$E(X) = m,\ V(X) = m$

$$E(X) = \Sigma_{i=0}^{\infty}\ x \cdot \frac{e^{-m}\,m^{x}}{x!}$$

$$= m\,e^{-m}\,\Sigma_{i=1}^{\infty}\frac{m^{x-1}}{(x-1)!} = m\,e^{-m}\,e^{m} = m$$

$V(X) = E(X^2) - \{E(X)\}^2,\ \ E(X^2) = E[(X(X-1)] + E(X)$

$$E[(X(X-1)] = \Sigma_{x=0}^{\infty}\,x(x-1)\,\frac{e^{-m}\,m^{x}}{x!} = m^2 e^{-m}\Sigma_{i=2}^{\infty}\frac{m^{x-2}}{(x-2)!} = m^2 e^{-m} e^{m} = m^2$$

$V(X) = E[(X(X-1)] + E(X) - \{E(X)\} = m^2 + m - m^2 = m$

X가 포아송분포를 따를 때 다음과 같은 특징을 갖는다.

1. $E(X) = m$, $V(X) = m$ 로 기대값과 분산이 같다.
2. $m \ge 5$일 때 정규분포에 근사된다.
3. n 이 충분히 크고 p 가 아주 작은 경우에 이항분포는 포아송분포에 근사된다.
4. $X_1 \sim P(m_1)$, $X_2 \sim P(m_2)$이고 X_1과 X_2가 서로 독립이면 $X_1 + X_2 \sim P(m_1 + m_2)$

예제 3.20

포아송분포의 평균 m =1, 3, 7, 11 에 대해 각각의 그래프를 그리면 다음과 같다. 다음 그림에서 포아송분포의 특징을 설명하라.

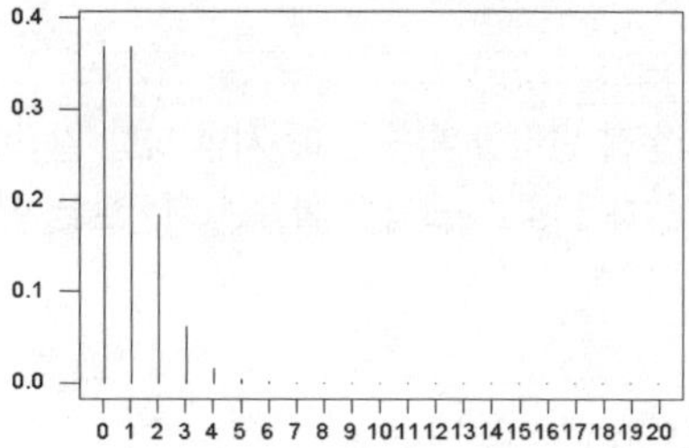

m=1인 경우

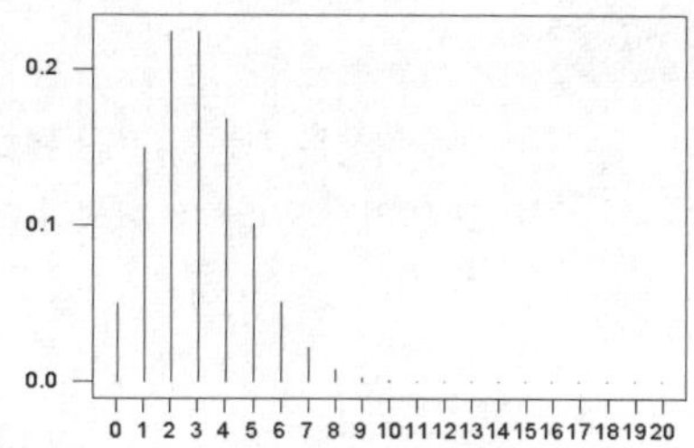

m=3인 경우

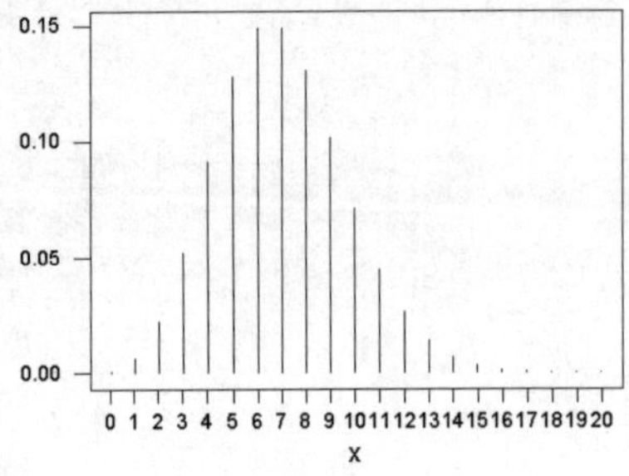

m=7인 경우

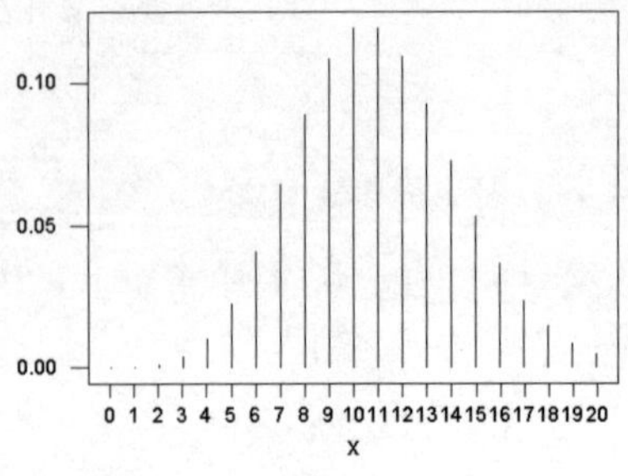

m=11인 경우

|해석| 위 그래프에서는 포아송분포의 평균 m이 증가할수록 정규분포형태로 근사하고 있음을 알 수 있다.

4) 기하분포

n회의 베르누이 시행 중에서 성공횟수를 X라고 하면 X는 이항분포 $B(n,p)$를 따르지만 시행횟수 n을 미리 정하는 대신에 첫번째 성공이 나올 때까지 계속해서 베르누이 시행을 반복하는 경우 X를 첫번째 성공(p)을 얻을 때까지의 시행횟수라고 정의하면 다음과 같이 나타낼 수 있다.

$$P(X=x)=P(FFF\cdots S)=(1-p)^{x-1}p, \qquad (x=1,2,\cdots\cdots).$$

이 때 확률변수 X는 기하분포(Geometric distribution)를 따르고 평균과 분산은 다음과 같다.

$$E(X)=\frac{1}{p}, \quad V(X)=\frac{1-p}{p^2}$$

예제 3.21

A라는 학생은 자동차 운전 면허 시험에 합격할 확률은 매 시험 마다 일정하게 1/20이라고 알려져 있다. 이 학생이 다섯 번째 비로소 합격할 확률과 처음으로 합격하는 횟수의 기대값을 구하라.

|결과| $P(X=5)=\left(\frac{1}{2}\right)^{5-1}\cdot\left(\frac{1}{2}\right)=\frac{1}{32}$, $\mu=E(X)=\frac{1}{\frac{1}{2}}=2$

3. 연속형 확률분포

이제까지는 이산확률변수의 확률분포인 이산확률분포에 대해서 설명했다. 본 절에서는 연속확률변수의 확률분포인 연속확률분포를 나타내는 방법과 연속확률분포 중에서 가장 중요한 정규분포(normal distribution) 비롯한 몇 가지 분포에 대하여 알아본다.

1) 균등분포

확률변수 X의 확률밀도함수가 $a<b$인 두 상수 a, b에 대하여

$$f(x)=\begin{cases} \dfrac{1}{b-a} & a \le x \le b \\ 0 & x<a,\ x>b \end{cases}$$

로 주어지면 X는 균등분포 혹은 일양분포(uniform distribution)를 따른다고 한다.

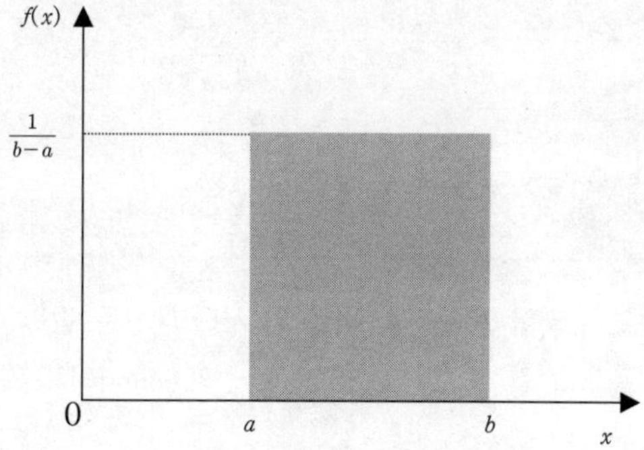

그림 3.3_균등분포의 확률밀도함수

균등분포는 $X \sim U(a,b)$로 표시하고 확률변수X가 구간 $[a,b]$에서 균등분포를 가질 때 분포함수는 다음과 같다.

$$F(x)=\begin{cases} 0 & x<a \\ \dfrac{x-a}{b-a} & a \le x \le b \\ 1 & b \le x \end{cases}$$

그리고 X의 기대값과 분산은 다음과 같다.

$$E(X) = \frac{a+b}{2}\ ,\ V(X) = \frac{(b-a)^2}{12}$$

●●● 참고하세요!!

균등 분포 $X \sim U(a,b)$의 평균과 분산은 다음과 같이 유도 할 수 있다.

$$E(X) = \frac{a+b}{2}\ ,\ V(X) = \frac{(b-a)^2}{12}$$

$$E(X) = \int_{-\infty}^{\infty} x f(x) dx = \int_a^b x \frac{1}{b-a} dx$$

$$= \frac{1}{2(b-a)} [x^2]_a^b = \frac{1}{2(b-a)} [b^2 - a^2]$$

$$= \frac{b+a}{2}$$

$$V(X) = \int_{\infty}^{\infty} x^2 f(x) dx - \{E(X)\}^2 = \int_a^b \frac{1}{b-a} x^2 f(x) dx - \frac{(b+a)^2}{4}$$

$$= \frac{1}{3(b-a)} [x^3]_a^b - \frac{(b+a)^2}{4} = \frac{b^2+ab+a^2}{3} - \frac{b^2+2ab+a^2}{4}$$

$$= \frac{b^2-2ab+a^2}{4} = \frac{(b-a)^2}{12}$$

예제 3.22

제품의 규격이 750 ± 30cm로 이 사이의 모든 값이 동일하게 발생한다 하자. 제품 규격을 X라 할 때 X가 720cm에서 750cm사이에 있을 확률을 구하라.

|결과| X는 균등분포를 갖는 연속 확률 함수이므로

$$f(x) = \frac{1}{780-720}$$

이다. 따라서

$$P(720 \le X \le 750) = \frac{750-720}{780-720} = 0.5$$

예제 3.23

어느 정거장에서 버스가 20분 간격으로 도착하며 버스가 도착할 확률은 20분 사이에 똑같다고 한다. 이런 경우 다음을 구하라.

(a) 이 사람이 버스를 5분 이하로 기다릴 확률

(b) 이 사람이 버스를 10분 이상 기다릴 확률

(c) 버스를 기다릴 시간의 평균과 분산

|결과| X는 [0, 20]에서 균등분포를 갖는 연속 확률 함수이므로

$$f(x) = \frac{1}{20-0},\quad 0 \le x \le 20$$

이다. 따라서

(a) $P(X \le 5) = \int_0^5 f(x)dx = \int_0^5 \frac{1}{20}\,dx = \frac{1}{4}$

(b) $P(X \ge 10) = \int_{10}^{20} f(x)dx = \int_{10}^{20} \frac{1}{20}\,dx = \frac{1}{2}$

(c) $E(X) = \frac{20+0}{2} = 10,\ V(X) = \frac{(20-0)^2}{12} = 33.33$

2) 정규분포

(1) 확률밀도함수

작업자 100명을 임의로 뽑아 그들의 키를 재어 상대도수를 이용한 히스토그램과 좀 더 상세한 모집단의 분포에 대한 정보를 얻기 위하여 1000명의 작업자들의 키를 조사하여 계급의 폭을 좀 더 세분화한 상대도수의 히스토그램을 비교해 보면 곡선의 형태가 점차 완만해짐을 알 수 있다. 이와 같이 자료의 수를 점점 늘이면서 계급의 간격을 점점 줄이면 더욱 더 모집단의 분포에 가까워지며 부드러운 곡선에 가까워지게 된다. 다음은 이러한 상대도수의 히스토그램을 확장하면 연속형의 분포가 가능함을 난수를 발생시켜 확인해 본 예제이다.

예제 3.23

다음 히스토그램은 X~N(170, 4)인 모집단에서 난수 발생한 데이터로부터의 그래프이다.여기서 X는 100개, Y는 1,000개, Z는 10,000개, W는 100,000개의 데이터에 대한 그래프이다. 이 그림들의 특징을 설명하시오.

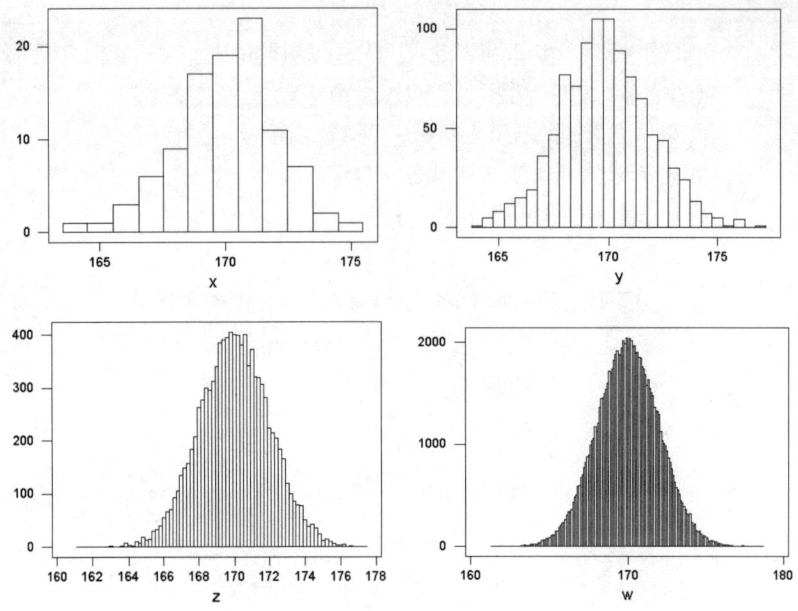

|결과| 위 실험에서는 자료수를 무한히 크게 하고 계급의 구간을 0으로 보내면, 히스토그램의 극한은 연속분포로 됨을 짐작할 수 있다. 극한에서의 히스토그램은 연속확률밀도함수의 조건 즉, 임의의 x에 대해 $f(x) \ge 0$와 $\int_{-\infty}^{\infty} f(x)\,dx = 1$를 만족함을 알 수 있다. 이런 함수를 정규 분포함수라 한다.

연속확률변수 X가 어떤 값 x의 주위로 $x-a$와 $x+a$ 사이의 값을 취할 확률, 즉 $P(x-a \le X \le x+a)$는 $x-a$, $x+a$ 사이의 정규분포곡선의 넓이와 같다. 왜냐하면 자료수를 무한히 크게 하고 계급의 구간을 0으로 보낼 때, 즉 극한으로 할 때 상대도수의 히스토그램은 연속분포로 가기 때 문이다. 다음 그림은 $P(x-a \le X \le x+a)$을 나타낸 그림이다.

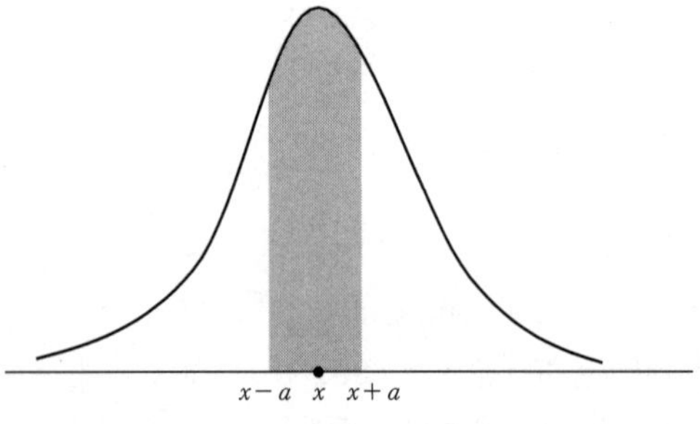

그림 3.4_$P(x-a \le X \le x+a)$ 확률그래프

연속확률의 그래프에서 어느 한 점에서의 그래프의 높이는 그 점을 중심으로 확률이 어느 정도 밀집되어 있는지를 나타내어 준다. 이런 그래프를 가지는 함수를 연속확률변수의 확률밀도함수라 한다.

정규분포는 연속확률분포의 대표적인 형태로 평균점에 대하여 대칭인 확률밀도 그래프를 가진다. 다음 그림은 평균 μ와 표준편차 σ에 따른 정규분포의 그래프들이다.

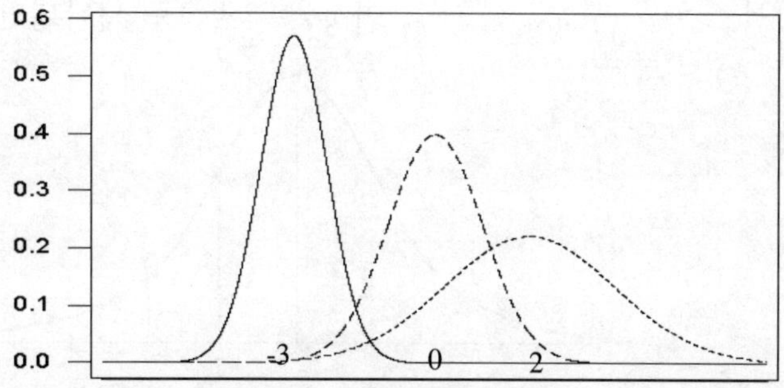

그림 3.5_정규분포의 형태들

위의 그래프는 서로 다른 μ와 σ를 가지는 3개의 정규분포를 나타내고 있다. 좌측은 $\mu=-3$이고 $\sigma=0.7$이며, 중앙은 $\mu=0$, $\sigma=1$인 표준정규분포이고, 우측은 $\mu=2$이고 $\sigma=1.8$인 정규분포 그래프이다. 이상으로부터 정규분포는μ와 σ에 따라 다양한 형태를 이루고 확률밀도함수의 그래프가 상대도수의 극한이므로 확률면적이 1이 됨을 알 수 있다. 이러한 조건을 만족시키는 확률밀도함수는 다음과 같다.

$$f(x)=\frac{1}{\sqrt{2\pi}\,\sigma}e^{-\frac{(x-\mu)^2}{2\sigma^2}}$$

확률변수 X가 평균 μ, 표준편차 σ인 정규분포의 표현은 $X \sim N(\mu, \sigma^2)$으로 쓴다. 어떤 확률변수 X가 평균이 μ이고 표준편차가 σ일 때

$$Z=\frac{X-\mu}{\sigma}$$

평균이 0이고 표준편차가 1인 정규분포를 따른다. 이러한 확률변수 Z를 표준정규확률변수(standard normal random variable)라 하고, 그 분포를 표준정규분포

(standard normal distribution)라 한다.

확률변수 X가 $N(\mu, \sigma^2)$을 따를 때 확률 $P(a \le X \le b)$는 변수의 표준화를 통하여 다음과 같이 구한다.

$$P(a \le X \le b) = P\left(\frac{a-\mu}{\sigma} \le \frac{X-\mu}{\sigma} \le \frac{b-\mu}{\sigma}\right)$$

$$= P(z_a \le Z \le z_b)$$

여기서, $z_a = \dfrac{a-\mu}{\sigma}$, $z_b = \dfrac{b-\mu}{\sigma}$. 이것을 그림으로 나타내면 다음과 같다.

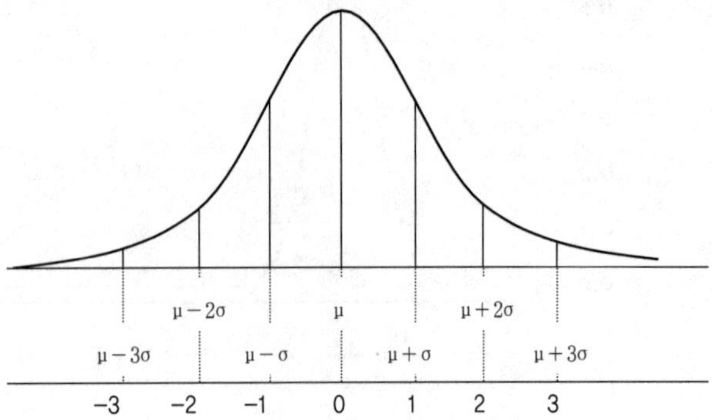

그림 3.6_정규분포 및 표준정규분포

정규분포표에 의한 확률 $P(Z \ge z)$은 다음과 같은 성질을 가지고 있다.

(1) $P(Z \ge 0) = 0.5$

(2) $P(Z \le -z) = P(Z \ge z)$

(3) 양수 z에 대해

$P(-z \le Z \le 0) = P(0 \le Z \le z) = 0.5 - P(Z \ge z)$, $P(-z \le Z) = 1 - P(Z \ge z)$

한편 확률변수 X가 각각 평균 μ을 중심으로 σ, 2σ, 3σ의 편차를 가질 확률은 다음과 같다.

$$P(\mu-\sigma \le X \le \mu+\sigma) = \int_{\mu-\sigma}^{\mu+\sigma} f(x)dx = 0.683$$

$$P(\mu-2\sigma \le X \le \mu+2\sigma) = \int_{\mu-2\sigma}^{\mu+2\sigma} f(x)dx = 0.955$$

$$P(\mu-3\sigma \le X \le \mu+3\sigma) = \int_{\mu-3\sigma}^{\mu+3\sigma} f(x)dx = 0.997$$

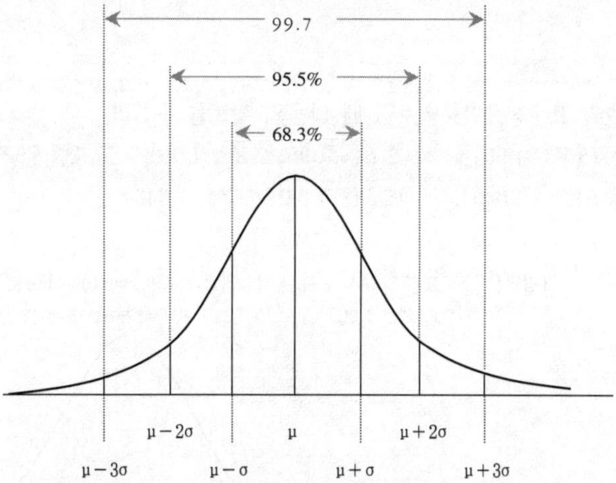

그림 3.7_정규분포의 확률

위의 확률변수 X를 표준화 시키면 다음과 같다.

$$P(\mu-\sigma \leq X \leq \mu+\sigma) = P(-\sigma \leq X-\mu \leq \sigma)$$
$$= P(-1 \leq \frac{X-\mu}{\sigma} \leq 1)$$
$$= P(-1 \leq Z \leq 1)$$

같은 방법으로

$$P(\mu-2\sigma \leq X \leq \mu+2\sigma) = P(-2 \leq Z \leq 2)$$
$$P(\mu-3\sigma \leq X \leq \mu+3\sigma) = P(-3 \leq Z \leq 3)$$

부록의 표준정규분포표에서는 확률값 $P(Z \geq z)$ 이 수록되어 있다. 즉, 부록표에서는 Z의 소숫점 이하 둘째 자리수에 해당하는 확률값을 수록하고 있으며 첫번째 세로줄은 Z의 소수점 이하 첫째 자리수, 그리고 첫번째 가로줄은 Z의 소숫점 이하 둘째 자리수에 해당한다. 예를 들어 $P(Z \geq 1.96)$의 확률값을 찾기 위해서는 부록표에서 세로 첫째 줄에서 1.9에 해당하는 줄과 가로 첫째 줄의 0.06에 해당하는 값을 읽으면 0.025가 된다. Z의 소숫점 이하 둘째 자리수에 해당한다. 즉, $P(Z \geq 1.96) = 0.025$. 따라서 $P(Z \geq z) = \alpha$ 를 만족하는 z를 Z_α로 표기 한다. 예를 들면 $P(Z \geq 1.96) = 0.025$ 이 되므로 $Z_{0.025} = 1.96$ 으로 표시되며 반대로 $Z_{0.05} = 1.645$ 은 $P(Z \geq 1.645) = 0.05$ 으로 표기된다.

예제 3.25

Z가 표준정규확률변수일 때 다음의 확률을 구하라.

① $P(Z \le 1.96)$ ② $P(-1.96 \le Z \le 1.96)$ ③ $P(Z \le -1.96)$

④ $P(Z \le 1.645)$ ⑤ $P(-1.645 \le Z \le 1.645)$

|결과| ① 표준정규분포표에서 $P(Z \ge 1.96) = 0.025$이므로
$P(Z \le 1.96) = 1 - P(Z \ge 1.96) = 1 - 0.025 = 0.975$

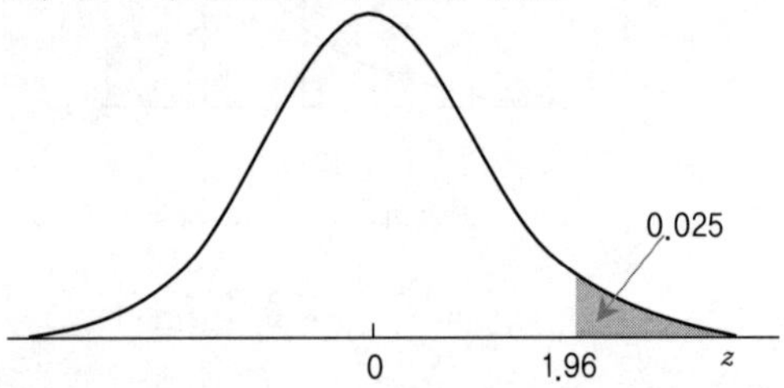

② $P(-1.96 \le Z \le 1.96) = P(Z \le 1.96) - P(Z \le -1.96) = 0.975 - P(Z \le -1.96)$
여기서 $Z=0$을 중심으로 대칭임으로 $P(Z \le -1.96) = P(Z \ge 1.96) = 0.025$
따라서 $P(-1.96 \le Z \le 1.96) = 0.975 - P(Z \le -1.96) = 0.975 - 0.025 = 0.95$

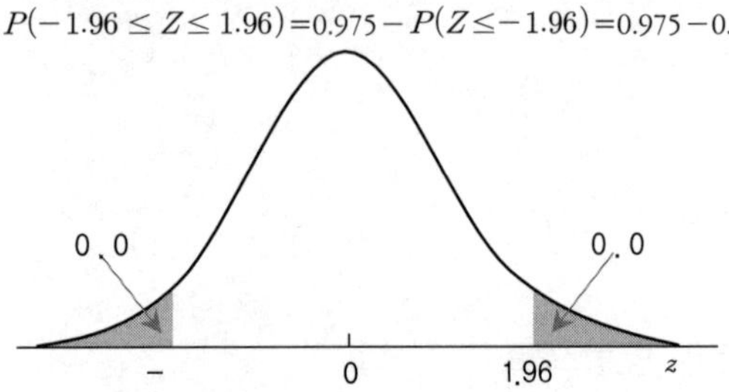

③ $Z=0$을 중심으로 대칭임으로 $P(Z \le -1.96) = P(Z \ge 1.96) = 0.025$

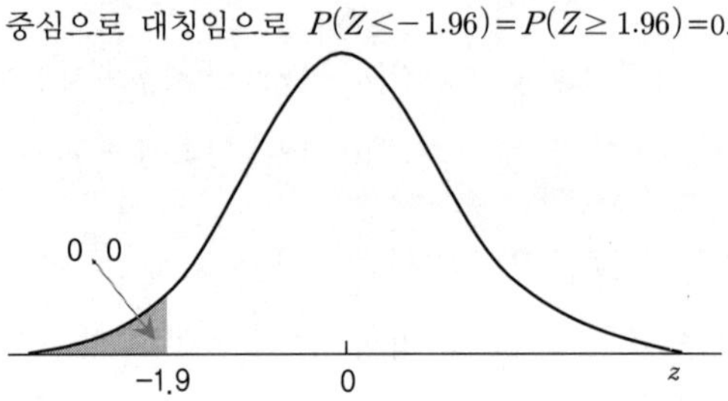

④ 표준정규분포표에서 $P(Z \ge 1.645) = 0.05$이므로
$P(Z \le 1.645) = 1 - P(Z \ge 1.645) = 1 - 0.05 = 0.95$

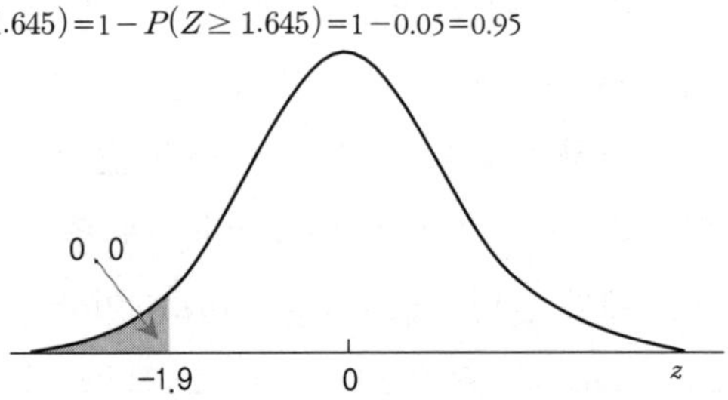

⑤ $P(-1.645 \le Z \le 1.645) = P(Z \le 1.645) - P(Z \le -1.645) = 0.95 - P(Z \le -1.645)$

$P(Z \le -1.645) = P(Z \ge 1.645) = 0.05$이므로

따라서 $P(-1.96 \le Z \le 1.96) = 0.95 - P(Z \ge 1.645) = 0.95 - 0.05 = 0.90$

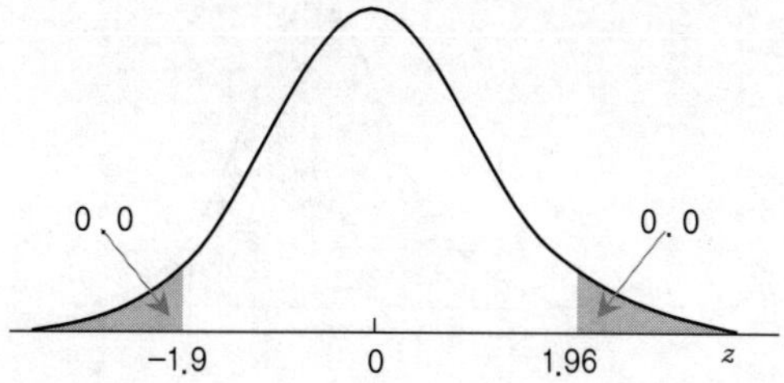

예제 3.26

Z가 표준정규확률변수일 때 다음을 만족하는 z를 구하라.

① $P(Z \le z) = 0.95$ ② $P(-z \le Z \le z) = 0.99$ ③ $P(Z \ge z) = 0.1$

|결과| ① $P(Z \le z) = 0.95$는 $P(Z \ge z) = 0.05$ 이므로 표준정규분포표로부터 $z = 1.645$

② 양쪽 꼬리의 확률값이 0.005가 되는 z 값은 표준정규분포표로부터 2.575

③ 표준정규분포표로부터 $z = 1.28$

이상으로부터 표준정규분포의 표를 이용하면 일반적인 정규분포의 확률을 구할 수 있다.

예제 3.27

확률변수 $X \sim N(70, 100)$ 일 때 다음의 확률을 구하라.

① $P(X \le 94.3)$ ② $P(X \ge 57.7)$ ③ $P(57.7 < X < 94.3)$

|결과| ① $P(X \le 94.3) = 1 - P(X \ge 94.3) = 1 - P\left(\frac{X-70}{10} \ge \frac{94.3-70}{10}\right) = 1 - P(Z > 2.43)$

$= 1 - 0.0075 = 0.9925$

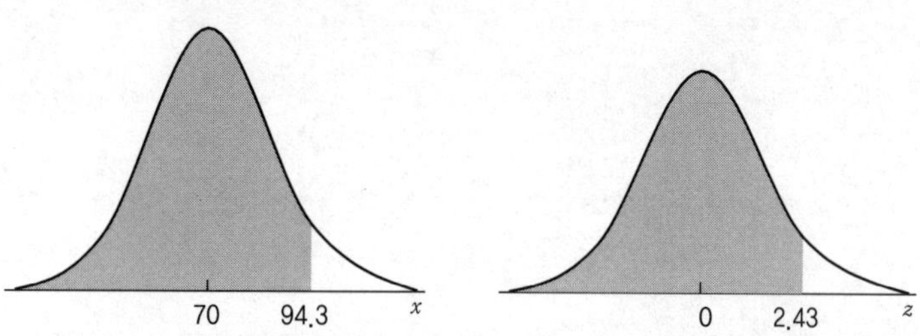

② $P(X \geq 57.7) = P\left(\frac{X-70}{10} \geq \frac{57.7-70}{10}\right) = P(Z > -1.23) = 1 - P(Z > 1.23)$

$= 1 - 0.1093 = 0.8907$

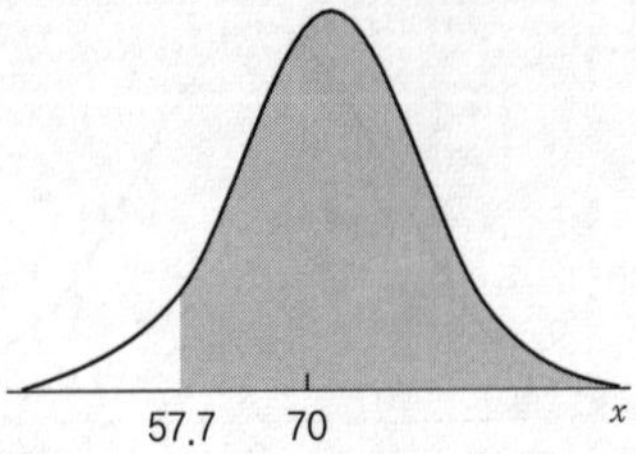

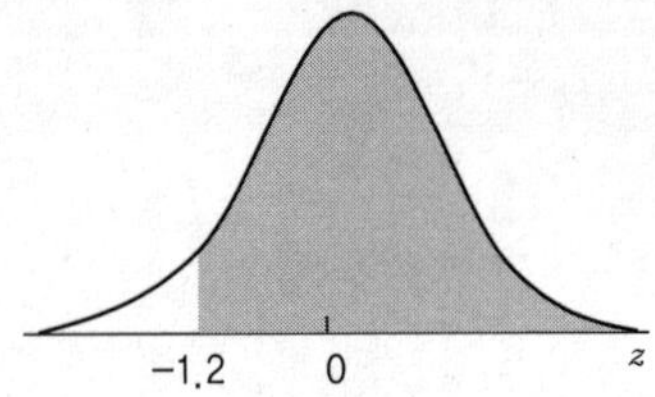

③ $P(57.7 < X < 94.3) = P\left(\frac{57.7-70}{10} \leq \frac{X-70}{10} \leq \frac{94.3-70}{10}\right) =$

$P(-1.23 < Z < 2.43) = 0.8832$

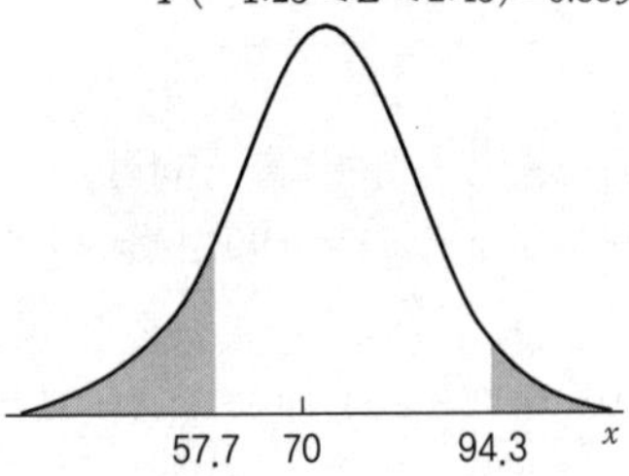

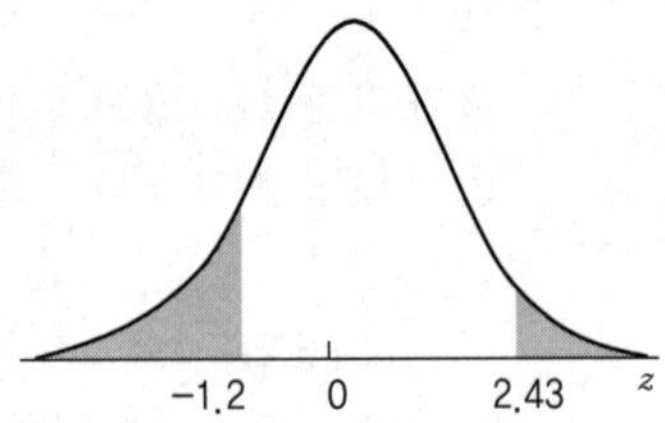

예제 3.28

확률변수 $X \sim N(20, 36)$에 대하여 $P(X \leq 32)$의 값과 $P(X \leq x) = 0.95$를 만족시키는 x의 값을 계산하라.

|결과| $P(X \leq 32) = P\left(\frac{X-20}{6} \leq \frac{32-20}{6}\right) = P(Z \leq 2) = \{1 - P(Z > 2)\} = 0.9772$

$P(X \leq x) = P\left(\frac{X-20}{6} \leq \frac{x-20}{6}\right) = P\left(Z \leq \frac{x-20}{6}\right) = 0.95$

$P(X > x) = P\left(Z > \frac{x-20}{6}\right) = 0.05$ 은 부록의 정규분포표에서

$\frac{x-20}{6} = 1.645$ 이므로 $x = 20 + 6 \times 1.65 \approx 29.87$

Minitab ▶ 이용하기

① $P(X \leq 32)$

1. 메뉴에서 [Calc] → [Probability Distributions] → [Normal...]을 클릭하고 나타난 [Normal Distribution] 대화상자에서 누적확률을 구하기 위하여 평균과 표준편차를 각각 "20", "6"을 기입하고 ⊙ Cumulative probability 을 체크하며 확률을 구하고 자 하는 값 "32"을 입력하고 [OK] 버튼을 클릭한다.

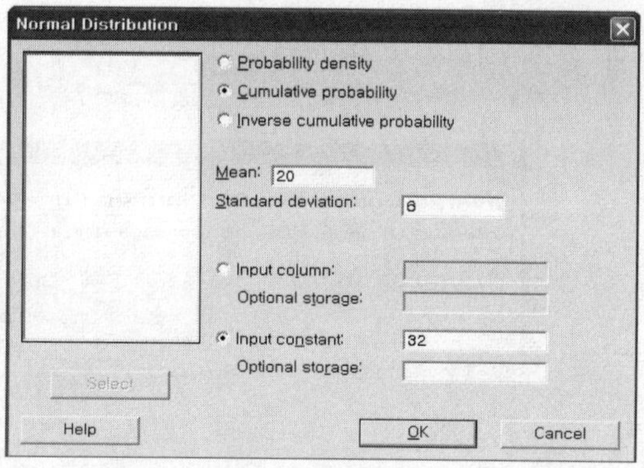

2. 다음과 같은 결과화면이 나타난다.

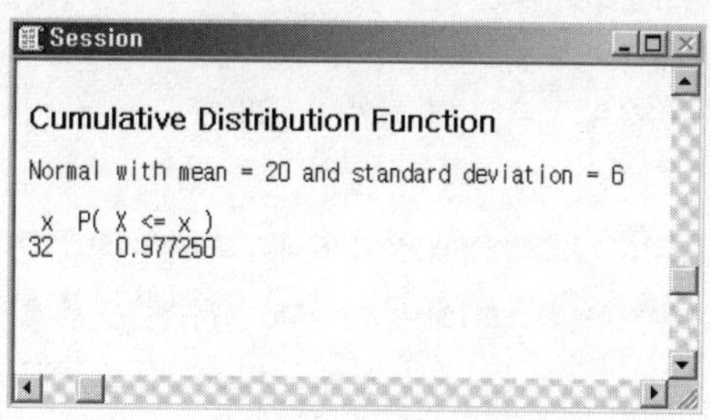

② $P(X \leq x) = 0.95$

1. [Normal Distribution] 대화상자에서 역누적 확률을 구하고자 하므로 평균과 표준편차를 각각 "20","6"을 기입하고 ⊙ Inverse cumulative probability 을 체크하고 구하고자하는 누적확률 "0.95" 을 기입하고 [OK] 버튼을 클릭한다.

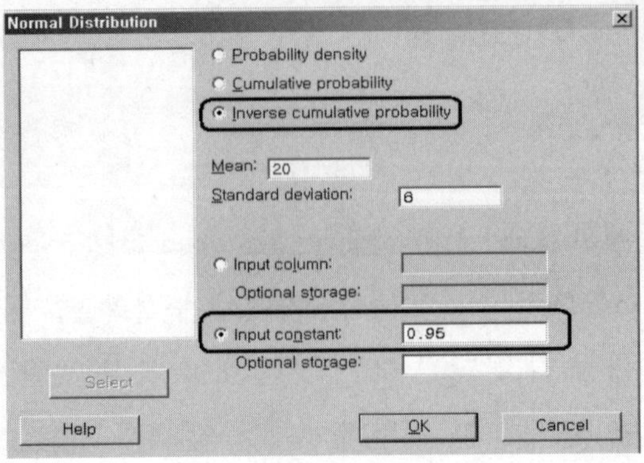

2. 다음과 같은 결과화면이 나타난다.

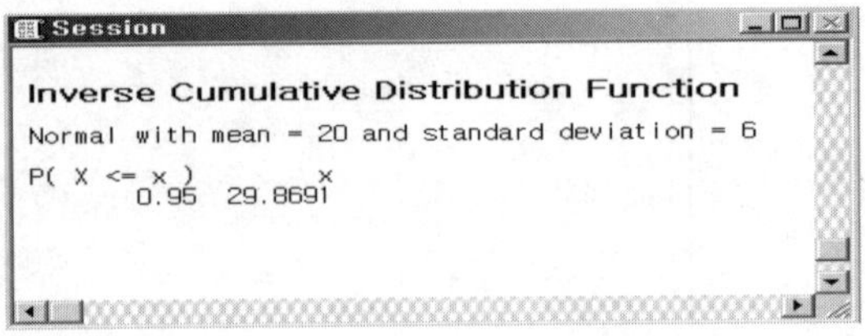

예제 3.29

어느 공정에서 생산된 500개의 제품의 평균 무게는 151kg이고 표준편차는 15kg 또 무게는 정규분포를 따른다 하자.

(1) 120kg에서 155kg사이의 제품은 몇 개인가?

(2) 185kg이상의 제품은 몇 개가 되는가?

|결과| X를 제품의 무게라 하면 $X \sim N(151, 15^2)$이므로

$$P(120 \le X \le 155) = P(\frac{120-151}{15} \le \frac{X-151}{15} \le \frac{155-151}{15})$$
$$= P(-2.10 \le Z \le 0.30)$$
$$= P(Z \le 0.30) - P(Z \le -2.10)$$
$$= \{1 - P(Z \ge 0.30)\} - P(Z \ge 2.10)$$
$$= (1 - 0.3821) - 0.0179$$
$$= 0.6179 - 0.0179 = 0.6$$

따라서 120kg에서 155kg사이의 제품의 개수는 $500 \times 0.6 = 0.6 = 300$개

$$P(X \ge 185) = P(\frac{X-151}{15} \ge \frac{185-151}{15})$$
$$= P(Z \ge 2.30) = 0.0107$$

즉, 180kg이상의 제품의 개수는 $0.017 \times 500 = 5.35$개, 약 5개가 된다.

참고하세요!!

정규분포의 가법성

$X_1 \sim N(\mu_1, \sigma_1^2)$, $X_2 \sim N(\mu_2, \sigma_2^2)$ 이고 X_1 와 X_2 가 서로 독립이면

$X_1 + X_2 \sim N(\mu_1 + \mu_2, \sigma_1^2 + \sigma_2^2)$, $X_1 - X_2 \sim N(\mu_1 - \mu_2, \sigma_1^2 + \sigma_2^2)$

예제 3.30

어느 학생의 통계학 성적(X_1)은 정규분포 $N(80, 3^2)$ 을 따르고 전산학 성적은 정규분포 성적 $N(70, 4^2)$ 을 따른다면 두 성적이 서로 독립일 때 두 과목 성적의 합 (X)이 140점 이하일 확률을 구하라.

|결과| 정규분포의 가법성의 성질에 의해 두 과목의 합은 다음과 같다

$$X = X_1 + X_2 \sim N(150, 5^2)$$

따라서 구하는 확률은 다음과 같다.

$$\begin{aligned} P(X \le 140) &= P\left(\frac{X-150}{5} \le \frac{140-150}{5}\right) \\ &= P(Z \le -2) = P(Z \ge 2) = 0.0228 \end{aligned}$$

3) 감마분포 및 지수분포

정규분포는 많은 분야에서 문제를 해결하는데 응용하고 있지만 경우에 따라서는 다음에 정의되는 감마분포(Gamma distribution)와 이 분포에 특별한 경우로서 지수분포(Exponential distribution) 등이 필요한 경우가 흔히 있다. 먼저 감마함수는 다음과 같이 정의된다.

$$\Gamma(\alpha) = \int_0^\infty x^{\alpha-1} e^{-x} dx, \qquad \alpha > 0$$

이 감마함수에 대하여 다음 관계가 성립한다.

1. $\Gamma(1) = \int_0^\infty e^{-x} dx = 1$
2. α 가 양의 정수이면 $\Gamma(\alpha) = (\alpha-1)!$
3. $\Gamma(\frac{1}{2}) = \sqrt{\pi}$
4. $\Gamma(\alpha+1) = \alpha\,\Gamma(\alpha)$, $\alpha > 0$

연속확률변수X가 확률밀도함수로 $\alpha>0, \beta>0$에 대하여

$$f(x)=\frac{1}{\beta^{\alpha}\Gamma(\alpha)}x^{\alpha-1}\ e^{-x/\beta} \qquad x>0$$

와 같이 가질 때 X 는 감마분포를 한다고 한다. α, β 에 따른 감마분포의 그래프는 다음 그림과 같다.

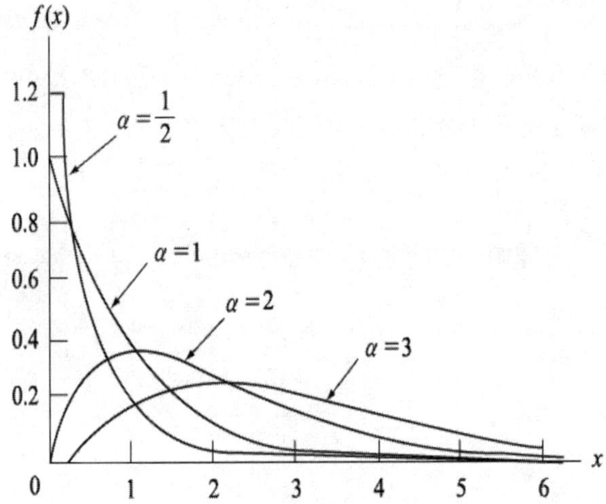

그림 3.4_$Gamma(\alpha, 1)$ 밀도함수

예제 3.31

감마분포에 대한 관련 분포(지수분포, 얼랑분포, 카이스키아 분포)를 설명하라.

|결과| 감마분포를 $G(\alpha, \beta)$라고 표시하면

① $X\sim G(1,\beta)$(즉,$\alpha=1$)인 경우 지수분포 $Exp(\beta)$

② $X\sim G(n, \frac{1}{\lambda})$(즉,$\alpha=n$, $\beta=\frac{1}{\lambda}$)인 경우 얼랑분포

③ $X\sim G(\frac{\nu}{2}, 2)$ (즉,$\alpha=\frac{\nu}{2}$, $\beta=2$)인 경우 χ^2분포 (단, ν는 자유도)

$$f(x)=\frac{1}{2^{\frac{\nu}{2}}\Gamma(\frac{\nu}{2})}x^{\frac{\nu}{2}-1}\ e^{-x/2}, \qquad x>0$$

X 가 감마분포를 따를 때 다음과 같은 특징이 있다.

1. $E(X)=\alpha\beta$, $V(X)=\alpha\beta^2$
2. $\alpha=1$ 일 때 지수분포의 평균과 분산이 된다.

감마분포의 특별한 경우로서 $\alpha=1(\beta=\lambda)$ 일 때 지수분포를 따르며 확률밀도 함수는 다음과 같다.

$$f(x)=\frac{1}{\lambda}\ e^{-x/\lambda} \qquad x>0$$

위의 지수분포는 어떤 사건의 발생횟수가 포아송분포를 따를 때 사건의 발생 시점으로부터 다음 사건이 일어날 때까지의 시간으로 측정되는 확률분포로 대기시간(waiting time), 수명시간(life time), 신뢰성이론(reliability theory) 등의 분포에 응용된다. 또한 지수분포는 무기억성(Memoryless property)이라는 특성을 가지고 있다. 즉, 지수분포를 따르는 확률변수 X는 모든 s, t에 대하여 다음을 만족한다.

$$P(X>s+t\,|\,X>s)=P(X>t)$$

지수분포의 분포함수 $F(x)$는 아래와 같이 구하며 확률밀도함수의 그래프와 분포함수는 다음과 같다.

$$F(x)=P(X\le x)=\int_0^x \frac{1}{\lambda}e^{-\frac{t}{\lambda}}dt=\frac{1}{\lambda}\left[-\lambda e^{-\frac{t}{\lambda}}\right]_0^x$$

$$=1-e^{-\frac{x}{\lambda}}$$

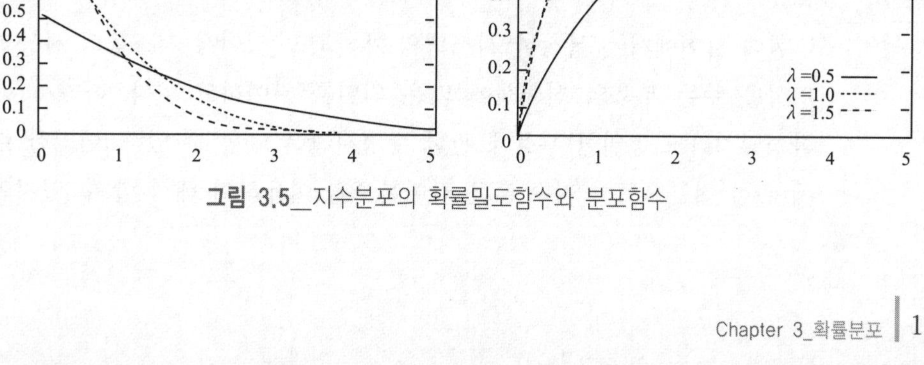

그림 3.5_지수분포의 확률밀도함수와 분포함수

예제 3.32

어느 가정에서 구입한 D회사의 TV는 평균 10년 동안 고장이 없고 고장날확률이 지수분포를 따른다. 이 TV가 20년 동안 고장이 없을 확률과 5년 이내에 고장이 날 확률을 구하라.

|결과| X는 고장날 때까지의 확률변수이고 평균이 10인 지수분포는 다음과 같다.

$$f(x) = \frac{1}{10} e^{-x/10}$$

따라서 구하는 확률은 다음과 같다.

$$P(X \geq 20) = \int_{20}^{\infty} f(x)\,dx = \int_{20}^{\infty} \frac{1}{10} e^{-\frac{1}{10}x}\,dx = \left[-e^{-\frac{1}{10}x}\right]_{20}^{\infty} = e^{-2}$$

$$P(X \leq 5) = \int_{0}^{5} f(x)\,dx = \int_{0}^{5} \frac{1}{10} e^{-\frac{1}{10}x}\,dx = \left[-e^{-\frac{1}{10}x}\right]_{0}^{5} = 1 - e^{-\frac{1}{2}}$$

예제 3.33

C은행에서 고객이 도착하여 서비스를 받기까지 기다리는 시간은 평균 30분이며 지수분포를 따른다고 한다. 어떤 고객이 서비스를 받기까지 40분 이상 기다릴 확률과 이 고객이 기다릴 평균시간과 분산을 구하라.

|결과| X를 고객이 서비스 받을 때까지의 기다리는 시간이라고 하면 평균이 30분인 지수분포는 다음과 같다.

$$f(x) = \frac{1}{30} e^{-x/30}$$

따라서 구하는 확률은 다음과 같다.

$$P(X > 40) = \int_{40}^{\infty} f(x)\,dx = \int_{40}^{\infty} \frac{1}{30} e^{-1/30\,x}\,dx = e^{-4/3}$$

$$E(X) = \beta = 30 \quad , V(X) = \beta^2 = 900$$

4) 와이블 분포

현대 사회에서는 복잡한 시스템의 개발되고 있어서 시스템의 작동과 안전에 영향을 주는 부품의 신뢰성에 많은 의미를 부여하고 있다. 따라서 동일 작업 환경일지라도 동일한 부품에 관한 수명시간은 다를 수 있다. 이러한 수명 분포에 관한 접근으로서 지수 혹은 감마분포를 이용하여 해석 할 수 있지만 시스템의 복잡함에 따라 와이블 분포를 이용하여 이런 복잡한 시스템의 신뢰성 해석에 많이 쓰이고 있는 분포가 와이블 분포이다.

연속확률변수 X가 확률밀도함수로 형상모수($\alpha > 0$)와 척도모수($\beta > 0$)에 대하여

$$f(x) = \frac{\alpha}{\beta^{\alpha}} x^{\alpha - 1} \exp[-\left(\frac{x}{\beta}\right)^{\alpha}], \qquad x \geq 0.$$

와 같이 가질 때 X는 와이블 분포를 따른다고 하고 α, $\beta = 1$ 에 따른 와이블 분포의 그래프는 다음 그림과 같다.

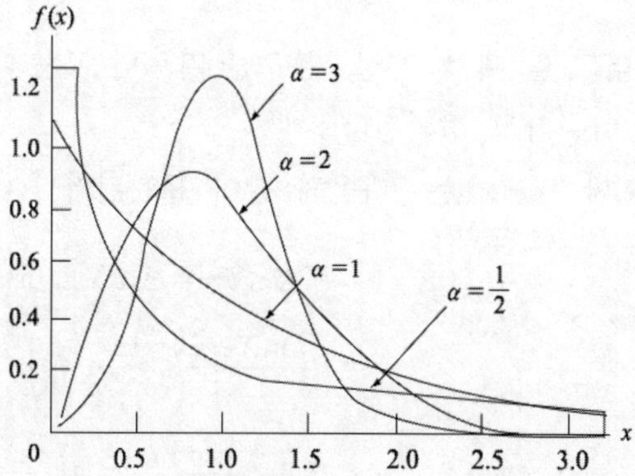

그림 3.6_ $Weibull(\alpha, 1)$ 밀도함수

와이블 분포의 분포함수 $F(x)$는 아래와 같이 유도 된다.

$$F(x) = P(X \leq x)$$

$$= 1 - \exp[-\left(\frac{x}{\beta}\right)^{\alpha}]$$

예제 3.34

어떤 제품의 수명이 $\alpha = 2$, $\beta = 1$ 인 와이블 분포를 따를 때 이 제품이 2년 이상 고장 나지 않을 확률과 평균과 분산을 구하라.

|결과| $P(T > 2) = 1 - P(T \leq 2) = 1 - F(2) = e^{-2^2} = 0.0183$

$$E(X) = \beta\,\Gamma\left(1 + \frac{1}{\alpha}\right) = \Gamma\left(1 + \frac{1}{2}\right) = \frac{1}{2}\Gamma\left(\frac{1}{2}\right) = \frac{\sqrt{\pi}}{2} = 0.8862$$

$$V(X) = \beta^2 \left\{\Gamma\left(1 + \frac{2}{\alpha}\right) - \left[\Gamma\left(1 + \frac{1}{\alpha}\right)\right]^2\right\} = \Gamma(2) - \frac{\pi}{4} = 0.2146$$

X가 와이블 분포를 따를 때 다음과 같은 특징이 있다.

1. $E(X) = \beta\Gamma\left(1+\frac{1}{\alpha}\right)$

   $V(X) = \beta^2\left\{\Gamma\left(1+\frac{2}{\alpha}\right) - \left[\Gamma\left(1+\frac{1}{\alpha}\right)\right]^2\right\}$

2. $\alpha=1$ 일 때 지수분포의 평균과 분산이 된다.

5) 대수 정규 분포

$Y=\ln X$ 라고 할 때 Y가 정규분포를 따르면 X는 대수정규분포(Lognormal distribution)를 따른다고 정의된다.

X의 분포함수 $F(x)$는 다음과 같이 표현된다.

$$F(x) = P(X \le x) = P(\ln X \le \ln x)$$
$$= P\left(\frac{\ln X - \mu}{\sigma} \le \frac{\ln x - \mu}{\sigma}\right)$$
$$= P\left(Z \le \frac{\ln x - \mu}{\sigma}\right) = \Phi\left(\frac{\ln x - \mu}{\sigma}\right)$$

연속확률변수 X가 확률밀도함수(위 식을 미분하여 계산 할 수 있는)로

$$f(x) = \frac{1}{x\sqrt{2\pi}\sigma}\exp\left[-\frac{1}{2\sigma^2}(\log x - \mu)^2\right],\ x > 0; \sigma > 0.$$

와 같이 가질 때 X는 대수정규분포를 따른다고 하고 $\mu=0$ 일 경우 σ에 따른 대수정규분포의 확률밀도함수와 누적분포함수 그래프는 다음 그림과 같다.

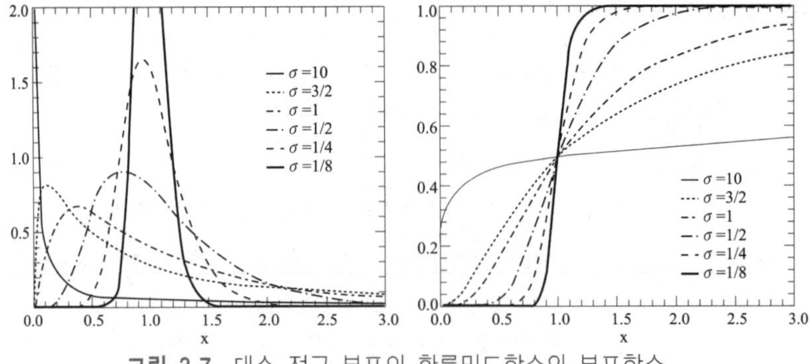

그림 3.7_대수 정규 분포의 확률밀도함수와 분포함수

X 가 대수 정규 분포를 따를 때 다음과 같은 특징이 있다.

> 1. $E(X) = \exp[\mu + \frac{\sigma^2}{2}]$
> $V(X) = \exp[2(\mu + \sigma^2)] \cdot (e^{\sigma^2} - 1)$
>
> 2. X가 대수정규분포를 따르면 $Y = \ln X$는 정규분포를 따른다.

대수 정규분포는 감마분포와 유사하게 오른쪽 꼬리가 긴 모양을 가지며 지수, 감마, 와이블 분포와 더불어 신뢰성 모형에 주로 이용되는 수명분포로 사용된다.

예제 3.35

양초가 타는 시간은 초 속에 있는 파라핀의 양에 비례한다고 알려져 있다. 이와 같은 소모성 제품은 대수정규분포로 모형이 가능하다. 촛불의 수명이 모수 $\mu = 1$, $\sigma = 1$인 대수정규 분포를 따를 때 이 초가 한 시간 이상 탈 확률과 평균과 분산을 구하라.

|결과| $P(T \geq 1) = 1 - F(1) = 1 - P(Z < 1) = 0.8413$

$E(X) = e^{1.5} = 4.482$

$V(X) = e^3(e-1) = 34.513$

4. 확률분포의 근사관계

1) 초기하분포의 이항분포 근사

초기하분포는 모집단의 N이 크고, $\frac{n}{N} \leq 0.1$인 경우 이항분포로 근사한다.

$$P(X \leq c) = \sum_{x=0}^{c} \frac{\binom{Np}{x}\binom{N-Np}{n-x}}{\binom{N}{n}}$$

$$\approx \sum_{x=0}^{c} \binom{n}{x} \; p^x (1-p)^{n-x}$$

예제 3.36

100개의 제품으로 구성된 로트에 불량품이 20개 들어 있다. 5개의 제품을 임의로 뽑았을 때 그 중 불량품이 1개 이하 들어 있을 확률을 초기하분포와 근사적으로 본 이항분포로 각각 구하라. 각각의 확률값을 계산하여 그래프를 그리고, 비교 설명하라.

|결과| X를 5개중 불량품의 개수라 할 때 초기하분포로 정확한 계산을 하면

$$P(X \le 1) = \frac{\binom{20}{0}\cdot\binom{80}{5}}{\binom{100}{5}} + \frac{\binom{20}{1}\cdot\binom{80}{4}}{\binom{100}{5}} = 0.7395$$

근사적인 이항분포로 간주 되었을 때의 확률 계산은

$$P(X \le 1) = \binom{5}{0}\, 0.2^0 \;\; 0.8^5 + \binom{5}{1}\, 0.2^1 \;\; 0.8^4 = 0.7373$$

근사적으로 본 이항분포의 확률값은 초기하분포로 본 확률값에 매우 근사함을 알 수 있다.

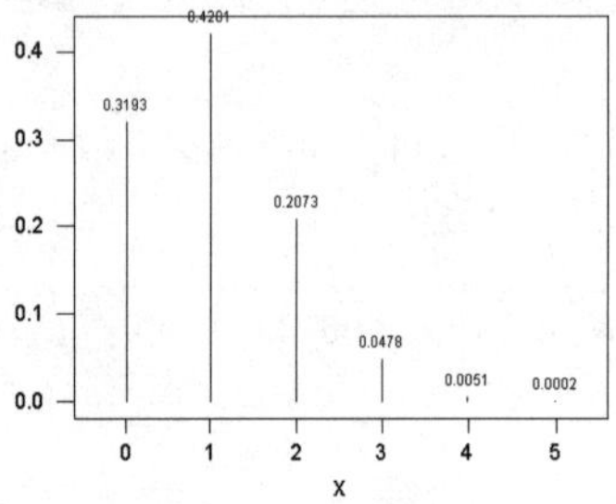

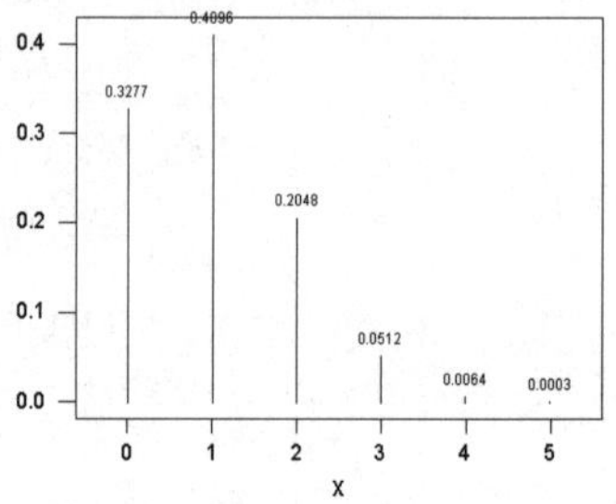

초기하분포 그래프 근사적인 이항분포 그래프

|해석| 정확한 초기하분포의 확률 그래프와 근사적으로 본 이항분포의 확률 그래프는 매우 유사함을 알 수 있다.

2) 이항분포의 포아송분포 근사

포아송분포는 이항분포의 극한으로부터 얻을 수 있다. 이항분포에서 $m = np$을 일정하게 유지하면서 $n \to \infty$, $p \to 0$로 하면 근사 포아송분포를 계산할 수 있다.

$$P(X = x) = \binom{n}{x} p^x (1-p)^{n-x} \approx \frac{e^{-m} m^x}{x!}$$

예제 3.38

어떤 부품을 만드는 공장이 있다. 이 공장에서 생산되는 부품은 종전에 불량률이 4% 이었다. 이 공장에서 생산되는 부품 200개 중 불량 부품이 10개 이하일 확률은 얼마인가 계산하라.

|결과| 부품 200개 중에서 불량품의 개수를 X라 하면 확률변수 $X \sim B(200, 0.04)$이다. 따라서 불량 부품이 10개 이하일 확률은

$$P(X \le 10) = \sum_{x=0}^{10} \binom{200}{x} \; 0.04^{x} (1-0.04)^{200-x}$$

이다. 위 식을 구하기는 통계표에도 없고 매우 어려운 일이다. 이런 경우 포아송 분포의 근사를 이용하여 구한다. $np=8$이므로 X는 근사적으로 평균 $m=8$인 포아송분포를 따른다. 따라서 구하고자 하는 확률은

$$P(X \le 10) = \sum_{x=0}^{10} \frac{e^{-8} 8^{x}}{x!} = 0.816$$

예제 3.39

이항분포 $B(20, 0.1)$ 와 포아송분포 $P(2)$ 의 각각의 그래프를 그리고 비교 설명하라.

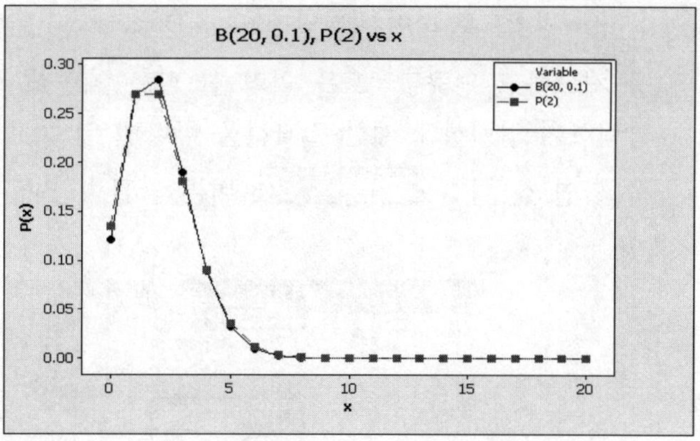

|해석| 위 그래프에서는 이항분포 $B(20, 0.1)$는 포아송분포 $P(2)$에 매우 근사되어 있음 을 알 수 있다.

Minitab ▶ 이용하기

1. "c1" 열에 1부터 20까지 자료를 입력하고 메뉴에서 [Calc] ➔ [Probability Distributions] ➔ [Binomial]을 클릭하고 나타난 [Binomial Distribution] 대화상자에서 ⦿ Probability 을 체크하고 시행 횟수와 성공의 확률을 각각 "20", "0.1"을 각각 기입하여 계산에 투입될 열 "C1"을 더블 클릭하여 입력하고 계산 결과 값을 나타낼 열 "C2"을 더블 클릭하여 입력을 확인 한 다음 [OK] 버튼을 클릭한다.

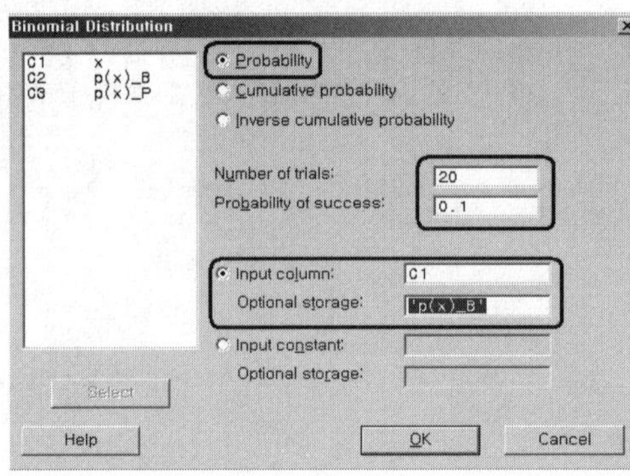

2. 유사한 방법으로 하여 나타난 [Poisson Distribution] 대화상자에서 ⦿ Probability 을 체크하고 평균값 "2"을 입력 한 다음 계산에 투입될 열 "C1"을 더블 클릭하여 입력하고 계산 결과값을 나타낼 열 "C3"을 더블 클릭하여 입력을 확인 한 다음 [OK] 버튼을 클릭한다.

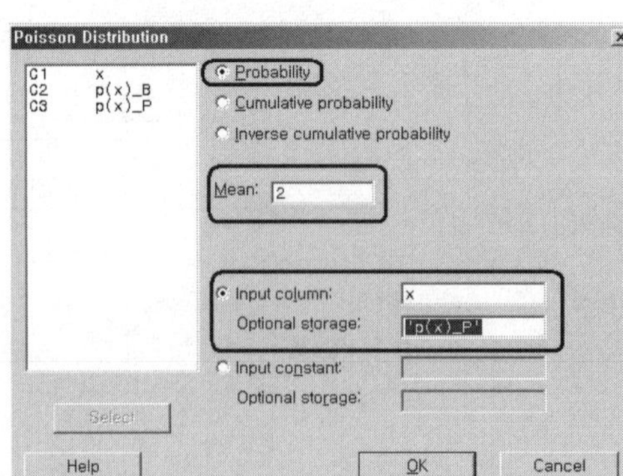

3. 다음과 같은 결과화면이 나타난다.

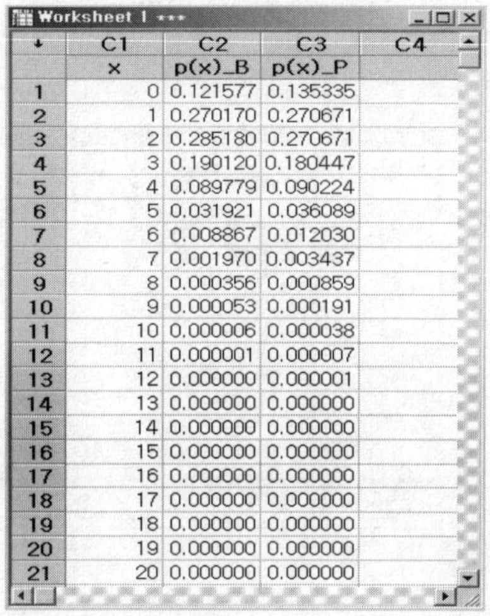

↓	C1	C2	C3	C4
	x	p(x)_B	p(x)_P	
1	0	0.121577	0.135335	
2	1	0.270170	0.270671	
3	2	0.285180	0.270671	
4	3	0.190120	0.180447	
5	4	0.089779	0.090224	
6	5	0.031921	0.036089	
7	6	0.008867	0.012030	
8	7	0.001970	0.003437	
9	8	0.000356	0.000859	
10	9	0.000053	0.000191	
11	10	0.000006	0.000038	
12	11	0.000001	0.000007	
13	12	0.000000	0.000001	
14	13	0.000000	0.000000	
15	14	0.000000	0.000000	
16	15	0.000000	0.000000	
17	16	0.000000	0.000000	
18	17	0.000000	0.000000	
19	18	0.000000	0.000000	
20	19	0.000000	0.000000	
21	20	0.000000	0.000000	

4. 메뉴에서 [Graph] → [Satterplot...]을 클릭 하고 [Satterplots...]대화상자가 나타나면 원하는 패턴을 선택하고 [OK] 버튼을 클릭한다.

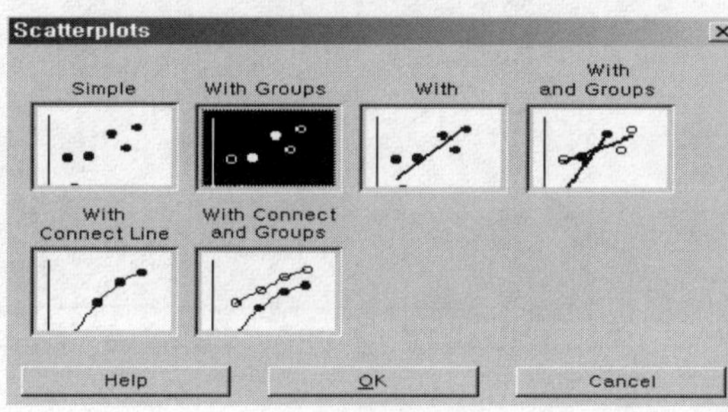

5. 다음과 같이 X,Y변수에 입력하고 [Multiple Graphs..] 버튼을 클릭한다.

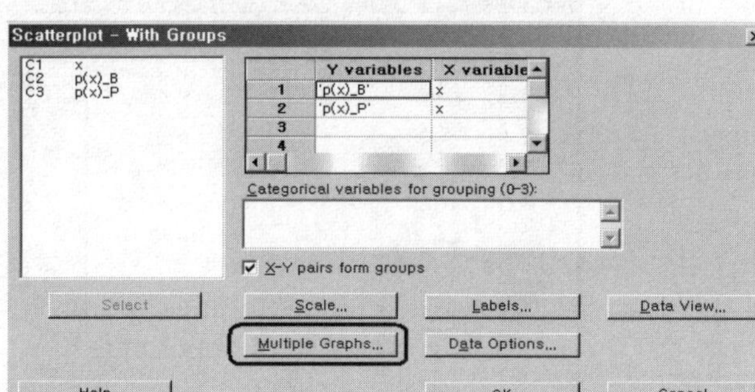

6. 다음과 같은 [Multiple Graphs..] 대화상자가 나타나면 중복으로 그림을 그리기 위하여 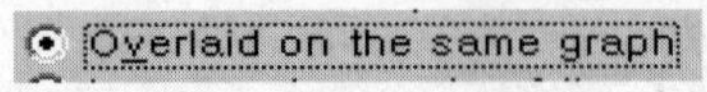

항목을 선택하고 [OK] 버튼을 클릭한다.

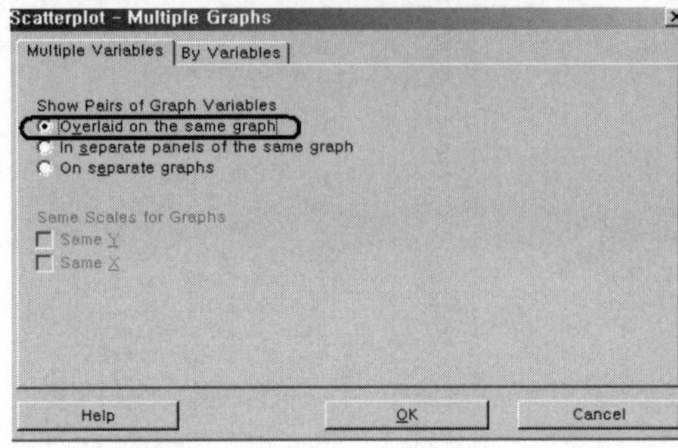

7. [Data View] 버튼을 클릭하여 나타난 대화상자에서 필요한 항목을 선택하고 [OK] 버튼을 클릭한다.

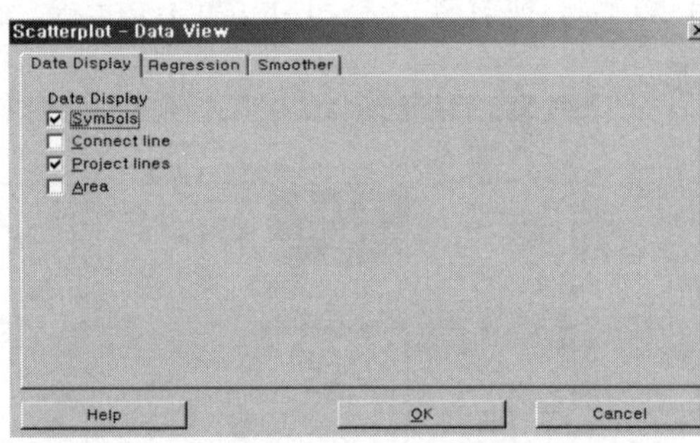

8. 다음과 같은 결과화면이 나타난다.

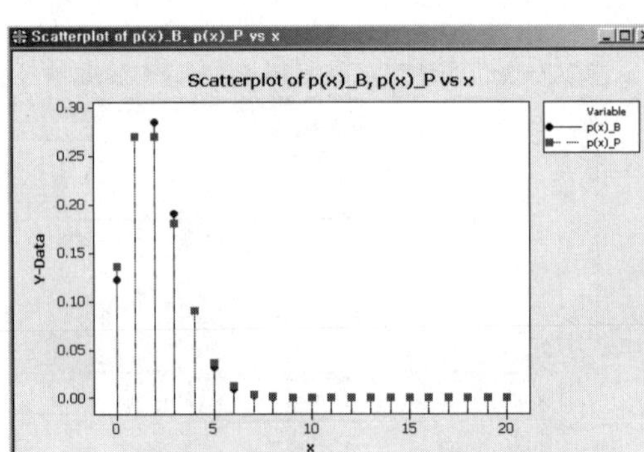

3) 이항분포의 정규분포 근사

이항분포 $B(n,p)$에서 n이 크고 p가 아주 작지 않을 때 즉 $np>5$이거나 $n(1-p)>5$을 만족할 만큼 n이 충분히 클 때, 이항분포는 정규분포에 근사함이 알려져 있다. 따라서 n이 클 때 이항분포확률의 계산은 이항분포의 평균과 분산이 각각 $\mu=np, \sigma^2=np(1-p)$이므로 정규분포 $N(np, np(1-p))$로 근사시켜 확률을 다음과 같이 계산하게 된다. a, b가 정수일 때

$$\begin{aligned} P(a \le X \le b) &= P\left(\frac{a-np}{\sqrt{np(1-p)}} \le \frac{X-np}{\sqrt{np(1-p)}} \le \frac{b-np}{\sqrt{np(1-p)}}\right) \\ &= P\left(\frac{a-np}{\sqrt{np(1-p)}} \le Z \le \frac{b-np}{\sqrt{np(1-p)}}\right) \\ &= P\left(Z \le \frac{b-np}{\sqrt{np(1-p)}}\right) - P\left(Z \le \frac{a-np}{\sqrt{np(1-p)}}\right) \end{aligned}$$

예제 3.39

어떤 부품을 만드는 공장이 있다. 이 공장에서 생산되는 부품은 종전에 불량률이 4%이었다. 이 공장에서 생산되는 부품 200개 중 불량 부품이 10개 이하일 확률은 얼마인가.

|해석| 부품 200개 중에서 불량품의 개수를 X라 하면 확률변수 $X \sim B(200, 0.04)$이다. 그런데 $np=200\times0.04=8>5$, $n(1-p)=200\times(1-005)=192>5$으로 근사적으로 정규분포에 적합하다 볼 수 있다. 또, $n=200$으로 매우 크고 $p=0.04$로 작아 근사적으로 포아송분포를 따르며,
$m=np=200\times0.04=8>5$로 근사적으로 정규분포로 볼 수 있다. 따라서 불량 부품이 10개 이하일 확률은

$$\begin{aligned} P(X \le 10) &\approx P\left(\frac{X-np}{\sqrt{np(1-p)}} \le \frac{10-np}{\sqrt{np(1-p)}}\right) \\ &= P\left(Z \le \frac{10-200\times0.04}{\sqrt{200\times0.04\times(1-0.04)}}\right) = P(Z \le 0.7217) = 0.7642 \end{aligned}$$

이상의 분포간의 관계로부터 초기하분포, 이항분포, 포아송분포 및 정규분포의 근사관계는 다음과 같이 정리된다.

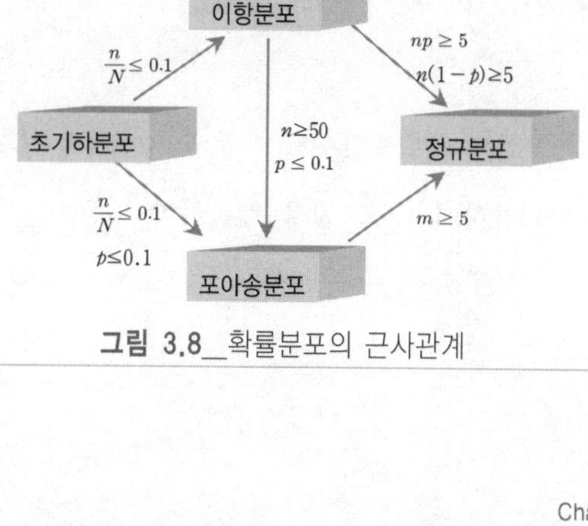

그림 3.8_확률분포의 근사관계

연 / 습 / 문 / 제

1 총 10명의 유권자가 살고 있는 조그만 마을이 있다. 이번 총선에서 여당을 지지한 사람이 4명, 야당을 지지한 사람은 6명 이었다. 임의로 2명의 유권자에게 전화를 했을 때 여당을 지지한 사람을 X라고 하면 X가 취할 수 있는 값들에 대응되는 확률은?

2 경품권을 갖고 있는 고객 10명이 경품당첨을 기대하고 있는 데, 이 중 여자 고객이 7명이었다. 3사람만이 경품에 당첨된다고 할 때 남자고객이 모두 당첨될 확률은 얼마인가?

3 한 개의 동전을 세 번 던지는 확률실험에서 확률변수 X를 앞면의 수라 할 때

(1) X의 확률분포함수를 구하고, 그래프를 그려라.

(2) X에 대한 기대값 $E(X)$와 분산 $V(X)$를 구하라.

4 1. 다음확률밀도함수의 각각평균과 분산을 구하라

① $f(x) = \begin{cases} \frac{3}{2}x^2, & -1 \le x \le 1 \\ 0 \quad , & \text{그외} \end{cases}$

② $f(x) = \begin{cases} \frac{1}{2} \quad , & 2 \le x \le 4 \\ 0 \quad , & \text{그외} \end{cases}$

2. X의 확률밀도함수가 다음과 같을 때 f(x)가 p. d. f.가 되도록 k값을 계산하라.

$$f(x) = \begin{cases} \frac{k}{x^2} \quad , & 1 < x < \infty \\ 0 \quad , & \text{그외} \end{cases}$$

3. X의 확률밀도함수가 다음과 같을 때 $\int f(x)dx = 1$과 $\int x \cdot f(x)dx = \frac{2}{3}$을 이용하여 a 와b 값을 계산하라.

$$f(x) = \begin{cases} a + bx^2 \quad , & 0 \le x \le 1 \\ 0 \quad , & \text{그외} \end{cases}$$

4. 다음 확률밀도함수가 분산 $Var(X) = \frac{1}{2}$ 일때 E(5X+2)를 계산하라.

$$f(x) = \begin{cases} kx & , \quad 0 \le x \le \alpha \\ 0 & , \quad \text{그외} \end{cases}$$

5. 다음 확률밀도함수의 평균 E(X)=1 일 때 Var(X)를 구하라.

$$f(x) = \begin{cases} ax & , \quad 0 \le x \le 1 \\ b-x & , \quad 1 \le x \le 2 \end{cases}$$

5 회사에서 소요사태가 발생하면 회사 측에서 경고방송을 10분당 평균 20회를 내 보낸다고 한다. 경고방송 내보내는 횟수가 포아송분포의 특성을 갖는다면, 10분에 25회 이상 경고방송을 내보낼 확률은 얼마인가?

6 확률변수 X의 평균이 25, 표준편차가 5일 때 $E(2X^2+3X+4)$의 값은?

7 확률변수 X, Y의 각각의 분산은 $V(X)=5, V(Y)=7$이고 공분산이 $Cov(X, Y)=3$일 때 $V(X+Y)$을 구하라.

8 새벽 1시와 6시 사이 강남구에 일어나는 청소년 범죄는 1시간당 평균 0.6건이다. 범죄 발생 수의 분포가 포아송분포를 따른다면 오늘 새벽 1시와 2시 사이에 범죄 발생이 전혀 없을 확률은 얼마인가?

9 연속형 확률변수 X가 다음과 같은 확률밀도함수를 가질 때 X의 평균과 분산을 구하라.

$$f(x) = \frac{1}{2}x \qquad 0 \le x \le 2$$

10 남서울 슈퍼마켓에는 1분당 고객이 평균 2명씩 도착하고 있다. 1분안에 고객이 전혀 도착하지 않을 확률은?

11 이삿짐센터에서는 한 집의 이사를 맡아 일을 마칠 때까지의 소요되는 시간은 평균 10시간, 표준편차 2시간인 정규분포를 이룬다고 추정하고 있다. 이사를 시작하여 마칠 때까지 드는 시간이

① 8~11시간 사이일 확률
② 평균보다 3시간 이상 더 걸릴 확률
③ 평균보다 1시간 이하 걸릴 확률

12 총학생수가 10,000명인 어느 대학 학생들의 평균체중이 60kg, 표준편차 5kg인 정규분포를 이룬다고 한다. 25명의 학생을 임의로 추출할 때 평균체중이
① 62kg 이상인 확률은?
② 58~61kg 사이일 확률은?
③ 58kg 이하일 확률은?

13 성공률 p가 0.1인 20회의 베르누이 시행에서 성공횟수를 X라 할 때
(1) $P(2 \le X \le 5)$ 을 구하라.
(2) (1)의 확률을 정규분포의 근사식을 이용하여 구하고 비교하라.

14 제품이 $N = 10$ 개로 구성되어 있고 불량률이 $p = 0.2$ 인 로트에서
(1) 복원추출에 의하여 3개를 랜덤하게 채취할 때, 그 중 하나만이 불량일 확률 ?
(2) 비복원추출에 의하여 3개를 랜덤하게 채취할 때, 그 중 하나만이 불량일 확률은 ?

15 불량률이 $p = 0.08$인 공정에서 시료 $n = 100$개를 임의로 취할 때
(1) 불량개수가 5개에서 10개 사이에 있을 확률을 구하라.
(2) 불량개수가 12개 이상이면 공정의 불량률이 높다고 판단한다면, 공정의 불량률이 높다고 판단될 확률을 구하라.

16 어느 회사에서 업무를 수행하는데 체중이 50kg에서 74kg이어야 적합하다고 한다. 만일 평균체중이 62kg이고, 표준편차가 8kg인 정규분포를 따른다고 하면 이때 입사시험에서 체중에 의하여 불합격될 확률을 구하여라.

17 어떤 공장에서 200명의 생산 사원이 선반 기계를 이용하여 원통을 깎는 작업을 하고 있다. 생산되는 원통의 평균 지름이 0.502인치이고 표준편차는 0.005인치인 정규 분포 형태를 이룰 때, 이 공장에서 생산되는 원통의 지름이 0.496인치에서 0.508인치 사이의 제품을 합격품이라 한다. 여기서 불합격품은 몇 %인가?

18 어떤 공장에서 생산되고 있는 항목 중 3%가 불량이다. 25개 항목들이 조사를 위해 뽑혀졌다. 이항분포와 포아송분포를 이용하여 다음 물음에 답하라.

(1) 4개의 불량품이 발견될 확률은

(2) 3개 이상의 불량품이 견될 확률은

19 어떤 집단의 사람들에 대해 조사해 본 결과 40%가 할부로 구입할 경우 주로 신용카드를 이용하는 것으로 나타났다. 이 조사가 옳다고 했을 때, 25명을 이 집단으로부터 추출하여 질문을 한다.

(1) 신용카드로 할부 구입하는 사람 수가 5명 미만일 확률은

(2) 10명에서 15명 사이에 있을 확률은

(3) 15명 이상일 확률은

20 어떤 전구의 수명시간 X가 평균수명이 1000시간인 지수분포를 따른다고 한다. 이때 100시간 이내에 고장이 날 확률을 구하여라.

21 표준정규분포를 갖는 확률변수 Z에 대하여 다음의 확률을 구하라.

(1) $P(Z \leq 0.42)$ (2) $P(Z < -0.42)$

(3) $P(-1.2 < Z < 2.1)$ (4) $P(Z > -1.69)$

(5) $P(Z \geq 2.4 \text{ or } Z \leq -2.4)$ (6) $P(-1.0 \leq Z \leq 0.0)$

22 확률변수Z는 표준정규분포를 한다. 다음 확률조건을 만족하는 z을 구하라.

(1)$P(Z < z) = 0.1$ (2)$P(-0.6 < Z < z) = 0.5$

(3)$P(|Z| \leq z) = 0.95$ (4)$P(-z \leq Z \leq 0) = 0.341$

23 평균이 80이고 표준편차가 4인 정규분포에서 다음의 확률을 구하라.

(1) $P(X < 75)$ (2) $P(X > 86)$

(3)$P(72 \leq X \leq 88)$ (4) $P(82 < X < 85)$

24 어떤 통계 소프트웨어는 평균 1개월에 3번씩 고장을 일으킨다. 소프트웨어가 고장 나서 고친 후에 다시 고장이 발생할 때까지 걸리는 시간의 분포는 지수분포를 따른다. 한번 고장 나서 고친 후 2개월 이내에는 고장 나지 않을 확률을 구하라.

25 X는 평균이 150이고 표준편차는 5인 정규분포를 할 때 다음 확률을 갖는 x를 구하라.

(1) $P(X \le x) = 0.5$ (2) $P(-x \le X \le x) = 0.4$

(3) $P(X < x) = 0.975$ (4) $P(X > x) = 0.025$

26 어느 공정에서 생산되는 전구의 수명은 평균수명이 900시간이고 표준편차는 40 시간인 정규분포를 한다고 알려졌다. 1,000개의 전구 중에서 940시간 이하의 명을 가진 전구는 몇 개인가 답하라.

27 위 문제에서 100개의 전구를 뽑아서 전구의 평균수명을 측정하였을 때 905시간 이상 일 확률은 얼마인가?

28 어느 생산 관리자가 근로자가 평균적으로 10분 안에 한 작업이 끝난다고 한다. 작업 완성에 소요되는 시간이 대략 표준편차가 3인 정규분포를 따른다고 한다. 다음 물음에 답하라.

(1) 근로자가 4분 안에 작업을 끝낼 확률은

(2) 작업을 끝내는 데 5분 이상 걸릴 확률은

29 어느 회사에서 생산된 양철 캔 뚜껑의 지름이 평균이 4이고 표준편차가 0.012인 정규분포를 따른다고 한다. 뚜껑의 지름이 3.97과 4.03사이에 있을 확률을 구하라.

30 확률변수 X가 이항분포 $B(100,0.4)$를 따를 때, 다음의 확률을 구하라.

(1) $P(X \ge 40)$ (2) $P(30 \le X \le 40)$

31 다음 각 경우 확률분포를 구하라.

(1) 2개의 동전을 던질 때 나타나는 앞면의 수

(2) 2개의 주사위를 던질 때 나타나는 숫자의 합

(3) 흰공 3개 검은 공2개가 들어 있는 주머니에서 3개를 꺼낼 때 검은 공의 개수

32 어느 공장의 설비 투자에서 1000만원의 수익을 올릴 확률은 0.6, 500만원의 수익을 올릴 확률은 0.2, 200만원의 수익을 올릴 확률은 0.2라 한다. 설비투자의 기대수익은 얼마 인가?

33 이항분포표를 이용하여 다음의 확률을 구하라.

(1) $p=0.3$일 때 12번의 시행 중 4번 성공할 확률

(2) $p=0.7$일 때 12번의 시행 중 3번 이상 10번 이하 성공할 확률

(3) $n=8$이고 $p=0.1, 0.2, 0.3, 0.4, 0.5$인 이항분포에서 3번 이하 성공할 확률

CHAPTER 04

표본 분포

제4장에서는 추측통계의 기본이 되는 표본 분포를 알아본다.

- 표본평균의 분포와 중심극한정리
- 표본분산의 표본분포와 카이제곱분포
- 표본비율의 표본 분포
- 표본분산의 비에 의한 표본 분포

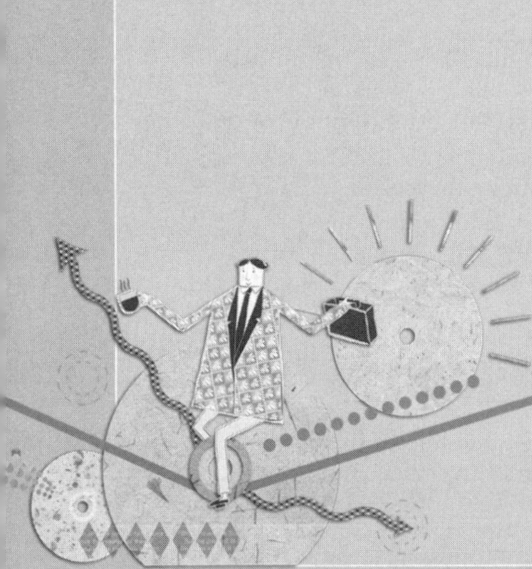

통계조사의 목적은 모집단에 대한 정보를 알아내고자 하는 일이다. 여기서 모집단에 대한 정보란 일반적으로 모집단의 평균, 분산 등과 같은 모집단의 특성 즉, 모수(parameter)를 말한다. 모집단의 특성값은 모집단 전체를 조사해야만 알 수 있다. 그러나 대부분의 연구에서는 모집단 전체를 조사한다는 것은 불가능하므로 일반적으로 모수는 미지의 수가 된다. 이러한 경우 모집단으로부터 표본을 뽑고 표본으로부터 계산되는 표본의 평균 또는 표본의 분산과 같은 표본의 특성값, 즉 통계량(statistic)을 이용하여 모수를 추정하게 된다. 일반적으로 모수의 추정에 사용되는 통계량은 어떤 표본이 뽑히느냐에 따라 그 값이 달라지고 그 값에 의해 하나의 분포를 이루게 된다. 이 때 통계량의 분포를 표본분포(sampling distribution)라고 한다. 본 장에서는 이러한 표본분포에 대한 개념을 살펴본다.

여기에 소개되는 통계량의 분포인 표본분포는 모집단은 정규분포$N(\mu,\ \sigma^2)$이며, 무한모집단이고, 또 무작위추출을 가정한 것이다.

1. 표본평균의 분포와 중심극한정리

$X_1,\ X_2, \cdots, X_n$을 평균이 μ, 표준편차가 σ인 모집단에서 취한 확률표본이라 하자. 표본으로부터 표본평균 $\overline{X}$는 평균이 μ이고, 분산이 $\frac{\sigma^2}{n}$인 정규분포를 한다. 즉

$$E(\overline{X}) = \mu,\quad V(\overline{X}) = \frac{\sigma^2}{n}$$

만약 무한모집단이 아니고 크기 N인 유한모집단인 경우라면 $\overline{X}$의 평균 과 분산은 다음과 같다.

$$E(\overline{X}) = \mu,\quad V(\overline{X}) = \frac{N-n}{N-1}\frac{\sigma^2}{n}$$

윗 식에서 $\frac{N-n}{N-1}$은 유한모집단의 경우에만 붙는 계수로 유한모집단 수정계수(finite population correction factor)라고 한다.

●●● 참고하세요!!

$X_1, X_2, \cdots, X_n$을 평균이 μ, 표준편차가 σ 인 모집단에서 취한 확률표본이라 하면 표본평균 $\overline{X} = \dfrac{\sum_{i=1}^{n} X_i}{n}$ 의 기대값과 분산은 다음과 같이 유도할 수 있다.

$$E(\overline{X}) = E\left(\frac{\sum_{i=1}^{n} X_i}{n}\right) = \frac{1}{n} E(X_1 + X_2 + \cdots + X_n) = \frac{1}{n} n\mu = \mu$$

$X_1, X_2, \cdots, X_n$ 들은 서로 독립이므로

$$\begin{aligned} V(\overline{X}) = V\left(\frac{\sum_{i=1}^{n} X_i}{n}\right) &= \frac{1}{n^2} V(X_1 + X_2 + \cdots + X_n) \\ &= \frac{1}{n^2} [V(X_1) + V(X_2) + \cdots + V(X_n)] = \frac{1}{n^2} n\sigma^2 \\ &= \frac{\sigma^2}{n} \end{aligned}$$

표본의 크기 n이 충분히 클 때는 모집단이 어떤 분포이든 표본평균의 분포는 정규분포에 근사한다. 이를 중심극한정리(central limit theorem)라 하며 이를 정리하면 다음과 같다.

평균이 μ 이고 분산이 σ^2 인 무한모집단에서 표본 크기가 n 인 확률표본 $X_1, X_2, \cdots, X_n$ 을 취할 때 표본평균 $\overline{X}$ 는 n 이 클 때

$$\overline{X} \sim N\left(\mu, \frac{\sigma^2}{n}\right) \qquad \text{즉,} \quad Z = \frac{\overline{X} - \mu}{\frac{\sigma}{\sqrt{n}}} \sim N(0, 1)$$

을 따른다.

예제 4.1

균등(일양)분포 $\overline{X} \sim U(0,10)$ 를 하는 모집단으로부터 표본 크기 $n=5$인 표본 추출을 50회 반복 추출하여 표본 각각에 대해, 표본평균 $\overline{X}$ 을 계산한 결과가 다음과 같다. $\overline{X}$ 에 대한 히스토그램을 그려보고, 중심극한 정리를 설명할 수 있는지를 살펴보자.

표본번호	x_1	x_2	x_3	x_4	x_5	$\bar{x}$	표본번호	x_1	x_2	x_3	x_4	x_5	$\bar{x}$
1	8.5	5.4	2.7	5.5	8.5	6.11	26	2.1	7.1	5.2	1.8	6.0	4.43
2	9.6	8.8	5.6	3.4	7.2	6.92	27	0.7	9.4	1.8	7.4	4.8	4.80
3	5.5	3.4	3.9	4.3	7.6	4.93	28	8.7	7.1	1.2	4.9	7.7	5.92
4	4.6	6.6	8.5	8.1	8.7	7.31	29	1.6	7.9	7.1	0.1	8.9	5.12
5	7.7	5.1	3.5	2.8	1.0	4.02	30	0.7	0.2	4.1	2.6	8.5	3.20
6	0.6	1.9	4.6	2.0	0.8	1.98	31	3.8	0.8	3.1	3.6	6.7	3.62
7	6.8	1.8	8.4	5.0	2.2	4.84	32	4.3	9.6	4.1	0.3	5.1	4.69
8	9.0	7.2	5.1	2.6	7.6	6.30	33	6.1	5.3	5.8	6.0	2.6	5.15
9	5.2	8.5	5.0	3.4	2.8	4.99	34	4.4	1.8	6.8	5.6	4.1	4.53
10	6.1	4.2	4.9	9.3	3.3	5.56	35	2.4	9.2	9.7	5.6	5.0	6.37
11	2.6	1.2	5.0	2.6	5.4	3.35	36	9.5	5.7	8.6	2.2	2.8	5.76
12	9.2	0.8	9.9	1.6	5.5	5.39	37	4.2	1.7	0.7	1.5	5.6	2.76
13	8.2	7.8	3.9	0.4	0.6	4.19	38	0.4	2.5	5.9	2.0	0.7	2.31
14	1.3	5.9	7.2	0.7	3.7	3.78	39	7.0	0.2	3.9	0.6	6.6	3.67
15	9.3	2.5	3.6	4.4	7.3	5.40	40	1.3	3.8	9.0	3.2	3.0	4.04
16	9.4	6.7	4.1	4.5	3.4	5.61	41	2.1	0.1	9.8	5.5	5.6	4.61
17	4.0	2.1	3.1	8.8	5.6	4.72	42	2.5	1.4	3.1	9.7	3.3	3.99
18	1.5	8.9	0.6	8.5	3.2	4.54	43	3.1	6.6	2.9	2.5	9.9	5.00
19	5.5	0.9	1.2	1.2	9.6	3.68	44	3.1	7.7	4.7	0.3	8.0	4.76
20	7.2	3.7	2.3	0.2	6.3	3.93	45	5.9	7.2	2.1	5.2	8.3	5.72
21	9.9	9.4	1.9	3.7	1.2	5.23	46	0.5	4.8	8.4	7.5	5.7	5.40
22	8.5	0.3	9.3	2.9	4.8	5.16	47	9.2	1.1	6.8	1.6	3.0	4.33
23	9.9	4.2	4.5	8.4	3.0	6.00	48	9.3	4.5	8.3	3.3	8.5	6.77
24	9.7	8.3	3.0	7.9	3.1	6.40	49	8.1	3.5	8.0	0.7	8.2	5.70
25	8.8	7.8	0.2	2.0	4.7	4.70	50	0.3	0.8	0.9	8.1	4.1	2.83

|결과|

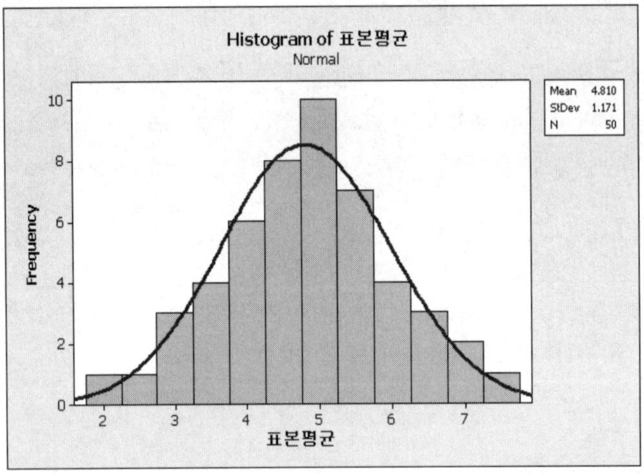

|결과| 균등분포를 하는 모집단으로부터 표본의 크기 n이 5밖에 되지 않는 경우조차 표본평균의 분포가 정규분포에 가까움을 알 수 있다. 표본의 크기가 커지면 커질수록 좀 더 정규분포에 가까워 질 것이다. 여기서 표본평균이 이루는 히스토그램은 표본분포임을 알 수 있다.

Minitab ▶ 이용하기

1. [Calc] → [Random]→[Uniform...]을 클릭한다.

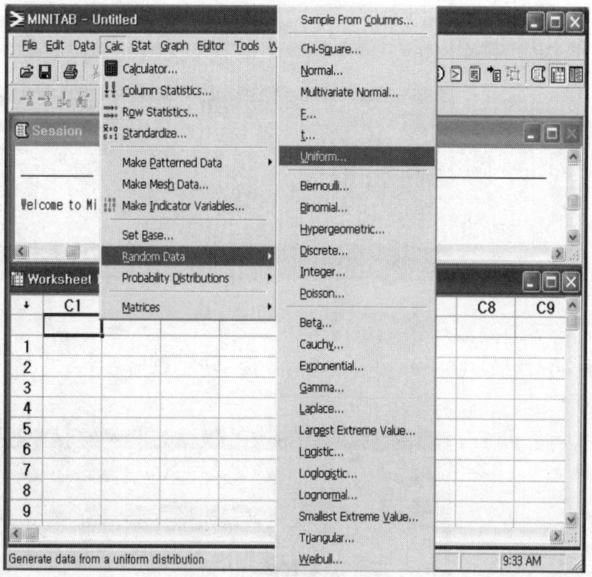

2. [Uniform Distribution] 대화상자가 나타나면 Generate에 "5", Store in column(s)에 "c1－c50", Lower endpoint에 "0.0", Upper endpoint에 "10" 으로 각각 기입 하고, [OK] 버튼을 클릭한다.

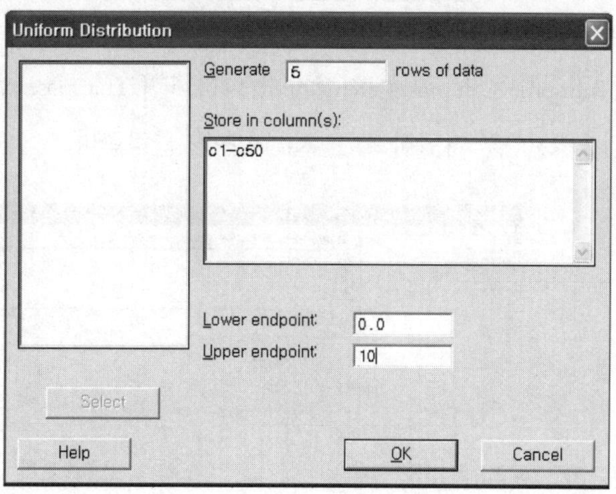

3. 미니탭의 균등분포로부터 난수 생성된 결과화면을 볼 수 있다.

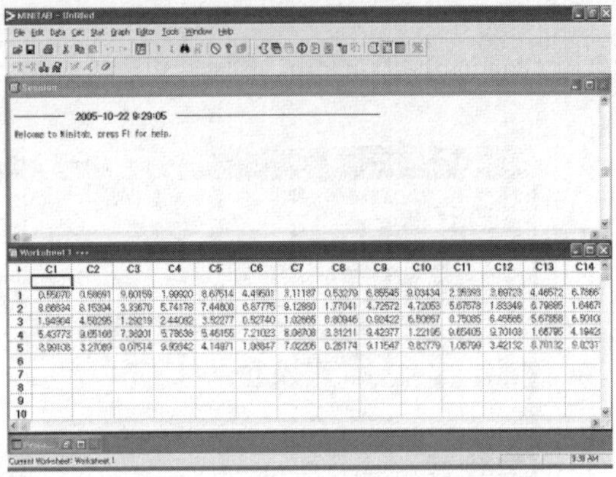

4. {Data}→{Transpose Columns...}을 클릭한다.

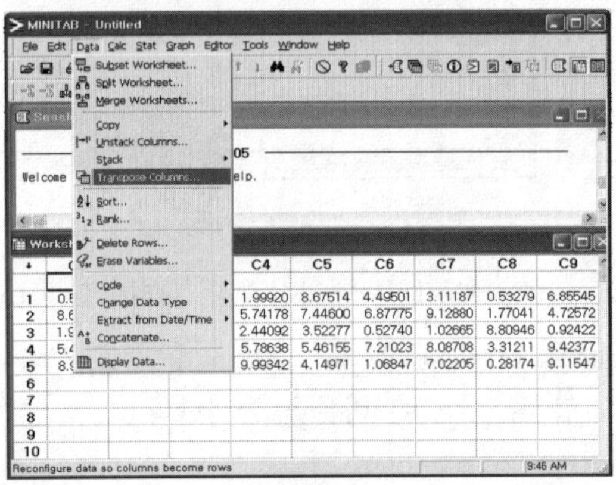

5. {Transpose Columns} 대화상자가 나타나면 Transpose the following Columns 에 "c1−c50"을 기입하고, {OK} 버튼을 클릭한다.

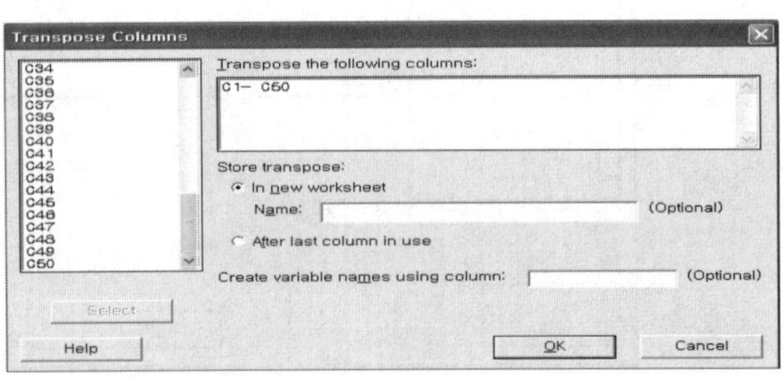

6. 열을 행으로 수정된 결과화면이 나타난다.

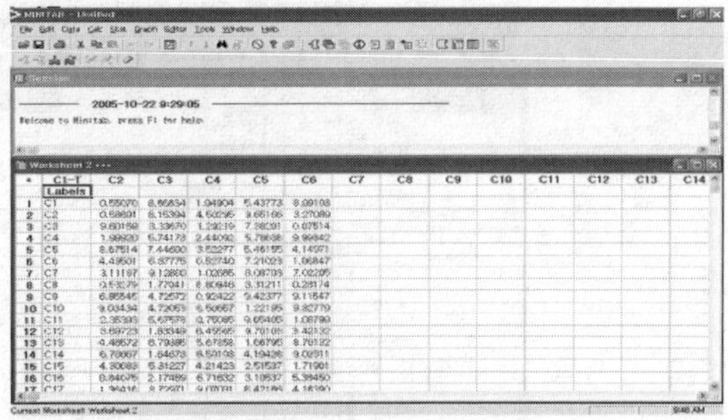

7. [Calc] → [Row Statistics...]을 클릭하고 [Row Statistics...]대화상자가 나타나면 "mean" 체크 하고, Input variables에 "c2－c6"을 기입하고, Store result in에 "c8"을 기입하고 [OK] 버튼을 클릭한다.

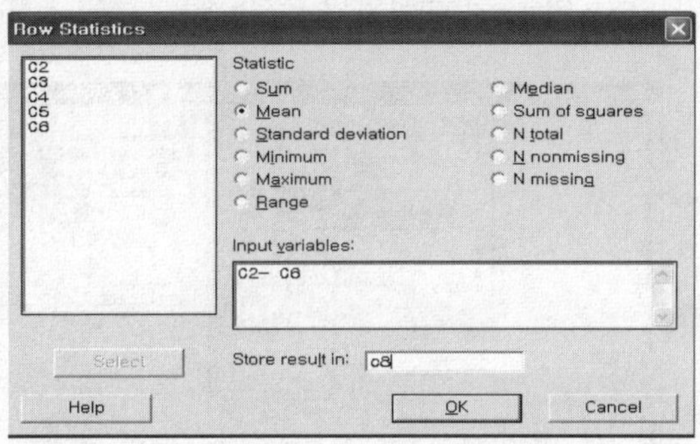

8. c8열에 평균이 나타난 결과화면을 볼 수 있다.

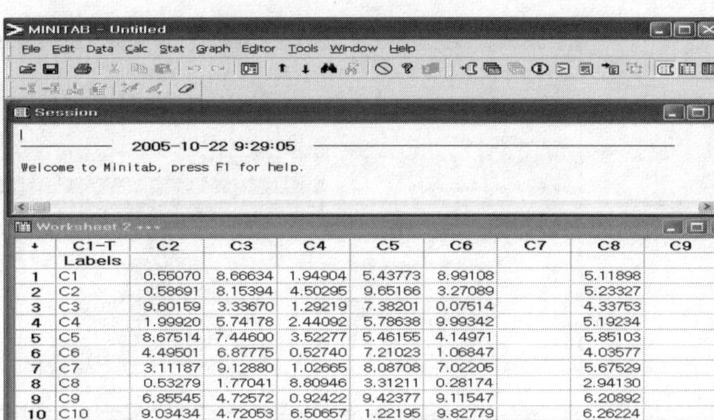

9. [Stat] → [Basic Statistic]→[Display Descriptive Statistics...]을 클릭한다.

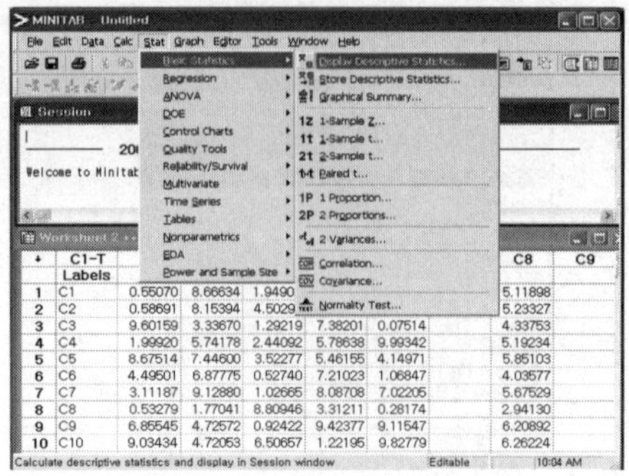

10. [Display Descriptive Statistics]대화상자가 나타나면 Variables에 “c8”을 기입하고, [Graphs...] 버튼을 클릭한다. [Display Descriptive Statistics－Graphs] 대화 상자가 나타나면 “Histogram of Data, with normal curve”를 체크하고, [OK] 버튼을 클릭한다.

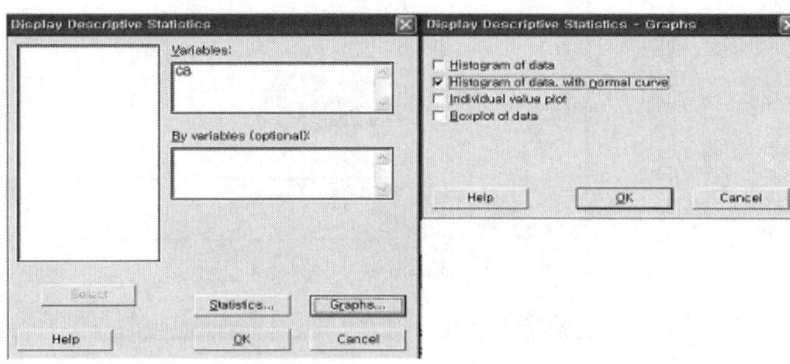

11. 다음과 같은 결과 화면이 나타난다.

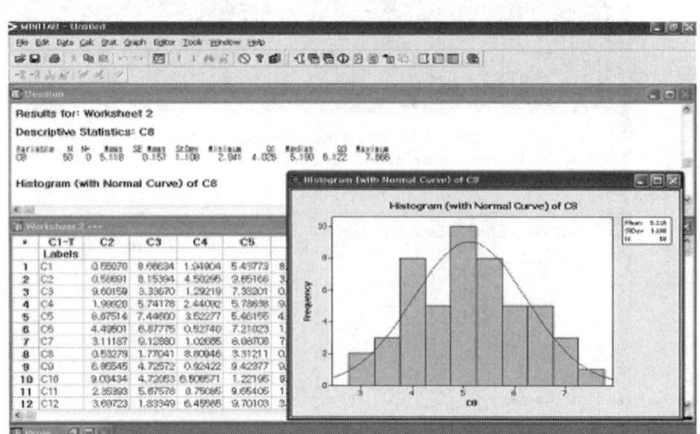

예제 4.2

전교생이 3,000명인 어느 고등학교에서 학생들의 모의고사를 실시한 결과 평균성적 μ 는 102이고, 표준편차 σ 는 16이었다. 성적의 분포는 정규분포를 한다.

① 성적이 90 이하인 학생은 전교생에 몇 %인가?

② 임의로 5명씩 표본을 추출할 때 표본의 평균 $\overline{X}$ 는 어떤 분포를 하는가?

|결과| $P(X \le 90) = P\left(Z \le \dfrac{90-102}{16}\right)$(부록의 정규분포표를 이용)

$$= P(Z \le -0.75)$$

$$= 0.2266$$

$\mu = 102,\ \sigma = 16$이고 정규분포를 이루는 모집단에서 n=5인 $\overline{X}$ 분포는

$$\mu_{\overline{X}} = \mu = 102$$

$$\sigma_{\overline{X}} = \frac{\sigma}{\sqrt{n}} = \frac{16}{\sqrt{5}} = 7.155$$

인 정규분포를 이룬다.

Minitab ▶ 이용하기

1. [Calc] → [Probability Distributions] → [Normal...]을 클릭한다.

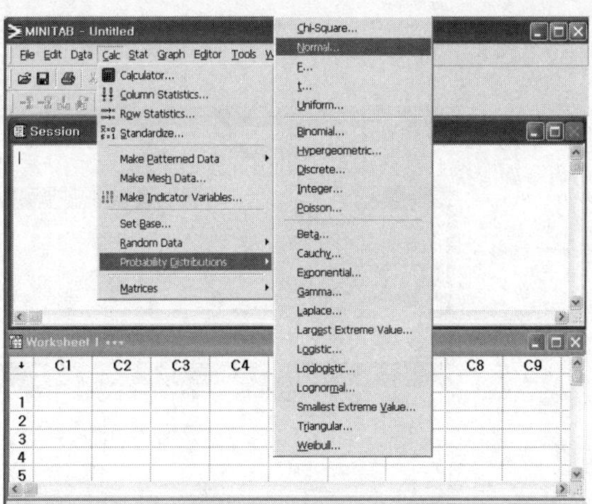

2. [Normal Distribution] 대화상자가 나타나면 [Cumulative Probability]를 선택하고, Mean에 "102", Standard deviation "16", Input constant에 "90"을 각각 기입하고, [OK] 버튼을 클릭한다.

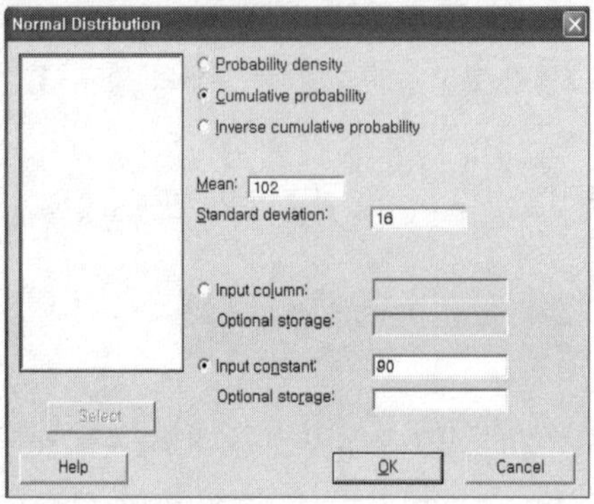

3. 다음과 같은 결과 화면이 나타난다.

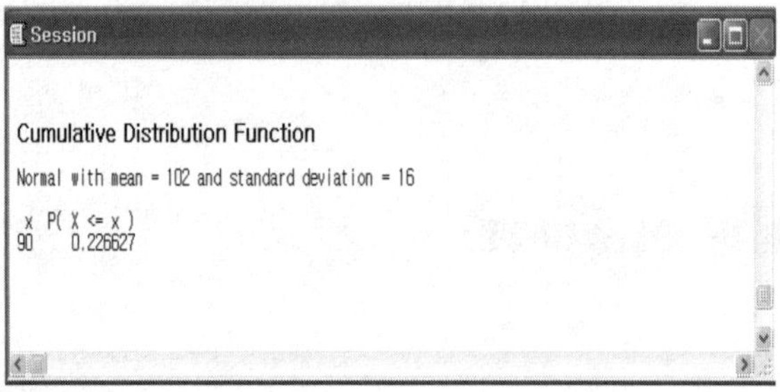

4. [Calc] → [Calculator]을 클릭한다.

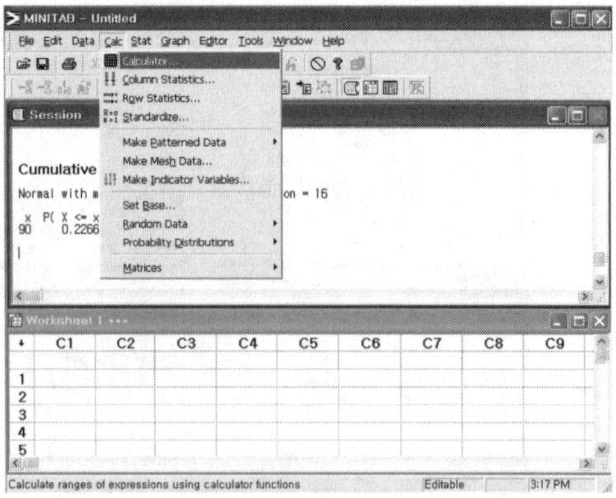

5. [Calculator] 대화상자가 나타나면 Store resuit in variable에 "c1"을 기입하고, Expression에 "16 / SQRT(5)"을 기입하고 [OK] 버튼을 클릭한다.

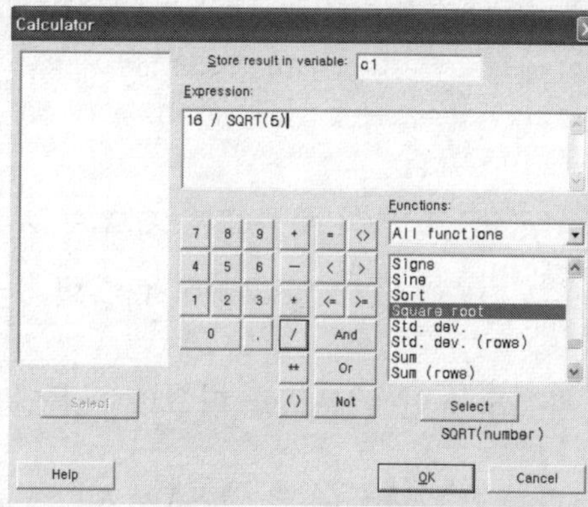

6. 다음과 같은 결과 화면이 나타난다.

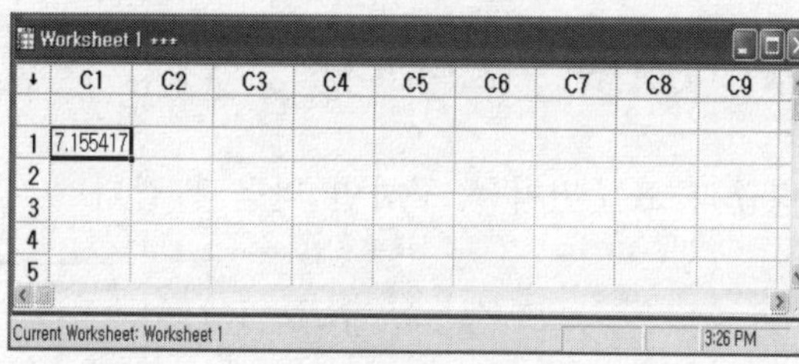

2. 표본분산의 분포와 χ^2 분포

확률변수 $Z_1, \cdots, Z_k$ 가 각각 표준정규분포 $N(0,1)$ 을 따르고 서로 독립일 때

$$Z_1^2 + \cdots + Z_k^2$$

의 분포를 자유도가 k 인 카이제곱분포라고 하며 $\chi^2(k)$ 으로 나타내고 평균은 자유도인 k이고 분산은 $2k$가 됨이 알려져 있다.

카이제곱분포의 곡선은 자유도 k가 작은 경우는 왼쪽으로 치우쳐 있고 증가할수록 급속히 대칭형에 가깝게 되고 k 가 10인 경우에는 거의 대칭형을 이루며 100이상인 경우는 거의 정규분포의 형태와 같다.

●●● 참고하세요!!

$\chi^2(1)$?

확률변수 X 가 표준정규분포 $N(0,1)$ 을 따른다면 확률변수 X^2 의 분포는 $\chi^2(1)$ 를 따른다. 즉, $X \sim N(\mu, \sigma^2)$ 일 때 $Z = \dfrac{X-\mu}{\sigma} \sim N(0,1)$ 이며 따라서 $Z^2 = \left(\dfrac{X-\mu}{\sigma}\right)^2 \sim \chi^2(1)$가 된다.

정규모집단 $N(\mu, \sigma^2)$로 부터 확률표본 $X_1, X_2, \cdots, X_n$을 추출하여 표본평균 $\overline{X}$와 표본분산 $S^2 = \dfrac{1}{n-1}\Sigma(X_i - \overline{X})^2$ 을 구하여 다음의 분포를 고찰하자. 일반적으로 $\dfrac{\Sigma(X_i-\mu)^2}{\sigma^2}$은 자유도 n 인 χ^2분포를 따르며 다음 관계식을 만족한다.

$$\frac{\sum(X_i-\mu)^2}{\sigma^2} = \frac{\sum(X_i-\overline{X})^2}{\sigma^2} + \frac{n(\overline{X}-\mu)^2}{\sigma^2}$$

$$= \frac{(n-1)S^2}{\sigma^2} + \left(\frac{\overline{X}-\mu}{\sigma/\sqrt{n}}\right)^2$$

따라서 $\chi^2 = \dfrac{(n-1)S^2}{\sigma^2} = \dfrac{\sum(X_i-\overline{X})^2}{\sigma^2}$은 자유도 $n-1$ 인 χ^2 분포를 따른다. 이 관계에서 평균과 표준편차를 구하면 다음과 같다.

$$E(V) = \sigma^2,\ S.D(V) = \sqrt{\frac{2}{n-1}}\,\sigma^2$$

●●● 참고하세요!!

카이제곱분포 가법성의 성질

$v_1 = \chi^2(k_1)$, $v_2 = \chi^2(k_2)$ 이고 v_1 과 v_2 가 서로 독립이면 $v_1 + v_2 \sim \chi^2(k_1+k_2)$ 이 성립한다.

예제 4.3

자유도가 3, 9, 15인 χ^2 분포의 그래프를 그리고 설명하라.

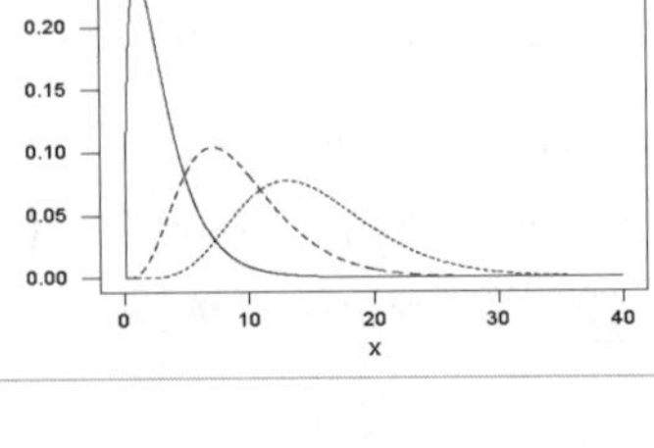

|해석| 위 그래프로부터 χ^2분포는 자유도가 커짐에 따라 우측으로 이동되며 완만해짐을 알 수 있다. 여기서 좌측 그래프는 자유도가 3인 χ^2분포, 중앙은 자유도가 9인 χ^2분포, 우측은 자유도가 15인 χ^2분포이다.

예제 4.4

정규분포 $X \sim N(50, 1)$를 하는 모집단으로부터 표본 크기 $n=5$인 표본 추출을 50회 반복 추출하여 표본 각각에 대해, 표본표준편차 s와, 통계량 $\chi^2 = \dfrac{(n-1)\,S^2}{\sigma^2}$을 계산한 결과가 다음과 같다. 통계량 χ^2에 대한 히스토그램을 그려보자. 분포의 모양이 어떠 한가 살펴보자.

표본번호	x_1	x_2	x_3	x_4	x_5	s 표준편차	x^2	표본번호	x_1	x_2	x_3	x_4	x_5	s 표준편차	x^2
1	60.3	59.4	59.5	59.7	59.8	0.35	0.49	26	58.7	59.2	60.3	59.8	59.3	0.61	1.49
2	58.8	59.4	59.4	57.2	60.1	1.10	4.84	27	59.1	59.3	60.8	60.1	59.8	0.68	1.85
3	60.5	60.0	59.5	58.9	59.5	0.60	1.44	28	59.8	59.0	58.8	60.9	60.6	0.93	3.46
4	60.9	59.5	62.3	59.7	60.2	1.13	5.11	29	58.6	59.8	58.3	59.3	60.0	0.74	2.19
5	60.2	58.6	59.8	61.3	60.9	1.05	4.41	30	59.6	61.1	59.9	59.0	60.2	0.78	2.43
6	60.2	59.8	62.5	61.1	60.0	1.11	4.93	31	59.9	61.2	60.0	58.8	60.0	0.85	2.89
7	58.4	60.3	61.1	60.4	60.6	1.03	4.24	32	58.9	61.5	60.2	60.1	60.7	0.95	3.61
8	60.9	60.2	60.2	61.0	61.6	0.59	1.39	33	59.4	60.9	60.0	61.3	59.6	0.83	2.76
9	61.7	61.7	59.5	61.0	61.7	0.95	3.61	34	61.4	60.1	60.6	59.0	59.2	0.99	3.92
10	58.9	60.0	59.6	60.4	59.9	0.56	1.25	35	60.6	59.5	59.5	60.3	60.5	0.54	1.17
11	59.4	60.3	61.0	61.0	59.1	0.88	3.10	36	60.4	61.3	59.8	59.0	59.8	0.85	2.89
12	59.4	58.4	59.8	60.4	61.8	1.26	6.35	37	59.7	60.2	60.0	59.5	60.5	0.40	0.64
13	61.5	59.3	57.9	59.5	59.6	1.28	6.55	38	58.9	60.5	60.1	60.5	60.3	0.67	1.80
14	60.9	58.2	58.5	60.9	60.9	1.40	7.84	39	59.9	57.7	59.8	60.1	62.1	1.56	9.73
15	60.1	62.1	60.9	60.7	59.7	0.92	3.39	40	61.0	59.1	58.5	60.9	60.7	1.16	5.38
16	61.2	57.8	58.6	60.9	60.6	1.52	9.24	41	58.8	60.3	59.9	59.1	59.7	0.61	1.49
17	60.8	59.1	59.9	59.1	57.5	1.22	5.95	42	59.1	60.6	60.9	58.6	61.7	1.29	6.66
18	58.7	59.6	60.1	61.9	59.0	1.26	6.35	43	59.4	59.1	61.2	58.8	61.0	1.12	5.02
19	58.2	60.1	59.2	60.5	58.9	0.93	3.46	44	58.9	62.1	58.4	60.0	62.1	1.74	12.11
20	60.5	59.4	59.7	60.8	59.1	0.72	2.07	45	60.9	59.6	61.2	59.1	59.4	0.94	3.53
21	61.2	59.5	61.6	59.1	61.8	1.25	6.25	46	60.2	61.1	59.9	59.4	59.8	0.64	1.64
22	60.5	61.7	61.6	59.1	59.2	1.25	6.25	47	60.7	59.6	60.1	59.8	59.9	0.42	0.71
23	59.7	59.4	60.4	60.0	59.9	0.37	0.55	48	60.2	59.8	59.6	60.5	59.3	0.48	0.92
24	60.4	58.7	60.8	60.6	61.6	1.06	4.49	49	59.9	59.9	60.4	60.3	59.3	0.43	0.74
25	61.2	58.5	59.5	59.4	59.2	1.00	4.00	50	61.4	58.2	60.6	62.1	61.6	1.54	9.49

|결과|

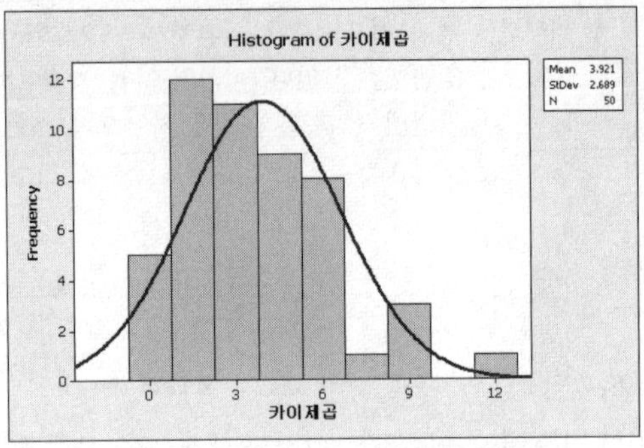

|해석| 정규분포를 하는 모집단으로부터 표본의 크기 n이 5, 즉 자유도가 4인 경우, 통계량 $\chi^2 = \dfrac{(n-1)S^2}{\sigma^2}$이 이루는 히스토그램은 이론적인 χ^2 분포 모양에 근접되어 있음을 알 수 있다. 여기서 χ^2 분포는 통계량이 이루는 분포로 표본분포임을 알 수 있다.

Minitab ▶ 이용하기

1. [Calc] → [Random] → [Normal...]을 클릭한다.

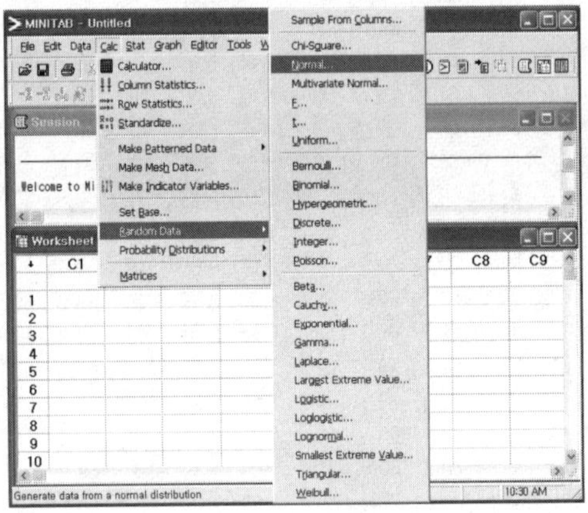

2. [Normal Distribution] 대화상자가 나타나면 Generate에 "5" , Store in column(s) "c1 − c50", Mean에 "50", Standard Deviation에 "1"으로 각각 기입하고, [OK] 버튼을 클릭한다.

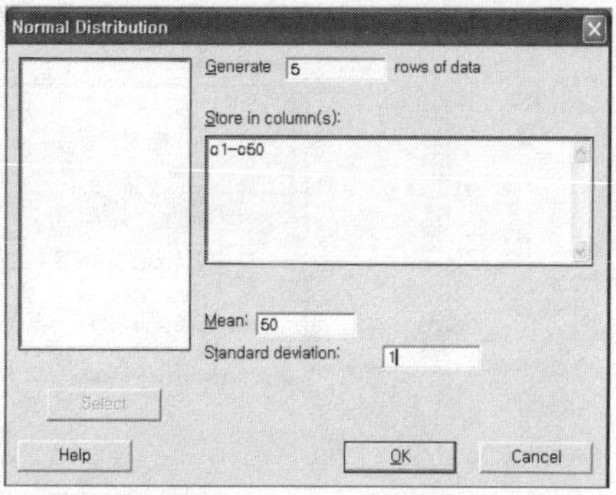

3. 미니탭의 정규분포로부터 난수 생성된 결과화면이 나타난다.

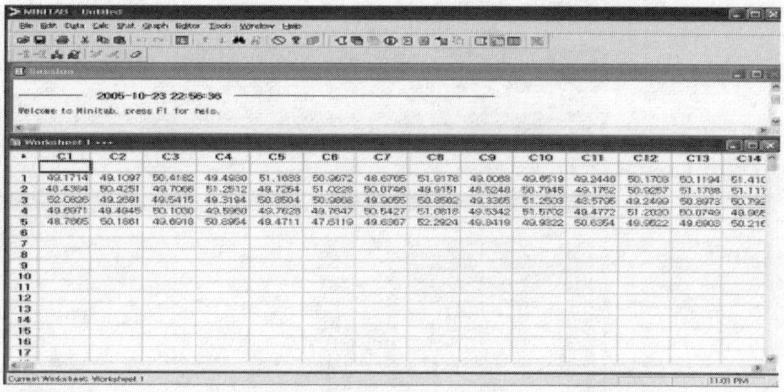

4. [Data]→[Transpose Columns...]을 클릭한다.

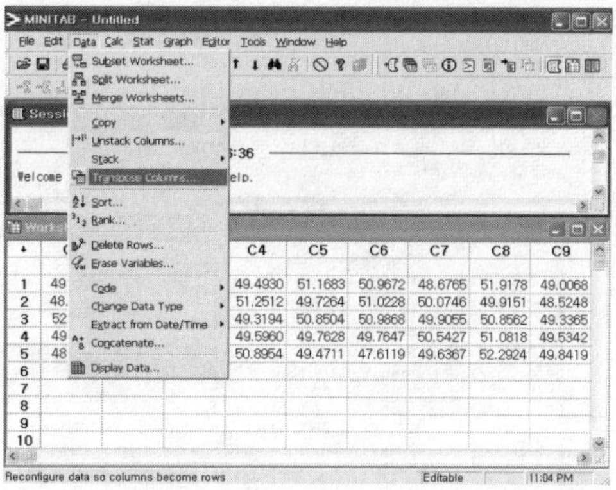

5. [Transpose Columns] 대화상자가 나타나면 Transpose the following Columns 에 "c1－c50"을 기입하고, [OK] 버튼을 클릭한다.

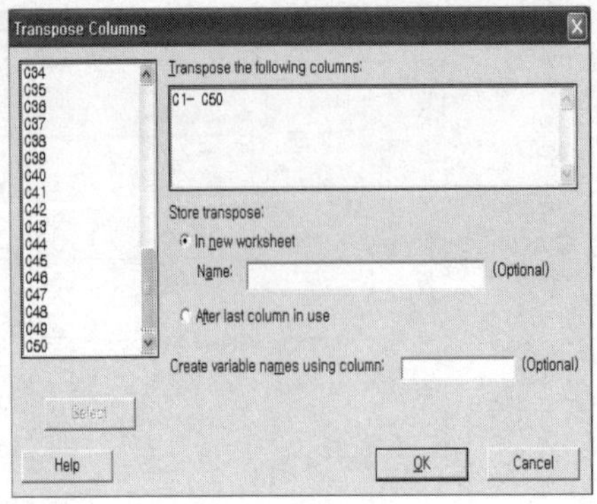

6. 열을 행으로 수정된 결과화면이 나타난다.

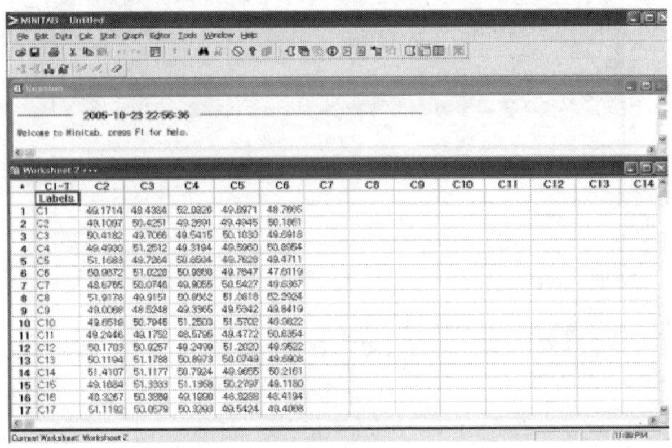

7. {Calc} → {Row Statistics...}을 클릭한다.

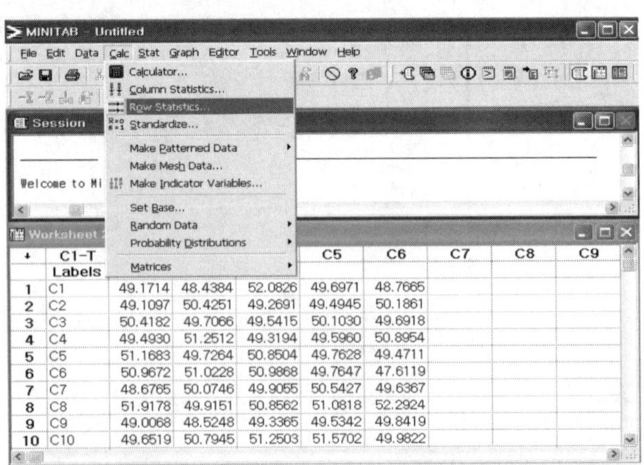

8. [Row Statistics...]대화상자가 나타나면 “Standard deviation” 체크 하고, Input variables에 “c2－c6”을 기입하고, Store result in에 “c8”을 기입하고 [OK] 버튼을 클릭한다.

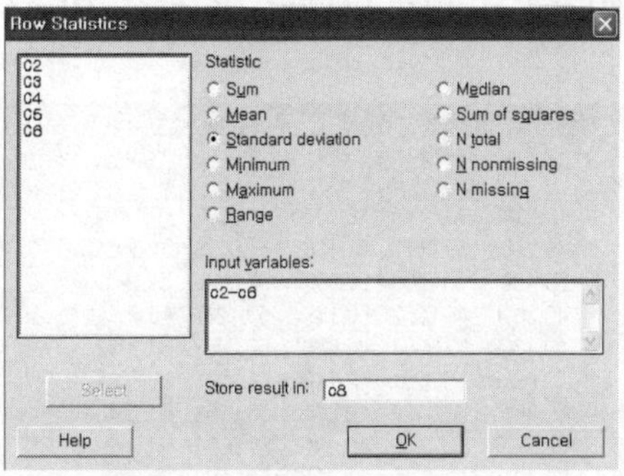

9. 표준편차가 c8열에 나타난 결과화면이 나타난다.

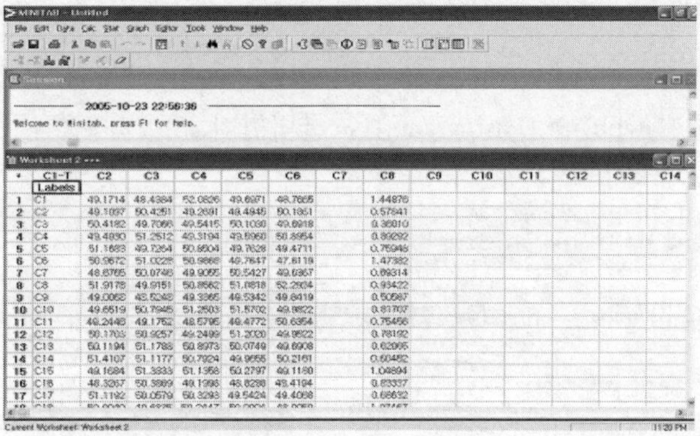

10. [Calc] → [Calculator...] 을 클릭하면 다음과 같은 화면이 나타난다.

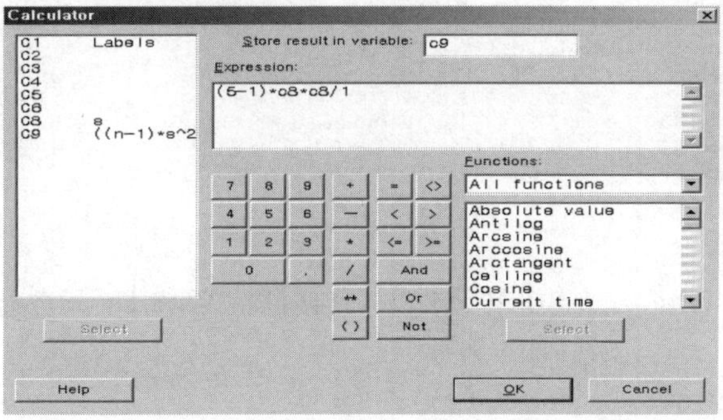

11. [계산기]대화상자가 나타나면 Expression에 항목에 "(5-1)*c8*c8/1"을 기입하고, Store in column에 "c9"을 기입하여 기입하고 [OK] 버튼을 클릭한다.

12. χ^2통계량이 c9열에 나타난 결과화면이 나타난다.

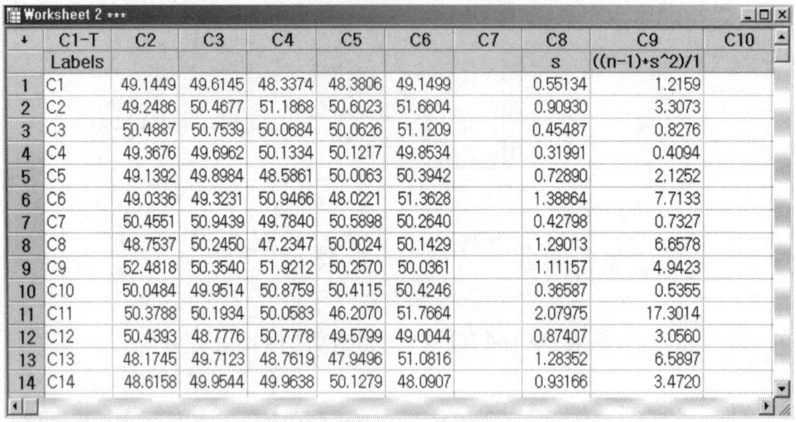

13. [Graph] → [Histogram..]을 클릭한다.

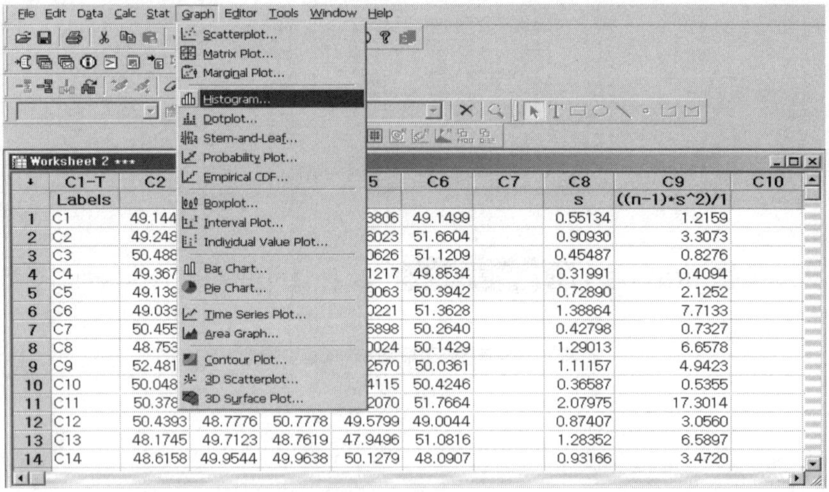

14. [Histograms]대화상자가 나타나면 "With Fit"모형을 선택하고, [OK] 버튼을 클릭한다.

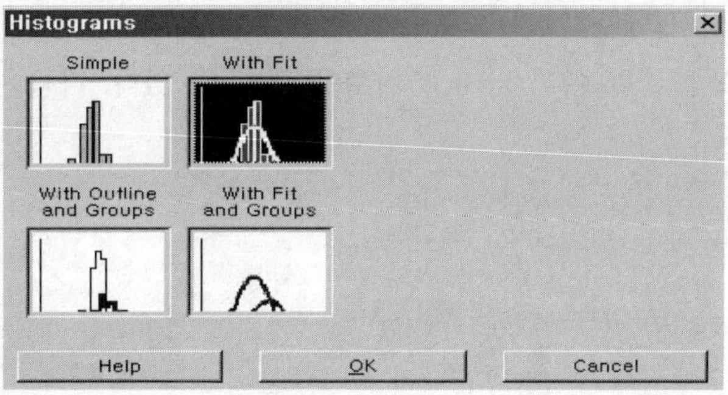

15. [Histograms-With fit]대화상자가 나타나면 Graph variables란에 마우스 포인트를 올려놓고 "c9"을 더블 클릭하여 데이터를 기입하고, [OK] 버튼을 클릭한다.

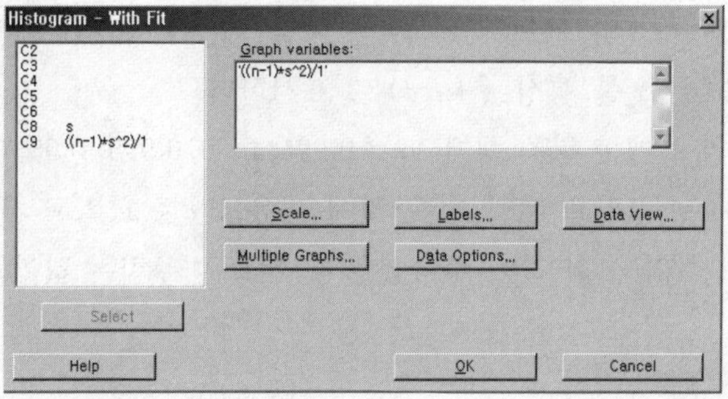

16. 다음과 같은 결과 화면이 나타난다.

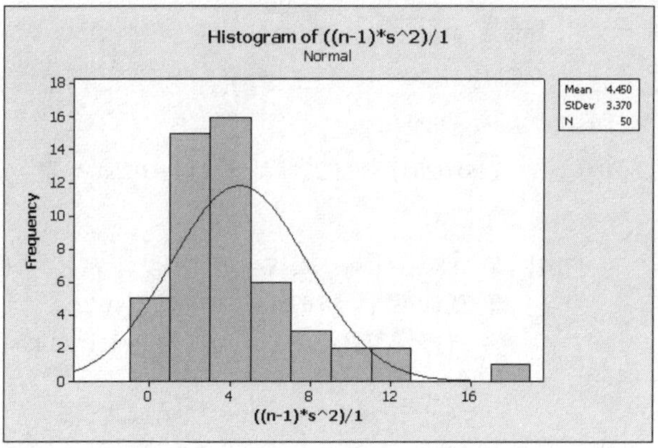

|해석| 위 결과 화면은 랜덤 값이 시행마다 조금 다르기 때문에 시행마다 조금 다를 수 있다.

부록의 표에는 여러 자유도에 대한 χ^2 분포표가 주어져있다. 이를 이용하여 χ^2 분포에 관한 여러 가지 분위수를 구할 수 있다. 다음은 χ^2 분포의 백분위수 그림이다.

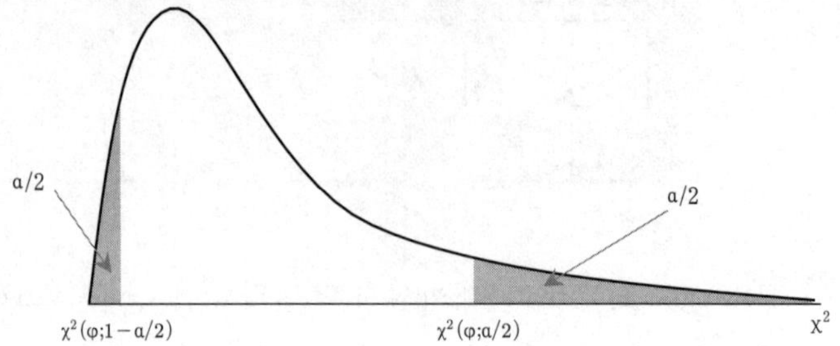

그림 4.1_부록χ^2분포 그래프

확률변수 X의 분포가 $\chi^2(\phi)$를 따를 때, 즉 $X \sim \chi^2(\phi)$ 일때 $P(X \geq x) = \alpha$ 를 만족시키는 x 를 통상 $\chi^2(\alpha, \phi)$ 로 표시한다.

부록의 표에는 위쪽 행에 $\alpha = 0.995, 0.99, 0.975, 0.95, 0.90, 0.1, 0.05, 0.025, 0.01, 0.005$ 그리고 제일 왼쪽 열에 자유도 $\phi = 1, 2, \cdots, 100$ 이 나타나 있으며 자유도 ϕ 와 α 의 값이 주어졌을 때 서로 마주치는 값이 $\chi^2(\alpha, \phi)$ 의 값이다.

예제 4.5

정규분포를 하는 모집단으로부터 15개의 표본을 추출하여 통계량 $\chi^2 = \dfrac{(n-1)S^2}{\sigma^2}$ 을 구했다. 다음을 구하라.

① $P(\chi^2 > 5.629)$

② $P(4.07 < \chi^2 < 5.629)$

③ $P(\chi^2 > \chi^2(14;0.025)) = 0.025$에서 $\chi^2(14;0.025)$의 값

|결과| ① 자유도 14 이므로, 부록의 표로부터 $P(\chi^2 > 5.629) = 0.975$

② $P(4.07 < \chi^2 < 5.629) = 0.995 - 0.975 = 0.02$

③ $P(\chi^2 > \chi^2(14;0.025)) = 0.025$ 따라서 $\chi^2(14;0.025) = 26.12$

Minitab ▶ 이용하기

① $P(\chi^2 > 5.629)$

1. [Calc] ➔ [Probability Distributions] ➔ [Chi-Square]을 클릭한다.

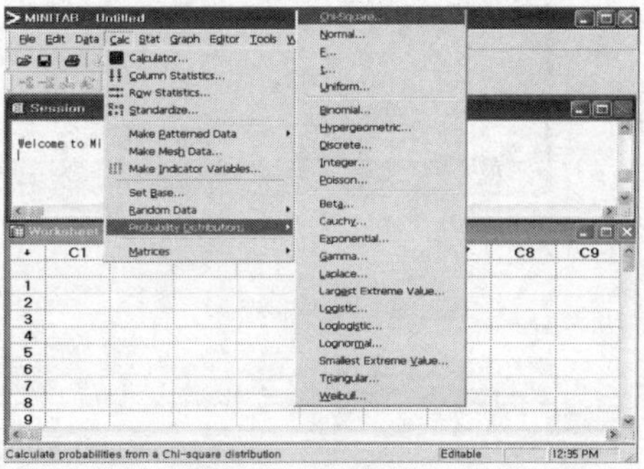

2. [Chi-Square Distribution] 대화상자가 나타나면 Cumulative Probability를 선택하고, Degrees of Freedom에 "14", Input constant에 "5.629"를 각각 기입하고, [OK]버튼을 클릭한다.

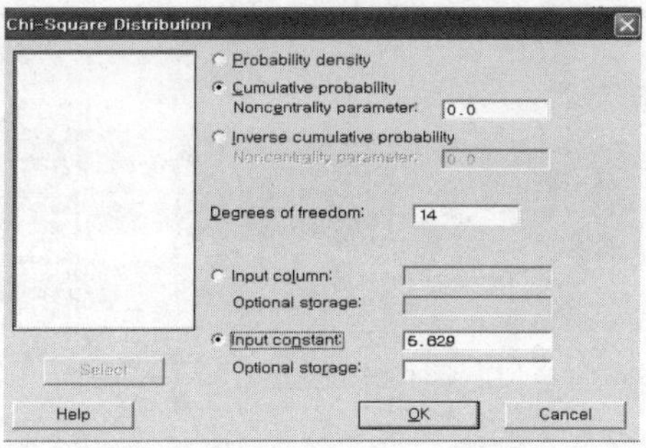

3. 결과화면은 다음과 같다.

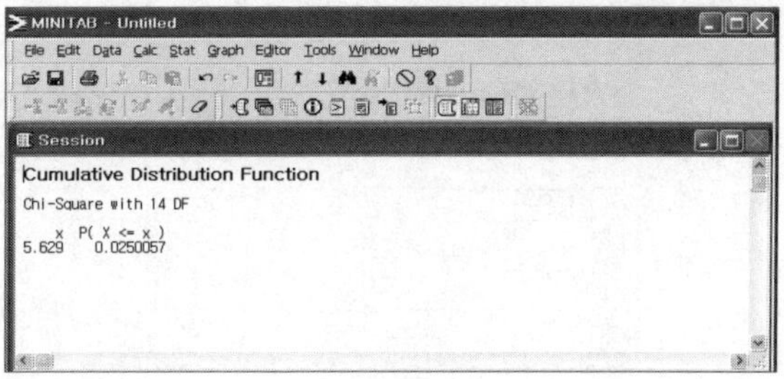

4. [Calc] → [Calculator...]을 클릭한다.

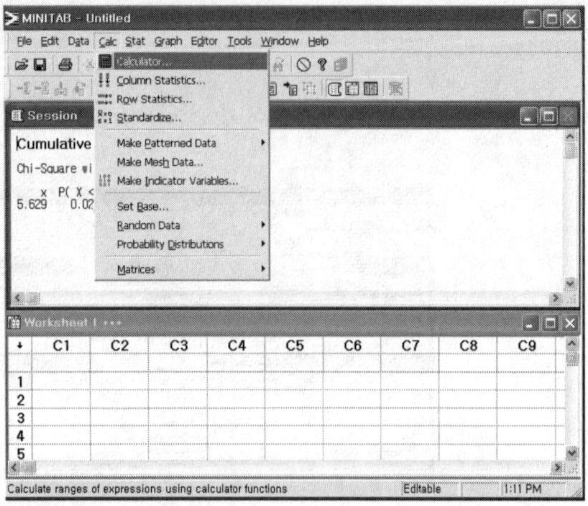

5. [Calculator] 대화상자가 나타나면 Store resuit in variable에 "c1"을 기입하고, Expression에 "1－0.250057"을 기입하고 [OK] 버튼을 클릭한다.

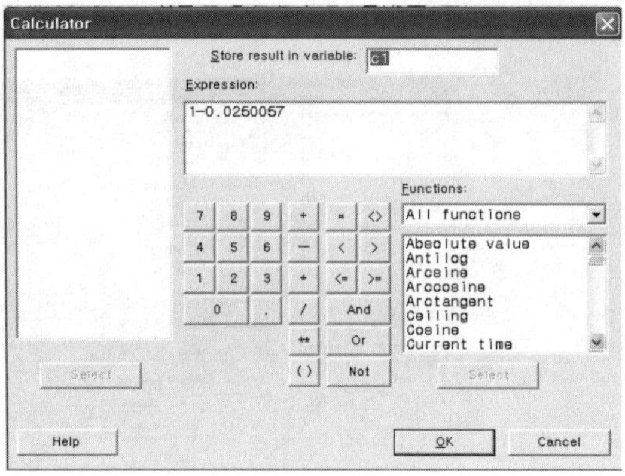

6. "1－0.250057" 계산 결과 반올림 해서 "0.975"가 나타난 결과화면

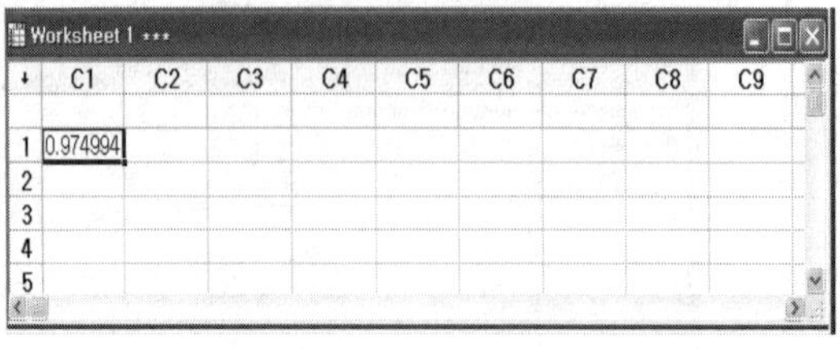

② $P(4.07 \le \chi^2 \le 5.629)$

1. [Calc] ➔ [Probability Distributions] ➔ [Chi-Square]을 클릭한다.

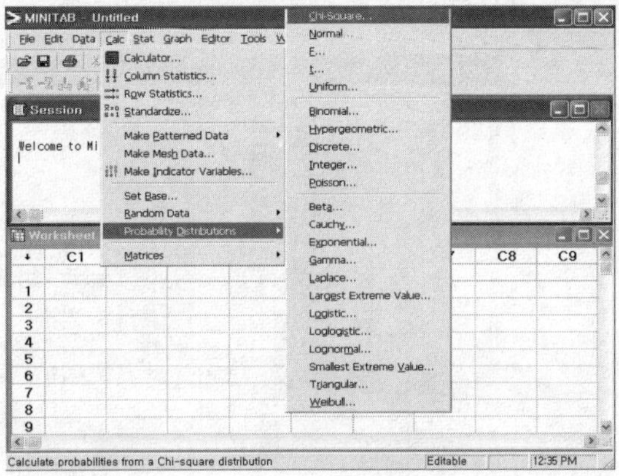

2. [Chi-Square Distribution] 대화상자가 나타나면 [Cumulative Probability]를 선택하고, [Degrees of Freedom]에 “14”, [Input constant]에 “4.07”를 각각 기입하고, [OK] 버튼을 클릭한다.

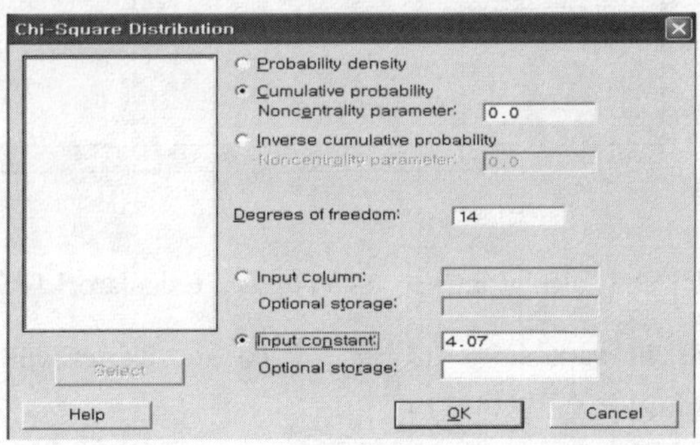

3. 다음과 같은 결과 화면이 나타난다.

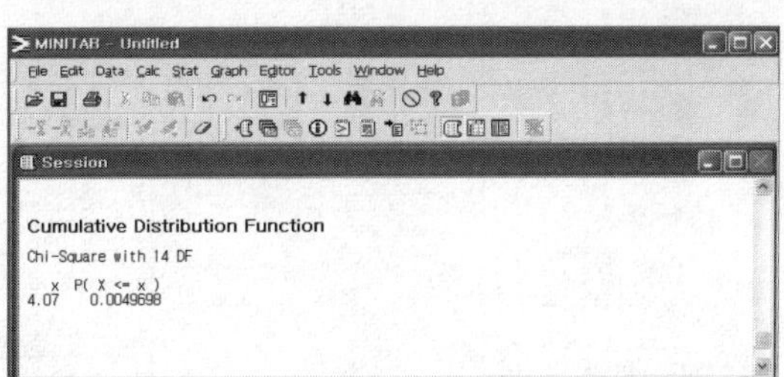

4. [Calc] ➔ [Calculator...]을 클릭하고 [Calculator] 대화상자가 나타나면 Store result in variable에 "c2"을 기입하고, Expression에 "1－0.0049698"을 기입하고 [OK] 버튼을 클릭한다.

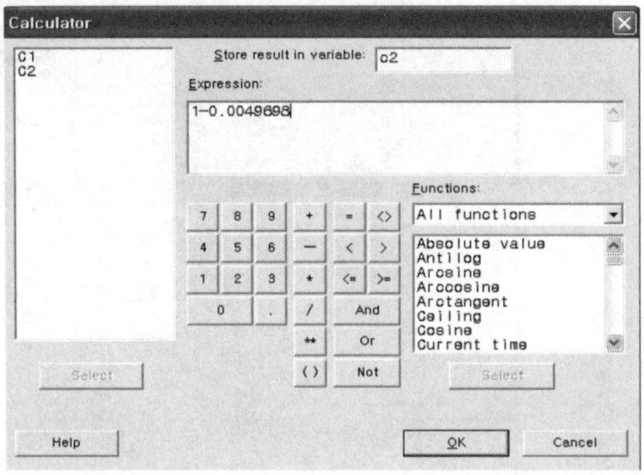

5. 다음과 같은 결과 화면이 나타난다.

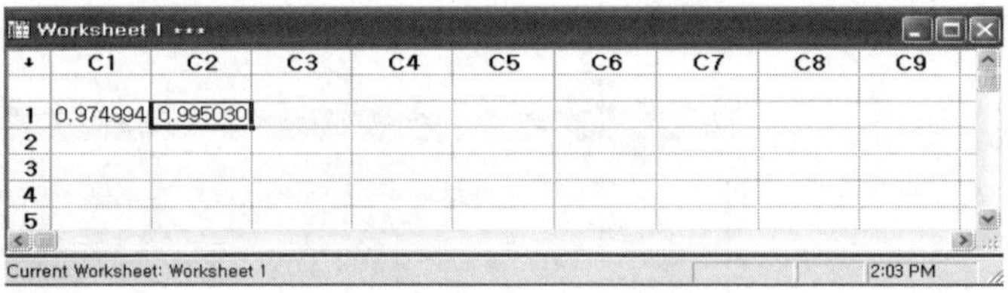

6. [Calc] ➔ [Calculator...]을 클릭하고 [Calculator] 대화상자가 나타나면 Store result in variable에 "c3"을 기입하고, Expression에 "C2－C1"을 기입하고 [OK] 버튼을 클릭한다.

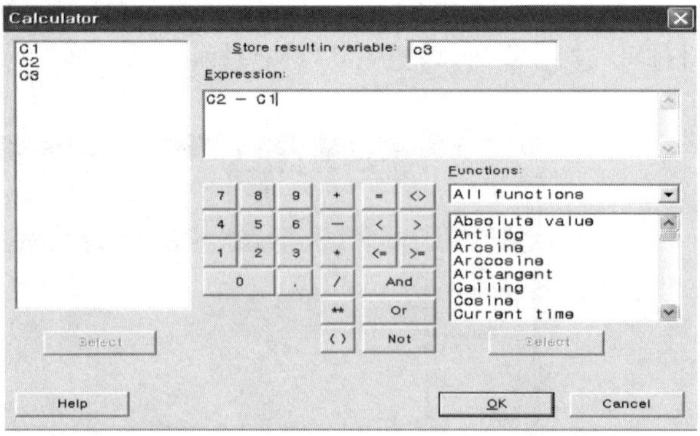

7. 다음과 같은 결과 화면이 나타난다.

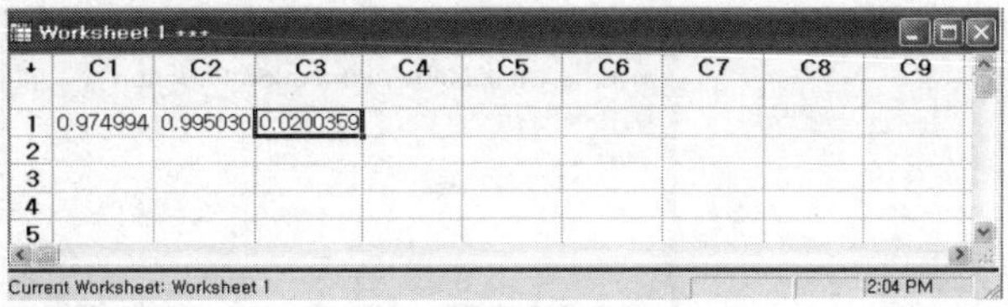

③ $P(\chi^2 > \chi^2(14;0.025)) = 0.025$에서 $\chi^2(14;0.025)$의 값

1. [Calc] ➔ [Probability Distributions] ➔ [Chi-Square]을 클릭한다.

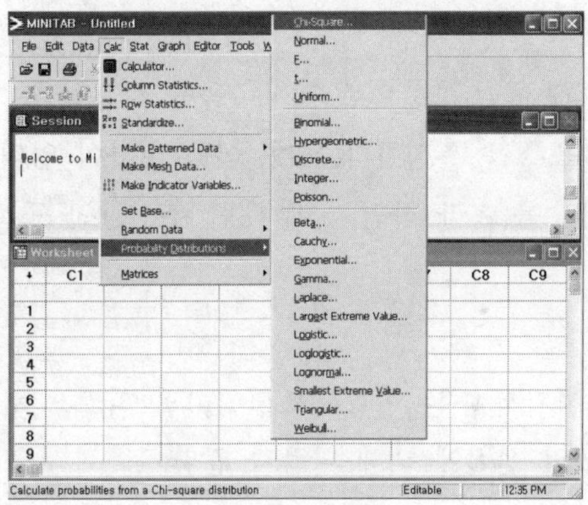

2. [Chi-Square Distribution] 대화상자가 나타나면 [Inverse Cumulative Probability]를 선택하고, [Degrees of Freedom]에 "14", [Input constant]에 "0.975"를 각각 기입하고, [OK] 버튼을 클릭한다.($P(\chi^2 \leq \chi^2(14;0.025)) = 0.975$)

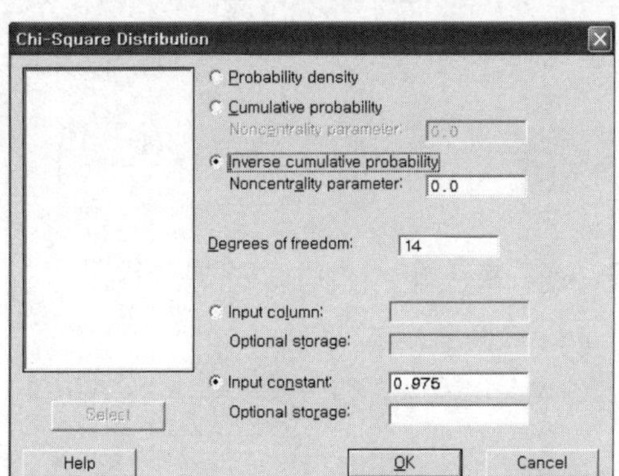

3. 다음과 같은 결과 화면이 나타난다.

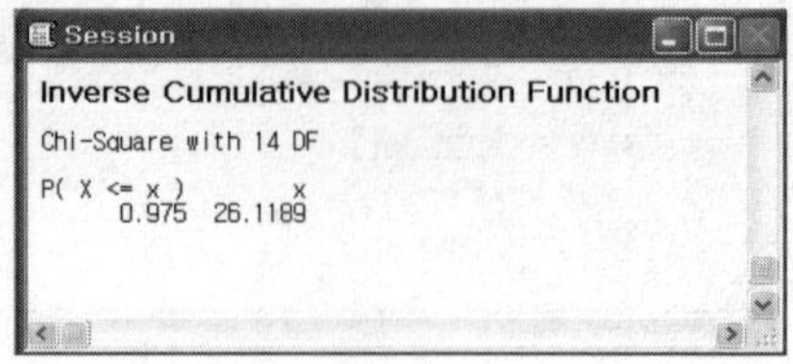

3. 표본비율의 분포

모비율에 대한 추정량으로 표본비율을 사용한다. 예를 들어 어느 공정에서 불량률(모비율) p을 추정한다 하자. 이를 위하여 임의로 n개를 추출하고 그 중 불량품의 개수를 X라 하면, p에 대한 추정량인 표본불량률(표본비율)은

$$\hat{p}=\frac{X}{n}$$

가 된다. 여기서 X 는 이항분포 $B(n,p)$ 을 따르므로 $\hat{p}$ 에 대한 기대값과 분산은 이항분포의 성질에 의해 다음과 같다.

$$E(\hat{p})=E\left(\frac{X}{n}\right)=\frac{E(X)}{n}=p$$

$$V(\hat{p})=V\left(\frac{X}{n}\right)=\frac{V(X)}{n^2}=\frac{p(1-p)}{n}$$

따라서 표본불량률(표본비율) $\hat{p}$ 의 분포는 n 이 충분히 클 때 중심극한정리에 의해 정규분포에 근사된다.

$$\hat{p}\sim N\left(p,\ \frac{p(1-p)}{n}\right)$$

한편 위의 $\hat{p}$을 표준화 시키면 다음과 같다.

$$Z=\frac{\hat{p}-p}{\sqrt{\frac{p(1-p)}{n}}}\sim N(0,1)$$

예제 4.6

불량률 $p=0.2$인 공정(모집단)으로부터 표본크기가 $n=20$인 표본을 추출하는 일을 50회 반복 시행하여 표본 불량률 $\hat{p}$를 구한 결과가 다음과 같다. $\hat{p}$에 대한 히스토그램을 그리고 분포의 모양을 확인하시오.

표본번호	x	n	$\hat{p}$	표본번호	x	n	$\hat{p}$	표본번호	x	n	$\hat{p}$
1	4	20	0.20	18	5	20	0.25	35	5	20	0.25
2	3	20	0.15	19	3	20	0.15	36	4	20	0.20
3	3	20	0.15	20	4	20	0.20	37	3	20	0.15
4	4	20	0.20	21	2	20	0.10	38	1	20	0.05
5	7	20	0.35	22	3	20	0.15	39	4	20	0.20
6	4	20	0.20	23	2	20	0.10	40	6	20	0.30
7	3	20	0.15	24	6	20	0.30	41	5	20	0.25
8	2	20	0.10	25	8	20	0.40	42	3	20	0.15
9	5	20	0.25	26	1	20	0.05	43	7	20	0.35
10	4	20	0.20	27	3	20	0.15	44	5	20	0.25
11	5	20	0.25	28	4	20	0.20	45	3	20	0.15
12	3	20	0.15	29	5	20	0.25	46	1	20	0.05
13	4	20	0.20	30	4	20	0.20	47	5	20	0.25
14	3	20	0.15	31	4	20	0.20	48	2	20	0.10
15	0	20	0.00	32	2	20	0.10	49	3	20	0.15
16	5	20	0.25	33	4	20	0.20	50	5	20	0.25
17	4	20	0.20	34	6	20	0.30				

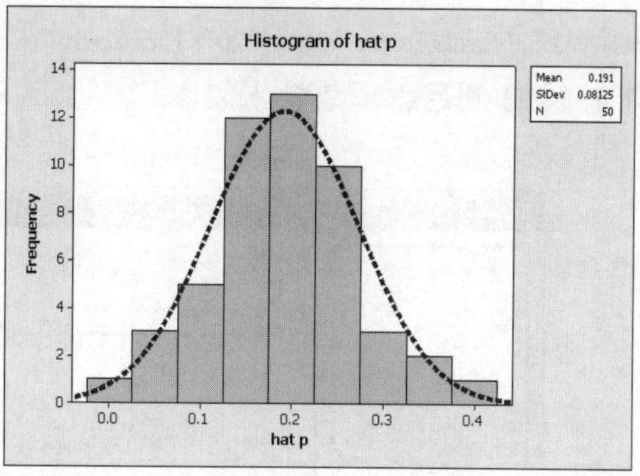

|해석| 불량률이 p=0.2인 공정(모집단)으로부터 $n=20$인 표본 추출을 50회 반복하여, 각각의 표본불량률 $\hat{p}$를 구해 히스토그램을 그려본 결과, 분포의 모양은 정규분포에 근사함을 알 수 있다. 여기서 $\hat{p}$의 히스토그램은 표본분포 임을 알 수 있다.

Minitab ▶ 이용하기

1. [Calc] → [Random]→[Binomial...]을 클릭한다.

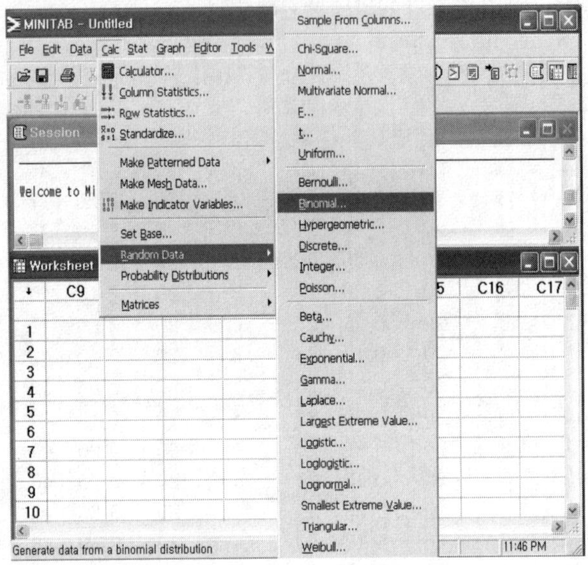

2. [Binomial Distribution] 대화상자가 나타나면 Generate에 “50”, Store in column(s) “c1”, Number of trials에 “20”, Probability of success에 “0.2”로 각각 기입하고, [OK] 버튼을 클릭한다.

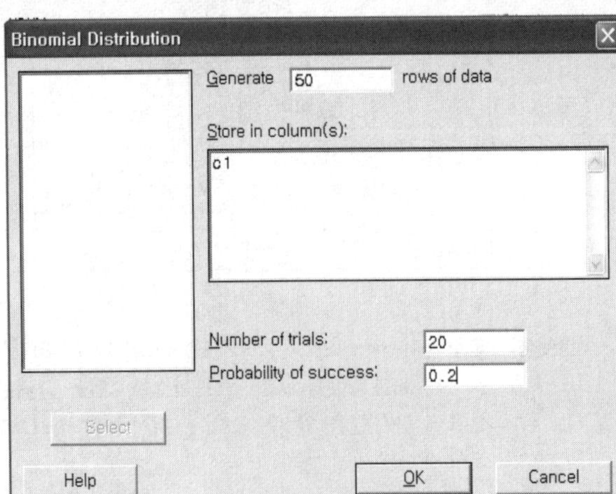

3. 미니탭의 정규분포로부터 난수 생성된 결과화면이 나타난다.

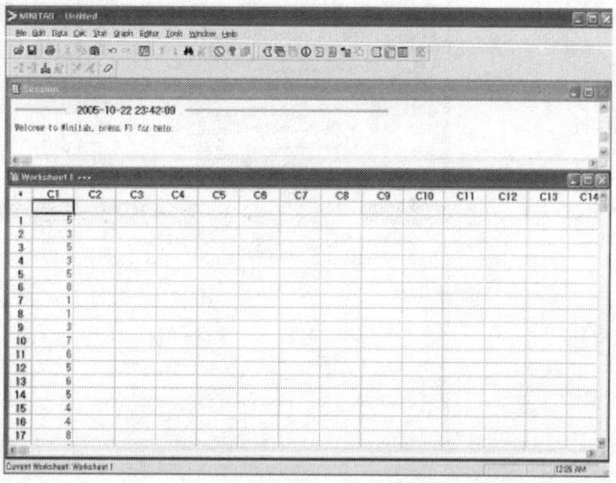

4. C2열 1행에 20을 쓰고 [Copy Cells]를 클릭한후 C2열의 50행까지 마우스를 드래그하여 [Paste Cells]를 클릭한다.

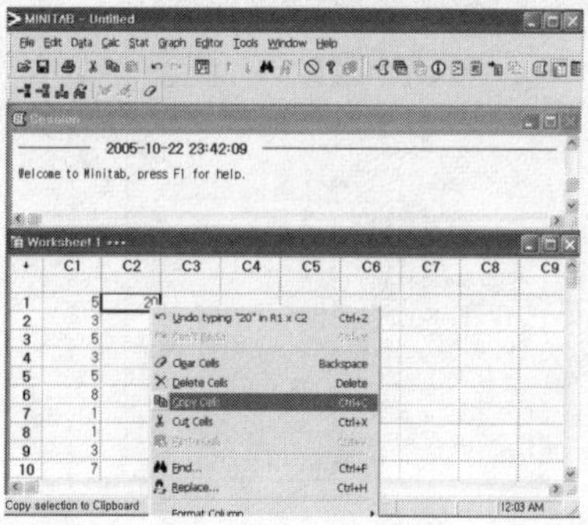

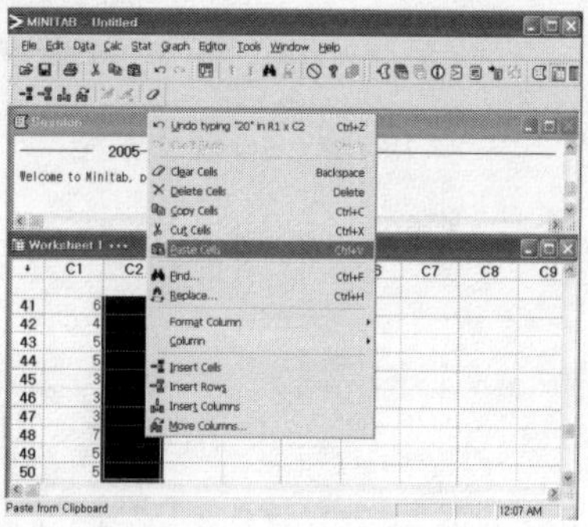

5. 각 행에 20이 쓰여 진다.

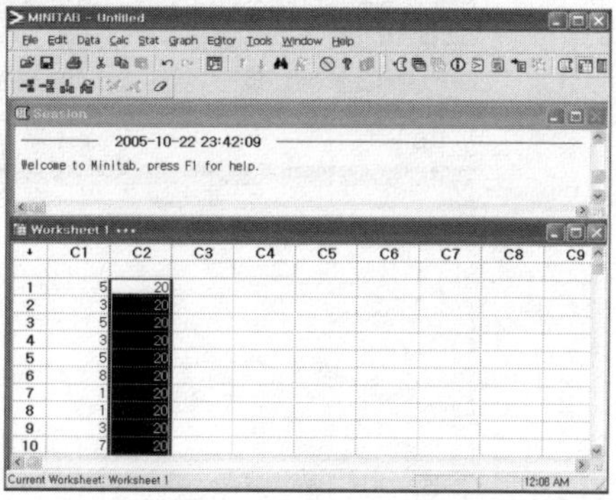

6. [Calc] → [Calculator]을 클릭한다.

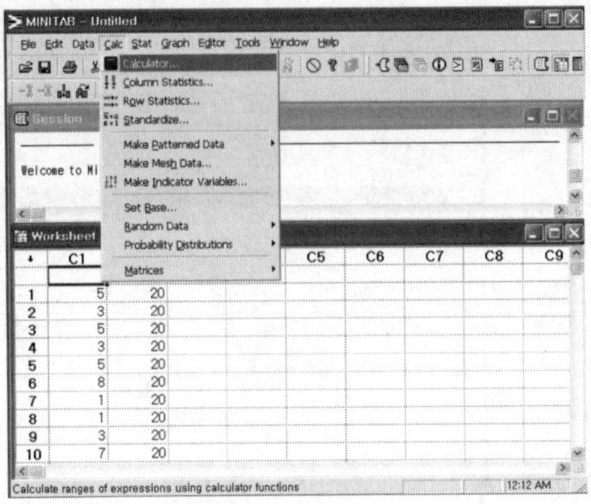

7. [Calculator]대화상자가 나타나면 Store result in variable에 "c3"을 기입하고, Expression에 "c1/c2"를 기입하고 [OK]버튼을 클릭한다.

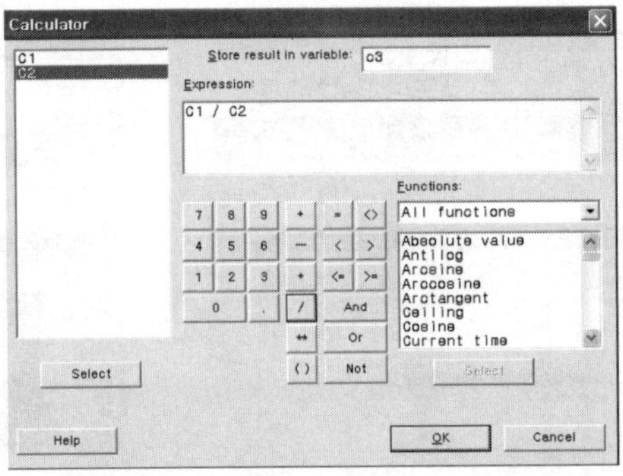

8. c3열에 $\hat{p}$ (c1/c2)가 구해진 결과화면이 나타난다.

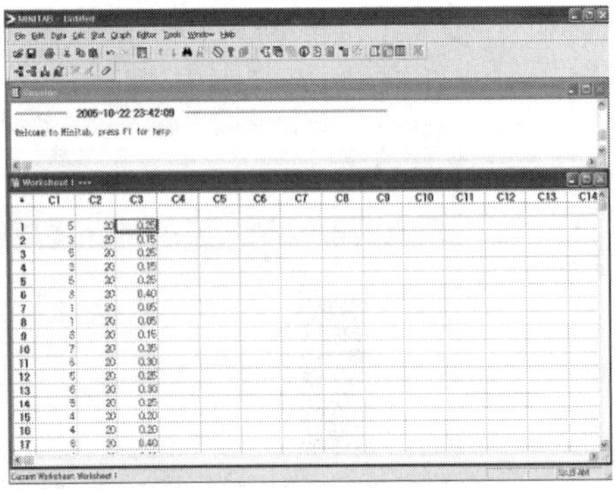

9. [Graph] → [Histogram..]을 클릭한다.

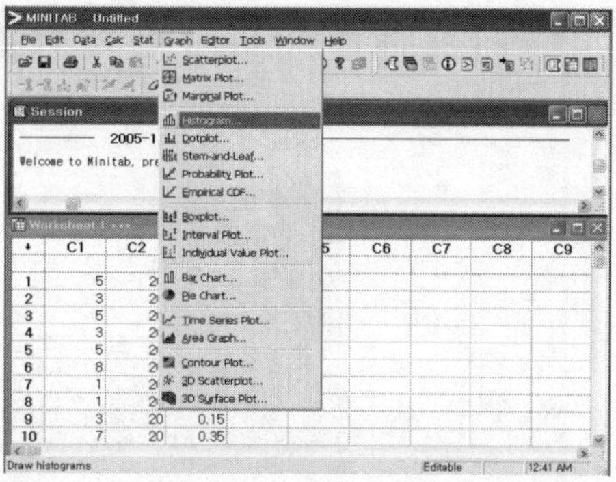

10. [Histograms]대화상자가 나타나면 "With Fit"를 선택하고, [OK] 버튼을 클릭한다.

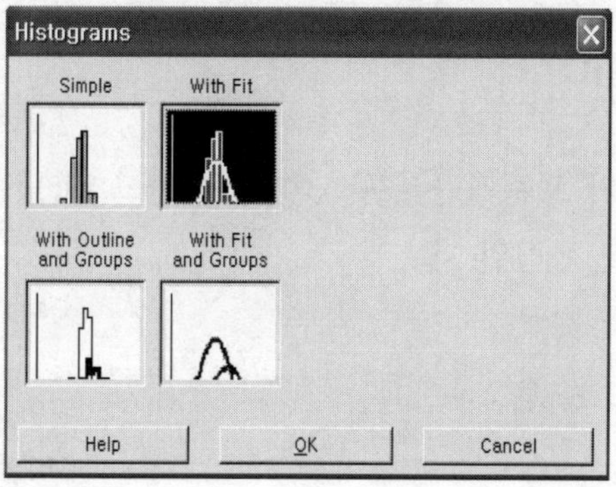

11. [Histograms-With fit]대화상자가 나타나면 Greaph variables에 "c3"을 기입하고, [OK] 버튼을 클릭한다.

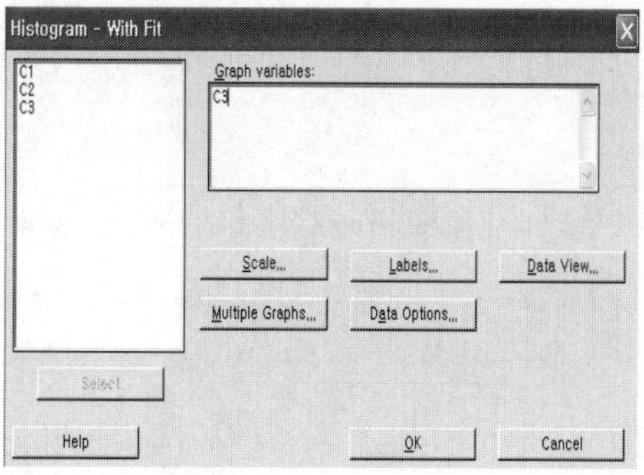

12. 다음과 같은 결과 화면이 나타난다.

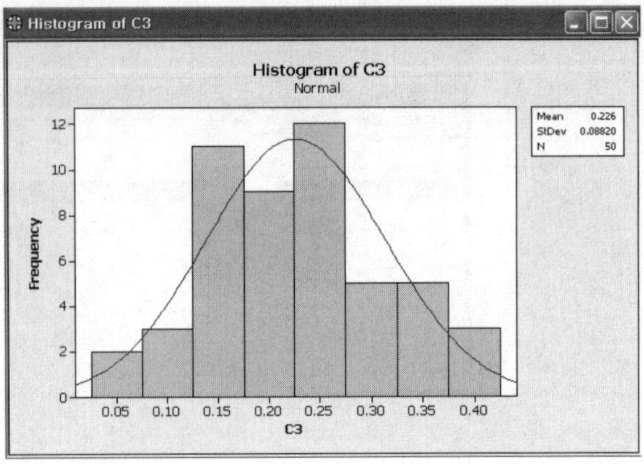

4. t분포

확률변수Z가 표준정규분포 $N(0,1)$을 하고, 확률변수 χ^2 가 $\chi^2(\phi)$를 하며, Z와 χ^2 가 서로 독립일 때

$$T = \frac{Z}{\sqrt{\frac{\chi^2}{\phi}}}$$

는 자유도 ϕ인 t 분포를 한다. t 분포는 <그림 4.2>에서 처럼 $t=0$를 중심으로 좌우대칭이며 표준정규분포에 비해 꼬리가 두텁다. 자유도가 증가함에 따라 표준정규분포에 가까워진다. 추론에 자주 이용되는 통계량

$$t = \frac{\overline{X} - \mu}{\frac{s}{\sqrt{n}}}$$

은 위의 정의로부터 자유도 $n-1$인 t 분포를 한다.

●●● 참고하세요!!

독립인 두 확률변수들 Z와 U의 분포가 각각 $N(0,1)$ 과 $\chi^2(\phi)$를 따른다면 확률변수 $T=\dfrac{Z}{\sqrt{U/\phi}}$ 의 분포는 자유도가 ϕ 인 t분포를 따른다.

$\overline{X}$와 S^2이 독립이 됨이 알려져 있으므로 다음 확률변수들은 독립이 된다.

$$Z=\frac{\overline{X}-\mu}{\sigma/\sqrt{n}}\sim N(0,1),\quad U=\frac{(n-1)S^2}{\sigma^2}\sim\chi^2(n-1)$$

즉, $$T=\frac{Z}{\sqrt{U/\phi}}=\frac{\dfrac{\overline{X}-\mu}{\sigma/\sqrt{n}}}{\sqrt{\dfrac{(n-1)S^2}{\sigma^2}/(n-1)}}=\frac{\overline{X}-\mu}{S/\sqrt{n}}\sim t(n-1)$$

아래 그림은 자유도 $\phi=n-1$인 t 분포이다.

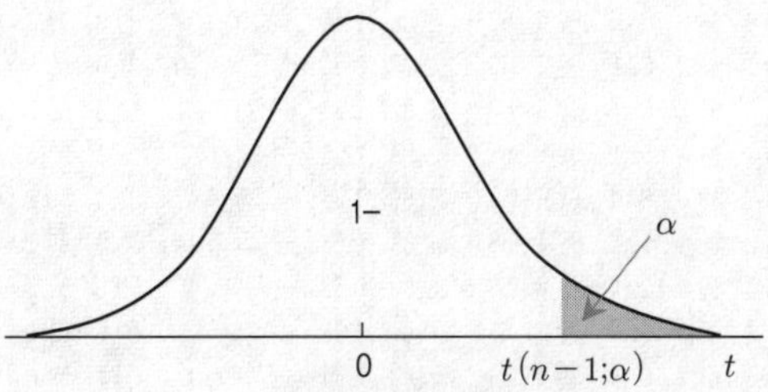

그림 4.2 t 분포

확률변수 X의 분포가 $t(\phi)$를 따를 때, 즉 $X\sim t(\phi)$ 일 때 $P(X\geq x)=\alpha$ 를 만족시키는 x를 통상 $t(\alpha,\phi)$로 표시한다.

부록의 표에는 위쪽 행에 $\alpha=0.10, 0.05, 0.025, 0.01, 0.005, 0.0005$ 그리고 제일 왼쪽 열에 자유도 $\phi=1, 2, \cdots, 60, 120, \infty$ 가 나타나 있으며 자유도 ϕ 와 α 의 값이 주어졌을 때 서로 마주치는 값이 $t(\alpha,\phi)$의 값이다.

이 부록의 표에서 주어진 α 값들에 따른 $t(1-\alpha,\phi)$ 값들이 주어져 있지 않다. 그러나 t분포는 $x=0$ 에 대하여 완전 대칭이므로 $t(1-\alpha,\phi)=-t(\alpha,\phi)$ 분포가 된다. 이 관계를 이용하여 $t(1-\alpha,\phi)$의 값들을 결정 할 수 있다.

예제 4.5

정규분포 $X\sim N(50,1)$를 하는 모집단(예를 들면 공정)으로부터 표본크기가 $n=5$인 표본을 추출하는 일을 50회 반복 시행하여 이로부터 통계량 $t=\dfrac{\overline{X}-\mu}{s/\sqrt{n}}$을 계산한 결과가 다음과 같다. $t=\dfrac{\overline{X}-\mu}{s/\sqrt{n}}$에 대한 히스토그램을 그려라. 분포의 모양을 확인하여 보자.

표본번호	x_1	x_2	x_3	x_4	x_5	$\overline{X}$	s 표준편치	t	표본번호	x_1	x_2	x_3	x_4	x_5	$\overline{X}$	s 표준편차	t
1	60.3	59.4	59.5	59.7	59.8	59.74	0.35	−1.66	26	58.7	59.2	60.3	59.8	59.3	59.46	0.61	−1.98
2	58.8	59.4	59.4	57.2	60.1	58.98	1.10	−2.07	27	59.1	59.3	60.8	60.1	59.8	59.82	0.68	−0.59
3	60.5	60.0	59.5	58.9	59.5	59.68	0.60	−1.19	28	59.8	59.0	58.8	60.9	60.6	59.82	0.93	−0.43
4	60.9	59.5	62.3	59.7	60.2	60.52	1.13	1.03	29	58.6	59.8	58.3	59.3	60.0	59.20	0.74	−2.42
5	60.2	58.6	59.8	61.3	60.9	60.16	1.05	0.34	30	59.6	61.1	59.9	59.0	60.2	59.96	0.78	−0.11
6	60.2	59.8	62.5	61.1	60.0	60.72	1.11	1.45	31	59.9	61.2	60.0	58.8	60.0	59.98	0.85	−0.05
7	58.4	60.3	61.1	60.4	60.6	60.16	1.03	0.35	32	58.9	61.5	60.2	60.1	60.7	60.28	0.95	0.66
8	60.9	60.2	60.2	61.0	61.6	60.78	0.59	2.96	33	59.4	60.9	60.0	61.3	59.6	60.24	0.83	0.65
9	61.7	61.7	59.5	61.0	61.7	61.12	0.95	2.64	34	61.4	60.1	60.6	59.0	59.2	60.06	0.99	0.14
10	58.9	60.0	59.6	60.4	59.9	59.76	0.56	−0.96	35	60.6	59.5	59.5	60.3	60.5	60.08	0.54	0.33
11	59.4	60.3	61.0	61.0	59.1	60.16	0.88	0.41	36	60.4	61.3	59.8	59.0	59.8	60.06	0.85	0.16
12	59.4	58.4	59.8	60.4	61.8	59.96	1.26	−0.07	37	59.7	60.2	60.0	59.5	60.5	59.98	0.40	−0.11
13	61.5	59.3	57.9	59.5	59.6	59.56	1.28	−0.77	38	58.9	60.5	60.1	60.5	60.3	60.06	0.67	0.20
14	60.9	58.2	58.5	60.9	60.9	59.88	1.40	−0.19	39	59.9	57.7	59.8	60.1	62.1	59.92	1.56	−0.11
15	60.1	62.1	60.9	60.7	59.7	60.70	0.92	1.70	40	61.0	59.1	58.5	60.9	60.7	60.04	1.16	0.08
16	61.2	57.8	58.6	60.9	60.6	59.82	1.52	−0.26	41	58.8	60.3	59.9	59.1	59.7	59.56	0.61	−1.61
17	60.8	59.1	59.9	59.1	57.5	59.28	1.22	−1.32	42	59.1	60.6	60.9	58.6	61.7	60.18	1.29	0.31
18	58.7	59.6	60.1	61.9	59.0	59.86	1.26	−0.25	43	59.4	59.1	61.2	58.8	61.0	59.90	1.12	−0.20
19	58.2	60.1	59.2	60.5	58.9	59.38	0.93	−1.49	44	58.9	62.1	58.4	60.0	62.1	60.30	1.74	0.39
20	60.5	59.4	59.7	60.8	59.1	59.90	0.72	−0.31	45	60.9	59.6	61.2	59.1	59.4	60.04	0.94	0.10
21	61.2	59.5	61.6	59.1	61.8	60.64	1.25	1.14	46	60.2	61.1	59.9	59.4	59.8	60.08	0.64	0.28
22	60.5	61.7	61.6	59.1	59.2	60.42	1.25	0.75	47	60.7	59.6	60.1	59.8	59.9	60.02	0.42	0.11
23	59.7	59.4	60.4	60.0	59.9	59.88	0.37	−0.73	48	60.2	59.8	59.6	60.5	59.3	59.88	0.48	−0.56
24	60.4	58.7	60.8	60.6	61.6	60.42	1.06	0.89	49	59.9	59.9	60.4	60.3	59.3	59.96	0.43	−0.21
25	61.2	58.5	59.5	59.4	59.2	59.56	1.00	−0.98	50	61.4	58.2	60.6	62.1	61.6	60.78	1.54	1.13

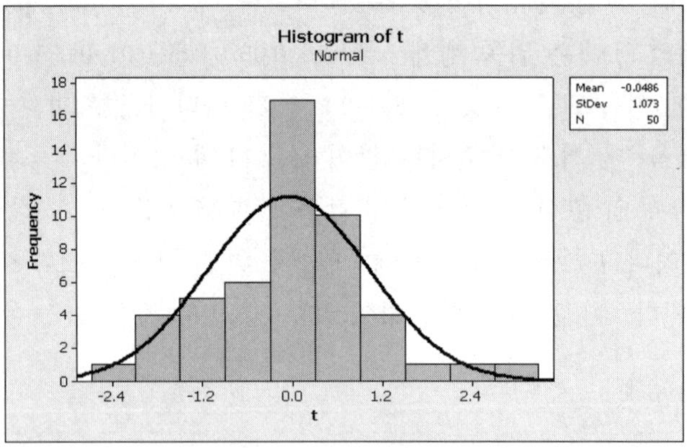

|해석| 정규분포를 하는 모집단으로부터 표본 $n=5$씩 50회 반복 추출하여 각각의 통계량 t를 구하여 히스토그램을 그려 본 바, 통계량 t의 분포가 $t=0$을 중심으로 대칭을 이루며, 이론적인 t분포의 모양과 비슷함을 알 수 있다. 여기서 통계량 t가 이루는 히스토그램은 표본분포임을 알 수 있다.

Minitab ▶ 이용하기

1. [Calc] ➔ [Random] ➔ [Normal...]을 클릭한다.

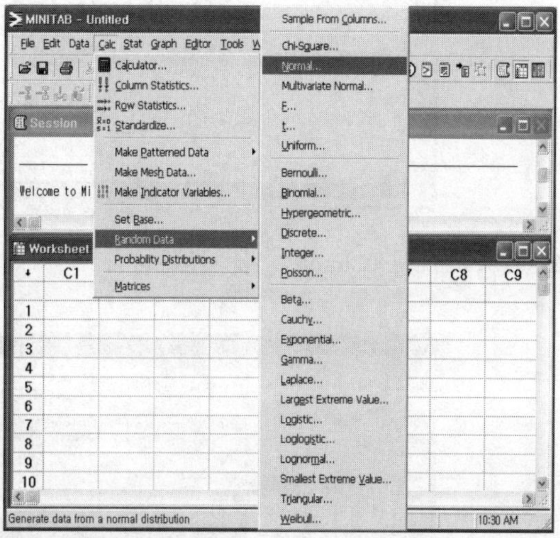

2. [Normal Distribution] 대화상자가 나타나면 Generate에 "5", Store in column(s) "c1－c50", Mean에 "50", Standard Deviation 에 "1"으로 각각 기입하고, [OK] 버튼을 클릭 한다.

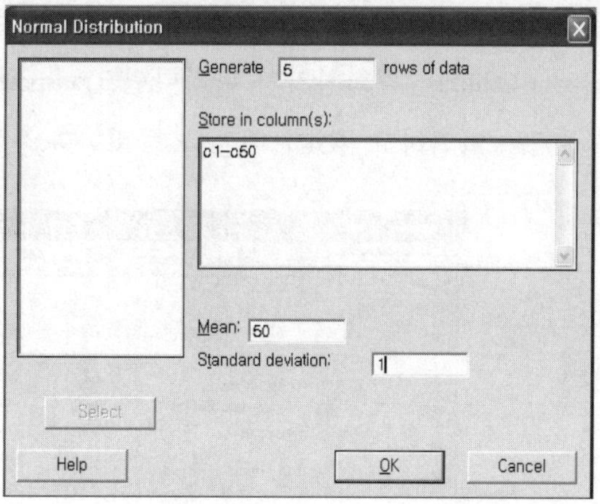

3. 미니탭의 정규분포로부터 난수 생성된 결과화면이 나타난다.

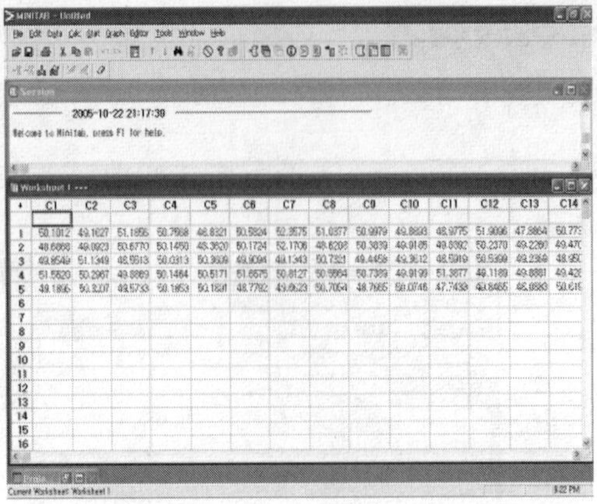

4. [Data]→[Transpose Columns...]을 클릭한다.

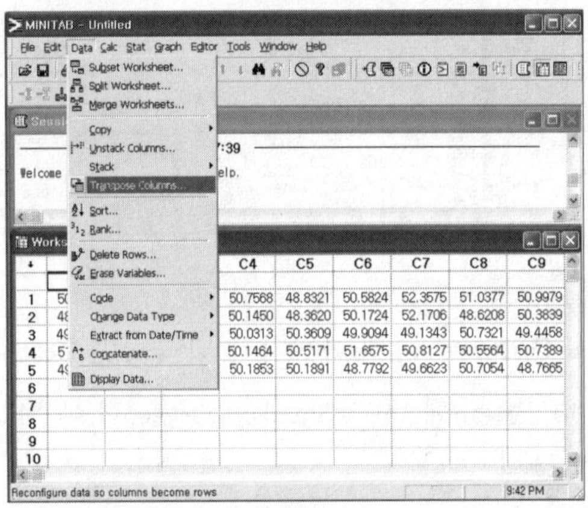

5. [Transpose Columns] 대화상자가 나타나면 Transpose the following Columns 에 "c1−c50"을 기입하고, [OK] 버튼을 클릭한다.

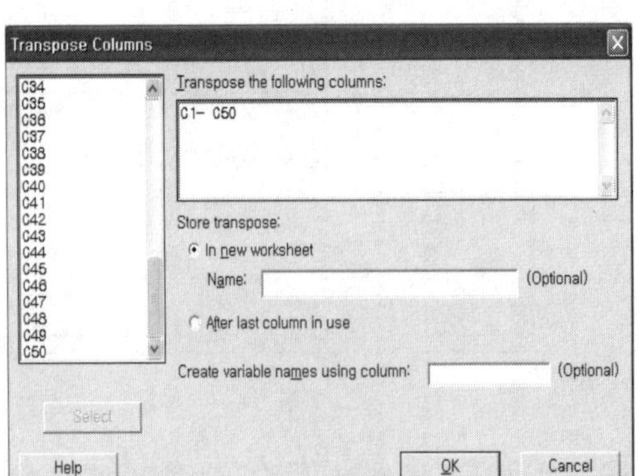

6. 열을 행으로 바꾼 결과화면이 나타난다.

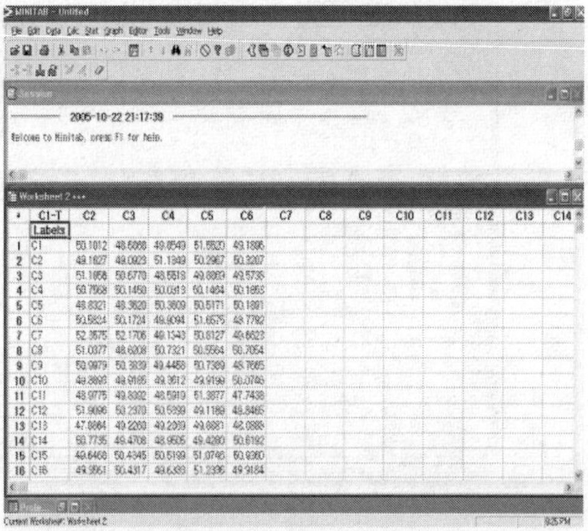

7. [Calc] → [Row Statistics...]을 클릭한다.

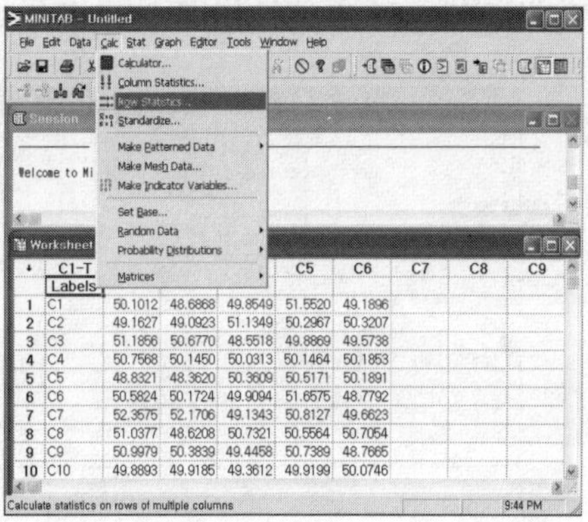

8. [Row Statistics...]대화상자가 나타나면 "Mean" 체크 하고, Input variables에 "c2 −c6"을 기입하고, Store result in에 "c8"을 기입하고 [OK] 버튼을 클릭한다.

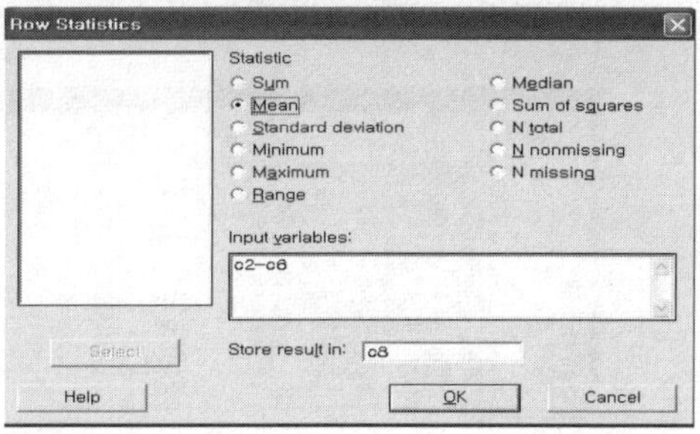

9. 평균이 c8열에 나타난다.

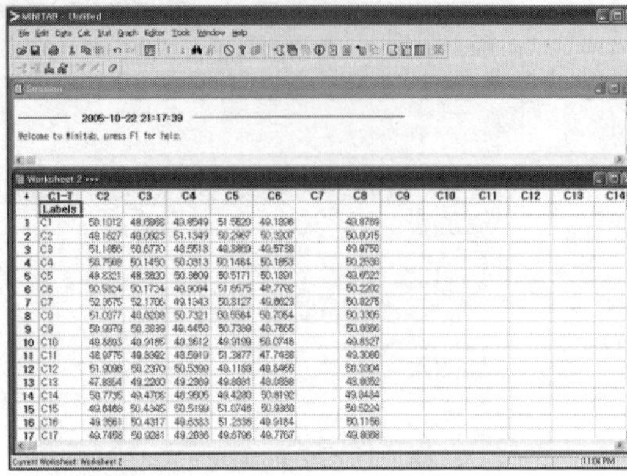

10. [Data]→[Row Statistics...] 클릭하여 Row Statistics 대화상자가 나타나면 "Standard deviation" 체크 하고, Input variables에 "c2－c6"을 기입하고, Store result in에 "c9"을 기입하고 [OK] 버튼을 클릭한다.

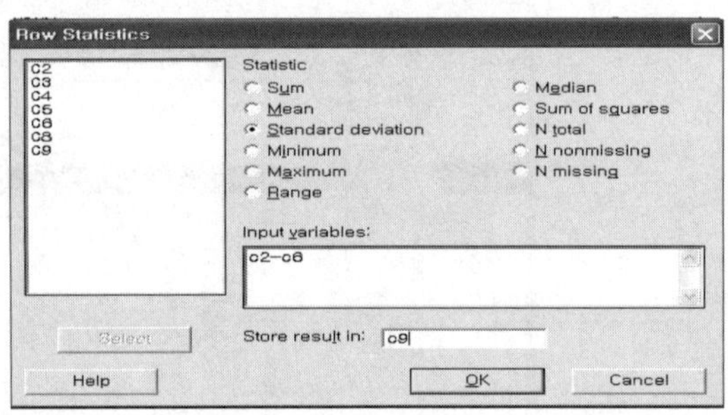

11. 표준편차가 c9열에 나타난다.

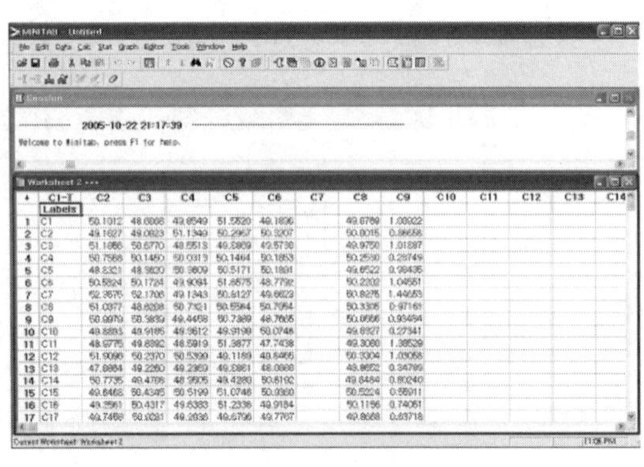

12. [Calc] → [Calculator...] 을 클릭하면 다음과 같은 화면이 나타난다.

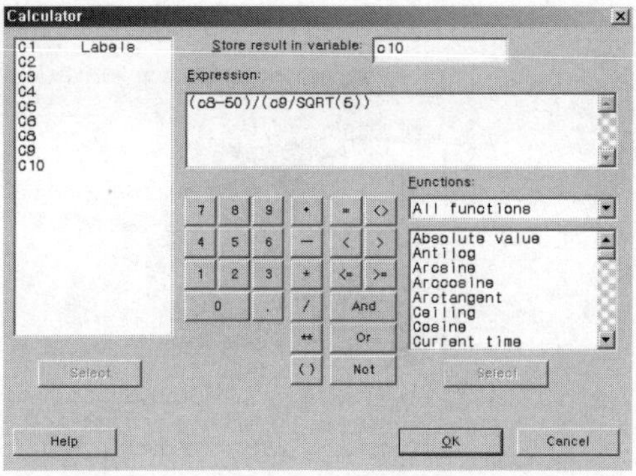

13. [계산기]대화상자가 나타나면 Expression에 항목에 "(c8-50)/(c9/SQRT(5))"을 기입하고, Store in column에 "c10"을 기입하여 [OK] 버튼을 클릭한다.

14. t통계량이 c10열에 나타난다.

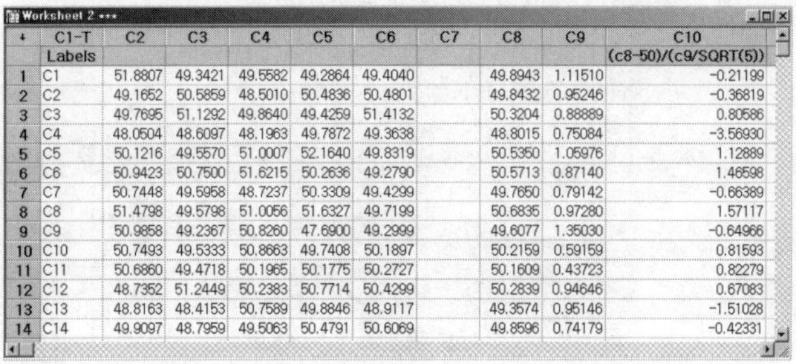

↓	C1-T	C2	C3	C4	C5	C6	C7	C8	C9	C10
	Labels									(c8-50)/(c9/SQRT(5))
1	C1	51.8807	49.3421	49.5582	49.2864	49.4040		49.8943	1.11510	-0.21199
2	C2	49.1652	50.5859	48.5010	50.4836	50.4801		49.8432	0.95246	-0.36819
3	C3	49.7695	51.1292	49.8640	49.4259	51.4132		50.3204	0.88889	0.80586
4	C4	48.0504	48.6097	48.1963	49.7872	49.3638		48.8015	0.75084	-3.56930
5	C5	50.1216	49.5570	51.0007	52.1640	49.8319		50.5350	1.05976	1.12889
6	C6	50.9423	50.7500	51.6215	50.2636	49.2790		50.5713	0.87140	1.46598
7	C7	50.7448	49.5958	48.7237	50.3309	49.4299		49.7650	0.79142	-0.66389
8	C8	51.4798	49.5798	51.0056	51.6327	49.7199		50.6835	0.97280	1.57117
9	C9	50.9858	49.2367	50.8260	47.6900	49.2999		49.6077	1.35030	-0.64966
10	C10	50.7493	49.5333	50.8663	49.7408	50.1897		50.2159	0.59159	0.81593
11	C11	50.6860	49.4718	50.1965	50.1775	50.2727		50.1609	0.43723	0.82279
12	C12	48.7352	51.2449	50.2383	50.7714	50.4299		50.2839	0.94646	0.67083
13	C13	48.8163	48.4153	50.7589	49.8846	48.9117		49.3574	0.95146	-1.51028
14	C14	49.9097	48.7959	49.5063	50.4791	50.6069		49.8596	0.74179	-0.42331

15. [Graph] → [Histogram..]을 클릭한다.

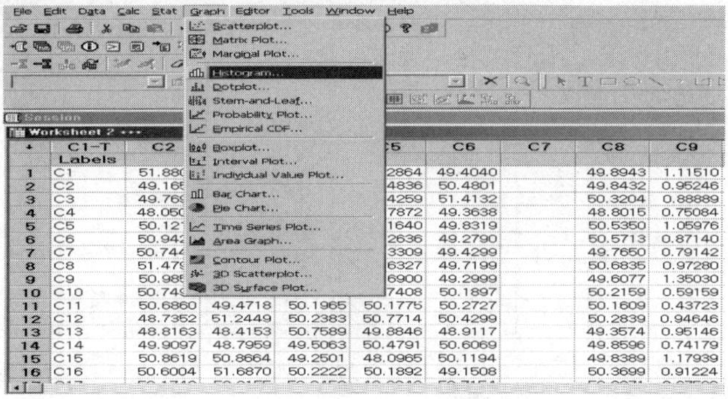

16. [Histograms]대화상자가 나타나면 "With Fit"를 선택하고, [OK] 버튼을 클릭한다.

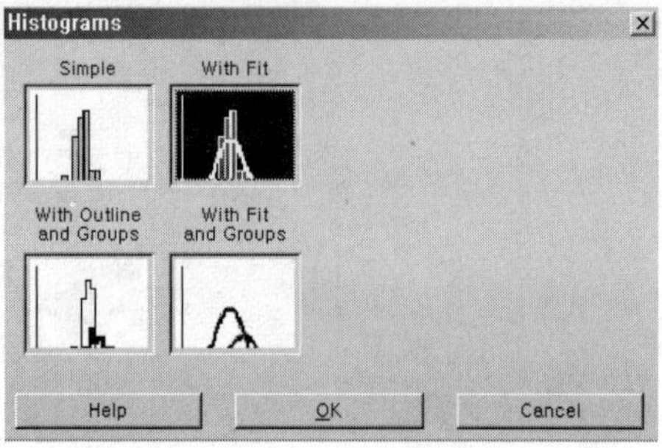

17. [Histograms-With fit]대화상자가 나타나면 Graph variables란에 마우스 포인트를 올려놓고 "c10"을 더블 클릭하여 데이터를 기입하고, [OK] 버튼을 클릭한다.

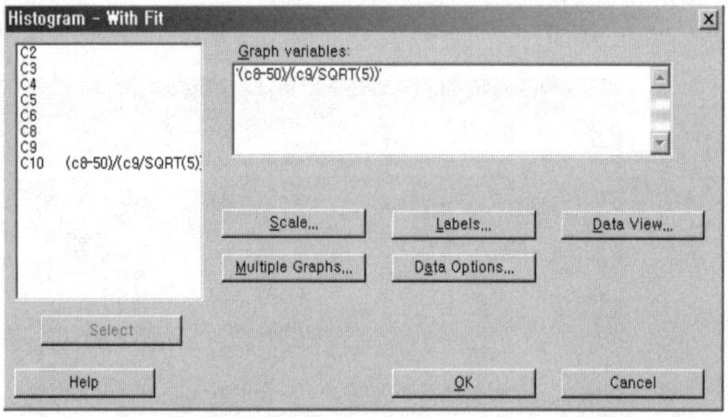

18. 다음과 같은 결과 화면이 나타난다.

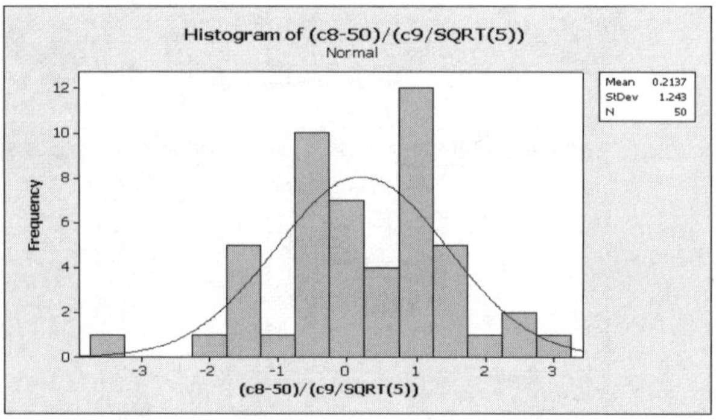

예제 4.8

정규모집단으로부터 $n=17$인 확률표본을 추출하여, 통계량 $t=\dfrac{\overline{X}-\mu}{s/\sqrt{n}}$로부터 다음 물음에 답하라.

① $P(t \le 2.1199)$의 확률값

② $P(t \le t(16;0.025))=0.975$을 만족하는 $t(16;0.025)$의 값

|결과| ① 자유도 16이므로, 부록의 표로부터

$P(t \le 2.1199)=1-P(t \ge 2.1199)=1-0.025=0.975$

② $P(t \le t(16;0.025))=0.975$, 따라서 $t(16;0.025)=2.1199$

Minitab ▶ 이용하기

① $P(t \le 2.1199)$의 확률 값

1. [Calc] → [Probability Distributions] → [t]를 클릭한다.

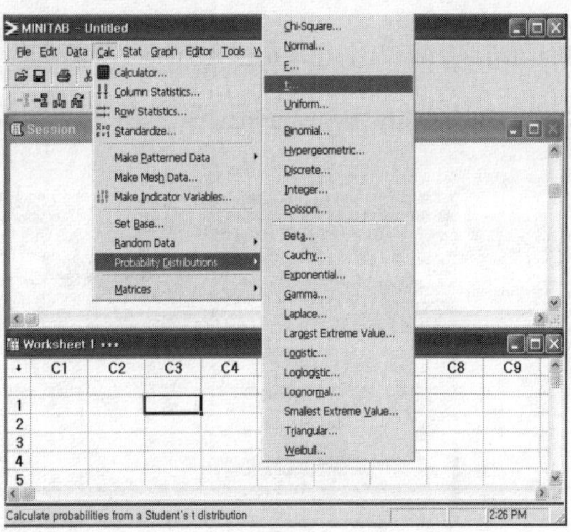

2. [t Distribution] 대화상자가 나타나면 Cumulative Probability를 선택하고, Degrees of Freedom에 "16", Input constant에 "2.1199"를 각각 기입하고, [OK] 버튼을 클릭한다.

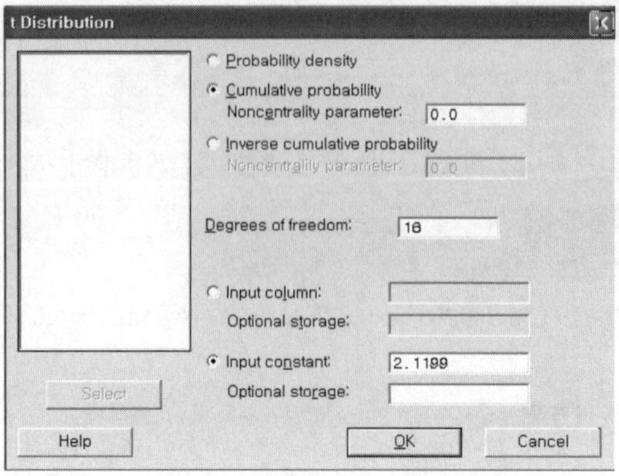

3. 다음과 같은 결과 화면이 나타난다.

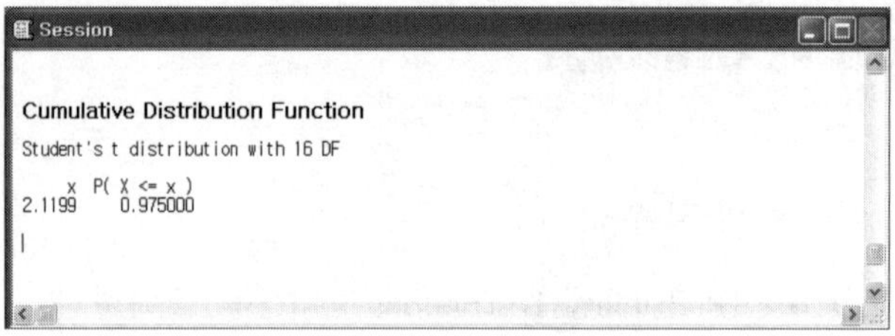

② $P(t \le t(16;0.025)) = 0.975$을 만족하는 $t(16;0.025)$의 값

1. [Calc] ➔ [Probability Distributions] ➔ [t]을 클릭한다.

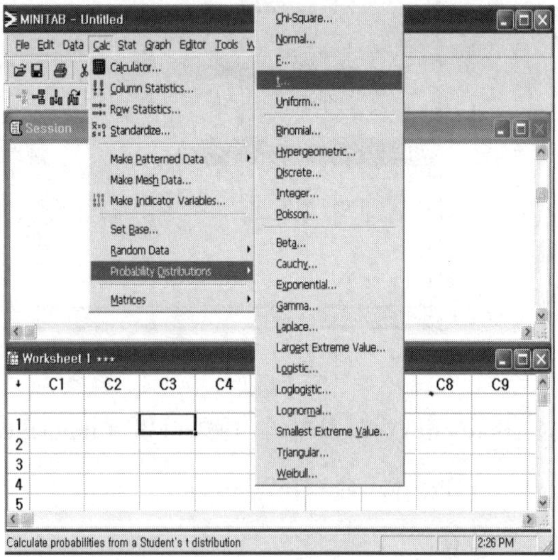

2. [t Distribution] 대화상자가 나타나면 Inverse cumulative Probability를 선택하고, Degrees of Freedom에 "16", Input constant에 "0.975"를 각각 기입하고, [OK] 버튼을 클릭한다.

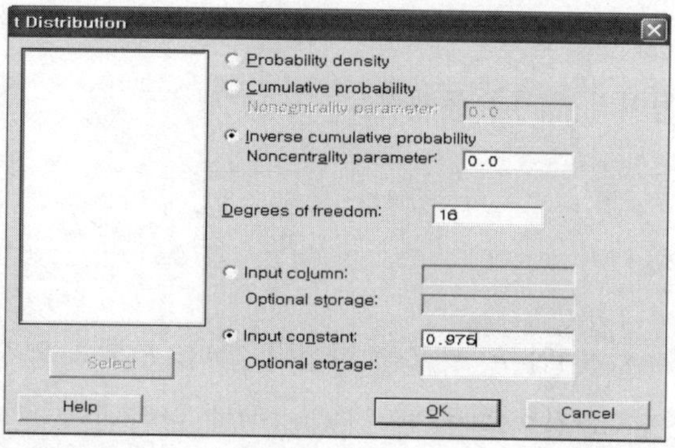

3. 다음과 같은 결과 화면이 나타난다.

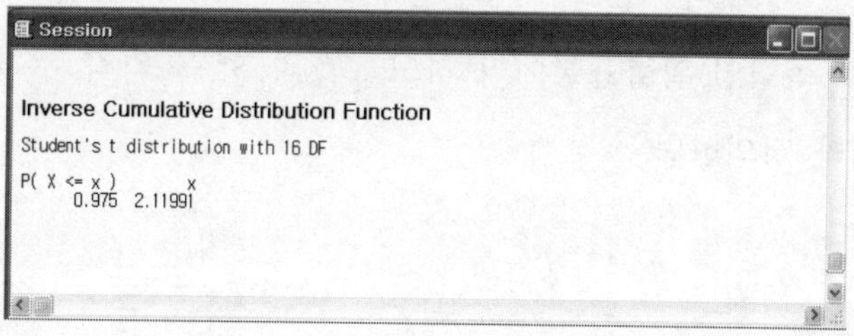

예제 4.9

다음 t 분포의 그림을 보고 자유도(5, 25)가 증가함에 따라 표준정규분포에 근사함을 보여라.

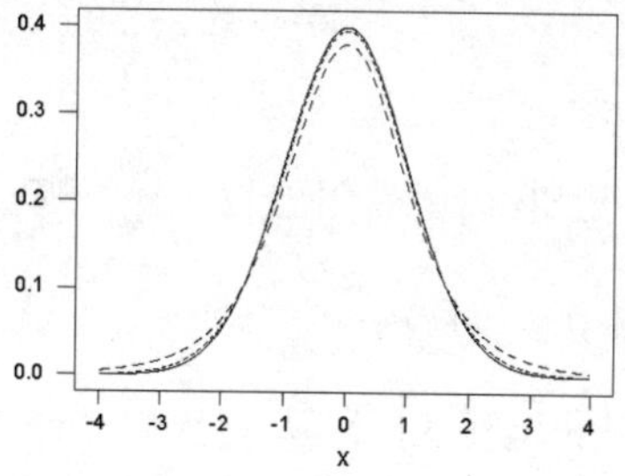

|해석| 위의 그래프로 알 수 있듯이 t 분포는 자유도가 커짐에 따라 표준정규분포(위 그래프에서는 실선그래프임)에 가까워짐을 알 수 있다.

5. F 분포

두 정규모집단의 분산의 비교에 대한 추론에 주로 사용되는 F분포에 대하여 알아보자. χ_1^2, χ_2^2 은 각각 자유도 ϕ_1, ϕ_2 인 카이제곱분포를 따르며 서로 독립인 확률변수들이라 할 때 통계량

$$F = \frac{\chi_1^2/\phi_1}{\chi_2^2/\phi_2}$$

은 자유도 (ϕ_1, ϕ_2)인 F 분포를 따른다 한다. F분포 역시 자유도에 따라 분포의 형태가 변한다. 기호로는 $F \sim F(\phi_1, \phi_2)$로 나타낸다.

이제 두 정규모집단에서의 표본분산들의 비율에 대한 분포인 F분포를 이용하여 다음을 고찰한다.

$X_1, X_2, \cdots, X_{n1}$과 $Y_1, Y_2, \cdots, Y_{n2}$를 각각 두 정규모집단 $N(\mu_1, \sigma_1^2)$, $N(\mu_2, \sigma_2^2)$에서의 서로 독립인 확률표본이라 하고, S_1^2 과 S_2^2 을 각각 두 확률표본에서의 표본분산이라 정의하면

$$U = \frac{(n_1-1)S_1^2}{\sigma_1^2} \sim \chi_1^2(n_1-1)\ , \quad V = \frac{(n_2-1)S_2^2}{\sigma_2^2} \sim \chi_2^2(n_2-1)$$

이고 각각 서로 독립이므로

$$F = \frac{U/\phi_1}{V/\phi_2} = \frac{\sigma_2^2}{\sigma_1^2}\frac{S_1^2}{S_2^2} \sim F(n_1-1,\ n_2-1)$$

가 성립한다. 만약 $\sigma_1^2 = \sigma_2^2$ 이면 $F = \dfrac{S_1^2}{S_2^2} \sim F(n_1-1,\ n_2-1)$ 가 되므로 F 분포를 분산비 분포라고도 한다.

F분포는 자유도에 따라 그 모양이 다르다. 다음 그림은 자유도가 (ϕ_1, ϕ_2)인 F 분포의 분위수를 $F(\phi_1, \phi_2, \alpha)$로 나타냈다.

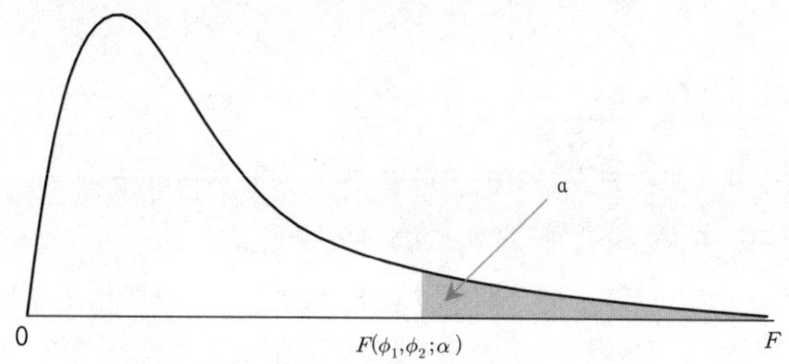

그림 4.3_$F(\phi_1, \phi_2; \alpha)$ 분포

확률변수 X의 분포가 $F(\phi_1, \phi_2)$ 를 따를 때, 즉 $X \sim F(\phi_1, \phi_2)$ 일때 F분포의 형태는 2개의 자유도 ϕ_1, ϕ_2의 값들에 다라 결정되며 $P(X \geq x) = \alpha$ 를 만족시키는 x 를 통상$F(\alpha, \phi_1, \phi_2)$ 로 표시한다.

부록의 표에는 $\alpha = 0.10, 0.05, 0.025, 0.01$ 에 대해 각각 ϕ_1 과 ϕ_2의 크기에 따라 $F(\alpha, \phi_1, \phi_2)$ 값들이 결정된다.

F 분포는 다음과 같은 성질이 있다.

1. 확률변수 T가 자유도 ϕ 인 t 분포를 따를 때

$$T^2 \sim F(1,\ \phi)$$

2. $F(\phi_1, \phi_2; \alpha) = \dfrac{1}{F(\phi_2, \phi_1; 1-\alpha)}$

예제 4.10

다음의 확률을 F 분포표를 이용하여 구하라.

① $F(8,3;0.95)$

② $F(8,3;0.99)$

|결과| ①$F(8,3;0.95) = \dfrac{1}{F(3,8;0.05)} = \dfrac{1}{4.07} = 0.246$

②$F(8,3;0.99) = \dfrac{1}{F(3,8;0.01)} = \dfrac{1}{7.59} = 0.132$

예제 4.11

확률변수 F가 $F(n_1-1, n_2-1)$일 때 다음을 계산하라.

① n_1=8, n_2=9일 때 $P(F<4.53)$의 확률값

② n_1=8, n_2=9일 때 $P(F<F(7,8;0.025))$=0.975에서 $F(7,8;0.025)$의 값

|결과| ① 자유도 7,8이므로, 부록의 표로부터

$P(F<4.53)=1-P(F\geq 4.53)=1-0.025=0.975$

② $P(F<F(7,8;0.025))=0.975$에서 $F(7,8;0.025)=4.53$

Minitab ▶ 이용하기

① $n_1=8, n_2=9$일 때, $P(F<4.53)$의 확률 값

1. [Calc] ➔ [Probability Distributions] ➔ [F]을 클릭한다.

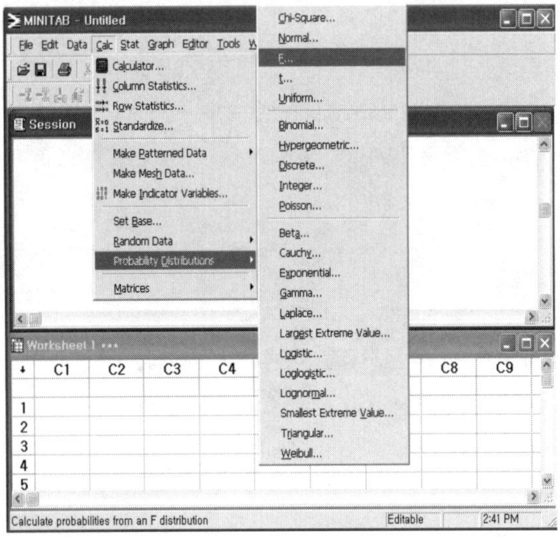

2. [F Distribution] 대화상자가 나타나면 Cumulative Probability를 선택하고, Numerator Degrees of Freedom에 "7", Denominator Degrees of Freedom에 "8" Input constant에 "4.53"를 각각 기입하고, [OK]버튼을 클릭한다.

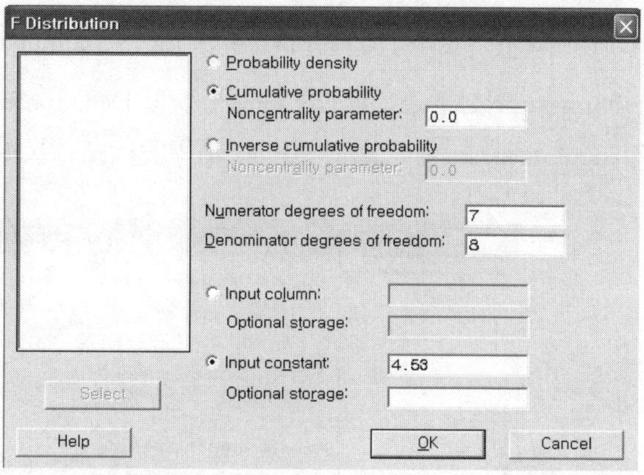

3. 다음과 같은 결과 화면이 나타난다.

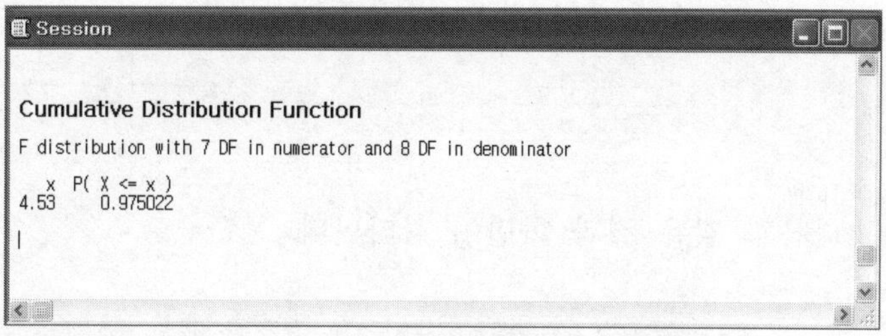

② $n_1 = 8$, $n_2 = 9$일 때, $P(F < F(7,8;0.025)) = 0.975$에서 $F(7,8;0.025)$의 값

1. [Calc] → [Probability Distributions] → [F]을 클릭한다.

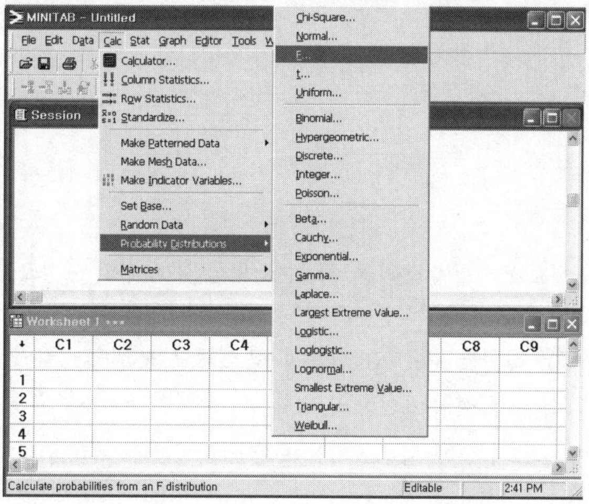

2. [F Distribution] 대화상자가 나타나면 Inverse cumulative Probability를 선택하고, Numerator Degrees of Freedom에 "7", Denominator Degrees of Freedom에 "8" Input constant에 "0.975"를 각각 기입하고, [OK]버튼을 클릭한다.

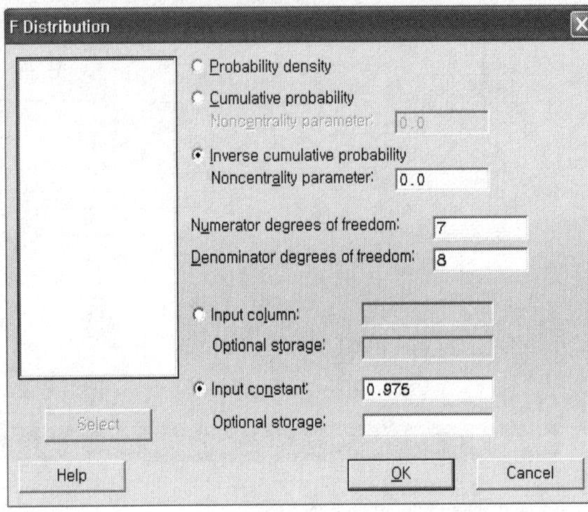

3. 다음과 같은 결과 화면이 나타난다.

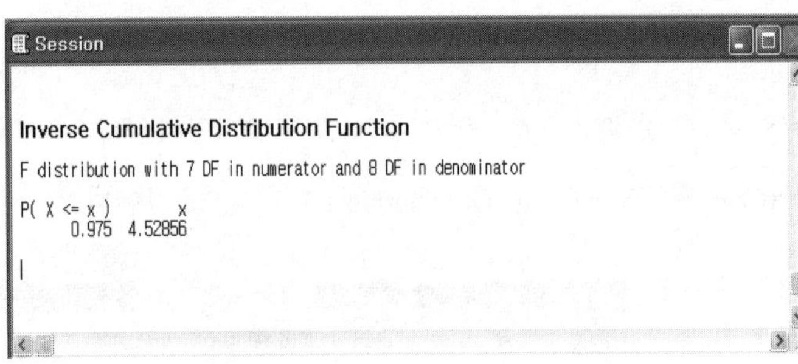

예제 4.12

정규분포 $X \sim N(60, 4)$ 을 따르는 모집단으로부터 표본크기가 $n=5$인 표본을 추출하는 일을 40회, 정규분포 $Y \sim N(80, 4)$ 을 따르는 모집단으로부터 표본크기가 $n=5$인 표본을 추출하는 일을 40회 반복 시행하여, 각각의 표본에 대해, 표본 분산 S_1^2, S_2^2 을 각각 계산하고, 이로부터 통계량 $F=S_1^2/S_2^2$ 을 계산한 결과가 다음과 같다. $F=S_1^2/S_2^2$ 에 대한 히스토그램을 그려라. 분포의 모양은 어떠한가 살펴보자.

표본번호	x_1	x_2	x_3	x_4	x_5	S_1^2	y_1	y_2	y_3	y_4	y_5	S_2^2	F
1	60.6	59.8	59.9	58.8	61.8	1.2	78.3	77.6	78.2	78.6	76.8	0.5	2.40
2	60.0	56.9	60.6	60.0	58.2	2.3	82.1	83.0	81.2	79.9	78.9	2.7	0.85
3	57.9	61.4	59.8	59.5	60.1	1.6	83.7	79.1	79.5	82.0	78.0	5.3	0.30
4	60.8	57.4	60.1	61.6	57.4	3.8	81.5	81.1	79.5	81.7	79.9	0.9	4.22
5	60.4	59.0	55.8	63.1	61.0	7.5	76.4	80.9	73.1	80.3	76.9	10.0	0.75
6	59.7	60.7	59.6	64.6	60.9	4.2	80.5	76.7	77.9	84.1	81.4	8.7	0.48
7	57.2	59.0	56.1	59.7	61.2	4.1	79.0	77.9	79.7	84.0	81.6	5.9	0.69
8	61.4	58.7	60.2	61.5	60.6	1.3	80.4	79.3	82.1	82.1	80.7	1.5	0.87
9	58.0	61.1	59.9	56.2	60.6	4.1	84.4	81.2	78.1	84.7	83.7	7.7	0.53
10	60.2	55.8	62.9	58.0	63.2	10.1	80.1	80.7	83.1	81.6	76.6	5.9	1.71
11	60.8	61.2	59.0	59.2	59.1	1.1	77.8	81.2	79.7	77.3	78.8	2.4	0.46
12	62.7	57.7	61.1	58.2	63.2	6.4	81.0	77.5	79.1	81.1	76.9	3.8	1.68
13	60.8	65.0	61.6	62.1	63.1	2.7	77.8	79.6	78.4	78.6	82.6	3.6	0.75
14	59.8	60.5	61.2	56.3	60.7	3.8	78.3	82.6	83.8	81.1	80.4	4.5	0.84
15	60.0	60.3	59.7	58.8	60.2	0.4	82.6	81.1	80.5	79.8	80.5	1.1	0.36
16	57.3	58.0	57.1	60.5	60.6	3.0	80.9	82.3	80.4	79.9	81.1	0.9	3.33
17	61.7	55.6	58.7	58.5	60.0	5.0	79.7	76.6	81.3	80.2	80.0	3.1	1.61
18	59.8	62.3	58.8	58.4	58.7	2.5	81.4	81.0	82.9	79.9	77.1	4.6	0.54
19	64.1	56.6	58.6	63.2	58.6	10.5	80.2	80.6	79.9	81.9	78.2	1.8	5.83
20	58.3	58.6	60.6	59.6	58.2	1.1	79.3	80.1	78.2	78.5	77.9	0.8	1.38
21	61.4	60.7	59.1	59.6	58.9	1.2	80.2	80.5	80.7	80.4	77.3	1.9	0.63
22	62.0	62.2	58.2	58.5	58.9	3.9	83.6	79.3	81.6	78.8	80.6	3.7	1.05
23	60.2	59.0	55.8	57.4	57.3	3.0	80.1	81.7	80.4	76.8	80.0	3.3	0.91
24	58.6	60.1	56.3	59.1	61.0	3.1	79.8	84.1	78.6	80.3	84.6	7.3	0.42
25	60.8	60.1	60.9	58.5	60.6	1.0	83.2	78.4	81.4	79.4	79.8	3.5	0.29
26	60.8	61.2	61.9	57.6	57.0	5.1	82.4	78.1	83.6	81.9	77.6	7.2	0.71
27	60.0	61.4	57.8	59.7	62.7	3.4	82.9	80.5	80.9	81.9	79.9	1.4	2.43
28	59.2	61.8	61.4	62.5	62.2	1.7	78.0	81.2	75.8	79.0	76.7	4.4	0.39
29	61.1	59.2	58.3	62.4	61.3	2.8	81.6	79.6	83.7	84.6	79.9	5.0	0.56
30	60.5	59.7	60.3	58.5	60.6	0.8	86.0	81.0	78.4	79.9	81.6	8.2	0.10
31	58.3	59.3	59.8	62.9	56.3	5.8	77.6	79.1	77.5	78.0	80.1	1.2	4.83
32	60.5	57.7	62.6	58.2	59.0	3.9	81.8	80.8	78.5	79.0	77.5	3.1	1.26
33	63.0	64.2	57.8	57.3	60.8	9.3	78.2	85.1	83.4	81.9	77.1	11.7	0.79
34	61.7	59.3	57.1	61.7	58.8	3.9	79.8	78.3	80.6	77.5	78.2	1.7	2.29
35	59.8	60.8	59.2	61.9	59.3	1.3	77.2	79.9	80.7	80.5	78.5	2.1	0.62
36	64.3	59.9	60.8	60.5	58.2	5.1	79.0	79.7	78.2	79.1	80.3	0.6	8.50
37	62.6	57.8	60.2	59.2	61.3	3.4	82.1	81.2	81.0	80.8	79.1	1.2	2.83
38	62.5	64.7	61.8	60.1	58.9	4.9	82.2	84.1	82.0	77.7	79.5	6.4	0.77
39	63.0	64.2	57.8	57.3	60.8	9.3	78.2	85.1	83.4	81.9	77.1	11.7	0.79
40	59.9	63.3	61.3	57.4	57.2	6.8	75.7	82.9	78.0	77.1	78.8	7.5	0.91

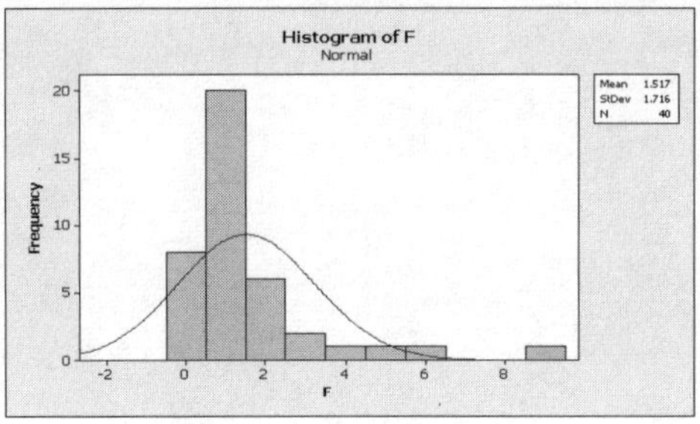

|해석| 정규분포를 하는 모집단 $X \sim N(60, 4)$와 $Y \sim N(80, 4)$으로부터 각각의 표본분산 S_1^2, S_2^2을 통해 통계량 F의 그래프를 구한 결과, 이론적인 F분포의 모양을 하고 있음을 알 수 있다. 통계량 F의 히스토그램은 표본분포임을 알 수 있다.

예제 4.13

$F(5,\ 10)$ 및 $F(20,\ 30)$의 그래프를 그리면 다음과 같다. 이들의 관계를 설명하라.

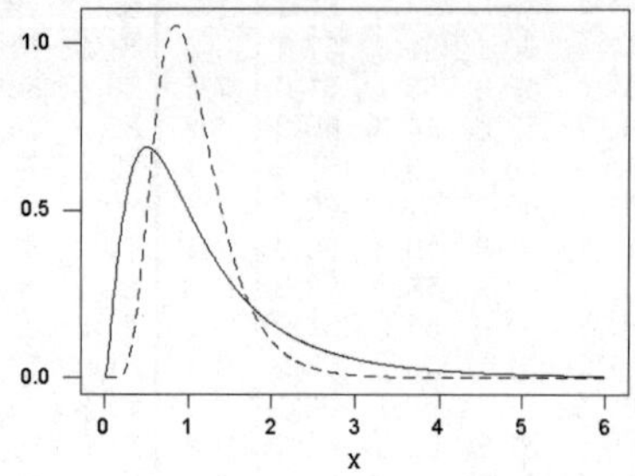

|해석| F분포 역시 자유도에 따라 그래프의 모양이 변화됨을 알 수 있다. 위의 실선그래프는 자유도가 5, 10인 F분포이다.

연 / 습 / 문 / 제

1 자동차 타이어를 조달하는 하청업체는 자사에서 공급하는 타이어의 불량품이 5%라고 한다. 자동차회사의 품질관리부에서는 100개의 타이어를 추출하여 7개 이상 불량품이 발견되면 하청업체로 반품하기로 되어 있다. 타이어가 반품될 확률은 얼마인가?

2 국회의원 총선거에서 16명의 입후보자들의 선거운동자금을 조사하였더니 다음과 같았다. 이 자료를 가지고 표본평균과 표본분산을 구하면? (단위 : 억원)
7 2.4 0.7 4 5.3 3.2 2 5.8 3.6 1.4 1.3 8.6 3.9 7.8 6.7 10.3

3 3,000명의 학생을 대상으로 하루 피는 담배의 개피 수를 알아보았더니 평균이 15개피이고 표준편차가 5개이었다. 만일 100명의 학생들을 표본으로 뽑는다면 평균 표본분포의 평균과 표준편차는 각각 얼마인가?

4 효정이내 제약회사에서는 피임약을 개발한 후 효능을 실험을 하기 위하여 흰 쥐 100쌍을 구하여 피임약을 먹인 후 임신여부를 조사하였다. 이 약의 피임율이 99%라고 할 때 흰 쥐 100쌍 중 2쌍 이하가 임신할 확률은 얼마인가?

5 모평균이 120, 분산이 100인 정규모집단으로부터 100명을 추출하였을 때와 400명을 추출하였을 때, 각각의 $\overline{X}$ 가 120~121 사이에 있을 확률을 구하라.

6 확률변수 χ^2가 다음의 자유도를 갖는 χ^2분포를 따른다. 각각의 확률을 구하라.
(1) $P(\chi^2 > 3.245)$ 자유도 10
(2) $P(\chi^2 \le 6.262)$ 자유도 15
(3) $P(5.23 \le \chi^2 \le 21.026)$ 자유도 12

7 F 분포표에서 다음을 구하라.
(1) 자유도(3, 5) , $\alpha = 0.1$일 때 $F(3, 5, 0.1)$
(2) 자유도(7, 24) , $\alpha = 0.05$일 때 $F(7, 24, 0.05)$
(3) 자유도(5, 20) , $\alpha = 0.05$일 때 $F(5, 20, 0.05)$

8 확률변수$F \sim F(\phi_1, \phi_2)$일 때 다음의 확률을 구하라.

(1) 자유도$(\phi_1, \phi_2) = (3, 9)$일 때 $P(F > 2.813)$

(2) 자유도$(\phi_1, \phi_2) = (6, 20)$일 때 $P(2.091 < F < 2.599)$

9 우리나라의 가구당 지출분포는 평균이 84만원이고 표준편차가 10만원인 정규분포를 따른다고 한다.

① 25가구를 임의로 추출했을 때 표본평균의 분포는 어떻게 될까?

② 표본평균이 80만원 이하일 확률은?

10 자유도가 8과 5인 F분포에서 오른쪽 꼬리의 면적이 0.95인 점 $F(8,5;0.95)$의 값을 구하라.

11 평균이 20이고 분산이 25인 모집단에서 크기가 100인 표본을 뽑았을 때 다음 물음에 답하라.

(1) 표본평균 $\overline{X}$의 분포를 구하라.

(2) 표본평균 $\overline{X}$가 18이상 21이하일 확률을 구하라.

12 어느 회사에서 생산되는 건전지의 수명은 평균이 4,600시간이고, 표준편차는 850 시간이라 한다. 이 회사에서 생산되는 건전지 35개를 임의로 추출했을 때, 건전지의 평균수명이 4,800시간 이상일 확률과 4,000시간 이상 5,200시간 이하일 확률을 구하라.

13 어느 납품 회사에서는 정규분포 평균이 100이고 표준편차 2를 하는 공정으로부터 하루에 표본 10개씩을 추출하여 표본평균을 구하여 공정을 관리한다 한다. 한 달 동안 표본평균 30개를 구해 히스토그램을 그려보고 중심극한 정리와 표본 분포의 의미를 설명하라. 여기서 데이터 추출은 미니탭의 정규분포 난수를 발생시켜 한다.

14 S 회사에서는 300명의 사원이 있다. 이들 사원의 평균 근무년수는 10년, 표준편차는 5년으로 정규분포를 이룬다고 한다. 4명의 사원을 비복원추출로 뽑았을 때

① 이들 사원의 평균근무년수가 12년 이상일 확률은 ?

② 이들 사원의 평균근무년수가 5년 이상일 확률은 ?

15 S 여론조사 소에서는 각 정당에 대한 유권자의 지지율을 알기원하여 전국 유권자 중에서 4,000명의 무작위표본을 이용해 왔다. 각 정당에 대한 모집단 지지율이 다음과 같을 때, 각각의 경우에 대하여 비율의 표본분포에 대한 평균과 표준편차는 얼마인가?

① 0.10
② 0.20
③ 0.50

16 어느 반도체 공장에서는 반도체의 불량률이 3%라 한다. 300개의 표본에서 표본불량률이 2%이상일 확률을 구하라.

17 예제 4.12를 미니텝을 이용하여 확인하시오.

18 예제 4.13를 미니텝을 이용하여 확인하시오.

CHAPTER 05

추 정

제5장에서는 표본의 통계량으로 모수를 추정하는 방법을 살펴본다.

- 추정량의 바람직한 성질
- 모수에 대한 점추정과 구간추정
- 모평균에 대한 추정
- 모비율에 대한 추정
- 모분산에 대한 추정

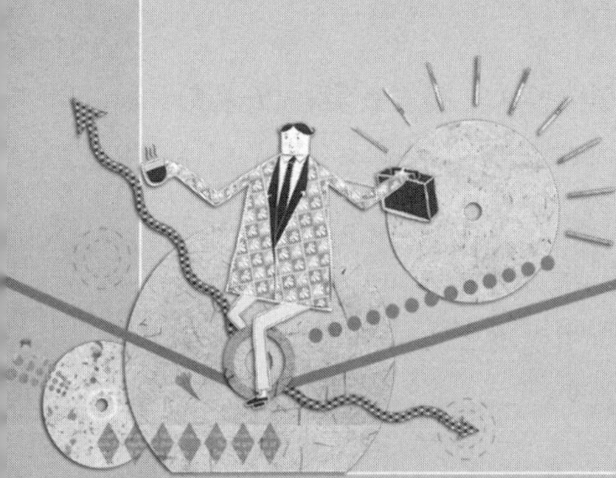

모수란 모집단의 특성을 나타내는 측도로 모평균, 모분산, 모표준편차, 모비율 등이 있다. 모집단의 특성을 나타내는 모수는 모르는 값으로 이를 파악하기 위해서는 모집단 전체를 조사해야하나 시간과 비용 등으로 현실적으로 어렵다. 이에 따라 모집단으로부터 표본을 추출하여 이를 통해 모수를 추론하게 된다. 이를 추정(estimation)이라 한다. 모수와 대응되는 개념으로 통계량이 있다. 통계량은 확률표본의 함수이다. 따라서 통계량은 확률변수며 적당한 분포를 갖게 된다. 대표적인 통계량으로는 표본평균, 표본분산, 표본표준편차, 표본비율 등이 있다. 이런 통계량이 모수를 추정하는 데 사용되면 이를 추정량(estimator)이라 하며, 실제로 측정해서 추정량의 값을 얻게 될 때 이를 추정치(estimate)라 한다.

추정하는 방법에는 두 가지가 있다. 하나는 모수를 하나의 값으로 추정하는 점추정(point estimation)이며, 다른 하나는 모수가 포함되리라고 기대하는 범위를 구하는 구간추정(interval estimation)이다. 본 장에서는 추정량이 갖추어야 바람직한 성질과 모수를 추정하는 절차를 살펴본다.

1. 점추정

1) 점추정량의 성질

어떤 모수 θ에 대한 점추정량 $\hat{\theta}$은 여러 가지가 있다. 예를 들면 다음과 같다.

모수 θ	점추정량 $\hat{\theta}$
모평균 μ	$\overline{X}$, median
모분산 σ^2	s^2, R
모표준편차 σ	s
모비율 p	$\hat{p}$

모수 θ의 추정량 $\hat{\theta}$에 대하여 $E(\hat{\theta})=\theta$가 성립하면 $\hat{\theta}$를 θ의 불편추정량이라 한다. 예를 들면 $E(\overline{X})=\mu, E(V)=\sigma^2$이 되면 $\overline{X}, S^2$은 각각 μ, σ^2의 불편추정량이 된다.

또 추정량 $\hat{\theta}$의 분산 $V(\hat{\theta})=E[\hat{\theta}-E(\hat{\theta})]^2$ 이 모든 다른 추정량 θ^*의 분산 $V(\theta^*)=E[\theta^*-E(\theta^*)]^2$ 과 비교하여 $V(\hat{\theta}) \leq V(\theta^*)$ 이 성립하면 $\hat{\theta}$를 θ의 최소분산추정량(minimum variance estimator)이라고 한다. 일반적으로 추정량은 불편성

을 가지면서 분산이 작은 것이 좋다. 이처럼 불편추정량이면서 분산이 가장 작은 추정량을 최소분산불편추정량 혹은 유효추정량(efficient estimator)이라 한다.

●●● 참고하세요!!

모수 θ의 추정량 $\hat{\Theta}$ 은 모수 θ의 값을 추정하기 위하여 이용되는 통계량을 의미하고 추출된 특정 표본값에 의해서 계산된 추정량 $\hat{\Theta}$ 을 추정값이라고 말하며 일반적으로 $\hat{\theta}$ 으로 표기한다. 즉, 확률변수인 추정량 $\hat{\Theta}$ 은 실수치 함수이고 $\hat{\theta}$ 은 표본값 $x_1, x_2, \cdots, x_n$ 에 따라 변하게 되는 값을 의미한다.

여기에서 $E[(\hat{\theta}-\theta)^2]$을 평균제곱오차라고 하며 $MSE(\hat{\theta})$ 라고 표기하여 사용한다. 예를 들면 어떤 확률변수 X의 평균을 μ 라고 할 때 이 확률변수의 분산 $V(x)=E[(X-\mu)^2]$ 와 같다.

예제 5.1

연구개발부서는 길이가 200mm인 부품을 개발했다 한다. 양산 전시제품에 대하여 임의로 부품 100개를 추출하여 길이를 측정했다 한다. 4가지 점그래프에 대해 추정량의 성질을 설명하라.

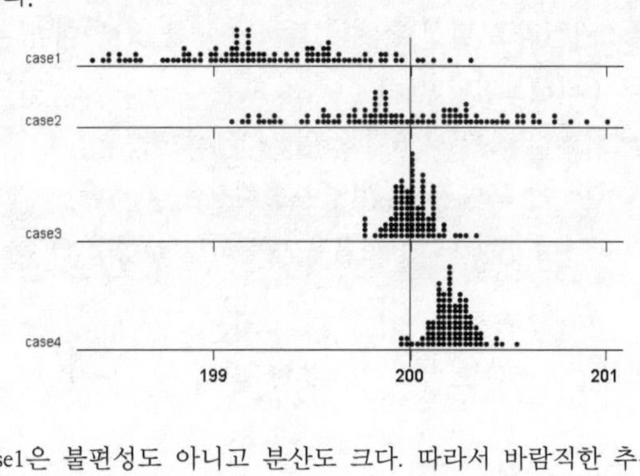

|해석|
- case1은 불편성도 아니고 분산도 크다. 따라서 바람직한 추정량은 아니다. 관측치와 참값(여기서는 모수이며 200mm를 의미)과의 차, 즉 오차가 크게 관측될 가능성이 높다.
- case2는 추정량은 불편성은 만족하나(왜냐하면 측정치들이 대체적으로 모수 200mm를 중심으로 분포를 이루고 있으므로) 역시 분산은 크다. 따라서 바람직한 추정량은 아니다. case1보다는 조금 나은 편이다. 이 역시 오차가 크게 관측될 가능성이 높다.
- case3은 추정량은 불편성이며 분산도 작다. 따라서 바람직한 추정량으로 관측치와 참값과의 차, 즉 오차는 작게 관측될 가능성이 제일 높다. 모수를 알고자 할 때 case3의 추정량을 사용하는 것이 바람직하다. 이런 바람직한 추정량을 최소분산불편추정량이라 한다. 이 경우를 정확(불편성) 하고 정밀(최소분산)하다고 한다.
- case4는 추정량은 불편성은 아니나 분산은 작다. 따라서 바람직한 추정량이라 할 수 없다. 이 경우는 편의의 문제 즉 정확성의 문제로 대표치 관리가 요망된다.

(1) 모평균에 대한 추정량

추정량은 여러 가지 형식으로 정의할 수 있다. 예를 들면 모평균 μ인 어떤 확률분포로부터 확률표본 $X_1, X_2, \cdot\cdot, X_n$을 표본추출했다 할 때 모평균 μ의 추정량으로 생각할 수 있는 추정량은 무수히 많다. 예를 들면 표본평균 , 중위수, 최소값, 최대값, (최소값+최대값)/2 등이 있다. 이러한 추정량은 확률표본의 함수로 확률변수가 되며, 따라서 확률분포를 갖게 된다. 모수에 대한 가장 바람직한 추정량은 추정량의 분포에서 분포의 중심이 추정하고자 하는 모수, 즉 불편성의 성질을 만족해야 한다. 또 분포의 흩어짐이 가장 작은 추정량, 즉 최소분산추정량이 되어야 한다. 이러한 두 조건을 만족하는 추정량을 최소분산불편추정량이라 한다. 모평균 μ에 대한 추정에 있어서 이러한 성질을 만족하는 추정량은 표본평균 $\overline{X}$ 로 알려져 있다. 여기서는 수리적인 증명을 피하고, 예제로 대신한다.

••• 참고하세요!!

점추정량의 바람직한 성질:충분성(sufficiency)과 일치성(consistency)
표본에 내포되어 있는 모수 θ에 관한 모든 정보를 이용하는 추정량 $\hat{\Theta}$ 을 모수 θ의 충분추정량이라고 말한다. 예를들어 모평균 μ에 대한 추정량으로 표본평균과 $\overline{x}$와 중위수를 고려해보면 표본평균 $\overline{x}$는 표본 $x_1, x_2, \cdots, x_n$ 전체를 이용하여 계산되지만 중위수는 이러한 표본의 순위만을 이용하게 된다.
따라서 $\overline{x}$는 모평균 μ의 충분통계량은 되지만 중위수는 충분통계량이 아니다.
모수 θ의 추정량 $\hat{\Theta}$ 가 다음을 만족하면 추정량 $\hat{\Theta}$ 는 모수θ의 일치주정량이라고 한다.

$$\lim_{n \to \infty} p[\Theta - \theta \mid \leq \epsilon] = 1$$

일치성은 표본의 크기 n이 충분히 클 때 추정량 $\hat{\Theta}$ 의 값이 모수 θ와 같게 됨을 의미한다.

예제 5.1

평균μ이 60이고 분산σ^2이 1인 정규분포를 하는 공정(모집단 $X \sim N(60,1)$)으로부터 표본 크기 $n=5$인 확률표본X_1, X_2, X_3, X_4, X_5 을 50회 반복 추출하여 다음과 같은 데이터를 얻었다 하자. 각각의 표본에 대해, 모평균 μ에 대한 추정량인 표본평균 $\overline{X}$, 중위수, 최소값(min), 최대값(max), (최소값+최대값)/2 등을 계산하고, 이로부터 점그래프를 그리고, 추정량들의 의미를 파악하라. 또 표본평균 $\overline{X}$가 최소분산불편추정량 임을 확인하라.(다음 표는 정규분포 모평균 μ=60, 분산 σ^2=1 ($X \sim N(60,1)$)가진 난수)

표 6.1_표본크기 $n=5$의 표본추출을 반복 50회 실시

표본번호	x_1	x_2	x_3	x_4	x_5	$\overline{X}$	중위수	min	max	(min+max)/2	표본번호	x_1	x_2	x_3	x_4	x_5	$\overline{X}$	중위수	min	max	(min+max)/2
1	60.3	59.4	59.5	59.7	59.8	59.7	59.7	59.4	60.3	59.8	26	58.7	59.2	60.3	59.8	59.3	59.5	59.3	58.7	60.3	59.5
2	58.8	59.4	59.4	57.2	60.1	59.0	59.4	57.2	60.1	58.7	27	59.1	59.3	60.8	60.1	59.8	59.8	59.8	59.1	60.8	60.0
3	60.5	60.0	59.5	58.9	59.5	59.7	59.5	58.9	60.5	59.7	28	59.8	59.0	58.8	60.9	60.6	59.8	59.8	58.8	60.9	59.8
4	60.9	59.5	62.3	59.7	60.2	60.5	60.2	59.5	62.3	60.9	29	58.6	59.8	58.3	59.3	60.0	59.2	59.3	58.3	60.0	59.1
5	60.2	58.6	59.8	61.3	60.9	60.2	60.2	58.6	61.3	60.0	30	59.6	61.1	59.9	59.0	60.2	60.0	59.9	59.0	61.1	60.0
6	60.2	59.8	62.5	61.1	60.0	60.7	60.2	59.8	62.5	61.1	31	59.9	61.2	60.0	58.8	60.0	60.0	60.0	58.8	61.2	60.0
7	58.4	60.3	61.1	60.4	60.6	60.2	60.4	58.4	61.1	59.8	32	58.9	61.5	60.2	60.1	60.7	60.3	60.2	58.9	61.5	60.2
8	60.9	60.2	60.2	61.0	61.6	60.8	60.9	60.2	61.6	60.9	33	59.4	60.9	60.0	61.3	59.6	60.2	60.0	59.4	61.3	60.3
9	60.7	60.7	59.5	61.0	60.7	60.5	61.7	59.5	61.7	60.6	34	61.4	60.1	60.6	59.0	59.2	60.1	60.1	59.0	61.4	60.2
10	58.9	60.0	59.6	60.4	59.9	59.8	59.9	58.9	60.4	59.6	35	60.6	59.5	59.5	60.3	60.5	60.1	60.3	59.5	60.6	60.0
11	59.4	60.3	61.0	61.0	59.1	60.2	60.3	59.1	61.0	60.0	36	60.4	61.3	59.8	59.0	59.8	60.1	59.8	59.0	61.3	60.1
12	59.4	58.4	59.8	60.4	61.8	60.0	59.8	58.4	61.8	60.1	37	59.7	60.2	60.0	59.5	60.5	60.0	60.0	59.5	60.5	60.0
13	61.5	59.3	57.9	59.5	59.6	59.6	59.5	57.9	61.5	59.7	38	58.9	60.5	60.1	60.5	60.3	60.1	60.3	58.9	60.5	59.7
14	60.9	58.2	58.5	60.9	60.9	59.9	60.9	58.2	60.9	59.5	39	59.9	57.7	59.8	60.1	62.1	59.9	59.9	57.7	62.1	59.9
15	60.1	62.1	60.9	60.7	59.7	60.7	60.7	59.7	62.1	60.9	40	61.0	59.1	58.5	60.9	60.7	60.0	60.7	58.5	61.0	59.8
16	61.2	57.8	58.6	60.9	60.6	59.8	60.6	57.8	61.2	59.5	41	58.8	60.3	59.9	59.1	59.7	59.6	59.7	58.8	60.3	59.5
17	60.8	59.1	59.9	59.1	57.5	59.3	59.1	57.5	60.8	59.1	42	59.1	60.6	60.9	58.6	61.7	60.2	60.6	58.6	61.7	60.2
18	58.7	59.6	60.1	61.9	59.0	59.9	59.6	58.7	61.9	60.3	43	59.4	59.1	61.2	58.8	61.0	59.9	59.4	58.8	61.2	60.0
19	58.2	60.1	59.2	60.5	58.9	59.4	59.2	58.2	60.5	59.4	44	58.9	62.1	58.4	60.0	62.1	60.3	60.0	58.4	62.1	60.3
20	60.5	59.4	59.7	60.8	59.1	59.9	59.7	59.1	60.8	60.0	45	60.9	59.6	61.2	59.1	59.4	60.0	59.6	59.1	61.2	60.2
21	61.2	59.5	61.6	59.1	61.8	60.6	61.2	59.1	61.8	60.5	46	60.2	61.1	59.9	59.4	59.8	60.1	59.9	59.4	61.1	60.3
22	60.5	61.7	61.6	59.1	59.2	60.4	60.5	59.1	61.7	60.4	47	60.7	59.6	60.1	59.8	59.9	60.0	59.9	59.6	60.7	60.2
23	59.7	59.4	60.4	60.0	59.9	59.9	59.9	59.4	60.4	59.9	48	60.2	59.8	59.6	60.5	59.3	59.9	59.8	59.3	60.5	59.9
24	60.4	58.7	60.8	60.6	61.6	60.4	60.6	58.7	61.6	60.2	49	59.9	59.9	60.4	60.3	59.3	60.0	59.9	59.3	60.4	59.8
25	61.2	58.5	59.5	59.4	59.2	59.6	59.4	58.5	61.2	59.9	50	61.4	58.2	60.6	62.1	61.6	60.8	61.4	58.2	62.1	60.2

|해석| 위 표에 주어진 바와 같이 크기 5인 표본 50개에 근거한 추정량들의 분포에서 각각의 추정량의 평균과 분산을 계산하면 다음과 같다.

표본평균 $\overline{X}$의 평균은 $\frac{1}{50}(59.7+59.0+..+60.8)=60.002$이며, 표본평균 $\overline{X}$의 분산은

$$\frac{1}{50-1}((59.7-60.002)^2+(59.0-60.002)^2+..+(60.8-60.002)^2)=0.1585$$ 이다.

같은 방법으로 추정량들의 평균과 분산을 각각 계산하면 다음 표와 같이 얻어진다.

추정량(통계량)	평균	분산	추정량 성질	
			불편성	최소분산
표본평균	60.002	0.1585	좋다	좋다
중위수	60.054	0.3172	좋다	나쁘다
최소값	58.858	0.3723	나쁘다	나쁘다
최대값	61.136	0.3937	나쁘다	나쁘다
(최소값+최대값)/2	59.992	0.2098	보통	보통

추정량의 정확한 비교는 모든 가능한 표본에 근거한 추정량의 분포를 이용해야 하므로 현실적으로 어려운 일이다. 그러나 위의 시뮬레이션의 계산 결과와 점그래프는 표본평균 $\overline{X}$ 가 다른 추정량에 비해 평균이 모수에 가깝고 분산이 상대적으로 작음을 다음의 점그래프와 함께 확인할 수 있다. μ 에

대한 추정량으로 $\overline{X}$을 많이 사용하는 이유가 여기에 있음을 주목하자. 실제로 표본평균 $\overline{X}$ 는 μ에 대한 최소분산불편추정량임이 이론적으로 증명되었다. 여기서는 본 책의 수준을 넘으므로 다른 수리통계학 참고문헌을 참고하기 바란다.

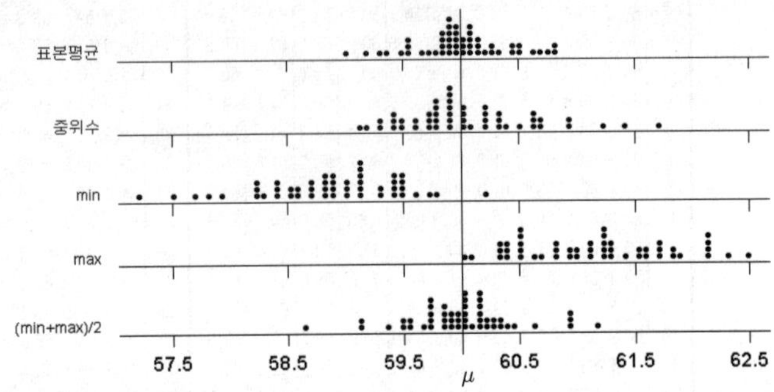

Minitab ▶ 이용하기

1. [Calc] → [Random]→[Normal...]을 클릭한다.

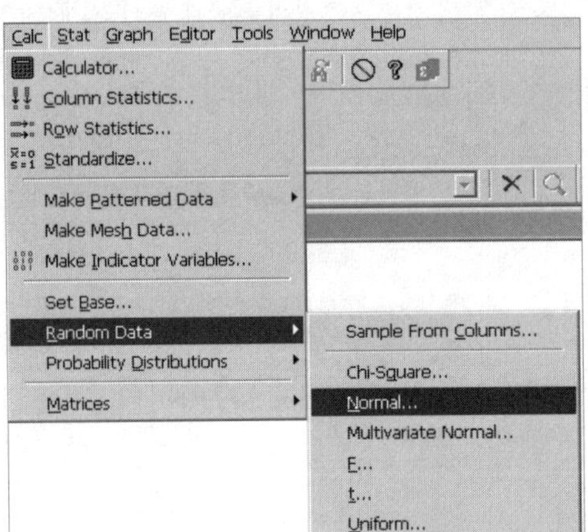

2. [Normal Distribution] 대화상자가 나타나면 Generate에 "5", Store in column(s)에 "c1 − 50", 평균에 "60", 표준편차에 "1"으로 각각 기입 하고, [OK] 버튼을 클릭한다.

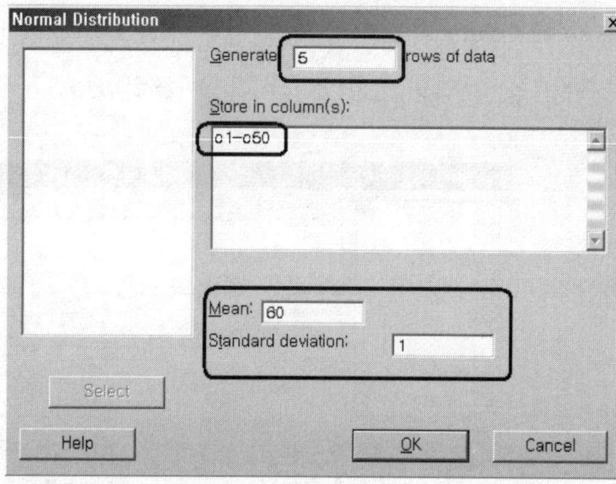

3. 미니탭의 정규분포로부터 난수 생성된 결과화면을 볼 수 있다.

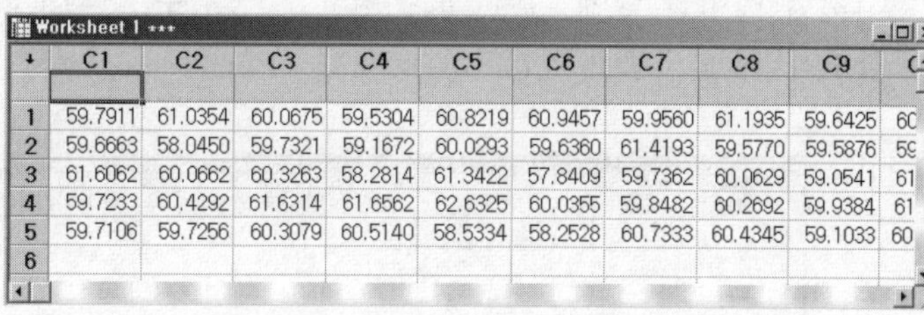

4. [Data]→[Transpose Columns...]을 클릭한다.

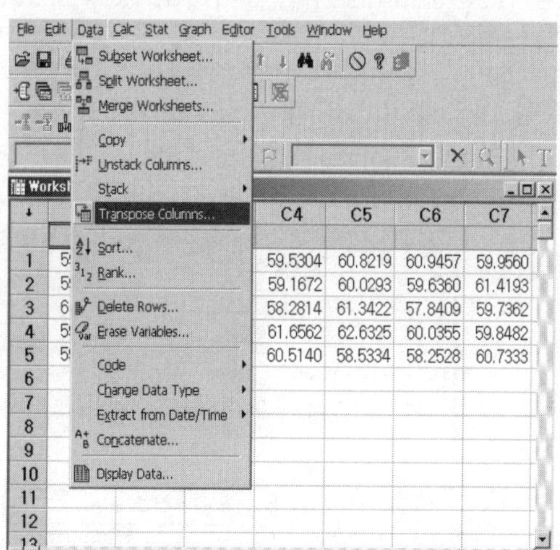

5. [Transpose Columns] 대화상자가 나타나면 Transpose the following Columns 에 "c1−c50"을 기입하고, [OK] 버튼을 클릭한다.

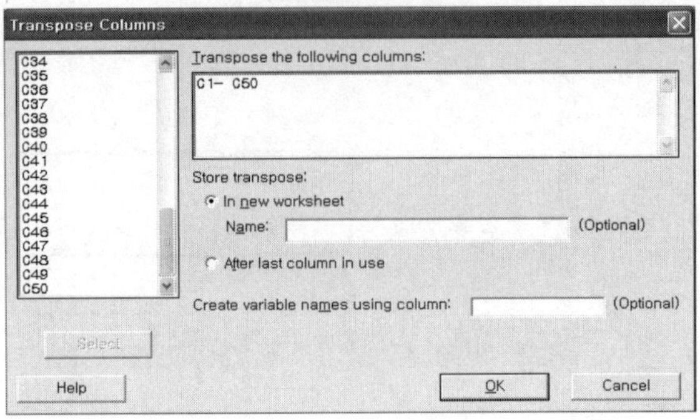

6. 열을 행으로 수정된 결과화면이 나타난다. 이 화면에서 C8, C9, C10, C11, C12 열 레이블 행에 각각 "표본평균", "중위수", "최소값","최대값","(최소값+최대값)/2"을 입력한다.

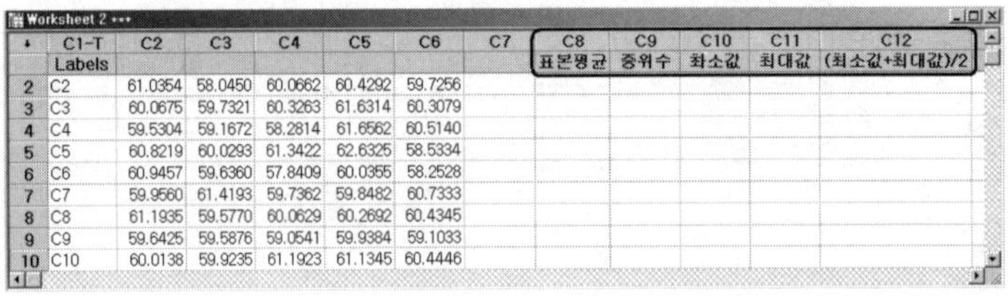

7. [Calc] → [Row Statistics...]을 클릭하고 [Row Statistics...]대화상자가 나타나면 "mean" 체크 하고, Input variables에 "c2−c6"을 기입하고, Store result in에 마우스를 올려놓고 "c8"을 더블 클릭하여 "c8"열에 계산된 결과 값 저장 열을 설정하고 [OK] 버튼을 클릭한다.

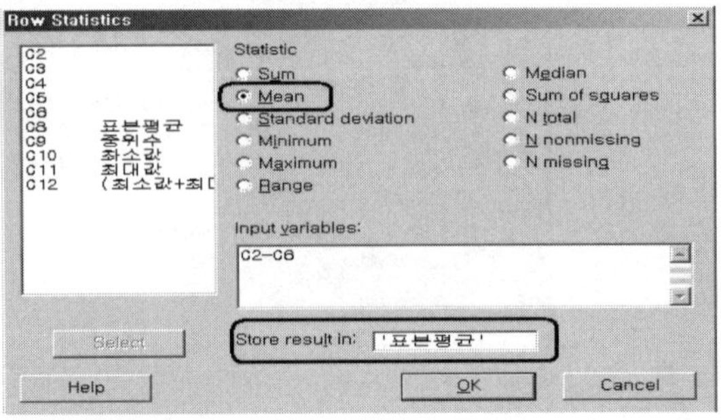

8. c8열에 평균이 나타난 결과화면을 볼 수 있다.

Worksheet 2 ***

↓	C1-T	C2	C3	C4	C5	C6	C7	C8	C9	C10	C11	C12
	Labels							표본평균	중위수	최소값	최대값	(최소값+최대값)/2
2	C2	61.0354	58.0450	60.0662	60.4292	59.7256		59.8603				
3	C3	60.0675	59.7321	60.3263	61.6314	60.3079		60.4130				
4	C4	59.5304	59.1672	58.2814	61.6562	60.5140		59.8299				
5	C5	60.8219	60.0293	61.3422	62.6325	58.5334		60.6719				
6	C6	60.9457	59.6360	57.8409	60.0355	58.2528		59.3422				
7	C7	59.9560	61.4193	59.7362	59.8482	60.7333		60.3386				
8	C8	61.1935	59.5770	60.0629	60.2692	60.4345		60.3074				
9	C9	59.6425	59.5876	59.0541	59.9384	59.1033		59.4652				
10	C10	60.0138	59.9235	61.1923	61.1345	60.4446		60.5418				
11	C11	60.1766	60.8542	60.7094	61.3357	61.4605		60.9073				
12	C12	60.8688	58.2189	60.5765	59.4663	59.6595		59.7580				
13	C13	57.7320	60.7246	59.5889	59.3316	59.1547		59.3064				

9. 유사한 방법으로 C9, C10, C11 열에 각각 "중위수(Madian)", "최소값(Minimum)","최대값(Maximum)" 을 산출한다. 그 결과는 다음과 같다.

Worksheet 2 ***

↓	C1-T	C2	C3	C4	C5	C6	C7	C8	C9	C10	C11	C12
	Labels							표본평균	중위수	최소값	최대값	(최소값+최대값)/2
2	C2	61.0354	58.0450	60.0662	60.4292	59.7256		59.8603	60.0662	58.0450	61.0354	
3	C3	60.0675	59.7321	60.3263	61.6314	60.3079		60.4130	60.3079	59.7321	61.6314	
4	C4	59.5304	59.1672	58.2814	61.6562	60.5140		59.8299	59.5304	58.2814	61.6562	
5	C5	60.8219	60.0293	61.3422	62.6325	58.5334		60.6719	60.8219	58.5334	62.6325	
6	C6	60.9457	59.6360	57.8409	60.0355	58.2528		59.3422	59.6360	57.8409	60.9457	
7	C7	59.9560	61.4193	59.7362	59.8482	60.7333		60.3386	59.9560	59.7362	61.4193	
8	C8	61.1935	59.5770	60.0629	60.2692	60.4345		60.3074	60.2692	59.5770	61.1935	
9	C9	59.6425	59.5876	59.0541	59.9384	59.1033		59.4652	59.5876	59.0541	59.9384	
10	C10	60.0138	59.9235	61.1923	61.1345	60.4446		60.5418	60.4446	59.9235	61.1923	
11	C11	60.1766	60.8542	60.7094	61.3357	61.4605		60.9073	60.8542	60.1766	61.4605	
12	C12	60.8688	58.2189	60.5765	59.4663	59.6595		59.7580	59.6595	58.2189	60.8688	
13	C13	57.7320	60.7246	59.5889	59.3316	59.1547		59.3064	59.3316	57.7320	60.7246	

10. C12 열에 "(최소값+최대값)/2" 을 계산하기 위하여 [Calc] → [Calculator..] 선택하고 나타난 계산기 대화상자에서 결과 저장란에 "C12", 표현식에 "(C10+C11)/2"을 입력하고 [OK] 버튼을 클릭한다.

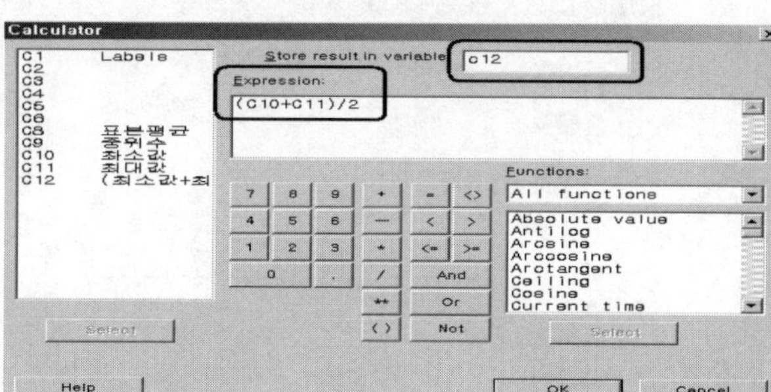

11. 다음과 같은 결과화면이 나타난다.

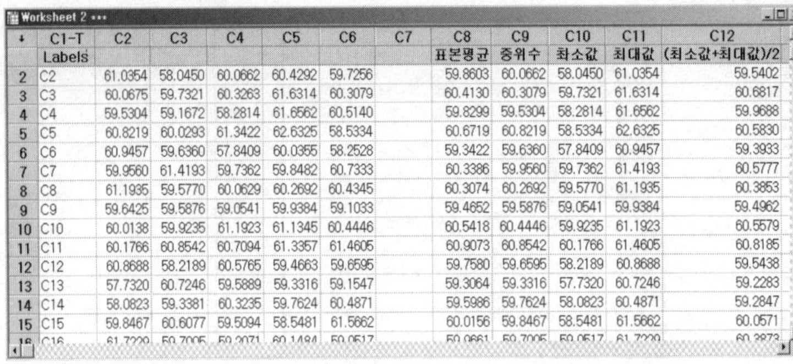

↓	C1-T Labels	C2	C3	C4	C5	C6	C7	C8 표본평균	C9 중위수	C10 최소값	C11 최대값	C12 (최소값+최대값)/2
2	C2	61.0354	58.0450	60.0662	60.4292	59.7256		59.8603	60.0662	58.0450	61.0354	59.5402
3	C3	60.0675	59.7321	60.3263	61.6314	60.3079		60.4130	60.3079	59.7321	61.6314	60.6817
4	C4	59.5304	59.1672	58.2814	61.6562	60.5140		59.8299	59.5304	58.2814	61.6562	59.9688
5	C5	60.8219	60.0293	61.3422	62.6325	58.5334		60.6719	60.8219	58.5334	62.6325	60.5830
6	C6	60.9457	59.6360	57.8409	60.0355	58.2528		59.3422	59.6360	57.8409	60.9457	59.3933
7	C7	59.9560	61.4193	59.7362	59.8482	60.7333		60.3386	59.9560	59.7362	61.4193	60.5777
8	C8	61.1935	59.5770	60.0629	60.2692	60.4345		60.3074	60.2692	59.5770	61.1935	60.3853
9	C9	59.6425	59.5876	59.0541	59.9384	59.1033		59.4652	59.5876	59.0541	59.9384	59.4962
10	C10	60.0138	59.9235	61.1923	61.1345	60.4446		60.5418	60.4446	59.9235	61.1923	60.5579
11	C11	60.1766	60.8542	60.7094	61.3357	61.4605		60.9073	60.8542	60.1766	61.4605	60.8185
12	C12	60.8688	58.2189	60.5765	59.4663	59.6595		59.7580	59.6595	58.2189	60.8688	59.5438
13	C13	57.7320	60.7246	59.5889	59.3316	59.1547		59.3064	59.3316	57.7320	60.7246	59.2283
14	C14	58.0823	59.3381	60.3235	59.7624	60.4871		59.5986	59.7624	58.0823	60.4871	59.2847
15	C15	59.8467	60.6077	59.5094	58.5481	61.5662		60.0156	59.8467	58.5481	61.5662	60.0571

12. {Graphalc} → {Dotplot..} 선택하여 나타난 점 플롯 대화 상자에서 "다변수 y" 패턴을 선택하고 {OK}버튼을 클릭한다.

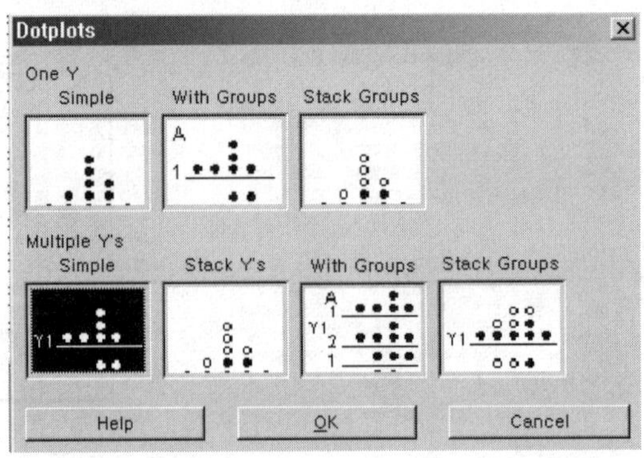

13. 다음과 같이 나타난 대화상자에서 그래프 변수들 란에 마우스를 올려놓고 "C8－C12"까지 더블 클릭하여 {OK}버튼을 클릭한다.

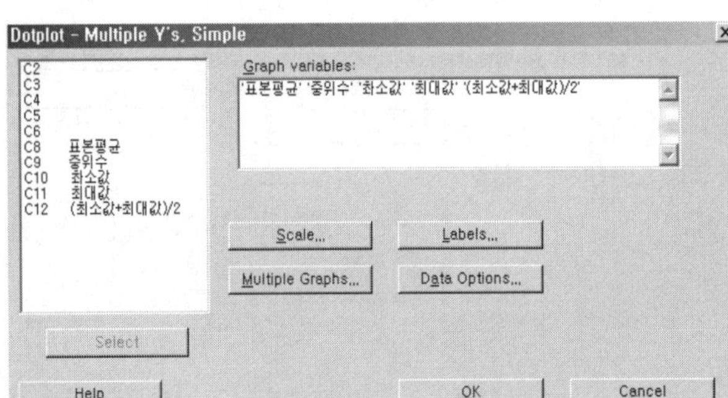

14. 다음과 같은 결과화면이 나타난다.

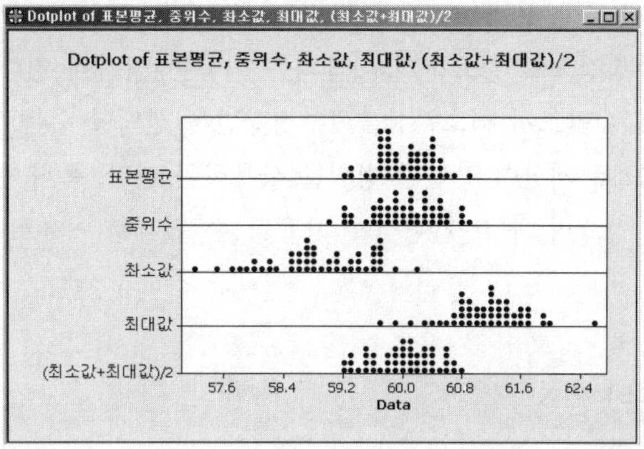

(2) 모분산에 대한 추정량

앞에서 모평균에 대한 추정량에는 표본평균이 가장 좋은 추정량임을 예제로 확인하였다. 같은 방법으로 모분산에 대한 추정량을 살펴보자. 모평균 μ과 모분산 σ^2 을 갖는 모집단으로부터 확률표본 $X_1, X_2, \cdot\cdot, X_n$을 표본추출 했다고 할 때 모분산 σ^2 의 추정량은 $S^2 = \frac{1}{n-1}\sum_{i=1}^{n}(X_i - \overline{X})^2$이다. 통계이론에서는 표본분산 S^2은 σ^2의 불편추정량이라고 알려졌다. 위의 예제의 데이터로 모분산 σ^2 에 대한 추정량 S^2의 성질을 살펴보자. 먼저 모분산 σ^2에 대한 추정량인 표본분산 S^2와 범위 R에 대해 다음과 같이 추정량을 계산한다.

위의 <표 6.1>에 주어진 표본번호 1은 관측값이 (60.3 59.4 59.5 59.7 59.8)으로부터 추정치는 표본분산은 $S^2 = 0.123$, 범위는 $R = 0.9$이다.

표본번호 2은 관측값이 (58.8 59.4 59.4 57.2 60.1) 으로 표본분산은 $S^2 = 1.202$, 범위 $R = 2.9$ 이다. 같은 방법으로 표본번호 50까지 각각의 표본분산S^2과 범위R를 구하여 50개의 S^2와 R 에 대해 각각의 점그래프를 그리면 다음과 같다.

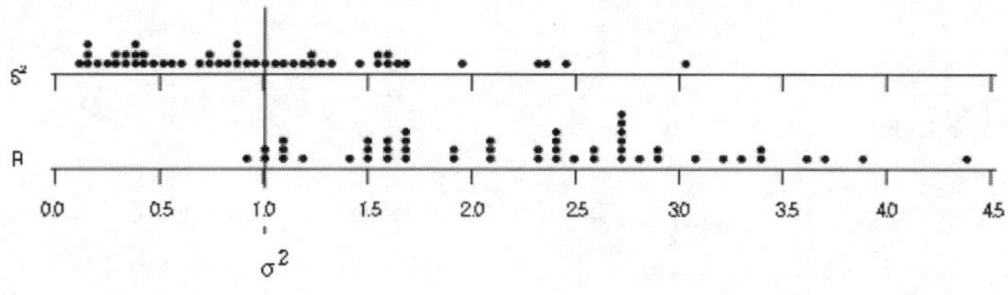

여기서 표본분산 S^2은 범위 R에 비해 모분산 σ^2를 중심으로(불편성) 추정치가 몰려있음(최소분산)을 위의 점그래프를 통해 확인 할 수 있다. 따라서 표본분산S^2은 모분산 σ^2에 대해 바람직한 추정량으로, 통계에서 표본분산을 모분산의 추정량으로 중요하게 취급되는 이유는 여기에 있다. 그러나 추정량을 선택할 때는 반드시 최소분산불편추정량만을 선택할 수는 없다. 경우에 따라서는 추정량으로 계산이 간편한 범위를 사용하곤 한다. 특히 현장의 품질관리에서는 표본이 작으며, 쉽고 간편하게 사용할 수 있다는 이유로 범위 R 등을 많이 사용한다.

2) 모평균의 추정

모평균은 가장 관심이 있고 많이 사용되는 모수이다. μ를 추정하는 방법은 여러 가지가 있다. 그중 대표적이고 제일 좋은 방법이 표본평균 $\overline{X}$이다. 왜냐하면 앞 절에서 보여주었듯이 μ에 대한 바람직한 추정량(최소분산불편추정량)이기 때문이다. 모집단의 경우 모집단이 평균 μ, 분산 σ^2일 때 표본평균$\overline{X}$의 기대값과 표준오차는 다음과 같다.

$$E(\overline{X}) = \mu\ ,\ \ SE(\overline{X}) = \frac{\sigma}{\sqrt{n}}$$

여기서 표준오차(standard error ; SE)란 추정량의 표준편차를 의미하며, 추정량의 정밀도를 나타내는 측도다. 따라서 $\overline{X}$는 μ 의 불편추정량으로 표본이 클수록 표준오차 $SE(\overline{X}) = \frac{\sigma}{\sqrt{n}}$가 작아져서 좀 더 정확한 추정이 가능하게 된다.

일반적으로 σ 는 미지(모르는 수)이므로 $\overline{X}$의 표준오차를 추정하기 위해서는 σ 대신에 표본표준편차 $s = \sqrt{\frac{1}{n-1}\sum_{i=1}^{n}(X_i - \overline{X})^2}$을 대입한다. 이상의 내용을 정리하면 다음과 같다.

> μ에 대한 추정
> 점추정량 : $\overline{X}$
> $\overline{X}$의 표준오차 :$SE(\overline{X}) = \frac{\sigma}{\sqrt{n}}$ (σ 를 알 때) : $SE(\overline{X}) = \frac{s}{\sqrt{n}}$ (σ 를 모를 때)

예제 5.3

다음은 정확한 시간 측정여부를 알아보기 위해 측정한 데이터라 한다. 정확 한측정 시간을 0으로 하고 빠르면 음의 값으로 늦으면 양의 시간으로, 20번 측정을 3회 반복하였다. μ에 대한 추정량 $\overline{X}$의 점추정치와 표준오차를 각각 구하고, 의미를 살펴 보자. (데이터 단위 ; 초)

<u>자료1 (1회 (20회)측정) :</u>

−0.4, 0.0, −0.2, −0.5, 0.2, −0.3, 0.6, −1.3, −0.1, −0.1, −0.6, 0.5, 0.7, 0.2, −0.4, −0.2, 0.2, −0.5, 0.3, −1.1

<u>자료2 (2회 (20회)측정) :</u>

1.4, −1.6, 1.7, 0.1, −0.1, 1.2, −0.6, −1.7, 1.5, 0.2, −0.4, −0.0, −0.4, 1.2, −2.1, 0.7, −1.1, −0.1, −0.1, 0.5

<u>자료3 (3회 (20회)측정) :</u>

−0.1, −1.7, 1.2, 3.8, 5.4, −0.5, −0.5, 0.2, −4.2, −0.4, −1.0, −2.9, 1.6, 0.0, −0.7, 0.0, −0.4, 1.1, 0.8, 0.3

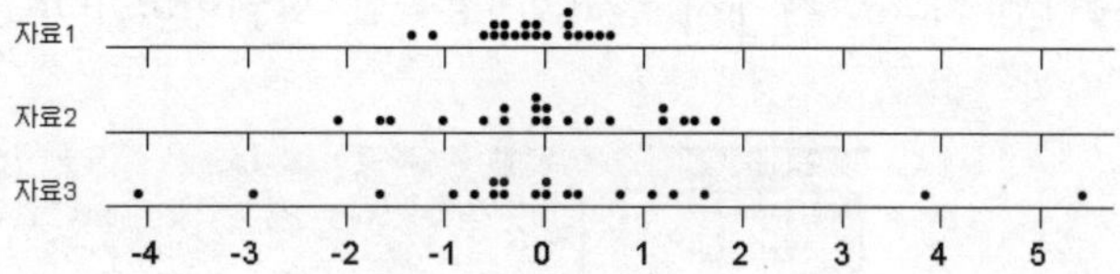

|결과|

	$\overline{X}$	표준편차 s	표준오차 $SE(\overline{X})=\frac{s}{\sqrt{n}}$
자료1	−0.15	0.52	0.116
자료2	0.015	1.09	0.244
자료3	0.10	2.06	0.461

현장의 품질관리 관점에서 볼 때 자료1은 산포관리가 잘 되었다고 볼 수 있지 만 자료3은 산포관리를 잘 해야 될 것이다. 참값(μ =0)과 측정치와의 차, 즉, 오차를 줄이는 일이 시급하다고 간 주 할 수 있다.

Minitab ▶ 이용하기

1. 자료를 C1,C2,C3에 입력하고 메뉴에서 [Stat]→[Basic Statistic]→[Display Descriptive Statistics...]을 클릭하여 나타난 [Display Descriptive Statistics]대화

상자에서 변수란에 마우스를 올려놓고 C1,C2,C3를 더블 클릭하여 데이터를 입력하고 [Statistics] 버튼을 클릭한다.

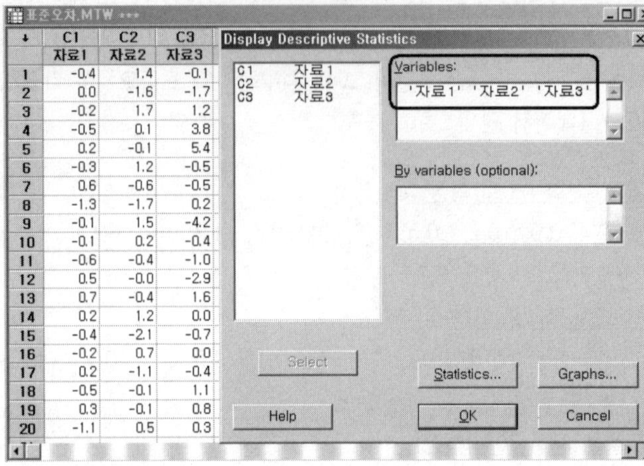

2. 나타난 대화상자에서 필요한 항목만 선택하고 [OK]버튼을 클릭한다.

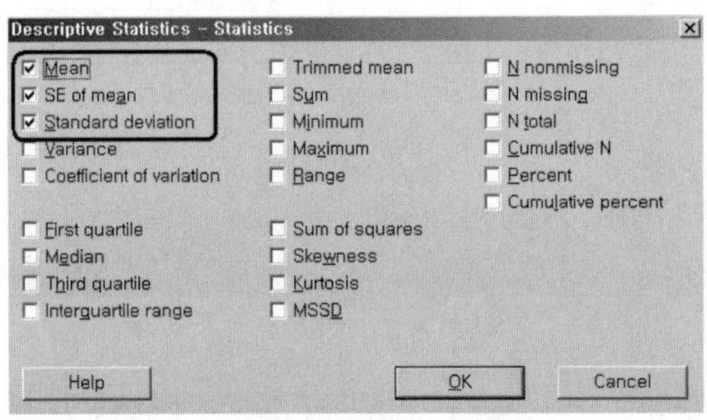

3. 다음과 같은 결과 화면이 나타난다.

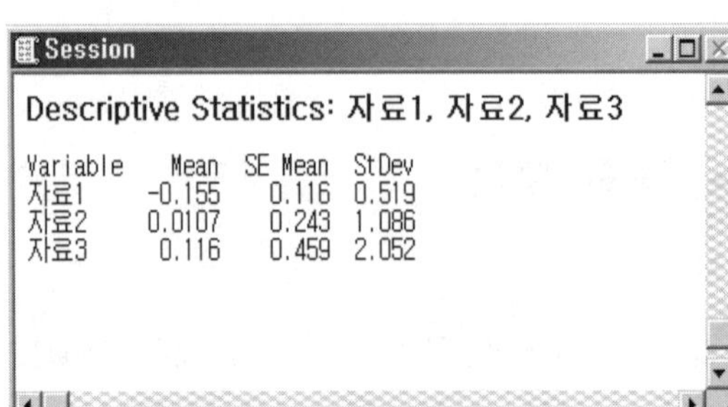

4. [Graphalc] ➔ [Dotplot..] 선택하여 나타난 점 플롯 대화 상자에서 "다변수 y"패턴을 선택하고 [OK]버튼을 클릭한다.

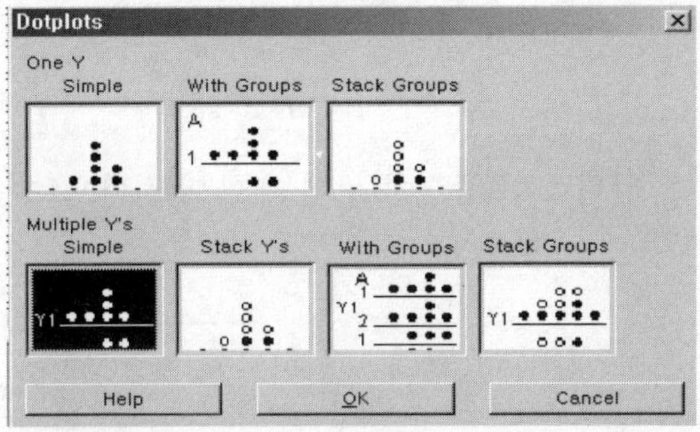

5. 다음과 같이 나타난 대화상자에서 그래프 변수들 란에 마우스를 올려놓고 "C1－C3"까지 더블 클릭하여 [OK]버튼을 클릭한다.

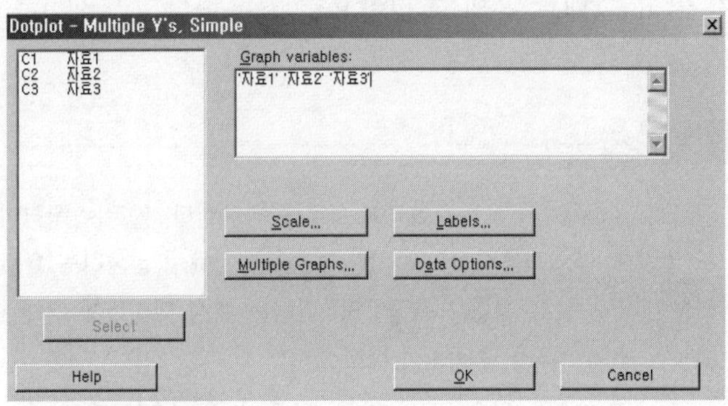

6. 다음과 같은 결과화면이 나타난다.

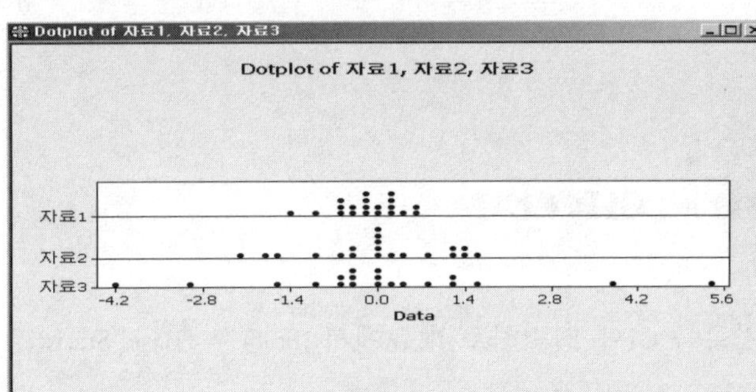

3) 모분산과 모표준편차의 추정

평균이 μ이고 분산이 σ^2 인 모집단에서의 확률표본 $X_1, X_2, \ldots, X_n$이 있다 하자. 이 확률표본의 표본분산 S^2 은 모집단의 경우 모분산 σ^2의 불편추정량, 즉

$$E(S^2) = \sigma^2$$

이 성립한다. 한편, 모표준편차 σ 에 대한 추정량으로는 다음과 같이 정의된 표본표준편차 s 를 사용한다.

$$s = \sqrt{\frac{1}{n-1}\sum_{i=1}^{n}(X_i - \overline{X})^2}$$

이 때에 S^2 은 σ^2의 불편추정량이지만 s 는 σ 의 불편추정량이 아니며 $E(s) < \sigma$가 성립된다. 그러나 이와 같은 편의의 정도는 표본크기 n이 10 정도만 되어도 무시할 수 있을 정도로 작게 된다. 따라서 n이 충분히 클 때 s를 수정하지 않고 그대로 σ 의 추정량으로 사용한다.

예제 5.4

볼트회사에서는 한 자동차회사에 볼트를 납품한다. 볼트는 직경이 너무 크거나 작아도 불량품이다. 자동차회사에서는 각 볼트회사에서 납품하는 볼트 직경의 산포를 알아보기 위해 볼트 직경을 측정했다. 다음의 측정 데이터에 대해 모평균 μ, 표준 편차 σ, 분산 σ^2 을 추정하라(단위;mm).

14.0 14.2 15.1 13.7 14.5 15.6 14.8 15.1 13.5 15.8

|결과| 현장의 품질관리 관점에서 볼 때 자료1은 산포관리가 잘 되었다고 볼 수 있지 만 자료3은 산포관리를 잘 해야 될 것이다. 참값(μ =0)과 측정치와의 차, 즉, 오차를 줄이는 일이 시급하다고 간 주 할 수 있다.

Minitab ▶ 이용하기

1. 자료를 C1에 입력하고 메뉴에서 [Stat] → [Basic Statistic]→[Display Descriptive Statistics...]을 클릭하여 나타난 [Display Descriptive Statistics] 대화 상자에서

변수란에 마우스를 올려놓고 C1를 더블 클릭하여 데이터를 입력하고 [Statistics] 버튼을 클릭한다.

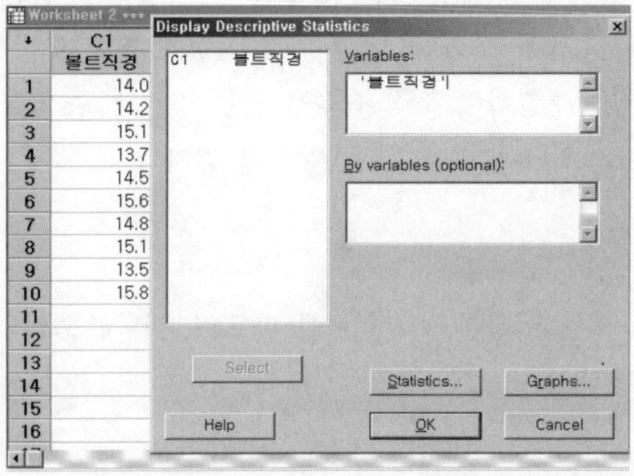

2. 나타난 대화상자에서 필요한 항목만 선택하고 [OK]버튼을 클릭한다.

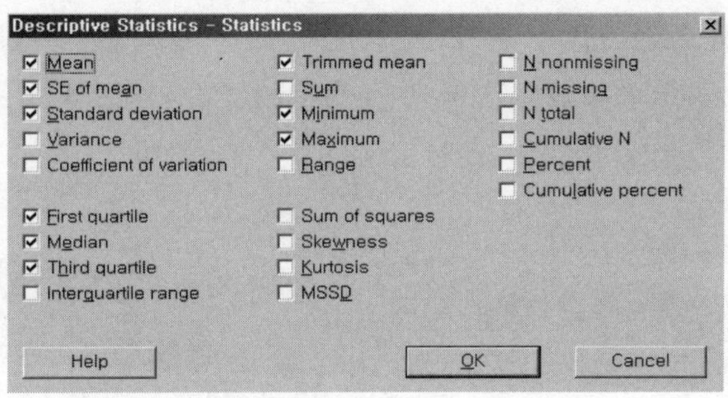

3. 다음과 같은 결과 화면이 나타난다.

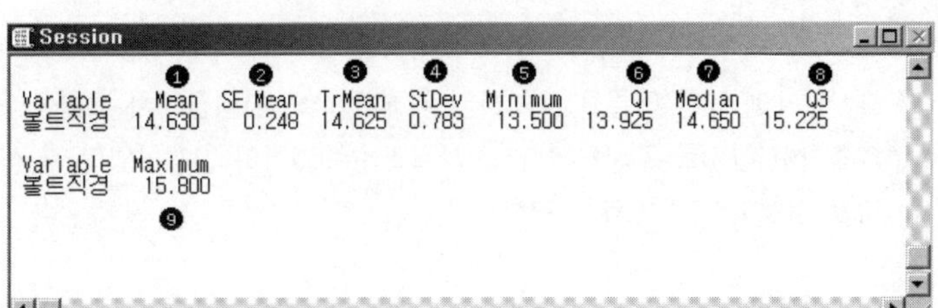

|해석| ❶표본평균 ❷표준편차를 데이터의 제곱근으로 나눈값 ❸표본의 상하위 각각 5%를 제외한 나머지 데이터에 대한 평균(절사평균) ❹ 표준편차 ❺최소값 ❻제1사분위수 ❼중위수 ❽ 제3사분위수 ❾최대값

4) 모비율의 추정

모비율이란 불량률, 실업률, 찬성률 등과 같이 모집단에서 어떤 특정 속성을 갖는 것의 비율을 뜻한다. 어떤 특정 속성에 대한 모비율이 p 인 모집단에서 n 개의 표본을 추출하여 특정 속성을 갖는 것의 개수가 X 일 때, 모비율 p 에 대한 추정량으로 표본비율 $\hat{p}$ 는 다음과 같다.

$$\hat{p} = \frac{X}{n}$$

여기서 X는 이항분표 $B(n,p)$를 따르며, 이항분포의 성질로부터 표본비율 $\hat{p}$ 에 대하여 다음이 성립된다.

$$E(\hat{p}) = E\left(\frac{X}{n}\right) = \frac{E(X)}{n} = \frac{np}{n} = p$$

$$V(\hat{p}) = V\left(\frac{X}{n}\right) = \frac{V(X)}{n^2} = \frac{np(1-p)}{n^2} = \frac{p(1-p)}{n}$$

따라서 표본비율 $\hat{p}$ 는 모비율 p 에 대해 바람직한 추정량의 조건, 즉 불편성과 최소분산의 성질을 모두 만족하고 있으므로 모비율 p 에 대한 추정으로 표본비율 $\hat{p}$ 를 사용한다. 이상의 내용을 정리하면 다음과 같다.

> p 에 대한 추정
> 점추정량 : $\hat{p}$
> $\hat{p}$ 의 표준오차 $SE(\hat{p})$: $\sqrt{\dfrac{\hat{p}(1-\hat{p})}{n}}$

예제 5.5

노사문제에 대한 여론을 조사하기 위해 전국의 사업장에서 조합원 1200명을 임의로 추출하여 찬반을 조사하였다. 조사결과는 960명이 찬성하였다. 찬성률에 대한 추정값을 구하고 표준오차를 계산하라.

|결과| 찬성률의 추정값은 $\hat{p} = \frac{X}{n} = \frac{960}{1200} = 0.80$

표준오차는 $SE(\hat{p}) = \sqrt{\frac{\hat{p}(1-\hat{p})}{n}} = \sqrt{\frac{0.800(1-0.800)}{1200}} = 0.0115$

5) 최우 추정법

최우추정량은 최소분산추정량이며 동시에 일치추정량이고 충분통계량의 함수라고 말할 수 있다. 이런 성질들 때문에 최우추정량이 응용면에서 널리 이용되고 있다.

최우추정량을 얻는 방법으로서의 최우 추정법(maximum likelihood method)이란 모수 Θ의 변화에 대하여 우도함수 $L(\theta)$ 의 값을 최대가 되도록 하는 통계량 $\hat{\theta}$ 를 모수θ 의 추정량으로 결정하는 방법인 것이다. 즉, $L(\theta)$ 를 최대로 하는 θ 의 값 $\hat{\theta}=d(x_1, x_2 \cdots\cdots x_n)$를 가리켜 모수 θ 의 최우추정량이라 하는 것이다.

따라서 $f(x;\theta)$에서 확률표본 $X_1, X_2, \cdots\cdots, X_n$이 얻어졌을 때 이들의 결합밀도함수로서의 우도함수는 다음과 같다.

$$f(x_1, x_2, \cdots\cdots, x_n; \theta) = f(x_1;\theta) f(x_2;\theta) \cdots\cdots f(x_n;\theta)$$

이 식은 모수 θ 의 함수이므로 다음과 같은 해석으로 접근 할 수 있다.

$$L(\theta) = f(x_1;\theta) f(x_2;\theta) \cdots\cdots f(x_n;\theta) = \prod_{i=1}^{n} f(x_i;\theta)$$

이를 최대로 한다는 것은 $\hat{\theta}$ 로 미분하여 0으로 놓고 $\hat{\theta}$ 에 대하여 풀면 얻어진다.

$$\frac{dL(\theta)}{d\theta} = 0$$

그러나 우도함수가 결합밀도함수이기 때문에 경우에 따라서는 대수로 변환하여 계산하는 편이 훨씬 계산상 용이한 경우도 있다.

$$\frac{dlnL(\theta)}{d\theta} = 0$$

일반적으로 우도함수가 k 개의 모수를 가졌다면 다음과 같이 표현 할 수 있다.

$$L(\theta) = f(\theta_1, \theta_2, \cdots\cdots \theta_k) = \prod_{i=1}^{n} f(x_i; \theta_1, \theta_2, \cdots\cdots, \theta_k)$$

따라서 k 개의 모수 $\theta_1, \theta_2 \cdots\cdots, \theta_k$의 최우추정량 $\hat{\theta}_j (j=1,\ 2 \cdots, k)$은 다음 식들을 만족한다.

$$\frac{\partial\sigma L(\theta_1, \theta_2, \theta_3, ... \theta_k)}{\partial\hat{\theta_1}} = 0$$

$$\frac{\partial L(\theta_1, \theta_2, \theta_3, ... \theta_k)}{\partial\hat{\theta_2}} = 0$$

$$\vdots$$

$$\frac{\partial L(\theta_1, \theta_2, \theta_3, ... \theta_k)}{\partial\hat{\theta_k}} = 0$$

이식들들도 우도함수를 대수로 취하여 얻는 것이 편리하다.

(1) 이산분포인 이항분포에 적용

주머니 속에 흰공과 검은공이 들어 있다 하자. 이때 흰 공의 출현확률이 p라 하고 검은공의 출현확률이 $1-p$라 하면 이 때의 우도함수를 $f(x\ ;p)$를 표시하면 이 주머니 속에서 n 개의 공을 무작위로 뽑았을 때 흰공일 경우는 $X=1$, 검은 공일 경우는 $X=0$으로 나타내면 우도함수는 다음과 같이 유도 된다.

$$\begin{aligned} L(\theta) &= f(x_1, x_2, \cdots\cdots, x_n; p) = p^{x_1}(1-p)^{1-x_1} p^{x_2}(1-p)^{1-x_2} \cdots\cdots p^{x_n}(1-p)^{1-x_n} \\ &= \prod_{i=1}^{n} p^{x_i}(1-p)^{1-x_1} = p^{\Sigma x_i}(1-p)^{n-\Sigma x_i} \end{aligned}$$

위식에서 $\sum_{i=1}^{n} x_i = k$라 두고 로그를 취하여 모수 p에 대하여 계산하면 다음과 같다.

$$\ln L(p) = k \ln p + (n-k)\ln(1-p)$$

$$\frac{\partial}{\partial p} lnL(p) = \frac{k}{p} - \frac{n-k}{1-p} = 0 \ \ , (k = 0, 1, 2, \cdots, n)$$

그러므로 추우추정치는 위 식에서 $\hat{p} = \frac{k}{n} = d(x_1, x_2, \cdots\cdots x_n) = \frac{\Sigma x_i}{n}$

(2) 연속분포인 정규분포에 적용

정규분포밀도함수가 주어지고 모수 μ와 σ^2가 미지일 때의 경우를 들어본다. 즉. 정규분포에서 평균 μ와 분산 σ^2를 추정해 보기로 한다.

정규분포의 우도함수 $f(x; \mu, \sigma^2)$에서 얻은 표본 $X_1, X_2, \cdots\cdots, X_n$의 결합밀도함

수인 우도함수 $L(\theta)$ 는

$$L(\mu,\sigma^2)=f(x_1;\mu,\sigma^2)f(x_2;\mu,\sigma^2)f(x_3;\mu,\sigma^2).......f(x_n;\mu,\sigma^2)$$
$$=\prod_{i=1}^{n}\frac{1}{\sqrt{2\pi\sigma^2}}exp\left[-\frac{1}{2\sigma^2}(x_i-\mu)^2\right]$$
$$=\frac{1}{(2\pi\sigma^2)^{\frac{n}{2}}}exp\left[\frac{1}{2\sigma^2}\sum_{i=1}^{n}(x_i-\mu)^2\right]$$

여기서 μ 와 σ^2 의 최우추정량 $\hat{\mu}$ 와 $\hat{\sigma}^2$ 은 위 우도를 최대로 하여 추정하는 것이다. 이때 편의상 위 식에 대수를 취한다.

$$\mathrm{Ln}\,L(\mu,\sigma^2)=-\frac{n}{2}\mathrm{Ln}\,2\pi-\frac{n}{2}\mathrm{Ln}\,\sigma^2-\frac{1}{2\sigma^2}\sum(x_i-\mu)^2$$

이중 $\hat{\mu}$ 와 $\hat{\sigma}^2$ 에 대하여 편미분하여 0으로 놓은 다음 $\hat{\mu}$ 및 $\hat{\sigma}^2$ 에 대하여 풀면

$$\frac{\partial\,\mathrm{Ln}\,(\mu,\sigma^2)}{\partial\hat{\sigma^2}}=-\frac{n}{2\hat{\sigma^2}}+\frac{1}{2\hat{\sigma^4}}\sum(x_i-\hat{\mu})^2=0$$
$$\frac{\partial\,\mathrm{Ln}\,L(\mu,\sigma^2)}{\partial\hat{\mu}}=-\frac{1}{2\hat{\sigma}^2}\sum 2(x_i-\hat{\mu})(-1)=0$$

우선 $\hat{\mu}$ 에 대하여 먼저 풀면 $\sum(x_i-\hat{\mu})=\sum x_i-n\hat{\mu}=0$ 으로 표현되기 때문에 다음과 같은 추정치를 구할 수 있다.

$$\hat{\mu}=\frac{\Sigma x_i}{n}=\overline{x}$$

$\hat{\mu}$ 대신 $\overline{x}$ 를 대입하여 $\hat{\sigma}^2$ 에 대하여 풀면 $\frac{n}{2\hat{\sigma}^2}=\frac{1}{2\hat{\sigma}^4}\sum(x_i-\overline{x})^2$ 으로 다음과 같은 추정치를 구할 수 있다.

$$\hat{\sigma}^2=\frac{\Sigma(x_i-\overline{x})^2}{n}=s^2$$

위에서 $\overline{x}$ 와 s^2 는 다같이 충분통계량이 된다. 그러나 $E(\overline{x})=\mu$ 이기 때문에 $\overline{x}$ 는 불편추정량이지만, s^2는 편의성(biased)이 있다.

즉, $E(s^2) = E\left(\frac{1}{n}\sum_{i=1}^{n}(x_i - \overline{x})^2\right)$

$$= \frac{1}{n}E\left[\sum_{i=1}^{n}\left((x_i - u) - (\overline{x} - \mu)\right)^2\right]$$

$$= \frac{1}{n}E\left(\sum_{i=1}^{n}(x_i - \mu)^2 - 2(\overline{x} - \mu)\sum_{i=1}^{n}(x_i - \mu) + n(\overline{x} - \mu)^2)\right)$$

$$= \frac{1}{n}E\left(\sum_{i=1}^{n}(x_i - \mu)^2 - n(\overline{x} - \mu)^2\right)$$

$$= \frac{1}{n}\left(\sum_{i=1}^{n}E(x_i - \mu)^2 - nE(\overline{x} - \mu)^2\right)$$

$$= \frac{1}{n}\left(n\sigma^2 - n\frac{\sigma^2}{n}\right) = \frac{(n-1)}{n}\sigma^2 \neq \sigma^2$$

따라서 $s^2 = \dfrac{\Sigma(x_i - \overline{x})^2}{n-1}$ 이라고 정의 할 때 다음과 같이 유도 된다.

$$E(s^2) = E\left(\frac{n}{n-1}s^2\right) = \frac{n}{n-1}\frac{n-1}{n}\sigma^2 = \sigma^2$$

이는 다음과 같이 불편 분산은 다음과 같다.

$$s^2 = \frac{\Sigma(x_i - \overline{x})^2}{n-1}$$

(3) 미분불능인 우도함수를 가진 균일분포에서의 최우추정량

아래 그림과 같이 우도함수가 미분불능인 점이 있다면 최우추정량을 다른 방법으로 구하여야 한다.

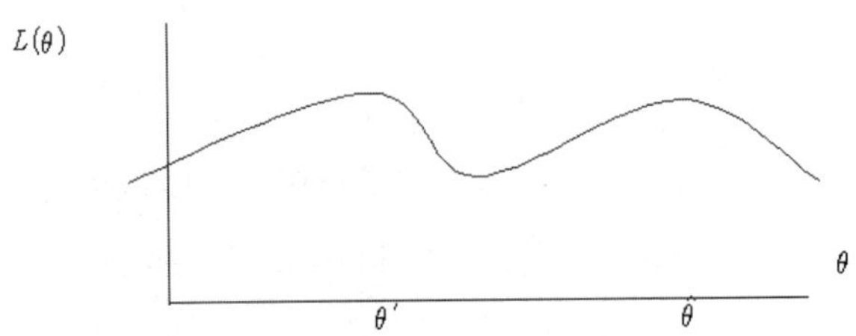

예를 들어 균등분포 $f(x;\alpha,\beta)=\dfrac{1}{\beta-\alpha}$ 에서 모수 α 와 $\beta(\alpha<\beta)$ 를 추정하려면

이때 우도함수는 $L(\alpha,\beta)=\dfrac{1}{(\beta-\alpha)^n}$ 이되고 로그를 취하면 다음과 같은 식이 된다.

$$\mathrm{Ln}\,L(\alpha,\beta)=-n\,\mathrm{Ln}(\beta-\alpha)$$

위식을 모수에 대하여 미분시키면 다음과 같은 식이 된다.

$$\frac{\partial\,\mathrm{Ln}\,L(\alpha,\beta)}{\partial\hat{\alpha}}=\frac{n}{\hat{\beta}-\hat{\alpha}}=0$$

$$\frac{\partial\,\mathrm{Ln}\,L(\alpha,\beta)}{\partial\hat{\beta}}=-\frac{n}{\hat{\beta}-\hat{\alpha}}=0$$

위식을 α 및 β 로 풀기 위해서는 α 및 β 가운데 하나의 값은 무한대로 된다. 이는 우도함수가 그 최대점에서 미분불가능임을 뜻하므로 이러한 경우는 다음과 같이 구하게 된다. 즉, 표본관찰치가 $X_1, X_2, \cdots\cdots, X_n$ 라 할때 이 가운데 최소의 것을 $X_{(1)}$ 로 그리고 최대의 것을 $X_{(n)}$ 로 한다. 분포의 정의역은 (α,β) 이므로 분명히 $X_{(1)}\geq\alpha$ 및 $X_{(n)}\leq\beta$ 이다. 따라서 $\beta-\alpha$ 에 대하여 가능한 한의 최소치는 $X_{(n)}-X_{(1)}$ 이다. 우도함수의 형이 $L(\theta)=\dfrac{1}{(\beta-\alpha)^n}$ 이므로 $X_{(n)}-X_{(1)}$ 이 최소일 때 우도함수 $L(\Theta)$ 는 최대가 된다. 그러므로 α 와 β 의 최우추정량은 다음과 같이 결정된다. 즉

$$\hat{\alpha}=X_{(1)},\quad \hat{\beta}=X_{(n)}$$

예제 5.6

$X_1, X_2, \cdots, X_n$ 는 평균이 $1/\theta$ 인 지수분포에서 추출된 크기 n 인 확률표본인 경우 θ 의 최우추정값을 구하라.

|결과| 우도함수 $L(x_1, x_2, \cdots, x_n : \theta)=\prod_{i=1}^{n}\theta e^{-\theta x_i}=\theta^n e^{-\theta\sum x_i}$ 이 되고 로그를 취해 θ 에 관한 미분하면 다음과 같이 계산할 수 있다.

$$\frac{\partial}{\partial\theta} ln\,L(\theta)=\frac{\partial}{\partial\theta}\left(n\ln\theta-\theta\sum_{i=1}^{n}x_i\right)=\frac{n}{\theta}-\sum_{i=1}^{n}x_i=0$$

그러므로 추우추정치는 위 식에서 $\hat{\theta}=\dfrac{1}{\bar{x}}$ 가 된다

2. 구간추정

구간추정(interval estimation)은 하나의 값으로 추정하는 점추정과는 달리 구간에 의해 모수를 추정하는 것이다. 따라서 구간추정은 구간의 하한과 상한 값을 결정하는 두개의 추정량으로 구성된다. 구간추정이란 모수에 대한 구간 추정치와 모수를 포함시킬 확률을 구한다는 것이다. 어떤 구간이 모수를 포함시킬 확률이란 신뢰수준을 의미하며, 이 구간을 신뢰구간(confidence interval)이라 한다. 예를 들어 신뢰수준이 95%라 하면 신뢰구간이 모수를 포함시킬 확률이 0.95라는 뜻이다.

1) 모평균의 신뢰구간

모평균에 대한 구간추정은 모집단의 표준편차를 알고 있는 경우와 모르는 경우로 나누어 설명한다.

(1) 모집단의 표준편차를 알고 있는 경우

모집단이 정규분포를 하고 평균이 μ, 표준편차가 σ인 경우, n개의 표본에서 표본평균을 $\overline{X}$로 하면, 중심극한정리에 의해 $\overline{X}$는 평균이 μ이고 표준편차가 $\frac{\sigma}{\sqrt{n}}$인 정규분포를 한다. 따라서 모집단의 평균 μ에 대한 95%의 신뢰구간은 다음과 같이 유도된다.

$$P\left(-1.96 \le \frac{\overline{X}-\mu}{\frac{\sigma}{\sqrt{n}}} \le 1.96\right) = 0.95$$

$$P\left(-1.96\frac{\sigma}{\sqrt{n}} \le= \overline{X}-\mu \le 1.96\frac{\sigma}{\sqrt{n}}\right) = 0.95$$

$$P\left(\overline{X}-1.96\frac{\sigma}{\sqrt{n}} \le \mu \le \overline{X}+1.96\frac{\sigma}{\sqrt{n}}\right) = 0.95$$

따라서 모집단의 평균 μ에 대한 95%의 신뢰구간은

$$\left(\overline{X} - 1.96\frac{\sigma}{\sqrt{n}}, \overline{X} + 1.96\frac{\sigma}{\sqrt{n}} \right)$$

이 된다. 이 의미는 신뢰구간이 모평균 μ를 포함시킬 확률이 0.95라는 뜻이다. 즉 반복해서 100번의 신뢰구간을 구했다고 하면 모평균 μ를 포함시키는 신뢰구간이 95개 된다는 뜻이다. 같은 방법으로 모집단의 평균 μ에 대한 100 $(1-\alpha)$%의 신뢰구간은 다음과 같다.

$$\overline{X} - z_{\alpha/2}\frac{\sigma}{\sqrt{n}}, \overline{X} + z_{\alpha/2}\frac{\sigma}{\sqrt{n}}$$

여기서 $100(1-\alpha)$%의 오차한계는 $z_{\alpha/2}\frac{\sigma}{\sqrt{n}}$이다.

예제 5.7

모표준편차가 $\sigma=10$ 인 정규모집단에서 $n=25$인 표본을 추출하여 $\overline{x}=40$을 얻었다. 90%의 오차한계와 90%의 신뢰구간을 구하라.

|결과| 90%의 오차한계는

$$z_{\alpha/2}\frac{\sigma}{\sqrt{n}} = 1.645, \frac{10}{\sqrt{25}} = 3.29$$

따라서 μ에 대한 90%의 신뢰구간은

$$(40 - 1.645\frac{10}{\sqrt{25}}, \quad 40 + 1.645\frac{10}{\sqrt{25}}) = (36.71, 43.29)$$

예제 5.8

표준편차σ가 400인 정규모집단에서 크기 $n=4$인 표본으로부터 $\overline{x}=500$을 얻고, 크기 $n=16$인 표본으로부터 $\overline{x}=500$을 얻었다. 또 크기 $n=100$인 표본으로부터 $\overline{x}=500$이었다면 이때 각각의 90%의 신뢰구간을 구하라.

|결과| 모집단의 표준편차를 알고 있는 경우로 위 신뢰구간의 공식으로부터 다음을 구한다.

$n=4$인 경우 $(500 - 1.64\frac{400}{\sqrt{4}}, 500 + 1.64\frac{400}{\sqrt{4}}) = (172, 828)$

$n=16$인 경우 $(500 - 1.64\frac{400}{\sqrt{16}}, 500 + 1.64\frac{400}{\sqrt{16}}) = (336, 664)$

$n=100$인 경우 $(500 - 1.64\frac{400}{\sqrt{100}}, 500 + 1.64\frac{400}{\sqrt{100}}) = (434, 566)$

위의 <예제 5.8>로부터 표본의 크기 n이 증가함에 따라 신뢰구간의 길이가 짧아지는 것을 알 수 있다. 따라서 표본 n을 증가시키면 추정 정도가 높아 좋으나 표본추출에 따른 비용의 증가로 바람직하지 않다. 따라서 추정에서 요구되는 신뢰구간의 길이를 미리 정하여 놓고 이를 만족하는 적당한 표본의 크기 n을 결정하는 일이 중요하다. 이상으로부터 표준편차를 아는 경우 μ 에 대한 $100(1-\alpha)\%$ 오차한계로부터 오차한계가 d 이내이도록 하고자 할 때, 표본크기 n은 오차한계 $z_{\alpha/2}\dfrac{\sigma}{\sqrt{n}}=d$ 이며, 이를 n에 대해 풀면 표본의 크기는 다음과 같다.

$$n=\left(\frac{z_{\alpha/2}\,\sigma}{d}\right)^2$$

예제 5.9

어느 공장에서 생산되는 전구수명의 표준편차가 100시간이라 한다. 전구의 평균 수명을 95%의 신뢰수준으로 추정하려고 한다. 오차의 한계가 20시간 이내가 되기 위한 표본의 크기를 구하라.

|결과| $n=\left(z_{\alpha/2}\,\dfrac{\sigma}{d}\right)^2=(1.96\,\dfrac{100}{20})^2\;=96.04$ 따라서 필요한 표본의 크기는 97개 이다.

예제 5.10

출납계원의 고객 한 사람 당 평균 서비스 시간(단위: 분)을 알아보기 위해 고객 서비스 담당자는 15명의 고객을 관찰하여 고객에 대한 소모된 서비스 시간을 측정하였다. 서비스 시간은 정규분포를 하며 표준편차는 1.4분이라 한다. 평균 서비스 시간 μ 에 대한 95%의 신뢰구간을 구하라.

2.0 3.7 3.3 3.2 2.9 2.7 2.6 2.1 1.7 4.5 2.5 2.6 2.3 0.6 2.1

|결과| $\bar{x}=2.587,\ \sigma=1.4,\ z_{0.025}=1.96$
따라서 μ에 대한 95%의 신뢰구간은

$$\left(\bar{x}-z_{\alpha/2}\frac{\sigma}{\sqrt{n}},\ \ \bar{x}+z_{\alpha/2}\frac{\sigma}{\sqrt{n}}\right)$$
$$=\left(2.587-1.96\,\frac{1.4}{\sqrt{15}},\ 2.587+1.96\,\frac{1.4}{\sqrt{15}}\right)$$
$$=(\ 1.878,\quad 3.295)$$

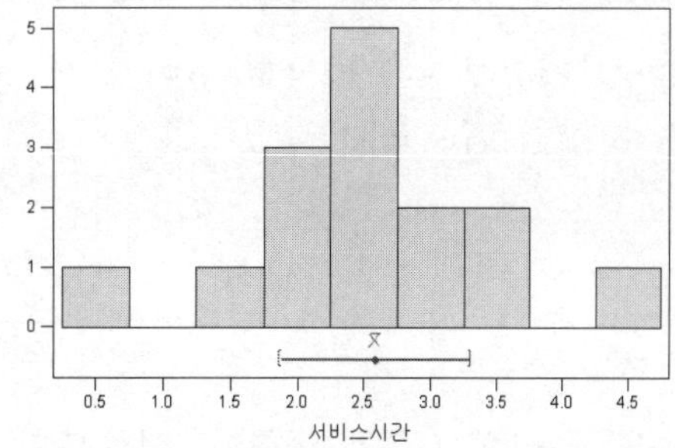

따라서 평균 서비스시간 μ에 대한 95%의 신뢰구간은 (1.878, 3.295)

Minitab ▶ 이용하기

1. 서비스자료를 C1에 입력하고 메뉴에서 [Stat] → [Basic Statistic] → [1-Sample Z...]을 클릭하여 나타난 [1-Sample Z] 대화 상자에서 변수 란에 마우스를 올려놓고 C1를 더블클릭 하여 데이터를 입력하고 또, 표준편차 1.4를 기입 한 후 [OK] 버튼을 클릭한다.

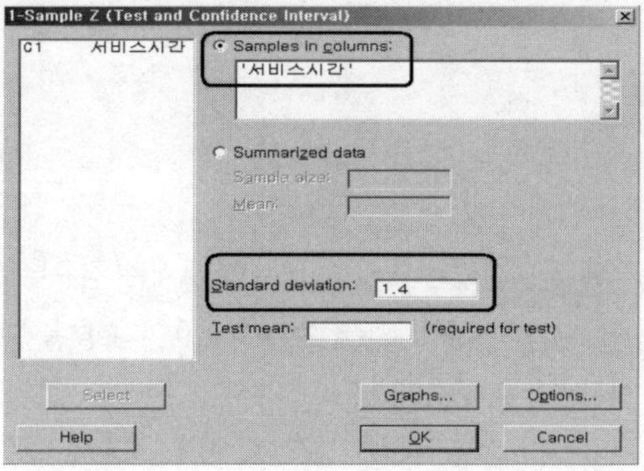

2. 다음과 같은 결과 화면이 나타난다.

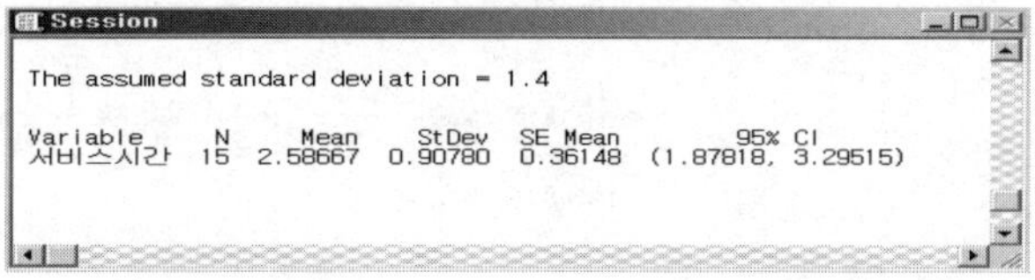

(2) 모집단의 표준편차를 모르고, 표본 n이 작은 경우

모집단이 정규분포를 따르고, n이 작은 경우에는 어떻게 평균값을 추정하는 것일까? 앞에서 보았듯이

$$t = \frac{\overline{X} - \mu}{\frac{s}{\sqrt{n}}}$$

는 자유도 $n-1$인 t 분포를 한다. 이로부터 모집단의 분산을 모르는 경우에 표본크기가 비교적 작은 경우 t 분포로부터 모평균에 대한 구간추정은 다음과 같이 유도된다.

$$P\left(-t(n-1;\alpha/2) < \frac{\overline{X} - \mu}{\frac{s}{\sqrt{n}}} < t(n-1;\alpha/2)\right) = 1-\alpha$$

$$P\left(\overline{X} - t(n-1;\alpha/2)\frac{s}{\sqrt{n}} < \mu < \overline{X} + t(n-1;\alpha/2)\frac{s}{\sqrt{n}}\right) = 1-\alpha$$

따라서 μ에 대한 $100(1-\alpha)\%$의 신뢰구간은 다음과 같다.

$$\overline{X} - t(n-1;\alpha/2)\frac{s}{\sqrt{n}},\ \overline{X} + t(n-1;\alpha/2)\frac{s}{\sqrt{n}}$$

예제 5.11

비누 공장에서 생산되는 특수한 비누의 무게는 정규분포를 한다고 알려져 있다. 모평균 μ 을 구간추정하기 위해 크기 $n=9$인 표본을 다음과 같이 얻었다(단위; g). 95%의 신뢰구간을 구하여라.

9.0, 9.1, 8.8, 9.1, 9.0, 9.4, 9.2, 8.8, 8.6

|결과| $\bar{x} = 9.0,\ s = 0.239,\ t(8;0.025) = 2.306$

따라서 μ 에 대한 95%의 신뢰구간은

$$\left(\bar{x} - t(8;0.025)\frac{s}{\sqrt{n}},\ \bar{x} + t(8;0.025)\frac{s}{\sqrt{n}}\right)$$

$$= \left(9.0 - 2.306\frac{0.239}{\sqrt{9}},\ 9.0 + 2.306\frac{0.239}{\sqrt{9}}\right)$$

$$= (8.816,\ 9.184)$$

Minitab ▶ 이용하기

1. 자료를 C1에 입력하고 메뉴에서 [Stat] → [Basic Statistic] → [1-Sample t...]을 클릭하여 나타난 [1-Sample Z] 대화 상자에서 변수 란에 마우스를 올려놓고 C1를 더블 클릭하여 데이터를 입력하고 [OK] 버튼을 클릭한다.

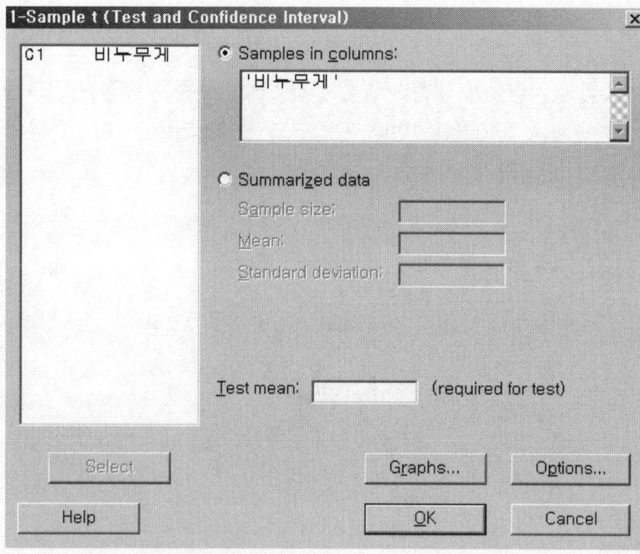

2. 다음과 같은 결과 화면이 나타난다.

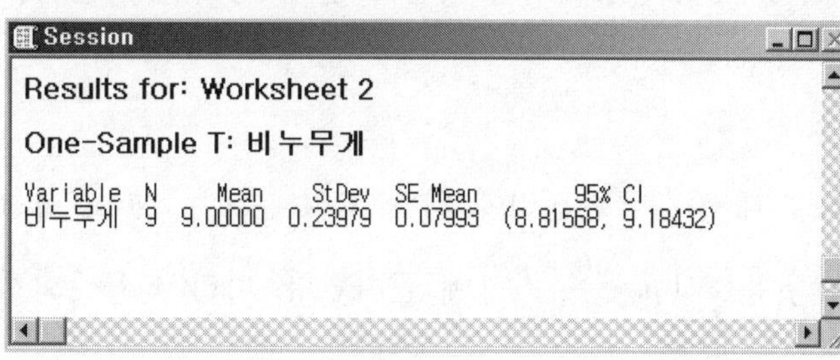

(3) 모집단의 표준편차를 모르고, 표본 n이 큰 경우

표본크기 n이 30정도 이상(대표본)이라면, s를 σ 대신 사용이 가능하다. 표본크기가 어느 정도 이상 크다면, 모집단의 표준편차를 모르더라도 표본표준편차 s 를 모집단의 표준편차로 사용하여, 모집단의 구간추정을 하는 것이 가능하다. 따라서 μ에 대한 $100(1-\alpha)\%$의 신뢰구간은 다음과 같다.

$$\overline{X}- z_{\alpha/2}\frac{s}{\sqrt{n}},\ \overline{X}+ z_{\alpha/2}\frac{s}{\sqrt{n}}$$

예제 5.12

100명의 사람들에 대하여 혈중 콜레스테롤 수준을 측정한 결과, 평균은 245.69이며 표준편차는 46.02를 얻었다. 모집단의 콜레스테롤 수준의 평균에 대한 95%의 신뢰구간을 구하라.

|결과| 표본평균 $\overline{x}$ =245.69, 표본크기 n=100,
표본표준편차 s =46.02 $z_{0.025}=1.96$
따라서 μ 에 대한 95%의 신뢰구간은

$$(\overline{X}- z_{\alpha/2}\frac{s}{\sqrt{n}},\quad \overline{X}+ z_{\alpha/2}\frac{s}{\sqrt{n}})$$

$$=(245.69 - 1.96\frac{46.02}{100},\ 245.69 + 1.96\frac{46.02}{100})$$

$$=(236.67,\ 254.71)$$

2) 모비율의 신뢰구간

모비율 p 의 추정량으로는 다음과 같이 정의된 표본비율을 사용한다.

$$\hat{p}= \frac{X}{n}$$

n 이 클 때 중심극한정리에 의해 X 의 분포는 $N(np,\ np(1-p))$을 따르고 표본비율 $\hat{p}$ 는 $N\left(p,\ \frac{p(1-p)}{n}\right)$에 근사한다. 따라서 표준화시킨 확률변수

$$Z= \frac{X-np}{\sqrt{np\,(1-p\,)}}= \frac{\hat{p}-p}{\sqrt{\frac{\hat{p}(1-\hat{p}\,)}{n}}}$$

은 근사적으로 $N(0,1)$ 을 따른다. 이러한 사실로부터 모비율 p 에 대한 $100(1-\alpha)\%$

의 신뢰구간은 다음과 같다.

$$\hat{p}-z_{\alpha/2}\sqrt{\frac{\hat{p}(1-\hat{p})}{n}}\ ,\ \hat{p}+z_{\alpha/2}\sqrt{\frac{\hat{p}(1-\hat{p})}{n}}$$

예제 5.13

임의의 로트로부터 100개의 표본을 추출하여 측정한 결과 12개의 불량품이 나왔다. 로트의 불량률 p에 대한 95%의 신뢰구간을 구하여라.

|결과| 표본이 크므로 $P(|z|<1.96)=0.95$이고, $n=100$, $\hat{p}=\frac{12}{100}=0.12$이므로 p에 대한 95%의 신뢰구간은

$$\left(\hat{p}-1.96\sqrt{\frac{\hat{p}(1-\hat{p})}{n}}\ ,\ \hat{p}+1.96\sqrt{\frac{\hat{p}(1-\hat{p})}{n}}\right)=(0.06\ ,\ 0.18)$$

Minitab ▶ 이용하기

1. 자료를 C1에 입력하고 메뉴에서 [Stat] → [Basic Statistic] → [1-Proportion...]을 클릭하여 나타난 [1-Proportion] 대화 상자에서 시행횟수와 성공 횟수 "100", "12"을 입력 하고 [OK] 버튼을 클릭한다.

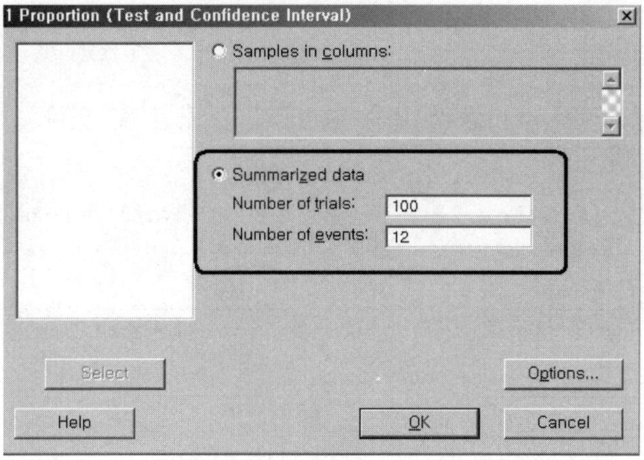

2. 다음과 같은 결과 화면이 나타난다.

```
Session
Test of p = 0.5 vs p not = 0.5

                                                     Exact
Sample  X    N  Sample p         95% CI            P-Value
1      12  100  0.120000  (0.063569, 0.200236)       0.000
```

3) 모분산의 신뢰구간

통계량 $\frac{(n-1)S^2}{\sigma^2}$은 $\chi^2(n-1)$을 따른다고 알려져 있다. χ^2 분포는 자유도에 따라 다르며, 그림과 같이 오른쪽으로 비스듬하게 기울어져 있다. χ^2 분포에서 신뢰수준이 $(1-\alpha)$인 상한과 하한은 다음과 같이 설정된다.

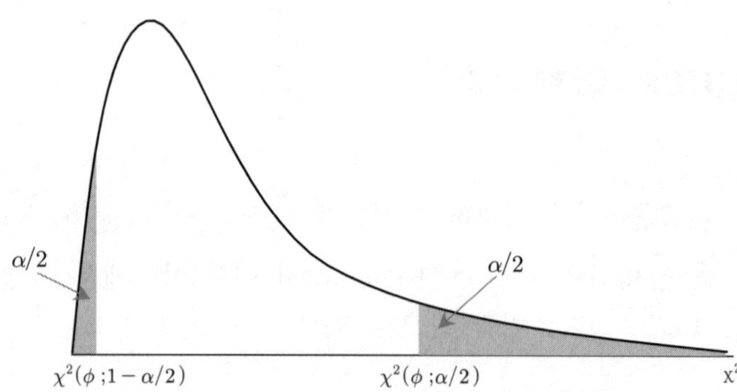

그림 5.3 χ^2분포

이상으로부터 다음과 같은 신뢰구간을 구할 수 있다.

$$P\left(\chi^2(n-1;1-\alpha/2) \le \frac{(n-1)S^2}{\sigma^2} \le \chi^2(n-1;\alpha/2)\right)=1-\alpha$$

$$P\left(\frac{1}{\chi^2(n-1;\alpha/2)} \le \frac{\sigma^2}{(n-1)S^2} \le \frac{1}{\chi^2(n-1;1-\alpha/2)}\right)=1-\alpha$$

$$P\left(\frac{(n-1)S^2}{\chi^2(n-1;\alpha/2)} \le \sigma^2 \le \frac{(n-1)S^2}{\chi^2(n-1;1-\alpha/2)}\right)=1-\alpha$$

따라서 모분산 σ^2 에 대한 $100(1-\alpha)\%$의 신뢰구간은 다음과 같다.

$$\frac{(n-1)S^2}{\chi^2(n-1;\alpha/2)},\ \frac{(n-1)S^2}{\chi^2(n-1;1-\alpha/2)}$$

예제 5.14

저울의 정밀도를 알아보기 위해서 동일한 물체를 6번 측정하였더니 다음과 같은 결과가 나왔다. 측정치의 분포가 정규분포를 따른다고 가정할 때 σ^2에 대한 90%의 신뢰구간을 구하라.

351, 353, 349, 346, 354, 357

|결과| $S^2 = 15.07$ 이고 부록의 표에서 $\chi^2(5;0.95) = 1.15$, $\chi^2(5;0.05) = 11.07$이므로 σ^2에 대한 90%의 신뢰구간은

$$\left(\frac{(5)15.07}{11.07},\ \frac{(5)15.07}{1.15}\right) = (\ 6.81,\ 65.52)$$

4) 모결점수의 신뢰구간

일정단위에서의 모결점수, 사건수 등은 포아송분포를 따르는 경우가 많다. 본 절에서는 이와 같은 경우의 신뢰구간을 알아 본다. 표본 중에 나타나는 결점수를 X라 하고 모결점수를 m이라 하면 X는 모평균 m인 포아송분포를 따른다. 따라서 $E(X)=m$이고 $V(X)=m$이 된다.

$m \geq 5$인 경우 $X \sim N(m,m)$에 근사하므로 모결점수 m에 대한 $100(1-\alpha)\%$의 신뢰구간은 다음과 같다.

$$X - z_{\alpha/2}\sqrt{X},\ X + z_{\alpha/2}\sqrt{X}$$

위에서 $E(X)=m$으로 m의 추정량 $\hat{m}=X$ 이며 $V(X)$의 추정량 $\hat{V}(X)=\hat{m}=X$ 이다.

5) 모평균차에 대한 신뢰구간

(1) 모집단의 표준편차 σ_1, σ_2을 알고 있는 경우

각각 두 개의 독립된 모집단에서 추출된 표본을 통하여 모평균의 차에 대한 신뢰구간을살펴보자. 두 모집단에서 각각 표본의 크기는 n_1, n_2이고 이 표본으로부터 표본평균은 $\overline{X}, \overline{Y}$ 이고 표본분산은 S_1^2, S_2^2라고하자. 또 이 두 모집단의 평균을 각각 μ_1, μ_2라 하고 분산은 각각 σ_1^2, σ_2^2이라고 하면, 이때 통계량 $\overline{X}-\overline{Y}$은 중심극한정리에 의해 평균이 $\mu_1-\mu_2$이고 분산이 $\dfrac{\sigma_1^2}{n_1}+\dfrac{\sigma_2^2}{n_2}$인 정규분포를 한다.

$\overline{X}-\overline{Y}$를 표준화시킨 확률변수$Z$

$$Z=\frac{(\overline{X}-\overline{Y})-(\mu_1-\mu_2)}{\sqrt{\dfrac{\sigma_1^2}{n_1}+\dfrac{\sigma_2^2}{n_2}}}$$

은 근사적으로 $N(0, 1)$을 따른다. 이러한 사실로부터 모평균의 차 $\mu_1-\mu_2$에 대한 $100(1-\alpha)\%$의 신뢰구간은 다음과 같다.

$$(\overline{X}-\overline{Y})-z_{\alpha/2}\sqrt{\frac{\sigma_1^2}{n_1}+\frac{\sigma_2^2}{n_2}}\ ,\ (\overline{X}-\overline{Y})+z_{\alpha/2}\sqrt{\frac{\sigma_1^2}{n_1}+\frac{\sigma_2^2}{n_2}}$$

(2) 모집단의 표준편차 σ_1, σ_2을 모르고, 표본 n_1, n_2이 작은 경우

두 모집단이 독립적으로 정규분포를 따르며, 모분산은 같고 표본은 작은 경우 두 모평균의 차에 관한 신뢰구간을 구해보자.

먼저 확률변수$\overline{X}-\overline{Y}$은 표준화시킨 확률변수$Z$ 을 사용할 수 없으며 t분포를 이용하여 모평균에 대한 추정을 다루어야 한다. 두 모집단에서 각각 표본의 크기는 n_1, n_2이고 표본평균은 $\overline{X}$, $\overline{Y}$ 표본분산 S_1^2, S_2^2 라고 하면, 두 모집단의 분산은 모르지만 같다고 가정했을 때 즉 $\sigma_1^2=\sigma_2^2$일 때, 공통분산의 추정은 다음의 합동추정량(pooled estimator)을 이용한다.

$$s_p^2=\frac{(n_1-1)S_1^2+(n_2-1)S_2^2}{n_1+n_2-2}$$

그러면 s_p^2 을 이용하여 $\overline{X}-\overline{Y}$ 를 표준화시킨 확률변수

$$t=\frac{(\overline{X}-\overline{Y})-(\mu_1-\mu_2)}{s_p\sqrt{\frac{1}{n_1}+\frac{1}{n_2}}}$$

는 자유도 n_1+n_2-2 인 t 분포를 한다. 따라서 모평균의 차 $\mu_1-\mu_2$에 대한 $100(1-\alpha)\%$의 신뢰구간은 다음과 같다.

$$\overline{X}-\overline{Y}-t(n_1+n_2-2;\alpha/2)\, s_p\sqrt{\frac{1}{n_1}+\frac{1}{n_2}}\, ,\, \overline{X}-\overline{Y}+t(n_1+n_2-2;\alpha/2)\, s_p\sqrt{\frac{1}{n_1}+\frac{1}{n_2}}$$

예제 5.15

어떤 유기합성반응 온도를 70도로 하였을 경우와 60도로 하였을 경우로 하여 각각 6번을 합성하여 그 비중을 측정하여 다음의 데이터를 얻었다. 비중의 차에 대한 95%의 신뢰구간을 구하라. 비중의 측정치는 분산이 같은 정규분포를한다.

60도에서의 비중 : 0.83 , 0.88, 0.87, 0.83, 0.79, 0.83
70도에서의 비중 : 0.80, 0.85, 0.83, 0.80, 0.76, 0.81

|결과| $S_1^2=0.00106 \quad S_2^2=0.00094$

$$s_p^2=\frac{(6-1)0.00106+(6-1)0.00094}{6+6-2}=0.001,\ s_p=0.0316$$

따라서 비중의 차에 대한 95%의 신뢰구간은

$$[\ \bar{x}-\bar{y}-t(10;0.025)\, s_p\sqrt{\frac{1}{6}+\frac{1}{6}},\ \bar{x}-\bar{y}+t(10;0.025)\, s_p\sqrt{\frac{1}{6}+\frac{1}{6}}\ ]$$

$$=(0.03\ -2.228\times0.0316\times0.577,\ 0.03\ +2.228\times0.0316\times0.577)$$
$$=(-0.0106,\ 0.0706)$$

Minitab ▶ 이용하기

1. 60도에서의 자료를 C1에, 70도에서의 자료를 C2에 입력하고 메뉴에서 [Stat] ➔ [Basic Statistic]➔[2-Sample t...]을 클릭하여 나타난 [2-Sample t] 대

화 상자에서 First 란에 "C1"을 더블 클릭하고 Second 란에 "C2"을 더블 클릭하여 데이터를 입력하고 분산이 같음을 나타내는 [Assume equal variance] 란을 체크하여 [OK] 버튼을 클릭한다.

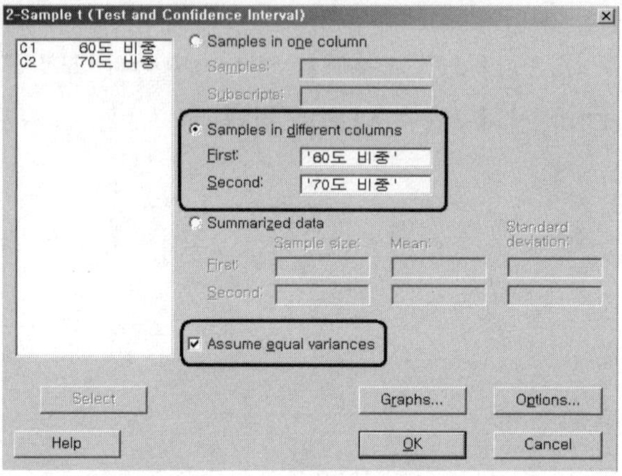

2. 다음과 같은 결과 화면이 나타난다.

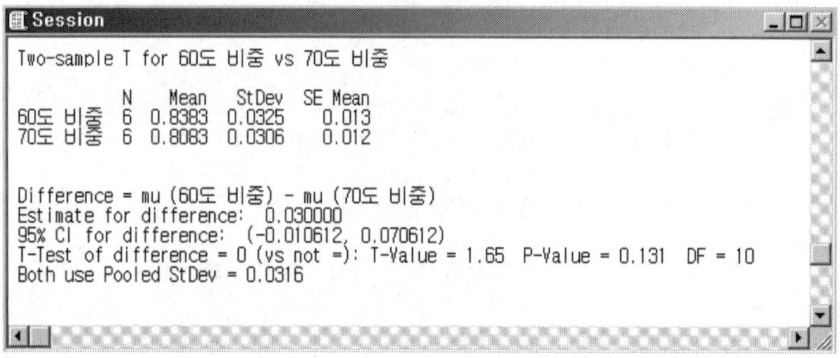

(3) 모집단의 표준편차 σ_1, σ_2을 모르지만, 표본 n_1, n_2이 큰 경우

두 모집단에서 각각 표본의 크기는 n_1, n_2로 충분히 크고 이 표본으로부터 표본평균은 $\overline{X}-\overline{Y}$ 표본분산은 S_1^2, S_2^2 라고 할 때, 통계량 $\overline{X}-\overline{Y}$를 표준화시킨 확률변수

$$Z=\frac{(\overline{X}-\overline{Y})-(\mu_1-\mu_2)}{\sqrt{\dfrac{S_1^2}{n_1}+\dfrac{S_2^2}{n_2}}}$$

은 근사적으로 $N(0,\ 1)$을 따른다. 이러한 사실로부터 두 모평균의 차 $\mu_1 - \mu_2$에 대한 $100(1-\alpha)\%$의 신뢰구간은 다음과 같다.

$$\left((\overline{X}-\overline{Y}) - z_{\alpha/2}\sqrt{\frac{S_1^2}{n_1}+\frac{S_2^2}{n_2}}\ ,\ (\overline{X}-\overline{Y}) + z_{\alpha/2}\sqrt{\frac{S_1^2}{n_1}+\frac{S_2^2}{n_2}} \right)$$

6) 쌍체표본인 경우의 신뢰구간

쌍체표본이란 동일한 집단의 특성을 서로 다른 두 지역이나 서로 다른 두 시점에서 측정한 값으로 표본을 구성할 때 이루어지는 경우로, 자료형식은 두 집단의 표본과 동일하다. 예를 들어 통계학을 배우기전과 후의 자료분석 능력의 차이 라든가 피임약을 사용하기 전과 후의 혈압차이를 분석하고자 할 때 등 두 관찰값이 대응된 쌍을 이루기 때문에 다음과 같은 방법을 이용하여 모집단의 차에 대한 추정을 할 수 있다. 상체표본인 경우 자료의 형태와 평균 및 분산은 다음과 같다.

쌍	처리1	처리2	차이
1	X_1	Y_1	$D_1 = X_1 - Y_1$
2	X_2	Y_2	$D_2 = X_2 - Y_2$
⋮	⋮	⋮	⋮
n	X_n	Y_n	$D_n = X_n - Y_n$

확률표본 $D_1,\ D_2,\ \cdots,\ D_n$으로부터 표본평균과 표본분산은

$$\overline{D}=\frac{1}{n}\Sigma D_i \quad S_D^2=\frac{1}{n-1}\Sigma(D_i-\overline{D})^2$$

이다. $\overline{D}$는 평균이 $\mu_1 - \mu_2 = \mu_D$인 정규분포를 따르므로 대표본인 경우 $\overline{D}$를 표준화시켜 확률변수Z 을 이용하면 다음과 같다.

$$Z=\frac{\overline{D}-\mu_D}{\frac{s_D}{\sqrt{n}}} \sim N(0,1)$$

이를 이용하여 쌍체표본의 차에 대한 $100(1-\alpha)\%$의 신뢰구간은 다음과 같다.

$$\overline{D}-z_{\alpha/2}\frac{s_D}{\sqrt{n}},\ \overline{D}+z_{\alpha/2}\frac{s_D}{\sqrt{n}}$$

한편, 표본이 작고 모집단이 정규분포를 따른다면

$$t=\frac{\overline{D}-\mu_D}{\frac{s_D}{\sqrt{n}}}\sim t(n-1)$$

이 된다. 이를 이용하면 $\mu_1-\mu_2$에 대한 $100(1-\alpha)\%$의 신뢰구간은 다음과 같다.

$$\overline{D}-t(n-1;\alpha/2)\frac{s_D}{\sqrt{n}},\ \overline{D}+t(n-1;\alpha/2)\frac{s_D}{\sqrt{n}}$$

예제 5.16

운동의 효과를 측정하기 위하여 5명의 씨름선수를 임의로 추출하여 같은 사람을 운동 전과 운동 후로 체중을 조사한 결과 다음과 같은 자료를 얻었다. 체중의 차에 대한 95%의 신뢰구간을 구하라(단위; 파운드).

운동전 : 168, 195, 155, 183, 169
운동후 : 160, 197, 150, 180, 163

|결과| $\overline{D}=4,\ t(4;0.025)=2.776\ \ s^2_{=14.5D}$.
따라서 체중의 차에 대한 95%의 신뢰구간은

$$(\overline{D}-t(4;0.025)\frac{s_D}{\sqrt{5}},\quad \overline{D}+t(4;0.025)\frac{s_D}{\sqrt{5}})$$

$$=(4-2.776\frac{\sqrt{14.5}}{\sqrt{5}},\quad 4+2.776\frac{\sqrt{14.5}}{\sqrt{5}})$$

$$=(-0.72,\ 8.72)$$

Minitab ▶ 이용하기

1. 운동 전 자료를 C1에, 운동 후 자료를 C2에 입력하고 메뉴에서 [Stat]→[Basic Statistic]→[Paired t...]을 클릭하여 나타난 [Paired t] 대화 상자에서

First란에 마우스를 올려놓고 "C1"을 더블 클릭하고 Second란에 "C2"을 더블 클릭하여 데이터를 입력하고 [OK] 버튼을 클릭한다.

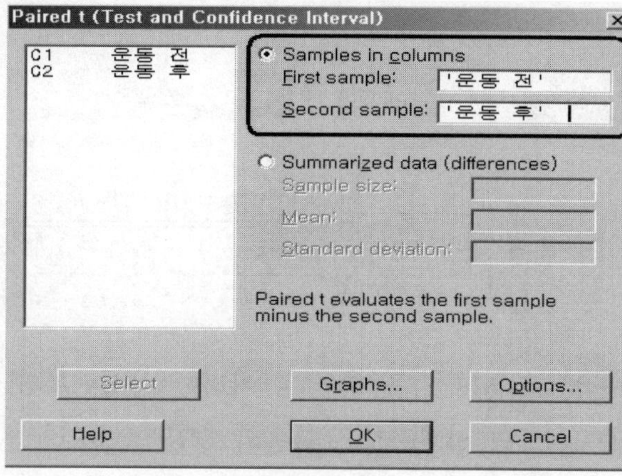

2. 다음과 같은 결과 화면이 나타난다.

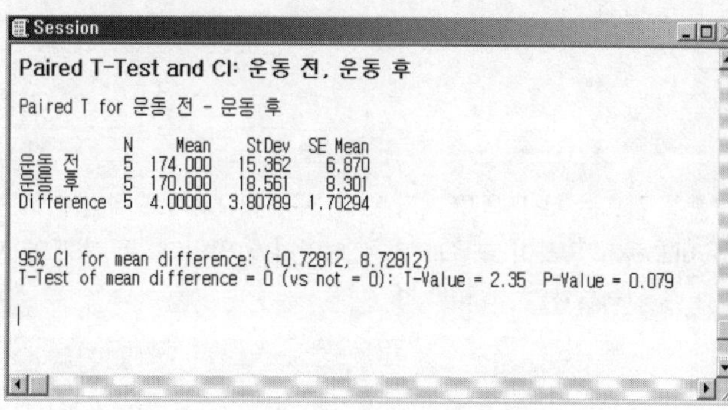

7) 모비율차에 대한 신뢰구간

예를 들어 두 제조공정의 불량률, 남녀의 실업률 등 두 모비율을 비교하는 경우가 흔히 있다. 이는 곧 두 모비율의 차 $p_1 - p_2$에 관한 추정문제와 같다. 두 모집단의 표본의 크기가 각각 n_1, n_2이고, 표본비율도 각각 $\hat{p_1} = \frac{X}{n_1}$, $\hat{p_2} = \frac{Y}{n_2}$이라고 하면 $\hat{p_1}$, $\hat{p_2}$의 분산은 $V(\hat{p_1}) = \frac{p_1(1-p_1)}{n_1}$, $V(\hat{p_2}) = \frac{p_2(1-p_2)}{n_2}$이 되므로, 대표본에서 두 모비율차의 추정량 $\hat{p_1} - \hat{p_2}$의 평균과 분산은

$$E(\hat{p_1}-\hat{p_2})=E(\hat{p_1})-E(\hat{p_2})=p_1-p_2,$$

$$V(\hat{p_1}-\hat{p_2})=\frac{p_1(1-p_1)}{n_1}+\frac{p_2(1-p_2)}{n_2}$$

이 된다. n이 충분히 클 때, 추정량 $\hat{p_1}-\hat{p_2}$은

$$Z=\frac{\hat{p_1}-\hat{p_2}-(p_1-p_2)}{\sqrt{\frac{\hat{p_1}(1-\hat{p_1})}{n_1}+\frac{\hat{p_2}(1-\hat{p_2})}{n_2}}}$$

으로 근사적으로 $N(0,\ 1)$을 따른다. 이러한 사실로부터 모비율의 차 p_1-p_2에 대한 $100(1-\alpha)\%$의 신뢰구간은 다음과 같다.

$$\hat{p_1}-\hat{p_2}-z_{\alpha/2}\sqrt{\frac{\hat{p_1}(1-\hat{p_1})}{n_1}+\frac{\hat{p_2}(1-\hat{p_2})}{n_2}},\qquad \hat{p_1}-\hat{p_2}+z_{\alpha/2}\sqrt{\frac{\hat{p_1}(1-\hat{p_1})}{n_1}+\frac{\hat{p_2}(1-\hat{p_2})}{n_2}}$$

예제 5.17

부품을 만드는 두 대의 기계가 있다. 두 대의 기계로 작업을 하는데 그 기계의 성능을 비교하기 위하여 다음과 같은 데이터를 얻었다. 두 기계의 불량률의 차에 대한 95%의 신뢰구간을 구하라.

	표본	불량품수
A 기계(x)	1000	90
B 기계(y)	2000	140

|결과| $\hat{p_1}=\frac{x}{n_1}=\frac{90}{1000}=0.09\quad \hat{p_2}=\frac{y}{n_2}=\frac{140}{2000}=0.07$

따라서 p_1-p_2에 대한 95% 의 신뢰구간은

$$(\hat{p_1}-\hat{p_2})\pm z_{\alpha/2}\sqrt{\frac{\hat{p_1}(1-\hat{p_1})}{n_1}+\frac{\hat{p_2}(1-\hat{p_2})}{n_2}}$$

$$=(0.09-0.07)\pm 1.96\sqrt{\frac{0.09(1-0.09)}{1000}+\frac{0.07(1-0.07)}{2000}}$$

$$=(0.00,\ 0.041)$$

Minitab ▶ 이용하기

1. 메뉴에서 [Stat] → [Basic Statistic] → [2-Proportions...]을 클릭하여 나타난 [2-Proportions] 대화 상자에서 First 란에 A기계 표본의 수 와 불량품의 수 "1000", "90"을 입력하고 Second 란에 B기계 표본의 수와 불량품의 수 "2000", "140"을 입력하고 [OK]버튼을 클릭한다.

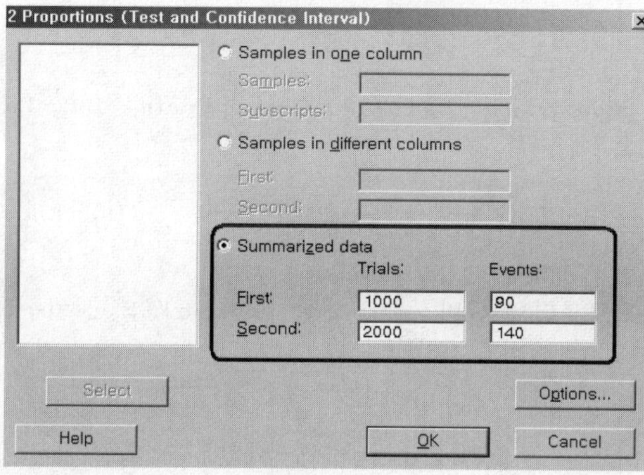

2. 다음과 같은 결과 화면이 나타난다.

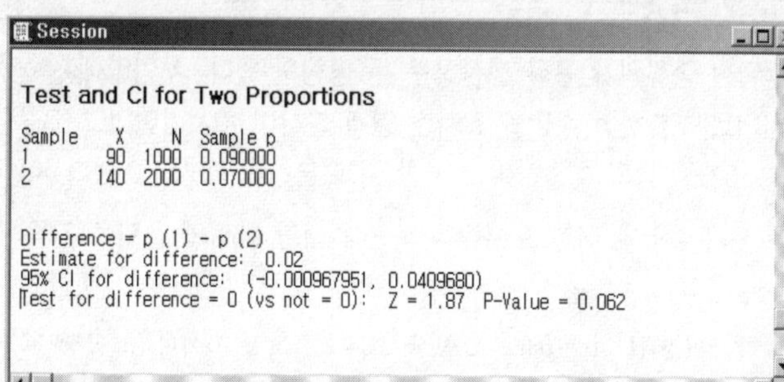

8) 분산비에 대한 신뢰구간

두 모집단의 분산의 차이를 추정할 경우 분산비의 구간을 추정하여 두 모집단간의 분산의 차이를 비교할 수 있다. 분산비는 두 개의 χ^2 분포의 비로 구성

되는 F분포를 이용할 수 있다.

두 χ^2 통계량 $\dfrac{(n_1-1)S_1^2}{\sigma_1^2}$, $\dfrac{(n_2-1)S_2^2}{\sigma_2^2}$ 은 각각 $\chi^2(n_1-1)$, $\chi^2(n_2-1)$을 한다. 따라서 분산비를 추정하고자 할 경우 사용되는 통계량은 F분포를 따른다. 즉

$$\frac{S_1^2 / \sigma_1^2}{S_2^2 / \sigma_2^2} \sim F(n_1-1, n_2-1)$$

따라서

$$P\left(F(n_1-1,n_2-1;1-\alpha/2) \le \frac{S_1^2}{S_2^2}\frac{\sigma_2^2}{\sigma_1^2} \le F(n_1-1,n_2-1;\alpha/2)\right) = 1-\alpha$$

$$P\left(\frac{S_2^2}{S_1^2}F(n_1-1,n_2-1;1-\alpha/2) \le \frac{\sigma_2^2}{\sigma_1^2} \le \frac{S_2^2}{S_1^2}F(n_1-1,n_2-1;\alpha/2)\right) = 1-\alpha$$

이상으로부터 분산비 $\dfrac{\sigma_2^2}{\sigma_1^2}$에 대한 $100(1-\alpha)\%$의 신뢰구간은 다음과 같다.

$$\frac{S_2^2}{S_1^2}F(n_1-1, n_2-1;1-\alpha/2),\ \frac{S_2^2}{S_1^2}F(n_1-1, n_2-1;\alpha/2)$$

예제 5.18

동일한 종류의 전구를 생산하는 두 공장이 있다. A 공장에서 생산하는 전구 25개를 임의로 추출하여 수명을 조사한 결과 분산이 10시간이었고, B공장에 서 생산되는 전구 16개를 임의 추출하여 조사한 결과 분산이 20시간이었다. 이 두 공장에서 생산되는 전구수명에 대한 모분산비 $\dfrac{\sigma_2^2}{\sigma_1^2}$에 대한 95%의 신뢰 구간을 구하라.

|결과| $\alpha=0.05$, A 공장: $n_1=25$, $S_1^2=10$이며, B 공장: $n_2=16$, $S_2^2=20$으로

$$\frac{S_1^2 / \sigma_1^2}{S_2^2 / \sigma_2^2} \sim F(25-1, 16-1)$$

따라서 부록에 있는 F 분포표를 이용하여, 모분산비 $\dfrac{\sigma_2^2}{\sigma_1^2}$에 대한 95%의 신뢰구간은 다음과 같다.

$$\left(\frac{S_2^2}{S_1^2}F(n_1-1, n_2-1;1-\alpha/2), \frac{S_2^2}{S_1^2}F(n_1-1, n_2-1;\alpha/2)\right) = (0.82,\ 5.40)$$

연 / 습 / 문 / 제

1 H 통신회사에서는 서울시내의 통화폭주를 예방하기 위하여 1개월간 가입자의 통화량을 추정 하고자 한다. 작년에 서울시내 전체가입자를 조사한 자료에 의하면 모표준편차가 3으로 알려져 있다. 올해에는 비용과 시간의 제약으로 전체 가입자 중 9명만을 추출하여 통화량을 측정한 자료는 다음과 같다. 모집단이 정규분포를 따른다고 할 때 90%, 95%, 99%신뢰구간을 구하면? (단위 : 통화)

44 52 84 50 72 49 76 58 62

2 대형 마트에서 겨울철 김장배추 수요량을 예측하여 배추재배면적을 이에 맞추어 통제하려고 한다. 전국의 각 가정의 김장배추량을 조사하는 데는 한계가 있으므로 임의로 36가구를 표본으로 추출하여 조사한 자료는 다음과 같다. 95% 신뢰구간을 구하면? (단위 : 포기)

75 64 108 57 49 69 77 84 105 96 87 55 98 69 72 90 50 70
87 48 110 87 69 56 75 48 72 63 53 64 59 83 45 66 79 91

3 남서울 보험회사에서는 자동차 보험 가입자 중에서 150만원 이상을 납부하는 고객 비율을 추정하기 위하여 400명의 자동차 소유자를 임의 추출하여 조사한 결과 56명이 150만원 이상을 지급하는 것으로 나타났다. (a) 모비율에 대한 95% 신뢰구간을 계산하고 (b) 모비율의 95% 추정 오차 한계가 0.08 이내가 되도록 하려면 표본의 크기가 얼마이어야 하는지를 결정하라.

4 어떤 큰 제조회사의 품질관리자는 5500개의 가공되지 않는 재료들의 평균 무게를 알아보고자 한다. 250개를 임의 추출하여 측정한 결과 평균은 65kg이었다. 모집단의 표준편차는 15kg 이었다. 모평균에 대한 95%의 신뢰구간을 구하라.

5 대학생의 평균 통학 거리를 알아보려고 100명의 학생을 추출하여 조사한 결과 평균통학거리는 5km이며, 표준편차는 3km이었다. 이 학교 학생들의 평균통학거리의 95%신뢰 구간을 구하고 결과를 해석하면?

6 서울에 거주하는 25세 여성의 평균통화시간을 알아보려고 20명을 조사해 본 결과, 평균 통화시간이 8분, 표준편차가 2분으로 나타났다. 통화시간이 정규분포를 따른다고 하면 서울에 거주하는 25세의 여성의 평균통화시간에 대해 99% 신뢰구간을 구하고 결과를 해석하면?

7 우리나라를 방문하는 관광객들이 소비하는 외화액 규모를 알아보기 위해 100명을 대상으로 조사해 본 결과 평균이 1100달러였다. 모표준편차를 200달러라 할 때 다음을 계산하라.

① 관광객의 평균소비액에 대한 95% 신뢰구간을 구하고 해석하면?

② 표본평균을 모집단의 평균으로부터 50달러 이상 차이가 나지 않도록 99% 신뢰도를 가지고 구간을 구하려고 할 때 표본크기는 얼마로 해야 하는가?

8 인형을 만들고 있는 공장에서 작업자의 근무상황을 점검하기 위해 작업자가 일하고 있는 비율을 추정하고자 한다. 작업자를 300번 관찰한 결과 250번 작업을 하고 있었다면 작업하는 비율에 대한 95% 신뢰구간을 구하고 결과를 해석하면?

9 서울과 부산에서 각각 200명을 뽑아 A회사의 맥주의 선호도를 알아보기 위하여 조사한 결과, 서울에서는 150명, 부산에서는 100명이 A회사 맥주를 선호한다고 하였다. A회사의 맥주의 선호율에 대해 서울과 부산 간의 선호도의 차에 대한 90%의 신뢰구간을 구하라.

10 어느 연구소에서 2개 회사에서 제작된 백열전구의 수명을 테스트하였다. 100개 씩 수명을 조사한 결과 다음과 같았다. 2개 회사의 백열전구의 수명의 차에 대한 95% 신뢰구간을 구하라.

A사 : 평균 2035 시간, 표준편차 64시간

B사 : 평균 1920시간, 표준편차 64시간

11 다음은 11개의 A제품의 무게이다. A제품의 무게에 대한 모분산에 대한 99%의 신뢰구간을 구하라.

38.0 37.5 38.9 40.0 38.1 35.7 38.2 37.7 35.9 36.8 37.8

12 어떤 산업안전 프로그램이 공장에서 일어나는 사건으로 인한 작업시간의 손실을 줄인다고 한다. 다음 자료는 6곳의 공장에서 산업안전 프로그램을 실시 전과 후의 사고로 인한 작업시간의 손실을 기록한 것이다. 실시 전과 후의 차에 대한 95%의 신뢰구간을 구하라.

	공장1	공장2	공장3	공장4	공장5	공장6
실시 전	12	29	16	37	28	15
실시 후	10	28	17	35	25	16

13 두 사람의 유리공 A, B가 제작한 병의 중량에 대하여 각각의 표본분산을 계산한 결과 다음과 같다고 한다. 그 차에 대한 95%의 신뢰구간을 구하라.

$$S_1^2 = 70.28 \quad n_1 = 11 \quad F(10,11 : 0.025) = 3.53$$

$$S_2^2 = 20.55 \quad n_2 = 12 \quad F(11,10 : 0.025) = 3.66$$

14 정신적 근로자가 육체적 근로자에 비해 당뇨병 발병율이 높다는 보고서가 발표되자 S 의료원에서는 직장인의 당뇨병기질을 조사하기 위하여 정신적 근로자 10명과 육체적 근로자 10명을 임의로 추출하여 혈액 100㎖당 혈중 포도당 농도를 측정한 자료는 다음과 같았다.

정신적 근로자 : 98 100 89 94 101 91 105 95 97 102
육체적 근로자 : 90 87 79 81 76 85 80 77 83 87

두 집단의 혈중 포도당 농도는 정규분포를 따르나 분산이 다르다고 할 때 정신적 근로자와 육체적 근로자의 혈중 포도당농도차를 Minitab으로 95%의 신뢰구간을 구하면?

15 S대학 학력평가위원회에서는 지방출신과 서울출신 학생간의 학력고사 점수차를 알고자 지방출신학생 15명과 서울출신 학생 17명을 표본으로 추출하여 평균과 표준편차를 계산한 결과 지방출신 학생의 평균점수는 255점이고 표준편차는 55점이었으며, 서울출신 학생의 평균점수는 275점, 표준편차는 50점이었다. 두 집단의 평균 점수차에 대한 95% 신뢰구간을 구하면?

16 음식을 짜게 먹으면 나트륨 성분으로 인하여 혈압이 상승하는지 조사하고자 30명을 임의로 추출하여 평상시의 혈압을 측정한 뒤 이들에게 일정기간 짠 음식을 섭취하도록 한 뒤 혈압을 측정한 자료는 다음과 같다. 95% 신뢰구간을 구하면?

평상시 :	110 115 100 131 122 123 127 115 126 126 119 120 111 132 122 105 100 120 121 132 130 111 125 119 116 121 130 134 123 128
섭취후 :	137 139 140 142 135 125 135 123 136 152 134 123 145 127 137 132 144 150 137 145 125 150 135 130 128 152 156 160 136 146

17 서울학생이 지방학생보다 안경을 많이 쓴다고 한다. 안경사협회는 서울학생 200명과 지방학생 150명을 임의로 추출하여 조사한 결과 서울학생은 115명 지방학생은 65명이 안경을 착용하고 있었다. 95%의 신뢰도를 가지고 모비율차에 대한 구간을 추정하면?

18 리서치 회사에서는 근로자의 연봉을 조사하기 위해 사무직과 기술직에서 각각 175명의 표본을 독립적이고 임의로 추출하였다. 사무직과 기술직의 급여차이에 대한 90%의 신뢰구간은?

	사무직	기술직
평 균	2225 만원	2378 만원
표준편차	215 만원	163 만원

19 어느 공장에서 생산되는 전구 수명의 표준편차가 대개 100시간 이라고 한다. 전구의 평균수명에 대한 95%의 신뢰수준으로 추정하려고 한다. 오차의 한계가 20시간 이내가 되기 위한 표본의 크기는?

20 한 도시에서 실업률을 조사하기 위하여 취업적령자를 대상으로 조사한 결과 랜덤 추출한 2000명 중 165명이 실업자였다. (a) 이 도시의 실업률을 계산하고 (b) (a)에서 계산한 추정값에 대한 95% 오차한계를 계산하라.

CHAPTER 06

검정

제6장에서는 표본분포를 이용하여 미지의 모수에 대한 가설을 검정하는 방법을 살펴본다.

- 가설 검정의 개념
- 모평균에 대한 검정
- 모비율에 대한 검정
- 모분산에 대한 검정

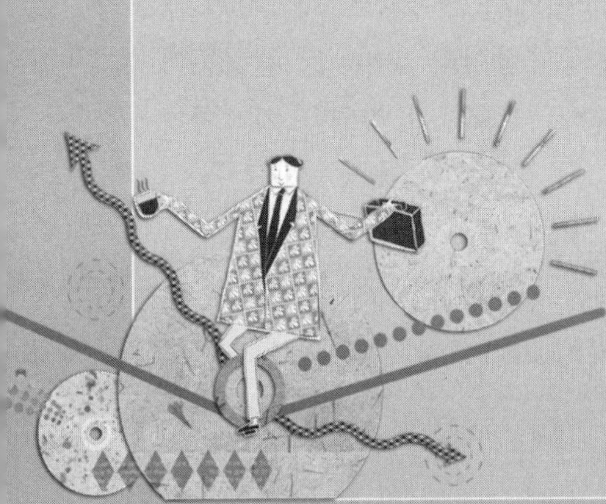

1. 검정의 방법

어느 회사에서는 생산되는 전구의 평균 수명 시간 μ 은 1100시간으로 알려져 있다 한다. 이 회사는 전구의 수명을 연장하기 위해 새로운 기술을 도입하여 전구의 수명 시간을 연장하였다고 주장하고 있다 한다. 이를 확인하기 위해 9개의 전구를 추출하여 검사한 결과 평균수명 시간이 1120시간 이었다면 하면, 이 경우 전구의 평균 수명시간은 1100시간보다 더 크다고 할 수 있을까?

이런 문제의 질문에 대해 통계적 가설을 표현하면 이와 같이 시사 암시를 받아 검토하고 싶은 내용을 바탕으로 대립가설 H_1 : $\mu > 1100$를 설정하게 되며, 또 지금까지 알려져 온 μ =1100를 바탕으로 귀무가설 H_0 : μ=1100를 설정하게 된다.

그런데, 귀무가설이 올바른 경우에 귀무가설을 채택하고, 대립가설이 올바른 경우에 대립가설을 채택하면 되지만, 때로는 잘못 판단을 하는 경우도 있다. 통계적 가설검정에서는 흔히 오류가 따르게 된다. 이를 테면 귀무가설이 올바른 것에 귀무가설을 기각하는 경우가 있고, 이에 대하여 대립가설이 올바른 것에 대해 대립가설을 기각하는 경우가 있다. 전자를 흔히 제1종 과오라 하고 후자를 제2종의 과오라 한다. 이를 요약하면 다음 표와 같다.

표 6.1_가설검정의 결과

검정결과 / 실제의 상태	H_0를 채택	H_1를 채택
H_0가 사실	옳은 결정	제1종의 과오(α)
H_1이 사실	제2종의 과오(β)	옳은 결정

귀무가설을 채택할 것인가 기각할 것인가는 표본에서 통계량을 계산하여 그 값에 따라 결정하게 되는데 이런 통계량을 검정통계량이라 한다. 또 검정통계량이 어떤 범위에 있는 경우에 귀무가설을 기각하는 경우 이 영역을 기각역이라 한다.

검정통계량의 값이 기각역에 있으면 귀무가설을 기각하고, 채택역에 있으면 채택하게 된다. 이 기각역과 채택역의 기준이 되는 값을 기각치(임계치)라고 한다. 귀무가설이 틀림없다고 하더라도 검정통계량이 기각역에 속하는 확률을 유의수준이라 하고, 주어진 검정통계량의 관측값으로부터 H_0 를 기각하게 하는 최소의 유의수준을 유의확률(significance probability: p 값)이라 말한다. 유의수준은 보통 1%, 5%에서 정한다. 대립가설에 따라 검정의 기각역이 어느 한쪽에만 있는 경우를 단측검정이라고 하고, 양쪽에 있는 경우를 양측검정이라 한다. 일반적으로 가설검정의 절차는 다음과 같다.

1 단계 : 귀무가설 H_0 대립가설 H_1을 세운다.

2 단계 : H_0하에서 검정통계량을 결정하고, 표본으로부터 검정통계량을 계산한다.

3 단계 : 표본크기n, 유의수준α 와 대립가설의 형태에 따라 기각치를 구한다.

4 단계 : 검정통계량의 값과 기각치를 비교하여 판정한다. 유의확률 (p 값)이 유의수준(α)이하이면 H_0을 기각한다. 즉 통계적으로 유의하다고 판단한다.

2. 모평균의 검정

(1) 모집단의 표준편차를 알고 있는 경우

모평균 μ 에 대한 가설 $H_0: \mu=\mu_0, H_1: \mu>\mu_0$을 검정하기 위한 검정절차를 생각해 보자. 모평균의 추정량인 표본평균 $\overline{X}$ 는 중심극한정리에 의해 평균이 μ 이고 표준편차가 $\frac{\sigma}{\sqrt{n}}$ 인 정규분포를 한다. 즉 $\overline{X} \sim N\left(\mu, \frac{\sigma^2}{n}\right)$. 따라서 H_0하에서 표본평균 $\overline{X}$ 에 대해 표준화를 하면

$$Z_0 = \frac{\overline{X}-\mu_0}{\frac{\sigma}{\sqrt{n}}} \sim N(0,1)$$

이 되며, 이 때 기각역은 단측검정으로 $Z_0 \geq z_\alpha$이 된다. 또 가설 $H_1: \mu<\mu_0$인 경우는 기각역은 단측검정으로 $Z_0 \leq -z_\alpha$이 된다. 한편 가설 $H_1: \mu \neq \mu_0$은 기각

역은 양측검정으로 $|Z_0| \geq z_{\alpha/2}$이 된다. 대립가설의 형태에 따라 기각역은 아래 그림과 같다.

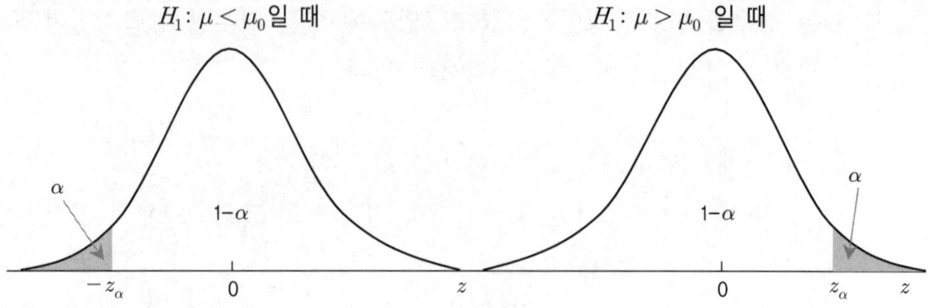

그림 6.1_단측검정

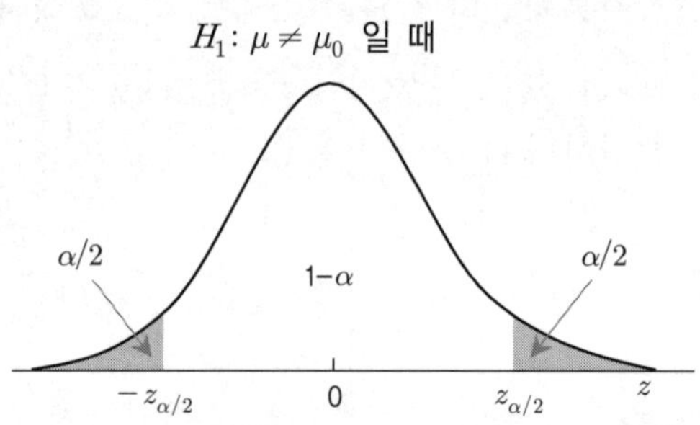

그림 6.2_양측검정

대립가설에 대한 모평균의 가설검정은 다음과 같이 정리된다.

1. 귀무가설 : H_0: $\mu = \mu_0$
2. 검정통계량 : $Z_0 = \dfrac{\overline{X} - \mu_0}{\dfrac{\sigma}{\sqrt{n}}}$
3. 판정 : H_1: $\mu < \mu_0$ 일 때 $Z_0 \leq -z_\alpha$ 이면 H_0을 기각한다.
   H_1: $\mu > \mu_0$ 일 때 $Z_0 > z_\alpha$ 이면 H_0을 기각한다.
   H_1: $\mu \neq \mu_0$ 일 때 $|Z_0| \geq z_{\alpha/2}$ 이면 H_0을 기각한다.

검정통계량이 Z 분포를 할 때의 검정을 Z 검정(정규검정)이라한다.

●●● **참고하세요!!**

검정력의 계산

표본의 크기를 정하여 놓고 가설검정을 시행 할 때 제1종의 과오(α)와 제2종의 과오(β)를 동시에 줄 일 수 있는 방법이 없다. 따라서 유의수준 α 를 고정시켜 놓고 제2종의 과오(β)를 최소화 시키는 방법이 검정의 기본 원리 이다. 이러한 가설 검정 시행에서 β 의 최소화나 $1-\beta$의 최대화는 이 분야의 중요한 사항이다. 가설 검정 시행자는 기존의 사실을 반영하는 H_0 을 기각하고 현재의 사실을 반영하는 H_1 을 채택하는데 큰 관심이 있다. 따라서 귀무가설을 기각할 확률을 관심대상의 모수의 함수로 나타낼 수 있는데 이 함수를 검정력 함수(power function)라고 한다. 즉, 이 함수는 모수가 귀무가설과 일치하는 영역에서 유의수준(α) 를 나타내며 모수가 대립가설과 일치하는 영역에서 검정력 $1-\beta$ 을 나타낸다.

예를들면 단측검정 $H_0 : \mu=1$, $H_1 : \mu>1$ 의 검정을 시행한다고 하자. 검정통계량과 기각치의 관계가 다음과 같으면 귀무가설을 기각하게 된다.

$$Z_0=\frac{\overline{X}-1}{\frac{0.5}{\sqrt{20}}}>1.645 \text{ 혹은 } \overline{x}>1.645\frac{0.5}{\sqrt{20}}+1=1.184$$

따라서 β는 H_0 가 거짓일 때 H_0 을 채택하는 확률로 해석이 가능함으로서 다음과 같이 나타낼 수 있다.

$$\beta=p(\ \overline{x}\le 1.184 \mid H_0 \ \ false\,(\mu=1.2)\ )=p\left(z_0\le\frac{1.184-1.2}{\frac{0.5}{\sqrt{20}}}\right)=p(z_0\le -0.143)=0.4443$$

따라서 검정력 $1-\beta=1-0.4443=0.5557$ 이 된다.

예제 6.1

어떤 기계공장에서 프레스된 부품의 지름 기준치는 7.91mm라 알려졌다. 제조공정의 일부를 변경하고 10개의 표본을 추출하여 측정한 결과 다음과 같을 때 프레스된 부품의 지름은 커졌다고 할 수 있는가 유의수준 5%로 검정하라. 부품의 지름은 정규분포를 따르고 모표준편차는 0.03mm라 한다(단위;mm).

7.92 7.94 7.90 7.93 7.92 7.93 7.91 7.94 7.95 7.92

|결과| 1단계 : H_0: $\mu=7.91$ vs H_1: $\mu>7.91$

2단계 : H_0하에서 검정통계량은

$$Z_0=\frac{\overline{x}-\mu_0}{\frac{\sigma}{\sqrt{n}}}=\frac{7.926\ -7.91}{0.03/\sqrt{10}}=1.687$$

3단계 : 기각치 $z_{0.05} = 1.645$.

4단계 : 판정 $Z_0 = 1.687 \ge z_{0.05} = 1.645$ 이므로 H_0을 기각한다.

즉, 유의수준 $\alpha = 0.05$로 프레스된 부품의 지름은 커졌다고 할 수 있다.

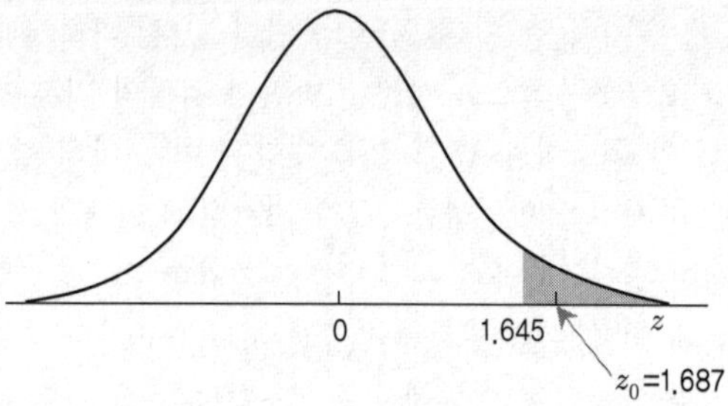

▶ [p 값 설명]

검정통계량 z=1.69을 표준정규분포표에서 찾으면 $P(Z \ge 1.69) = 0.046$ 된다. 따라서 p 값은 0.046이다. 주어진 자료로부터 H_0 가 기각되는 최소의 유의수준으로 유의수준 0.046이상일 때만 H_0를 기각하게 된다. 위의 예제에서는 유의수준 0.05로 했을 때는 귀무가설은 기각하게 된다. p 값에 대한 그림은 다음과 같다.

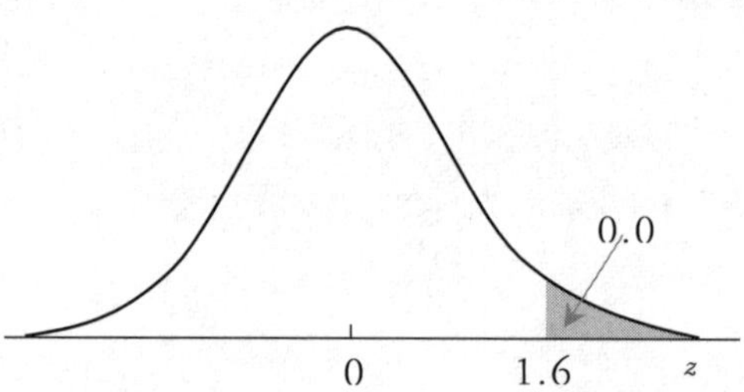

그림 6.3_단측검정에서 $z_0 = 1.69$에 대한 p값

Minitab ▶ 이용하기

1. 자료를 C1에 입력하고 메뉴에서 [Stat] → [Basic Statistic]→[1-Sample Z...]을 클릭하여 나타난 [1-Sample Z] 대화 상자에서 변수 란에 마우스를 올려놓고 C1를 더블 클릭 하여 데이터를 입력하고 또, 표준편차 "0.03", 검정하고자 하는 평균값 "7.91"을 기입 한 후 [Options..] 버튼을 클릭 한다.

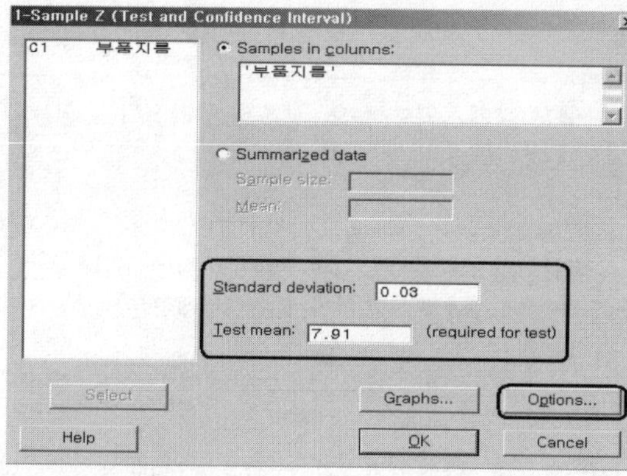

2. [Options..] 대화상자에서 95%를 선택하고 단측검정을 나타내는 H_1 : $\mu > 7.91$ 을 반영하는 "greater than" 선택하고 [OK] 버튼을 클릭한다.

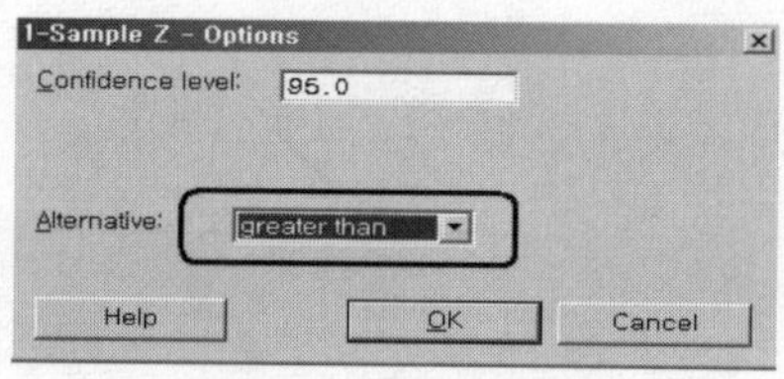

3. 다음과 같은 결과 화면이 나타난다.

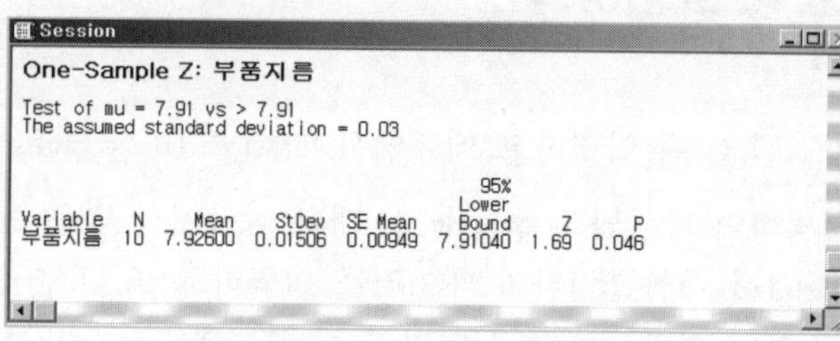

●●● 참고하세요!!

p 값(최소의 유의수준)계산

주어진 검정통계량의 관측값으로부터 H_0 를 기각하게 하는 최소의 유의수준을 유의확률(p 값)이라 말한다. 표본자료에서 계산된 검정통계량을Z을 값을 z_0 라고 표시하면 p 값은 다음과 같이 계산된다.

$$p-\text{값}(\text{우측검정})=p(Z>z_0),\ p-\text{값}(\text{좌측검정})=p(Z<z_0)$$

$$p-\text{값}(\text{양측검정})=p(|Z|>z_0)$$

예제 6.2

위의 예제에서 프레스된 부품의 지름은 달라졌다고 할 수 있는가에 관심을 가졌을 때, 유의수준 5%로 검정하라.

|결과| ① 1단계 : H_0: $\mu = 7.91$ $H_1 : \mu \neq 7.91$

② 2단계 : H_0하에서 검정통계량은

$$Z_0 = \frac{\overline{x} - \mu_0}{\frac{\sigma}{\sqrt{n}}} = \frac{7.926 - 7.91}{0.03/\sqrt{10}} = 1.687.$$

③ 3단계 : 기각치 $-z_{0.025} = -1.96$, $z_{0.025} = 1.96$.

④ 4단계 : 판정 $-z_{0.025} = -1.96 \le Z_0 = 1.687 \le z_{0.025} = 1.96$ 이므로 H_0을 채택한다. 즉, 유의수준 $\alpha = 0.05$로 프레스된 부품의 지름이 달라졌고 할 수 없다.

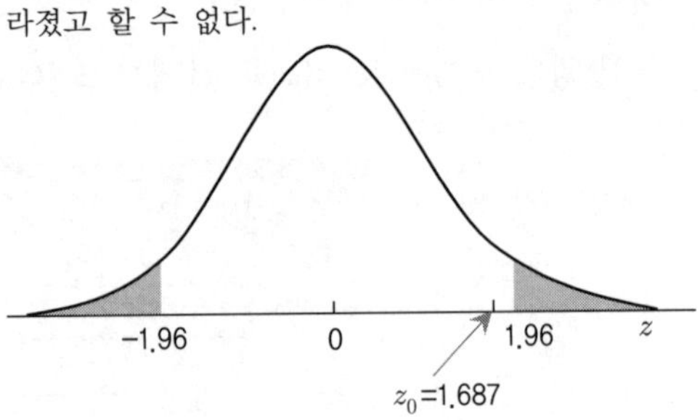

Minitab ▶ 이용하기

1. 자료를 C1에 입력하고 메뉴에서 [Stat] → [Basic Statistic]→[1-Sample Z...]을 클릭하여 나타난 [1-Sample Z] 대화 상자에서 변수 란에 마우스를 올려놓고 C1를 더블클릭하여 데이터를 입력하고 또, 표준편차 "0.03", 검정하고자 하는 평균값 "7.91"을 기입 한 후 [Options..] 버튼을 클릭 한다.

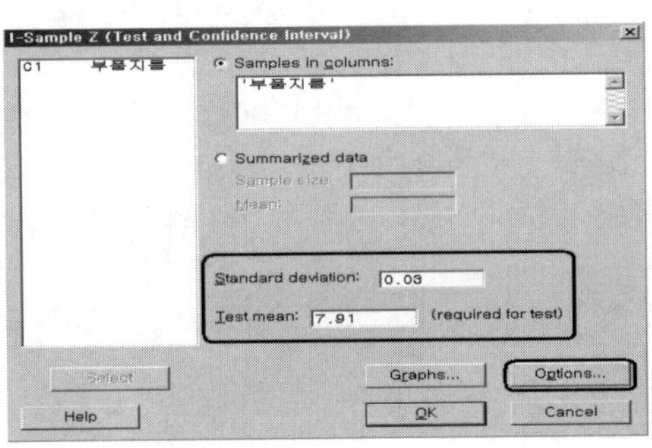

2. [Options..] 대화상자에서 95%를 선택하고 양측검정을 나타내는 "not equal" 선택하고 [OK] 버튼을 클릭한다.

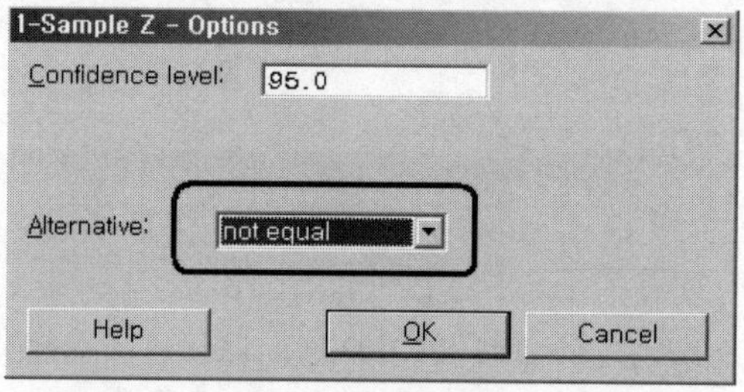

3. 다음과 같은 결과 화면이 나타난다.

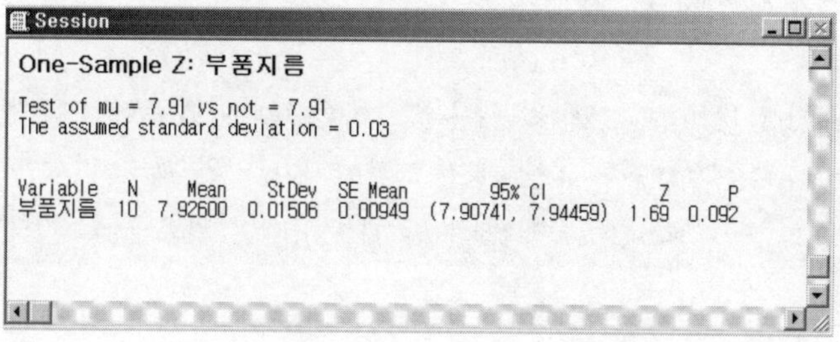

4. p 값 설명

검정통계량 $z = 1.69$ 에서 p값은 다음과 같다.

$$P(Z \leq -1.69 \quad \text{or} \quad Z \geq 1.69) = P(Z \leq -1.69) + P(Z \geq 1.69) = 0.046 + 0.046 = 0.092$$

p 값은 주어진 자료로부터 H_0가 기각되는 최소의 유의수준으로 유의수준 0.092 이상일 때만 H_0를 기각하게 된다. 따라서 위의 예제에서는 유의수준 0.05로 했을 때는 귀무가설은 채택하게 된다. p 값에 대한 그림은 다음과 같다.

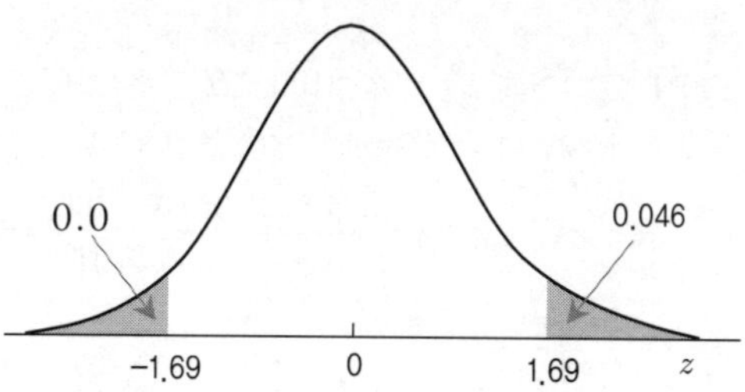

그림 6.4_양측검정에서 $z_0 = 1.69$에 대한 p 값

(2) 모집단의 표준편차를 모르고, 표본 n이 작은 경우

모집단의 분포가 정규분포이고 σ을 모르는 경우에서, H_0: $\mu=\mu_0$, H_1 : $\mu<\mu_0$에 대한 검정절차를 생각해 보자. H_0하에서 검정통계량

$$t_0=\frac{\overline{X}-\mu_0}{\frac{s}{\sqrt{n}}}$$

은 자유도 $n-1$인 t 분포를 따른다. 이 경우 기각역은 단측검정 $t_0 \le -t(n-1;\alpha)$이 된다. 모평균 μ에 관한 검정은 다음과 같이 요약할 수 있다.

1. 귀무가설 H_0: $\mu=\mu_0$
2. 검정통계량 : $t_0=\dfrac{\overline{X}-\mu_0}{\frac{s}{\sqrt{n}}}$
3. 판정 : H_1: $\mu<\mu_0$ 일 때 $t_0 \le -t(n-1;\alpha)$이면 H_0을 기각한다.
   H_1: $\mu>\mu_0$ 일 때 $t_0 \ge t(n-1;\alpha)$이면 H_0을 기각한다.
   H_1: $\mu\ne\mu_0$ 일 때 $|t_0| \ge t(n-1;\alpha/2)$이면 H_0을 기각한다.

검정통계량이 t 분포를 따를 때의 검정을 t 검정이라 한다.

예제 6.3

고속도로 보수에 쓰이는 콘크리트는 콘크리트의 응고시간이 신 기술개발로 100분 이내 라고 주장하는 업자가 있다. 업자의 주장이 옳은지 알아보기 위하여 15군데에서 콘크리트가 굳는 시간을 측정한 결과 다음과 같았다. 업자의 주장이 옳은가? 유의수준 5%로 검정하라.

93, 103, 95, 101, 91, 105, 96, 94, 101, 88, 98, 94, 101, 92, 95

|결과| ① 1단계 : H_0: $\mu=100$ H_1: $\mu<100$

② 2단계 : H_0하에서 검정통계량은

$$t_0=\frac{\overline{x}-\mu_0}{s/\sqrt{n}}=\frac{96.47-100}{4.85/\sqrt{15}}=-2.82$$

여기서 $s=\sqrt{S^2}=4.85$

$$S^2=\frac{1}{15-1}(\Sigma x_i^2-\frac{(\Sigma x_i)^2}{15})=23.52.$$

③ 3단계 : 기각치 $-t(14;0.05)=-1.761$.
④ 4단계 : 판정 $t_0=-2.82 \le -t(14;0.05)=-1.761$이므로 H_0을 기각한다.
즉 유의수준 $\alpha=0.05$로 콘크리트의 응고시간이 100분 이내라고 할 수 있다.

Minitab ▶ 이용하기

1. 자료를 C1에 입력하고 메뉴에서 [Stat] → [Basic Statistic]→[1-Sample t...]을 클릭하여 나타난 [1-Sample Z] 대화 상자에서 변수 란에 마우스를 올려놓고 C1를 더블클릭 하여 데이터를 입력하고 검정하고자 하는 값 “100”을 기입 한 후 [Options..] 버튼을 클릭 한다.

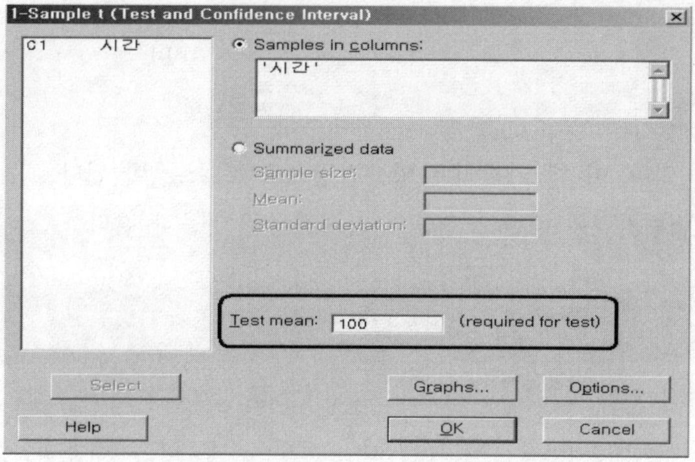

2. [Options..] 대화상자에서 95% 를 선택하고 단측검정을 나타내는 “less than” 선택하고 [OK] 버튼을 클릭한다.

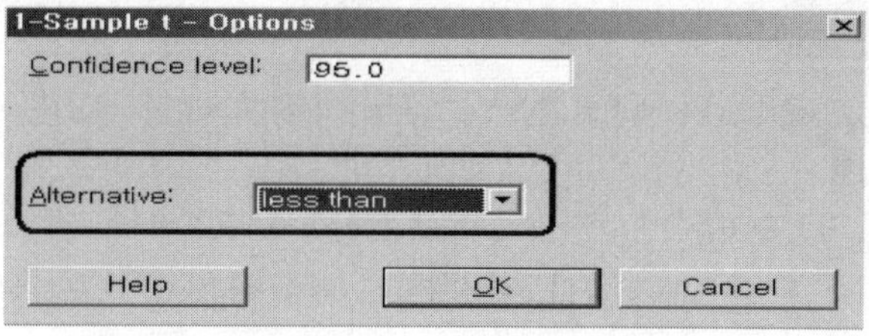

3. 다음과 같은 결과 화면이 나타난다.

```
Session

Test of mu = 100 vs < 100

                                               95%
                                              Upper
Variable   N     Mean   StDev  SE Mean       Bound      T      P
시간       15  96.4667  4.8531   1.2531    98.6737  -2.82  0.007
```

(3) 모집단의 표준편차를 모르고, 표본 n이 큰 경우

모평균 μ에 대한 가설 $H_1: \mu = \mu_0, H_0: \mu \neq \mu_0$을 검정하기 위한 검정절차를 생각해 보자. 모평균의 추정량인 표본평균 $\overline{X}$는 중심극한정리에 의해 정규분포를 한다. 따라서 H_0하에서 표본평균 $\overline{X}$에 대해 표준화를 하면

$$Z_0 = \frac{\overline{X} - \mu_0}{\frac{s}{\sqrt{n}}} \sim N(0,1)$$

이 되며, 이 때 기각역은 양측검정으로 $|Z_0| \geq z_{\alpha/2}$이 된다.

대립가설에 대한 모평균의 가설검정은 다음과 같다.

1. 귀무가설 : $H_0: \mu = \mu_0$
2. 검정통계량 : $Z_0 = \dfrac{\overline{X} - \mu_0}{\frac{s}{\sqrt{n}}}$
3. 판정 : $H_1: \mu < \mu_0$ 일 때 $Z_0 \leq -z_\alpha$ 이면 H_0을 기각한다.
   $H_1: \mu > \mu_0$ 일 때 $Z_0 > z_\alpha$ 이면 H_0을 기각한다.
   $H_1: \mu \neq \mu_0$ 일 때 $|Z_0| \geq z_{\alpha/2}$ 이면 H_0을 기각한다.

예제 6.4

생선 통조림의 제조공정에서는 평균무게가 360g이 되도록 공정을 관리하고 있다. 이를 확인하기 위하여 임의로 36개의 표본을 추출하여 조사한 결과 평균이 356g이고 표준편차는 10g이었다. 공정에 이상이 있다고 볼 수 있는가 유의수준 5%로 검정하라. 단 무게는 정규분포를 따른다. 다시 유의수준 1%로 검정하라.

고속도로 보수에 쓰이는 콘크리트는 콘크리트의 응고시간이 신 기술개발로 100분 이내 라고 주장하는 업자가 있다. 업자의 주장이 옳은지 알아보기 위하여 15군데에서 콘크리트가 굳는 시간을 측정한 결과 다음과 같았다. 업자의 주장이 옳은가? 유의수준 5%로 검정하라.

93, 103, 95, 101, 91, 105, 96, 94, 101, 88, 98, 94, 101, 92, 95

|결과| ① 1단계 : $H_0: \mu = 360$ $H_1: \mu \neq 360$

② 2단계 : H_0하에서 검정통계량은

$$z_0 = \frac{\bar{x} - \mu_0}{\frac{s}{\sqrt{n}}} = \frac{356 - 360}{10/\sqrt{36}} = -2.4$$

③ 3단계 : 기각치 $z_{0.025} = 1.96$, $-z_{0.025} = -1.96$.

④ 4단계 : 판정 $z_0 = -2.4 < z_{0.025} = -1.96$ 이므로 H_0을 기각한다.

즉, 유의수준 $\alpha = 0.05$로 공정에 이상이 있다 할 수 있다.

한편 유의수준 1%로 검정하면

① 1,2단계는 위와 같다.

② 3단계 : 기각치 $z_{0.005} = 2.58$, $-z_{0.005} = -2.58$.

③ 4단계 : 판정 $z_0 = -2.4 > -z_{0.005} = -2.58$이므로 H_0을 채택한다.

즉, 유의수준 $\alpha = 0.01$ 로 공정에 이상이 있다 할 수 없다.

|해석| 위에서 유의수준 5%와 1%검정의 결과는 상반되게 나타났다. 여기서 유의 수준 5%로 H_0을 기각한 다는 의미는 예를 들어 이러한 검정을 100번 한다면 이 중에서 최대 5번까지는 참인 H_0를 기각 시키는 오류, 즉 1종의 과오를 범하는 것을 허용 한다는 뜻이다.

3. 모비율의 검정

표본의 크기가 클 때, 모비율 p 에 대한 가설 H_0: $p = p_0$, H_1: $p > p_0$을 검정하기 위한 검정방법을 알아 본다. 모비율의 추정량인 표본비율 $\hat{p} = \frac{X}{n}$는 중심극한정리에 의해 정규분포를 한다고 알려졌다. 여기서 가설 H_0하에서 $\hat{p}$는 근사적으로 $N\left(p_0, \frac{p_0(1-p_0)}{n}\right)$이 된다. 따라서 정규분포의 표준화에 의하여

$$Z_0 = \frac{\hat{p} - p_0}{\sqrt{\frac{p_0(1-p_0)}{n}}} \sim N(0,1)$$

을 따르며, 기각역은 단측검정으로 $Z_0 \ge z_\alpha$이 된다.

모비율 p 에 대한 가설검정을 요약하면 다음과 같다.

1. 귀무가설 : H_0 : $p = p_0$
2. 검정통계량 : H_0 하에서

$$Z_0 = \frac{\hat{p} - p_0}{\sqrt{\frac{p_0(1-p_0)}{n}}}$$

3. 판정 : $H_1 : p < p_0$ 일 때 $Z_0 < -z_\alpha$이면 H_0 을 기각한다.
   $H_1 : p > p_0$ 일 때 $Z_0 > z_\alpha$이면 H_0 을 기각한다.
   $H_1 : p \neq p_0$ 일 때 $|Z_0| > z_{\alpha/2}$이면 H_0 을 기각한다.

예제 6.5

어떤 공장에서 만들어지는 제품의 불량률은 2%라고 알려져 있다. 불량률이 증가 하는지를 알아보기 위해서 100개의 제품에 대해서 조사하였더니 불량개수는 4개 였다. 이 결과에서 불량률은 증가했다고 할 수 있는지 5%의 유의수준으로 검정하여라.

|결과| ① 1단계 : H_0 : $p = 0.02$ VS H_1 : $p > 0.02$

② 2단계 : H_0하에서 검정통계량은

$$z_0 = \frac{\hat{p} - p_0}{\sqrt{\frac{p_0(1-p_0)}{n}}} = \frac{0.04 - 0.02}{\sqrt{\frac{0.02 \times (1-0.02)}{100}}} = 1.43$$

단, $n = 100$, $\hat{p} = \frac{4}{100} = 0.04$

③ 3단계 : 기각치 $z_{0.05} = 1.645$

④ 4단계 : 판정 $z_0 = 1.43 \le z_{0.05} = 1.645$ 이므로 H_0는 기각되지 않는다. 즉 유의 수준 $\alpha = 0.05$로 불량률이 증가했다고 할 수 없다.

|결과| p값=0.077> 0.05으로 유의수준 5%로 기각하지 않는다. $\alpha = 0.05$로 불량률이 증가 했다고 할 수 없다.

Minitab ▶ 이용하기

[Stat] → [Basic Statistic]→[1-Proportion...]을 클릭하여 나타난 [1-Proportion] 대화상자에서 표본의 수와 불량 개수 "100", "4"을 입력 하고 [Options..] 버튼을 클릭 한다.

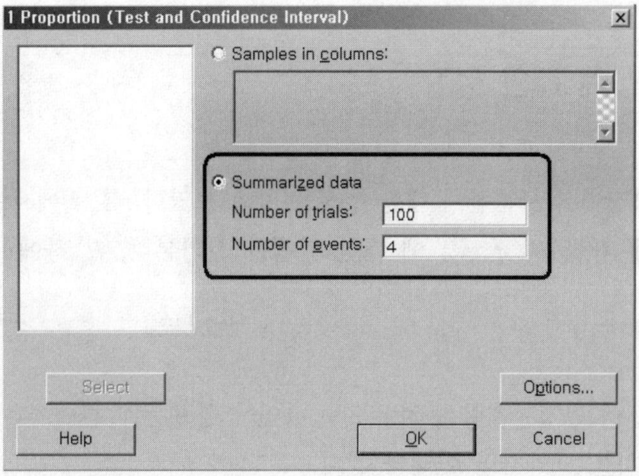

1. [Options..] 대화상자에서 95% 를 선택하고 검정하고자 하는 비율값 "0.02"을 기입하고 단측검정을 나타내는 "greater than"를 선택하고 정규분포로 가정하는 항목을 선택하고 [OK] 버튼을 클릭한다.

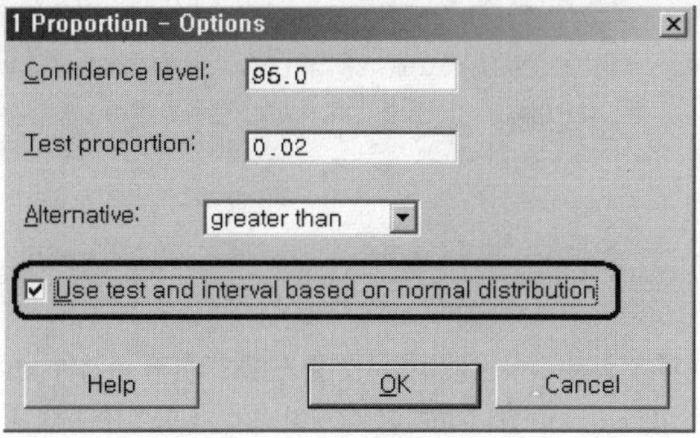

2. 다음과 같은 결과 화면이 나타난다.

```
Session
Test of p = 0.02 vs p > 0.02

                                   95%
                                 Lower
Sample  X    N  Sample p         Bound  Z-Value  P-Value
1       4  100  0.040000      0.007768     1.43    0.077
```

4. 모분산에 대한 검정

제5장에서 모분산에 대한 추정을 알아 보았다. 본 절에서는 모집단이 $N(\mu,\sigma^2)$일 때 가설 $H_0: \sigma^2=\sigma_0^2$ 에 대한 검정을 살펴본다. H_0 하에서 검정통계량은

$$\chi_0^2=\frac{(n-1)S^2}{\sigma_0^2}$$

이다. 이 검정통계량은 자유도 $n-1$인 χ^2분포를 따른다. 각 대립가설에 대한 검정절차를 요약하면 아래와 같다.

1. 귀무가설 : H_0: $\sigma^2=\sigma_0^2$
2. 검정통계량 : $\chi_0^2=\dfrac{(n-1)S^2}{\sigma_0^2}$
3. 판정 : H_1: $\sigma^2<\sigma_0^2$ 일 때 $\chi_0^2 \le \chi^2(n-1;1-\alpha)$ 이면 H_0 기각
   H_1: $\sigma^2>\sigma_0^2$ 일 때 $\chi_0^2 \ge \chi^2(n-1;\alpha)$ 이면 H_0 기각
   H_1: $\sigma^2 \ne \sigma_0^2$ 일 때 $\chi_0^2 \ge \chi^2(n-1;\alpha/2)$ 또는
   $\chi_0^2 \le \chi^2(n-1;1-\alpha/2)$ 이면 H_0 기각

예제 6.6

시계제조 회사에서는 정확한 시계를 만들기 위해 마지막 품질검사에 합격한 시계 중에서 10개의 시계를 추출하여 품질이 얼마나 균일한지를 검사한다 한다. 이를 위해 10개의 시계를 표준시계와 맞춘 후 한달 후에 표준시계와 시간 차이를 측정한 결과 표본평균 $\bar{x}=0.5$초이고 표본표준편차 $s=0.4$초이었다. σ가 0.2보다 크다고 할 수 있는가 유의수준 0.05로 검정하라.

|결과| ① 1단계 : H_0 : $\sigma = 0.2$ vs H_1 : $\sigma > 0.2$

② 2단계 : H_0하에서 검정통계량은

$$\chi_0^2 = \frac{(10-1)0.4^2}{0.2^2} = 36$$

③ 3단계 : 기각치 $\chi^2(9; 0.05) = 16.92$.

④ 4단계 : 판정 $\chi_0^2 = 36 > \chi^2(9; 0.05) = 16.92$이므로 H_0을 기각한다. 즉 유의수준 $\alpha = 0.05$로 σ가 0.2보다 크다고 할 수 있다.

5. 모결점수에 대한 검정

앞에서 모결점수m이 $m \geq 5$인 경우 정규분포에 근사함을 알아 봤다. 이를 이용하여 가설 $H_0 : m = m_0$하에서 검정통계량

$$Z_0 = \frac{X - m_0}{\sqrt{m_0}}$$

는 근사적으로 표준정규분포 $N(0,1)$를 따른다. 각 대립가설에 따른 검정절차를 요약하면 다음과 같다.

1. 귀무가설 : H_0 : $m = m_0$
2. 검정통계량 : $Z_0 = \dfrac{X - m_0}{\sqrt{m_0}}$
3. 판정 : H_1: $m < m_0$ 일때 $Z_0 < -z_\alpha$ 이면 H_0를 기각
   H_1: $m > m_0$ 일때 $Z_0 \geq z_\alpha$ 이면 H_0 를 기각
   H_1 : $m \neq m_0$ 일때 $|Z_0| > z_{\alpha/2}$ 이면 H_0 를 기각

예제 6.7

어떤 공장의 공정에서는 로트의 모결점수가 $m = 25.3$이다. 기계의 일부를 개량 하여 운전하였더니 시료의 결점수는 $x = 19.8$이었다. 모결점수가 달라졌다고 말할 수 있는가 유의수준 α=0.05로 검정하라.

|결과| ① 1단계 : $H_0: m = 25.3$ vs $H_1: m \neq 25.3$.

② 2단계 : 모결점수 $m_0 = 25.3 > 5$ 이므로 H_0 하에서 검정통계량은

$$z_0 = \frac{x - m_0}{\sqrt{m_0}} = \frac{19.8 - 25.3}{\sqrt{25.3}} = -1.10.$$

③ 3단계 : 기각치 $z_{0.025} = 1.96$

④ 4단계 : 판정 $|z_0| = 1.10 < z_{0.025} = 1.96$으로 H_0을 채택하게 된다.
즉, 모결점수는 달라졌다고 할 수 없다.

6. 두 모평균의 차에 대한 검정

(1) 모집단의 표준편차 σ_1, σ_2을 아는 경우

제5장의 두 모평균의 차에 관한 구간추정에서와 같은 절차에 의해, 다음 확률변수

$$Z = \frac{\overline{X} - \overline{Y} - (\mu_1 - \mu_2)}{\sqrt{\dfrac{\sigma_1^2}{n_1} + \dfrac{\sigma_2^2}{n_2}}}$$

은 근사적으로 $N(0, 1)$을 따른다. 따라서 귀무가설 $H_0: \mu_1 - \mu_2 = 0$로 주어질 때 위의 검정통계량은

$$Z_0 = \frac{\overline{X} - \overline{Y}}{\sqrt{\dfrac{\sigma_1^2}{n_1} + \dfrac{\sigma_2^2}{n_2}}}$$

으로 된다. 이상의 검정통계량으로부터 두 모평균의 차에 대한 검정은 다음과 같이 요약된다.

1. 귀무가설 $H_0: \mu_1 - \mu_2 = 0$
2. 검정통계량 : $Z_0 = \dfrac{\overline{X} - \overline{Y}}{\sqrt{\dfrac{\sigma_1^2}{n_1} + \dfrac{\sigma_2^2}{n_2}}}$
3. 판정 : $H_1: \mu_1 < \mu_2$ 일 때 $Z_0 \leq -z_\alpha$ 이면 H_0을 기각
   $H_1: \mu_1 > \mu_2$ 일 때 $Z_0 > {}_\alpha$ 이면 H_0을 기각
   $H_1: \mu_1 \neq \mu_2$ 일 때 $|Z_0| \geq {}_{\alpha/2}$ 이면 H_0을 기각

예제 6.8

S대학교 통계학과와 산업경영공학과의 1주일 동안 인터넷을 즐기는 시간을 조사하였다. 이 조사에서 통계학과 학생은 50명을 랜덤으로 조사 했더니 평균시간이 83, 같은 수의 산업경영공학과 학생은 86으로 나타나고 두과 모두 표준편차는 $\sigma=5$로 조사되었다. 두 학과 학생들의 인터넷을 즐기는 시간에 대한 차이가 있는지를 유의수준 α=0.05로 검정하라.

|결과| ① 1단계 : $H_0: \mu_1 - \mu = 0$ vs $H_1: \mu_0 - \mu_1 \neq 0.$

② 2단계 : $\mu_1 - \mu = 0$ 이므로 H_0 하에서 검정통계량은

$$Z_0 = \frac{\overline{X}-\overline{Y}}{\sqrt{\frac{\sigma_1^2}{n_1}+\frac{\sigma_2^2}{n_2}}} = \frac{83-86}{\sqrt{\frac{25}{50}+\frac{25}{50}}} = -3$$

③ 3단계 : 기각치 $z_{0.025}=1.96$

④ 4단계 : 판정 $|z_0| = 3 > z_{0.025} = 1.96$으로 H_0을 기각하게 된다.

즉, 유의수준 5%하에서 인터넷 즐기는 시간은 같다고 할 수 없다.

(2) 모집단의 표준편차 σ_1, σ_2 을 모르고, 표본 n_1, n_2이 작은 경우

두 모집단은 각각 정규분포를 따르며, 두 모분산이 같다는 가정에서 합동분산 σ^2의 합동추정량은

$$s_p^2 = \frac{(n_1-1)S_1^2+(n_2-1)S_2^2}{n_1+n_2-2}$$

이 된다. 이를 이용하여 추정량 $\overline{X}-\overline{Y}$를 표준화시키면

$$t = \frac{\overline{X}-\overline{Y}-(\mu_1-\mu_2)}{s_p\sqrt{\frac{1}{n_1}+\frac{1}{n_2}}} \sim t(n_1+n_2-2)$$

를 따른다. 따라서 귀무가설 H_0: $\mu_1-\mu_2=0$하에서 위의 검정통계량은

$$t_0 = \frac{\overline{X}-\overline{Y}}{s_p\sqrt{\frac{1}{n_1}+\frac{1}{n_2}}}$$

이며, 자유도 n_1+n_2-2 인 t 분포를 따르게 된다. 검정절차를 요약하면 다음과 같다.

1. 귀무가설 H_0: $\mu_1 - \mu_2 = 0$

2. 검정통계량 : $t_0 = \dfrac{\overline{X} - \overline{Y}}{s_p\sqrt{\dfrac{1}{n_1} + \dfrac{1}{n_2}}}$

3. 판정 : H_1: $\mu_1 < \mu_2$ 일 때 $t_0 \le -t(n_1+n_2-2;\alpha)$ 이면 H_0을 기각한다.
H_1: $\mu_1 > \mu_2$ 일 때 $t_0 > t(n_1+n_2-2;\alpha)$ 이면 H_0을 기각한다.
H_1: $\mu_1 \neq \mu_2$ 일 때 $|t_0| > t(n_1+n_2-2;\alpha/2)$ 이면 H_0을 기각한다.

예제 6.9

A, B 두 회사로부터 어떤 부품의 강도를 각각 10개, 15개씩 표본 추출하여 다음의 데이터를 얻었다. 두 회사의 부품의 강도에 있어서 평균의 차가 있다고 할 수 있는가 유의수준 α=0.05로 검정하라.(단, 두 집단의 모분산은 같다)

A사	51	45	60	50	62	52	56	48	55	45					
B사	59	56	63	58	55	49	64	44	58	53	65	59	67	59	49

|결과| ① 1단계 : H_0: $\mu_1 - \mu_2 = 0$ vs H_1: $\mu_1 - \mu_2 \neq 0$

② 2단계 : H_0 하에서 검정통계량은

$$t_0 = \frac{\bar{x} - \bar{y}}{s_p\sqrt{\dfrac{1}{n_1} + \dfrac{1}{n_2}}} = \frac{52.4 - 57.2}{6.205\sqrt{\dfrac{1}{10} + \dfrac{1}{15}}} = -1.886.$$

여기서 $\bar{x} = 52.4$ $\quad \bar{y} = 57.2$,

$$s_p = \sqrt{\frac{(n_1-1)S_1^2 + (n_2-1)S_2^2}{n_1+n_2-2}} = \sqrt{\frac{306.40 + 580.40}{10+15-2}} = 6.20.$$

③ 3단계 : 기각치 $t(n_1+n_2-2: \alpha/2) = t(23;0.025) = 2.069$, $-t\,(23;0.025) = -2.069$

④ 4단계 : 판정 $|t_0| = 1.886 \le t(\,23;0.025) = 2.069$이므로 H_0을 채택한다.
즉 유의수준 $\alpha = 0.05$로 A, B 두 회사의 부품의 강도 간에는 차이가 있다고 할 수 없다.

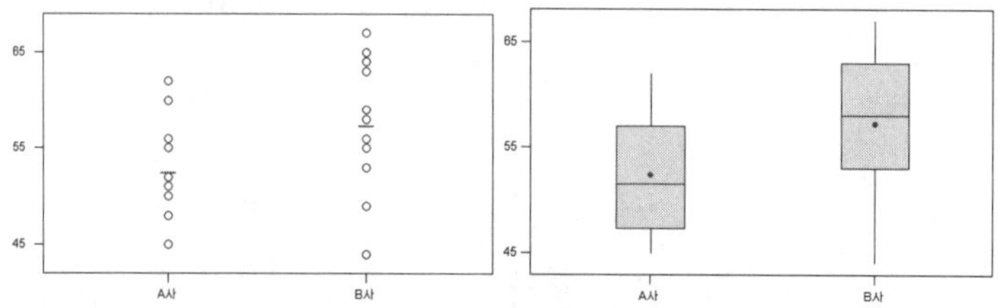

그림 6.5_Boxplots와 Dotplots

Minitab ▶ 이용하기

1. A사의 자료를 C1에, B사의 자료를 C2에 입력하고 메뉴에서 [Stat]➔ [Basic Statistic]➔ [2-Sample t...]을 클릭하여 나타난 [2-Sample t] 대화 상자에서 First 란에 "C1"을 더블클릭하고 Second 란에 "C2"을 더블 클릭하여 데이터를 입력하고 분산이 같음을 나타내는 [Assume equal variance] 란을 체크하여 [Options..] 버튼을 클릭 한다.

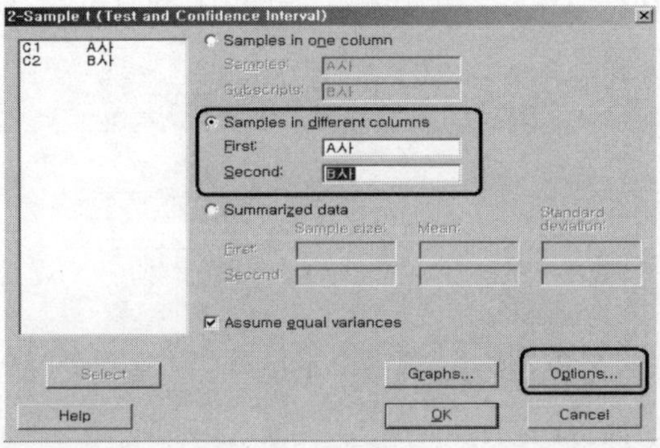

2. [Options..] 대화상자에서 95%를 선택하고 양측검정을 나타내는 "not equal" 를 선택하고 [OK] 버튼을 클릭한다.

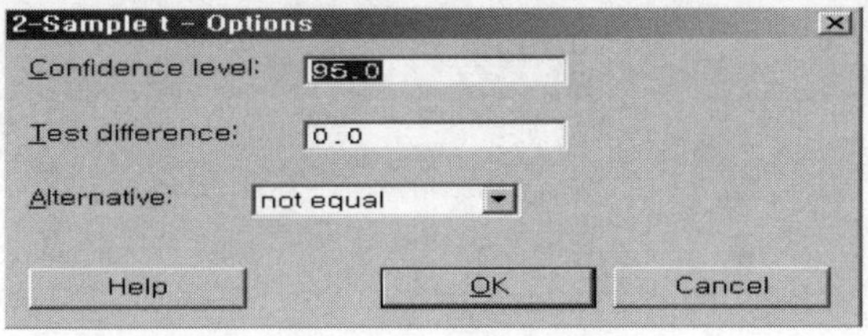

3. 다음과 같은 결과 화면이 나타난다.

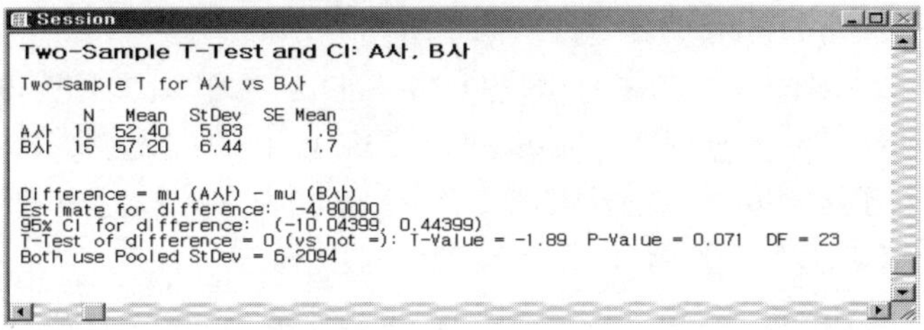

(3) 모집단의 표준편차 σ_1, σ_2을 모르고, 표본 n_1, n_2 이 큰 경우(표본의 크기가 30이상)

제5장의 두 모평균의 차에 관한 구간추정에서와 같은 절차에 의해, 다음 확률변수

$$Z = \frac{\overline{X} - \overline{Y} - (\mu_1 - \mu_2)}{\sqrt{\frac{S_1^2}{n_1} + \frac{S_2^2}{n_2}}}$$

은 근사적으로 $N(0, 1)$을 따른다. 따라서 귀무가설 $H_0: \mu_1 - \mu_2 = 0$로 주어질 때 위의 검정통계량은

$$Z_0 = \frac{\overline{X} - \overline{Y}}{\sqrt{\frac{S_1^2}{n_1} + \frac{S_2^2}{n_2}}}$$

으로 된다. 이상의 검정통계량으로부터 두 모평균값의 차에 대한 검정은 다음과 같이 요약된다.

1. 귀무가설 H_0: $\mu_1 - \mu_2 = 0$
2. 검정통계량 : $Z_0 = \frac{\overline{X} - \overline{Y}}{\sqrt{\frac{S_1^2}{n_1} + \frac{S_2^2}{n_2}}}$
3. 판정 : H_1: $\mu_1 < \mu_2$ 일 때 $Z_0 \le -z_\alpha$ 이면 H_0을 기각한다.
   H_1: $\mu_1 > \mu_2$ 일 때 $Z_0 > z_\alpha$ 이면 H_0을 기각한다.
   H_1: $\mu_1 \ne \mu_2$ 일 때 $|Z_0| \ge z_{\alpha/2}$ 이면 H_0을 기각한다.

예제 6.10

s대학교 통계학과와 산업경영공학과에서는 영어 청취 실력에 차이가 있는지를 알아보기 위하여 시험을 실시하였다. 이 조사에서 통계학과 학생은 40명을 랜덤으로 조사 했더니 평균성적은 74, 표준편차는 8로 나타나고 산업경영공학과 50명 재학생은 평균성적이 78, 표준편차가 7로 조사되었다. 두 학과 학생들의 영어 청취 실력에 차이가 있는지를 유의수준 α=0.05로 검정하라.

|결과| ① 1단계 : $H_0: \mu_1 - \mu = 0$ vs $H_1: \mu_0 - \mu_1 \neq 0$.

② 2단계 : $\mu_1 - \mu = 0$ 이므로 H_0 하에서 검정통계량은

$$Z_0 = \frac{\overline{X} - \overline{Y}}{\sqrt{\frac{S_1^2}{n_1} + \frac{S_2^2}{n_2}}} = \frac{74-78}{\sqrt{\frac{64}{40} + \frac{49}{50}}} = -2.49$$

③ 3단계 : 기각치 $z_{0.025} = 1.96$

④ 4단계 : 판정 $|z_0| = 2.49 > z_{0.025} = 1.96$으로 H_0을 기각하게 된다.

즉, 유의수준 5%하에서 영어 청취 실력에 차이가 있다고 할 수 있다.

7. 쌍체비교에 관한 검정

제5장에서 상체표본 $D_i = Y_i - X_i$, $i = 1, 2, 3, \cdots, n$ 의 평균과 분산은 다음과 같이 정의했다.

$$\overline{D} = \frac{1}{n} \sum_{I=i}^{n} D_i$$

$$S^2 = \frac{1}{n-1} \sum_{i=1}^{n} (D_i - \overline{D})^2 D$$

여기서 $\overline{D}$는 평균이 $\mu_1 - \mu_2 = \mu_D$ 인 정규분포를 따른다. 표본이 큰 경우 가설 H_0: $\mu_1 - \mu_2 = 0$ 하에서 검정통계량은 다음과 같다.

$$Z_0 = \frac{\overline{D}}{\frac{s_D}{\sqrt{n}}}$$

이 검정통계량은 근사적으로 $N(0,1)$를 따르고, 이로부터 Z검정을 하게 된다. 한편, 표본이 작고 정규분포를 따르는 경우, 검정통계량은

$$t_0 = \frac{\overline{D}}{\frac{s_D}{\sqrt{n}}} \sim t(n-1)$$

이 되며, 이 통계량을 이용하여 t 검정을 하게 된다. 검정절차를 요약하면 다음과 같다.

1. 귀무가설 : H_0: $\mu_1 - \mu_2 = 0$

2. 검정통계량 : 표본이 큰 경우 $z_0 = \dfrac{\overline{D}}{\dfrac{s_D}{\sqrt{n}}}$

표본이 작은 경우 $t_0 = \dfrac{\overline{D}}{\dfrac{s_D}{\sqrt{n}}}$

3. 판정 : 표본이 큰 경우 z 검정을 하며, 표본이 작은 경우 t 검정을 한다.

예제 6.11

자동차 부품의 치수가 열처리의 전후에 변화가 있는 것 같아서 10개의 시료를 뽑아서 열처리 전에 한 번 측정하고 같은 시료에 대하여 열처리 후에 짝을 지어 측정한 결과 다음과 같은 데이터을 얻었다. 열처리 전후의 평균치의 차가 있는가를 유의수준 α=0.05로 검정하라.

열처리전 x_i	열처리후 y_i	차 $d_i = x_i - y_i$
1.94	2.00	−0.06
1.99	1.99	0.00
1.98	1.95	0.03
2.03	2.07	−0.04
2.03	2.03	0.00
1.96	1.98	−0.02
1.95	2.03	−0.08
1.96	2.02	−0.06
1.92	2.01	−0.09
2.00	1.99	0.01
		$\bar{d} = -0.031$

|결과| ① 1단계 : $H_0: \mu_1 - \mu_2 = 0$, $H_1: \mu_1 - \mu_2 \neq 0$

② 2단계 : H_0 하에서 검정통계량은

$$t_0 = \frac{\bar{d}}{\dfrac{s_D}{\sqrt{n}}} = \frac{-0.031}{\sqrt{\dfrac{0.00168}{10}}} = -2.39$$

여기서 $\bar{d} = \Sigma\, d_i / 10 = -0.031$.

$$s_D^2 = \frac{1}{9}\Sigma(d_i - \bar{d}\,)^2 = \frac{1}{9}\left(\Sigma\, d_i^2 - \frac{(\Sigma\, d_i)^2}{10}\right) = 0.00168.$$

③ 3단계 : 기각치 $t(n-1;\alpha/2) = t(9;0.025) = 2.262$, $-t\,(9;0.025) = -2.262$.

④ 4단계 : 판정 $|t_0| = 2.39 > t(9;0.025) = 2.262$이므로 H_0은 기각된다. 즉 유의수준 0.05로 열처리 전과 열처리 후는 치수의 변화가 있다고 말 할 수 있다.

Minitab ▶ 이용하기

1. 열처리 전 자료를 C1에, 열처리 후 자료를 C2에 입력하고 메뉴에서 [Stat] → [Basic Statistic]→[Paired t...]을 클릭하여 나타난 [Paired t] 대화 상자에서 First 란에 마우스를 올려놓고 "C1"을 더블 클릭하고 Second 란에 "C2"을 더블 클릭하여 데이터를 입력하고 [Options..] 버튼을 클릭 한다.

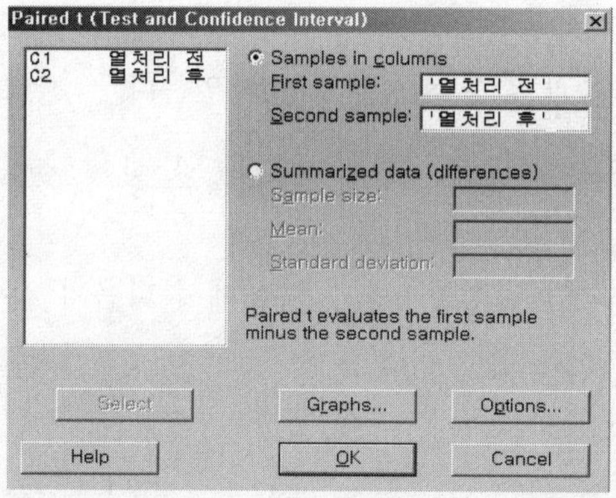

2. [Options..] 대화상자에서 95%를 선택하고 양측검정을 나타내는 "not equal"를 선택하고 [OK] 버튼을 클릭한다.

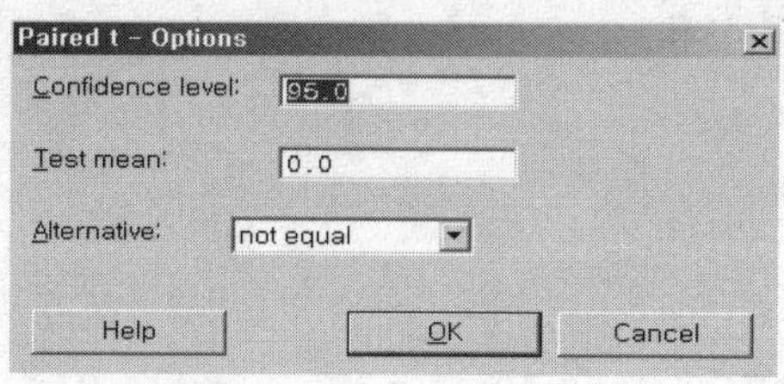

3. 다음과 같은 결과 화면이 나타난다.

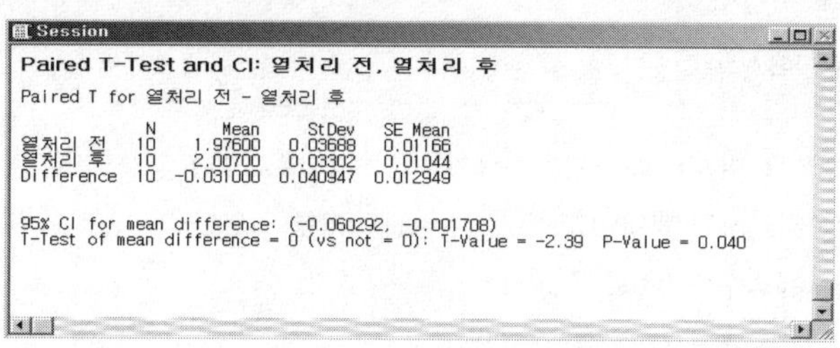

8. 두 모비율차의 검정

먼저 표본의 크기가 클 때 두 모비율이 같은가를 가설 H_0: $p_1 = p_2$(혹은 $p_1 - p_2 = 0$)에 대해 생각해 보자. 두 모비율의 추정량인 표본비율 $\hat{p_1} - \hat{p_2}$ 은 중심극한정리에 의해

$$\hat{p_1} - \hat{p_2} \sim N\left(0,\ p(1-p)(\frac{1}{n_1} + \frac{1}{n_2})\right)$$

이 된다. 여기서 p는 모비율이 같은 두 모집단의 합동비율이며, 이 때 두 표본으로부터 다음과 같은 합동추정량을 얻는다.

$$\hat{p} = \frac{X+Y}{n_1 + n_2}$$

이를 이용하여 검정통계량은 H_0하에서 다음과 같이 된다.

$$Z_0 = \frac{\hat{p}_1 - \hat{p}_2}{\sqrt{\hat{p}(1-\hat{p})\left(\frac{1}{n_1} + \frac{1}{n_2}\right)}}$$

H_0하에서 위의 검정통계량은 근사적으로 $N(0,\ 1)$을 따르며, 이를 이용하여 모비율 차에 대한 가설검정을 요약하면 다음과 같다.

1. 귀무가설 : H_0: $p_1 - p_2 = 0$
2. 검정통계량 : $z_0 = \dfrac{\hat{p_1} - \hat{p_2}}{\sqrt{\hat{p}(1-\hat{p})(\frac{1}{n_1} + \frac{1}{n_2})}}$
3. 판정 : H_1: $p_1 < p_2$ 일때　$z_0 < -z_\alpha$ 이면 H_0 을 기각한다.
   H_1: $p_1 > p_2$ 일때　$z_0 > z_\alpha$ 이면 H_0 을 기각한다.
   H_1: $p_1 \neq p_2$ 일때　$|z_0| > z_{\alpha/2}$ 이면 H_0 을 기각한다.

예제 6.12

부품을 만드는 두 대의 기계가 있다. 두 대의 기계로 작업을 하는데 그 기계의 성능을 비교하기 위하여 다음과 같은 데이터를 얻었다. 두 기계의 불량률의 차가 있는 지를 유의수준 5%로 검정하라.

	표본	불량품수
A 기계(x)	1000	90
B 기계(y)	2000	140

|결과| ① 1단계 : $H_0: p_1 - p_2 = 0$ vs $H_1: p_1 - p_2 \neq 0$

② 2단계 : H_0 하에서 검정통계량은

$$Z_0 = \frac{\hat{p_1} - \hat{p_2}}{\sqrt{\hat{p}(1-\hat{p})\left(\frac{1}{n_1} + \frac{1}{n_2}\right)}} = 1.94$$

여기서, $\hat{p_1} = \frac{90}{1000} = 0.09,\ \hat{p_2} = \frac{140}{2000} = 0.07,\ \hat{p} = \frac{230}{1000+2000} = 0.0767$

③ 3단계 : 기각치 $z_{0.025} = 1.96, -z_{0.025} = -1.96$

④ 4단계 : 판정 $|z_0| = 1.94 < z_{0.025} = 1.96$이므로 H_0을 채택한다.

즉, 두 기계의 불량률의 차가 있다고 할 수 없다.

Minitab ▶ 이용하기

1. 메뉴에서 [Stat] → [Basic Statistic] → [2-Proportions...]을 클릭하여 나타난 [2-Proportions] 대화 상자에서 First 란에 A기계 표본의 수 와 불량품의 수 "1000", "90"을 입력하고 Second 란에 B기계 표본의 수 와 불량품의 수 "2000", "140"을 입력하고 [Options..] 버튼을 클릭 한다.

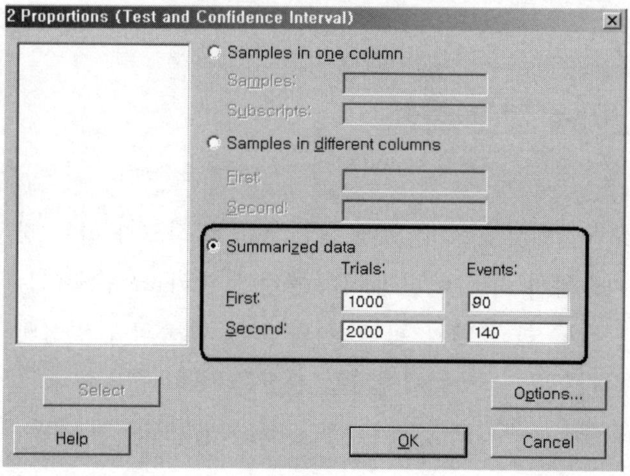

2. [Options..] 대화상자에서 95% 를 선택하고 양측검정을 나타내는 “not equal”를 선택하고 p에 대한 합동 추정량을 사용한다는 항목을 체크하고 [OK] 버튼을 클릭한다.

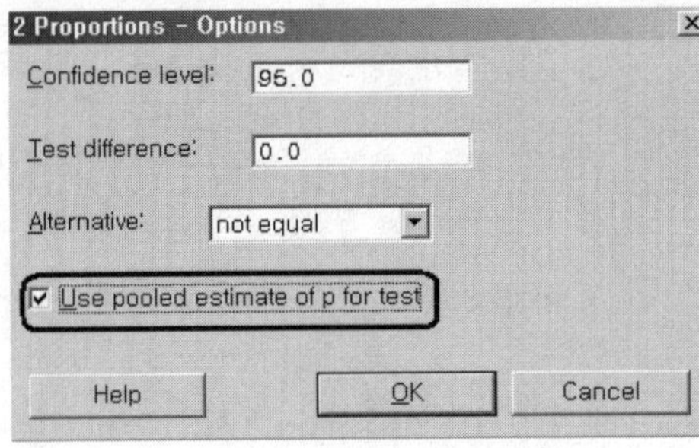

3. 다음과 같은 결과 화면이 나타난다.

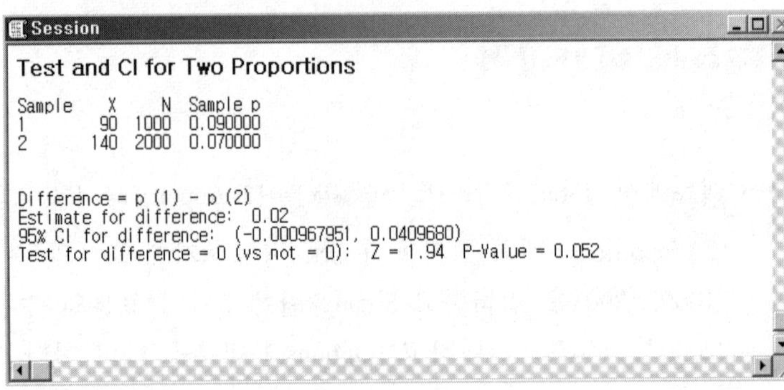

9. 모분산비에 대한 검정

두 모집단에서 산포 정도에 대한 비교를 하고자 하는 경우가 종종 있다. 예를 들면 피스톤의 지름의 변이도가 공정에 따라 크다면 이는 평균 지름이 규격에 맞는다 해도 큰 문제가 된다. 이와 같이 제품의 균일성의 측도로 사용하는 것이 분산이므로, 실제문제에서는 분산은 매우 중요하다.

본 절에서는 두 모집단이 $N(\mu_1,\ \sigma_1^2)$, $N(\mu_2,\ \sigma_2^2)$ 인 경우 가설 $H_0: \sigma_1^2 - \sigma_2^2 = 0$에

대해 검정하고자 한다. 두 모집단으로부터 각각 크기 n_1, n_2 인 확률표본을 뽑아서 구한 표본분산을 S_1^2, S_2^2 라고 하면 H_0하에서 검정통계량은

$$F_0 = \frac{S_1^2}{S_2^2}$$

으로 자유도 $n_1 - 1, n_2 - 1$인 F 분포를 따른다. 따라서 각 대립가설에 대한 검정절차를 요약하면 다음과 같다.

1. 귀무가설 $H_0: \sigma_1^2 = \sigma_2^2$
2. 검정통계량 : $F_0 = \dfrac{S_1^2}{S_2^2}$
3. 판정 : $H_1: \sigma_1^2 < \sigma_2^2$ 일 때 $F_0 \le F(n_1 - 1,\ n_2 - 1,\ 1-\alpha)$이면 H_0을 기각한다.
   $H_1: \sigma_1^2 > \sigma_2^2$ 일 때 $F_0 \ge F(n_1 - 1,\ n_2 - 1,\ \alpha)$이면 H_0을 기각한다.
   $H_1: \sigma_1^2 \ne \sigma_2^2$ 일 때
   $F_0 \le F(n_1 - 1,\ n_2 - 1,\ 1-\alpha/2)$ or
   $F_0 \ge F(n_1 - 1,\ n_2 - 1,\ \alpha/2)$이면 H_0을 기각한다.

   여기서 $F(n_1 - 1, n_2 - 1, 1-\alpha) = \dfrac{1}{F(n_2 - 1, n_1 - 1, \alpha)}$

예제 6.13

두 음향기기의 시험에 쓰이는 두 개의 기계 A, B가 있다. 동일한 대상을 A 기기로 8번 B 기기로 6번 측정한 결과 표본분산이 각각 62.5, 73.2이었다. 두 기기의 측정치의 오차는 각각 서로 독립이고 정규분포를 따른다고 가정하면 정밀도에 있어서 기기 A가 B보다 우수한지를 유의수준 5%로 검정하라.

|결과| ① 1단계 : $H_0: \sigma_1^2 = \sigma_2^2 \ \ vs \ \ H_1: \sigma_1^2 < \sigma_2^2$

② 2단계 : H_0하에서 검정통계량은

$$F_0 = \frac{S_1^2}{S_2^2} = \frac{62.5}{73.2} = 0.854$$

단, σ_1^2, σ_2^2는 각각 기기 A, B의 측정오차의 분산이다.

③ 3단계 : 기각치 , $F(7,5;1-0.05) = \dfrac{1}{F(5,7;0.05)} = \dfrac{1}{3.97} = 0.252$

④ 4단계 : 판정 $F_0 = 0.854 > F(7,5,0.95) = 0.252$ 이므로 H_0를 채택한다. 즉 기 기 A가 B보다 우수 하다고 할 수 없다.

10. 적합도 검정

측정 자료가 어떤 분포에 따르는지를 검정하는 방법을 적합도 검정이라고 한다. 즉 실험 혹은 관측된 결과가 이론적인 기대값과 잘 일치하는지를 검정하는 것으로 검정절차는 다음과 같다. 크기가 n 인 표본을 k 개의 범주로 분류할 때 범주의 관측도수를 $n_1, n_2, \cdots, n_k$ 라 하자.

또 각 범주에 대응되는 모집단의 비율을 $p_1, p_2, \cdots, p_k$ 라 할 때 귀무가설 H_0 : $p_1 = p_{10}$, $p_2 = p_{20}$, $\cdots$, $p_k = p_{k0}$ 을 설정하게 된다. 여기서 p_{i0}은 가정된 값이며 $\Sigma_{i=1}^{k} p_{i0}=1$이 된다. 한편, 귀무가설 H_0 하에서는 검정통계량

$$\chi_0^2 = \sum_{i=1}^{k} \frac{(n_i - np_{i0})^2}{np_{i0}} = \frac{\Sigma(O-E)^2}{E}$$

은 자유도 $k-1$인 χ^2 분포를 따른다. 여기서 O은 관측도수이고, E는 기대도수이다. 즉 $E(n_i) = np_{i0}$이다.

본 절에서의 적합도 검정은 예를 들어 설명한다. 예를 들어, 주사위가 어느 눈이 나타날 확률은 각각 1/6이다 공정한 주사위를 360번 던지면 각 눈이 나타날 횟수는 $np = 360 \times (1/6) = 60$이 될 것이다. 실제로 어느 주사위를 던졌을 때 다음과 같은 자료를 얻었다 한다. 이 주사위는 정상적인 주사위하고 할 수 있는가?

주사위의 면	관측도수	기대도수
1	54	60
2	63	60
3	65	60
4	64	60
5	52	60
6	62	60
합계	360	360

이 예에서 기대도수와 관측도수의 차이가 우연적인지를 알아보기 위해 다음과 같이 검정을 한다. 먼저 귀무가설 H_0: $p_1 = p_2 = p_3 = p_4 = p_5 = p_6 = 1/6$ 을 설정한다. H_0하에서 검정통계량의 계산은 다음과 같다.

$$\chi_0^2 = \frac{\Sigma(O-E)^2}{E}$$

$$= \frac{(54-60)^2}{60} + \frac{(63-60)^2}{60} + \frac{(65-60)^2}{60}$$

$$+ \frac{(64-60)^2}{60} + \frac{(52-60)^2}{60} + \frac{(62-60)^2}{60}$$

$$= 3.302$$

이 된다. 부록에 있는 카이제곱분포표에서 자유도 $n-1=5$ 인 $\chi^2(5;0.05)=11.07$ 임을 알 수 있다. 따라서 검정통계량의 값이 이 카이제곱값보다 작으므로 유의수준 5%에서 귀무가설을 기각하지 못한다. 즉 주사위의 면이 균일하다고 할 수 있다.

적합도 검정의 절차를 요약하면 다음과 같다.

1. 귀무가설 : $H_0: p_1 = p_{10}, p_2 = p_{20}, \cdots, p_k = k_{k0}$
2. 검정통계량 : $\chi_0^2 = \frac{\Sigma_{i=1}^k (n_i - np_{i0})^2}{np_{i0}} = \frac{\Sigma(O-E)^2}{E}$
3. 판정 : $\chi_0^2 \geq \chi^2(k-1;\alpha)$ 이면 H_0을 기각한다.

11. 독립성의 검정

2개의 요인으로 분할하여 얻어진 표를 분할표라고 한다. 이 분할에 사용된 두요 인 사이에 관련이 있는지 혹은 독립인지를 검정하는 문제를 독립성의 검정이라고 한다.

그림 6.2_ r × c 분할표

속성B_j / 속성A_i	B_1	B_2	$\cdots$	B_c	합 계
A_1	O_{11}	O_{12}	$\cdots$	O_{1c}	$O_{1.}$
A_2	O_{21}	O_{22}	$\cdots$	O_{2c}	$O_{2.}$
$\vdots$	$\vdots$	$\vdots$		$\vdots$	$\vdots$
A_r	O_{r1}	O_{r2}	$\cdots$	O_{rc}	$O_{r.}$
합 계	$O_{.1}$	$O_{.2}$	$\cdots$	$O_{.c}$	n

O_{ij}는 전체 표본 n개중 속성 A의 i번 째 수준과 속성 B의 j번째 수준에 속하는 갯수를 의미한다. 여기서 모집단을 두가지 속성으로 분류하여 미지의 모집단 확률을 다음과 같이 정의하자.

$p_{ij} = p(A_i B_j)$: A_i 와 B_j 에 동시에 속하는 확률

$p_{i0} = p(A_i)$: A_i 에 속하는 확률

$p_{0j} = p(B_j)$: B_j 에 속하는 확률

두 속성간에 독립이라는 의미는 $p_{ij} = p_{i0} \cdot p_{0j}$ 이다. 일반적으로 독립성 검정의 절차는 다음과 같다. 귀무가설은 H_0 :$p_{ij} = p_{i0} \cdot p_{0j}$ (즉, 두 속성간에는 독립)으로 설정되며 그리고 귀무가설하에서 셀 (cell)의 기대도수는

$$E_{ij} = n\hat{p}_{ij} = n\hat{p}_{i0} \cdot \hat{p}_{0j}$$
$$= n\frac{O_{i.}}{n}\frac{O_{.j}}{n} = \frac{O_{i.}O_{.j}}{n}$$

으로 계산된다. 따라서 검정통계량은

$$\chi_0^2 = \Sigma_{i=1}^{r}\Sigma_{j=1}^{c}\frac{(O_{ij}-E_{ij})^2}{E_{ij}}$$

이 된다. 그런데 이 검정통계량은 n이 충분히 클 때 자유도가 $(r-1)(c-1)$인 χ^2 분포를 한다. 이상으로부터 독립성 검정의 절차를 요약하면 다음과 같다.

1. 귀무가설 : $p_{ij} = p_{i0} \cdot p_{0j} (i=1,2,\cdots,r \quad j=1,2,\cdots,c)$
2. 검정통계량 : $\chi_0^2 = \dfrac{\Sigma_{i=1}^{r}\Sigma_{j=1}^{c}(O_{ij}-E_{ij})^2}{E_{ij}}$
3. 판정 : $\chi_0^2 \geq \chi^2((r-1)(c-1);\alpha)$ 이면 H_0을 기각한다.

예제 6.13

직업과 혈압의 관계를 조사하기 위해서 무작위로 선택한 30세의 남성 100명에게 조사한 결과 다음과 같은 분할표를 얻었다. 유의수준 5%로 직업과 혈압 사이의 관계가 있는지를 검정하라.

	낮 다	정 상	높 다	계
농 업	3	5	2	10
근로자	5	45	10	60
기 타	2	20	8	30
	10	70	20	100

|결과| ① 1단계 : $H_0 : p_{ij} = p_{i\,0} \cdot p_{0\,j}$ (직업과 혈압상태는 독립)

p_{ij}는 직업이 i 번째, 혈압상태가 j 번째에 속하는 모집단의 비율

$p_{i\,0}$와 $p_{0\,j}$는 각각 i 번째 직업, j 번째 혈압상태에 속하는 비율

② 2단계 : H_0하에서 검정통계량은

$$\chi_0^2 = \sum\sum \frac{(O-E)^2}{E} = \frac{(3-1)^2}{1} + \frac{(5-7)^2}{7} + \cdots + \frac{(8-6)^2}{6} = 6.333$$

여기서, 기대도수는 $E_{11} = \frac{10}{100} \times 10 = 1,\ E_{12} = \frac{10}{100} \times 70 = 7$

같은 방법으로 모든 기대도수를 구하면 아래의 표에서 ( )와 같다.

	낮다	정상	높다	계
농업	3(1)	5(7)	2(2)	10
근로자	5(6)	45(42)	10(12)	60
기 타	2(3)	20(21)	8(6)	30
	10	70	20	100

③ 3단계 : 기각치는 자유도 $df = (r-1)(c-1) = 4$ 이므로 $\chi^2(4;0.05) = 9.49$

④ 4단계: 판정 $\chi_0^2 = 6.333 < \chi^2(4;0.05) = 9.49$이므로 H_0를 채택한다.

즉, 직업과 혈압은 관련이 없다고 할 수 있다.

Minitab ▶ 이용하기

1. "c1", "c2", "c3"에 자료를 입력하고 메뉴에서 [Stat] → [Tables]→[Chi-Square Test...]을 클릭 한다.

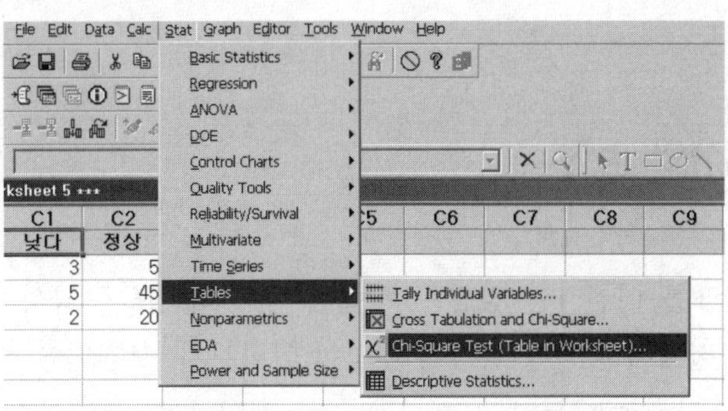

2. {Chi-Square Test} 대화 상자가 나타나면 데이터 입력창에 마우스를 올려놓고 "c1", "c2", "c3"을 더블 클릭하여 데이터 입력을 마친 후 {OK} 버튼을 클릭한다.

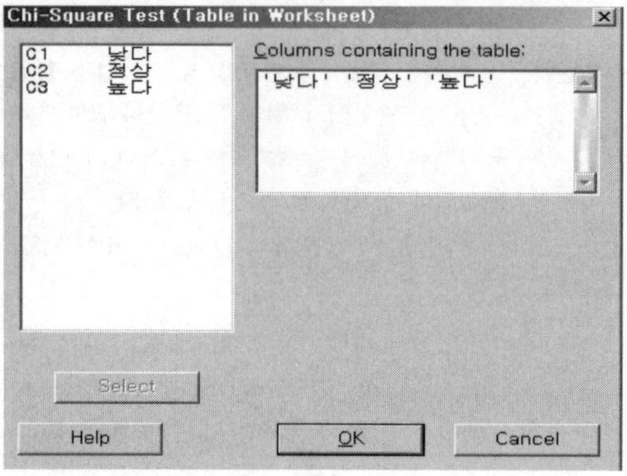

3. 다음과 같은 결과 화면이 나타난다.

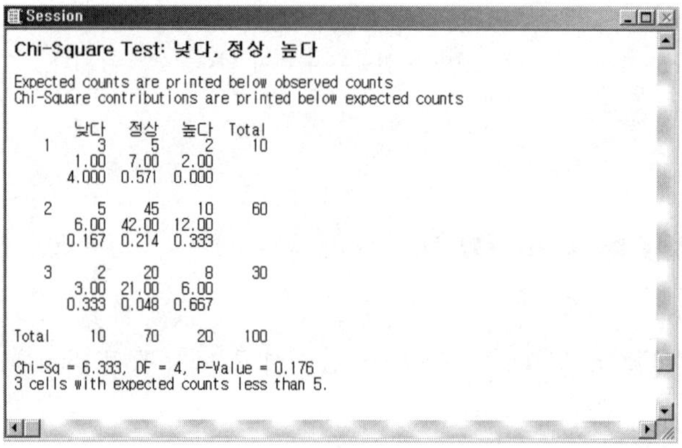

12. 동일성의 검정

분할표를 이용하는 검정은 독립성 검정 외에도 동일성 검정을 사용할 수 있다. 본 절에서 동일성 검정에 대하여 알아보자. 모집단을 주어진 특성에 따라 r 개의 속성으로 나누고 $A_1, A_2, \cdots, A_r$를 r 개의 부분 모집단으로 간주하고 각 부분

모집단에서 미리 정해진 크기 만큼 표본추출을 한다고 가정하자. 같은 방법으로 추출된 표본을 또 다른 특성 B에 의하여 c개의 속성으로 나누면 아래의 (a)와 같은 자료구조를 가진 분할표를 얻을 수 있다. 이 때 부분 모집단에 속하는 비율을 p_{ij}이라고 하면 아래의 (b)의 표를 만들 수 있다. 여기서 검정하고자 하는 것은 $O_{i.}$가 속성 $B_1, B_2, \cdots, B_c$에 같은 비율로 나누어져 있는가 하는 것이다. 이와 같은 검정을 동일성 검정(homogeneity test)이라고 한다.

표 6.3_r × c 분할표와 부분 모집단에 속하는 비율

(a) r × c 분할표

속성 B_j / 속성 A_i	B_1	B_2	$\cdots$	B_c	합 계
A_1	O_{11}	O_{12}	$\cdots$	O_{1c}	$O_{1.}$
A_2	O_{21}	O_{22}	$\cdots$	O_{2c}	$O_{2.}$
$\vdots$	$\vdots$	$\vdots$		$\vdots$	$\vdots$
A_r	O_{r1}	O_{r2}	$\cdots$	O_{rc}	$O_{r.}$
합 계	$O_{.1}$	$O_{.2}$	$\cdots$	$O_{.c}$	n

(b) 부분 모집단에 속하는 비율

속성B_j / 속성A_i	B_1	B_2	$\cdots$	B_c	합 계
A_1	p_{11}	p_{12}	$\cdots$	p_{1c}	1
A_2	p_{21}	p_{22}	$\cdots$	p_{2c}	1
$\vdots$	$\vdots$	$\vdots$		$\vdots$	$\vdots$
A_r	p_{r1}	p_{r2}	$\cdots$	p_{rc}	1

동일성 검정에서 검정하고자 하는 귀무가설은 다음과 같다.

$$H_0 \quad : p_{1j} = p_{2j} = \cdots = p_{rj} = p_j (j = 1, 2, \cdots, c)$$

그리고 귀무가설 H_o하에서 기대도수 E_{ij}는 다음 식에 의해 계산된다.

$$E_{ij} = \frac{O_{i.} \times O_{.j}}{n}$$

따라서 검정 통계량은 다음과 같다.

$$\chi_0^2 = \sum_i^r \sum_j^c \frac{(O_{ij}-E_{ij})^2}{E_{ij}} \sim \chi^2((r-1)(c-1))$$

예제 6.14

어느 담배제조회사에서 30세 이상의 성인 남자를 대상으로 흡연을 조사한 결과 다음과 같다. $\alpha = 0.05$에서 각 연령층별로 흡연율에 차이가 있는지를 검정하라.

	흡연자	비흡연자	합 계
30대	95	65	160
40대	40	50	90
50대	80	40	120
기 타	25	5	30
합 계	240	160	400

|결과| ① 1단계 : $H_0 : p_1 = p_2 = p_3 = p_4$

(p_1: 30대의 흡연율, p_2: 40대의 흡연율, p_3: 50대의 흡연율, p_4: 기타)

② 2단계 : H_0하에서 검정통계량은

$$\chi_0^2 = \sum\sum \frac{(O-E)^2}{E} =$$

$$\frac{(95-96)^2}{96} + \frac{(65-64)^2}{64} + \cdots + \frac{(5-12)^2}{12} = 18.12$$

(기대도수는 $E_{11} = \frac{160}{400} \times 240 = 96$, $E_{12} = \frac{160}{400} \times 160 = 64$)

같은 방법으로 모든 기대도수를 구하면 아래의 표에서 ( )와 같다.

	흡연자	비 흡연자	합 계
30대	95(96)	65(64)	160
40대	40(54)	50(36)	90
50대	80(72)	40(48)	120
기 타	25(18)	5(12)	30
합 계	240	160	400

③ 3단계: 기각치는 자유도 $df = (r-1)(c-1) = 3$ 이므로 $\chi^2(3;0.05) = 7.81$

④ 4단계: 판정 $\chi_0^2 = 18.12 > \chi^2(3;0.05) = 7.81$이므로 H_0를 유의수준 5%에서 기각한다. 즉, 연령별로 흡연율에 차이가 있다 할 수 있다.

Minitab ▶ 이용하기

1. "c1", "c2"에 자료를 입력하고 메뉴에서 [Stat] → [Tables] → [Chi-Square Test...]을 클릭 하고 [Chi-Square Test] 대화 상자가 나타나면 데이터 입력 창에 마우스를 올려놓고 "c1", "c2"을 더블 클릭하여 데이터 입력을 마친 후 [OK] 버튼을 클릭한다.

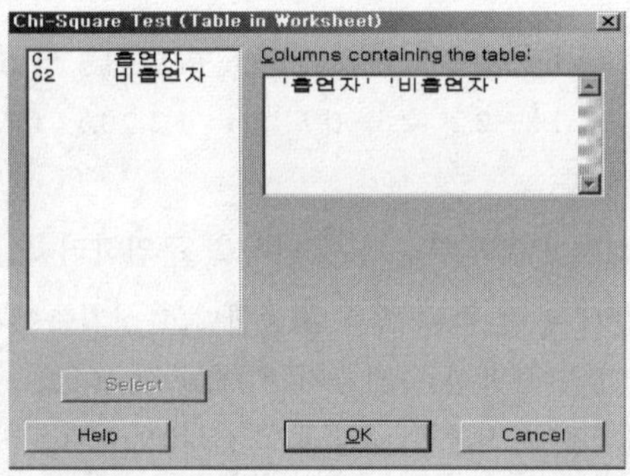

2. 다음과 같은 결과 화면이 나타난다.

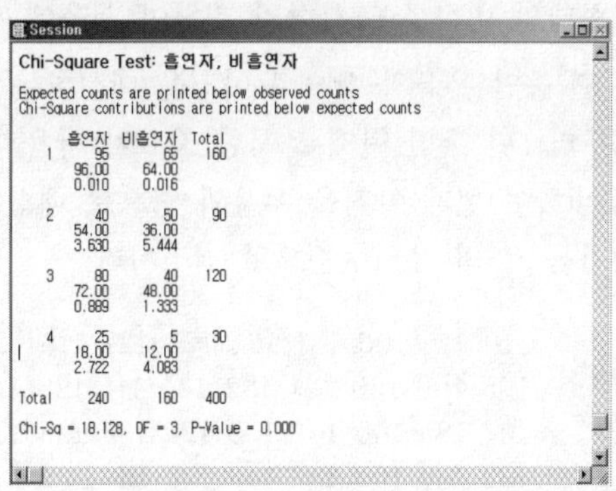

연 / 습 / 문 / 제

1 서울시내 직장인들이 출퇴근에 소비하는 시간이 1시간 이상이라는 조사결과가 발표되었다. 교통문화센터에서는 이 조사결과가 타당한가를 판정하기 위하여 은행에 종사하는 직장인 25명을 임의로 추출하여 조사한 자료는 다음과 같다. 5% 유의수준에서 출퇴근에 소비하는 시간이 1시간 이상이라고 할 수 있는가?

0.8 1.4 0.2 1.0 0.7 1.6 1.9 1.3 0.6 2.1 2.4 1.9 0.8
1.1 1.8 2.2 2.8 0.7 0.4 1.2 0.5 0.7 1.1 1.3 0.5

2 고속버스터미널 의류상가에 의복을 구입하러 오는 손님이 평균적으로 의복을 구입하는데 4.5만원 이하를 지출한다고 상가측에서는 주장하고 있다. 국세청에서는 과세의 정확성을 기하기 위해 고객 16명을 임의로 추출하여 이들이 의복을 구입하는데 지출한 금액을 조사 하였더니 다음과 같은 자료를 얻었다. 5% 유의수준에서 의류상가 주장이 타당하다고 할 수 있는가? 를 검정하라.

1.2 3.7 2.1 9.8 0.7 7.2 3.1 2.3 3.2 5.6 8.3 2.8 1.6 0.5 8.2 5.3

3 식생활 형태의 변화를 조사하기 위하여 서울에 사는 30가구를 무작위로 추출하여 일 년 동안 우유와 빵으로 아침을 대신하는 횟수를 1년 전에 조사한 자료의 그로부터 1년 후인 현재 조사한 자료가 다음과 같았다. 이 자료를 가지고 1년 전에 비하여 현재 아침을 우유와 빵으로 대신하는 횟수가 증가하였다고 할 수 있는가를 5%의 유의수준으로 검정하라.

1년 전 :	110 115 100 131 122 123 127 115 126 126 119 120 111 132 122 105 100 120 121 132 130 111 125 119 116 121 130 134 123 128
1년 후 :	137 139 140 142 135 125 135 123 136 152 134 123 145 127 137 132 144 150 137 145 125 150 135 130 128 152 156 160 136 146

4 서울지역 여고생 1, 2학년을 대상으로 블라우스 옷감의 선호도를 조사하였다. 1학년 학생 627명 중 452명, 2학년 523명 중 327명이 약간 비치는 옷감을 선호하였다. 비치는 옷감의 선택에 있어 1학년과 2학년간에 5% 유의수준에서 비율차가 있는가?

5 새로운 제품을 개발하여 판매하는 회사가 이 회사의 새로운 제품의 평균 강도가 200kg/cm2보다 크다고 주장한다. 실제 평균강도 μ에 대한 정보를 알기 위하여 판매되는 제품 중 13개를 임의 추출하여 그 강도를 측정하여 기록한 결과가 다음과 같다(단위:kg/cm2).

200 195 205 210 180 185 193 204 185 193 204 185 208

(1) 이 새로운 제품의 평균강도에 대한 95%의 신뢰구간을 구하라.

(2) 이 회사의 주장이 옳다고 할 수 있겠는가? 유의수준 $\alpha=0.05$ 로 검정하라.

(3) 이 제품의 평균강도 μ의 추정에 대한 95% 오차한계가 5kg/cm2이내로 하려면 필요로 하는 표본의 크기를 구하라.

6 원료 A와 B에 대한 매일 매일의 제품의 순도(%)는 다음과 같다. 원료 A와 원료B에서 순도의 모평균값에 차이가 있겠는가 유의수준 5%로 검정하라.(단, 원료 A와 원료B에서 순도의 모분산은 잘 모르지만 같다고 가정한다.)

원료 A	74.9	73.9	74.7	74.3	75.8	74.2
원료 B	75.2	75.0	75.3	76.9	75.0	

7 A, B평행한 라인에서 같은 종류의 건전지를 제조하고 있다. 양 공정으로부터 임의로 12개씩의 시료를 뽑아 전압을 측정한 결과 다음과 같았다.

A라인	0.40	0.50	0.59	0.51	0.56	0.32	0.54	0.45	0.56	0.57	0.59	0.52
B라인	0.43	0.67	0.58	0.46	0.62	0.46	0.58	0.58	0.72	0.35	0.61	0.54

(1) 양 공정의 모평균에 차이가 있는가? 유의수준 $\alpha=0.05$ 로 검정하라..

(2) 양 공정의 분산에 차이가 있는가? 유의수준 $\alpha=0.05$ 로 검정하라.

(단, A라인 불편분산 VA=0.006755, B라인 불편분산 VB=0.01138)

8 기계 A, B에서 만들어진 두 개의 로트에서 각각 시료10개씩을 임의로 뽑아내어 측정한 결과 다음과 같은 값을 얻었다. 이 때 표준편차는 $\sigma_A=0.03$mm, $\sigma_B=0.02$mm 란 것을 알고 있다.

A사	5.64	5.58	5.61	5.63	5.62	5.57	5.65	5.64	5.66	5.59
B사	5.62	5.59	5.57	5.62	5.59	5.63	5.61	5.58	5.60	5.58

기계 A로 제작된 것의 모평균이 기계 B로 제작한 것의 모평균 보다 크다고 할 수 있겠는가를 유의수준 $\alpha=0.05$ 로 검정하라.

9 어떤 제품의 로트가 입하되었다. 첨부된 견적서에는 특성치의 표준편차는 0.02mm로 되어 있다. 견적서가 바른가 어떤가를 확인하기 위하여 로트로부터 시료를 10개 뽑아 측정한 결과 다음의 데이터를 얻었다. 견적서의 값을 어떻게 판단하면 좋은가? 유의수준 $\alpha=0.05$ 로 검정하라. (단위:mm)

(단, $\chi^2(9:0.025)=19.02$, $\chi^2(9:0.975)=2.70$)

5.41, 5.48, 5.47, 5.55, 5.45,
5.47, 5.48, 5.50, 5.47, 5.51

10 어떤 화학약품의 제조에 상표가 다른 2종류의 원료를 사용하고 있다. 각 원료에서 주성분 A의 함량은 다음과 같다(단위;%)

상표 1	80.4	78.2	80.1	77.1	79.6	80.4	81.6	79.9	84.4	80.9	83.1
상표 2	80.0	81.2	79.5	78.0	76.1	77.0	80.1	79.9	78.8	80.8	

(1) $\dfrac{\sigma_2^2}{\sigma_1^2}$에 관한 95%의 신뢰구간을 구하라.

(2) 위의 데이터로부터 상표1가 상표2에 포함되어 있는 주성분 A의 함량의 분산 σ_1^2, σ_2^2간에는 차이가 있는지 없는지를 유의수준 $\alpha=0.05$ 로 검정하라.

11 어떤 감광지 제조공장에서 농도가 다른 용액 A, B속에서의 변색정도를 보기 위해서 감광지의 시험지를 연속 투입하여 실험한 결과 다음의 데이터를 얻었다. 용액의 농도에 따라 불량매수의 출현비율 p_A와 p_B에 차가 있다고 할 수 있는지 알고 싶다.

농도	양호품 매수	불량품 매수	합계
A	928	72	1,000
B	772	28	800
합계	1,700	100	1,800

(1) p_A-p_B에 대한 90%의 신뢰구간을 구하라.

(2) $H_0: p_A-p_B=0$, $H_1: p_A-p_B\neq 0$ 을 유의수준 $\alpha=0.10$ 로 검정하라.

12 주사위 60회를 던졌을 때 1부터 6까지의 눈이 몇 회 나오는 것인가를 기록한 것이다. 이 주사위는 올바르게 만들어졌다고 판단해도 좋은가.

1	2	3	4	5	6
13	11	7	9	8	12

(1) 검정을 할 때 가설을 설정하라.

(2) 무슨 분포를 사용하여 검정하는가?

(3) 가설을 세운 것에 대해 검정을 하라.

13 어떤 전기부품의 납땜 작업공정에서 작업자가 서서 작업한 공정에서 800개, 앉아 서 작업한 제품에서 1,100개를 뽑아 양, 불량으로 나누었더니 다음의 데이터를 얻었다. 선 작업과 앉은 작업에서 불량률에 차가 있다고 할 수 있는가? $\alpha = 0.05$ 에서 검정하라.

	양품	불량품	합계
선작업	751	49	800
앉은작업	967	133	1,100
합계	1,718	182	1,900

14 A, B 두 청량음료에 대하여 시음 전문가 6명에게 맛을 보게 한 다음, 맛을 점수로 나타내어 다음의 자료를 얻었다. 두 청량음료의 맛에 차가 있다고 할 수 있는가 유의수준 5%로 검정하라.

시음자	1	2	3	4	5	6
A	89	84	78	65	44	61
B	83	89	70	60	45	57

15 어떤 기계는 30%의 불량품을 생산했다. 기계를 수선한 후에 100개를 생산했더니 22개의 불량품이 나왔다. 수선한 후에 불량률은 감소되었는가? 유의수준 5%로 정하라.

16 어떤 제품의 로트로부터 10개의 시료를 임의로 채취하여 그 길이를 측정한 바, 다음의 값이 얻어졌다. 그리고 표준편차 $\sigma = 0.030$ 인 것을 알고 있다.(단위:mm)

18.54 18.57 18.52 18.56 18.59

18.56 18.55 18.56 18.61 18.58

기계를 조정한 후, 위와 같은 치수의 모평균이 기준으로서 설정한 값 18.52mm 보다 크다고 할 수 있겠는가? 유의수준 $\alpha = 0.05$ 로 검정하라.

17 온도계가 100개 들어 있는 로트를 구입하였다. 이 로트의 평균온도에 치우침이 있는가를 검토하기 위해 로트로부터 임의로 8개의 온도계를 뽑아 표준온도계와 비교를 했다. 표준온도계를 100℃로 하여 측정한 결과 다음과 같은 데이터를 얻었다. 이 로트의 지시온도에 치우침이 있다고 할 수 있겠는가? 유의수준 $\alpha = 0.05$ 로 검정 하라.(단위;℃)

99.5 100.2 99.5 100.9 99.1 100.3 99.8 100.0

18 어떤 공장에서 제품1개당의 평균무게는 종전에 200g이었으며 표준편차는 5g이었다. 공정을 변경시킨 후 $\bar{x} = 197$이었다. 종전보다 무게가 작아졌다고 할 수 있는가?. (단, n=9이고, 산포는 달라지지 않았다고 한다.) 유의수준 $\alpha = 0.05$ 로 검정하라.

19 식생활 패턴의 변화에 따라 패스트푸드를 이용하고 있는 횟수가 점차 증가하고 있다. 이에 따라 외식문화협회에서는 남자와 여자로 분류하여 한 달에 패스트푸드를 이용하는 횟수를 조사하고자 각각 16명씩 추출하였다. 이 결과 남자는 6회, 여자는 4회이었으며, 표준편차는 각각 1.2회와 0.8회이었다. 5% 유의수준에서 남녀간에 패스트푸드를 이용하는 횟수에 차이가 있다고 할 수 있는가?를 검정하라.

20 설비구입자는 기계를 대체하기 위하여 현재 사용하고 있는 기계를 비교하려 한다. 공장 내에 동일한 제품을 생산하는 기계가 있는 데 하나는 일제이고 다른 하나는 국산이다. 어느 기계가 더 우수한지 알아보기 위하여 일제와 국산이 생산해낸 제품에서 각각 100개를 뽑아 불량품을 조사하였다. 그 결과 일제에서는 6%, 국산기계에서는 7%의 불량률이 나왔다. 두 기계가 만든 제품 전체의 불량률의 차이가 2% 미만인지를 확인하여 불량률의 차이가 2%미만이면 가격이 다소 싼 국산을 구입하려 한다. 가설을 설정하고 유의수준 $\alpha = 0.05$ 로 검정하라.

CHAPTER 07

여러 집단의 통계자료 분석

제7장에서는 기초적인 분산 분석 방법을 살펴본다.

- 분산분석의 개념
- 일원배치법
- 이원배치법

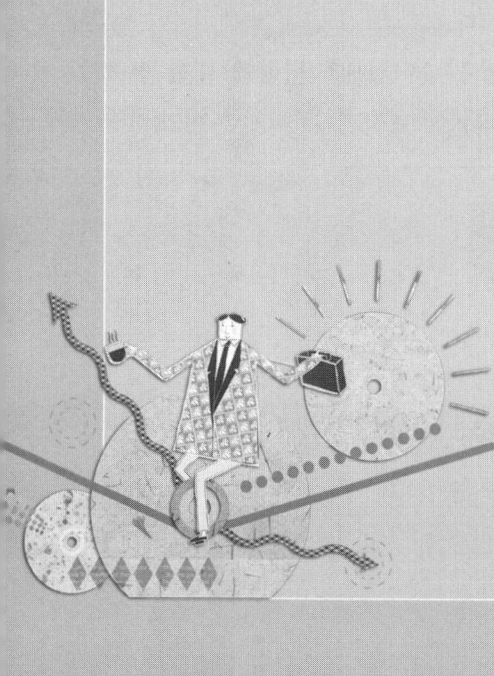

1. 분산분석의 개념

어떤 속성이 여러 가지 조건에 처해 있을 때 그 차이에 관심을 가질 수 있다. 예를 들면 흡연자가 수명에 영향을 주는지, 약품의 종류에 따른 치료기간등의 변화가 어떤 영향을 주는지 등이다. 이런 문제에서는 일반적으로 실험을 계획하고 실험을 실시한 후에 얻은 자료를 기초로하여 문제를 분석하게 된다. 따라서, 실험의 목적을 달성하기 위해서는 실험을 실시하기전에 철저한 계획을 세워야 한다. 실험계획법(experimental design)은 이러한 실험을 실시하는데 필요한 제반계획을 세우는 방법을 연구하는 분야이다. 즉, 어떻게 실험을 실시하며, 어떻게 자료를 얻으며, 이 자료를 어떤 통계적 방법으로 분석하여 최소의 비용으로 최대의 정밀한 정보를 얻을 수 있는가를 연구하는 것이다.

실험계획법에서 흔히 사용하는 분석방법으로는 분산분석(analysis of variance; ANOVA), 회귀분석(regression analysis), 상관분석(correlation analysis) 등이 있다.

실험계획법에서 흔히 사용되는 용어는 인자(factor)와 인자수준(factor level)이 있는데 인자는 어떤 실험에서 관측값에 영향을 주는 조건의 종류를 말하고 인자수준은 실험을 하기 위한 인자의 여러 가지 조건을 의미한다.

분산분석은 실험계획법에서 가장 많이 사용하는 분석방법으로서, 이름이 뜻하는 대로 특성값의 분산 또는 산포를 분석하는 방법이다.

즉, 특성값의 산포를 제곱합(sum of square)으로 나타내고, 이 제곱합을 실험에 관련된 요인들을 요인별로 분해하며, 순수한 오차에 의한 영향보다 큰 영향을 주는 요인이 어떤것인가를 규명하는 분석방법이다.

예를 들어, 어떤 실험의 관측값이 $y_1, \cdots, y_n$ 으로 주어질 때, 평균에 대한 편차는 $y_i - \bar{y}$ 로 표시하고, 편차의 제곱합은 $\sum_{i=1}^{n}(y_i - \bar{y})^2$ 로 표시된다. 이것은 아래의 그림처럼 요인별로 분해 할 수가 있다.

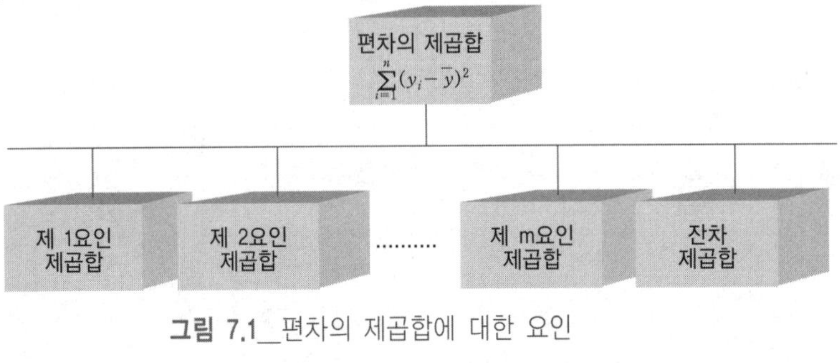

그림 7.1_편차의 제곱합에 대한 요인

위의 그림에서 처리제곱합(treatment sum of squares)은 요인의 변화에 따른 반응의 차에 의한 제곱합이며, 잔차제곱합(residual sum of squares)은 아직 원인이 규명되지 못한 요인에 의한 제곱합을 뜻한다. 여기서 다룰 분산분석법으로는 간단한 실험계획법인 일원배치법과 이원배치법이다. 일원배치법에서는 각 처리에서의 반복수가 같은 경우와 다른 경우로 나누어 생각하고 이원배치법에서는 각처리에서 반복이 없는 경우와 있는 경우로 나누어 생각하기로 한다.

2. 일원배치법

일원배치법은 특성값에 대한 한 종류의 인자의 영향을 조사하고자 할 때에 사용하는 분산분석법으로서 인자의 각 수준이 처리가 된다. 3개 이상의 처리효과를 비교할 때는 F검정을 이용한다. 일원배치법에서는 2개 이상의 처리 효과를 비교하는 것에 관심이 있게 되며 일원배치법은 다음과 같은 특징을 가진다.

(1) 각 수준에서의 반복수는 같지 않아도 좋으며, 많이 사용되는 수준수는 3~5 반복수는 3~10이다.

(2) 실험의 측정은 랜덤하게 선택된 순서에 의하여 독립적으로 시행되어야 한다(혹은 완전 확률화법(Completely randomized design)이라고도 한다).

1) 반복수가 같은 경우

각 처리에 대한 반복수가 같은 일원배치법의 자료구조는 다음의 표와 같다.

처리1	처리2	…	처리k	
y_{11}	y_{21}	…	y_{k1}	
y_{12}	y_{22}	…	y_{k2}	
.	.	.		
.	.	.		
.	.	.		
y_{1n}	y_{2n}	…	y_{kn}	
평 균	$\bar{y}_1.$	$\bar{y}_2.$	…	$\bar{y}_k.$
제곱합	$\sum_{j=1}^{n}(y_{1j}-\bar{y}_1.)^2$	$\sum_{j=1}^{n}(y_{2j}-\bar{y}_2.)^2$	…	$\sum_{j=1}^{n}(y_{kj}-\bar{y}_k.)^2$

(전체평균 $\bar{y}$)

k개의 처리효과를 비교하기 위하여 위의 자료를 통계적으로 검정하기 위해서는 처리에 대한 모집단 모형이 필요하다. 이제, i번째 처리에서 얻어진 관측값을 생각해보자. 이들은 평균이 μ_i이고, 분산이 σ^2인 정규분포 $N(\mu_i,\sigma^2)$에서의 크기 n인 확률표본으로 가정할 수 있다. 즉,

$$Y_{ij} = \mu_i + \epsilon_{ij}, \quad i=1,2,\cdots,k, \quad j=1,2,\cdots,n$$

으로 표시할 수 있으며, 여기서 ϵ_{ij}는 실험의 오차에 해당되는 확률변수로서 평균 0, 분산 σ^2인 정규분포 $N(0,\sigma^2)$에 따른다.

이 실험에서 실험전체의 모평균을 μ 라고 하면 μ는

$$\mu = \sum_{j=1}^{k} \mu_j / k$$

로 정의되며μ_i와μ의 차 인 $\alpha_i = \mu_i - \mu$는 i번째 처리효과라고 한다.

이를 요약하면 다음과 같다.

> 반복수가 같은 일원배치법의 모집단 모형:
>
> $$Y_{ij} = \mu + \alpha_i + \epsilon_{ij}, \quad i=1,2,\cdots,k, \quad j=1,2,\cdots,n$$
>
> 여기서 μ : 총평균
>
> α_i : i번째 처리효과로서 $\sum \alpha_i = 0$
>
> ϵ_{ij} : 오차항으로서 서로 독립인 $N(0,\sigma^2)$ 확률변수

위의 모집단 모형에서 오차항 ϵ_{ij}를 서로 독립인 $N(0,\sigma^2)$확률변수라고 가정하였는데, 좀 더 구체적으로 표현하면 다음과 같은 의미를 갖는다.

(1) 정규성(normality) : 오차항 ϵ_{ij} 는 정규분포를 따른다.
(2) 독립성(independence) : 모든ϵ_{ij} 는 서로 독립이다.
(3) 불편성(unbiasedness) : 오차 ϵ_{ij} 의 기대값은 0이고 편차는 없다.
(4) 등분산성(equal variance) : 모든 i,j에 대하여 ϵ_{ij} 의 분산은 σ^2이다.

이제, k 개의 처리효과에 차가 있는지를 검정하는 것은 k 개의 모평균 사이

에 차가 있는가를 검정하는 것과 같으며, 이 경우에 검정하려는 귀무가설은

H_0 : 처리는 특성에 영향을 미치지 않는다.

즉, $\alpha_i = 0 \quad (i=1,\ 2,\ \cdots,\ k)$으로 표시할 수 있다. 대립가설은 적어도 한 α_i는 0이 아니라고 주어진다. 모든 처리효과가 같을 때에는 $\sum \alpha_i = 0$이라는 가정에 의하여 각각 0이 되고 위와 같이 주어진 귀무가설을 검정하기 위한 검정법을 유도하기 위해 총제곱합을 처리제곱합과 잔차제곱합으로 분해하는 방법을 생각해 보자. 관측값 y_{ij}와 총평균 $\bar{y}$와의 차인 총편차(total deviation) $y_{ij} - \bar{y}$를 분해하여

$$(y_{ij} - \bar{y}) = (y_{ij} - \bar{y}_{i\cdot}) + (\bar{y}_{i\cdot} - \bar{y})$$

로 나타낼 수 있다. 여기서, 편차$(y_{ij} - \bar{y})$는 실험에서 본질적인 불확실성을 나타내는 오차를 의미하며 이를 잔차(residual)라고 한다.$(\bar{y}_{i\cdot} - \bar{y})$는 i번째 처리의 평균과 총평균의 편차로서 이를 처리효과의 크기라고 한다. 이제, 위의 분해된 식의 양변을 제곱하여 더하면

$$\begin{aligned}
&\sum_{i=1}^{k}\sum_{j=1}^{n}(y_{ij} - \bar{y})^2 \\
&= \sum_{i=1}^{k}\sum_{j=1}^{n}[(y_{ij} - \bar{y}_{i\cdot}) + (\bar{y}_{i\cdot} - \bar{y})]^2 \\
&= \sum_{i=1}^{k}\sum_{j=1}^{n}(y_{ij} - \bar{y}_{i\cdot})^2 + \sum_{i=1}^{k}\sum_{j=1}^{n}(\bar{y}_{i\cdot} - \bar{y})^2 + 2\sum_{i=1}^{k}\sum_{j=1}^{n}(y_{ij} - \bar{y}_{i\cdot})(\bar{y}_{i\cdot} - \bar{y})
\end{aligned}$$

여기서, 우변의 끝항은 0이 되므로 이를 정리하면 다음과 같다.

$$\sum_{i=1}^{k}\sum_{j=1}^{n}(y_{ij} - \bar{y})^2 = \sum_{i=1}^{k}\sum_{j=1}^{n}(\bar{y}_{i\cdot} - \bar{y})^2 + \sum_{i=1}^{k}\sum_{j=1}^{n}(y_{ij} - \bar{y}_{i\cdot})^2$$

(총제곱합(SST) =처리제곱합(SS_{TR}) +잔차제곱합(SSE))

여기서 총제곱합은 총변동이라고도 하며 처리제곱합은 급간변동이라고도 하며 잔차제곱합은 급내변동이라고도 한다.

이제, 각 제곱합의 자유도(degress of freedom)에 대해서 살펴보자. 제곱합의 자유도는 제곱을 한 편차의 개수에서 편차들의 선형제약조건의 개수를 뺀 것과 같다. 즉, (제곱합의 자유도) = (제곱을 한 편차의 개수) − (편차들의 선형제약

조건의 개수)

먼저, 총제곱합에서 제곱을 한 편차의 개수는 $N = kn$ 개며 선형제약조건은

$$\sum_{i=1}^{k}\sum_{j=1}^{n}(y_{ij} - \bar{y}) = 0$$

인 한 개가 있으므로 SST의 자유도는 $N-1(=kn-1)$ 이다.

그리고 처리제곱합에서 제곱을 한 편차의 개수는 k 개이며 선형제약조건은

$$\sum_{i=1}^{k}(\bar{y}_{i\cdot} - \bar{y}) = 0$$

인 한 개가 있다. 따라서, SS_{TR}의 자유도는 $k-1$ 이다.

마지막으로 잔차제곱합에서 제곱을 한 편차의 개수는 $N = kn$ 개이며 선형제약조건은

$$\sum_{j=1}^{n}(y_{ij} - \bar{y}_{i\cdot}) = 0 \qquad i = 1, 2, \cdots, k$$

로서 k 개가 있다. 따라서 SSE 의 자유도는

$$N-k\{=\mathrm{k}(\mathrm{n}-1)\}$$

이 된다. 또한, 총제곱합의 자유도는

(총제곱합의 자유도) = (처리제곱합의 자유도) + (잔차제곱합의 자유도)

로 분해됨을 알 수 있다.

일반적으로, 제곱합을 자유도로 나누면 어떤 미지의 분산의 추정량이 되며, 이를 평균제곱이라고 한다. 즉, (평균제곱) = (제곱합) / (자유도)

처리에 대한 평균제곱과 잔차에 대한 평균제곱을 각각

$$MST = SS_{TR}/(k-1), \quad MSE = SSE/k(n-1)$$

로 나타내며, 잔차평균제곱 MSE 는 항상 σ^2의 불편추정량이 된다. 또한 $H_0: \alpha_1 = \alpha_2 = \cdots = \alpha_k (=0)$ 하에서는 처리평균제곱(MS_{TR}) 도σ^2의 불편추정량이 된다. 그러나 대립가설하에서는 MST 의 기대값이 σ^2보다 크게 되며 따라서 F 비 (F-ratio)인

$$F = \frac{MST}{MSE} = \frac{SS_{TR}/(k-1)}{SSE/k(n-1)}$$

의 값이 클 때에 귀무가설 $H_0: \alpha_1 = \alpha_2 = \cdots = \alpha_k (=0)$ 을 기각한다.

〈반복수가 같은 일원배치법의 분산분석표〉

요인	제곱합	자유도	평균제곱	F 비
처리	$SS_{TR} = n\sum_{i=1}^{k}(\bar{y}_{i.} - \bar{y})^2$	$k-1$	$MST = SS_{TR}/(k-1)$	
잔차	$SSE = \sum_{i=1}^{k}\sum_{j=1}^{n}(y_{ij} - \bar{y}_{i.})^2$	$k(n-1)$	$MSE = SSE/k(n-1)$	$F = \frac{MST}{MSE}$
계	$SST = \sum_{i=1}^{k}\sum_{j=1}^{n}(y_{ij} - \bar{y})^2$	$kn-1$		

예제 7.1

어떤 약이 식후 30분 경과해서 복용하도록 지시되었지만 약의 효과가 없다는 정보가 있어서 식전 30분, 식후 30분, 식후 1시간인 3가지 시간대를 설정하여 복용시간에 따라 효과에 차이가 있는지를 결정하는 실험을 실시하였다. 체형, 신체적 상황이 유사한 21명의 환자를 7명씩 3조로 나누어서 각 방법으로 약을 복용하도록 하여 그 질병이 완치하기 까지의 일수를 기록하여 다음표와 같은 정보를 얻었다. 약의 효과가 3가지 복용시간대에 차이가 없다는 사실을 유의수준 5%로 검정하라.

식전 30분 (A_1)	30, 35, 28, 29, 25, 29, 34
식후 30분 (A_2)	25, 31, 28, 27, 23, 24, 31
식후 1시간 (A_3)	20, 16, 17, 18, 18, 17, 20

|결과| 각 수준의 평균은 30, 27, 18이므로 외관상으로는 차이가 있는 것 같아 이차이가 모집단의 평균의 차이에 의한 것인지를 확인하기 위해 분산분석표를 행할 수 있다. 데이터에서 총평균은 (30+27+18)/3 = 25가 된다.

	A1	A2	A3
	30	25	20
	35	31	16
	28	28	17
	29	27	18
	25	23	18
	29	24	17
	34	31	20
합	210	189	126
평균	30	27	18
전체평균		25	

$$SST = \sum_{i=1}^{k}\sum_{j=1}^{n}(y_{ij}-\bar{y})^2 = (30-25)^2+(35-25)^2\cdots+(20-25)^2 = 694$$

$$SS_{TR} = n\sum_{i=1}^{k}(\overline{y_{i}.}-\bar{y})^2$$

$$= 7\times(30-25)^2+7\times(27-25)^2+7\times(18-25)^2 = 546$$

$SST = SS_{TR} + SSE$를 만족하므로 $SSE = 694-546 = 148$이 된다.

즉, 분산분석표는 다음과 같다.

요인	제곱합	자유도	평균제곱	F 비
처리	546	2	273.0	33.2
잔차	148	18	8.2	
계	694	20		

|해석| 즉, $F = 33.2 > F(2:18;\ 0.05) = 3.56$이므로 귀무가설이 기각되고 시간대에 따른 약의 효과에 대한 차이가 인정된다

Minitab ▶ 이용하기

1. "C1", "C2", "C3"에 다음과 같이 자료를 입력한다.

Worksheet 1 ***

↓	C1	C2	C3	C4
	A1	A2	A3	
1	30	25	20	
2	35	31	16	
3	28	28	17	
4	29	27	18	
5	25	23	18	
6	29	24	17	
7	34	31	20	
8				

2. 메뉴에서 [Stat] → [ANOVA]→[One-Way(Unstacked)...]을 클릭 하고 나타난 대화상자에서 데이터 입력창에 마우스를 올려놓고 "C1", "C2", "C3"을 더블 클릭하여 데이터 입력을 마친 후 [OK] 버튼을 클릭한다.

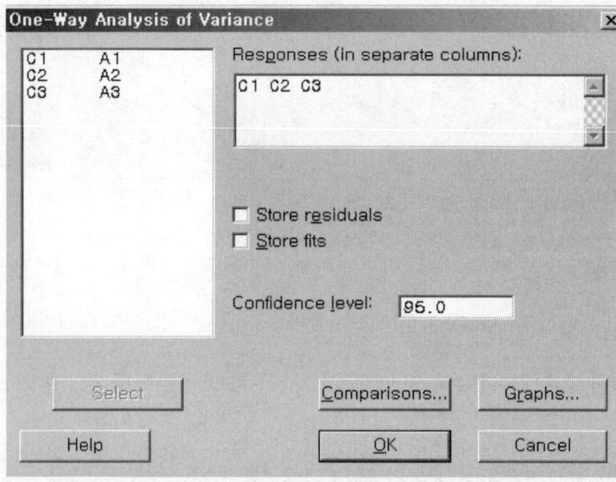

3. 다음과 같은 결과 화면이 나타난다.

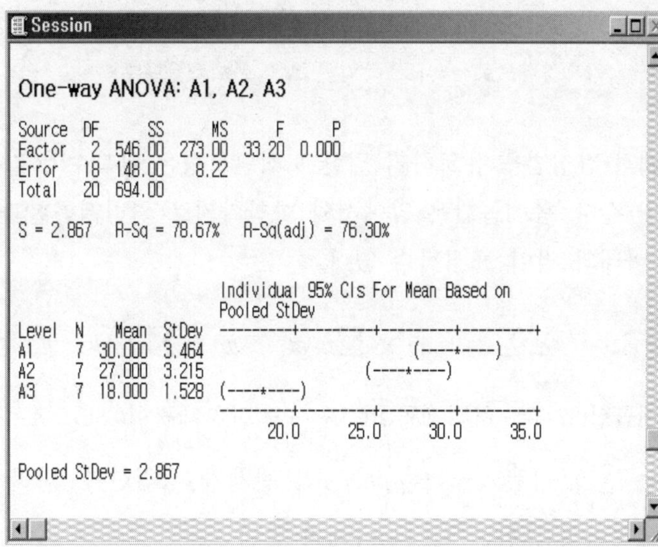

2) 반복수가 다른 경우

일원배치법에서 반복수가 같지 않는 실험을 하게 되는 경우는 결측치가 생기거나 특정한 모평균에 대한 측정의 정도를 높이기 위하여 다른 수준보다 반복을 더하는 경우가 있다. 처리효과의 비교를 다루는 여러 방법은 반복수가 같은 경우와 동일하고 자료구조는 다음과 같다.

처리1	처리2	⋯	처리k
y_{11}	y_{21}	⋯	y_{k1}
y_{12}	y_{22}	⋯	y_{k2}
.	.	.	
.	.	.	
.	.	.	
y_{1n_1}	y_{2n_2}	⋯	y_{kn_k}
평균 $\overline{y}_1 .$	$\overline{y}_2 .$	⋯	$\overline{y}_k .$

(전체평균 $\overline{y}$)

이를 반복수가 같은 일원배치와 유사한 방법으로 요약하면 다음과 같다.

> 반복수가 다른 일원배치법의 모집단 모형:
>
> $$Y_{ij} = \mu + \alpha_i + \epsilon_{ij}, \quad i = 1, 2, \cdots, k, \quad j = 1, 2, \cdots, n_i$$
>
> 여기서 μ : 총평균
>
> $$\sum_{i=1}^{k} n_i \alpha_i = 0$$
>
> ϵ_{ij} : 오차항으로서 서로 독립인 $N(0, \sigma^2)$ 확률변수

통계적 검정법을 유도하기 위한 모집단모형은 반복수가 같은 경우와 같으며, 아래와 같다. 총제곱합은 앞에서와 마찬가지로 처리제곱합과 잔차제곱합의 합으로 아래와 같이 표시될수 있다.

$$\sum_{i=1}^{k}\sum_{j=1}^{n_i}(y_{ij} - \overline{y})^2 = \sum_{i=1}^{k} n_i(\overline{y}_i . - \overline{y})^2 + \sum_{i=1}^{k}\sum_{j=1}^{n_i}(y_{ij} - \overline{y}_i .)^2$$

총제곱합(SST)= 처리제곱합(SS_{TR}) + 잔차제곱합(SSE)으로 표현할수 있고 자유도는 $\sum_{i=1}^{k} n_i - 1 = (k-1) + \sum_{i=1}^{k} n_i - k$ 인 관계가 성립한다. 반복수가 다른 경우의 일원배치법의 분산분석표는 아래와 같다.

〈반복수가 다른 일원배치법의 분산분석표〉

요인	제곱합	자유도	평균제곱	F비
처리	$SST = \sum_{i=1}^{k} n_i(\overline{y}_i . - \overline{y})^2$	$k-1$	$MST = SST/(k-1)$	
잔차	$SSE = \sum_{i=1}^{k}\sum_{j=1}^{n_i}(y_{ij} - \overline{y}_i .)^2$	$\sum_{i=1}^{k} n_i - k$	$MSE = SSE/\sum_{i=1}^{k} n_i - k$	$F = \frac{MST}{MSE}$
계	$SST = \sum_{i=1}^{k}\sum_{j=1}^{n_i}(y_{ij} - \overline{y})^2$	$\sum_{i=1}^{k} n_i - 1$		

|해석| 위의 분산분석표에서 F비는 귀무가설H_0가 참일 때 자유도 $F \sim F(k-1, \sum n_i - k)$를 따른다는 것을 이용하여 가설검정을 할 수 있다.

예제 7.2

S제약 홍보부에서는 유산균을 이용한 건강보조식품의 효과의 차이을 알아보기 위하여 만 5세가 되는 유아 5명의 학생을 임의로 3개의 집단(4명,5명,6명) 으로 나누어 각 집단에 각 각 A, B, C의 건강보조식품을 하루에 1병씩 복용하게 하여 6개월 이후 신장을 측정한 결과 세 가지 건강보조식품이 성장속도에 미치는 효과가차이가 있는지를 분산분석표를 작성하여 검정하라.

건 강 보 조 식 품 의 유 형

A	B	C
15	12	16
18	21	18
17	14	18
20	30	17
	28	15
		16

(단위:mm)

|결과| $k=3,\ n_1=4,\ n_2=5,\ n_3=6,\ n_1+n_2+n_3=15$

$\overline{y_1}=17.5,\ \overline{y_2}=21,\ \overline{y_3}=16.07,\ \overline{y}=18.33$

건강보조식품의 유형

	A	B	C
	15	12	16
	18	21	18
	17	14	18
	20	30	17
		28	15
			16
합	70	105	100
평균	17.5	21.00	16.67
전체평균	18.33		

이 결과를 바탕으로 제곱합을 분해하면 다음과 같이 표현할 수 있다.

$$SST=\sum_{i=1}^{3}\sum_{j=1}^{n_i}(y_{ij}-\overline{y})^2=(15-18.33)^2\cdots+(16-18.33)^2=335.33$$

$$SS_{TR}=\sum_{i=1}^{3}n_i(\overline{y}_i.-\overline{y})^2=4(17.5-18.33)^2+5(21-18.33)^2+6(16.67-18.33)^2$$

$$=55.00$$

$$SSE=\sum_{i=1}^{3}\sum_{j=1}^{n_i}(y_{ij}-\overline{y}_i.)^2=(15-17.5)^2+\cdots+(16-16.67)^2=280.33$$

요인	제곱합	자유도	평균제곱	F 비
처리	55.00	2	27.50	1.18
잔차	280.33	12	23.36	
계	335.33	14		

|해석| 분산분석표에서 F 비의 값이 유의수준$\alpha=0.05$에서 F분포 값인 $F(2,12;0.05)=3.89$값보다 크므로 귀무가설을 채택한다. 즉, 세 가지 건강보조 식품 (A, B. C)이 성장속도에 미치는 효과가 차이가 있다고 볼 수 없다.

Minitab ▶ 이용하기

1. "C1", "C2", "C3"에 다음과 같이 자료를 입력한다.

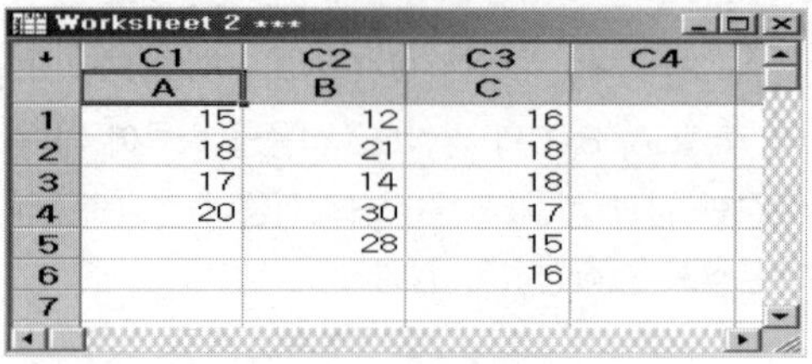

2. 메뉴에서 [Stat] → [ANOVA] → [One-Way(Unstacked)...]을 클릭하고 나타난 대화상자에서 데이터 입력창에 마우스를 올려놓고 "C1", "C2", "C3"을 더블 클릭하여 데이터 입력을 마친 후 [OK] 버튼을 클릭한다.

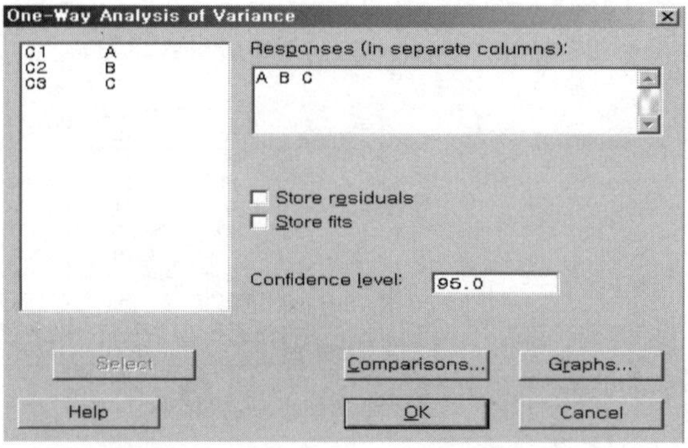

3. 다음과 같은 결과 화면이 나타난다.

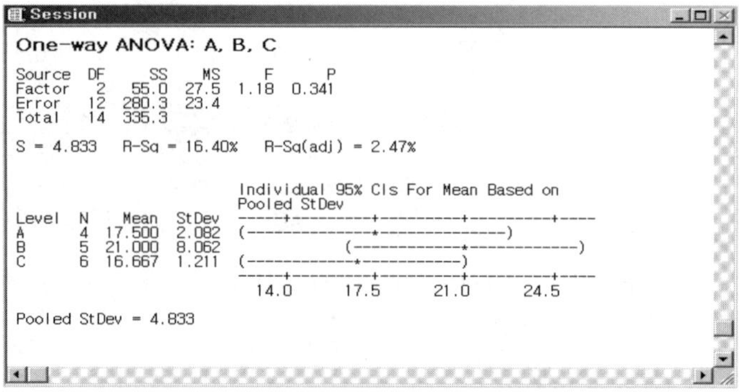

3. 이원배치법

1) 반복이 없는 이원배치법

앞에서 살펴본 바와 같이 실험계획법은 각 인자를 어떻게 조합하여 실험을 하면 좋은가, 또 얻어진 실험결과를 어떻게 분석하는 것이 좋은가 하는 두 가지 목적을 갖고 있다. 이원배치법은 특성값에 영향을 주는 2개의 인자에 대하여 그 영향을 조사하고자 할 때 사용되는 분산분석법으로 2개 인자의 수준에서 반복이 있는 경우와 없는 경우로 크게 나눌수 있다. 반복이 없는 실험계획법의 자료구조는 다음과 같다.

인자 B \ 인자A	A_1	A_2	$\cdots$	A_k	평균
B_1	y_{11}	y_{21}	$\cdots$	y_{k1}	$\bar{y}_{\cdot 1}$
B_2	y_{12}	y_{22}	$\cdots$	y_{k2}	$\bar{y}_{\cdot 2}$
	$\vdots$	$\vdots$		$\vdots$.	$\vdots$
B_h	y_{1h}	y_{2h}	$\cdots$	y_{kh}	$\bar{y}_{\cdot h}$
평균	$\bar{y}_{1\cdot}$	$\bar{y}_{2\cdot}$	$\cdots$	$\bar{y}_{k\cdot}$	총평균 $\bar{y}$

반복이 없는 실험계획법의 구조식은

$Y_{ij}=\mu+\alpha_i+\beta_j+\epsilon_{ij}$, $i=1,\ 2,\ \cdots,\ k,\quad j=1\ ,2,\cdots,h$

로 표시된다. 여기서μ는 총평균, α_i는 제1인자의 i번째 처리수준이 주는 효과, β_j는 제2인자의j번째 블록이 주는 효과이고 $\varepsilon_{ij}\sim N(0,\sigma^2)$이다.

이원배치법에서의 귀무가설은 다음과 같다.

(1) H_0 : 인자A는 특성Y에 영향을 미치지 않는다. 즉, $\alpha_i=0\ (i=1,\ 2,\ 3,\ \cdots,k)$

(2) H_0 : 인자B는 특성Y에 영향을 미치지 않는다. 즉, $\beta_j=0\ (j=1,2,3,\cdots,h)$

앞에서와 마찬가지로 분산분석표를 만드는 절차에 따르면 총변동은 다음과 같이 분해가 된다. 먼저

$$TSS = \sum_{i=1}^{k}\sum_{j=1}^{h}(y_{ij} - \bar{y}\ )^2$$

$$= \sum_{i=1}^{k}\sum_{j=1}^{h}[(\bar{y}_{i}. - \bar{y}\ ) + (\bar{y}._{j} - \bar{y}) + (y_{ij} - \bar{y}_{i}. - \bar{y}._{j} + \bar{y}\ )]^2$$

$$= h\sum_{i=1}^{k}(\bar{y}_{i}. - \bar{y}\ )^2 + k\sum_{j=1}^{h}(\bar{y}._{j} - \bar{y}\ )^2 + \sum_{i=1}^{h}\sum_{j=1}^{k}(y_{ij} - \bar{y}_{i}. - \bar{y}._{j} + \bar{y}\ )^2$$

으로 변형되므로

$$TSS = SSA + SSB + SSE$$

의 관계식을 얻을 수 있다. 여기서

$$SSA = h\sum_{i=1}^{k}(\bar{y}_{i}. - \bar{y})^2$$

$$SSB = k\sum_{j=1}^{h}(\bar{y}._{j} - \bar{y}\ )^2$$

$$SSE = \sum_{i=1}^{k}\sum_{j=1}^{h}(y_{ij} - \bar{y}_{i}. - \bar{y}._{j} + \bar{y}\ )^2$$

이다. 이로부터 분산분석표를 작성하면 다음과 같다.

〈반복이 없는 이원배치법의 분산분석표〉

요인	제곱합	자유도	평균제곱	F 비
처리	SSA	$k-1$	$MSA = SSA/(k-1)$	MSA/MSE
블럭	SSB	$h-1$	$MSB = SSB/h-1$	MSB/MSE
잔차	SSE	$(h-1)(k-1)$	$MSE = SSE/(h-1)(k-1)$	
계	TSS	$hk-1$		

각 제곱합의 자유도는 제곱을 한 서로 다른 편차의 갯수에서 선형제약조건의 수를 뺀 것이므로 TSS, SSA, SSB, SSE의 자유도는 각각 $hk-1$, $k-1$, $h-1$, $(k-1)(h-1)$로 주어진다.

이 경우에 전체의 자유도인 TSS의 자유도가 SSA, SSB, SSE의 자유도의 합으로 분해된다.

예제 7.3

다음 자료를 이용하여 분산분석표를 작성하고 3종류의 운동방법과 4종류의 식이요법이 몸무게에 미치는 영향을 조사하여 다음 자료를 얻었다. 운동방법(B)에 따라 몸무게에 영향을 주었는지, 식이요법(A)에 따라 몸무게에 영향을 주었는지를 검정하라.

식이요법 / 운동방법	B_1	B_2	B_3	평균
A_1	64	72	74	70
A_2	55	57	47	53
A_3	59	66	58	61
A_4	58	57	53	56
평균	59	63	58	60

|결과| $TSS=\sum_{i=1}^{4}\sum_{j=1}^{3}(y_{ij}-\overline{y})^2=(64-60)^2+\cdots+(53-60)^2=662$

$SSA=3\sum_{i=1}^{4}(\overline{y}_{i\cdot}-\overline{y})^2=3\{(70-60)^2+\cdots+(56-60)^2\}=498$

$SSB=4\sum_{j=1}^{3}(\overline{y}_{\cdot j}-\overline{y})^2=4\{(59-60)^2+\cdots+(58-60)^2\}=56$

$SSE=TSS-SSA-SSB=662-498-56=108$

위 정보를 이용하여 분산분석표를 작성하면 다음과 같다.

요인	제곱합	자유도	평균제곱	F 비
처리	498	3	166	9.22
블록	56	2	28	1.56
잔차	108	6	18	
계	662	11		

분산분석표에서 $F(3,6;0.05)=4.76$, $F(2,6;0.05)=5.14$이므로

① 인자 A에 대한 가설

◎ $H_0=\alpha_1=\alpha_2=\alpha_3=\alpha_4$은 유의수준 5%에서 기각되지만

② 인자 B에 대한 가설

◎ $H_0=\beta_1=\beta_2=\beta_3=\beta_4$ 은 유의수준 5%에서 채택된다.

|해석| 즉, 운동방법에 따라서는 몸무게가 차이가 없으나 식이요법에 따른 몸무게의 차이는 있다.

Minitab ▶ 이용하기

1. "C1", "C2", "C3"에 다음과 같이 자료를 입력한다.

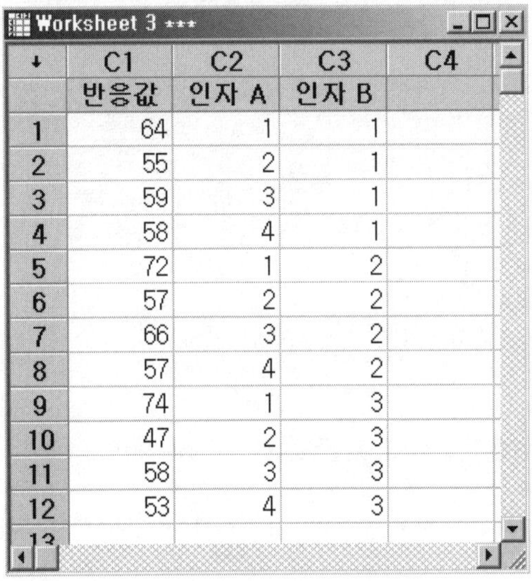

↓	C1 반응값	C2 인자 A	C3 인자 B	C4
1	64	1	1	
2	55	2	1	
3	59	3	1	
4	58	4	1	
5	72	1	2	
6	57	2	2	
7	66	3	2	
8	57	4	2	
9	74	1	3	
10	47	2	3	
11	58	3	3	
12	53	4	3	

2. 메뉴에서 [Stat] → [ANOVA] → [Two-Way...]을 클릭 하고 나타난 대화상자에서 데이터 입력창에 마우스를 올려놓고 "C1", "C2", "C3"을 더블 클릭하여 데이터 입력을 마친 후 [OK] 버튼을 클릭한다.

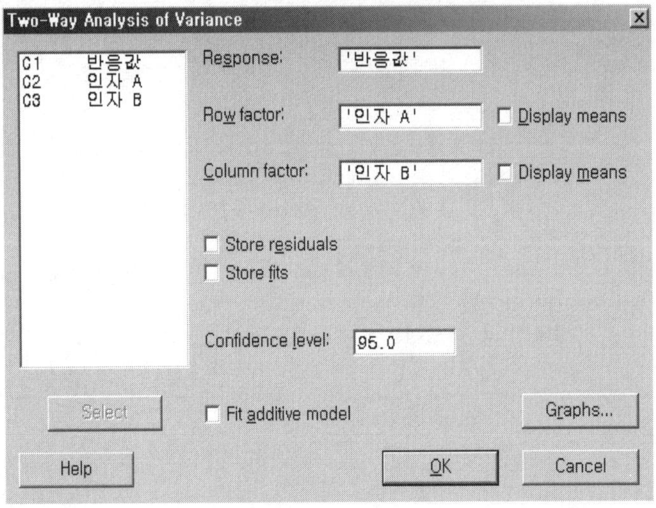

3. 다음과 같은 결과 화면이 나타난다.

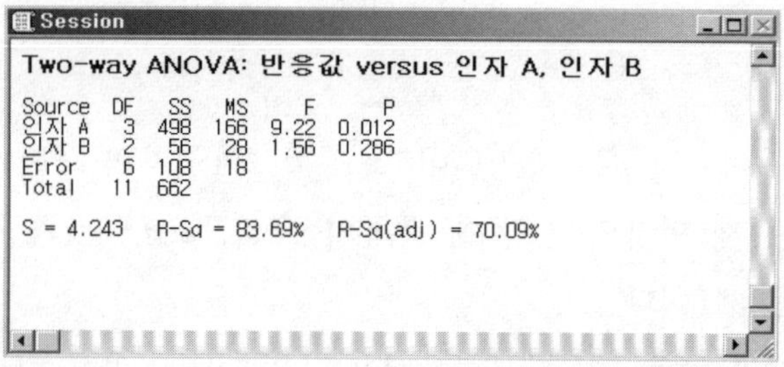

Session

Two-way ANOVA: 반응값 versus 인자 A, 인자 B

Source	DF	SS	MS	F	P
인자 A	3	498	166	9.22	0.012
인자 B	2	56	28	1.56	0.286
Error	6	108	18		
Total	11	662			

S = 4.243   R-Sq = 83.69%   R-Sq(adj) = 70.09%

2) 반복이 있는 이원배치법

반복이 없는 이원배치법은 두 인자의 어떠한 조합에 대하여 교호작용을 미치지 않는 것을 전제로 하였다. 이에 대하여 관찰값이 두 요인의 독자적인 작용을 함과 동시에 두 인자의 교호작용의 유무도 동시에 찾아내는 실험계획이 필요하다. 예를 들면 A, B 두 가지 약품을 동일환자에게 투여한 경우, 두 약품 각각의 주효과 외에도 양자의 상승작용에 의한 약효의 증감이 있을 수 있다. 이러한 경우에 두 인자의 독자적인 두 효과 외에도 양자의 상호작용의 유무도 동시에 검정해야 하는 실험계획이 필요하고 그러기 위하여 사용되는 것이 반복이 있는 이원배치법이다. 반복이 있는 실험계획법의 자료구조는 다음과 같다.

요인 B \ 요인 A	A_1	A_2	⋯	A_k	평균
B_1	y_{111}	y_{211}	⋯	y_{k11}	$\bar{y}_{\cdot 1 \cdot}$
	y_{111}	y_{212}		y_{k12}	
	⋮	⋮		⋮	
	y_{11n}	y_{21n}		y_{k1n}	
B_2	y_{121}	y_{221}	⋯	y_{k21}	$\bar{y}_{\cdot 2 \cdot}$
	y_{122}	y_{222}		y_{k22}	
	⋮	⋮		⋮	
	y_{12n}	y_{22n}		y_{k2n}	
⋮	⋮	⋮	⋮	⋮	⋮
B_h	y_{1h1}	y_{2h1}	⋯	y_{kh1}	$\bar{y}_{\cdot h \cdot}$
	y_{1h2}	y_{2h2}		y_{kh2}	
	⋮	⋮		⋮	
	y_{1hn}	y_{2hn}		y_{khn}	
평균	$\bar{y}_{1 \cdot \cdot}$	$\bar{y}_{2 \cdot \cdot}$		$\bar{y}_{k \cdot \cdot}$	총평균 $\bar{y}$

n번의 반복이 있는 이원배치법의 모형은

$$X_{ij} = \mu + \alpha_i + \beta_j + \alpha_i\beta_j + \varepsilon_{ijm}$$
$$(i = 1,\ 2,\ \cdots,\ k\ ,\ j = 1,\ 2, \cdots, h\ ,\ m = 1,\ 2, \cdots, n)$$

와 같다. 여기서 μ는 총평균이고, α_i는 제1인자의 i 번째 처리수준이 주는 효과, β_j는 제2인자의 j 번째 블록의 효과, $\alpha_i\beta_j$ 는 두 인자의 교호작용이고 $\varepsilon_{ijm} \sim N(0, \sigma^2)$ 이다.

앞에서와 마찬가지로 분산분석표를 만드는 절차를 따르면 다음과 같이 총변동이 분해가 된다. 먼저

$$\begin{aligned} TSS &= \sum_{i=1}^{k}\sum_{j=1}^{h}\sum_{m=1}^{n}(y_{ijm} - \overline{y}\ )^2 \\ &= \sum_{i=1}^{k}\sum_{j=1}^{h}\sum_{m=1}^{n}(y_{ijm} - \overline{y}_{ij}.)^2 + n\sum_{i=1}^{k}\sum_{j=1}^{h}(\overline{y}_{ij}. - \overline{y}\ )^2 \\ &\qquad\qquad = \sum_{i=1}^{I}\sum_{j=1}^{J}\sum_{k=1}^{K}X_{ijk} - \overline{X}_{ij} \end{aligned}$$

으로 변형된다. 여기서 우변의 제1항은 오차 제곱합이고 제2항은 각 수준 (A_i, B_j)의 변동을 나타내는 제곱합이므로 이들의 각각을 SSE, $SS_{A \cdot B}$ 라 하면

$$TSS = SSE + SS_{A \cdot B}$$

의 관계식을 얻을 수 있다. 그런데

$$\begin{aligned} \sum_{i=1}^{k}\sum_{j=1}^{h}(\overline{y}_{ij}. - \overline{y}\ )^2 &= h\sum_{i=1}^{k}(\overline{y}_{i}.. - \overline{y}\ )^2 + k\sum_{j=1}^{h}(\overline{y}._{j}. - \overline{y}\ )^2 \\ &\quad + \sum_{i=1}^{k}\sum_{j=1}^{h}(\overline{y}_{ij}. - \overline{y}_{i}.. - \overline{y}._{j}. + \overline{y}\ )^2 \end{aligned}$$

로 분해되므로

$$\begin{aligned} SS_{A \cdot B} &= nh\sum_{i=1}^{k}(\overline{y}_{i}.. - \overline{y}\ )^2 + nk\sum_{j=1}^{h}(\overline{y}._{j}. - \overline{y}\ )^2 \\ &\quad + n\sum_{i=1}^{k}\sum_{j=1}^{h}(\overline{y}_{ij}. - \overline{y}_{i}.. - \overline{y}._{j}. + \overline{y}\ )^2 \\ &= SSA + SSB + SS_{A \times B} \end{aligned}$$

이 된다. 따라서 $TSS = SSA + SSB + SS_{A\times B} + SSE$ 인 관계식이 얻어진다.

결국 다음과 같이 표현된다.

$$SSA = hn\sum_{i=1}^{k}(\bar{y}_{i..} - \bar{y})^2$$

$$SSB = kn\sum_{j=1}^{h}(\bar{y}_{.j.} - \bar{y})^2$$

$$SS_{A\times B} = n\sum_{i=1}^{k}\sum_{j=1}^{h}(\bar{y}_{ij.} - \bar{y}_{i..} - \bar{y}_{.j.} + \bar{y})^2$$

반복이 있는 이원배치법에서의 귀무가설은 다음과 같이 세 가지가 있다.

(1) H_0 : 인자A는 특성Y에 영향을 미치지 않는다. 즉,
$\alpha_i = 0 \quad (i = 1,\ 2,\ 3,\ \cdots, k)$

(2) H_0 : 인자B는 특성Y에 영향을 미치지 않는다. 즉,
$\beta_j = 0 \quad (j = 1,\ 2,\ 3,\ \cdots, h)$

(3) H_0 : 인자A와 인자B는 특성Y에 교호작용을 미치지 않는다. 즉,
$(\alpha\beta)_{ij} = 0 \quad (i = 1, 2,\ 3,\ \cdots,\ k,\ j = 1, 2, \cdots, h)$

반복이 있는 이원배치법의 분산분석표는 다음과 같다.

[반복이 있는 이원배치법]

요인	제곱합	자유도	평균제곱	F비
인자A	SSA	$k-1$	$MSA = SSA/(k-1)$	MSA/MSE
인자B	SSB	$h-1$	$MSB = SSB/(h-1)$	MSB/MSE
$A\times B$	$SS_{A\times B}$	$(k-1)(h-1)$	$MS_{A\times B} = \dfrac{SS_{A\times B}}{(k-1)(h-1)}$	$MS_{A\times B}/MSE$
잔 차	SSE	$kh(n-1)$	$MSE = \dfrac{MSE}{kh(n-1)}$	
계	TSS	$khn-1$		

각 변동의 자유도는 각각 다음과 같다.

TSS의 자유도 $\phi_T = N-1 = khn-1$이고, $SS_{A\cdot B}$ 의 자유도 $\phi_{A\cdot B} = kh-1$이며, SSA 의 자유도 $\phi_A = k-1$, SSB 의 자유도 $\phi_B = h-1$이 된다.

따라서, $SS_{A \times B}$ 의 자유도 $\phi_{A \times B} = \phi_{A \cdot B} - \phi_A - \phi_B = (k-1)(h-1)$가 된다. 그리고 SSE 의 자유도 $\phi_E = \phi_T - \phi_{A \cdot B} = kh(n-1)$가 되며, $\phi_{A \times B} = (k-1)(h-1) = \phi_A \times \phi_B$가 된다.

예제 7.4

진통제의 약물효과 지속시간이 계절과 연령에 어떠한 영향이 미치는가를 알아보기 위하여 연령이 19세, 29세, 39세가 되는 건강한 성인 남성에게 복용하게 하여 각각에 대하여 두 번씩의 기록을 측정하였다. 분산분석을 시행하라.

계절·연령에 따른 진통제 효과 지속시간 (단위:시간)

계절	연령		
	B_1(10대)	B_2(20대)	B_3(30대)
A_1(봄)	15.3	15.1	14.7
	16.1	15.5	15.0
A_2(여름)	17.2	16.8	16.4
	16.6	17.0	16.5
A_3(가을)	17.0	16.9	16.3
	16.2	16.8	16.7

|결과|

계절	연령			
	B1(10대)	B2(20대)	B3(30대)	평균
A1(봄)	15.3	15.1	14.7	15.28
	16.1	15.5	15	
평균	15.7	15.3	14.85	
A2(여름)	17.2	16.8	16.4	16.75
	16.6	17	16.5	
평균	16.9	16.9	16.45	
A3(가을)	17	16.9	16.3	16.65
	16.2	16.8	16.7	
평균	16.6	16.85	16.5	

인자 평균				
인자	B1(10대)	B2(20대)	B3(30대)	평균
A1(봄)	15.7	15.3	14.85	15.28
A2(여름)	16.9	16.9	16.45	16.75
A3(가을)	16.6	16.85	16.5	16.65
평균	16.4	16.35	15.93	16.23

$$TSS = \sum_{i=1}^{3}\sum_{j=1}^{3}\sum_{m=1}^{2}(y_{ijm} - \bar{y})^2 = (15.3 - 16.23)^2 + \cdots\cdots + (16.7 - 16.23)^2 = 10.2362$$

$$SSA = (3 \times 2)\sum_{i=1}^{3}(\bar{y}_{i..} - \bar{y})^2$$
$$= 6[(15.28 - 16.23)^2 + (16.75 - 16.23)^2 + (16.65 - 16.23)^2] = 8.0578$$

$$SSB = (3 \times 2)\sum_{j=1}^{3}(\bar{y}_{.j.} - \bar{y})^2$$
$$= 6[(16.4 - 16.23)^2 + (16.35 - 16.23)^2 + (15.93 - 16.23)^2] = 0.7878$$

$$SS_{A \times B} = SS_{A \cdot B} - SSA - SSB = 2\sum_{i=1}^{3}\sum_{j=1}^{3}(\bar{y}_{ij.} - \bar{y})^2 - SSA - SSB$$
$$= 2[(15.7 - 16.23)^2 + \cdots\cdots + (16.5 - 16.23)^2] - 8.0578 - 0.7878 = 0.3356$$

$$SSE = TSS - SSA - SSB - SS_{A \times B} = 10.2362 - 8.0578 - 0.7878 - 0.3356 = 1.0550$$

|해석| 분석 결과를 보면 인자 A의 가설은 채택, 인자 B와 A와 B의 교호작용의 가설은 유의하지 않다. 즉, 계절은 진통제 효과 지속시간에 영향을 주지만 연령과 관련한 교호작용에 대한 영향이 존재한다고 볼 수 없다.

그러나 교호작용 $A \times B$가 유의하지 않으면 잔차항에 풀링(pooling)한 후 분산분석표를 다시 작성하면 다른 결과가 나올 수도 있다.

분산분석표

요 인	제곱합	자유도	제곱평균	F비	$F(0.05)$
인자 A	8.0578	2	4.0289	34.37	4.26
인자 B	0.7878	2	0.3939	3.36	4.26
$A \times B$	0.3356	4	0.0839	0.72	3.63
잔 차	1.0550	9	0.1172		
전 체	10.2362	17			

Minitab ▶ 이용하기

1. "C1", "C2", "C3"에 다음과 같이 자료를 입력한다.

Worksheet 4 ***

↓	C1	C2	C3	C4	C5
	반응값	인자 A	인자 B		
1	15.3	1	1		
2	16.1	1	1		
3	17.2	2	1		
4	16.6	2	1		
5	17.0	3	1		
6	16.2	3	1		
7	15.1	1	2		
8	15.5	1	2		
9	16.8	2	2		
10	17.0	2	2		
11	16.9	3	2		
12	16.8	3	2		
13	14.7	1	3		
14	15.0	1	3		
15	16.4	2	3		
16	16.5	2	3		
17	16.3	3	3		
18	16.7	3	3		
19					

2. 메뉴에서 [Stat] → [ANOVA] → [Two-Way...]을 클릭하고 나타난 대화상자에서 데이터 입력창에 마우스를 올려놓고 "C1", "C2", "C3"을 더블 클릭하

여 데이터 입력을 마친 후 [OK] 버튼을 클릭한다.

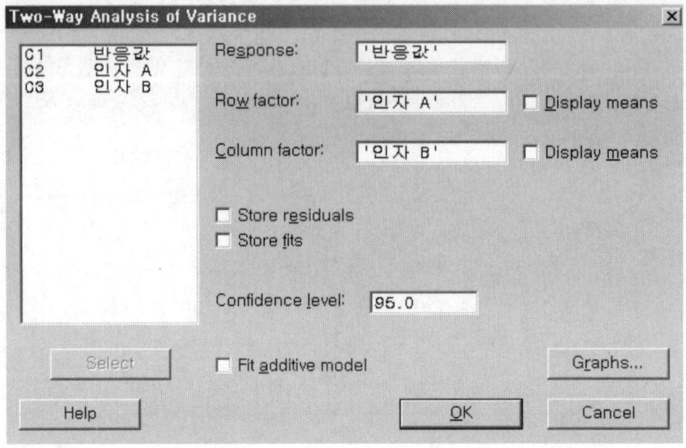

3. 다음과 같은 결과 화면이 나타난다.

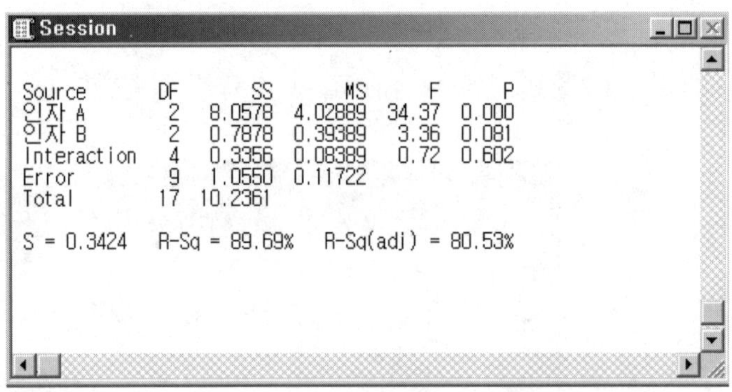

Source	DF	SS	MS	F	P
인자 A	2	8.0578	4.02889	34.37	0.000
인자 B	2	0.7878	0.39389	3.36	0.081
Interaction	4	0.3356	0.08389	0.72	0.602
Error	9	1.0550	0.11722		
Total	17	10.2361			

S = 0.3424   R-Sq = 89.69%   R-Sq(adj) = 80.53%

연 / 습 / 문 / 제

1 1원배치법의 분산분석표에서 수준수 k=4, 반복횟수 n=5, 총변동 SST=14.16, 처리변동 SS_{TR}=10.10, 잔차변동 SSE=4.06일때, 검정통계량F_0의 값은 얼마인가?

2 다음과 같은 1원배치법의 데이터가 얻어졌다. 다음 자료에 대한 분산분석표를 작성하시오.

	A_1	A_2	A_3
데이터	3 4 5	2 3	5 6
반복수	3	2	2

3 어떤 집단에서 다이어트에 영향을 미칠 것으로 생각되는 운동방법에 대하여 다음의 데이터를 얻었다. 분산분석을 시행하고 그 결과를 해석하라.

방법＼회수	1	2	3	4	5	6	7	8
A_1	4	8	2	3	5	4	6	7
A_2	7	12	13	15	8	10	12	9

4 국내에서 만든 의료기자재의 효율성을 알아보기 위하여 A1 (외국제품), A2 (국내 자사 제 품), A3 (국내 타사제품)에 대하여 각각 6, 7, 7에 샘플을 취하여 시험한 경우, 외국제품과 국내제품과의 차에 대한 변동은? (단, 각 수준의 합계는 A1=55, A2=43, A3=40이다.)

5 반복이 있는 2원 배치법에서 자유도를 유도하시오.

6 반복수가 동일한 2원배치법(A, B가 모두 모수인자)의 데이터의 구조식을 쓰고, 이때 사용되는 모든 기호에 대하여 정의하라. 그리고 오차항의 가정이 무엇인지 설명하시오.

7 화학약품의 합성공정에서 반응온도에 따라 수율에 차이가 있는지를 알아보기 위하여 온도 80C°,90C°,100C°,110C°에서 랜덤하게 실험을 한 결과 다음과 같다. 분산 분석표를 작성하고 결과를 해석하시오.

반복 \ 첨가량	A_1	A_2	A_3	A_4
1	90.2	89.8	91.6	91.3
2	90.0	90.5	91.4	89.8
3	89.5	90.8	91.2	90.4
4		91.3		

8 다음의 1원배치의 분산분석표에 의해 요인 A에 대한 F검정을 실시한 결과는?

단, $F(3,12;0.05) = 3.49, F(12,3;0.05) = 8.74$

$F(3,12;0.025) = 4.47, F(12,3,0.025) = 14.3$

요 인	SS	ϕ
A	3.87	3
E	3.48	
T		15

9 인자 A가 3수준이고 다음과 같이 반복이 일정하지 않은 완전확률화 계획법의 실험결과의 자료를 표집 하였다 분산분석표를 작성 및 유의성을 판단하시오.

처리 1(A_1)	1.9	1.8	2.1	1.8		
처리 2(A_2)	1.6	1.1	1.3	1.4	1.1	
처리 3(A_3)	1.3	1.6	2.8	1.1	1.5	1.1

10 반복수가 동일한 2원배치법(A, B가 모두 모수인자)의 데이터의 구조식을 쓰고, 이때 사용되는 모든 기호에 대하여 정의하라. 그리고 오차항의 가정이 무엇인지 설명하시오.

11 주식투자의 위험에 대한 태도를 위험선호형, 위험중립형, 위험회피형으로 구분하고 있다. 주식을 처음 투자하고자 하는 가정주부는 투자자의 위험에 대한 태도에 따라 수익률에 차이가 있는가를 알고자 한다. 각 유형별로 8명의 투자자를 추출하여 다음과 같은 자료를 얻었다.

위험태도	위험선호형	위험중립형	위험회피형
1	0.45	0.35	0.32
2	0.26	0.27	0.21
3	0.74	0.41	0.19
4	0.10	0.36	0.24
5	0.58	0.29	0.17
6	0.69	0.36	0.10
7	0.47	0.23	0.19
8	0.36	0.35	0.13

① 투자자의 위험에 대한 태도에 따라 수익률에 차이가 있다고 할 수 있는지를 판정하라.

② 유의차가 있으면 수준평균에 대한 95% 신뢰구간을 구하라.

12 가정주부의 학력수준에 따라 연간 외식횟수에 차이가 있는가를 살펴보고자 한다. 학력별(고졸이하, 대졸, 대학원졸)로 집단을 나누어 외식횟수를 조사한 자료는 다음과 같다.

학력수준	고졸이하	대 졸	대학원졸
1	12	10	27
2	19	14	23
3	8	21	19
4	20	17	15
5	15	30	32
6	6	27	19
7	14	23	35

① 학력이 높을수록 외식횟수가 많다고 할 수 있는지를 판정하라.

② 유의차가 있으면 학력수준에 대한 평균외식횟수의 신뢰구간을 95% 95% 신뢰구간을 구하라.

13 연령과 직업에 따라 신용카드 지출액(1달, 단위:만원)에 차이가 있다는 주장이 있다. 각각의 경우 5명을 추출하여 지출액을 조사한 결과 다음과 같다.

연령 및 직업	학 생	회사원	자영업
20대	63	53	56
	83	76	64
	72	83	76
	93	82	65
	84	63	54
30대	72	63	47
	79	85	76
	93	76	56
	82	82	72
	90	79	80
40대	82	54	76
	83	86	83
	72	92	82
	84	73	84
	76	84	79

① 가설을 설정하고 검정하여라.

② 분산분석표를 작성하고 그 의미를 설명하라.

③ 유의차가 있는 요인의 수준 평균에 대한 95% 신뢰구간을 추정하라.

CHAPTER 08

인과 관계

제8장에서는 기초적인 인과 관계에 대하여 살펴본다.

- 상관분석
- 회귀분석

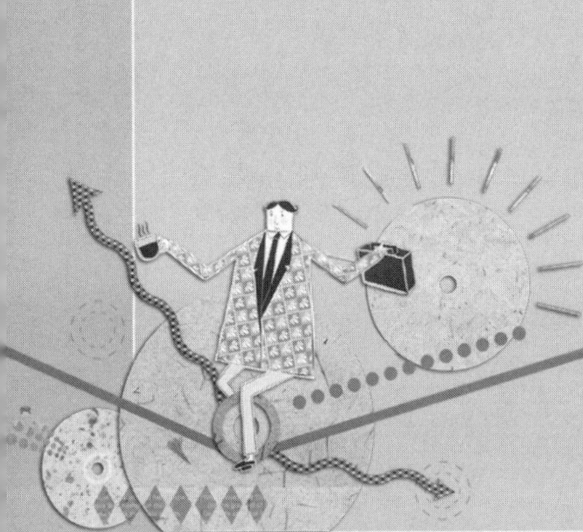

두 개 이상의 변수들간의 관계를 설명하기 위한 분석기법에는 공분산분석, 상관분석, 단순회귀분석이 있다. 공분산기법은 두 확률변수의 관계를 측정하는 척도인 공분산을 이용하여 변수관계를 설명하는 기법이고 상관분석은 두 변수사이의 선형관계를 나타내는 상관계수를 이용하여 변수들간의 선형관계를 설명하는 기법이다. 그리고 회귀분석은 변수들을 설명변수(독립변수, 회귀변수)와 종속변수(반응변수) 사이의 관계를 수학적 함수 형태로 표현할 수 있는 기법이다.

1. 상관분석

1) 상관계수

모집단에서 두 변수 X, Y 사이에 직선적인 관계가 있는 경우에 그 두 변수 사이의 관련 정도를 측정하기 위한 측도로서 모상관계수가 있다. 모상관계수는 다음 식으로 정의된다.

$$\rho = \frac{Cov(X, Y)}{\sqrt{Var(X)} \cdot \sqrt{Var(Y)}}$$

이러한 모상관계수 ρ 은 -1과 1 사이의 값을 가진다. $\rho > 0$ 의 경우 양의 상관이 있다고 하고, $\rho < 0$ 의 경우 음의 상관이 있다고 한다. 또 $\rho = 0$ 의 경우, 상관관계가 없다고 한다.

이와 같은 두 변수사이의 관계에 대한 대략적인 파악은 산점도를 그려보면 알 수 있다. 한편 랜덤표본으로부터 두 특성에 대한 자료가 $(x_1, y_2), \cdots, (x_n, y_n)$ 으로 주어지면 표본상관계수는 다음과 같이 정의된다.

$$r = \frac{\Sigma(x-\bar{x})(y-\bar{y})}{\sqrt{\Sigma(x-\bar{x})^2 \Sigma(y-\bar{y})^2}}$$

위 식은 표본상관계수를 모상관계수 ρ 의 추정값으로 사용되고 다음과 같이 변환하는 것이 가능하다.

$$r = \frac{\Sigma xy - \frac{\Sigma x \Sigma y}{n}}{\sqrt{\left(\Sigma x^2 - \frac{(\Sigma x)^2}{n}\right)\left(\Sigma y^2 - \frac{(\Sigma y)^2}{n}\right)}}$$

표본상관계수의 값도 언제나 -1과 1 사이에 존재하며 < 그림 8.1>에서 알 수 있듯이 어떤 직선주위에 밀집되어 나타날수록 표본상관계수는 -1 혹은 1에 가깝게 나타난다.

표본상관계수의 값이 0에 가까운 형태는 두 변수사이에 아무런 관련성이 없음을 의미하는 것이 아니고 약한 직선관계가 있음을 의미하는 것이다. 다음 <그림 8.1>은 두 변수 사이의 관계에 따른 상관계수의 값을 나타내고 있다.

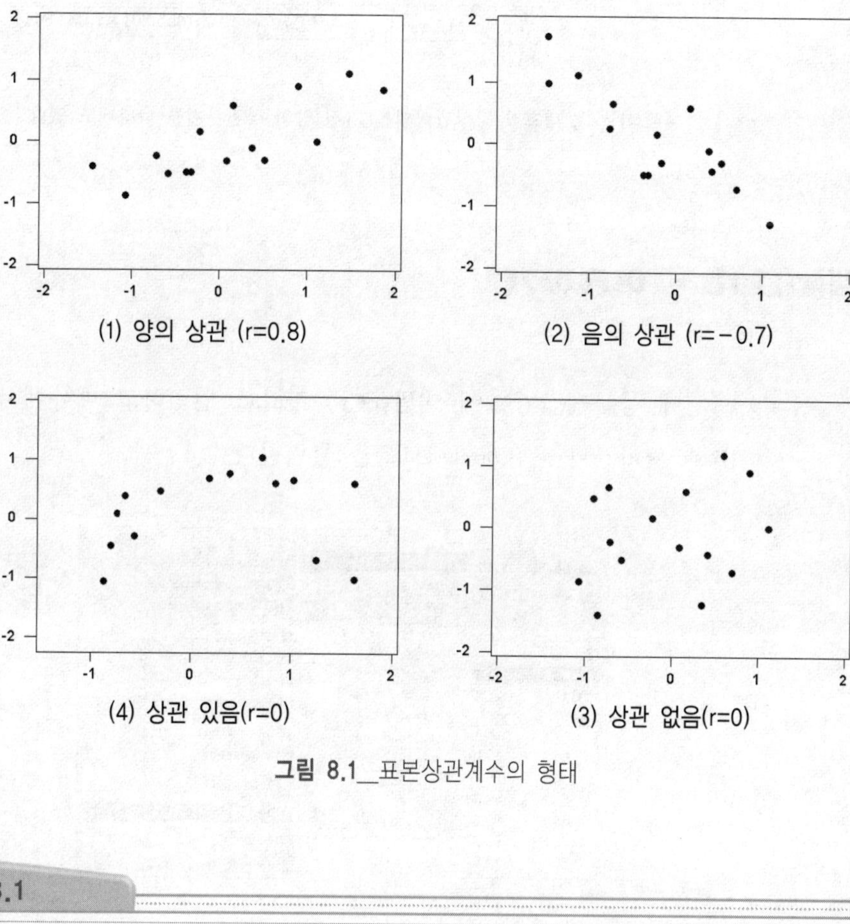

(1) 양의 상관 (r=0.8)

(2) 음의 상관 (r=−0.7)

(4) 상관 있음(r=0)

(3) 상관 없음(r=0)

그림 8.1_표본상관계수의 형태

예제 8.1

10명의 학생에 대한 몸무게(x)와 이 학생들이 비만도(y) 조사결과 다음과 같은 자료를 이용하여 x에 대한 y의 상관계수 r를 계산하라.

x_i (kg)	57.4	64.7	50.4	55.8	64.1	72.3	50.5	52.3	60.3	54.5
y_i (%)	44.4	52.0	38.1	49.3	60.3	63.2	39.5	30.3	57.5	41.0

|결과| $S_{(xx)} = \Sigma x^2 - \dfrac{(\Sigma x)^2}{n} = 34,374.12 - \dfrac{582.3^2}{10} = 455.301$

$S_{(yy)} = \Sigma y^2 - \dfrac{(\Sigma y)^2}{n} = 23,653.38 - \dfrac{475.6^2}{10} = 1,033.844$

$S_{(xy)} = \Sigma xy - \dfrac{\Sigma x \Sigma y}{n} = 28,299.92 - \dfrac{(582.3)(475.6)}{10} = 605.732$

$$r = \frac{\Sigma xy - \dfrac{\Sigma x \Sigma y}{n}}{\sqrt{\left(\Sigma x^2 - \dfrac{(\Sigma x)^2}{n}\right)\left(\Sigma y^2 - \dfrac{(\Sigma y)^2}{n}\right)}} = \frac{605.732}{\sqrt{((455.301)(1,033.844)}} = 0.883$$

|해석| 즉, 비교적 강상관형태를 가진 양의 상관관계를 나타내고 있다.

Minitab ▶ 이용하기

1. C1열에 몸무게(x) C2에 비만도(y) 자료를 입력하고 메뉴에서 [Stat] → [Basic Statistics] → [Correlation...]을 클릭한다.

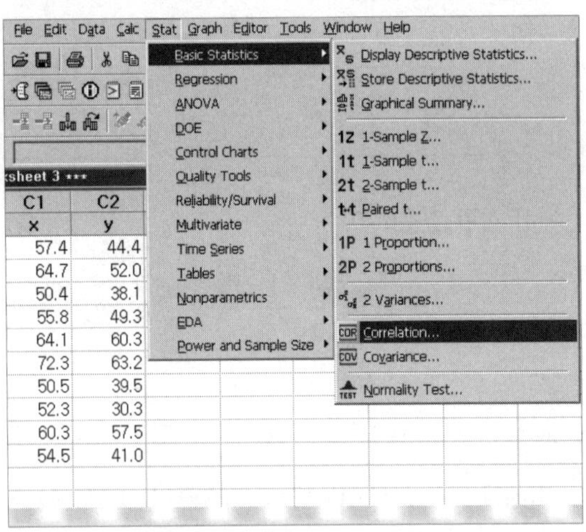

2. 나타난 [Correlation] 대화 상자에서 변수란에 마우스를 올려놓고 "C1"과 "C2"를 더블 클릭하여 데이터를 입력하고 [OK]버튼을 클릭한다.

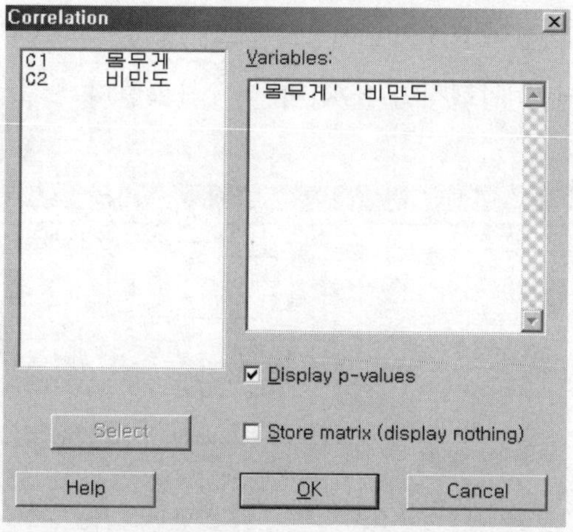

3. 다음과 같은 결과화면이 나타난다.

4. 산점도를 그리기 위하여 메뉴에서 [Graph] → [Satterplot...]을 클릭하고 나타난 [Satterplots...]대화상자가 나타나면 원하는 패턴을 선택하고 [OK] 버튼을 클릭한다.

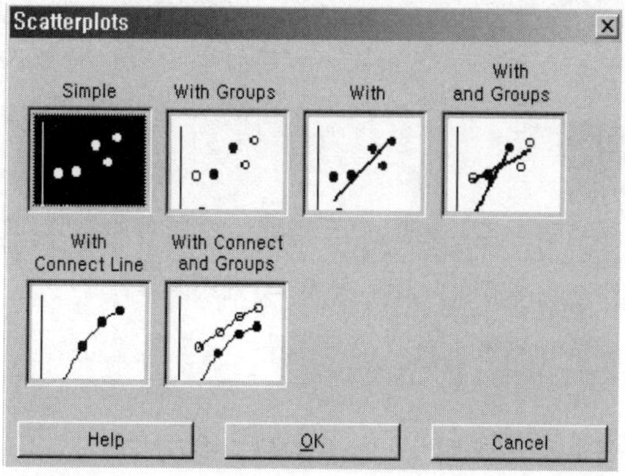

5. 다음과 같이 X,Y변수에 마우스를 올려놓고 "C1"과 "C2"를 더블 클릭하여 데이터를 입력하고 [OK]버튼을 클릭한다.

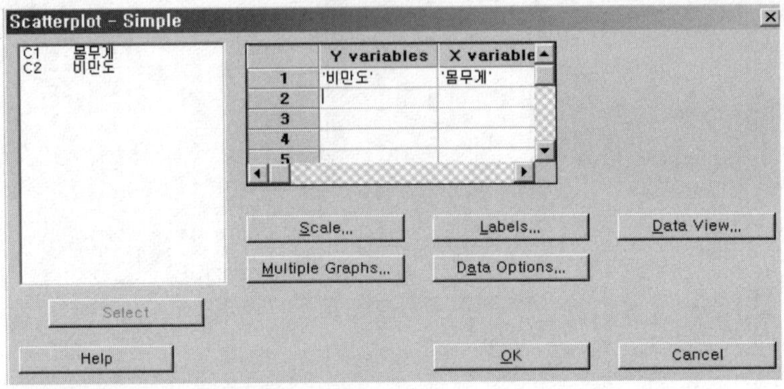

6. 다음과 같은 결과화면이 나타난다.

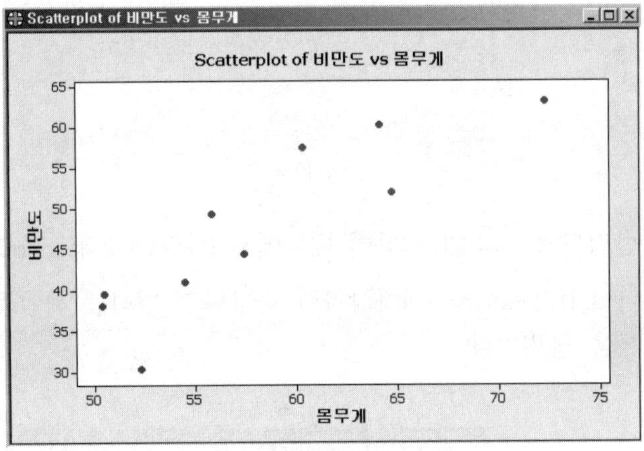

2) 상관계수의 검정

모집단 분포의 상관관계의 유무에 관한 검정는 다음과 같다.

귀무가설 $H_0: \rho=0$에 대한 검정 통계량은

$$t=\sqrt{n-2}\frac{r}{\sqrt{1-r^2}}$$

라면 유의수준 α에서 의사결정은 다음과 같다.

대립가설 $H_1: \rho > 0$이고 $t \geq t_\alpha(n-2)$이면 H_0를 기각
대립가설 $H_1: \rho < 0$이고 $t \leq -t_\alpha(n-2)$이면 H_0를 기각
대립가설 $H_1: \rho \neq 0$이고 $|t| \geq t_{\alpha/2}(n-2)$이면 H_0를 기각

예제 8.2

<예제 8.1>의 자료를 이용하여 몸무게(x)과 비만도(y)사이의 상관관계가 있는가를 유의수준 5%에서 검정하라.

|결과| 검정을 하고자 하는 귀무가설은 다음과 같다.

$$H_0: \rho = 0 \quad H_1: \rho \neq 0$$

그리고 【예제 8.1】에서 $n=10$이고, $r=0.883$이므로 검정통계량은 다음과 같이 계산된다.

|해석| t분포표로부터 $t_{0.025}(8)=2.306$, $|t|=|5.320931| \geq 2.306$이므로 유의수준 5%에서 귀무가설 $H_0: \rho=0$을 기각한다.

3) 순위 상관계수

n개의 관측값 $(x_1, y_2), \cdots, (x_n, y_n)$으로 주어지면 x, y가 모두 큰 것부터(혹은 작은 것부터) 순위만을 고려하는 경우를 생각하자.
이 경우 순서쌍(x_i, y_i)에 대하여 x_i의 순위를 $x_{(i)}$으로 y_i의 순위를 $y_{(i)}$으로 할 때 순위의 쌍 $(x_{(i)}, y_{(i)})$을 변량으로 생각한 상관계수 ρ_R을 Spearman의 순위상관계수(coefficient of rank correction)라고 한다. 순위상관 계수는 다음과 같이 정의된다.

순위상관계수는 보통의 상관계수와 비슷한 성질을 가지고 있으며 그 값이 0에 가까우면 무상관을 가진다.

순위의 쌍 $(x_{(i)}, y_{(i)})$ $(i=1,2,\cdots,n)$에 대하여

(1) $\rho_R = 1 - \frac{6}{n(n^2-1)} \sum_{i=1}^{n} (x_{(i)} - y_{(i)})^2$

(2) $-1 \leq \rho_R \leq 1$

변량 (x, y)에 수치가 사용될 때는 보통의 상관계수가 r 를 계산할 수 있으나 이 중 어느 한쪽 혹은 양쪽이 순위만을 알고 있을 때는 순위상관계수 ρ_R 를 계산하여야 한다.

예제 8.3

대학입학시험의 성적순위를 알고 있는 16명의 학생에 대하여 입학 후 시험을 보았더니 다음과 같은 결과를 얻었다. 순위상관계수를 구하라.

입학시험 성적 순위	1	2	3	4	5	6	7	8	9	10	11	12	13	14	15	16
입학 후 시험 점수	18	14	15	10	17	8	10	12	13	5	7	3	11	5	6	4

|결과|

$x_{(i)}$	1	2	3	4	5	6	7	8	9	10	11	12	13	14	15	16	계
$y_{(i)}$	1	4	3	8.5	2	10	8.5	6	5	13.5	11	16	7	13.5	12	15	
$(x_{(i)}-y_{(i)})^2$	0	4	0	20.25	9	16	2.25	4	16	12.25	0	16	36	0.25	9	1	146

|해석| 그러므로 $\rho_R = 1 - \dfrac{6 \times 146}{16(16^2-1)} = 0.79$ 즉,입학성적이 좋으면 입학 후 시험 점수도 좋다.

2. 회귀분석

1) 단순 회귀

일반적으로 두 개의 변수 사이의 관계를 방정식으로 나타내는 경우, 이 방정식을 회귀 방정식이라 한다. 설명변수 x 와 종속변수 y 와의 간에 직선 관계가 가능한 경우에 그 관계를 나타내는 선형모형

$$Y_i = \beta_0 + \beta_1 x_i + \epsilon_i\,,\ (i = 1, 2, \cdots, n)$$

을 회귀식이라 부른다. β_0, β_1 는 회귀계수라고 하고 오차항 ϵ_i 는 모든 i 에 관해서 독립이며 동시에 같은 분포에 따르는 확률변수이고 기대값이 0 이고 분산은 σ^2 인 정규분포를 가진다.

▶ **최소자승법에 의한 회귀선의 추정**

최소자승법은 단순선형회귀모형 $Y_i = \beta_0 + \beta_1 x_i + \epsilon_i$, $i=1,2,\cdots,n$ 에서 제곱합인

$$SS = \sum_{i=1}^{n} \{ Y_i - (\beta_0 + \beta_1 x_i) \}^2$$

을 최소로 하는 β_0, β_1 의 값을 그 추정값으로 한다.

최소제곱법에 의한 β_0, β_1 의 추정량 $\widehat{\beta_0}, \widehat{\beta_1}$ 을 구하려면 오차의 제곱합을 각각 β_0, β_1 에 대하여 편미분하여 얻은식을 0으로 놓은 연립방정식을 풀면 된다.

$$\frac{\partial SS}{\partial \beta_0} = -2\,\Sigma(y_i - \beta_0 - \beta_1 x_i)$$
$$\frac{\partial SS}{\partial \beta_1} = -2\Sigma\, x_i(y_i - \beta_0 - \beta_1 x_i)$$

위의 편미분을 0으로 하는 β_0, β_1 의 추정값을 $\widehat{\beta_0}, \widehat{\beta_1}$ 로 놓고 정리하면 다음과 같은 정규방정식을 만들 수 있다.

$$\Sigma y = n\,\widehat{\beta_0} + \widehat{\beta_1}\,\Sigma x$$

$$\Sigma xy = \widehat{\beta_0}\,\Sigma x + \widehat{\beta_1}\,\Sigma x^2$$

위 식을 풀면 다음 식 최소자승추정치 $\widehat{\beta_0}, \widehat{\beta_1}$ 의 값을 다음과 같이 구한다.

$$\widehat{\beta_1} = \frac{\Sigma(x_i - \bar{x})(y_i - \bar{y})}{\Sigma(x_i - \bar{x})^2} = \frac{\Sigma x_i y_i - n\bar{x}\bar{y}}{\Sigma x_i^2 - n\bar{x}^2}$$

$$\widehat{\beta_0} = \bar{y} - \widehat{\beta_1}\,\bar{x}$$

최소제곱회귀직선을 이용하여 설명변수의 x_i 에 대응하는 추측값 $\widehat{y_i} = \widehat{\beta_0} + \widehat{\beta_1}\,x_i$ 를 구하면 실제 관측값 y_i 와 다르게 나타 날 것이다. 이들의 차인

$$\widehat{\epsilon_i} = e_i = y_i - \widehat{y_i}\ ,\ (i=1,2,\cdots,n)$$

을 잔차(residual)라고 부르며 이들이 작은 값으로 나타날수록 최소제곱회귀직선에 의한 적합이 실제 관측 결과를 잘 설명해주는 것이다.

이러한 잔차들은 몇 가지 성질을 가지고 있다. 첫째 잔차들의 합은 0이다.

즉, 앞에 기술한 정규방정식 $\Sigma y = n\,\widehat{\beta_0} + \widehat{\beta_1}\,\Sigma x$ 을 이용하면 다음과 같이 나타 낼 수 있다.

$$\sum e_i = \sum (y_i - \widehat{y_i}) = \sum y_i - n\hat{\beta_0} - \hat{\beta_1}\sum x_i = 0$$

둘째 x_i 에 잔차 가중치를 부여한 합들은 0이다.

정규방정식 $\Sigma xy = \hat{\beta}_0 \Sigma x + \hat{\beta}_1 \Sigma x^2$을 이용하면 다음이 성립한다.

$$\sum x_i e_i = \sum x_i (y_i - \hat{y}_i) = \sum x_i (y_i - \hat{\beta}_0 - \hat{\beta}_1 x_i)$$
$$= \sum x_i y_i - \hat{\beta}_0 \sum x_i - \hat{\beta}_1 \sum x_i^2 = 0$$

셋째 $\hat{y}_i$에 잔차 가중치를 부여한 합들은 0이다. 즉, 첫째 및 둘째 성질을 이용하면 다음이 성립한다.

$$\sum \hat{y}_i e_i = \sum (\hat{\beta}_0 + \hat{\beta}_1 x_i) e_i$$
$$= \hat{\beta}_0 \sum e_i + \hat{\beta}_1 \sum x_i e_i = 0$$

x 와 y 의 관계를 이 회귀직선이 어느 정도 설명하느냐를 결정계수 r^2 으로 나타낸다. 즉

$$r^2 = 1 - \frac{\Sigma (y_i - \hat{y})^2}{\Sigma (y_i - \bar{y})^2}$$

여기서 r^2 은 0과 1 사이의 값이다.

$$0 \le r^2 \le 1$$

1에 가까운 만큼 y 와 x 사이 관계는 회귀방정식에 잘 들어맞는 것을 의미한다. 단순 회귀의 경우 결정계수의 제곱근은 상관계수와 같게 된다.

예제 8.4

〈예제 8.1〉의 10명의 학생에 대한 몸무게와 (x)이 학생들이 비만도(y) 조사결과 자료를 이용하여 x 에 대한 y 의 회귀직선과 결정계수를 구하라.

|결과| $\bar{x} = 58.23$, $\bar{y} = 47.56$

$\Sigma x = 582.3$, $\Sigma y = 475.6$

$\Sigma x^2 = 34,362.36$, $\Sigma y^2 = 23,653.38$ 이므로

최소자승 추정치 $\hat{\beta}_1 = \dfrac{\Sigma x_i y_i - n\bar{x}\bar{y}}{\Sigma x_i^2 - n\bar{x}^2} = 1.33$, $\hat{\beta}_0 = \bar{y} - \hat{\beta}_1 \bar{x} = -29.91$

즉, $y = -29.91 + 1.33x$ 의 회귀직선을 추정할 수 있다.

|해석| 상관계수의 제곱은 결정계수가 되므로 <예제 8.1 >에서 상관계수는 0.883을 계산하였다. 따라서 $r^2 = 0.78$ 이 된다.

Minitab ▶ 이용하기

1. C1열에 몸무게(x) C2에 비만도(y) 자료를 입력하고 메뉴에서 [Stat]→ [Regression] → [Regression...]을 클릭하고 나타난 [Regression] 대화 상자에서 반응변수란에 마우스를 올려놓고 "C2"를 더블 클릭하고 설명변수란에 "C1"를 더블 클릭하여 데이터를 입력하고 [OK]버튼을 클릭한다.

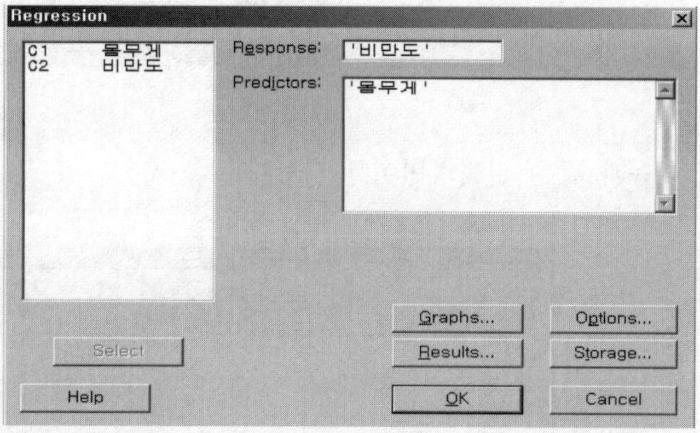

2. 다음과 같은 결과화면이 나타난다.

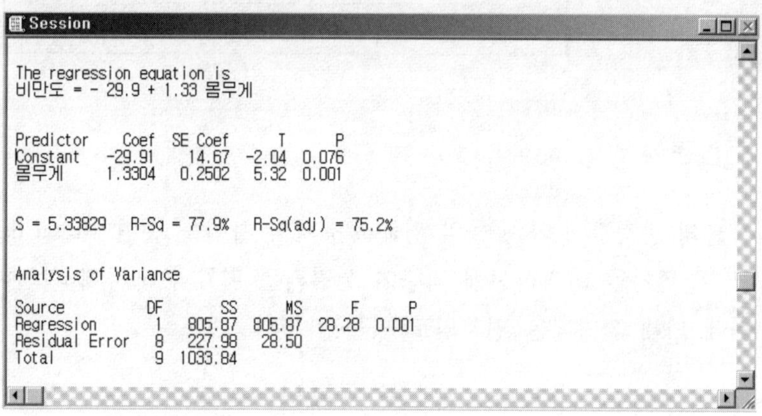
Session

The regression equation is
비만도 = - 29.9 + 1.33 몸무게

Predictor	Coef	SE Coef	T	P
Constant	-29.91	14.67	-2.04	0.076
몸무게	1.3304	0.2502	5.32	0.001

S = 5.33829 R-Sq = 77.9% R-Sq(adj) = 75.2%

Analysis of Variance

Source	DF	SS	MS	F	P
Regression	1	805.87	805.87	28.28	0.001
Residual Error	8	227.98	28.50		
Total	9	1033.84			

3. 회귀선을 그리기 위하여 메뉴에서 [Stat] → [Regression] → [Fitted Line Plot...]을 클릭하고 나타난 [Fitted Line Plot] 대화 상자에서 반응변수란에

마우스를 올려 놓고 "C2"를 더블 클릭하고 설명변수란에 "C1"를 더블 클릭하여 데이터를 입력하고 [OK]버튼을 클릭한다.

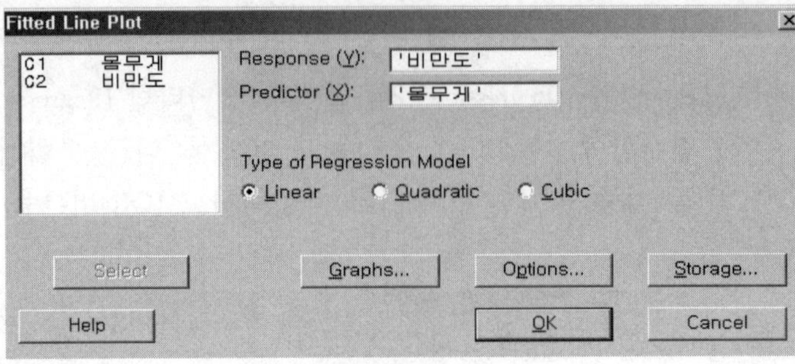

4. 다음과 같은 결과화면이 나타난다.

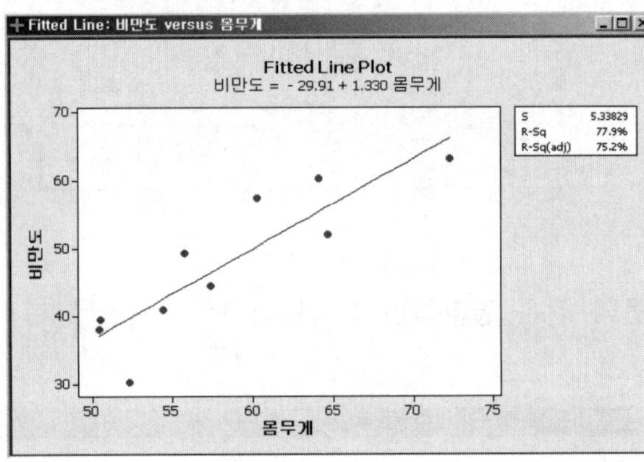

2) 분산분석

Y_i의 관측값 y_i와 y_i들의 평균값 $\bar{y}$와의 차이를 총편차(total deviation)라고 하고 이 편차를 회귀직선에 의하여 설명되는 편차와 오차에 기인하는 부분인 회귀에 의해 설명되는 편차와로 나눌수 있다. 즉,

$$y_i - \bar{y} = (\hat{y}_i - \bar{y}) + (y_i - \hat{y}_i)$$

위 식에서 양변을 제곱하고 합하면 다음과 같이 나타낼 수 있다.

$$\sum_{i=1}^{n}(y_i - \bar{y})^2 = \sum_{i=1}^{n}(\hat{y}_i - \bar{y})^2 + \sum_{x=1}^{n}(y_i - \hat{y}_i)^2 + 2\sum_{i=1}^{n}(\hat{y}_i - \bar{y})(y_i - \hat{y}_i)$$

위 식에서 마지막 항은 $\sum_{i=1}^{n}(\hat{y}_i-\overline{y})(y_i-\hat{y}_i)=\sum_{i=1}^{n}(\hat{y}_i-\overline{y})e_i=0$ (잔차의 성질 이용)이 되므로 총편차의 자승합은 두 개의 자승합으로 분할된다.

$$\sum_{i=1}^{n}(y_i-\overline{y})^2=\sum_{i=1}^{n}(\hat{y}_i-\overline{y})^2+\sum_{x=1}^{n}(y_i-\hat{y}_i)^2$$

총제곱합(Total sum of squares) 혹은 총변동 $SST=\sum_{i=1}^{n}(y_i-\overline{y})^2=\sum_{i=1}^{n}y_i^2-n(\overline{\beta})^2$로 표시되고 $\sum_{i=1}^{n}(y_i-\hat{y_i})^2$ 은 회귀선에 설명되지 않은 제곱합인 잔차제곱합으로 SSE로 표시되고 회귀선에 의해 설명되는 변동인$\sum_{i=1}^{n}(\hat{y}_i-\overline{y})^2$을 SSR으로 표시한다. 이러한 SSR는 $\hat{y_i}=\hat{\beta_0}+\hat{\beta}_i x_i$, $\hat{\beta_0}=\overline{y}-\hat{\beta_1}\,\overline{x}$ 이므로 $\sum_{i=1}^{n}(\hat{y_i}-\overline{y})^2=\sum_{i=1}^{n}(\hat{\beta_0}+\hat{\beta_1}x_i-\overline{y})=\hat{\beta_1}^2\sum_{i=1}^{n}(x_i-\overline{x})^2$으로 표현 가능하다.

따라서 $SST=SSE+SSR$가 됨을 알 수 있다. SST, SSE, SSR의 자유도가 각각 $n-1, n-2, 1$ 임을 알 수 있다.

결정계수는 $r^2=\dfrac{SSR}{SST}$로 정의된다. 이것은 전체 변동 중에서 회귀가 차지하는 비중을 나타내며 또한 $SST=SSE+SSR$ 이므로 $0\le r^2\le 1$임을 알 수 있다. 만약 $r^2=1$이면 $SSE=0$ 이 되고 이는 자료가 추정회귀직선 상에 있음을 나타낸다. 만약 $r^2=0$이면 $SSR=0$ 되고 이는 SSR의 정의에서 보듯이 모든 i 에 대하여 $\hat{y}_i=\overline{y}$ 이므로 추정 회귀직선은 x축에 평행하게 되고 y와 x가 별 관계가 없음을 의미한다.

▶ **분산분석표 및 검정**

요인	제곱합	자유도	평균제곱	F_0	$F(\alpha)$
회귀	SSR	1	$MSR=\dfrac{SSR}{1}$	$F=\dfrac{MSR}{MSE}$	$F(1,n-2,\alpha)$
잔차	SSE	$n-2$	$MSE=\dfrac{SSE}{n-2}$		
전체	SST	$n-1$			

가설검정의 절차는 다음과 같다.

(1) 가설의 설정 : $H_0:\beta_1=0,\ H_1:\beta_1\neq 0$

(2) 유의수준 α 설정(예 0.05, 0.10)

(3) 검정통계량 F_0 계산 (분산분석표 이용)

(4) 의사결정 $F_0 \geq F(1, n-2, \alpha)$ H_1 을 채택하고 그렇지 않으면 H_0를 채택하게 된다.

H_0 가 채택되면 $\beta_1 = 0$ 이므로 이는 x 가 y 에 영향을 미치지 않음을 뜻하고 H_1 가 채택되면 $\beta_1 \neq 0$ 이므로 x 값에 따라 y 가 달라짐을 의미한다.

예제 8.5

〈예제 8.1〉의 10명의 학생에 대한 몸무게와 (x)이 학생들이 비만도(y) 조사 결과 자료를 이용하여 분산분석표를 작성하라.

|결과| $\bar{x} = 58.23$, $\bar{y} = 47.56$, $\Sigma x = 582.3$, $\Sigma y = 475.6$

$\Sigma x^2 = 34{,}362.36$, $\Sigma y^2 = 23{,}653.38$ 이므로

최소자승 추정치 $\hat{\beta_1} = \dfrac{\Sigma x_i y_i - n\bar{x}\bar{y}}{\Sigma x_i^2 - n\bar{x}^2} = 1.33$, $\hat{\beta_0} = \bar{y} - \hat{\beta_1}\bar{x} = -29.91$ 을 이용한

추정식은 $\hat{y} = -29.91 + 1.33x$.

$$SST = \sum_{i=1}^{n} (y_i - \bar{y})^2 = (44.4 - 47.56)^{2 + \cdots} \cdots + (41.0 - 47.56)^2 = 1033.844$$

$$SSR = \sum_{i=1}^{n} (\hat{y_i} - \bar{y})^2 = \sum_{i=1}^{n} \left\{ \bar{y} + \hat{\beta_1}(x_i - \bar{x}) - \bar{y} \right\}^2 = (\hat{\beta_1})^2 \sum_{i=1}^{n} (x_i - \bar{x})^2$$

$$= 1.33^2 \left[(57.4 - 58.23)^2 + \cdots\cdots + (54.5 - 58.23) \right] = 805.8653$$

$$SSE = \sum_{i=1}^{n} (y_i - \hat{y_i})^2 = SST - SSR = 227.9787.$$

요인	제곱합	자유도	평균제곱	F_0	$F(\alpha)$
회귀	805.8653	1	805.8653	28.27861	$F(1, 8, 0.05) = 5.32$
잔차	227.9787	8	28.49734		
전체	1033.844	9			

|해석| 상관계수의 제곱은 결정계수가 되므로 【예제 8.1】 에서 상관계수는 0.883을 계산하였다. 따라서 $r^2 = 0.78$ 이 된다.

3) 단순회귀에서 통계적 추론

설명변수 x 와 종속변수 y 와의 간에 직선 관계가 가능한 경우에 그 관계를 나타내는 선형 모형

$$y_i = \beta_0 + \beta_1 x_i + \epsilon_i \ , \ (i=1,2,\cdots,n)$$

을 회귀식이라 부른다. β_0, β_1 는 회귀계수라고 하고 오차항 ϵ_i 는 모든 i 에 관해서 독립이며 동시에 같은 분포에 따르는 확률변수이고 기대값이 0이고 분산은 σ^2 인 정규분포를 가진다. 표본으로부터 회귀식을 추정하면 $\hat{y_i} = \hat{\beta_0} + \hat{\beta_1} x_i$이 되고 이 식은 표본에 의존하게 된다.

따라서 이것들에 대한 추론문제에 대하여 살펴보자

▶ β_1 의 추정과 검정

단순 회귀모형에서 $y_i = \beta_0 + \beta_1 x_i + \epsilon_i$ 에서 기울기 추정량 $\hat{\beta_1}$ 은 다음과 같이 됨이 알려져 있다.

$$\hat{\beta_1} = \frac{S_{(xy)}}{S_{(xx)}} = \frac{\sum(x_i - \bar{x})(y_i - \bar{y})}{\sum(x_i - \bar{x})^2} = \frac{\sum(x_i - \bar{x})\, y_i}{\sum(x_i - \bar{x})^2}$$

우선 기울기 추정량 $\hat{\beta_1}$ 의 평균과 분산을 유도하여 보자.

$$E(\hat{\beta_1}) = E\left(\frac{\sum(x_i - \bar{x})\, y_i}{\sum(x_i - \bar{x})^2}\right) = \frac{\sum(x_i - \bar{x})\, E(y_i)}{\sum(x_i - \bar{x})^2} = \frac{\sum(x_i - \bar{x})\,(\beta_0 + \beta_1 x_i)}{\sum(x_i - \bar{x})^2}$$

$$= \beta_0 \frac{\sum(x_i - \bar{x})}{\sum(x_i - \bar{x})^2} + \beta_1 \frac{\sum(x_i - \bar{x})\, x_i}{\sum(x_i - \bar{x})^2} = 0 + \beta_1 = \beta_1$$

$$Var(\hat{\beta_1}) = Var\left(\frac{\sum(x_i - \bar{x})\, y_i}{\sum(x_i - \bar{x})^2}\right) = \frac{\sum(x_i - \bar{x})^2\, Var(y_i)}{\left[\sum(x_i - \bar{x})^2\right]^2} = \frac{\sigma^2}{\sum(x_i - \bar{x})^2} = \frac{\sigma^2}{S_{(xx)}}$$

즉, $\hat{\beta_1}$ 는 다음과 같은 분포를 가진다.

$$\hat{\beta_1} \sim N\left(\beta_1, \frac{\sigma^2}{S_{(xx)}}\right)$$

분산의 추정에 있어서 σ^2이 알려져 있지 않으면 σ^2의 불편추정량인 잔차제곱평균 $MSE = \dfrac{SSE}{n-2}$ 을 사용한다. 즉, $Var(\hat{\beta_1})$ 의 불편추정량은 $\dfrac{MSE}{S_{(xx)}}$ 가 된다. 그러므로 다음과 같은 분포가 됨이 알려져 있다.

$$\frac{\hat{\beta_1} - \beta_1}{\sqrt{\dfrac{MSE}{S_{(xx)}}}} \sim t(n-2)$$

이 사실을 이용하여 β_1 의 $100(1-\alpha)\%$ 신뢰구간은 다음과 같이 유도된다.

$$\hat{\beta}_1 \pm t(n-2,\ \alpha/2)\sqrt{\frac{MSE}{S_{(xx)}}}$$

따라서 검정에 관한 사항은 다음과 같이 요약할 수 있다.

> β_1 에 관한 검정
>
> 1. 검정통계량 : $t_0 = \dfrac{\hat{\beta}_1 - \beta_{10}}{\sqrt{\dfrac{MSE}{S_{(xx)}}}}$
>
> 2. 판정
>
>   (a) $H_0:\ \beta_1 \le \beta_{10}$ vs $H_1:\ \beta_1 > \beta_{10}$ 일 때 $t_0 \ge t(n-2;\alpha)$ 이면 H_0을 기각.
>
>   (b) $H_0:\ \beta_1 \ge \beta_{10}$ vs $H_1:\ \beta_1 < \beta_{10}$ 일 때 $t_0 \le -t(n-2;\alpha)$ 이면 H_0을 기각.
>
>   (c) $H_0:\ \beta_1 = \beta_{10}$ vs $H_1:\ \beta_1 \ne \beta_{10}$ 일 때 $|t_0| \ge t(n-2;\alpha/2)$ 이면 H_0을 기각.

예제 8.6

〈예제 8.1〉의 10명의 학생에 대한 몸무게와 (x)이 학생들이 비만도(y) 조사결과 자료에 대하여 회귀모형을 가정하고 다음 가설을 유의수준 $\alpha = 0.05$에서 검정하여라.

$$H_0:\ \beta_1 = 0 \ \text{vs}\ H_1:\ \beta_1 \ne 0$$

|결과| 추정식은 $\hat{y} = -29.91 + 1.33x$ 이 되고 $MSE = 28.49734$, $S_{(xx)} = 455.144$이 되고 H_0 하에서 검정통계량 값은 다음과 같이 계산되었다.

$$t_0 = \frac{1.33-0}{\sqrt{\dfrac{28.49734}{455.144}}} = 5.315252372 > 2.306 = t(8, 0.025)$$

|해석| 귀무가설 $H_0:\ \beta_1 = 0$을 유의수준 5%에서 기각하고 몸무게는 비만도에 영향을 준다.

▶ β_0 의 추정과 검정

단순 회귀모형에서 $y_i = \beta_0 + \beta_1 x_i + \varepsilon_i$ 에서 추정량 $\hat{\beta}_0 = \bar{y} - \hat{\beta}_1 \bar{x}$이 같이 된다. β_0 의 구간추정과 검정은 기울기 모수 β_1 과 유사한 방법으로 유도 할 수 있다. $\hat{\beta}_0$의 기대값은 다음과 같이 유도 할 수 있다.

$$E(\hat{\beta}_0) = E(\bar{y}) - \bar{x}\, E(\hat{\beta}_1)$$
$$= (\beta_0 + \beta_1 \bar{x}) - \bar{x}\beta_1$$
$$= \beta_0$$

$\hat{\beta}_0$ 의 분산도 다음과 같다.

$$Var(\hat{\beta}_0) = Var(\bar{y} - \hat{\beta}_1 \bar{x})$$
$$= Var(\bar{y}) + (\bar{x})^2\, Var(\hat{\beta}_1) - 2Cov(\bar{y},\, \hat{\beta}_1 \bar{x})$$
$$= \sigma^2\left(\frac{1}{n} + \frac{(\bar{x})^2}{S_{(xx)}}\right) - 2\,\bar{x}\; Cov(\bar{y},\, \hat{\beta}_1)$$

단, 여기에서 $Cov(\bar{y},\, \hat{\beta}_1) = 0$ 이라고 알려져 있다. 이것에 관한 증명은 참고서적을 참고하기 바란다.

즉, $\hat{\beta}_0$ 는 다음과 같은 분포를 가진다.

$$\hat{\beta}_0 \sim N\left[\beta_0,\, \sigma^2\left(\frac{1}{n} + \frac{(\bar{x})^2}{S_{(xx)}}\right)\right]$$

따라서 β_0 의 $100(1-\alpha)\%$ 신뢰구간과 검정통계량은 각각 다음과 같다.

$$\hat{\beta}_0 \pm t(n-2,\, \alpha/2)\sqrt{\left[\frac{1}{n} + \frac{\overline{x^2}}{S_{(xx)}}\right] MSE}$$

따라서 검정에 관한 사항은 다음과 같이 요약할 수 있다.

β_0 에 관한 검정

1. 검정통계량 : $t_0 = \dfrac{\hat{\beta}_0 - \beta_{00}}{\sqrt{MSE\left[\dfrac{1}{n} + \dfrac{\overline{x^2}}{S_{(xx)}}\right]}}$
2. 판정
   (a) H_0: $\beta_0 \le \beta_{00}$ vs H_1: $\beta_0 > \beta_{00}$ 일 때 $t_0 \ge t(n-2; \alpha)$ 이면 H_0을 기각.
   (b) H_0: $\beta_0 \ge \beta_{00}$ vs H_1: $\beta_0 < \beta_{00}$ 일 때 $t_0 \le -t(n-2; \alpha)$ 이면 H_0을 기각.
   (c) H_0: $\beta_0 = \beta_{00}$ vs H_1: $\beta_0 \ne \beta_{00}$ 일 때 $|t_0| \ge t(n-2; \alpha/2)$ 이면 H_0을 기각.

예제 8.7

〈예제 8.1〉의 10명의 학생에 대한 몸무게와 (x)이 학생들이 비만도(y) 조사결과 자료에 대하여 회귀모형을 가정하고 다음 가설을 유의수준 $\alpha = 0.05$에서 검정하여라.

$$H_0:\ \beta_0 = 0 \text{ vs } H_1:\ \beta_0 \neq 0$$

|결과| 추정식은 $\hat{y} = -29.91 + 1.33x$ 이 되고 $MSE = 28.49734$, $S_{(xx)} = 455.144$이 되고 H_0 하에서 검정통계량 값은 다음과 같이 계산되었다.

$$t_0 = \frac{-29.91 - 0}{\sqrt{\left[\frac{1}{10} + \frac{58.24 \times 58.24}{455.144}\right] \times 28.49734}} = -11.7351 < 2.306 = t(8, 0.025)$$

|해석| 귀무가설 H_0: $\beta_1 = 0$ 을 유의수준 5%에서 기각하고 y 절편이 존재한다.

▶ $E(y)$의 추정과 검정

임의로 주어진 x값에서 y의 기대값 $E(y) = \beta_0 + \beta_1 x$의 추정 회귀식은 $\hat{y} = \hat{\beta}_0 + \hat{\beta}_1 x$ 이되며 이것을 다음과 같이 변형이 가능하다.

$$\begin{aligned} \hat{y} = \hat{\beta}_0 + \hat{\beta}_1 x &= (\hat{\beta}_0 + \hat{\beta}_1 \bar{x}) + \hat{\beta}_1 (x - \bar{x}) \\ &= (\bar{y} - \hat{\beta}_1 \bar{x} + \hat{\beta}_1 \bar{x}) + \hat{\beta}_1 (x - \bar{x}) \\ &= \bar{y} + \hat{\beta}_1 (x - \bar{x}) \end{aligned}$$

따라서 $\hat{y}$의 평균은 $E(\hat{y}) = \beta_0 + \beta_1 x$이고 분산은 다음과 같이 된다.

$$\begin{aligned} Var(\hat{y}) &= Var\left[\bar{y} + \hat{\beta}_1 (x - \bar{x})\right] \\ &= Var(\bar{y}) + (x - \bar{x})^2\, Var(\hat{\beta}_1) + 2\,(x - \bar{x})^2\, Cov(\bar{y}, \hat{\beta}_1) \\ &= \sigma^2 \left(\frac{1}{n} + \frac{(x - \bar{x})^2}{S_{(xx)}}\right) + 2\,(x - \bar{x})^2\, Cov(\bar{y}, \hat{\beta}_1) \end{aligned}$$

단, 여기에서도 $Cov(\bar{y}, \hat{\beta}_1) = 0$ 이라고 알려져 있다

즉, $\hat{y}$는 다음과 같은 분포를 가진다.

$$\hat{y} \sim N\left[\beta_0 + \beta_1 x,\ \sigma^2 \left(\frac{1}{n} + \frac{(x - \bar{x})^2}{S_{(xx)}}\right)\right]$$

따라서 $E(y \mid x)$의 $100(1-\alpha)\%$ 신뢰구간 다음과 같다.

$$\widehat{\beta_0}+\widehat{\beta_1}x \pm t(n-2,\ \alpha/2)\ \sqrt{\left[\frac{1}{n}+\frac{(x-\bar{x}\ )^2}{S_{(xx)}}\right]MSE}$$

따라서 검정에 관한 사항은 다음과 같이 요약할 수 있다.

$E(y)=\beta_0+\beta_1 x$에 관한 검정

1. 검정통계량 : $t_0=\dfrac{\widehat{\beta_0}+\widehat{\beta_1}\,x-\mu_0}{\sqrt{\left[\frac{1}{n}+\frac{(x-\bar{x}\ )^2}{S_{(xx)}}\right]MSE}}$

2. 판정

(a) H_0: $E(y)\le\mu_0$ vs H_1: $E(y)>\mu_0$ 일 때 $t_0\ge t(n-2;\alpha)$ 이면 H_0을 기각.

(b) H_0: $E(y)\ge\mu_0$ vs H_1: $E(y)<\mu_0$ 일 때 $t_0\le -t(n-2;\alpha)$ 이면 H_0을 기각.

(c) H_0: $E(y)=\mu_0$ vs H_1: $E(y)\ne\mu_0$ 일 때 $|t_0|\ge t(n-2;\alpha/2)$ 이면 H_0을 기각.

예제 8.8

〈예제 8.1〉의 10명의 학생에 대한 몸무게와 (x)이 학생들이 비만도(y) 조사결과 자료에 대하여 회귀모형을 가정하고 $x=60$ 일 때의 $E(y)$의 95%의 신뢰구간을 구하시오.

|결과| $MSE=28.49734$, $S_{(xx)}=455.144$, $\bar{x}=58.24$ 이고 추정식은 $\hat{y}=-29.91+1.33x$ 이 되므로 $\hat{y}=-29.91+1.33\times 60=49.89$ 이고 $E(y)$ 의 95%의 신뢰구간 다음과 같이 된다.

$$49.89\pm 2.306\ \sqrt{\left[\frac{1}{10}+\frac{1.77^2}{455.144}\right]28.49734}=49.89\pm 4.024542$$

Minitab ▶ 이용하기

1. C1열에 몸무게(x) C2에 비만도(y) 자료를 입력하고 메뉴에서 [Stat] → [Regression] → [Regression...]을 클릭하고 나타난 [Regression] 대화 상자에서 반응변수란에 마우스를 올려놓고 “C2”를 더블 클릭하고 설명변수란에 “C1”를 더블 클릭하여 데이터를 입력하고 [Option]버튼을 클릭한다.

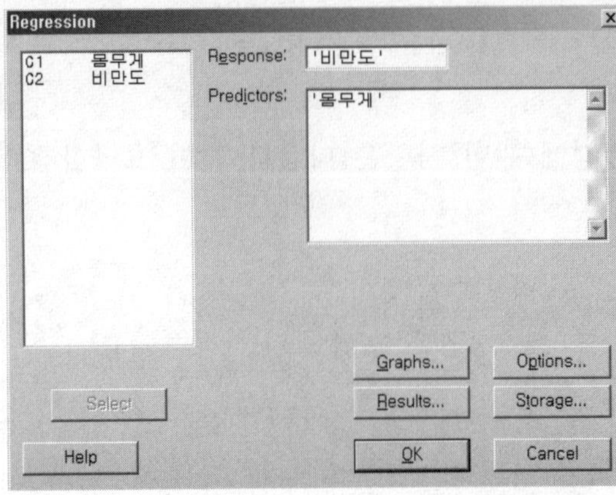

2. 다음과 같은 [Option] 대화 상자에서 예측란에 "60"을 입력하고 신뢰수준 란에 95%을 확인 한 후 [OK] 버튼을 클릭한다.

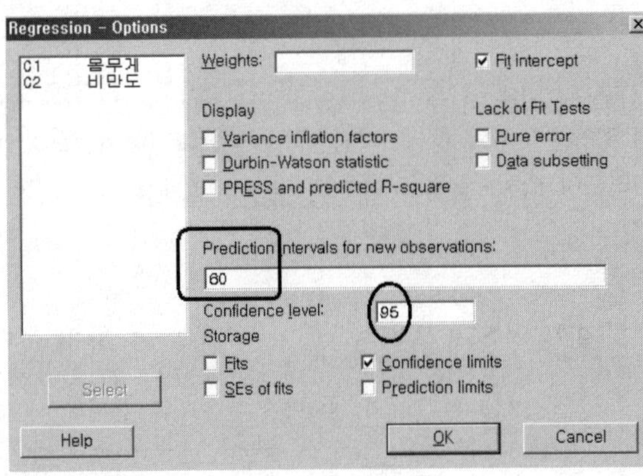

3. 다음과 같은 결과화면이 나타난다.

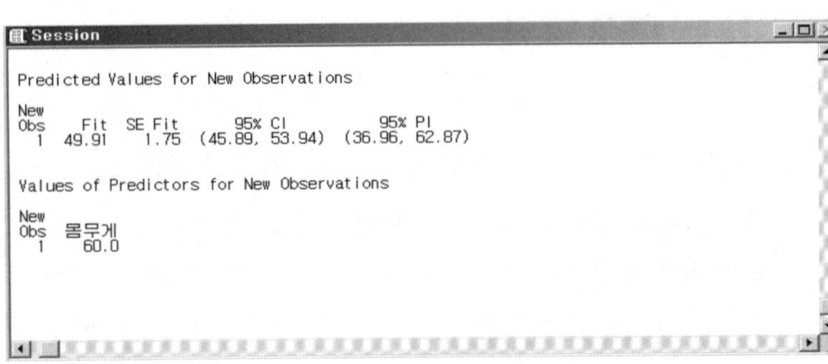

4) 다중 선형 회귀 분석

앞 절에서는 종속변수 y의 예측에 사용될 수 있는 독립변수가 존재하는 경우 선형회귀직선을 적합시키기 위해 최소제곱법(least squares method)을 사용하였으며, 이와 같은 방법으로 결정된 회귀직선은 $\hat{y}=\beta_0 + \beta_1 x$와 같은 형태를 가진다. 앞 절의 비만도 자료에 대해서 적합된 회귀직선은

$$\hat{y}=1.3304x-29.91$$

이고, 여기서 x는 몸무게 자료를 나타내며 y는 비만도를 나타낸다. 만일 분석에 사용된 비만도에 대한 더 만은 정보를 알고 있다면 비만도를 더욱 잘 예측할 수 있을 것이다. 예를 들어 몸무게 자료를 나타내는 변수 이외에 나이, 실적 자료, 체지방 지수와 같은 다른 변수들도 비만도에 영향을 미칠 수 있을 것이다.

하나 이상의 독립변수가 종속변수의 값을 예측하기 위해서 사용되는 경우에 사용되는 분석방법이 다중회귀분석(multiple regression analysis)이다. 다중회귀분석은 선형과 비선형 식을 포함한다. 선형회귀직선은 다음과 같은 형태를 가진다.

$$\hat{y}=\beta_0+\beta_1 x_1+\beta_2 x_2+\beta_3 x_3+\cdots+\beta_k x_k$$

여기서, $\hat{y}$은 예측된 변수이며, $x_1, x_2, x_3, \cdots x_k$는 k개의 변수로서 알려진 값이다. 그리고, $\beta_0, \beta_1, \beta_2, \cdots, \beta_k$는 알려진 정보로부터 결정된 실제값을 가지는 계수이다. 본 절에서는 선형회귀직선에 대해서만 고려하고자 한다.

예제 8.9

보험회사 영업사원들의 보험계약 실적수를 반영하는 요소들중 여러 가지 요인이 있겠지만 일반적으로 고려되어지는 요소는 나이 와 고용기간을 생각 할 수 있다. 보험계약 실적수(y)에 미치는 변수로서 나이(x_1)와 고용기간(x_2)이다. 다음 표는 6명의 보험회사 영업사원 대한 각 변수들을 관찰한 것이다.

[보험회사 영업사원들에 대한 나이, 고용기간(년.월) 및 보험계약 실적수(월)]

영업사원	나이 (x_1)	고용기간(x_2)	보험계약 실적수(y)
A	39	3.8	12
B	31	3.4	20
C	34	2.9	21
D	35	3.3	17
E	33	3.9	15
F	37	3.1	19

이러한 정보를 이용하여 보험회사 직원들의 나이와 고용기간 관점에서 보험계약 실적수를 예측할 수 있는 선형회귀직선을 찾을 수 있다.

위 자료에 대한 선형회귀직선은 $\hat{y}=\beta_0+\beta_1 x_1+\beta_2 x_2$ 와 같은 형태를 적용하여 $\beta_0, \beta_1, \beta_2$값은 최소제곱법을 이용하면 구해질 수 있다. 이 방법은 제곱합, $\sum(y-\hat{y})^2$를 최소화시키는 방법이며 y 의 값은 관측된 값이고, $\hat{y}$ 의 값은 두 독립변수에 대한 선형방정식으로부터 구해진다. 이러한 경우에 최소제곱법은 다음과 같은 미지의 방정식 3개를 풀어서 구해질 수 있다.

이러한 방정식을 정규방정식(normal equation)이라고 하며, 다음과 같이 정의된다.

$$\sum y = n\beta_0 + \beta_1(\sum x_1) + \beta_2(\sum x_2)$$

$$\sum x_1 y = \beta_0(\sum x_1) + \beta_1(\sum x_1^2) + \beta_2(\sum x_1 x_2)$$

$$\sum x_2 y = \beta_0(\sum x_2) + \beta_1(\sum x_1 x_2) + \beta_2(\sum x_2^2)$$

〈예제 8.9〉 제시된 자료에 대해 정규방정식을 결정하기 위하여 계산된 자료는 아래표와 같다.

x1	x2	y	x1 ^ 2	x2 ^ 2	x1*x2	y	x1*y	x2*y
39	3.8	12	1521	14.44	148.2	12	468	45.6
31	3.4	20	961	11.56	105.4	20	620	68
34	2.9	21	1156	8.41	98.6	21	714	60.9
35	3.3	17	1225	10.89	115.5	17	595	56.1
33	3.9	15	1089	15.21	128.7	15	495	58.5
37	3.1	19	1369	9.61	114.7	19	703	58.9
209	**20.4**	**104**	**7321**	**70.12**	**711.1**	**104**	**3595**	**348**

이 예제에 대한 정규방정식은 다음과 같다.

$$104 = 6\beta_0 + 209\beta_1 + 20.4\beta_2$$

$$3595 = 209\beta_0 + 7321\beta_1 + 711.1\beta_2$$

$$348 = 20.4\beta_0 + 711.1\beta_1 + 70.12\beta_2$$

$\beta_0, \beta_1, \beta_2$에 대해서 위의 세 선형방정식을 푸는 것은 어렵지 않으나, 행렬의 형태로 변화시켜서 이 방정식을 푸는 것이 더 간단한 방법이며, 실제로 통계 팩키지로 계산된 분산분석표는 아래와 같다.

〈분산분석표〉

분산 분석					
	자유도	제곱합	제곱 평균	F 비	유의한 F
회귀	2	55.46305721	27.7315286	44.48251505	0.005891797
잔차	3	1.870276123	0.623425374		
계	5	57.33333333			

위의 제시된 분산분석표(ANOVA table)를 살펴보면, 제곱합은 일반적으로 SST로 표기되는 y의 제곱합은 총제곱합(total sum of squares)으로 이는 두 개의 성분으로 분할될 수 있다. 즉 SSR이라고 표기되는 회귀식에 대한 제곱합(sum of squares for regression)과 SSE라고 표기되는 오차에 대한 제곱(sum of squares for error)으로 구분된다. 즉 다음과 같은 결과로 나타난다.

$$SST = SSR + SSE$$

회귀식에 대한 제곱합은 총 제곱합 중에서 독립변수에 의해서 설명되는 부분이고, 오차 제곱합은 독립변수에 의해 설명되지 못하는 y의 총 제곱합의 일부분이다. 이러한 성분들의 값이 분산분석표에 제시되어 있으며, 이 표로부터 다음과 같은 정보들을 얻을 수 있다.

$$SST = \sum (y - \bar{y})^2 = 57.3333331$$

$$SSE = \sum (y - \hat{y})^2 = 1.870276143$$

$$SSR = SST - SSE = 55.46305721$$

각 요인에 대한 관측자의 수와 관련된 자유도(degrees of freedom)를 나타내는 것은 관측치의 수가 6이기 때문에 전체 자유도는 df_T로 표시되며, $n-1=6-1=5$와 같다. 회귀식에 대한 자유도는 df_R로 표시되며, 이 값은 독립변수의 수와 같다. k 개의 독립변수가 사용되었다면, $df_R = k$가 된다.

따라서, 본 예제에서는 $k=2$ 이므로 회귀식에 대한 자유도는 2이다. 그리고, 오차에 대한 자유도는 df_E로 표시되며, 이는 보통 전체 자유도에서 회귀식에 대한 자유도를 빼서 구해질 수 있다. 즉, $df_E=(n-1)-k=n-(k+1)$이므로 본 예제에서는 $df_E=5-2=3$ 이다. 여기서, $(k+1)$ 은 회귀방정식에서 독립변수와 상수항의 수를 나타낸다.

만일 각 상수항에 대한 하나의 자유도를 알고 있지 않은 경우, 오차에 대한 자유도는 단순히 $n-(k+1)$ 에 의해 구해질 수 있다. 요약하면, 자유도에 관해서 다음과 같은 간단한 공식을 얻을 수 있다.

> 자유도의 관계
> $df_T=df_R+df_E$
> $(df_T=n-1,\ df_R=k,\ df_E=n-1-k=n-(k+1))$

분산분석표에서 제곱평균은 제곱합을 각 자유도로 나눔으로써 구해질 수 있다. 즉,

$$MSR=\frac{SSR}{df_E}=\frac{55.46305721}{2}=27.7315286$$

$$MSE=\frac{SSE}{df_E}=\frac{1.870276123}{3}=0.623425374$$

하나의 독립변수에 대한 경우에서와 마찬가지로 선형모형이 적당하게 자료를 설명하고 있는지를 알아보기 위해서 F 검정이 사용된다. [예제 8.9]의 자료에 대해서 가설은 다음과 같이 설정될 수 있다.

$$\begin{cases} H_0 : \beta_1=\beta_2=0 \\ H_1 : \beta_1 \neq 0 \quad \text{or} \quad \beta_2 \neq 0 \end{cases}$$

여기서, 귀무가설이 사실이면 모형에 포함되는 회귀계수들은 모두 0이므로 이는 종속변수의 값([예제 8.9]에서의 보험 계약 실적수)을 예측하는데 사용될 수 없다. F 통계량은 MSR 을 MSE로 나눔으로써 다음과 같이 구해진다. 즉,

$$F=\frac{MSR}{MSE}$$

<예제 8.9>의 자료에 대해서 F 통계량의 값을 쉽게 구할 수 있으며, 이 값은 다음과 같다.

$$F=\frac{27.7315286}{0.623425374}=44.48251505$$

F 검정에 대한 p-값(유의한 F 값)은 0.005891797로서 0.05>0.005891797이므로 유의수준 0.05에서 귀무가설 H_0를 기각할 수 있다. 따라서 모집단 회귀계수의 값들이 0이 될 수 없다. 결국 예측 목적으로 위해서 이 회귀방정식을 사용할 수 있는 것이다.

다중결정계수 R^2는 앞 절에서의 결정계수r^2과 유사한 값이며, 이는 y에 대한 총변동 중에서 독립변수 또는 회귀식에서의 변동에 의해 설명되는 부분의 비율을 나타낸다. 이 값은 SSR을 SST로 나눔으로써 다음과 같이 얻어질 수 있다.

$$R^2=\frac{SSR}{SST}$$

<예제 8.9>의 자료에 대해서 이 값을 구해보면

$$R^2=\frac{55.46305721}{57.33333333}=0.967378905\approx 96.7\%$$

와 같다.

이 값은 변수 나이와 고용기간에 의한 변동에 의해 설명되는 보험계약실적수에 대한 변동의 비율이 근사적으로 96.7%임을 의미한다.

다시 말하면, 종속변수에 대한 변동의 (100−96.7)%만이 설명되지 못한다는 것을 의미한다.

Minitab ▶ 이용하기

1. C1열에 나이(x1), C2에 고용기간(x2), C3에 실적수(y) 자료를 입력하고 메뉴에서 [Stat] → [Regression] → [Regression...]을 클릭하고 나타난 [Regression] 대화 상자에서 반응변수란에 마우스를 올려놓고 "C3"를 더블 클릭하고 설명변수란에 "C1", "C2"을 더블 클릭하여 데이터를 입력하고 [OK]버튼을 클릭한다.

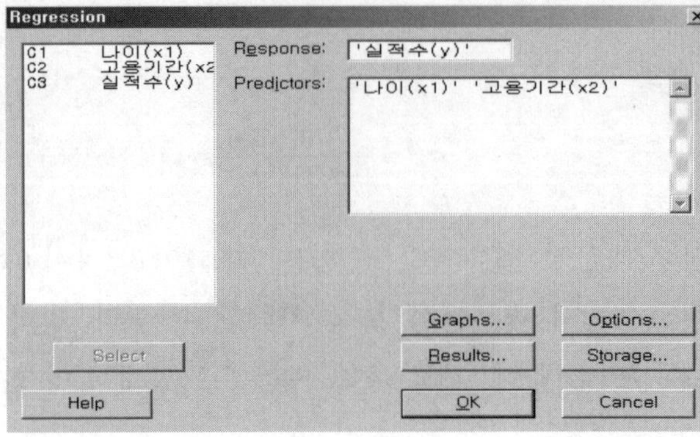

2. 다음과 같은 결과화면이 나타난다.

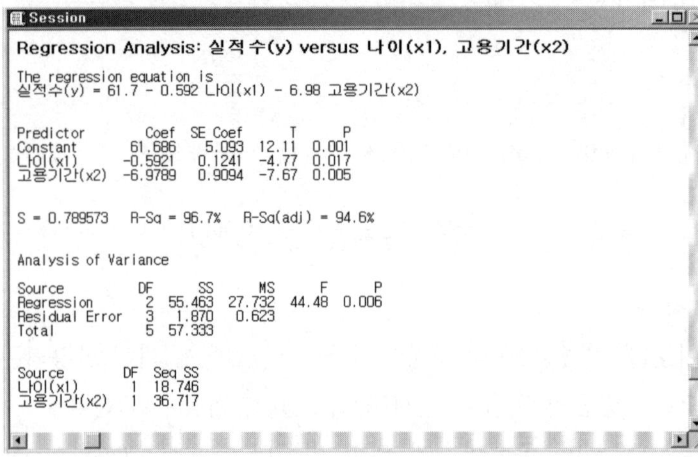

예제 8.10

〈예제 8.9〉의 보험계약실적수 자료를 다시 고려하여 보자. 나이와 고용기간 변수와 같이 또하나의 혈압 지수변수가 영향을 미치는 변수인지를 알아보고자 한다면, 다음 표와 같이 6명의 영업사원들의 혈압 지수점수가 다음과 같이 추가되어야 한다.

영업사원	나이 (x_1)	고용기간(x_2)	혈압지수(x_3)	보험계약실적수(y)
A	39	3.8	131	12
B	31	3.4	140	20
C	34	2.9	115	21
D	35	3.3	116	17
E	33	3.9	137	15
F	37	3.1	122	19

새로운 선형회귀모형을 적합 시키기 위해서 $\hat{y}=\beta_0+\beta_1x_1+\beta_2x_2+\beta_3x_3+\cdots+\beta_kx_k$ 와 같은 회귀모형의 형태를 고려해 보자. 각 회귀계수의 유의성을 검정하기 위하여 다음과 같은 세 개의 가설을 설정할 수 있다.

(1) 나　　이 : $H_0:\beta_1=0$

(2) 고용기간 : $H_0:\beta_2=0$

(3) 혈압지수 : $H_0:\beta_3=0$

각각의 귀무가설을 유의수준 0.05에서 검정할 수 있으며, 이 검정을 위해서 자유도가 $df_E=n-(k+1)$인 t-분포가 사용된다. 6명의 연구원에 대한 자료이므로 $n=6$이고, 독립변수의 수 $k=3$이다. 따라서, 자유도$df=2$ 인 t-분포가 사용되어야 한다. 즉,

$$df_E=n-(k+1)=6-(3+1)=2$$

$\beta_i=0$라는 가정하에서 통계량의 표본분포는 자유도가 $df=n-(k+1)$ 인 t-분포를 따른다. 예를 들어 회귀계수 β_i 가 0인지를 검정하기 위해서는 회귀계수 b_i 에 대해서 t-값을 계산해야 한다. 따라서, 각각의 회귀계수에 대한 p-값이 아래 표와 같다.

	계수	표준 오차	t통계량	p-값
Y 절편	51.66907377	5.220861246	9.896657149	0.010056184
β_1	−0.448448288	0.097319002	−4.608023926	0.044008981
β_2	−8.886895857	0.972125624	−9.14171547	0.011755301
β_3	0.090675329	0.037635493	2.409303569	0.137593142

즉, Y절편, β_1, β_2는 유의수준 0.05에서 귀무가설을 기각할 수 있지만 β_3에 대한 회귀계수의 귀무가설은 기각할 수 없게 된다. 즉 , 혈압지수변수만이 유의수준 0.05에서 유의한 변수가 아님을 알 수 있다.

Minitab ▶ 이용하기

1. C1열에 나이(x1), C2에 고용기간(x2), C3에 혈압지수(X3), C4에 실적수(y) 자료를 입력하고 메뉴에서 [Stat] → [Regression] → [Regression...]을 클릭하고 나타난 [Regression] 대화 상자에서 반응변수란에 마우스를 올려놓고 "C4"를 더블 클릭하고 설명변수란에 "C1", "C2", "C3"을 더블 클릭하여 데이터를 입력하고 [OK]버튼을 클릭한다.

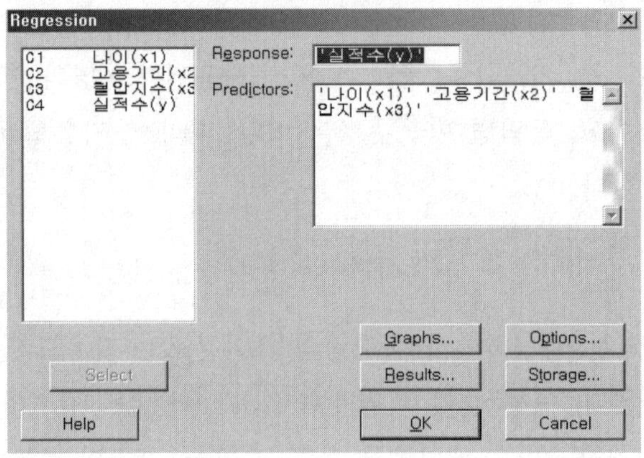

2. 다음과 같은 결과화면이 나타난다.

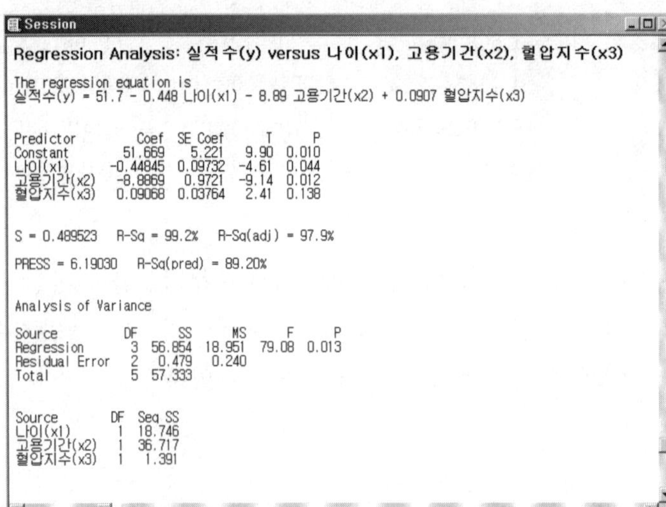

연 / 습 / 문 / 제

1 다음 자료는 sky 호텔 지배인이 호텔 투숙 예약수와 실제 투숙객을 1달 동안 다음과 같은 자료를 표집 하였다. 여기서 독립변수를 예약수(하루 동안)로 하고 종속변수를 하여 회귀분석을 시행하고자 한다.

일자	예약수	실제투숙고객	일자	예약수	실제투숙고객
12월 01	88	90	12월 16일	89	100
12월 02	88	85	12월 17일	88	78
12월 03	80	74	12월 18일	98	88
12월 04	87	77	12월 19일	100	90
12월 05	89	81	12월 20일	104	99
12월 06	100	90	12월 21일	101	89
12월 07	101	93	12월 22일	99	98
12월 08	102	98	12월 23일	102	97
12월 09	99	87	12월 24일	90	89
12월 10	97	89	12월 25일	102	99
12월 11	99	90	12월 26일	98	86
12월 12	102	100	12월 27일	99	88
12월 13	100	99	12월 28일	93	87
12월 14	109	102	12월 29일	99	88
12월 15	90	89	12월 30일	96	89

1) 단순회귀모형을 적용하여 회귀선을 추정하라.
2) 분산분석표를 작성하고 추정 회귀선이 유의한지를 판정하라.
3) 기울기 β_1의 95% 신뢰구간을 계산하라.
4) 호텔 투숙 예약 수용 능력이 110이라면 지배인 입장에서 몇 명까지 예약을 받을 수 있는지를 예측하라.

2 다음 자료는 2004년 1월부터 2007년 6월 까지 강남구의 재건축 아파트의 평당 가격과 기대 수익률 자료이다. 여기서 독립변수를 평당가격 (단위:1000원)으로 하고 종속변수를 하여 기대수익률이라두고 회귀분석을 시행하고자 한다.

1) 단순회귀모형을 적용하여 회귀선을 추정하라.
2) 분산분석표를 작성하고 추정 회귀선이 유의한지를 판정하라.
3) 모회귀계수인 절편 β_0 와기울기 β_1에 대하여 95% 신뢰구간을 계산하라.
4) 평당가격이 6천만원이었을 경우에 대하여 평균반응추정량의 95% 신뢰구간을 계산하라.

조사일	평당가격	수익률	조사일	평당가격	수익률
20040130	68543	0.0534091	20051028	82348	0.055243
20040227	69011	0.0586519	20051125	83000	0.0588115
20040326	69663	0.0535187	20051230	83766	0.0547678
20040430	70522	0.0556834	20060127	87821	0.0606194
20040528	69451	0.0582433	20060224	90543	0.0557841
20040625	69217	0.0603518	20060331	97592	0.0554868
20040730	68674	0.0588158	20060428	101745	0.0557234
20040827	68011	0.0615905	20060526	104016	0.057169
20040924	67946	0.0561647	20060630	104984	0.0607955
20041029	67522	0.056555	20060728	105277	0.0577419
20041126	67527	0.0596209	20060825	105451	0.0532849
20041231	67408	0.0529822	20060929	106136	0.0529321
20050128	68158	0.0544144	20061027	108679	0.0538852
20050225	69641	0.0529843	20061124	113864	0.0624408
20050325	71641	0.0604003	20061229	115598	0.0616797
20050429	74288	0.0553208	20070126	115620	0.0525366
20050527	76853	0.0558039	20070223	115772	0.0589263
20050624	81832	0.0612909	20070330	115728	0.0538257
20050729	83647	0.0610104	20070427	114560	0.0590679
20050826	83543	0.0573509	20070525	114087	0.0620874
20050930	82913	0.0547159	20070629	113973	0.0598012

3 아버지의 지능지수와 딸의 지능지수간에 어느 정도 연관성이 있는가를 파악하고자 유전공학자는 10쌍의 아버지와 딸을 무작위로 추출하여 다음과 같은 자료를 얻었다. 부녀의 지능 지수에 어느 정도 관련성이 있는지를 판정하라.

조사대상	아버지	딸
1	122	131
2	113	107
3	98	101
4	135	123
5	121	99
6	140	123
7	95	113
8	127	121
9	130	109
10	108	111

4 여성의 미모와 학교 성적간에 상관관계가 있는지를 알아보기 위하여 15명의 여성을 임의로 추출하여 미모를 100점 만점으로 하여 심사위원에게 의뢰하였고, 15명의 여성의 학교점수를 조사하였다.

미모	75	64	83	76	95	89	92	79	86	75	90	84	74	85	90
성적	76	85	72	75	63	72	79	83	72	85	90	72	90	79	70

① 미모와 성적간의 상관계수는 얼마인가?

② 5% 유의수준에서 상관계수가 0이 아니라 할 수 있지를 검정하라.

5 주가수익율과 관계가 있는 물가지수 증가율, 통화량 증가율, 채권수익율을 월별로 조사한 자료는 다음과 같다. 분산분석표를 작성하여 중 회귀분석을 시행하라.

주가수익율	물가지수증가율	통화량증가율	채권수익율
3.3	3.2	0.7	23.1
3.5	2.8	-1.5	22.0
2.0	0.6	0.6	21.6
5.4	0.4	1.6	20.7
9.5	0.6	4.2	19.2
13.7	1.1	3.1	17.3
6.6	1.6	7.0	16.7
3.8	-1.1	10.5	15.8
0.7	-1.8	0.5	15.4
23.8	0.1	6.8	15.6
-0.4	0.3	2.3	15.5
0.7	0.3	11.8	15.5
1.4	0.2	0.5	15.4
6.1	0.5	-1.3	15.3
3.4	0.5	3.7	15.2
12.4	-0.2	-1.5	15.1
5.3	0.5	2.8	15.4
12.1	1.0	3.7	16.2
4.0	0.8	1.2	16.6
-3.9	0.0	4.3	17.5

6 어떤 회사에서는 품질관리 교육시간과 작업적응도를 분석하기 위하여 8명의 신입사원을 랜덤으로 뽑아 다음과 같은 자료를 표집 하였다.

교육시간(x)	3	6	4	7	5	3	1	8
작업 성취도(y)	60	90	65	95	75	60	45	90

(1) x와 y에 대한 산점도를 작성하고 회귀선을 계산하라..

(2) 잔차 e_i 를 계산하고 $\hat{y_i}$ 와의 관계를 설명하라.

(3) 선형성을 가지는지를 확인하라.

7 단순회귀모형 $Y_i = \beta_0 + \beta_1 x_i + \epsilon_i$, $(i=1,2,\cdots,n)$ 에 대하여 총 제곱합(SST), 회귀 제곱합(SSR), 잔차 제곱합(SSE), 결정계수를 유도 하라.

8 다음의 (xi, yi)데이터에 대한 물음에 답하라.
(단, 계산은 소수점 이하 3자리까지 한다.)

x_i	57.5	64.7	50.4	55.8	64.1	72.3	50.5	52.3	60.3	54.5
y_i	44.4	52.0	38.1	49.3	60.3	63.2	39.5	30.3	57.5	41.0

(1) x에 대한 y의 단순상관계수 r를 계산하라.
(2) 결정계수를 구하라.
(3) x에 대한 y의 추정회귀직선과 y에 대한 x의 추정회귀직선을 각각 구하라.

9 인력개발원에서는 입사 당시의 구술시험과 필기시험 점수가 입사 후 인사고과 점수에 미치는 영향 정도를 파악하고자 16명을 추출하여 다음과 같은 자료를 얻었다.

표본	구술시험	필기시험	인사고과점수
1	83	76	82
2	72	92	96
3	92	63	72
4	46	72	69
5	83	75	90
6	79	60	82
7	73	91	93
8	73	81	76
9	62	92	83
10	73	80	88
11	87	76	92
12	63	60	71
13	83	92	94
14	60	65	70
15	82	90	91
16	94	83	88

① 인사고과와 구술시험 및 필기시험간의 회귀식을 추정하라.
② 입사당시의 시험점수(구술시험, 필기시험)가 인사고과 점수를 얼마나 설명하는가?

10 남서울 백화점에서는 신용카드 이용률이 매출액을 어느 정도 설명할 수 있는가를 파악하고자 다음과 같은 자료를 수집하였다.

년도	매출액(억원)	신용카드이용률
1983	31	5%
1984	42	10%
1985	36	13%
1986	45	17%
1987	53	19%
1988	74	23%
1989	69	30%
1990	86	36%
1991	108	45%
1992	131	47%

① 단순회귀선을 추정하라.

② 선형회귀모형을 가정하여 회귀식의 기울기가 통계적으로 유의한가를 5%로 검정하라.

11 단순상관회귀에서 최소제곱추정량(기울기와 y 절편)을 유도하라.

12 좋은 고등학교 학생 12명을 선택하여 그들의 수학점수와 영어점수를 조사하여 다음과 같이 구했다.

수학점수	65	63	67	64	68	62	70	66	68	67	69	71
영어점수	68	66	68	65	69	66	68	65	71	67	68	70

1) 회귀직선을 구하라.

2) 표준오차와 상관계수를 구하라.

13 19대의 소형 중고차의 연령과 가격에 대해 조사한 자료가 다음과 같다.

연령(년)	3	5	3	6	4	4	6	7	2	2
가격(만원)	340	260	315	120	300	300	140	180	340	320
연령(년)	6	8	5	6	5	8	4	7	5	
가격(만원)	210	110	250	180	230	180	240	100	180	

1) 산점도를 그려라.

2) 상관계수를 구하라.

3) 상관관계가 존재하는가?

4) 회귀직선을 추정하고, 이를 산점도에 그려라.

14 다음 자료는 골프에 관한 것이다. x는 골프의 공이 비행하는 과정에서 지상에서의 최고 높이를 나타내고 y는 최고 높이에서 땅에 떨어질 때까지의 직선거리를 나타내고 둘다 단위는 m이다. 다음 자료의 회귀 직선과 결정계수 r^2를 계산하여라.

x	103	96	107	116	98	100	114	99	104	117
y	91	78	88	100	86	88	94	86	91	99

4) 회귀직선을 추정하고, 이를 산점도에 그려라.

15 세대 인원별 1개월분의 식료비의 평균 지출의 관계가 다음 표와 같다. 상관계수를 계산 하라.

세대 인원(x)	2	3	4	5	6	7	8
식료비(y)	53	67	79	88	97	107	101

두 변수 x, y에 대하여 다음과 같은 6개의 데이터가 있다.

(1) 표본상관계수 r를 구하라.

(2) 기여율(결정계수)을 계산하라.

x	1	2	3	5	6	7
y	3	4	6	8	9	12

16 다음의 Xi, Yi 데이터에 대해 요구에 답하시오. (단, 답의 숫자는 소숫점 이하 3자리까지 적으시오.)

X_i	54.6	57.2	65.3	55.6	61.0	79.3	72.8	62.4	84.4	65.7
Y_i	45.8	50.1	47.4	36.3	58.2	53.5	49.3	55.7	66.3	61.2

(1) 단순상관계수r을 구하라.

(2) X에 대한 Y의 추정회귀직선을 구하라. (단, n이 작고, r이 별로 크지 않을 것이나 무시하시오.)

(3) X=80일 때 E(Y)의 추정치를 구하라.

17 두 변수 x, y에 대하여 다음과 같은 6개의 데이터가 있다.

(1) 표본상관계수 r를 구하라.

(2) 기여율(결정계수)을 계산하라.

x	1	2	3	5	6	7
y	3	4	6	8	9	12

18 어떤 여학생 집단의 몸무게(x)와 신장에 (y)에 관한 조사결과 다음의 데이터가 얻어졌다.

x	y	x	y
50	158	65	176
62	163	60	165
59	160	54	161
45	153	50	164
65	165	45	162
62	171	55	159
55	175	45	153
43	159	69	177
53	164	56	167
62	165	49	155

(1) 산점도를 그려라.

(2) 상관계수를 구하고 x, y의 관계를 설명하라.

CHAPTER 09

관리도

제9장에서는 관리도란 무엇인가? 간단히 살펴본다.

- 관리도 일반
- 계수형 관리도
- 계량형 관리도
- 공정능력분석

1. 관리도 일반

1) 관리도와 품질변동

생산공정에서는 규격에 맞는 제품을 생산하고 관리해야 한다. 따라서 공정에 변화가 생겨 제품이 그 규격을 벗어날 때 이를 빨리 탐색하여 제품의 불량발생을 예방할 수 있는 적당한 조치가 필요하다. 이와 같이 제품의 품질유지와 개선 등을 해석하고 검토할 목적으로 널리 이용되는 통계적 방법의 하나가 관리도(control chart)이다.

관리도는 1924년 미국 벨 전화 연구소의 슈하르트(Shewhart)가 처음 제안하여 생산공정에서 발생하는 문제 해결에 통계적 방법의 적용을 시도했다. 슈하르트가 제안한 관리도는 3σ 관리한계선에 기초을 둔 관리도로 3σ 관리도라 한다. 그외의 관리도로는 페이지(Page(1954))에 의하여 제안된 누적합에 근거한 누적합(Cusum)관리도가 있으며, 로버트(Robers(1959))의 지수가중이동평균 관리도 등이 있다.

똑같은 공정에서 생산되고 있는 제품이라 하더라도 품질특성에 있어서는 시간의 흐름에 따라 기계나 공구가 마모되어 품질에 변동이 생기며, 또 장비, 자재, 환경 및 작업 등에서 복합적 요인에 의하여 품질변동이 있을 수 있다. 이러한 변동의 원인들은 크게 우연원인(random cause)과 이상원인(assignable cause)으로 구분된다. 우연원인은 생산공정이 잘 설계되고 주의 깊게 다룸에도 불구하고 품질 특성치에 영향을 주는 요인을 말한다. 일반적으로 우연요인에 의해서만 변동하고 있는 상태를 통계적으로 관리상태(statistically in control)에 있다고 한다. 한편, 이상요인은 공정을 변동시키는 다른 한 요인으로 우연요인보다 품질변동에 더 큰 영향을 미치며 산발적으로 발생하는 요인으로 그 원인을 제거해야만 하는 요인이다.

2) 관리한계

관리도에서는 나타난 점들의 움직임이 관리한계를 만족시키는 정도에 따라 공정의 상태를 우연원인에 의한 것인가, 이상원인에 의한 것인가를 알 수 있다.

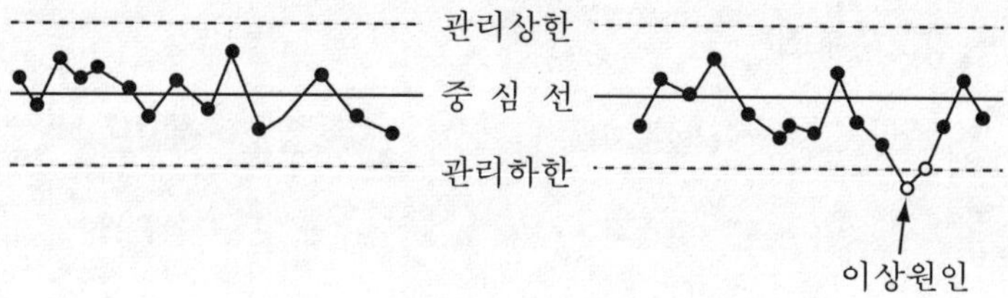

그림 9.1_공정의 움직임과 상태

위의 <그림 9.1>의 (b)와 같은 경우에는 이상이 있다고 판단하고 그 원인을 제거할 수 있는 조치를 취해야 한다. 이와 같은 우연원인과 이상원인을 구분하기 위하여 설정되는 한계를 관리한계(control limit)라 한다.

관리한계는 공정이 안정상태에 있을 때에 품질 특성치의 확률분포의 평균치에 해당하는 중심선을 긋고, 중심선에서 $\pm 3\sigma$에 관리상한선 및 관리하한선을 긋게 된다. 이 관리한계선을 슈하르트의 3σ 관리한계선이라 한다. 3σ 관리한계선은 공정이 안정(관리)상태인데도 불구하고 이상이 있다고 판단해 버리는 경우, 이를 제1종의 과오라 한다. 실제 공정이 정확하게 정규분포를 따르며 $\sigma_{\bar{x}}$ 가 알려진 경우에 공정이 관리상태 $(\mu=\mu_0)$일 때 표본 평균 $\overline{X}$ 가 3σ 관리 한계선 밖으로 나갈 확률은 0.0027으로 매우 좋다고 볼 수 있다. 즉,

$$P(\overline{X} \geq \mu_0 + 3\,\sigma_{\bar{x}} \text{ 혹 은 } \overline{X} \leq \mu_0 - 3\,\sigma_{\bar{x}})$$

$$= 1 - P\left(-3 < \frac{\overline{X} - \mu_0}{\sigma_{\bar{x}}} < 3\right) = 0.0027$$

반면 공정이 이상이 있는 경우, 이 공정이 안정상태라고 잘못 판단할 확률, 즉 제 2종의 과오는 높아 진다. 이 경우 검정력은 작아지게 된다.

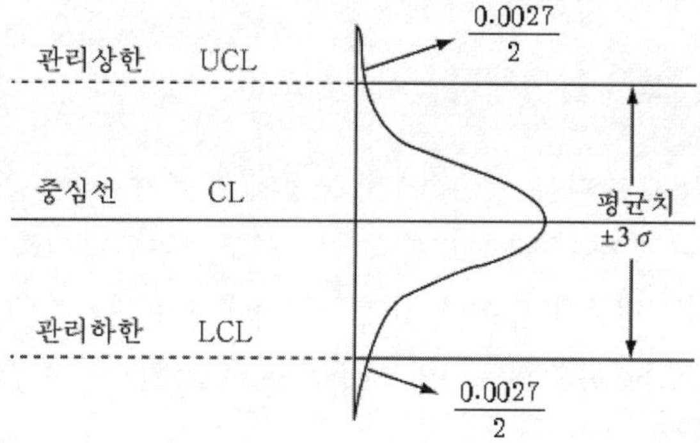

●●● 참고하세요!!

일반통계학	품질관리
표본	시료, 샘플
검정력	검출력
유의수준	위험률
층화추출	층별 샘플링
집락 추출	취락 샘플링
제 1 종 오류	제 1 종 과오
제 2 종 오류	제 2 종 과오
유한 모집단	로트
무한 모집단	공정

3) 합리적인 부분군

부분군(subgroup)이란 같은 조건하에서 추출된 일단의 측정치들을 말한다. 흔히 크기 n의 시료가 k 개 있을 때 k 개의 부분군이 있다고 말한다. 관리도는 이 부분군의 통계적인 성질에 민감하므로 부분군을 설정하는데 있어서 다음을 주의해야 한다.

① 각 부분군 내의 산포는 될 수 있으면 우연원인에 의한 산포만 있도록 한다.
② 이상원인은 될 수 있으면 군간의 변동으로 나타나게 한다.

이와 같은 성질을 만족하는 부분군을 합리적인 부분군(rational subgroup)이라 한다. 실제로 부분군은 생산설비, 생산되는 순서, 작업자, 작업일자 등을 고려하여 설정 하게 된다.

4) 관리도에 의한 공정해석

공정해석을 한다는 것은 어떤 공정에 목표가 되는 특성치에 대하여 어떠한 영향을 주는가를 조사하고 파악하는 일로, 이를 용이하게 하기 위해서는 먼저 공정에 관한 정보가 많아야 한다. 본 절에서는 관리도에 의한 공정해석를 위해 군내 및 군간변동과 군 층별 내용으로 구성된 $\overline{X}-R$ 관리도를 예를들어 설명한다.

(1) $\overline{X}-R$관리도에서의 군내변동과 군간변동

관리도를 작성할 때 일반적으로 로트내의 산포는 군내의 변동 σ_w 이고 로트간의 산포는 군간의 변동 σ_b 을 나타내고 있다.

군내변동을 R 관리도로부터 추정하면 $\hat{\sigma}_w = \overline{R}/d_2$이고, $\overline{x}$의 변동은 $\overline{X}$관리도로부터 추정하면 $\widehat{\sigma^2}_{\overline{x}} = \Sigma(\overline{x}-\overline{\overline{x}})^2/(k-1)$이 된다. 이상으로부터 $\widehat{\sigma^2}_{\overline{x}}$은 군내변동 σ_w^2 과 군간변동 σ_b^2 에 의한 것으로 다음과 같은 관계가 있다.

$$\sigma_{\overline{x}}^2 = \frac{\sigma_w^2}{n} + \sigma_b^2$$

$\overline{X}$ 관리도에 있어서 관리이탈이 많을수록, 즉 관리상태로부터 벗어 날수록 $\sigma_{\overline{x}}^2$ 는 크게 된다. 즉, σ_w^2 는 같고 σ_b^2는 크게 된다.

●●● 참고하세요!!

표본 범위의 분포

범위는 표준편차와 마찬가지로 산포(변동)을 표현하는 척도이지만 표준편차에 비해 이상치의 영향을 많이 받는다. 그러나 범위는 표본의 크기가 비교적 작은 경우에는 표준편차와 근사값을 가지면서도 표준편차에 비해 계산상의 용이성으로 인해 현장 실무에서 유용하게 사용된다. 표본에서 얻어진 범위 R의 기대치와 표준편차는 모집단이 정규분포인 경우에는 다음과 같이 됨이 알려져 있다.

$$E(R) = d_2\sigma,\ D(R) = d_3\sigma$$

위 식에서 σ의 불편 추정치는 $\hat{\sigma} = \frac{R}{d_2}$ 으로 계산 할 수 있으며 $E(\overline{R}) = d_2\sigma$이므로 $\hat{\sigma} = \frac{\overline{R}}{d_2}$ 으로 구할 수도 있다. d_2 와 d_3는 n에 값에 달라지는 계수 값으로서 부록의 표에 나열되어 있다.

(2) 관리도의 층별

두 개의 관리도가 있을 때 두 관리도의 평균치의 사이에 유의차가 있는가 없는가의 검정에서 다음의 관계가 성립되면, $\overline{\overline{x}}_A$, $\overline{\overline{x}}_B$ 사이에 차이가 있다고 할 수 있다.

$$|\overline{\overline{x}}_A - \overline{\overline{x}}_B| \geq A_2 \overline{R} \sqrt{\frac{1}{k_A} + \frac{1}{k_B}}$$ 이 성립하면

$\overline{\overline{x}}_A$ 와 $\overline{\overline{x}}_B$ 에는 반드시 차가 있다.

단, $\overline{\overline{x}}_A$, $\overline{\overline{x}}_B$는 A관리도 및 B관리도의 중심선, k_A, k_B는 A관리도 및 B관리도의 시료군의 수 $\overline{R}$는 층별하기전의 R의 평균치 $\left(\overline{R} = \frac{k_A \overline{R}_A + k_B \overline{R}_B}{k_A + k_B}\right)$

이 방법은 다음의 조건을 만족할 경우의 근사법이다.

① 관리도가 다같이 완전한 관리상태에 있을 것
② 시료군의 크기가 $n_A = n_B$ 일 것
③ k_A, k_B가 충분히 클 것
④ $\overline{R}_A, \overline{R}_B$에 차가 없을 것
⑤ 분포가 근사적으로 정규분포를 할 것

(3) 관리도의 해석

Ⅰ. 공정의 안정상태(관리상태)

관리도의 주 목적의 하나는 공정이 안정상태에 있도록 하는 것이다. 안정상태란 공정에 있어서 품질특성치의 분포가 평균치, 산포 등이 변화가 없는 상태를 말한다. 다음은 공정상태의 여러 유형의 그림이다.

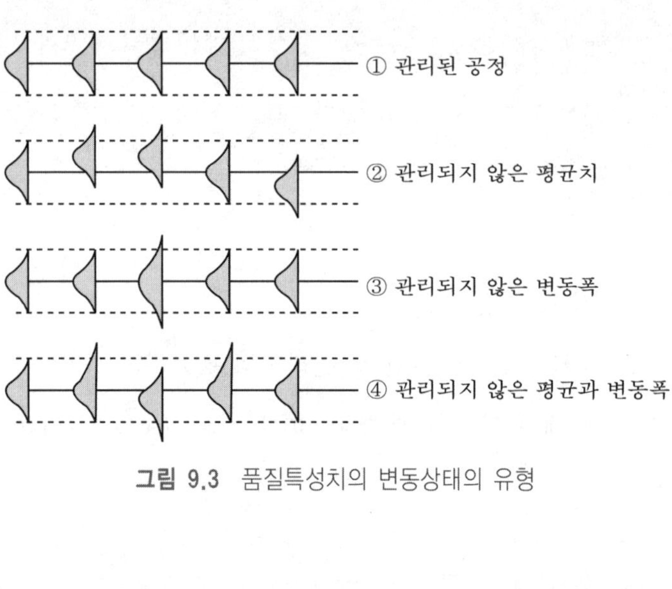

그림 9.3 품질특성치의 변동상태의 유형

위 <그림 9.3>에서 볼 수 있는 바와 같이 품질특성치의 변동상태는 크게 4가지 유형으로 나타나는데 다음과 같다. ①은 공정이 안정된 상태에서 관리된 공정으로 나타나는 경우이다. ②는 평균치가 변동되어 관리한계를 벗어나서 평균치가 관리되지 않은 상태이고, ③은 범위(표준편차)가 변동되어 관리되지 않은 상태이고, ④는 평균과 범위가 모두 관리되지 않은 상태이다.

Ⅱ. 관리상태의 판정

공정의 상황이 다음과 같은 경우, 공정은 안정상태(관리상태)에 있다고 판정한다.

① 점이 관리한계선을 벗어나지 않는다.

- 연속 25점 모두가 관리한계내에 있을 때
- 연속 35점 중에서 한계 밖의 점이 1점 이내에 있을 때
- 연속 100점 중에서 한계 밖의 점이 2점 이내에 있을 때

② 점의 배열이 어떤 패턴(런,경향,주기 등)을 이루지 않는다.

Ⅲ. 관리한계내의 점의 판정

타점된 점이 관리한계 내에 있어도 제 2종의 과오를 일으킬 확률이 있다. 따라서 다음 6가지에 대하여 주의를 해야한다.

① 런(run)

중심선의 한쪽에 연속해서 나타난 점의 군을 런이라 하고 그러한 점의 수를 런의 길이라 한다. 런의 길이가 7이상인 경우 공정에 이상이 있다고 판단하고 조치를 취한다.

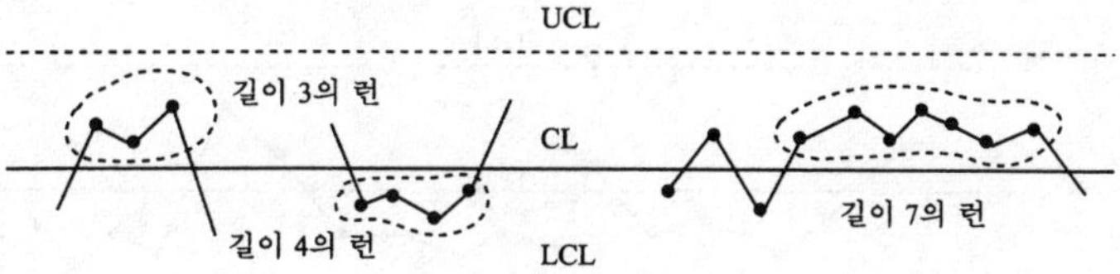

그림 9.4_런

② 경향(trend)

점이 점점 올라가거나 내려가는 상태를 말한다. 길이 7의 경향이 나타나면

공정에 이상이 있다 판단하고 조치를 취한다.

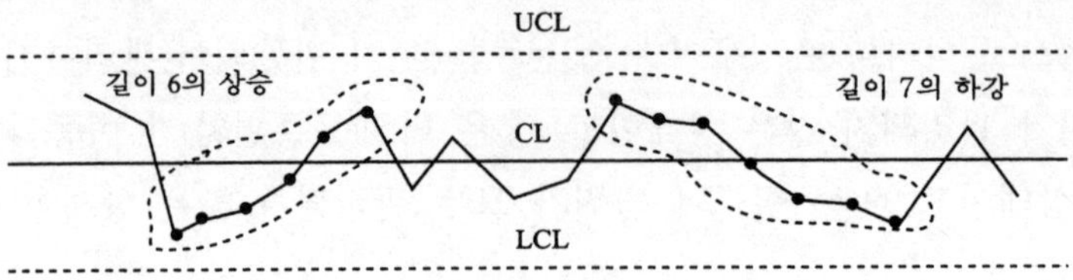

그림 9.5_경향

③ 주기성(cycle)

점이 주기적으로 상하로 변동하는 경우 주기성이 있다고 한다.

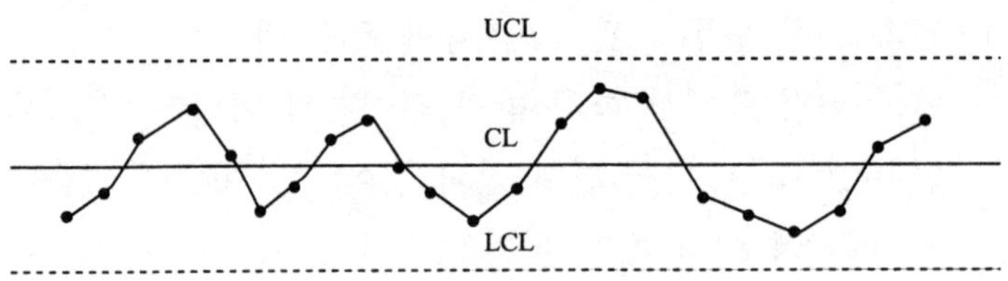

그림 9.6_주기성

④ 점이 중심선 한쪽에 편향

런의 길이가 7이상이 아니더라도 중심선에 대하여 한쪽으로 다음과 같을 때 이상이 있다고 한다.

- 연속 11점중에 10점이 중심선 한쪽으로 나타날 때
- 연속 14점중에 12점이 중심선 한쪽으로 나타날 때
- 연속 17점중에 14점이 중심선 한쪽으로 나타날 때
- 연속 20점중에 16점이 중심선 한쪽으로 나타날 때

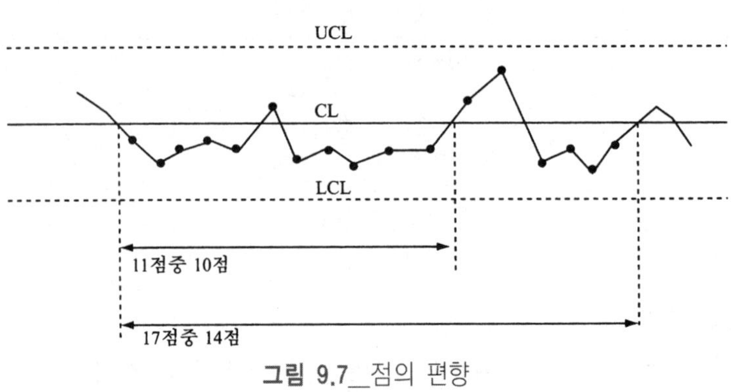

그림 9.7_점의 편향

⑤ 점이 관리한계에 접근해서 나타날 때

점이 관리한계을 중심으로 2σ와 3σ 사이에 치우쳐 다음과 같이 나타 날 때 이상이 있다고 한다.

- 연속 3점중 적어도 2점이 2σ와 3σ 사이에 있을 때
- 연속 7점중 적어도 3점이 2σ와 3σ 사이에 있을 때
- 연속 10점중 적어도 4점이 2σ와 3σ 사이에 있을 때

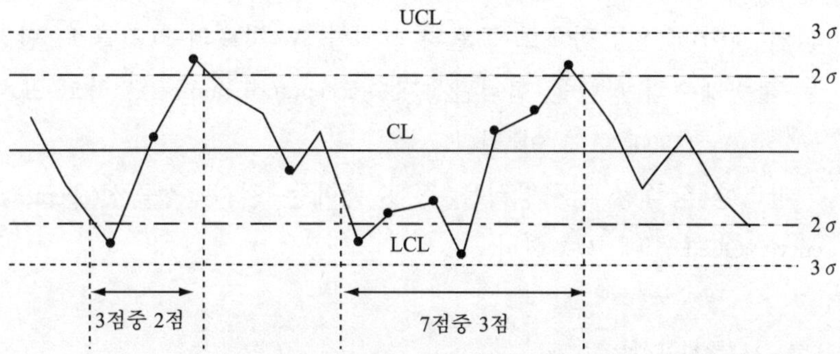

그림. 9.8 점이 관리한계에 접근할 경우

⑥ 중심선 가까이에 점들이 몰려 있을 때

점은 산포에 비해서 관리한계가 너무 넓게 되는 경우로서, 이질적인 로트에서 얻어진 데이터를 같은 군으로 한 경우로서 이상상태를 나타낸다.

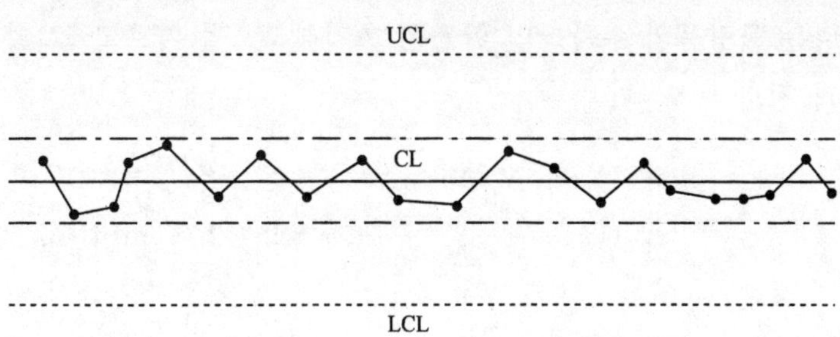

그림 9.9_점이 중심선에 몰려 있는 경우

5) 샘플링 검사와 검사특성(OC곡선) 개념

검사는 전수조사(total inspection)와 샘플링 검사로 나누어서 생각할 수 있다. 전수검사는 제품을 하나하나 모두 검사하는 것이고, 샘플링 검사는 제품의 일

부만을 샘플링하여 검사하는 것이다. 검사 자체가 파괴검사인 경우나 혹은 검사량이 너무 많거나, 검사비용이 많이 들 경우에 샘플링 검사가 사용된다. 샘플링 검사를 할 때에는 사전에 샘플링방식 명확히 설정 해 두어야 한다. 즉, 샘플링방식은 표본(시료)의 크기와 로트의 판정기준이 사전에 설정 해 두는 것이다. 예를 들면 1,000개의 제품으로 되어 있는 로트에서 30개의 시료를 뽑아서 검사하는 경우에 시료 중에 불량품이 3개 이하이면 로트를 합격으로 하고, 4개 이상이면 불합격으로 처리한다는 방법으로 규정해 놓는 것이 샘플링 검사방식인 것이다. 일반적으로 로트의 크기를 N, 시료의 크기를 n, 합격으로 판정하는 불량개수의 상한을 합격판정개수(acceptance number) c라고 표시하는 경우에 $(N, n, c) = (1000, 30, 3)$이 된다.

이러한 샘플링 검사방식을 정할 때에는 검사특성곡선(operation characteristic curve, OC곡선)에 기초한다.

▸ 검사특성곡선

검사특성곡선이랑 주어진 샘플링 검사방식(N, n, c)에 대하여, 로트의 불량률 p의 값의 변화에 따라서 로트가 검사에게 합격한 확률$L(p)$를 p에 대하여 그려 놓은 곡선을 의미하고 이 곡선을 구하려면 로트가 검사에서 합격한 확률을 계산하기 위하여 초기하분포(hypergeometric distribution)가 필요하다. 즉, 로트의 크기가N, 불량률이 p인 로트로부터 크기 n인 시료를 채취할 때에 시료 중에 나타나는 불량품의 수가 x인 확률은 초기하분포를 따르고 그 확률밀도함수는 다음과 같다.

$$f(x)\frac{\binom{pN}{x}\binom{N-pN}{n-x}}{\binom{N}{n}},\ x = 0,1,2,\cdots,\min(n,pN)$$

$N = 1000, n = 30, c = 3$인 검사방식에 대하여 p와 x의 여러 가지 경우에 대하여 초기하분포 $f(x)$에 의하여 계산하면 다음표와 같이 불량률이 나타날 확률을 나타낼 수 있다.

x \ p	0.05	0.10	0.15	0.20
0	0.210	0.040	0.007	0.001
1	0.342	0.139	0.039	0.009
2	0.263	0.229	0.102	0.032
3	0.123	0.240	0.171	0.077
4	0.044	0.180	0.210	0.132
5	0.011	0.102	0.187	0.174

이 결과에서 $x=0,1,2,3$ 의 어느 경우에도 로트는 합격이므로 로트가 합격하는 확률 $L(p)$는 $x=0,1,2,3$ 이 나오는 확률의 합으로 계산되어 p의 변화에 따라서 다음과 같이 구해진다.

예를 들면 $p=0.05(5\%)$ 인 경우에는 $L(p)=0.210+0.342+0.263+0.123=0.928$ 과 같이 계산되고 $p=10\%(0.1)$, $15\%(0.15)$, $20\%(0.20)$ 인 경우에도 각 각 0.648, 0.319, 0.119 로 계산되어 진다.

p	$L(p)=\sum_{x=0}^{c} f(x)$
0.05	0.938
0.10	0.648
0.15	0.319
0.20	0.119

따라서 $L(p)$를 p에 대하여 그래프로 그려 놓은 것이 바로 OC곡선이다.

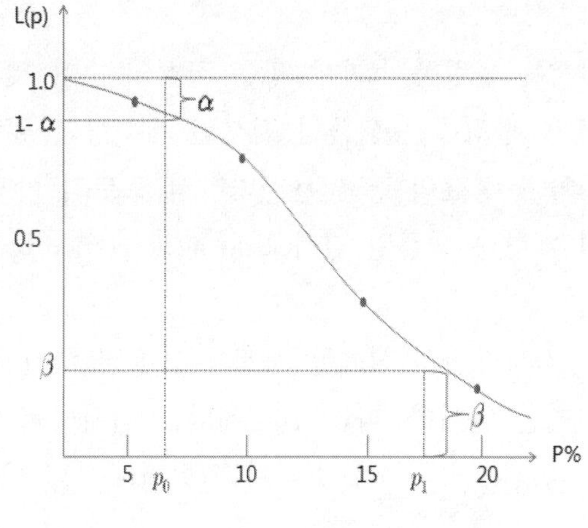

생산자가 낮은 불량률 p_0지점을 합격품질수준(acceptable quality level, AQL)이라고 하며 즉, 좋은 로트를 생산하고서도 검사에서 불합격 판정되는 위험을 안고 있는데, 이를 생산자위험(producer's risk)이라고 부르고, 불합격되는 확률을 α로 나타낸다. 이와 반대로 생산자가 높은 불량률 p_1 (불합격품질수준, rejectable quality level, RQL)이라 함)의 나쁜 로트를 생산하고서도 검사에서 합격될 수 있는데, 이 경우에는 소비자가 불량품을 쓰게 되는 위험을 가지고 있으므로, 이를 소비자 위험(consumer' risk)이라고 부르고, 이 합격되는 확률을 β로 나타낸다.

초기하분포의 사용하여 로트가 합격할 확률 $L(p)$의 계산을 시행하는 경우 N과 n이 커지면 이항분포나 포아송분포를 이용하여 계산하는 경우도 있다.

결국 N이 매우 크고, $n/N \leq 0.1$ 인 경우에는 초기하분포는 이항분포로 대체사용 가능하고

$$L(p) = \sum_{x=0}^{c} \binom{n}{x} p^x (1-p)^{n-x}$$

N이 매우 크고, $n/N \leq 0.1$이며, p가 작은 경우 $(p \leq 0.1)$에는 초기하분포는 평균이 np인 포아송분포로 근사 계산될 수 있기 때문에 평균이 λ인 포아송분포를 이용 할 수도 있다.

$$f(x) = e^{-\lambda}\lambda^x/x!, \lambda > 0$$

즉, 포아송 분포를 사용하는 경우에 $L(p)$는 다음과 같이 계산할 수 있다.

$$L(p) = \sum_{x=0}^{c} e^{-np}(np)^x/x!$$

샘플링 검사는 불량품의 개수 또는 결점의 수가 몇 개인가에 따라서 로트의 합격, 불합격을 판정하는 샘플링 검사인 계수형 샘플링 검사(sampling inspection by attributes)와 특성값의 평균값에 따라서 로트의 합격, 불합격을 판정하는 샘플링 검사인 계량형 샘플링 검사(sampling inspection by variables)로 크게 구분 해 볼 수 있다.

이 샘플링 검사방법의 설계는 사전에 결정된 생산자위험과 소비자위험을 동시에 만족시키는 일이다. 따라서 설계되는 검사방식의 OC곡선은 사전에 결정된 생산자 위험점(p_0, $1-\alpha$)과 소비자 위험점(p_0, β)을 통과하여야 한다. 만약 이

항분포에 의한 근사계산이 가능하다면 주어진 α, β를 동시에 만족시키는 샘플링 검사방식에서는 (n, c)는 다음 관계식을 만족시켜야 한다.

$$\sum_{x=0}^{c} \binom{n}{x} p_0^x (1-p_0)^{n-x} = 1-\alpha$$
$$\sum_{x=0}^{c} \binom{n}{x} p_1^x (1-p_0)^{n-x} = \beta$$

p_0, p_1, α, β는 사전에 결정된 수치이므로, 이식을 풀어서 (n, c)의 해를 구할 수 있다.

일반적으로 많이 사용되는 α, β의 값은 $\alpha = 0.05, \beta = 0.10$이다. 주어진 p_0, p_1, α, β에 대하여(n, c)를 결정하는 것을 계수 규준형 1회 샘플링 검사를 설계한다고 한다.

합격 샘플링의 통계적 절차의 귀무가설과 대립가설은 다음과 같이 설정 할 수 있다.

H_0: 좋은 품질의 노트 , H_1: 나쁜 품질의 노트

로트를 받으면 검사를 위해 표본을 추출한다. 조사 결과를 주어진 품질특성과 비교한다. 품질이 만족스러우면 로트는 수용되고 공장이나 고객에게 보내지고 만족스럽지 않으면 로트는 거부된다.따라서 경영자는 로트의 처리를 결정하여야 한다. 결국 공급자에게 부과되는 추가 작업이나 비용은 공급자가 높은 품질의 로트를 공급하는 동기가 될 수 있다. 합격 샘플링의 일반적인 단계는 <그림 9.10>와 같이 요약 할 수 있다.

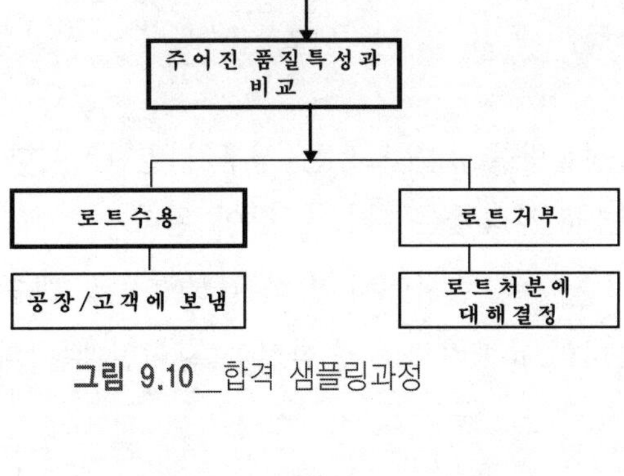

그림 9.10_합격 샘플링과정

2. 계수형 관리도

주어진 형태의 관리도에서는 모수에 따라 통계량이 달라진다. 즉, 모수가 평균이면 통계량은 표본평균이, 모수가 분산이면 표본표준편차 또는 표본범위 등이 사용될 수 있다. 만약 모수가 불량률 또는 불량개수이면 사용 통계량은 표본불량률 또는 표본불량개수가 될 수 있다. 이와 같이 통계량이 불량개수, 결점수 등과 같은 계수형인 관리도를 계수형 관리도라 한다. 이 관리도의 적용되는 예는 규격외품의 비율, 양호품율, 출근율 등이다.

1) p 관리도

p 관리도는 np 관리도와 마찬가지로 공정의 불량률을 관리하고자 할 때 사용하며 불량률 관리도라 한다. 공정에서 시료를 추출하는 과정에서 매 시점마다 동일한 크기의 부분군을 취하지 못하는 경우에는 np 관리도 대신 p 관리도를 사용하는 것이 바람직하다.

(1) 3σ 관리한계선

불량률이 p 인 생산공정으로부터 크기 n 의 시료를 추출하여 시료의 불량률 $\hat{p} = X/n$ 를 관리한다. 이 통계량의 평균과 분산은 각각 p, $p(1-p)/n$ 이므로 불량률 p 를 알고 있는 경우의 관리한계선은 다음과 같이 표현 할 수 있다.

$$UCL = p + 3\sqrt{\frac{p(1-p)}{n}}$$

$$CL = p$$

$$LCL = p - 3\sqrt{\frac{p(1-p)}{n}}$$

실제로 공정불량률 p 를 모르는 경우가 일반적이다. p 가 미지인 경우 부분군의 추정된 평균 불량률은 다음과 같이 된다.

$\overline{p} = \sum X / \sum n =$ (검사에서 발견된 불량품의 갯수) / (총 검사갯수)

이를 이용하여 p 관리도의 중심선과 관리한계는 다음과 같이 얻어진다.

$$UCL = \bar{p} + 3\sqrt{\frac{\bar{p}(1-\bar{p})}{n}}$$

$$CL = \bar{p}$$

$$LCL = \bar{p} - 3\sqrt{\frac{\bar{p}(1-\bar{p})}{n}}$$

이 p 관리도는 부분군이 변화할 때 마다 관리한계를 구해야 되는 번거로움이 있다.

(3) p 관리도의 OC 곡선

p 관리도의 OC 곡선은 공정불량률 p의 함수로서 시료의 불량률 $\hat{p} = \frac{X}{n}$ 가 p 관리도의 관리한계선 안에 포함될 확률을 그래프로 나타낸 것이다. 공정불량률이 p 일 때 시료의 불량률 $\hat{p}$ 가 관리한계선 안에 포함될 확률은 다음과 같다.

$$L(p) = P(LCL \leq \hat{p} \leq UCL)$$

여기서 $L(p)$의 값은 p에 따라 이항분포, 포아송분포 혹은 정규분포를 이용하여 근사값을 구할 수 있다. p 관리도의 OC 곡선은 다음의 예제를 통해 설명한다.

예제 9.1

다음 자료는 부분군 크기가 다른 불량개수의 데이터이다. 불량률 p=0.05인 공정에서 크기가 n=100인 부분군들을 추출할 때 3σ 관리한계선을 사용하여 p 관리도의 OC곡선을 그려라.

부분군	불량개수	크기	부분군	불량개수	크기
1	51	3000	9	18	3000
2	35	3000	10	35	3000
3	21	3000	11	33	3000
4	32	2000	12	43	3000
5	48	2000	13	45	3000
6	19	2000	14	24	3000
7	12	2000	15	19	3000
8	31	3000	16	29	2000

|결과| p 관리도의 관리한계선의 표현에 의해 다음과 같이 계산된다.

$$UCL = 0.05 + 3\sqrt{\frac{(0.05)(0.95)}{100}} = 0.115$$

$$LCL = 0.05 - 3\sqrt{\frac{(0.05)(0.95)}{100}} = -0.015$$

여기서 LCL이 음이므로 $LCL=0$으로 한다. 한편, 시료 n 개중 불량품의 갯수 X는 이항분포를 따르므로 시료의 불량률이 관리한계선 안에 포함될 확률은

$$L(p) = P\left(0.0 \le \frac{X}{100} \le 0.115\right) = P(0.0 \le X \le 11.5) = \sum_{x=0}^{11} (100$$

으로 계산된다. 그런데 위 식은 직접 계산하기는 번거로우므로 근사분포인 정규분포를 이용하여 구한다. $p = 0.05$일 때 평균$\mu = np = 100(0.05) = 5$이고 분산 $\sigma^2 = np(1-p) = 100(0.05)(1-0.05\ ) = 4.75$인 정규분포를 이용하여 다음과 같이 계산된다.

$$\begin{aligned} L(0.05) &= P(0 \le X \le 11) \\ &= P\left(\frac{0-5}{\sqrt{4.75}} \le \frac{X-5}{\sqrt{4.75}} \le \frac{11-5}{\sqrt{4.75}}\right) \\ &= P(-2.294 \le Z \le 2.753) \\ &= 0.9861 \end{aligned}$$

이와 같은 계산 절차를 p의 여러 값에 대하여 계산하면 다음과 같은 결과를 얻고, 이에 따라 OC곡선을 얻게 된다.

p	$L(p) = P(0 \le X \le 11)$
0.01	0.8438
0.03	0.9608
0.05	0.9861
0.07	0.9387
0.10	0.7473
0.15	0.1314
0.20	0.1056

Minitab ▶ 이용하기

1. 우선 C1 과 C2 열에 불량갯수와 크기 자료를 입력하고 메뉴에서 Stat ▸ [Control Charts] → [Attributes Charts] → [P...]를 선택한다.

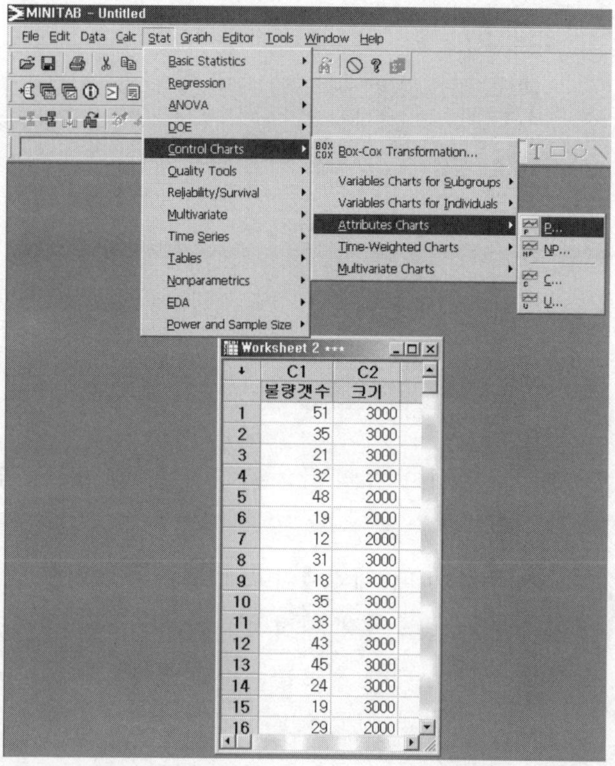

2. 다음과 같은 [P Chart] 대화상자가 나타나면 [Variable] 란에 마우스를 올려 넣고 "C1"을 더블클릭 하고 [Subgroup] 항목에서 "C2"를 더블클릭한다.

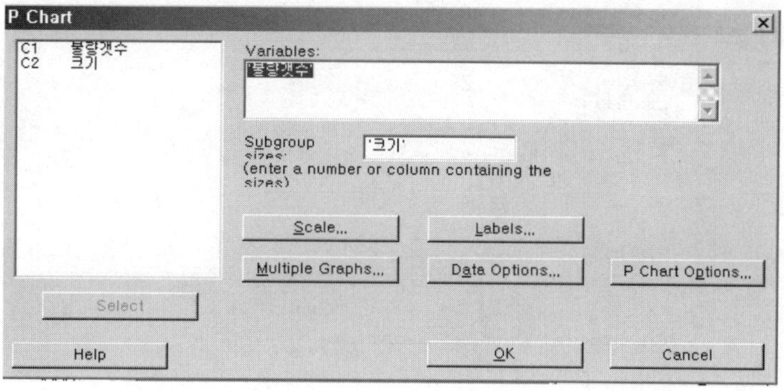

3. 보다 더 자세한 차트를 그리기 위해서는 [P Chart Options...] 을 클릭하면 [P Chart-Options] 대화 상자가 나타난다. 해당 옵션을 지정하고 [OK]

을 클릭한다.

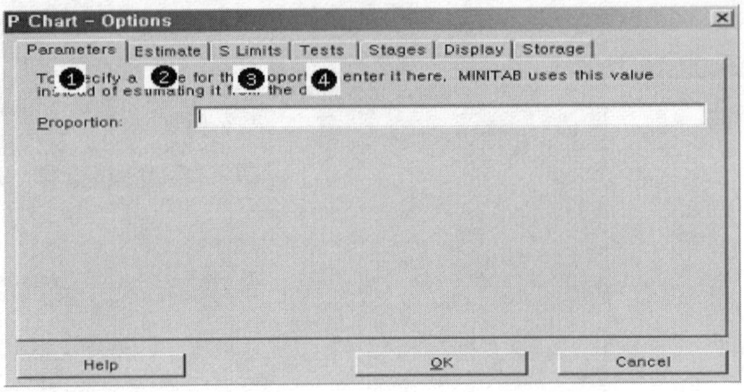

① 모수 p 를 알고 있는 경우 p 값을 입력하면 이 값으로 관리 한계선이 계산된다.

② 모수 추정할 때 제외시키고자 하는 데이터를 지정 할 때 사용

③ 관리 한계선을 변경 지정 할 때 사용하는 옵션으로 디폴트는 3

④ 이상 요인에 대한 정보를 알아보고자 할 때 사용

4. 다음과 같은 결과 화면이 나타난다.

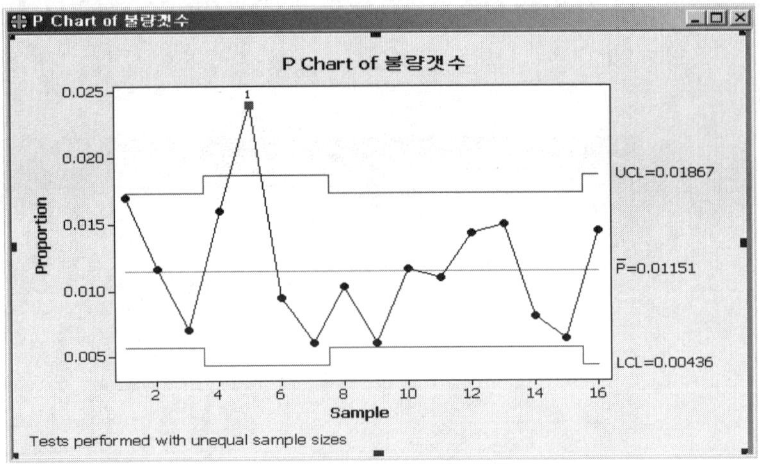

|해석| 위 그림에서 5번째 점이 관리상한선을 벗어나 있으므로 원인을 조사하여 그 원인이 작업자의 실수 혹은 기계고장 같은 원인으로 판명되면 이 점을 이상치로 간주하여 제거한 후 다시 관리상한과 하한을 계산하는 방법을 이용하여 관리한계선을 벗어나는 점이 없도록 관리도를 수정한다. 다음 생산에는 이 수정된 관리한계선을 이용한다.

2) np 관리도

np 관리도는 공정에서 생산되는 제품의 불량개수를 관리하고자 할 때 사용하는 관리도로서 불량개수 관리도라 한다. 각 관측시점에서 얻은 부분군의 크기가 같을 때는 불량률 대신 불량품의 개수로써 공정을 관리할 수 있다. np 관리도는 부분군의 크기가 같을 때만 사용할 수 있으며 통계량은 불량개수 np 가 된다.

(1) 3σ 관리한계선

공정불량률 p 를 아는 경우는 다음과 같이 표현된다.

$$UCL = np + 3\sqrt{np(1-p)}$$
$$CL = np$$
$$LCL = np - 3\sqrt{np(1-p)}$$

일반적으로 불량률 p 는 모를 경우 추정량 $n\bar{p} = \Sigma np/k$ 을 사용하여 관리한계를 구하면 다음과 같다.

$$UCL = n\bar{p} + 3\sqrt{n\bar{p}(1-\bar{p})}$$
$$CL = n\bar{p}$$
$$LCL = n\bar{p} - 3\sqrt{n\bar{p}(1-\bar{p})}$$

위 추정량 $n\bar{p} = \Sigma np/k$ 에서 np 는 각 군의 불량개수이며, Σnp 는 불량개수의 총합이며, k 는 군의 수이다.

예제 9.2

다음은 각 시점에서 1000개의 제품 중에서 불량개수를 조사한 데이터이다. 관리도를 그리고 관리상태를 판정하라.

조사시점	불량갯수	조사시점	불량갯수	조사시점	불량갯수
1	13	11	15	21	5
2	8	12	7	22	10
3	18	13	8	23	12
4	16	14	12	24	12
5	15	15	11	25	8
6	7	16	10	26	9
7	7	17	14	27	9
8	13	18	12	28	13
9	11	19	4	29	12
10	9	20	8	30	10

|결과| $\bar{np}=\dfrac{\Sigma np}{k}=\dfrac{318}{30}=10.6$, $\bar{p}=\dfrac{\Sigma np}{\Sigma n}=\dfrac{318}{1000\cdot 30}=0.0106$ 이므로

$$UCL=\bar{np}+3\sqrt{\bar{np}(1-\bar{p})}\ =20.32$$

$$LCL=\bar{np}-3\sqrt{\bar{np}(1-\bar{p})}\ =0.88$$

Minitab ▶ 이용하기

1. C1 열에 불량 갯수를 입력하고 [Stat] →[Control Charts]→[Attributes Charts] →[NP]를 선택한다. 다음과 같은 [NP Chart] 대화상자가 나타나면 [Variable]란에 마우스를 올려 넣고 "C1 불량갯수" 항목을 더블클릭하고 [Subgroup] 항목에 "1000"을 입력하고 OK 을 클릭한다.

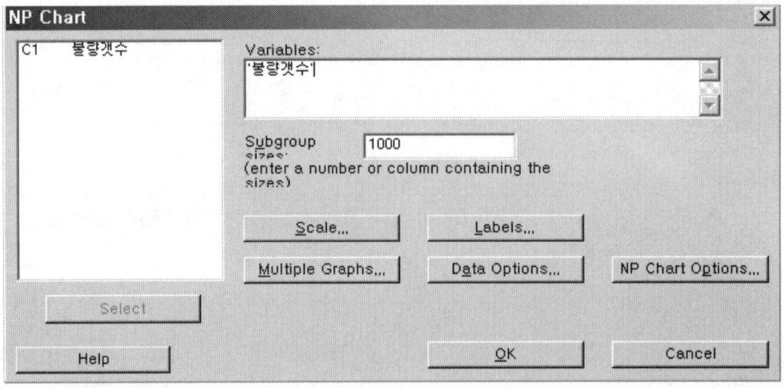

2. 다음과 같은 결과 화면이 나타난다.

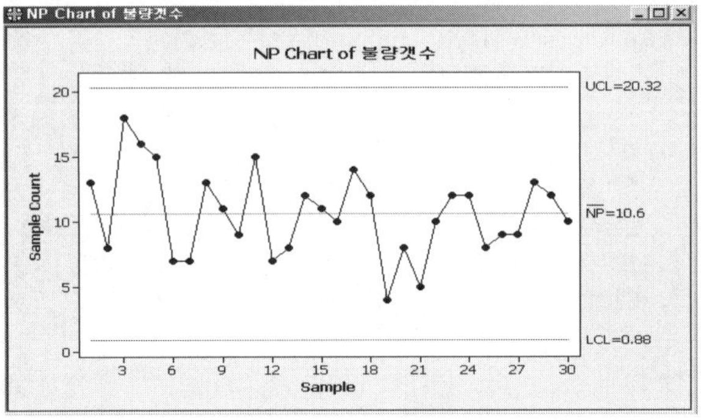

|해석| 이 관리도에서는 관리한계선을 벗어나는 점이 없으므로 공정은 관리상태에 있다고 볼 수 있다.

3) c 관리도

c 관리도는 생산 공정에서 미리 정해진 일정단위 중에 포함된 결점수를 관리하고자 할 때 사용되는 관리도이다. 각 단위에는 여러 종류의 결점이 있을 수 있는데, c 관리도는 결점의 종류를 구분하지 않고 관리하고자 할 때에도 사용될 수 있다. 예를 들어 직물의 일정면적 중 흠의 수, 판유리 $1m^2$당 기포의 수, 철선의 일정한 길이 중 핀홀수 등에 적용된다.

(1) 3σ 관리한계선

일정단위에서 결점수 X 의 분포는 포아송분포를 따른다. 따라서 관리상태일 때 X의 평균과 분산은 c 가 된다. 따라서 c 관리도의 관리한계선은 c 가 알려져 있을 때

$$UCL = c + 3\sqrt{c}$$
$$CL = c$$
$$LCL = c - 3\sqrt{c}$$

이 되고 c 를 모르는 경우는 c 의 추정량 $\bar{c} = \Sigma c/k$ 을 이용하여 관리한계선을 구하면 다음과 같다.

$$UCL = \bar{c} + 3\sqrt{\bar{c}}$$
$$CL = \bar{c}$$
$$LCL = \bar{c} - 3\sqrt{\bar{c}}$$

여기서 Σc 는 결점수의 총합이며 k는 군의 수이다. 만약 LCL이 음인 경우는 LCL은 없는 것으로 간주 한다.

예제 9.3

다음의 자료는 유리병을 추출하여 10개 중에서 나타나는 기포의 수를 20일간 조사한 것이다. 관리한계선을 계산하라. 또 관리도를 그리고 관리상태를 판정 하라.

군번호	1	2	3	4	5	6	7	8	9	10	11	12	13	14	15	16	17	18	19	20
결점수	4	2	3	8	4	6	2	3	0	4	1	11	5	3	2	7	6	2	3	4

|결과| $\bar{c}=\dfrac{\Sigma c}{k}=\dfrac{80}{20}=4$ 이므로

$UCL=\bar{c}+3\sqrt{\bar{c}}=4+3\sqrt{4}=10$

$CL=\bar{c}=4$

$LCL=\bar{c}-3\sqrt{\bar{c}}=4-3\sqrt{4}=-2$

여기서 LCL이 음이므로 $LCL=0$으로 한다.

Minitab ▶ 이용하기

1. C1 열에 결점수를 입력하고 [Stat] ➔[Control Charts]➔[Attributes Charts] ➔ [C...] 을 선택한다. 다음과 같은 [C Chart] 대화상자가 나타나면 [Variable] 란에 마우스를 올려 넣고 "C1 결점수" 항목을 더블클릭하고 [OK]을 클릭한다.

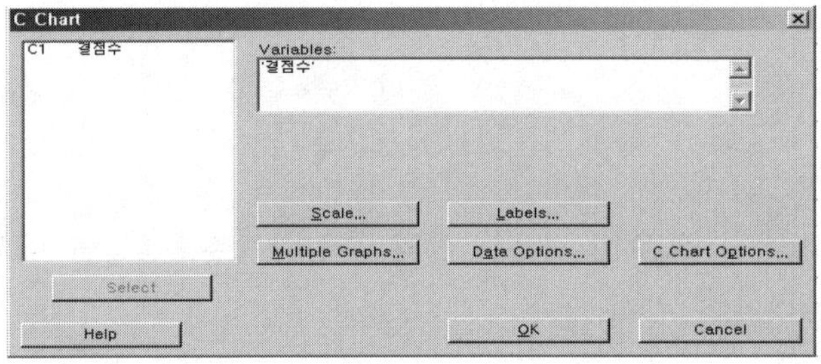

2. 다음과 같은 결과 화면이 나타난다.

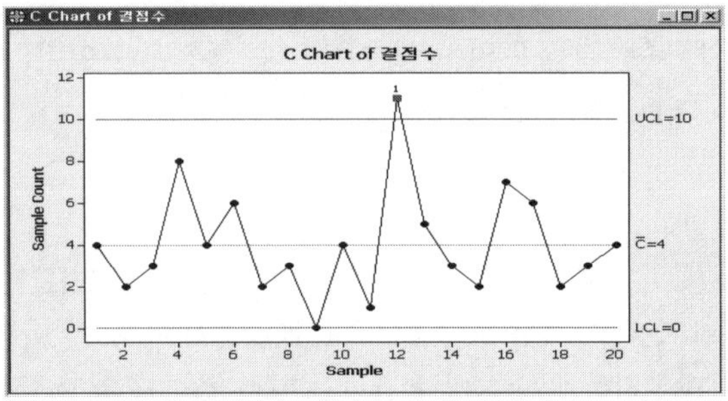

|해석| 12번째 결점수는 관리한계선 밖으로 나가므로 이상이 발생하고 있다. 따라서 그 원인을 찾아보아야 한다.

4) u 관리도

생산공정에서 결점수를 관리하고자 할 때, 검사단위가 일정하지 않은 경우가 있다. 이때 사용되는 관리도를 단위당 결점수 관리도라 하며 흔히 u관리도라 한다. 이와 같이 검사단위가 일정하지 않은 경우에는 c관리도 대신 u관리도를 사용한다. u관리도에서 사용되는 통계량은 부분군의 단위당 결점수는 $u=c/n$가 된다. 여기서 c는 시료중의 결점수이며 n은 시료의 크기이다.

(1) 3σ 관리한계선

양쪽관리절차의 관리한계는 단위당 결점수의 관리값 u_0가 알려진 경우 3σ 관리한계를 사용하면 다음과 같다.

$$UCL = u_0 + 3\sqrt{u_0/n}$$
$$CL = u_0$$
$$LCL = u_0 - 3\sqrt{u_0/n}$$

일반적으로 u_0가 알려지지 않은 경우에는 추정량 $\bar{u} = \Sigma u / \Sigma n$을 사용하면 다음과 같다.

$$UCL = \bar{u} + 3\sqrt{\bar{u}/n}$$
$$CL = \bar{u}$$
$$LCL = \bar{u} - 3\sqrt{\bar{u}/n}$$

여기서 $\bar{u} = \frac{\Sigma u}{\Sigma n} = \frac{\text{결점수의 총합}}{\text{시료의 검사단위의 총합}}$ 이다. LCL이 음의 값이면 LCL이 없는 것으로 간주 한다. 위 관리한계에 나타난 바와 같이 부분군의 크기가 다를 경우에는 관리한계가 달라짐을 알 수 있다.

예제 9.4

다음의 데이터는 어느 직물공정에서 나타난 흠의 수를 조사한 결과이다. u관리도의 관리한계를 구하고 관리도를 그려 판정하라.

로트번호	1	2	3	4	5	6	7	8	9	10	11	12	13	14	15	합계
결점수	35	21	33	42	29	40	37	63	52	41	25	10	36	52	43	559
시료수(n)	10	10	15	15	20	20	20	20	20	10	10	10	15	15	15	225
단위당결점수	3.5	2.1	2.2	2.8	1.5	2	1.9	3.2	2.6	4.1	2.5	1	2.4	3.5	2.9	

|결과| $CL=\bar{u}=\dfrac{\Sigma c}{\Sigma n}=\dfrac{559}{225}=2.484$

$n=10$ 인 경우 $\bar{u}+3\sqrt{\bar{u}/n}=2.484+3\sqrt{2.484/10}=3.979$

$\bar{u}-3\sqrt{\bar{u}/n}=2.484-3\sqrt{2.484/10}=0.989$

$n=15$ 인 경우 $\bar{u}+3\sqrt{\bar{u}/n}=2.484+3\sqrt{2.484/15}=3.705$

$\bar{u}-3\sqrt{\bar{u}/n}=2.484-3\sqrt{2.484/15}=1.264$

$n=20$ 인 경우 $\bar{u}+3\sqrt{\bar{u}/n}=2.484+3\sqrt{2.484/20}=3.541$

$\bar{u}-3\sqrt{\bar{u}/n}=2.284-3\sqrt{2.484/20}=1.427$

Minitab ▶ 이용하기

1. C1 열에 결점수, C2 열에 시료수를 입력하고 [Stat]→[Control Charts]→[Attributes Charts] →[U...]을 선택한다. 다음과 같은 [U Chart] 대화상자가 나타나면 [Variable] 란에 마우스 를 올려 넣고 "C1 결점수" 항목을 [Subgroup] 항목에 "C2 시료수"항목을 더블클릭하고 [OK]을 클릭한다.

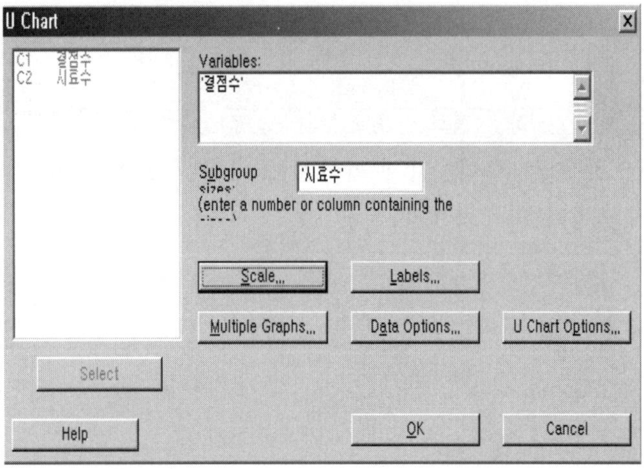

2. 다음과 같은 결과 화면이 나타난다.

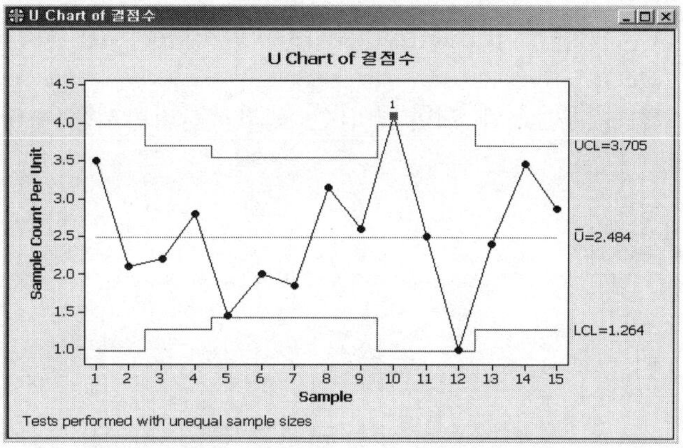

|결과| 10번째 로트는 관리한계를 벗어났으므로 공정에 주의할 필요가 있다.

3. 계량형 관리도

품질특성이 온도, 압력, 인장강도, 부피 등과 같이 연속형 데이터를 갖는 경우를 계량형 품질특성이라 한다. 품질특성이 계량형인 경우 공정의 평균 및 산포가 품질에 직접 영향을 미치므로 그 평균과 산포를 모두 관리할 필요가 있다.

따라서 품질관리를 위해서는 특히 공정의 평균 및 산포의 관리를 해야 하는데, 이를 위한 대표적인 관리기법으로는 $\overline{X}$관리도, X 관리도, R관리도 및 S 관리도 등이 있다.

1) $\overline{X}$ 관리도

관리상태의 공정으로부터 크기 n의 시료 $X_1, X_2, \cdots, X_n$를 k개 추출하여 다음과 같은 통계량을 구한다. 시료로부터 $\overline{X} = \frac{1}{n}\Sigma_{i=1}^{n} X_i$이며 $R = \max(X_i) - \min(X_i)$을 얻고, 또 $\overline{\overline{X}} = \frac{1}{k}\Sigma_{i=1}^{k}\overline{X}_i$, $\overline{R} = \frac{1}{k}\Sigma R$을 얻는다. $\overline{X}$ 관리도는 공정평균 μ를 관리하고자 하는 관리도이다.

(1) 3σ 관리한계선

$X_1, X_2, \cdots, X_n$을 평균이 μ, 표준편차가 σ인 정규분포로부터 추출한 시료로

할 때 $\overline{X}$는 평균이 μ, 표준편차가 $\frac{\sigma}{\sqrt{n}}$인 정규분포를 따른다. 따라서 μ 와 σ 를 알고 있는 경우 $\overline{X}$에 대한 중심선 및 3σ 관리한계선은 다음과 같이 주어진다.

$$UCL = \mu + 3\frac{\sigma}{\sqrt{n}} = \mu + A\sigma$$

$$CL = \mu$$

$$UCL = \mu - 3\frac{\sigma}{\sqrt{n}} = \mu - A\sigma$$

단, $A = \frac{3}{\sqrt{n}}$ 으로 부록의 표에 나타나 있다. 한편 μ 와 σ 를 모르는 경우에는 예비자료로 부터 추정한 값을 이용하여 관리한계선을 구할 수 있다. μ 의 추정치로 $\overline{\overline{X}}$ 를, σ 의 추정치로 $\frac{\overline{R}}{d_2}$를 이용하여 중심선 및 관리한계선을 구하면 다음과 같다.

$$U+CL = \overline{\overline{X}} + 3\frac{\hat{\sigma}}{\sqrt{n}} = \overline{\overline{X}} + 3\frac{\overline{R}}{\sqrt{n}\,d_2} = \overline{\overline{X}} + A_2\overline{R}$$

$$CL = \overline{\overline{X}}$$

$$LCL = \overline{\overline{X}} - 3\frac{\hat{\sigma}}{\sqrt{n}} = \overline{\overline{X}} - 3\frac{\overline{R}}{\sqrt{n}\,d_2} = \overline{\overline{X}} - A_2\overline{R}$$

단, $A_2 = \frac{3}{d_2\sqrt{n}}$ 으로 부록의 표에 있다.

예제 9.5

어느 전기 부품 제조공정에서 하루 5개의 시료를 취하여 25일 동안 부품의 저항을 측정하여 다음의 데이터를 얻었다. $\overline{X}$ 관리도의 관리한계를 구하라.

부분군	x_1	x_2	x_3	x_4	x_5	부분군	x_1	x_2	x_3	x_4	x_5
1	47	32	44	35	20	14	37	32	12	38	30
2	19	37	31	25	34	15	25	40	24	50	19
3	19	11	16	11	44	16	7	31	23	18	32
4	29	29	42	59	38	17	38	0	41	40	37
5	28	12	45	36	25	18	35	12	29	48	20
6	40	35	11	38	33	19	31	20	35	24	47
7	15	30	12	33	26	20	12	27	38	40	31
8	35	44	32	11	38	21	52	42	52	24	25
9	27	37	26	20	35	22	20	31	15	3	28
10	23	45	26	37	32	23	29	47	41	32	22
11	28	44	40	31	18	24	28	27	22	32	54
12	31	25	24	32	22	25	42	34	15	29	21
13	22	37	19	47	14						

|결과| 관리 한계식을 이용하면 다음과 같이 계산된다.

$$UCL = \overline{\overline{X}} + A_2 \overline{R} = 29.86 \ +(0.58)(27.4) \ = \ 45.69$$

$$LCL = \overline{\overline{X}} - A_2 \overline{R} = 29.86 \ -(0.58)(27.4) \ = \ 14.04$$

여기서 부록의 표에서 $n=5$인 경우 $A_2 \ = \ 0.58$이다.

Minitab ▶ 이용하기

1. C1 열에 데이터 125개를 입력 시키고 메뉴에서 [Stat]→[Contro Charts]→[Varuables Charts for Subgropus] →[Xbar...] 를 선택한다.

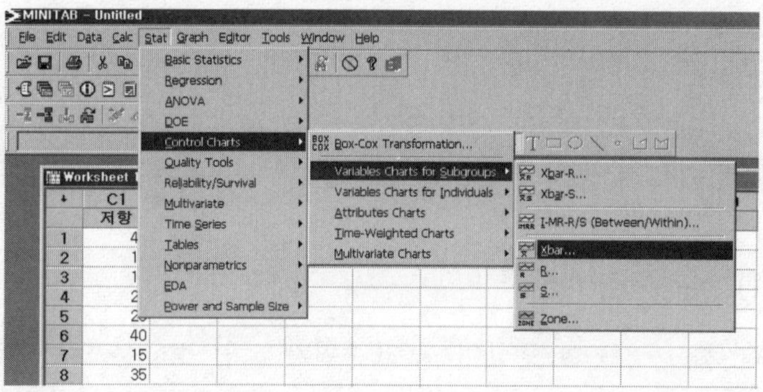

2. 다음과 같은 [Xbar Chart]대화상자가 나타나면 데이터 입력란에 마우스를 올려넣고 "C1 저항"을 더블클릭하고 [Subgroup]항목에 "5"을 입력하고 

을 클릭한다.

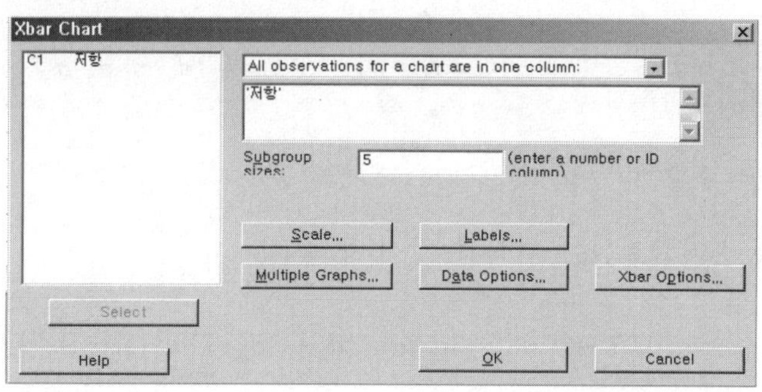

3. 다음과 같은 결과 화면이 나타난다.

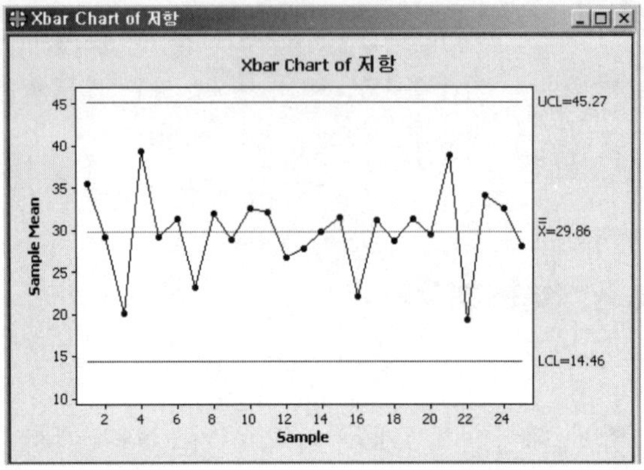

|해석| 이상요인은 나타나지 않았으므로 위 공정은 대체적으로 안정되어 있다고 간주 할 수 있다

2) R관리도

범위 R 로서 공정의 산포를 관리할 때 사용되는 관리도로 R 관리도가 있다.

(1) 3σ 관리한계선

$X_1, X_2, \cdots, X_n$을 평균이 μ, 표준편차 σ 인 정규분포로 추출한 표본이라 할 때 범위 R의 기대치와 표준편차는 각각 $d_2\sigma$, $d_3\sigma$ 이다. 여기서 d_3는 부록의 표에 실려있다. 먼저 σ 을 알고 있는 경우 R 관리도의 중심선 및 3σ 관리한계선은 다음과 같다.

$$UCL = d_2\sigma + 3d_3\sigma = (d_2 + 3d_3)\sigma$$
$$CL = d_2\sigma$$
$$LCL = d_2\sigma - 3d_3\sigma = (d_2 - 3d_3)\sigma$$

한편 σ 를 모르는 경우에는 추정치 $\hat{\sigma} = \dfrac{\overline{R}}{d_2}$ 를 이용하면 R 관리도의 중심선 및 3σ 관리한계선은 다음과 같이 구해진다.

$$UCL = (d_2 + 3d_3)\hat{\sigma} = (d_2 + 3d_3)\frac{\overline{R}}{d_2} = (1 + 3\frac{d_3}{d_2})\overline{R} = D_4\overline{R}$$

$$CL = d_2\hat{\sigma} = \overline{R}$$

$$LCL = (d_2 - 3d_3)\hat{\sigma} = (d_2 - 3d_3)\frac{\overline{R}}{d_2} = (1 - 3\frac{d_3}{d_2})\overline{R} = D_3\overline{R}$$

단, $D_4 = 1 + 3\frac{d_3}{d_2}$, $D_3 = 1 - 3\frac{d_3}{d_2}$ 으로 부록의 표에 있다.

예제 9.6

앞의 [예제 9.5]의 데이터를 가지고 R 관리도의 관리한계를 계산하고 관리도를 그려라.

|결과| $UCL = D_4\overline{R} = (2.115)(27.44) = 58.04$

$LCL = D_3\overline{R} = -$(미 고려)

여기서 부록의 표에서 $n = 5$인 경우 $D_4 = 2.115$이고 $D_3 = -$이다.

Minitab ▶ 이용하기

1. C1 열에 데이터 125개를 입력 시키고 메뉴에서 [Stat] ➔[Contro Charts]➔[Varuables Charts for Subgropus]➔[R...] 를 선택 하고 나타난 [R Chart] 대화상자가 나타나면 데이터 입력란에 마우스 를 올려놓고 "C1 저항" 항목을 더블클릭하고 [Subgroup] 항목에 "5"을 입력하고 OK 을 클릭한다.

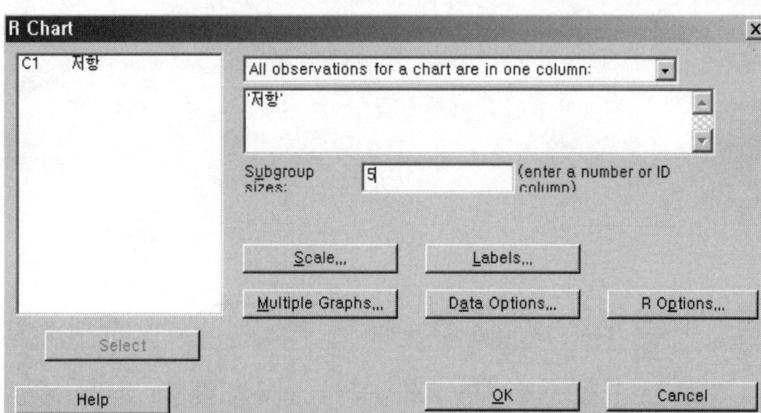

2. 다음과 같은 결과 화면이 나타난다.

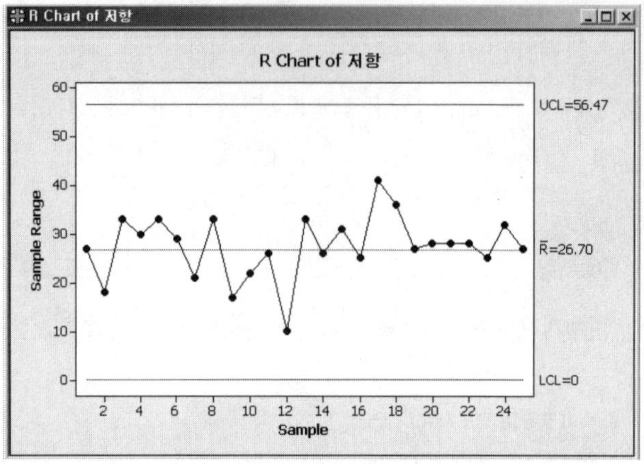

|해석| 위 관리도는 대체적으로 공정의 산포는 관리상태에 있다고 할 수 있다.

3) s 관리도

공정의 표준편차를 관리하고자 할 때 부분군의 크기가 크면 $(n>10)$범위 R을 이용하는 것보다 표준편차 S를 이용하는 것이 더 효율적이다.

(1) 3σ 관리한계선

표준편차 s는 평균과 표준편차는 각각 $c_4\sigma$, $\sigma\sqrt{1-c_4^2}$ 로 알려졌다. 따라서 S관리도의 중심선 및 3σ관리한계선은 다음과 같이 구해진다.

$$UCL = c_4\sigma + 3\sigma\sqrt{1-c_4^2} = B_6\sigma$$

$$CL = c_4\sigma$$

$$LCL = c_4\sigma - 3\sigma\sqrt{1-c_4^2} = B_5\sigma$$

여기서 $B_6 = c_4 + 3\sqrt{1-c_4^2}$, $B_5 = c_4 - 3\sqrt{1-c_4^2}$ 이다. 한편 σ를 모르는 경우 추정치 $\hat{\sigma} = \dfrac{\bar{s}}{c_4}$를 이용하면 S관리도의 중심선 및 3σ관리한계선은 다음과 같다.

$$UCL = B_6 \hat{\sigma} = B_6 \frac{\bar{s}}{c_4} = B_4 \bar{s}$$

$$CL = c_4 \hat{\sigma} = c_4 \frac{\bar{s}}{c_4} = \bar{s}$$

$$LCL = B_5 \hat{\sigma} = B_5 \frac{\bar{s}}{c_4} = B_3 \bar{s}$$

단, $B_4 = \frac{B_6}{c_4}$, $B_3 = \frac{B_5}{c_4}$의 값은 부록의 표에 실려있다.

예제 9.7

앞의 [예제 9.5]의 데이터를 가지고 S관리도를 그려라.

Minitab ▶ 이용하기

1. C1 열에 데이터 125개를 입력 시키고 메뉴에서 [Stat] → [Contro Charts] → [Varuables Charts for Subgropus] → [S...] 를 선택하고 나타난 [S Chart] 대화상자가 나타나면 데이터 입력란에 마우스 를 올려넣고 "C1 저항" 항목을 더블 클릭하고 [Subgroup] 항목에 "5"을 입력하고 OK 을 클릭한다.

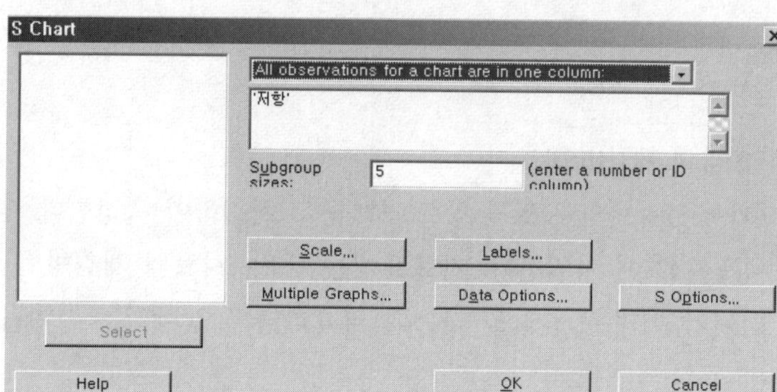

2. 다음과 같은 결과 화면이 나타난다.

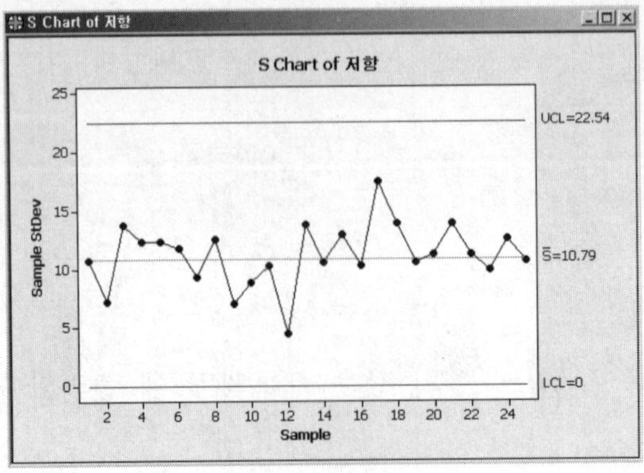

|해석| 대체적으로 공정의 산포는 안정상태라 할 수 있다.

4) $\overline{X}-R$ 관리도와 $\overline{X}-S$ 관리도

계량형 관리도에서 가장 많이 사용되는 관리도가 $\overline{X}-R$ 관리도이다. 이것은 평균을 관리하는 $\overline{X}$관리도와 표준편차를 관리하는 R 관리도를 합쳐서 만든 관리도이다.

$\overline{X}-R$ 관리도의 관리한계는 $\overline{X}$ 관리도와 R 관리도를 개별적으로 사용할 때와 동일하다. 다만 $\overline{X}$관리도와 R 관리도 중 어느 한쪽에서라도 관리한계선 밖에 나타나는 관측값이 있는 경우에는 공정에 이상이 있다고 판단을 한다. 한편 공정의 평균과 표준편차를 동시에 관리하고자 할 때 $\overline{X}-S$관리도를 사용하기도 한다. $\overline{X}-S$ 관리도 역시 $\overline{X}$관리도와 S관리도를 개별적으로 사용할 때와 동일하다.

(1) $\overline{X}-R$ 관리도의 작성절차

① 자료의 채취 방법 :

크기 4~5정도의 시료를 약 20~25군(k) 채취하여 측정한다. 얻은 자료를 자료를 <표 9.4>에 기입한다. 자료표에는 품명, 시료의 채취방법, 측정방법 등 보아 넘기기 어려운 원인을 찾는데 필요하다고 생각되는 사항을 기록한다.

② 각군의 평균치$\overline{X}$와 범위 R 의 계산 :

평균치 $\bar{x}=\Sigma x_i/n$을 구하고 또 총평균 $\bar{\bar{x}}=\Sigma\bar{x}/k$을 계산한다. 범위 $R=x_{\max}-x_{\min}$을 구하고 그의 평균치 $\overline{R}=\Sigma R/k$을 구한다.

③ 관리한계선의 계산:

$\overline{X}$ 관리도 $UCL=\overline{\overline{x}}+A_2\overline{R}$, $CL=\overline{\overline{x}}$, $LCL=\overline{\overline{x}}-A_2\overline{R}$

$\overline{R}$ 관리도 $UCL=D_4\overline{R}$, $CL=\overline{R}$, $LCL=D_3\overline{R}$

여기서 A_2, D_3, D_4는 군의 크기 n에 따라 정해주는 계수로 부록의 표에 있다.

④ 관리한계선, 점의 기입 및 판정

$\overline{X}-R$ 관리도의 UCL, CL, LCL을 각각 그리고 각 시료의 $\overline{X}$와 R을 기입한 후 판정한다.

표 9.4_$\overline{x}-R$ 관리도용 자료표

$\overline{x}-R$ 관리도 자료표 No.

제 품 명 칭	전기부품	제조 명령 번호		기 간	
품 질 특 성	전기저항	직 장			
측 정 단 위		규 준 일 산 고		기 계 번 호	
규격한계 최대		시료 크 기		작 업 원	
규격한계 최소		시료 간 격		검 사 원	
규 격 번 호		측 정 기 번 호		성 명 인	

일시	시료군의번호	측정치 x_1	x_2	x_3	x_4	x_5	계 Σx	평균치 $\overline{x}$	범위 R	적요
	1	47	32	44	35	20	178	35.6	27	
	2	19	37	31	25	34	146	29.2	18	
	3	19	11	16	11	44	101	20.2	33	
	4	29	29	42	59	38	197	39.4	30	
	5	28	12	45	36	25	146	29.2	33	
	6	40	35	11	38	33	157	31.4	29	
	7	15	30	12	33	26	116	23.2	21	
	8	35	44	32	11	38	160	32.0	33	
	9	27	37	26	20	35	145	29.0	17	
	10	23	45	26	37	32	163	32.6	22	
	11	28	44	40	31	18	161	32.2	26	
	12	31	25	24	32	22	134	26.8	10	
	13	22	37	19	47	14	139	27.8	33	
	14	37	32	12	38	30	149	29.8	26	
	15	25	40	24	50	19	158	31.6	31	
	16	7	31	23	18	32	111	22.2	25	
	17	38	0	41	40	37	156	31.2	41	
	18	35	12	29	48	20	144	28.8	36	
	19	31	20	35	24	47	157	31.4	27	
	20	12	27	38	40	31	148	29.6	28	
	21	52	42	52	24	25	195	39.0	28	
	22	20	31	15	3	28	97	19.4	28	
	23	29	47	41	32	22	171	34.2	25	
	24	28	27	22	32	54	163	32.6	32	
	25	42	34	15	29	21	141	28.2	27	
							계			

$\overline{x}$ 관리도	R관리도	$\overline{\overline{x}}=29.86$ $\overline{R}=27.4$
$UCL=\overline{\overline{x}}+A_2\overline{R}=45.69$	$UCL=D_4\overline{R}=58$	
$LCL=\overline{\overline{x}}-A_2\overline{R}=14.04$	$LCL=D_3\overline{R}=-$	

n	A_2	D_4	D_3
4	0.73	2.28	–
5	0.58	2.11	–

비 고

(2) $\overline{X}$ 관리도의 OC 곡선

본 절에서는 $\overline{X}-R$ 관리도의 개념을 설명하기 위해 $\overline{X}$ 관리도의 OC 곡선을 설명하고자 한다. $\overline{X}$ 관리도의 OC 곡선은 품질특성 X가 정규분포를 한다는 가정을 전제로 하고 있으며 공정의 평균μ와 표준편차σ에 따라 정해진다. 본 절에서는 공정표준편차가 일정한 경우 μ의 변화에 따른 OC 곡선에 대해서 설명한다. 부분군의 평균$\overline{X}$는 평균이 μ이고 표준편차가 $\frac{\sigma}{\sqrt{n}}$인 정규분포를 하므로 $\overline{X}$가 관리한계선안에 포함될 확률은 다음과 같다.

$$\begin{aligned} L(\mu) &= P(LCL \le \overline{X} \le UCL) \\ &= P\left(\frac{LCL-\mu}{\sigma/\sqrt{n}} \le \frac{\overline{X}-\mu}{\sigma/\sqrt{n}} \le \frac{UCL-\mu}{\sigma/\sqrt{n}}\right) \\ &= P\left(\frac{LCL-\mu}{\sigma/\sqrt{n}} \le Z \le \frac{UCL-\mu}{\sigma/\sqrt{n}}\right) \end{aligned}$$

여기서 확률변수 Z는 표준정규분포를 하고 표준편차 σ를 일정하게 하고 평균μ의 변화에 따른 $L(\mu)$를 구하고 μ와 $L(\mu)$의 관계를 그리면 $\overline{X}$ 관리도의 OC 곡선이 된다.

예제 9.8

앞의 [예제 9.5]의 데이터를 가지고 $\overline{X}$ 관리도의 OC 함수값을 계산하라.

|결과| $UCL=45.69$, $LCL=14.04$이고 $\hat{\sigma}=\overline{R}/d_2=27.44/2.326=11.8$이므로 $\overline{x}$의 값이 관리한계선 안에 포함될 확률은

$$L(\mu) = P(14.04 \le \overline{X} \le 45.69) = P\left(\frac{14.04-\mu}{11.80/\sqrt{5}} \le Z \le \frac{45.69-\mu}{11.80/\sqrt{5}}\right)$$

이다. 따라서 μ를 변화시켜 가며 $L(\mu)$를 구하면 아래 표를 얻을 수 있다.

μ	$\frac{LCL-\mu}{\sigma/\sqrt{n}}$	$\frac{UCL-\mu}{\sigma/\sqrt{n}}$	$L(\mu)$
10	0.77	6.76	0.22
15	−0.18	5.81	0.57
20	−1.13	4.87	0.87
25	−2.08	3.92	0.98
30	−3.02	2.97	0.99
35	−3.97	2.02	0.97
40	−4.92	1.08	0.86

|해석| 위 표값으로부터 $L(\mu)$의 값은 μ의 추정치 $\bar{\bar{x}}=29.86$를 중심으로 거의 대칭형 태를 이루고 있다.

예제 9.9

앞의 [예제 9.5]의 데이터를 가지고 $\overline{X}-R$ 관리도를 그리시오.

Minitab ▶ 이용하기

1. C1 열에 데이터 125개를 입력 시키고 메뉴에서 {Stat} →[Contro Charts]→[Varuables Charts for Subgropus]→[Xbar-R...]를 선택한다.

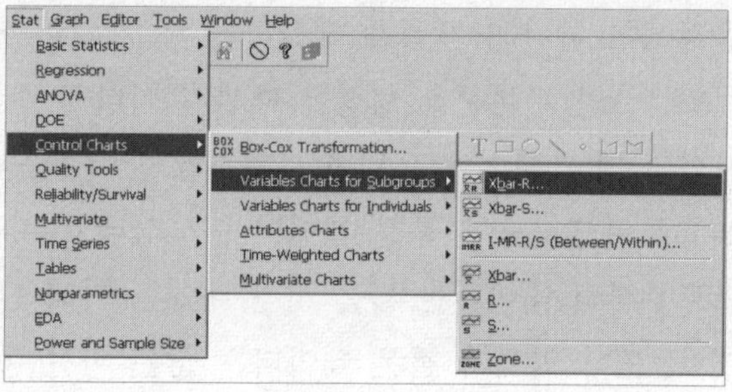

2. {Xbar-R Chart} 대화상자가 나타나면 데이터 입력란에 마우스 를 올려넣고 "C1"을 더블클릭하고 {Subgroup} 항목에 "5"을 입력하고 [OK] 을 클릭한다.

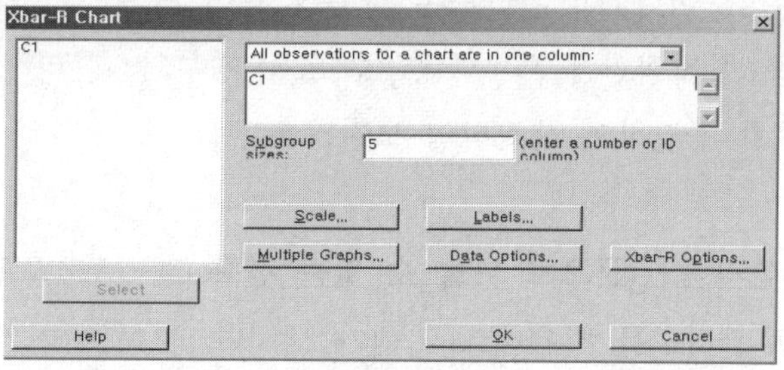

3. 다음과 같은 결과화면이 나타난다.

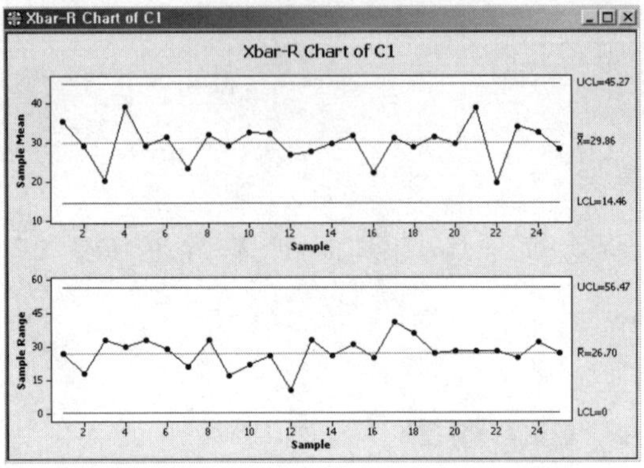

|해석| 위 공정의 평균과 산포는 대체적으로 안정상태라 할 수 있다.

5) X관리도

어떤 공정에서 하나의 제품을 생산하는 데 시간이 많이 소요되는 경우에는 크기가 4 또는 5인 부분군을 형성할 때까지 기다릴 수 없다. 예를 들어, 각 제품이 생산되는 데 10분이 소요되면 크기 5인 한 부분군의 데이터를 얻기까지는 50분이 필요하여 그 사이 공정이 이미 이상상태로 바뀔 가능성도 있다. 또는 한 제품으로부터의 데이터는 짧은 시간 내에는 거의 변동이 없는 경우가 있다. 예를 들면, 온도나 압력과 같은 데이터는 짧은 시간 동안에는 거의 변동이 없어 4 또는 5개의 데이터를 얻어도 하나의 데이터를 얻는 경우와 실질적으로 다를 바가 없다. 이와 같이 부분군의 데이터를 형성하기가 곤란하거나 불필요한 경우에는 부분군 대신 개개의 데이터를 사용하여 관리도를 작성한다.

X관리도는 개개의 데이터를 이용하여 공정평균 μ를 관리하고자 할 때 사용하는 관리도이다. 이 관리도는 다음과 같이 크게 두 경우로 나누어 사용되고 있다. 즉, 합리적인 군으로 나눌 수 있는 경우와 합리적인 군으로 나눌 수 없는 경우로 구별하여 생각하여 보자

(Ⅰ) 합리적인 군으로 나눌 수 있는 경우 ($x-\overline{X}-R$ 관리도 사용)

$\overline{X}-R$ 관리도를 적용해도 관리가 되지만, 보아 넘기기 어려운 원인을 빨리

발견하여 제거하려고 할 경우에 X관리도를 사용한다. $\overline{X}-R$ 관리도를 병용하여 사용되기도 하는데, 이를 $x-\overline{X}-R$ 관리도라 한다.

개별치 X에 대한 중심선 및 3σ 관리한계선은 다음과 같다.

$$UCL=\mu+3\sigma=\overline{\overline{X}}+3\frac{\overline{R}}{d_2}=\overline{\overline{X}}+E_2\overline{R}$$

$$CL=\mu$$

$$LCL=\mu-3\sigma=\overline{\overline{X}}-3\frac{\overline{R}}{d_2}=\overline{\overline{X}}-E_2\overline{R}$$

여기서 $E_2=\frac{3}{d_2}$로 부록의 표에 나타나 있다.

(Ⅱ) 합리적인 군으로 나눌 수 없는 경우($x-R_s$ 관리도 사용)

이 관리도는 다음과 같은 경우에 사용된다.

- 정해진 공정, 로트 또는 1뱃치로부터 1개의 측정치 밖에 얻을 수 없을 때
- 정해진 공정의 내부가 균일하여 많은 측정치를 취해도 의미가 없을 때
- 측정치를 얻는데 시간이나 경비가 많이 드는 경우

(1) 3σ 관리한계선

개별치 X 관리도의 중심선 및 3σ 관리한계선은 다음과 같다.

$$UCL=\mu+3\sigma$$

$$CL=\mu$$

$$LCL=\mu-3\sigma$$

μ와 σ를 모르는 경우 추정치 $\hat{\mu}=\overline{X}$, $\hat{\sigma}=\frac{\overline{R}}{d_2}$으로 X 관리도의 중심선 및 3σ 관리한계선은 다음과 같다.

$$UCL=\hat{\mu}+3\hat{\sigma}=\overline{X}+3\frac{\overline{R_s}}{d_2}=\overline{X}+3\frac{\overline{R_s}}{1.128}=\overline{X}+2.66\overline{R_s}$$

$$CL=\hat{\mu}=\overline{X}$$

$$LCL=\hat{\mu}-3\hat{\sigma}=\overline{X}-3\frac{\overline{R_s}}{d_2}=\overline{X}-3\frac{\overline{R_s}}{1.128}=\overline{X}-2.66\overline{R_s}$$

여기서 $\overline{R}$는 인접한 두 측정치의 차이인 이동범위 R_s 의 평균 $\overline{R_s}$를 사용한다. 이동범위의 평균 $\overline{R_s}$의 계산 절차는 다음과 같다.

이동범위의 수는 $k-1$개 이므로 $\overline{R_s}=\frac{\Sigma R_s}{k-1}$이며, 범위를 구하는데 사용된 데이터의 수는 두 개이므로 부록의 표에서 $d_2=1.128$을 얻게 된다. 한편, R_s관리도의 중심선 및 3σ 관리한계선은 다음과 같다.

$$UCL = D_4\overline{R_s} = 3.27\,\overline{R_s}$$

$$CL = \overline{R_s}$$

$$LCL = D_3\overline{R_s} = -\,(\text{고려하지 않음})$$

여기서 n=2인 경우(이동범위이므로) 부록의 표로부터 $D_4=3.27$이고 D_3은 없다.

예제 9.10

부틸알콜과 아세트산을 황산 촉매하에서 에스테르화를 하여 아세트산 부틸을 제조하는 공정이 있다. 배치 반응으로 24시간에 1회씩 밖에 작업을 못하므로 신속히 조치를 취하기 위하여 x관리도를 사용하며, 또 데이터를 합리적인 군으로 나눌 수 없다 하여 이동범위 R_s관리도를 사용하기로 하였다. 이 공정으로부터 다음과 같은 데이터를 얻었다. $x-R_s$관리도의 관리한계을 구하라.

번 호	1	2	3	4	5	6	7	8	9	10	11	12	13
측 정 치x	1.09	1.13	1.29	1.13	1.23	1.43	1.27	1.63	1.34	1.10	0.98	1.37	1.18
이동범위Rs	0.04	0.16	0.16	0.10	0.20	0.16	0.36	0.29	0.24	0.12	0.39	0.19	0.40
번 호	14	15	16	17	18	19	20	21	22	23	24	25	26
측 정 치x	1.38	1.31	1.70	1.45	1.19	1.33	1.18	1.40	1.68	1.58	0.90	1.70	0.95
이동범위Rs	0.27	0.39	0.25	0.26	0.14	0.15	0.22	0.28	0.10	0.68	0.80	0.75	

Minitab ▶ 이용하기

1. C1 열에 데이터 26개를 입력 시키고 메뉴에서 [Stat]→[Control Charts]→[Variables Charts for Individuals] →[I-MR...]를 선택한다.

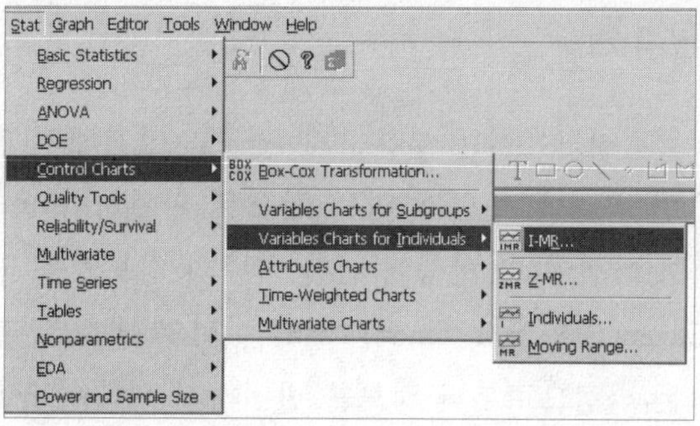

2. [Individuals-Moving Range Chart] 대화상자가 나타나면 데이터 입력란에 마우스를 올려놓고 "C1"을 더블클릭하고 [OK]을 클릭한다.

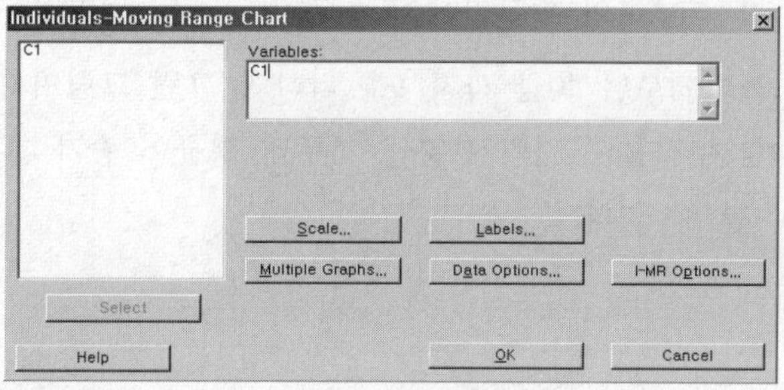

3. 다음과 같은 결과 화면이 나타난다.

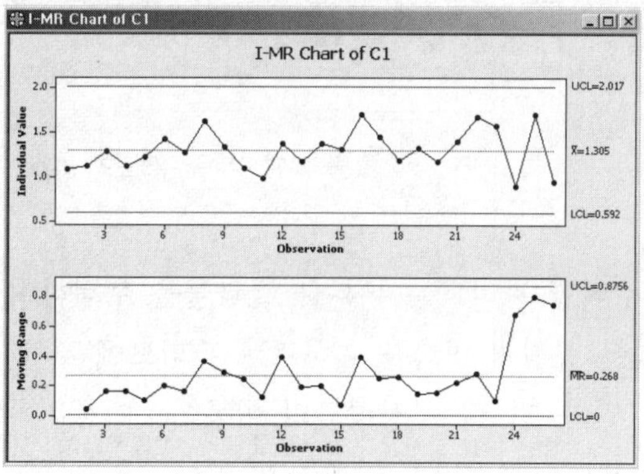

|결과| x 관리도는 대체로 공정은 안정된 듯 하다. 반면 R_s관리도는 처음 6개의 점이 길이가 6인 런을 형성하고 있으며 끝부분에서 상승하는 경향이 있다

6) 누적합 관리도

슈하르트 관리도에서는 부분군의 평균을 타점해 가면서 그 값이 관리한계선 밖에 있으면 공정에 변화가 있는 것으로 판단하여 공정의 이상유무를 조사하게 된다. 즉, 타점이 그 관측에 관한 하나의 정보만을 타점해 간다. 반면에 누적합 관리도(cumulative sum control chart)는 런의 테스트, 경고한계의 사용 등을 이용하여 모든 타점으로부터 정보를 반영하기 위하여 구축되는 관리도이다. 다시 정의하면 현재의 데이터뿐만이 아니라 앞에서 검사받은 부분군의 검사결과들을 누적해 얻은 값에 기초하여 공정의 변화를 판단하는 방법으로 제안된 관리도 기법이다.

예를 들어 다음 그림은 $N(4, 0.5)$인 모집단에서 임의로 40개의 부분군을 만들어서 각 부분군의 평균값에서 3.9를 뺀 값을 누적하여($\sum(\bar{x}_i - 3.9)$ 타점한 그림과 25번째부터 40군 까지 1을 더하여 그린 그림이다. 이 그림에서 보여주는 것처럼 누적을 시키면 부분군 25부터 평균이 증가 다는 사실을 어렵지 않게 관찰 할 수 있다.

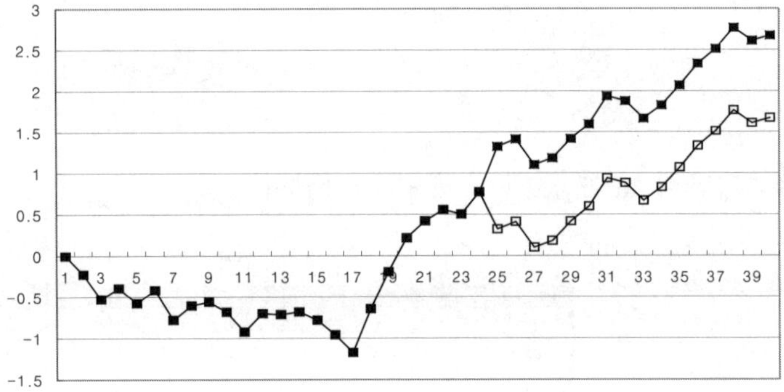

그림 9.11_누적 분포의 비교

따라서 누적합 관리도는 부분군 결과들을 누적하여 공정의 변화를 판단하므로 아주 작은 공정의 변화를 슈하르트 관리도에 비해 민감하게 탐색할 수 있다는 장점이 있다.그러나 공정평균의 이동이 큰 경우에는 이를 발견하는데 시간이 지연될 수 있다는 단점도 가지고 있다.

누적합 관리도는 부분군의 크기 n과 결정구간(decision interval)h, 그리고 k에 의해서 이루어지는데 매회 부분군을 추출할 때마다 따라서 누적합 관리도의 크기는 n 이고 i 번째 부분군의 평균을 $\overline{X_i}$ 라고 하면 m 번째 부분군까지의 누적합은 $S_m = \sum_{i=1}^{m}(\overline{X}_i - k)$ 가 되고 여기서 안정상태의 공정평균을 μ_0 라고 하고 이상상태의 공정평균을 μ_1 라고 했을 때 일반적으로 참고값(reference value) $k = \frac{\mu_0 + \mu_1}{2}$ 의 값을 사용한다. 또, 관리통계량을 표준화하면 다음과 같이 나타낼 수 있다.

$$S_m = \sum_{i=1}^{m}(\overline{X}_i - k) = \left(\frac{\sigma}{\sqrt{n}}\right)\sum_{i=1}^{m}\left(\frac{\overline{X}_i - \mu_0}{\sigma/\sqrt{n}} - \frac{\mu_1 - \mu_0}{2\sigma/\sqrt{n}}\right)$$

이 경우 $k = \frac{\mu_1 - \mu_0}{2\sigma/\sqrt{n}}$ 이 된다.

그리고 결정구간 h 는 공정이 관리 상태일 때 평균 런(run)길이에 따라 결정된다. 즉, 결정구간을 구하기 위해서는 평균 런길이가 필요하지만 누적합 관리도에서는 그 계산이 용이하지 않기 때문에 일반적으로 $k = 0.5$, $h = 4$(미니텝에서는 디폴트 값)을 사용한다. $k = 0.5$ 을 사용한다는 의미는 표준화된 관리통계량을 사용하는 경우에 $\mu_1 = \mu_0 + \sigma/\sqrt{n}$ 가 되어 평균의 변화가 부그룹의 표준편차 만큼 $(\mu_1 - \mu_0 = \sigma/\sqrt{n})$ 생겼을 때 가장 효율적인 관리도가 되도록 하자는 의미가 된다.

따라서 $S_m > h$ 이면 공정에 이상이 있는 것으로 간주되고 S_m 값을 누적하는 과정에서 S_m 값이 음수가 되면 0으로 고쳐주고 다시 새로 시작한다. 이 이유는 공정평균이 증가하였을 때 그 변화를 신속하게 탐색하기 위함이다.

공정평균의 증가 $(\mu_1 = \mu_0 + \Delta)$ 와 감소 $(\mu_2 = \mu_0 - \Delta)$ 를 동시에 판단하고자 하는 경우에는 두 개의 참고값 $k_1 = \frac{\mu_0 + \mu_1}{2}$, $k_2 = \frac{\mu_0 + \mu_2}{2}$ 를 동시에 이용하여 $\sum_{i=1}^{m}(\overline{X}_i - k_1)$ 과 h 를 비교하는 경우와 $\sum_{i=1}^{m}(\overline{X}_i - k_2)$ 과 $-h$ 를 비교하여 공정의 변화를 판단하여도 되지만 일반적으로 다음과 같은 $V-mask$ 를 이용한다.

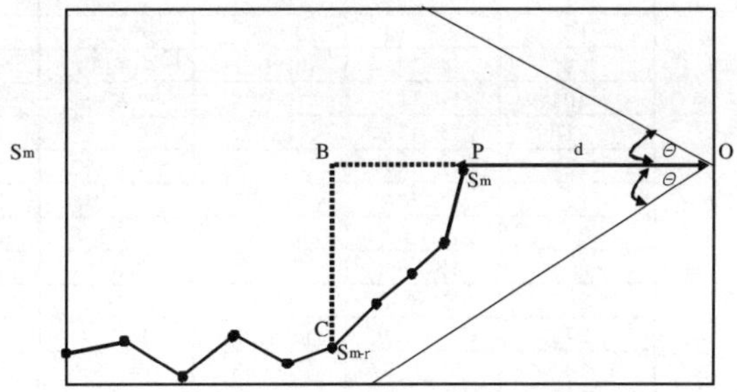

그림 9.12_ $V-mask$

위 그림에서 점 O,P간의 거리인 d와 각도 θ에 의하여 $V-mask$가 이루어진다. 즉, d와 θ는 다음과 같은 관계식을 이용하여 설정된다.

$$k_1 - \mu_0 = \mu_0 - k_2 = w\tan\theta, \quad h = d\tan\theta$$

단, k_1 공정평균의 증가를, k_2는 공정평균의 감소를 판단하고자 할 때의 참고값으로 사용되며 w=(가로축 한 눈금의 간격)/(세로축 한 눈금의 간격)을 의미한다.

판정하는 방법은 $V-mask$가 수평이 되게 유지시키고 (m, S_m)에 대응하는 점을 P점과 일치시킨 후에 관리도 상의 모든 점이 $V-mask$에 가리워지지 않으면 공정에 이상요인이 없는 것으로 판단되고 만일 한 점이라도 $V-mask$에 가리워지면 공정에 이상원인이 존재하는 것으로 판단하는데, $V-mask$ 아래쪽에 의해 가리워지면 공정평균의 증가, 위쪽에 의해 가리워지면 공정평균이 감소한 것으로 판정한다.

예제 9.11

다음 자료는 30개의 부분군으로 된 전구수명 자료를 사용하여 누적합 관리도를 작성하라.

부분군(i)	X			
1	9.5099	9.5678	10.5678	9.4532
2	9.6789	10.0456	9.9876	9.6789
3	10.04	10.001	10.002	9.9945
4	9.8967	9.8988	10.001	10.04
5	9.7799	9.9987	10.001	9.9989
6	12.062	8.2379	6.2888	12.009
7	12.761	11.69	9.1739	11.694
8	9.2785	9.0987	9.4622	9.4567
9	9.4563	10.02	10.012	9.6756
10	9.99	9.8877	9.8894	9.5678
11	9.4512	9.4589	10.011	10.002
12	9.8898	9.9987	10.021	9.9989
13	10.002	9.7899	9.8331	10.679
14	9.1327	10.653	11.9965	10.665
15	10.989	7.9786	8.0563	13.5034
16	9.9919	10.0488	9.4433	9.9812
17	9.8909	10.001	9.886	9.5645
18	9.5682	9.8769	9.3478	10.046
19	9.8795	9.8869	9.8888	9.8897
20	10.012	10.002	9.6789	10.004
21	15.697	19.107	10.9166	12.6266
22	10.584	14.739	11.9342	12.0967
23	11.584	16.876	13.0488	12.5634
24	12.584	12.8856	12.9876	12.3467
25	13.584	14.043	10.8874	10.9921
26	10.8812	10.3412	9.7898	9.9979
27	10.9879	10.9969	9.9984	9.7899
28	9.3456	9.7893	14.095	10.653
29	13.019	12.065	11.84	6.0267
30	11.852	10.675	12.456	7.8892

Minitab ▶ 이용하기

1. C1 열에 데이터 120개를 입력 시키고 메뉴에서 [Stat] ➔[Control Charts]➔ [Time-Weighted Charts] ➔[CUSUM...]을 선택한다.

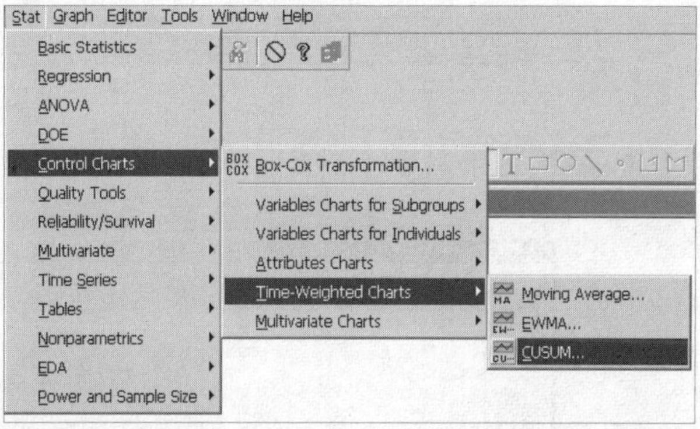

2. [CUSUM Chart] 대화상자가 나타나면 데이터 입력란에 마우스를 올려놓고 "C1"을 더블클릭하고 [CUSUM Options..]버튼을 클릭한다.

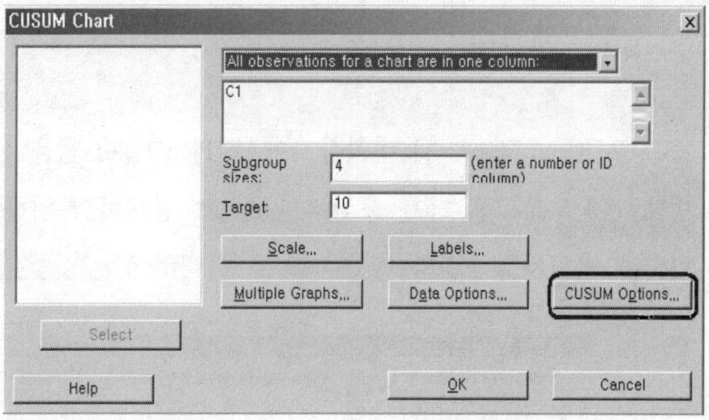

3. [CUSUM Chart- Options] 대화 상자가 나타나면 [Plan/Type] 탭을 선택하여 [CUSUM]의 형태란에 ◉ One-sided (LCL, UCL) 을 선택하고 [CUSUM] 계획 항목란에 결정구간 h는 "4", k는 가중치로서 "0.5"을 입력 한 후 2회의 연속 OK 을 클릭한다.

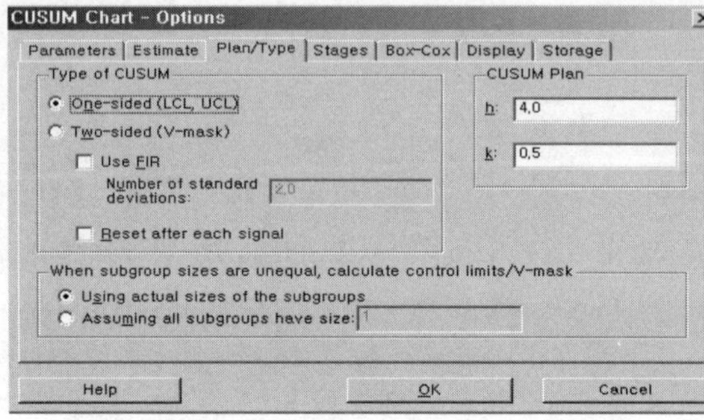

4. 다음과 같은 결과 화면이 나타난다.

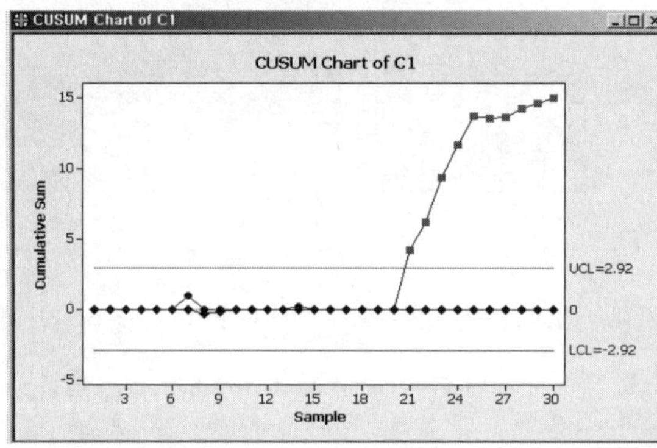

|해석| 공정 평균이 증가한(부분그룹 21부터) 경우의 누적합 관리도.

5. [CUSUM Chart- Options] 대화상자에서 [Plan/Type] 탭을 선택하여 [CUSUM]의 형태란에 부분그룹 21를 중심부분군으로 선택하기 위하여 중심 부분군란에 "21"를 기입하고 Two-sided (V-mask) 를 선택하여 OK 을 클릭한다.

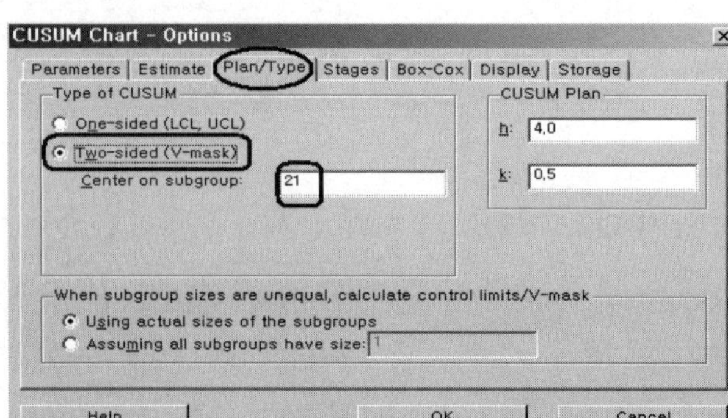

6. 다음과 같은 결과 화면이 나타난다.

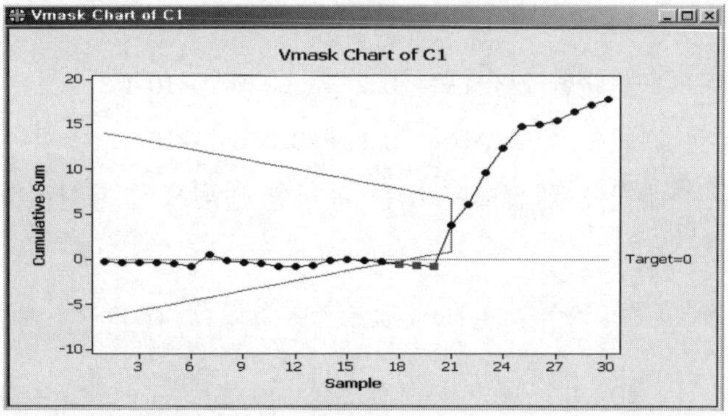

|해석| 현 시점(부분구룹21)에서 볼 때 $V-mask$아래쪽에 가리워지고 있으므로(부분구룹 18, 19, 20) 공정평균의 증가가 이루어지고 있음을 탐색할 수 있다..

7) 지수가중이동평균 관리도

EWMACHART는 Robert(1959)에 의하여 고안된 형태로 누적합 관리도와 유사하게 공정평균의 작은 변화를 잘 파악 할 수 있도록 만들어진 관리도이다.

지수가중이동평균 관리도는 연속적으로 관측된 부그룹평균의 지수가중이동평균(EWMA)을 계산하여 관리한계와 비교하는 기법이다.

일반적으로 부분군 i에 대한 EWMA Z_i는 다음과 같다.

$$Z_i = w\,\overline{x_i} + (1-w)Z_{i-1},\ \ i = 1, 2, \cdots$$
$$Z_0 = \mu_0$$

단, w는 가중치이고 $\overline{x_i}$ 는 부분군 i 의 평균이며 Z_0는 지수가중이동평균의 시작점으로서의 평균의 관리값 μ_0을 사용한다.

예를 들어 8개의 부분 평균이 계산되었다고 가정하면 EWMA는 부분군으로부터 다음과 같이 계산된다(단, 가중치는 0.2)

표 9.1_EWMA 계산

부분군	1	2	3	4	5	6	7	8
평균	14.000	9.000	7.000	9.000	13.000	4.000	9.000	11.000
EWMA	10.400	10.120	9.494	9.397	10.117	8.894	8.915	9.332

이 표에서 부분군 0에 대한 EWMA는 모든 데이터의 평균 9.5로 초기화하여 시작된다.

부분군 1에 대한 EWMA는 0.2(14)+0.8(9.5)=10.4
부분군 2에 대한 EWMA는 0.2(9)+0.8(10.4)=10.12
다른 부분군에 대한 EWMA는 유사한 방법으로 계산된다.

EWMA Z_i를 현시점 i까지의 부분그룹평균 $\overline{x}_1, \overline{x}_2, \cdots, \overline{x}_i$를 사용하면 다음과 같다.

$$Z_1 = w\ \overline{x}_1 + (1-w)Z_0,$$

$$Z_2 = w\ \overline{x}_2 + (1-w)[w\ \overline{x}_1 + (1-w)Z_0] = w\overline{x}_2 + w(1-w)\overline{x}_1 + (1-w)^2 Z_0$$

$$Z_3 = w\ \overline{x}_3 + (1-w)[w\ \overline{x}_2 + w(1-w)\overline{x}_1 + (1-w)^2 Z_0]$$

$$= w\overline{x}_3 + w(1-w)\overline{x}_2 + w(1-w)^2\ \overline{x}_2 + (1-w)^3 Z_0$$

이 과정을 반복하면 Z_i는 다음과 같이 표현 된다.

$$Z_i = \sum_{k=0}^{i-1} w(1-w)^k\ \overline{x}_{i-k} + (1-w)^i Z_0,\ i \ge 1$$

따라서 Z_i 는 과거와 현재의 부그룹평균 $\mu_{0,}\ \overline{x}_1, \overline{x}_2, \cdots, \overline{x}_i$의 지수가중이동 평균이 되고 지수가중이동평균관리도는 $Z_i \ge UCL$ 혹은 $Z_i \le LCL$ 을 최초로 만족하는 i시점에서 공정을 중지하는 관리절차를 따른다.

가중치 $w = 1$인 경우에는 $Z_i = \overline{x}_i$ 가 되어 현재의 부분구룹 평균 $\overline{x}_i$ 을 사용한 $\overline{X}$ 관리도와 같아지게 된다. 지수가중이동평균을 사용하여 현재와 과거의 모든 자료를 사용하여 평균의 변화를 검색하여 현재에서 과거로 멀어질수록 비중을 작게 두는 관리도가 지수가중이동평균관리도라고 할 수 있다.

공정의 관리상태 즉, $\mu = \mu_0$ 일 경우의 평균과 $E(Z_i)$ 분산 $Var(Z_i)$은 다음과 같이 표현됨이 알려져 있다.

$$E(Z_i) = \sum_{h=0}^{i-1} w(1-w)^h\ E(\overline{x}_{i-h}) + (1-w)^i \mu_0 = \mu_0$$

$$Var(Z_i) = \sum_{h=0}^{i-1} w^2(1-w)^{2k} \; Var(\overline{x}_{i-h}) = \frac{\sigma^2}{n}\left[\frac{w}{2-w}\right](1-(1-w)^{2i})$$

단, n은 부분그룹의 크기를 의미하며 이러한 평균과 분산을 이용하여 지수가중이동평균관리도의 관리한계는 다음과 같이 설정 할 수 있다.

$$UCL = \mu_0 + k\,\frac{\sigma}{\sqrt{n}}\sqrt{\left[\frac{w}{2-w}\right](1-(1-w)^{2i})}$$

$$LCL = \mu_0 - k\,\frac{\sigma}{\sqrt{n}}\sqrt{\left[\frac{w}{2-w}\right](1-(1-w)^{2i})}$$

지수가중이동평균의 분산은 i가 증가함에 따라 다음과 같이 상수로 수렴됨이 알려져 있다.

$$\lim_{t\to\infty} = \left(\frac{\sigma^2}{n}\left[\frac{w}{2-w}\right](1-(1-w)^{2i})\right) = \frac{\sigma^2}{n}\left(\frac{w}{2-w}\right)$$

따라서 근사적으로 i가 충분히 클 때는 다음과 같이 UCL 과 LCL를 사용할 수도 있다.

$$UCL = \mu_0 + k\,\frac{\sigma}{\sqrt{n}}\sqrt{\left[\frac{w}{2-w}\right]}$$

$$LCL = \mu_0 - k\,\frac{\sigma}{\sqrt{n}}\sqrt{\left[\frac{w}{2-w}\right]}$$

단, k는 양의 상수로서(3σ 한계를 이용) 3 을 사용하고 이 때의 관리한계선은 i에 따라 달라진다. 가중치w는 기각 품질 수준에 따라 달라지며 $0.05 \le r \le 0.25$에 있을 때 효율적임이 알려져 있다. 미니텝에서는 0.2값이 디폴트로 설정 되어 있다.

예제 9.12

[예제 9.11]의 30개의 부분군으로 된 전구수명 자료를 사용하여 EWMA관리도를 작성하라.

Minitab ▶ 이용하기

1. C1 열에 데이터 120개를 입력 시키고 메뉴에서 [Stat] →[Control Charts]→[Time-Weighted Charts]→[EWMA...]을 선택한다.

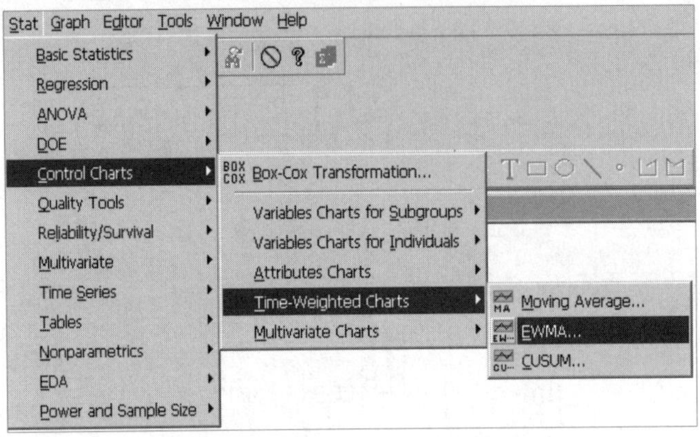

2. [EWMA Chart] 대화상자가 나타나면 데이터 입력란에 마우스를 올려놓고 "C1"을 더블클릭하고 [Subgroup] 항목에 "4"를 입력하고, 가중치 0.2를 확인하고 [OK]을 클릭한다.

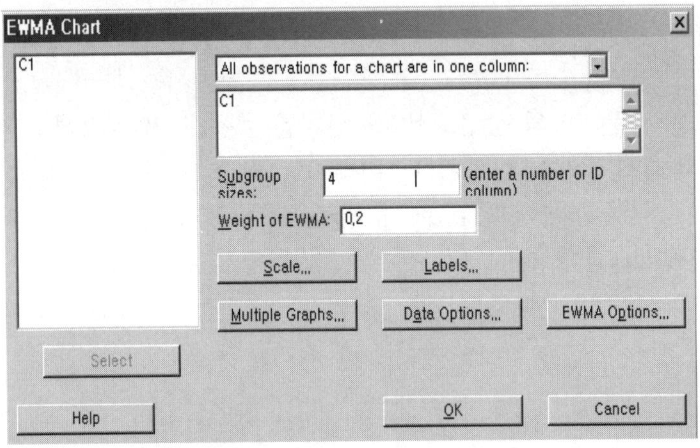

3. 다음과 같은 결과화면이 나타난다.

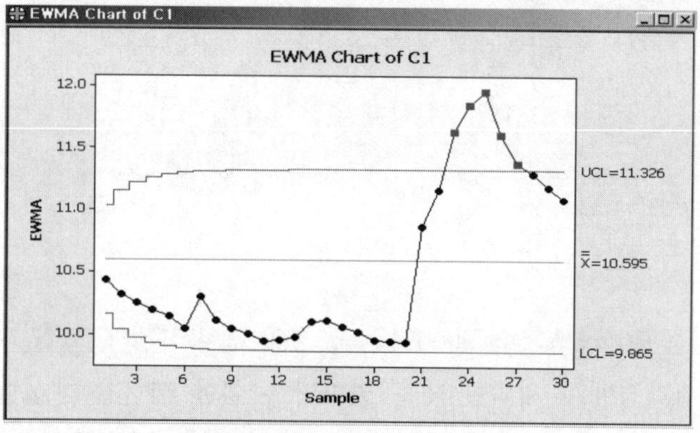

|해석| 가중치는 0.2로 하면 23-27번째 지수가중이동평균이 관리상한보다 더 크므로 공정 평균에 양의 변화가 일어났음을 알 수 있다.

4. 가중치 0.5를 입력하고 [OK]을 클릭한다.

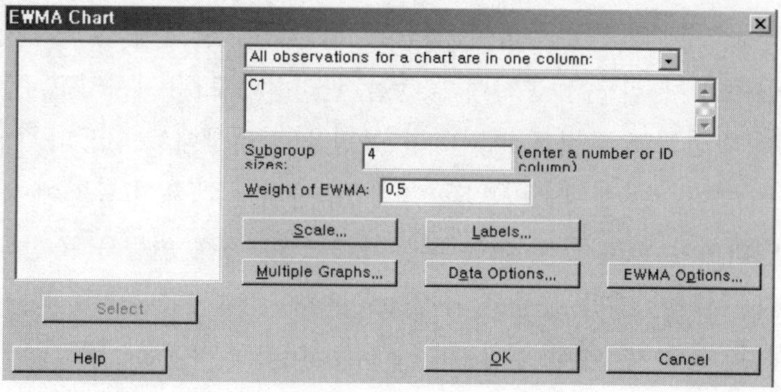

5. 다음과 같은 결과화면이 나타난다.

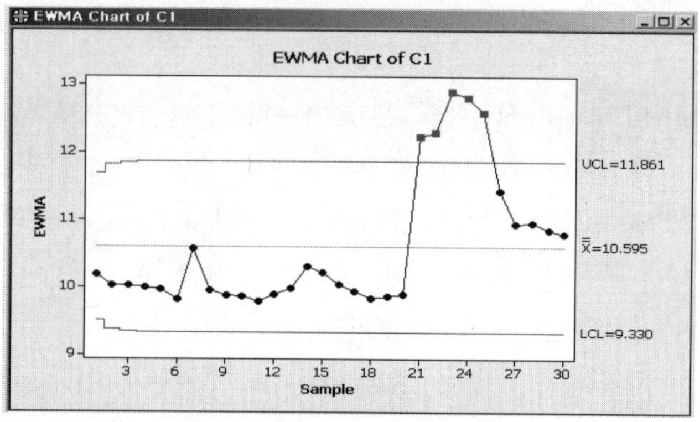

|해석| 가중치는 0.5로 하면 21-25번째 지수가중이동평균이 관리상한보다 더 크므로 공정 평균에 양의 변화가 일어났음을 알 수 있다.

4. 공정능력분석

공정능력(Process capability)이란 공정이 관리상태에 있을 때, 제조공정이 제품의 설계과정에서 계획한 대로 얼마나 균일한 제품을 생산할 수 있는지를 반영하는 공정의 고유능력을 의미한다. 만일 어느 제조공정에서 생산되는 제품의 품질변동에 이상이 있음에도 불구하고 어떠한 조치나 개선없이 그 공정을 계속해서 가동시킨다면 그 제품의 품질은 크게 떨어질 것이다.

이러한 문제를 방지하고 해결하기 위해 공정관리 활동을 하게 된다. 통계적 공정관리는 첫째, 관리도를 통하여 공정을 관리상태로 유지되도록 하며, 둘째, 공정능력분석 등을 통하여 생산된 제품들이 규격에 맞도록 공정을 관리하는 활동이다. 관리도를 통하여 공정을 관리상태로 유지시키고, 공정에 특별한 이상이 발견되면 이것을 제거하여 공정을 관리상태로 만든다. 이런 경우에도 규격을 벗어나는 불량품이 나올 경우, 생산되는 제품이 규격에 얼마나 잘 맞는지 확인하여야 하고 맞지 않는 부분이 있으면 공정 변동을 조정하는 노력을 해야 한다. 이러한 제반 활동을 공정능력분석이라 하며, 공정능력을 정량화 시킨 것이 공정능력지수(Process capability index)이다.

이때 이 공정은 외부원인에 방해됨이 없이 정상적으로 가동되고 있는 상태라야 한다.

1) 공정 변동

완전히 일치하는 제품 생산은 불가능하다. 현실적으로 어느 정도의 품질변동은 있게 마련이다. 품질에 영향을 미치는 원인은 대표적으로 5M 즉, 작업자(Man), 기계(Machine), 작업방법(Method), 측정(Measurement), 환경(Enviroment) 등이다. 따라서 이러한 요인들을 잘 관리하는 것이 공정관리의 핵심이다. 공정변동은 단기 및 장기요인으로 구분해 볼 수 있다.

단기변동은 지정된 어떤 한 시점에서의 공정변동이라 하며, 장기변동은 장기간에 걸친 공정변동을 말한다. 공정이 관리상태면 단기변동과 장기변동은 동일하나 공정이 관리상태가 아니면 장기변동은 단기변동 보다 커진다.

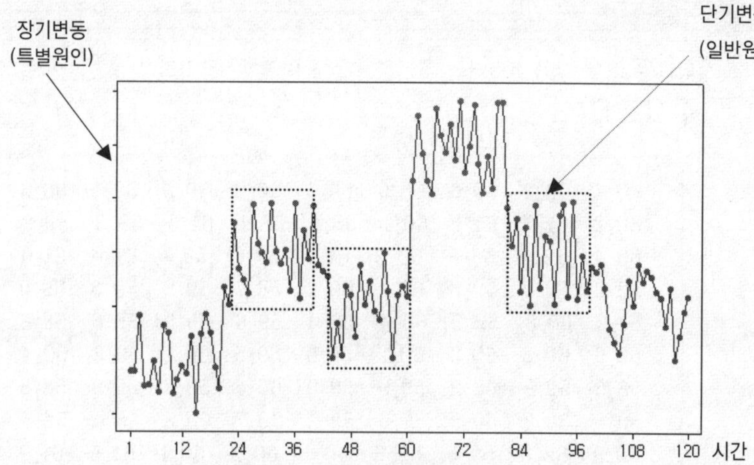

그림 9.13_단기변동과 장기변동

공정으로부터 측정된 품질특성치의 산포로 공정의 변동σ 을 추정하기 위해서는 단순랜덤 표본인 경우와 군이 형성된 표본인 경우로 나누어서 생각하여 보면 단순 랜덤 표본인 경우, 즉 공정으로부터 측정된 품질특성치 $X_1, X_2, \ldots, X_n$ 이 주어질 때, 공정변동 σ 의 추정은 다음과 같이 표본표준편차로 대신 할 수 있고

$$s = \sqrt{\frac{1}{n-1}\Sigma(X_i - \overline{X})^2}$$

군이 형성된 표본인 경우, 즉, R관리도로부터 공정변동 σ 의 추정은 다음과 같이 된다.

$$\hat{\sigma} = \frac{\overline{R}}{d_2}$$

2) 히스토그램에 의한 공정능력분석

히스토그램에 의한 공정능력분석은 공정의 상태를 히스토그램으로 나타낸 것으로 히스토그램에 규격을 기입하여 보면 공정상태, 규격과의 관계, 공정능력 여부 등을 시각적으로 쉽게 파악할 수 있다. 주어진 데이터로부터 히스토그램, 표본평균$\bar{x}$, 표준편차s 등을 통해 공정능력에 대한 정보를 얻을 수 있다.

예제 9.13

다음은 어느 부품 100개의 무게를 측정하여 얻은 결과이다. 공정능력은 어떻다고 할 수 있는가?

60.7	60.2	59.6	60.9	59.7	60.0	59.3	58.1	60.6	59.4
60.2	61.7	61.1	60.1	58.8	58.1	61.3	59.3	59.8	59.5
60.4	62.4	58.8	60.2	61.4	59.0	59.1	61.6	61.0	58.9
59.2	59.9	59.6	61.2	60.2	58.7	59.7	59.3	59.9	60.1
61.2	60.8	59.0	60.4	60.4	59.6	59.9	59.6	58.8	60.9
60.9	60.3	60.3	60.2	59.9	59.6	60.1	59.3	60.4	59.8
58.5	59.8	60.2	59.9	59.0	60.7	59.7	59.9	58.8	60.7
59.8	58.8	60.9	57.6	59.2	60.7	60.3	58.4	58.5	60.4
60.3	62.0	59.5	59.6	60.1	60.2	60.1	61.5	61.0	59.1
60.1	59.3	59.2	61.6	61.5	60.0	58.3	59.9	61.0	60.9

|해석| 위 자료에 대한 히스토그램의 결과는 다음과 같다.

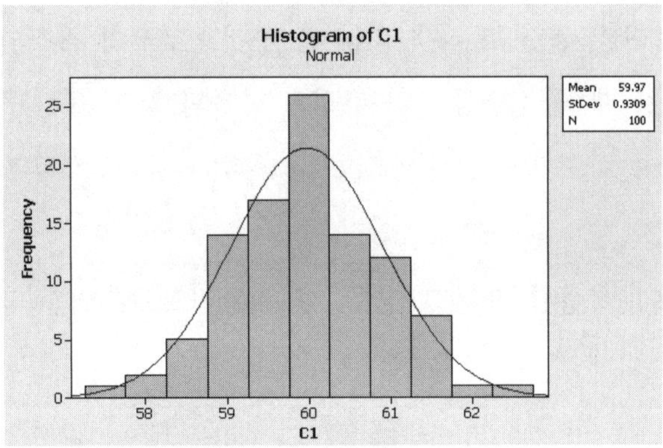

그림 9.14_부품 무게의 히스토그림

100개의 부품의 무게에 대한 분포는 대체적으로 정규분포를 하고 있다. 표본평균 $\bar{x}=59.97$, 표준편차$s=0.9309$이며, 이로부터 공정능력은 $3s=2.7927$ 으로 $\bar{x}\pm3s=59.97\pm 2.7927$ 이다. 히스토그램의 형태로부터 부품의 무게에 대한 분포가 근사적으로 정규분포를 따른다고 보면 생산 공정으로부터 제조된 전체 제품

중 약 99.73%가 57.177 에서 62.763 사이의 무게를 가진다고 추정할 수 있다.

위의 예제는 공정능력에 대해 규격과는 관계없이 변동만으로 평가한 것이다. 일반적으로 공정능력은 변동을 규격한계와 비교하여 나타낸다. 변동과 규격한계의 비로 공정능력을 평가 하는 방법중의 하나가 공정능력지수라고 한다.

3) 공정능력지수

제조공정이 설계규격에 어느 정도 일치하는 제품을 생산할 수 있는지를 평가하는 것은 매우 중요하다. 이의 평가를 위한 측도의 하나로 공정능력지수가 있다.중요한 공정능력지수들에 관하여 살펴본다.

(1) 공정능력지수 C_p

먼저 양쪽규격(USL, LSL)이 주어진 경우, 실제 공정의 산포와 허용가능한 공정의 산포의 비율로 정의된 공정능력지수는 다음과 같이 정의된다.

$$C_p = \frac{\text{허용가능한 공정의 산포}}{\text{실제공정의 산포}}$$

$$= \frac{USL - LSL}{6\sigma} = \frac{d}{3\sigma} (\text{단}, d = (USL - LSL)/2)$$

위의 공정능력지수는 가장 간단한 형태이며 현장에서 많이 사용된다. 일반적으로 실제 공정의 산포로는 정규이론에서 모집단의 99.73%를 포함하는 구간의 폭인 6σ를 취하며 허용가능한 공정의 산포는 규격의 폭을 사용한다. 다음 <그림 9.12>은 품질특성이 정규분포를 따를 때의 공정능력을 나타낸 그림이다.

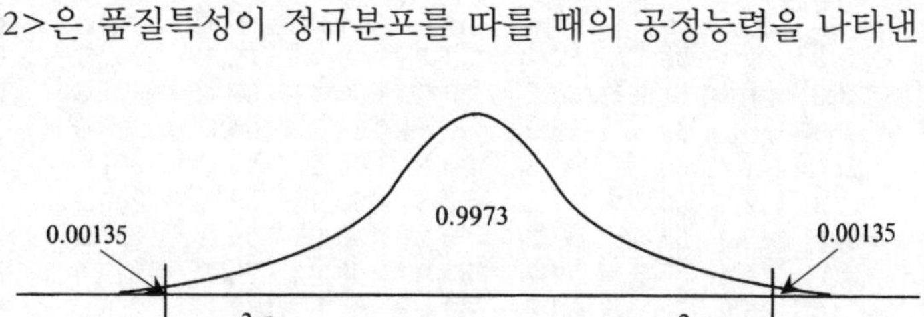

그림 9.15_규격폭과 6σ 와의 관계

한편, 한쪽규격만 주어지는 경우의 공정능력지수는

규격상한만이 있는(예 소음, 처리시간, 마모율 등) 경우 : $C_p = \dfrac{USL-\mu}{3\sigma}$

규격하한만이 있는 경우(예 강도, 전구수명 등) : $C_p = \dfrac{\mu-LSL}{3\sigma}$

와 같이 정의되며, 한쪽규격만 있는 경우의 그림은 다음과 같다.

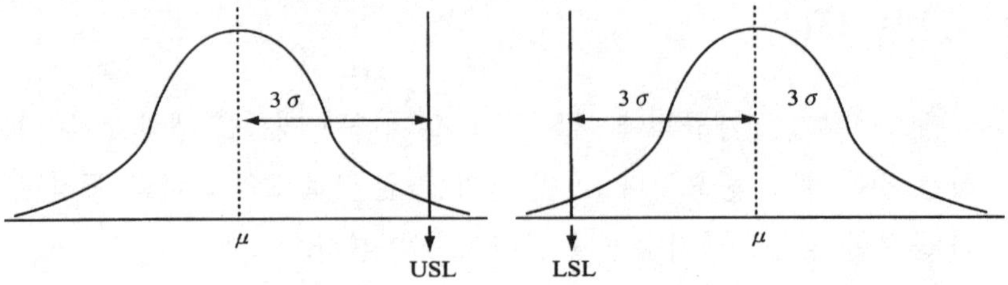

그림 9.16_한쪽 규격만 있는 경우

예제 9.14

〈예제 1.13〉의 100개 데이터는 하루 5개씩 20일간 측정한 데이터로 다음 표와 같다. 이 자료로 $\bar{x}-R$ 관리도를 그려, 공정은 관리상태에 있는지 있다면 공정능력은 어떤지 파악하라. 부품 무게의 규격하한과 규격상한은 각각 57.8mg, 62.2mg라 한다.

		무게(mg) 측정값					합	평균	범위
일시	군번호	x1	x2	x3	x4	x5	$\sum x_i$	$\bar{x}$	R
3/1	1	60.7	60.2	59.6	60.9	59.7	301.0	60.2	1.4
3/2	2	60.0	59.3	58.1	60.6	59.4	297.4	59.5	2.5
3/3	3	60.2	61.7	61.1	60.1	58.8	302.0	60.4	2.9
3/4	4	58.1	61.3	59.3	59.8	59.5	298.0	59.6	3.2
3/5	5	60.4	62.4	58.8	60.2	61.4	303.1	60.6	3.6
3/6	6	59.0	59.1	61.6	61.0	58.9	299.6	59.9	2.7
3/7	7	59.2	59.9	59.6	61.2	60.2	300.0	60.0	2.0
3/8	8	58.7	59.7	59.3	59.9	60.1	297.7	60.0	1.4
3/9	9	61.2	60.8	59.0	60.4	60.4	301.8	60.3	2.2
3/10	10	59.6	59.9	59.6	58.8	60.9	298.9	60.0	2.1
3/11	11	60.9	60.3	60.3	60.2	59.9	301.5	60.3	1.0
3/12	12	59.6	60.1	59.3	60.4	59.8	299.2	59.8	1.0
3/13	13	58.5	59.8	60.2	59.9	59.0	297.4	59.5	1.7
3/14	14	60.7	59.7	59.9	58.8	60.7	299.7	59.9	2.0
3/15	15	59.8	58.8	60.9	57.6	59.2	296.3	59.3	3.4
3/16	16	60.7	60.3	58.4	58.5	60.4	298.3	59.7	2.3
3/17	17	60.3	62.0	59.5	59.6	60.1	301.6	60.3	2.5
3/18	18	60.2	60.1	61.5	61.0	59.1	302.0	60.4	2.4
3/19	19	60.1	59.3	59.2	61.6	61.5	301.7	60.3	2.4
3/20	20	60.0	58.3	59.9	61.0	60.9	300.1	60.0	2.7
							$\bar{\bar{x}}$=59.974		
							$\bar{R}$=2.206		

Minitab ▶ 이용하기

1. C1 열에 데이터 100개를 입력 시키고 메뉴에서 [Stat]→[Control Charts]→ Variables Charts for Subgroups → Xbar-R...을 선택한다.

2. 다음과 같은 대화장자가 나오면 데이터열 C1과 부분군의 크기 5를 입력한다.

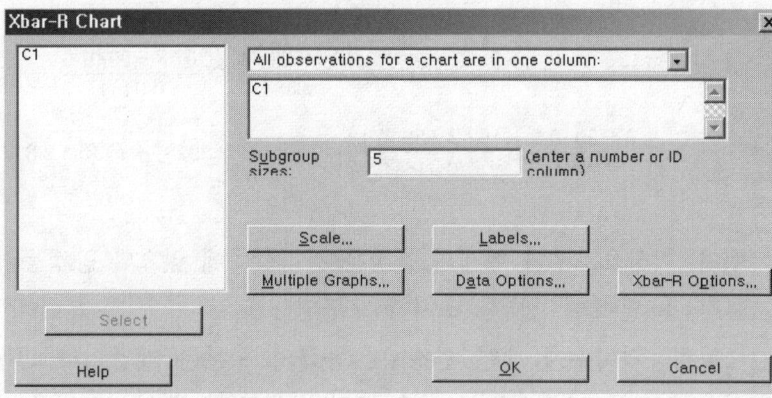

3. [OK] 버튼을 클릭하면 다음과 같은 결과 화면이 나타난다.

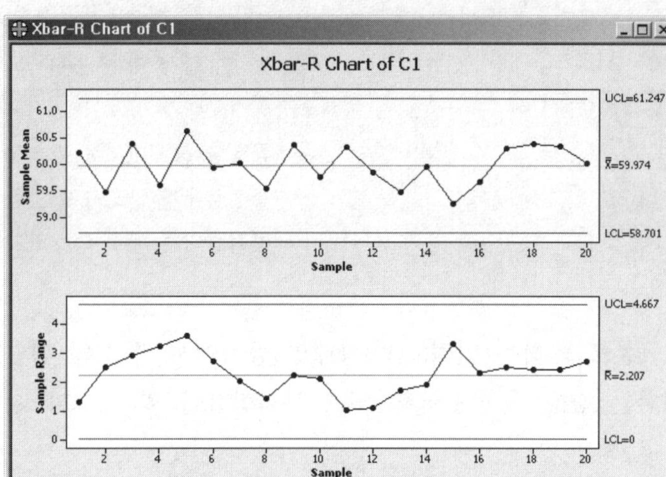

|해석| 위 $\overline{x}-R$ 관리도는 위의 자료에 대한 관리도다. 관리도의 결과로 볼 때 공정은 관리상태에 있다고 볼 수 있다. 공정능력을 파악하기 위해, 먼저 공정의 모수 μ, σ 에 대해 관리도로 추정하여 공정능력지수 C_p 를 구하면,

μ의 추정치로 $\overline{\overline{x}}=\frac{1}{k}\Sigma_{i=1}^{k}\overline{x_i} = 59.974$

σ 의 추정치로 $\hat{\sigma} = \frac{\overline{R}}{d_2} = \frac{2.206}{2.326} = 0.9484$

따라서 $\hat{C_p} = \frac{USL-LSL}{6\hat{\sigma}} = \frac{62.2-57.8}{6\times 0.9484} = 0.7732$

그리고 공정의 부적합품률의 추정은 공정이 정규분포를 따르므로 (원래는 정규분포에 대한 검정을 해야 하나 여기서는 생략하기로 함) 무게 측정치는 $X \sim N(59.974,\ 0.9484^2)$이므로 부적합품률은

$$P(X\le 57.8)+P(\ge 62.2) = P\left(\frac{X-59.974}{0.9484} \le \frac{57.8-59.974}{0.9484}\right)+$$
$$P\left(\frac{X-59.974}{0.9484} \ge \frac{62.2-59.974}{0.9484}\right) = P(Z\le -2.2923)+P(Z\ge 2.3471) = 0.0204$$

이다. 이상으로부터 현재의 공정은 관리상태에 있으나 공정능력과 부적합품률은 다소 떨어져 특별한 조치가 요구된다.

공정능력지수에 대한 판정 및 등급의 구분은 제품이나 공정에 따라 다소 차이가 있다. 대체적으로 다음 표와 같이 분류된다.

표 9.2_공정능력의 등급(판정)

공정능력의 범위	공정능력의 등급(판정)
$C_p \ge 1.67$	공정상태가 매우 우수하고 안정적 임
$1.33 \le C_p < 1.67$	공정상태가 양호함
$1.00 \le C_p < 1.33$	공정상태는 대체로 괜찮음
$0.67 \le C_p < 1.00$	공정상태가 양호하지 못함
$C_p < 0.67$	공정상태가 매우 양호하지 못함

정규분포를 하는 안정(관리)상태인 공정에서, 공정의 평균이 규격의 중심과 일치하는 경우, 공정능력지수 C_p , 부적합품률 및 시그마 수준의 관계는 다음 <표 9.2>와 같다.

표 9.2_공정능력지수 C_p, 부적합품률 및 시그마 수준의 관계

시그마수준 σ	규격한계	공정능력지수 C_p	적합품률(%)	PPM
1	$\mu \pm 1\sigma$	0.333	68.27	317,300
2	$\mu \pm 2\sigma$	0.667	95.45	45,500
3	$\mu \pm 3\sigma$	1.000	99.73	2,700
4	$\mu \pm 4\sigma$	1.333	99.9937	63
5	$\mu \pm 5\sigma$	1.667	99.999943	0.57
6	$\mu \pm 6\sigma$	2.000	99.9999998	0.002

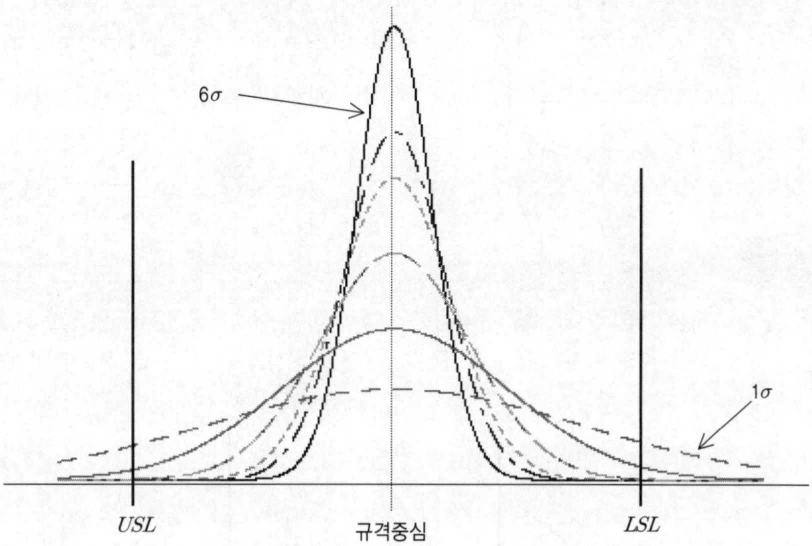

그림 9.17_규격중심과 공정평균이 일치하는 경우의 시스마 수준에 따른 분포

(2) 치우침을 고려한 공정능력지수 C_{pk}

품질특성치의 분포가 다음 <그림 9.17>과 같이 중심으로부터 어느 한쪽으로 치우친 경우에는 다음과 같은 치우침의 정도를 고려한 공정능력지수를 사용해야 한다.

$$C_{pk} = (1-K)\,C_p \qquad (2.2)$$

단 $K = |\mu - M| / d$

$M = (USL + LSL)/2 \quad d = (USL - LSL)/2$

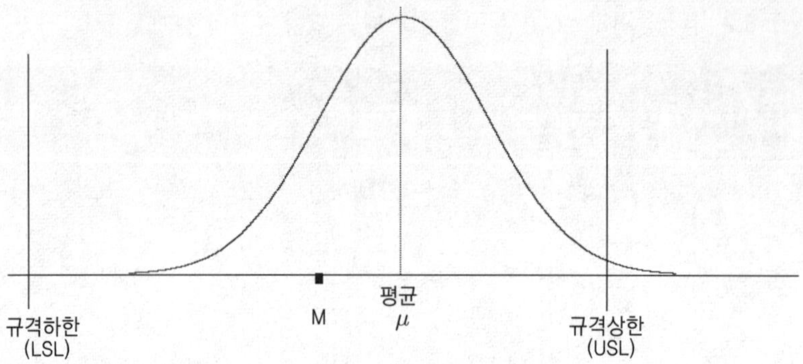

그림 9.18_치우침이 있는 공정분포

공정분포의 중심이 규격상한과 규격하한의 중간에 있지 않은 경우 C_p 보다는 C_{pk} 가 공정의 능력을 측정하는 지수로서 더 적절하다. 공정평균과 규격중심이 일치하는 경우는 $C_p = C_{pk}$ 이며, 관계는 항상 $C_p \geq C_{pk}$ 된다. 다음 예제를 통해 이유를 설명한다.

예제 9.15

다음 그림에서와 같이 규격상한은 14mm이고, 규격하한은 6mm인 경우 A, B 두 공정의 능력을 C_p 와 C_{pk} 로 구해보고 어느 공정능력지수가 더 적절한지 설명하라.

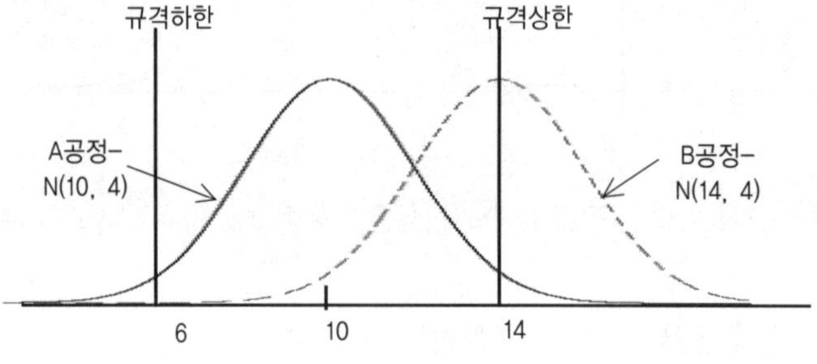

|결과| 위 그림에서 보면 A공정보다 B공정이 부적합품률이 더 높다는 것을 알 수 있다. C_p 와 C_{pk} 을 구하면

	C_p	C_{pk}	부적합품률
A공정	0.67	0.67	0.023
B공정	0.67	0.00	0.500

C_p 로는 두 공정의 능력간의 차는 알 수 없는 반면, C_{pk} 로는 A가 B보다 공정의 능력이 더 많다는 것을 알 수 있다. 따라서 공정이 중심으로부터 치우침이 있다 판단될 때는, C_{pk} 가 더 신뢰할 수 있음을 알 수 있다.

예제 9.16

〈예제 9.14〉의 자료로 C_{pk} 를 계산하라.

|결과| 공정평균 μ의 추정치로 $\bar{\bar{x}} = 59.974$, $\widehat{C_p} = 0.7732$ 이므로
$\widehat{C_{pk}} = (1-\hat{K})\widehat{C_p} = (1-0.0118)\times 0.7732 = 0.7641$ 로 추정된다.
여기서 $\hat{K} = |\hat{\mu}-M|/d = = |59.974-60|/2.2 = 0.0118$

4) 공정평균과 목표치를 함께 고려한 공정능력지수 C_{pm}

공정능력지수 C_{pk}는 공정평균 μ를 고려하였지만 공정평균 μ가 요구하는 목표치 T 와 다를 수 있는 경우를 고려하지 않았다. 따라서 공정평균 μ와 목표치 T의 차이까지도 고려한 공정능력지수가 C_{pm}이다. 이 공정능력지수는 다음과 같이 정의된다.

$$C_{pm} = \frac{USL-LSL}{6\sqrt{\{E(X-T)^2}} = \frac{USL-LSL}{6\sqrt{\{\sigma^2+(\mu-T)^2}}$$

이 때 $\sigma^2+(\mu-T)^2 \geq \sigma^2$ 이므로 $C_{pm} \leq C_p$ 임을 알 수 있고, 공정평균 μ와 목표치 T가 일치한다면 $C_{pm} = C_p$ 임을 알 수 있다.

$$C_{pmk} = \frac{d-|\hat{\mu}-M|}{3\sqrt{\sigma^2+(\hat{\mu}-T)^2}}$$

5) 관리도에 의한 공정능력분석

공정능력분석은 공정이 안정상태로 유지될 때 시행한다. 관리도는 공정을 안정상태로 유지시키고자 할 때 이용되는 기법이다. 따라서 공정능력분석을 위해서 관리도로부터의 정보를 이용하여 시행하는 것은 당연하다. 어떤 품질특성치에 대하여 $\overline{X}-R$ 관리도를 사용하게 되면 공정평균과 표준편차는 다음과 같이 추정된다.

$$\hat{\mu}=\overline{\overline{X}}, \quad \hat{\sigma}=\frac{\overline{R}}{d_2}$$

여기서 d_2는 부록의 표에 있는 계수이고, $\overline{\overline{X}}$는 $\overline{X}$ 관리도의 중심선이고 $\overline{R}$는 R 관리도의 중심선이다. 이로부터 공정능력지수를 추정하면 다음과 같다.

$$\widehat{C_p}=\frac{d}{3\hat{\sigma}}$$

$$\widehat{C_{pk}}=\frac{d-|\hat{\mu}-M|}{3\hat{\sigma}}$$

$$\widehat{C_{pm}}=\frac{d}{3\sqrt{\{\hat{\sigma}^2+(\hat{\mu}-T)^2\}}}$$

$$\widehat{C_{pmk}}=\frac{d-|\hat{\mu}-M|}{3\sqrt{\hat{\sigma}^2+(\hat{\mu}-T)^2}}$$

예제 9.17

다음 표는 자동차부품을 생산하는 공정에서 부품의 치수에 대한 데이터이다. 이 부품의 규격은 67.00~72.00 mm이라고 한다. 여기서 목표치 T는 70이다. 관리도를 사용하여 다음 물음에 답하라.

시료군의 번 호	측 정 치				
	x1	x2	x3	x4	x5
1	69.56	70.54	70.95	71.45	68.59
2	69.98	69.36	68.75	70.43	69.73
3	69.25	68.34	71.03	71.57	69.46
4	71.14	69.43	68.89	70.38	69.46
5	67.94	70.72	70.92	69.43	69.56
6	68.8	69.97	69.87	71.38	69.37
7	69.38	70.42	67.83	68.25	71.07
8	69.45	70.05	68.99	70.23	70.63
9	71.23	70.64	69.42	69	70.34
10	68.91	69.97	67.08	69.28	69.54

① $\overline{X}-R$관리도를 그려라.

② 관리도로부터 공정의 평균과 표준편차를 구하라.

③ 공정능력지수를 구하라.

|결과| ① $\overline{X}-R$ 관리도는 다음과 같은 형태로 그려진다. 즉 대체적으로 이상요인이 발견되지 않으므로 이 공정은 안정되어 있다고 볼 수 있다.

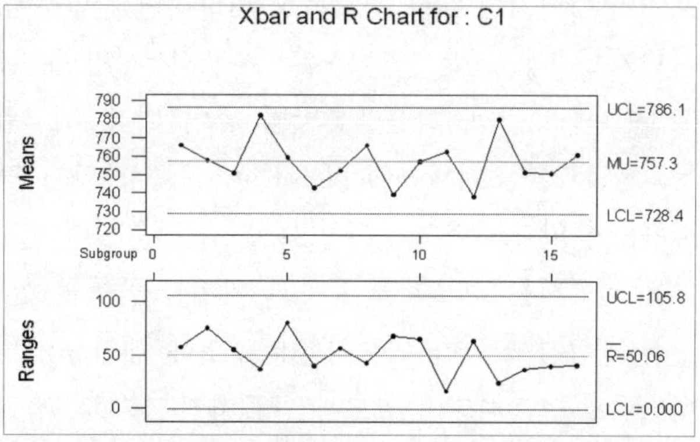

② 부분군의 평균치와 범위를 이용하여 공정평균과 범위는 다음과 같다.

시료군의 번 호	평균치 $\overline{x}$	범위 R
1	70.218	2.86
2	69.656	1.65
3	69.930	3.23
4	69.860	2.25
5	69.714	2.98
6	69.878	2.58
7	69.390	3.24
8	69.870	1.64
9	70.126	2.23
10	68.956	2.89
	$\overline{\overline{X}}$=69.76	$\overline{R}$=2.555

$$\hat{\mu}=\overline{\overline{X}}=69.76,\ \hat{\sigma}=s=\frac{\overline{R}}{d_2}=2.555\ /\ 2.326=1.098$$

③ 공정능력지수의 추정치는 아래와 같다.

$$\widehat{C_p}=\frac{d}{3\hat{\sigma}}=\frac{2.5}{3\cdot 1.098}=0.759$$

$$\widehat{C_{pk}}=\frac{d-|\hat{\mu}-M|}{3\hat{\sigma}}==\frac{2.5-|69.76-69.5|}{31.098}=0.686$$

$$\widehat{C_{pm}}=\frac{d}{3\sqrt{\{\hat{\sigma^2}+(\hat{\mu}-T)^2\}}}==\frac{2.5}{3\sqrt{\{1.098^2+(69.76-70)^2}}=0.74$$

$$\widehat{C_{pmk}}=\frac{d-|\hat{\mu}-M|}{3\sqrt{\hat{\sigma^2}+(\hat{\mu}-T)^2}}=\frac{2.5-|69.76-69.5|}{3\sqrt{1.098^2+(69.76-70)^2}}=0.66$$

6) 공정분포에 대한 검정

공정능력에 대한 평가는 공정분포가 정규분포 또는 특정분포를 따른다는 가정 하에 실시되었다. 따라서 분포를 잘못 판단함으로써 발생하는 오류를 범하지 않기 위해서는 분포에 대한 검정이 필요하다. 그러나 실제로 공정이 정규분포인지 아닌지에 대한 검정을 실시하려면 간단하지 않다. 공정이 정규분포인지 아닌지를 체크하는 방법으로 사용되는 방법은 적합도 검정, 샤피로-윌크(Shapiro-Wilk)검정, 확률플롯방법 등이 있다. 확률플롯방법은 Q-Q플롯, CDF플롯, 정규확률플롯(Normal probability plot)과 와이블확률 플롯(Weibull probability plot)등이 있다.

본 절에서는 정규확률 플롯과 와이블 플롯를 설명하고자 한다. 정규확률 플롯은 정규분포를 따르는 확률분포 X에 대한 $p(X \le x)$가 x에 대해 직선으로 나타나도록 표시되어 있도록 만들어진 것이다. 정규확률플롯에 대한 원리는 다음과 같다.

n 개의 데이터 $x_1, x_2, \cdots x_n$이 주어진 경우에 이 데이터가 정규분포로부터의 데이터인가를 검토하는 절차는 다음과 같다.

① 데이터를 작은 것부터 순서대로 늘어놓아 $x_{(1)} \le x_{(2)} \cdots \le x_{(n)}$이라 하자.

② 표본평균 $\overline{x}$ 와 표본표준편차s를 구한 후, 모든 데이터에 대해 $(x_{(i)} - \overline{x})/(ks)$ 이 가로축의 눈금 이내로 들어갈 수 있도록 적당한 상수 k를 잡는다. 일반적으로 $k=1$를 사용한다.

③ 각 $x_{(i)}$에 대하여 수정된 누적상대돗수를 백분위수로 나타낸 $100 \times (i - 0.5)/n$을 계산하여 점

$$[\,(x_{(i)} - \overline{x})/(ks),\ 100 \times (i - 0.5)/n\,]\ ,\quad i = 1, 2, \ldots, n$$

을 확률지 위에 찍어 나간다.

④ 이와 같이 나타난 점들을 연결하여 직선의 형태와 얼마나 다른가를 체크한다. 이 들 점들이 어떤 규칙성을 가지며 직선의 형태로부터 벗어난다면 이는 정규공정의 가정에 위배됨을 뜻한다.

같은 방법으로 와이블 분포함수에 대한 확률플롯의 원리는 다음과 같다. X가 와이블분포 $Wei(\alpha, \beta)$일 때 X의 누적분포함수 $F(x)$는 다음과 같다.

$$F(x) = 1 - e^{-(x/\alpha)^{\beta}}$$

따라서 위식으로부터 다음의 관계식을 얻는데 절편이 $-\beta\log\alpha$ 이고 기울기가 β 인 일차함수이다.

$$\log[-\log(1-F)] = -\beta\log\alpha + \beta\log x_{1-F}$$

즉, $(\log x_{1-F},\ \log[-\log(1-F)])$에 해당하는 점들을 직교좌표위에 점을 찍어나간다면 이들점들은 직선주위에 나타날것이다.

따라서 와이블확률지는 관측값의 축은 $\log x_{1-F}$의 계산이 필요 없이 관측치가 나타날 수 있도록 대수척도로, 누적확률축은$\log[-\log(1-F)]$의 계산이 필요없이 $100(i-0.5)/n$의 표시될 수 있도록 대수-대수척도로 설계되어 있다. 다른 분포함수에 대한 확률플롯도 비슷한 원리를 사용하면 된다.

예제 9.18

앞의 [예제 9.17]의 데이터부터 관리도를 사용하여 목표치가 70인 경우의 공정능력지수분석을 하여라.

Minitab ▶ 이용하기

1. C1 열에 데이터 50개를 입력 시키고 메뉴에서 [Stat]→[Quality Tools]→[Capability Analysis] → [Normal...]을 선택한다.

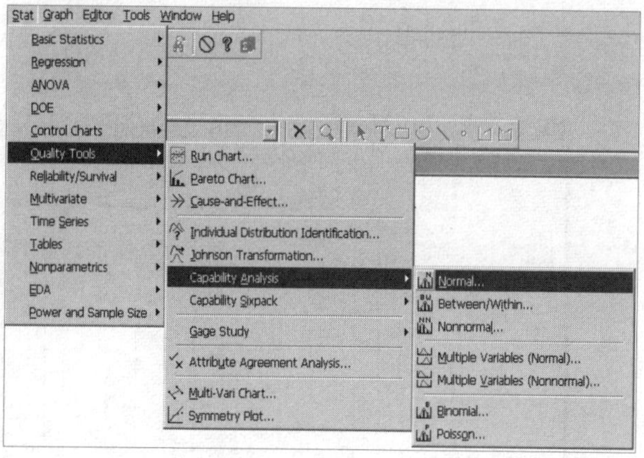

2. [Capability Analysis] 대화상자가 나타나면 데이터 열 "C1"과 부분 그룹의

수인 “5”을 입력한다. 그리고 양쪽 규격 “67”과 “72”도 입력한다. 그리고 [Option] 버튼을 클릭한다.

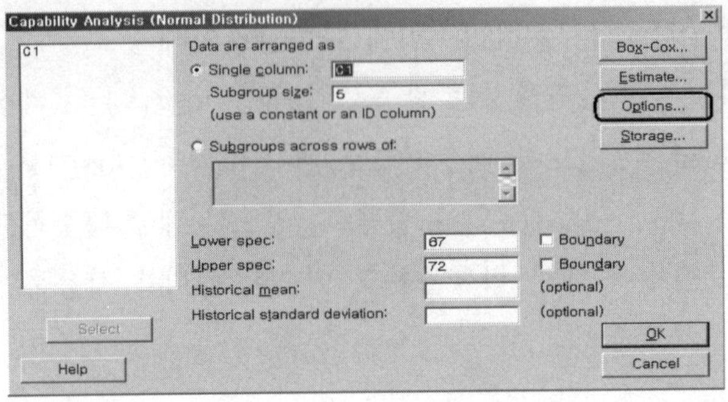

3. 목표치 “70”을 입력하고 [OK]버튼을 클릭한다.

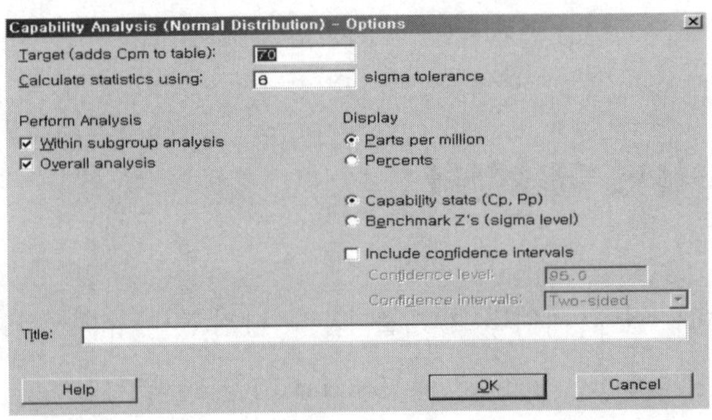

4. 다음과 같은 결과화면이 나타난다.

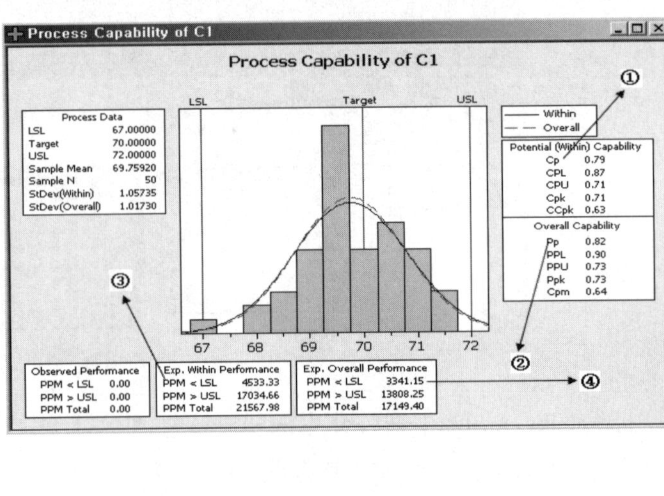

|결과| ① $C_p = \dfrac{72-67}{6 \cdot 1.05735} = 0.788134$

② $P_p = \dfrac{72-67}{6 \cdot 1.01730} = 0.819162$

③ $X \sim N(69.75920, 1.05735^2)$을 따르므로

$$P(X<67) = P\left(\frac{X-69.75920}{1.05735} < \frac{67-69.75920}{1.05735}\right)$$
$$= P(Z<-2.612)$$
$$= 0.0045 \times 1{,}000{,}000$$
$$= 4{,}500$$

④ $X \sim N(69.75920, 1.01730^2)$을 따르므로

$$P(X<67) = P\left(\frac{X-69.75920}{1.01730} < \frac{67-69.75920}{1.01730}\right)$$
$$= P(Z<-2.714)$$
$$= 0.00332 \times 1{,}000{,}000$$
$$= 3{,}320$$

|해석| 위 그림에서 $\widehat{C_p}$ 는 0.79, $\widehat{C_{pk}}$는 0.71로 계산되고 있어서 관리도를 이용한 공정능력 지수와 거의 유사함을 알 수 있다.

••• 참고하세요!!

용어	의미
Process Data	공정 데이터
stDev(Within)	군내 표준편차
stDev(Overall)	전체 표준편차
Potential(Within)Capability	잠재적 공정능력 공정내의 군내 변동만으로 평가한 지수
Overall Capability	실제의 공정능력 공정의 모든 데이터에 대한 변동을 평가한 지수
Observed Performance	규격을 벗어나는 실제 데이터에 대한 정도를 PPM으로 나타냄
Exp. Within Performance	정규분포를 하는 공정에서 군내변동만을 고려하여 데이터가 규격의 상·하한을 벗어날 수 있는 정도를 기대하여 PPM으로 나타냄
Exp. Overall Performance	정규분포를 하는 공정에서 모든 데이터를 고려하여 데이터가 규격의 상·하한을 벗어날 수 있는 정도를 기대하여 PPM으로 나타냄

예제 9.19

앞의 [예제 9.17]의 데이터부터 sixpack명령문을 사용하여 공정능력지수분석을 하여라.

Minitab ▶ 이용하기

1. C1 열에 데이터 50개를 입력 시키고 메뉴에서 [Stat]→[Quality Tools]→[Capability Sixpack] → [Normal...]을 선택한다.

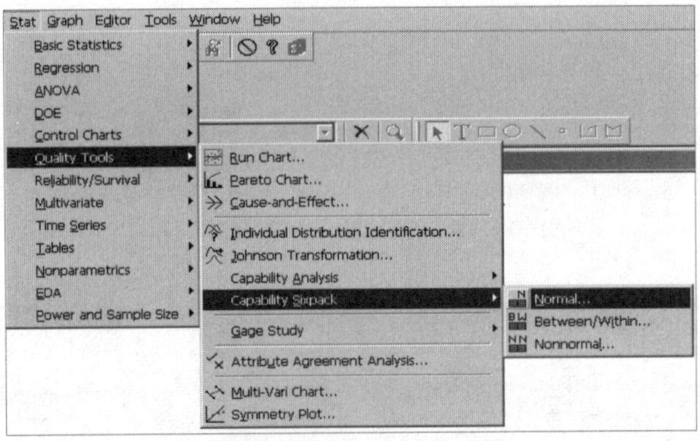

2. [Capability Sixpack] 대화상자가 나타나면 데이터 열 "C1"과 부분 구룹의 수인 "5"을 입력한다. 그리고 양쪽 규격 "67"과 "72"도 입력한다. 그리고 [Option] 버튼을 클릭한다.

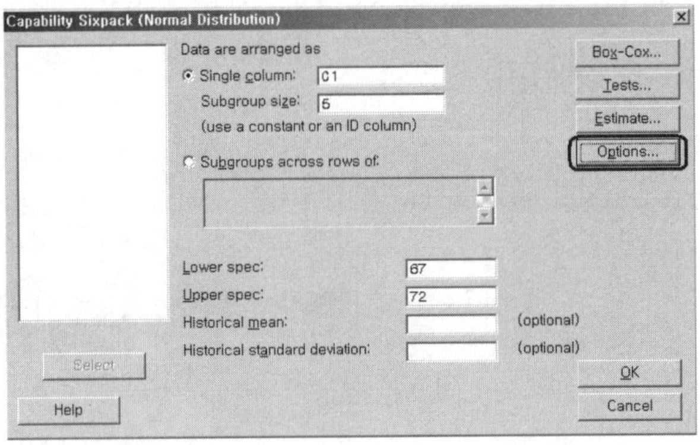

3. 목표치 “70”을 입력하고 [OK]버튼을 클릭한다.

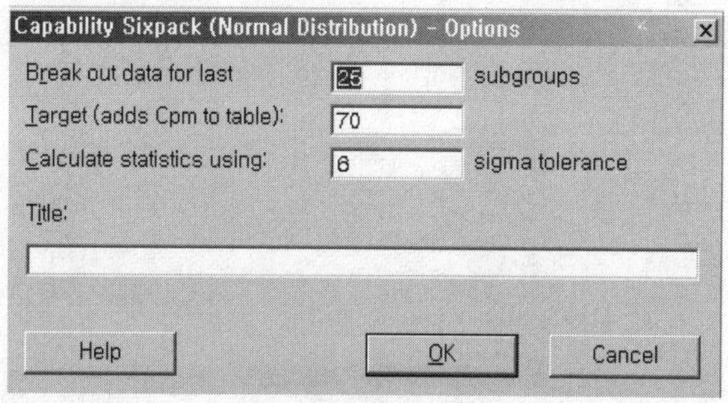

4. 다음과 같은 결과화면이 나타난다.

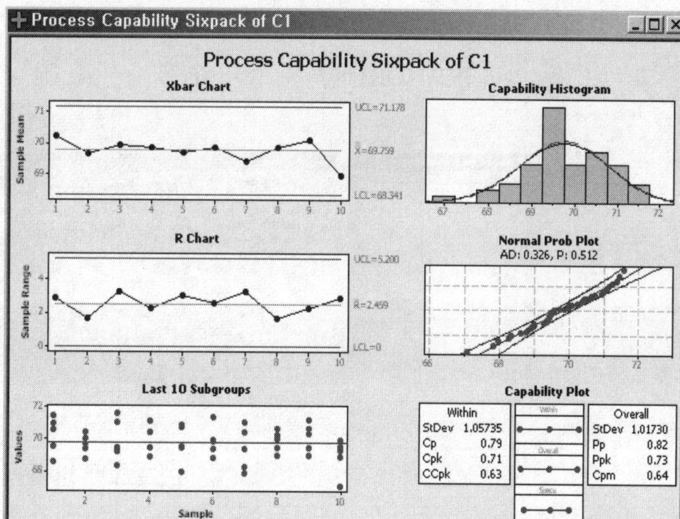

|해석| 위 그림에서 정규확률그림의 형태가 거의 직선의 형태를 나타내므로 정규성의 가정을 확인 시켜주고 있다. $\bar{x}-R$ 차트에서는 안정상태를 보여주고 있으며, C_{pk} =0.71의 값, 공정히스토그램, 부분군의 요약값 등 다양하게 그려주고 있다.

예제 9.20

평균 20과 표준편차 2를 가지는 정규분포로부터 100개의 난수를 생성한 다음 정규성 검정을 실시하라.

Minitab ▶ 이용하기

1. 메뉴에서 [Calc] →[Random Data] →[Normal...]을 선택한다.

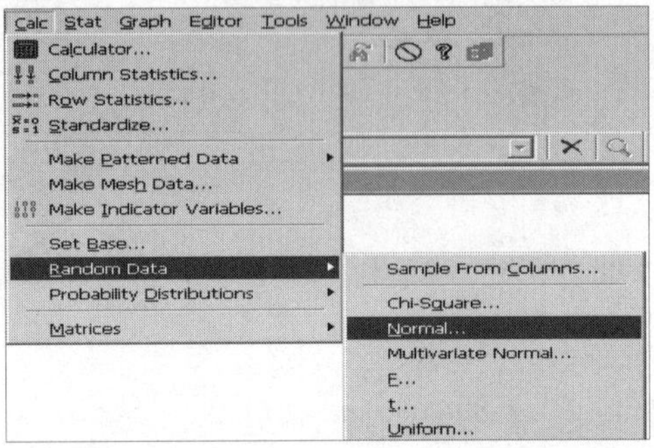

2. 평균 "20", 표준편차 "2", 난수의 개수 "100"을 입력하고 결과값을 나타낼 열 "C1"을 입력하고 [OK]버튼을 클릭한다.

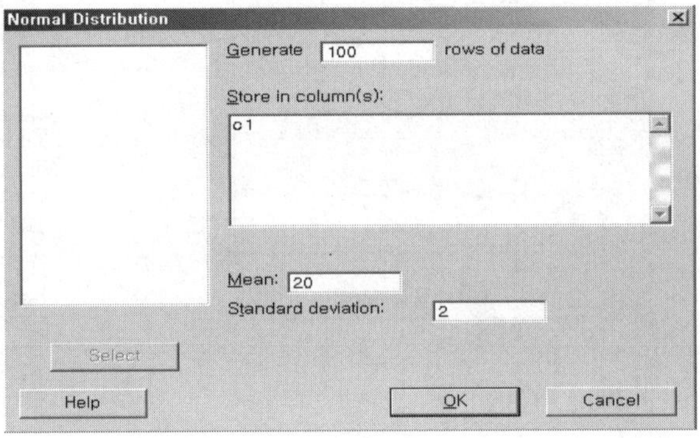

3. 메뉴에서 [Graph]→[Probability plot..]을 선택하여 나타난 [Probability plots] 대화상자에서 [Single] 패턴을 선택 확인 한후 [OK] 버튼을 클릭한다.

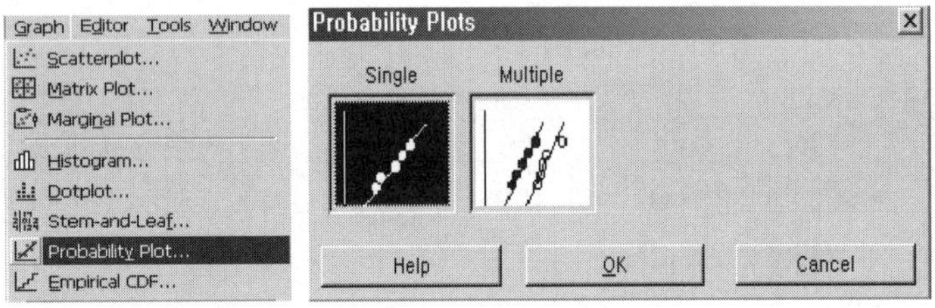

4. [Probability plot-Single] 대화상자가 나타나면 그래프 변수란에 "c1"을 입력하고 [Distribution..]버튼을 클릭한다.

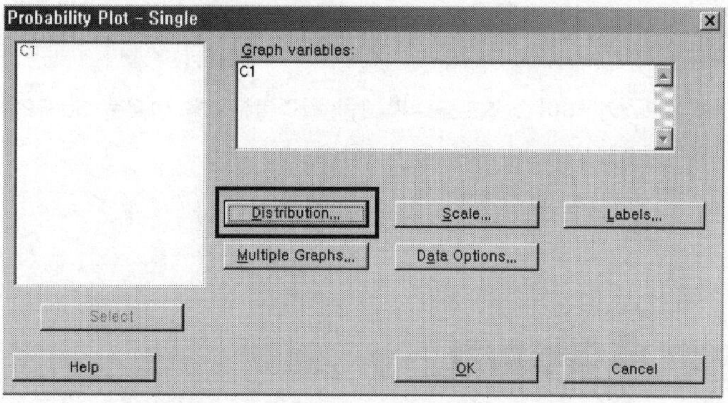

5. 스크롤바를 이용하여 "Normal"을 선택한다.

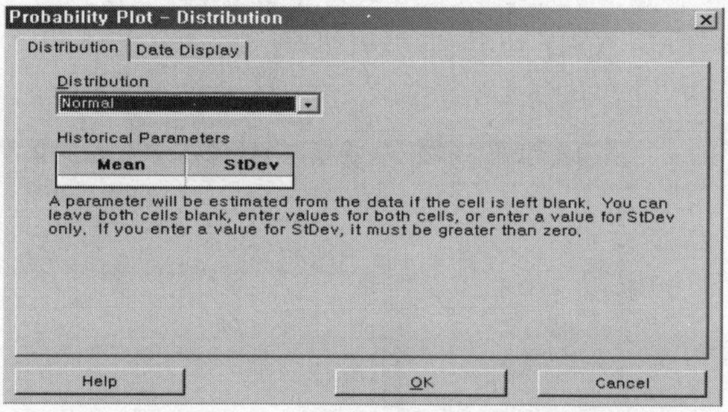

6. 다음과 같은 결과화면이 나타난다.

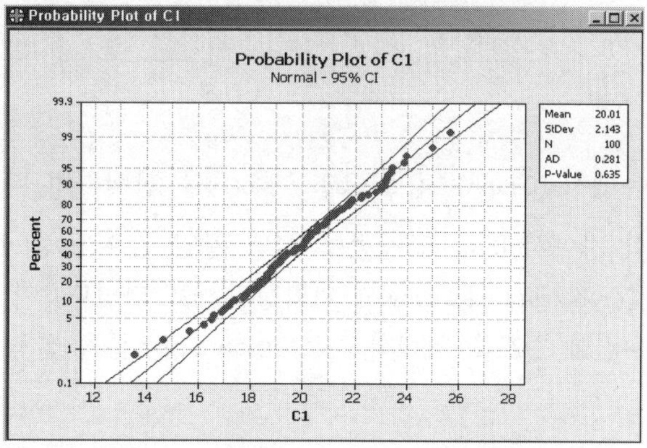

|해석| 평균이 10이고 표준편차가 2인 정규분포를 따르는 100개의 난수발생을 발생하여 정규확률플롯을 그려본 결과 예상했던 대로 직선의 형태가 되고, 엔더슨 다일링 검정을 선택하여 시행한 결과도 역시 정규분포를 따르고 있다.

예제 9.21

형상모수가 10이고 척도모수가 2인 와이블분포를 따르는 50개의 난수을 발생하여 와이블분포를 따르는지를 검정하라.

Minitab ▶ 이용하기

1. 메뉴에서 [Calc] →[Random Data] →[Weibull]을 선택하고 형성모수 "10", 척도 모수 "2", 난수의 개수 "50"을 입력하고 결과치를 나타낼 열 "C2"을 입력하고 [OK] 버튼을 클릭한다.

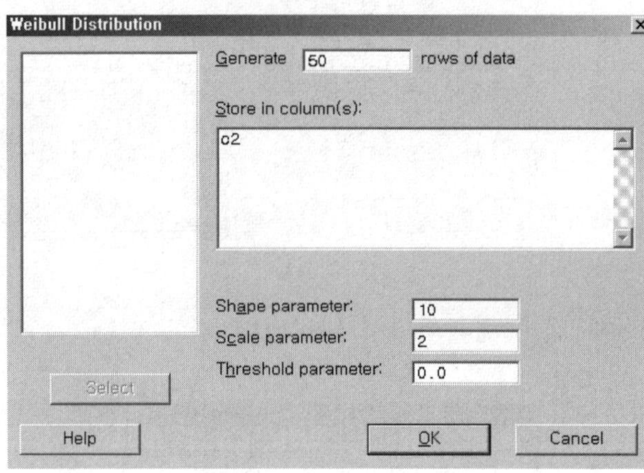

2. 메뉴에서 [Graph]→[Probability plot..]을 선택하여 나타난 [Probability plots] 대화 자에서 [Single] 패턴을 선택 확인 한후 [OK] 버튼을 클릭하고 나타난 [Probability plot-Single] 대화상자가 나타난다. 이 대화상자에서 그래프 변수란에 "c2"을 입력하고 [Distribution]버튼을 클릭한다.

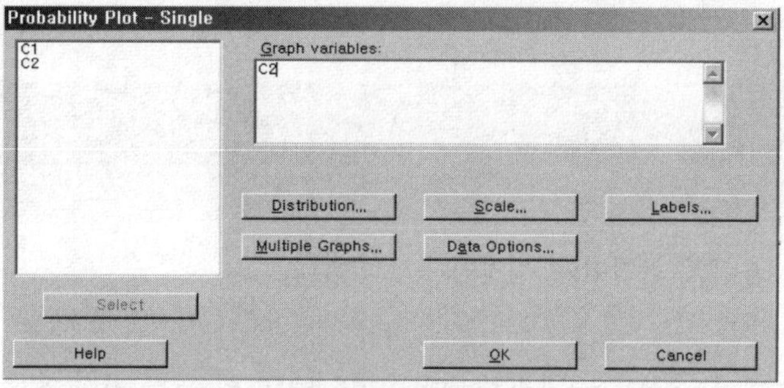

3. 스크롤 바를 이용하여 "Weibulll"을 선택한다.

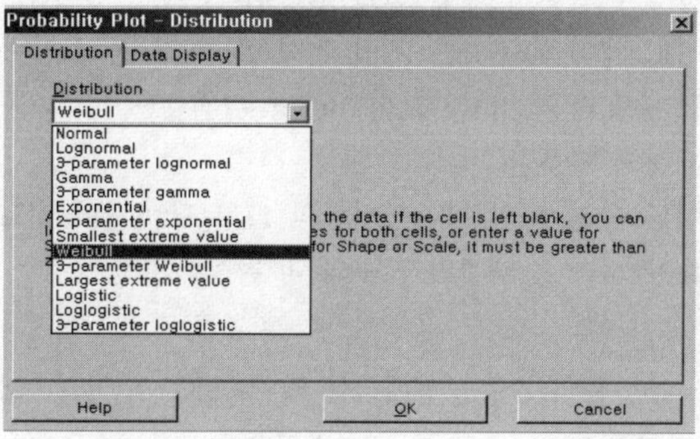

4. 다음과 같은 결과화면이 나타난다.

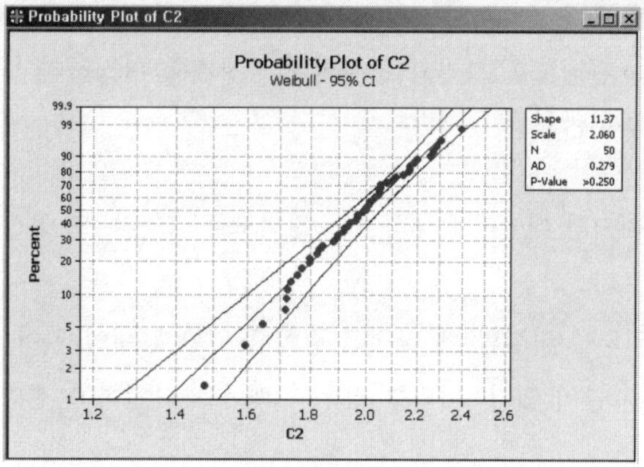

|해석| 형상모수가 10이고 척도모수가 2인 와이블분포를 따르는 50개의 난수발생을 하여 와이블확률플롯을 그려본 결과 예상했던 대로 직선의 형태가 되고 시행결과도 역시 와이블분포를 따른다고 볼 수 있다.

연습문제

1 공정의 안정이란 무엇인가 설명하라.

2 다음 사실들을 관리하는데 어떤 관리도를 쓰는 것이 좋은가 답하라.

(1) 원료 1톤을 써서 제품 600kg 생산하는 공정에서 수율(%)에 의하여 하루에 한 번 공정을 관리하는 경우의 수율
(2) 공장에 있어서 매월 전력 원단위
(3) 어떤 형의 자동차를 조립 완성한 후 그 불량갯수를 점검한 데이터
(4) 크기가 다른 비닐시트의 1m2당 결점수
(5) 제품의 반품률
(6) 어떤 공정에 입하되는 석탄의 1로트당 5개의 시료를 취하여 측정한 회분
(7) 100개들이 상자내의 전구의 파손수

3 어느 부분품의 가공공정에서는 각 로트로 부터 $n=200$의 시료를 채취하여 검사하고 있다. 검사 데이터는 다음과 같다.

로트번호	1	2	3	4	5	6	7	8	9	10
불량품수	6	5	2	4	4	7	5	5	7	5
로트번호	1	2	3	4	5	6	7	8	9	10
불량품수	4	10	3	2	6	3	5	4	3	5

(1) p 관리도를 그리고 공정의 안정상태를 판정하라.
(2) OC 곡선을 그려라.

4 [문제3]의 데이터에 대하여 np관리도를 그려라. 또 공정의 안정상태를 판정하라.

5 관리도를 작성할 때 타점된 점이 관리한계 내에 있어도 제 2종의 과오를 일으킬 확률이 있다. 이러한 경우의 패턴을 나열하고 설명하라(6가지).

6 중유공장에서 탱크 속에 들어 있는 알콜의 배치를 조사하고 있다. 이 작업 을 제품의 메탄을 함유량으로 관리하고 싶다. 같은 배치로부터 반복해서 시료를 취하여 측정하여도 측정치의 산포는 무시해도 좋은 만큼 작다. 그래서 1개의

배치로부터 1회만 측정하기로 정하고 관리도를 이용하여 관리하기로 했다.

(1) $\overline{x}$와 $\overline{R_s}$ 를 구하라.

(2) $x-R_s$관리도를 그리고 관리상태를 판정하라.

번호	일시	측정치(x)	이동범위(Rs)	번호	일시	측정치(x)	이동범위(Rs)
1		5.1	-	11		4.5	0.7
2		4.9	0.2	12		4.6	0.1
3		4.8	0.1	13		5.3	0.7
4		5.1	0.3	14		4.8	0.5
5		4.8	0.3	15		5.4	0.6
6		5.1	0.3	16		5.2	0.2
7		4.5	0.6	17		4.5	0.7
8		4.8	0.3	18		4.4	0.1
9		5.6	0.8	19		4.8	0.4
10		5.2	0.4	20		5.2	0.4

7 어떤 탄소강의 인장강도(단위: kg/mm^2)를 관리하기 위하여 $\overline{X}-R$ 관리도를 사용하고자 한다. 샘플의 크기가 6인 30개의 표본들로부터 다음과 같은 정보를 가지고 있다.

$$\sum_{i=1}^{30}\overline{x}_i = 6,000, \sum_{i=}^{30}R_i = 150$$

인장강도가 정규분포를 따를 때 $\overline{X}-R$ 관리도의 중심선 및 관리 한계를 계산하라.

8 어떤 제품의 제조공정에서 제조순서에 따라 40로트를 택하여 각각으로부터 크기 $n=4$인 시료를 택하여 $\overline{x}-R$ 관리도를 작성키로 했다.

(단, $\Sigma\overline{x}=120$, $\Sigma R=50$이다.)

(1)$\overline{X}$관리도의 UCL, LCL를 구하라.

(2) R관리도의 UCL, LCL를 구하라.

(3) 군내변동 σ_w 을 구하라.

(4) $\hat{\sigma}_{\overline{x}}=0.225$ 일 때 군간변동 $\hat{\sigma_b}$는 얼마인가?

9 관리상태에 있는 공정을 만들어 내려고 칩 실험을 세웠다. B_0칩에서 칩을 1개씩 뽑아 수치를 읽어 데이터 시이트에 기입한 후 주머니에 도로넣는다. 잘 흔들어 섞은 다음 같은 방법으로 또 1개를 뽑는다. 이와 같은 조작을 반복해서 $n=4$의 시료군을 15개 취한 데이터가 다음과 같다.

시료군의 No.	측 정 치				Σx
	x_1	x_2	x_3	x_4	
1	49	53	53	47	202
2	49	51	46	47	193
3	46	50	49	52	197
4	47	48	54	47	196
5	53	50	42	50	195
6	45	49	52	51	197
7	51	55	50	49	205
8	53	54	54	48	209
9	50	54	45	52	201
10	51	51	46	53	201
11	52	47	48	45	192
12	47	49	52	48	196
13	54	49	46	53	202
14	51	53	51	55	210
15	49	48	52	50	199

(1) $\overline{X}-R$ 관리도의 관리한계를 구하라.

(2) (1)에서 정한 관리한계를 미리 기입해 두고 여기에 B_1칩(평균 $\mu=55$, 표준편차 $\sigma=3.4$)으로부터 랜덤하게 $n=4$의 시료를 25개 취하여 $\overline{X}$와 R를 구해서 관리도에 점을 기입해 나가면 $\overline{X}$와 R관리도에 어떤 변화가 일어 나겠는가? (단, B_0칩은 평균 $\mu=50$, 표준편차 $\sigma=3.4$)

10 2개의 관리상태에서 공정 A, B의 평균치의 차이를 결정하기 위하여 층별한 $\overline{x}-R$관리도를 작성하니 다음과 같은 결과를 얻었다.

$$n_A=6,\ k_A=10,\ \overline{R_A}=29.0,\ \overline{\overline{x}}_A=315.58$$
$$n_B=6,\ k_B=10,\ \overline{R_B}=28.1,\ \overline{\overline{x}}_B=343.78$$

다음 공식을 사용하여 평균치의 차이를 검정하기 위한 필요조건을 검토한 후 이 공식을 사용하여 평균치의 차이가 있는지를 검정하라.

$$|\overline{\overline{x}}_A-\overline{\overline{x}}_B| \geq A_2\overline{R}\sqrt{\frac{1}{k_A}+\frac{1}{k_B}}$$

11 다음 표는 어떤 공장에서 생산되는 제품에 나타나는 결점수의 데이터이다.

부분군번호	검사길이(m)	결 점 수	단위당 결점수
1	200	5	2.5
2	250	7	2.8
3	100	3	3.0
4	90	2	2.2
5	120	4	3.3
6	80	1	1.3

(1) 검사단위를 100m로 할 때 μ 관리도를 그려라.

(2) 관리상태를 판정하라.

12 K공정에서 데이터를 뽑아 특성치를 관리하려고 한다. 그런데 K공정은 정규분포를 한다. 평균치가 130, 표준편차가 14.8이다. $n=4$인 데이터를 25조 뽑아 관리도를 작성하였다. UCL=145.8, LCL=114.2이다. 이 제조 제품의 규격은 113.5~144.5로 주어졌다.규격 밖으로 벗어나는 제품의 비율은 얼마인가?

13 다음 자료를 이용하여 X 관리도와 R 관리도를 작성하고 그 결과를 비교 분석하시오

36, 18 19,24 22 21 26 26 26 25 28

14 다음 자료는 어떤 제품의 품질 특성치를 조사한 자료이다. EWMA 관리도와 누적합 관리도를 작성하여 비교 하여라.

부분군	X				
1	35	44	32	11	38
2	27	37	26	20	35
3	23	45	26	37	32
4	28	44	40	31	18
5	31	25	24	32	22
6	22	37	19	47	14
7	37	32	12	38	30
8	25	40	24	50	19
9	7	31	23	18	32
10	38	0	41	40	37
11	35	12	29	48	20
12	52	42	52	24	25
13	20	31	15	3	28
14	29	47	41	32	22
15	28	27	22	32	54

15 전자렌지의 최종검사에서 20대에 랜덤하게 추출하여 결점수를 조사 하였다. 한 대당 발견되는 결점수를 기록하여 보니 다음과 같았다. 해당되는 관리도를 그리고, 관리상태를 판정하라.

시료군 번호	1	2	3	4	5	1	2	3	4	5	1	2	3	4	5	1	2	3	4	5
결 점 수	4	5	3	3	4	8	4	2	3	3	6	4	1	6	4	2	4	4	3	7

(1) C관리도를 그리고 관리상태를 판정하라.

(2) OC곡선을 그려라.

(3) 공정의 평균결점수가 c=6으로 변화하였다면 제2종의 과오를 범할 확률은 얼마인가?

16 계수형관리도와 계량형관리도를 분류하고 용도를 논하라.

17 누적합관리도의 원리를 설명하라.

18 다음 자료는 유리병으로 만든 음료수병에 50개에 대해 내압강도를 측정한 결과이다.

76.56	99.62	85.57	74.95	67.87	70.89	71.37	92.94	78.98	78.92
87.98	78.91	99.78	56.78	78.89	78.90	99.91	89.78	89.89	78.99
78.98	78.90	78.98	88.80	99.78	99.67	89.67	78.89	89.09	78.07
70.76	78.90	67.89	67.90	89.88	77.70	89.98	89.78	90.87	78.99
69.89	70.78	88.67	89.99	89.56	99.12	89.67	78.56	78.09	90.78

(1) 도수분포표를 작성하라.

(2) 히스토그램을 그려라.

(3) 평균, 표준편차를 추정하라.

(4) 규격하한이 71, 규격 상한이 90으로 주어졌을 때
공정능력지수 C_p, C_{pk}, C_{pm}, C_{pmk} 를 추정하라.

(5) 공정의 불량률을 추정하라.

19 현 제조공정의 표준편차는 0.001이고 규격은 0.99 ±0.002라고 가정했을 때

(1) 공정평균이 1.00일 때 공정능력지수를 구하라.

(2) 공정평균이 1.005로 이동하는 경우 공정능력지수를 구하라.

(3) 표준편차는 0.005 이고 규격은 0.99 ±0.02라고 판명되었을 때 (1),(2)를 계산하여 그 결과를 비교하여 보아라.

20 다음 15개의 제품에 대한 네 번의 측정치이다

제품번호	x_1	x_2	x_3	x_4
1	49.09	53.07	53.09	47.04
2	49.03	51.04	46.02	47.06
3	46.76	50.78	49.65	52.76
4	47.69	48.45	54.69	47.90
5	53.34	50.78	42.67	50.54
6	45.62	49.51	52.91	51.78

제품번호	x_1	x_2	x_3	x_4
7	51.45	55.42	50.89	49.61
8	53.98	54.53	54.98	48.74
9	50.45	54.72	45.09	52.76
10	51.41	51.76	46.89	53.53
11	52.77	47.69	48.92	45.59
12	47.66	49.87	52.78	48.65
13	54.43	49.69	46.55	53.32
14	51.44	53.90	51.88	55.67
15	49.08	48.72	52.74	50.95

(1) $\overline{X}-R$ 관리도를 작성하라.

(2) 공정능력을 분석하라.

21 다음 30개의 자료에서 규격이 76.00 ±0.03 경우

76.30	76.01	78.89	78.79	79.89	79.77	78.99	75.99	75.89	76.98
76.89	78.88	76.88	76.09	76.89	76.99	76.88	75.99	77.99	78.05
76.88	76.09	76.02	76.13	76.66	75.91	78.99	67.89	76.01	77.77

(1) 공정능력지수 C_p, C_{pk}를 구하라.

(2) 공정의 분포가 정규분포를 따른다고 할 수 있는지 정규확률그림을 작성하여 분석하라.

22 평균이 75이고 표준편차가 10인 정규분포에서 채취된 50개의 데이터를 프린트하고 정규확률플롯을 실시하여 그 결과를 확인하라.

23 평균이 10이고 표준편차가 4인 와이블분포에서 채취된 50개의 데이터를 프린트하고 와이블확률플롯을 실시하여 그 결과를 확인하라.

24 와이블분포를 이용하여 아래의 자료를 보고 형태모수 $\beta=3, 4,\ 5$ 일때의 확률플롯을 작성하라.

9.9 8.6 7.6 7.3 5.6 7.4 6.1 7.5 6.8 5.7 7.4 5.7 7.8 4.6 7.8 9.3 4.5 6.7 2.1 4.5
3.7 4.6 7.8 9.9 8.7 9.9 7.7 1.3 4.5 2.7 6.8 4.4 6.7 8.9 3.4 5.9 6.2 9.7 6.9 5.2

CHAPTER 10

신뢰성

제10장에서는 신뢰성의 기본 개념에 대하여 간단히 살펴본다.

- 신뢰성
- 수명자료

1. 신뢰성이란?

현대사회에 있어서 인간이 의존하고 있는 시스템의 대부분은 그 기능이 점차 확대되어 대규모화, 복잡화, 다양화하고 수요량도 급속히 증대하고 있다. 따라서 신뢰성에 대한 관심이 날로 중요성을 더 해 가고 있다.

신뢰성이란 어떤 부품이나 소재 혹은 제품, 시스템 등이 주어진 사용, 환경조건하에서 고장없이 일정기간 동한 최초의 품질 및 성능을 유지하는 특성을 말하며, 신뢰성이 좋은 제품은 고장없이 오래 쓸 수 있고, 소비자가 만족하는 제품을 말한다.

따라서 신뢰도는 시스템이나 제품 등이 어떤 정하여진 조건 아래서 의도하는 기간동안 고장 없이 정하여진 기능을 발휘하는 확률이라고 정의 할 수 있다.

2. 수명자료

신뢰성 분석에 이용되는 자료는 일반적으로 시간에 의존되는 수명자료가 대부분이다.

1) 수명자료의 유형

수명자료는 관측 중단 여부에 따라 몇 가지 유형으로 분류된다.

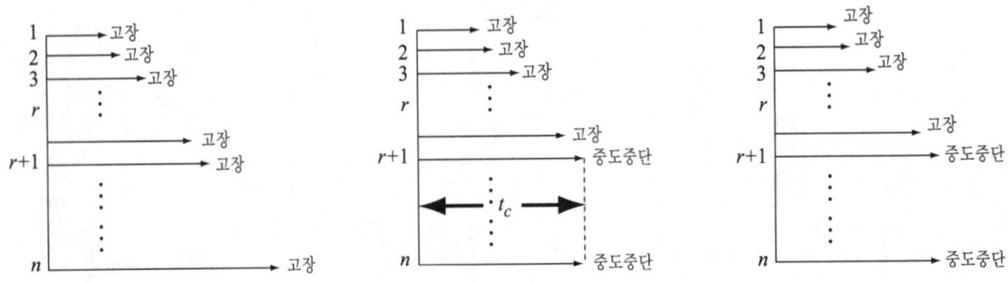

(a) 완전자료형태 (b) 정시중단자료형태 (c) 정수중단자료형태

▸ **완전자료형태**

시험 단위의 각 고장 시간을 명확하게 파악 할 수 있는 경우를 말하며 자료에 의한 충분한 정보을 얻을 수는 있지만 이런 정보를 파악하기 위해서는 많은 비용과 시간이 소요되는 단점도 가지고 있다.

▸ **정시 및 정수 중단 자료형태**

많은 신뢰성 시험에서 관측 시간이 너무 길거나 관측 할 품목이 너무 많은 경우가 있을 수 있다. 이런 경우에는 어쩔 수 없이 관측을 중단하게 된다. 이런 상황에서 얻어지는 자료를 불완전 자료 혹은 중도중단 데이터, 센서드(Censored) 데이터라고 일반적으로 부른다. 이 중 정시중단 데이터는 관측종료시간이 미리 정해진 상태에서 얻어지는 자료이고 정수중단 데이터는 고정된 수의 고장이 발생하면 관측을 중단하여 얻어지는 자료를 말한다.

2) 수명자료의 특징

수명자료는 시간에 관계되므로 비음(Non-negative)의 값을 가지며 비정규분포를 따르는 경우가 많고 다양한 관측중단의 유형을 가진다. 앞에서 설명한 정시 및 정수 중단 자료이외에도 랜덤(Random) 중단 자료가 되는 경우도 있다.

3. 신뢰도와 고장률

제품이 고장 날 때까지의 시간 즉, 제품 수명을 확률변수로 생각하면 신뢰도 함수, 고장률, 수명분포를 정의 할 수 있다. 물론 제품의 사용 환경과 조건이 명확하게 정의되면 제품의 신뢰도는 시간의 함수가 된다. 동일한 제품이라도 일년 후의 신뢰도는 이년 후의 신뢰보다는 일반적으로 높다.

T는 시스템의 고장 시간이나 수명 시간을 표현하는 확률변수로 가정하면 다음과 같은 형태로 표현 가능하다.

$$F(t) = P[T \le t] = \int_0^t f(x)dx$$

단, $F(t)$와 $f(t)$는 각각 누적 분포함수와 확률 밀도 함수(혹은, 고장 밀도 함수)이다.

따라서 임무시간 t까지의 시스템 생존 확률인 신뢰도는 다음과 같은 패턴으로 표현 된다.

$$R(t) = P[T > t] = 1 - F(t) = \int_t^{\infty} f(x)dx$$

다음 그림 <그림 10.1>은 고장밀도 함수, 누적분포함수 와 신뢰도 함수는 $f(t)$, $F(t)$와 $R(t)$ 사이의 관계를 설명한다.

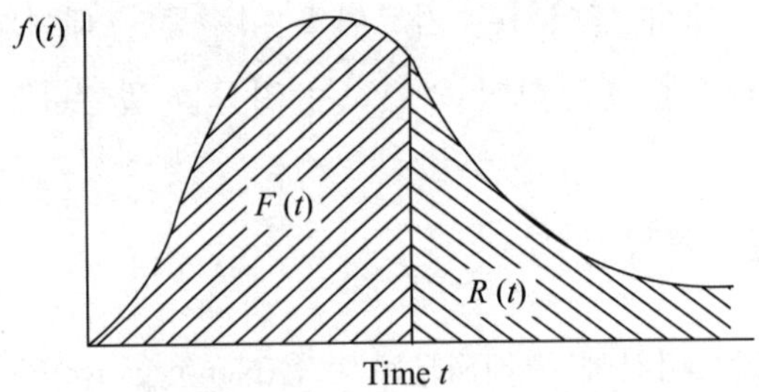

그림 10.1_고장밀도 함수, 누적분포함수 와 신뢰도 함수

$(0,t]$ 사이의 고장 밀도 함수 $f(t)$의 아래 영역은 시간 t 동안의 고장 확률 $F(t)$를 의미하며, 반면에 시간 t(Time t) 이후의 $f(t)$ 아래의 영역은 시간 t 이상 생존 확률인 $R(t)$를 의미한다. 시스템이 성공적으로 작동하는 동안의 기대수명 또는 기대 시간은 다음과 같이 정의 된다.

$$E[T] = \int_0^{\infty} tf(t)dt$$

Lawless(1982)에 의한 기대 수명(평균수명)을 결정하기 위한 다른 방법은 신뢰도를 이용하여 다음과 같이 제시하였다.

$$E[T] = \int_t^{\infty} R(t)dt$$

테스트하고 있는 시스템은 유지 보수를 통하여 신뢰성장이 되며 $E[T]$는 고장평균 시간(Mean time to failure, MTTF)로 알려져 있다.

신뢰도 이론에서 또 다른 유용한 이론인 순간고장률(Instantaneous failure rate)은 기간이 0에 근접할 때 고장률의 극한으로 정의된다. 만약 $\Delta t \to 0$ 일 때 $[t, t+\Delta t]$를 시간 t에서의 순간 고장률은 다음과 같다.

$$\begin{aligned}\lambda(t) &= \lim_{\Delta t \to 0} \frac{F(t+\Delta t)-F(t)}{\Delta t\, R(t)} \\ &= \frac{f(t)}{R(t)}\end{aligned}$$

순간고장률은 시스템이 시간 t까지 생존할 때 시간 t에서 고장의 순간 변화율이다. 특정한 경우에 $\lambda(t)dt$는 수명 t를 갖는 시스템이 t에서 $t+dt$까지 짧은 기간 동안에 고장이 일어날 확률을 의미한다. 순간고장률과 고장률(Failure rate) 혹은 위험 함수(Hazard function)의 정의가 약간의 차이가 있더라도 그것들은 같은 의미로 사용되어진다.

$R(t)$와 $F(t)$의 식 은 각각 $\lambda(t)$를 이용하면 다음과 같이 나타 낼 수 있다.

$$R(t) = \exp[-\int_0^t \lambda(x)dx]$$

$$f(t) = \lambda(t)\ \exp[-\int_0^t \lambda(x)dx]$$

순간 고장률은 시스템의 수명기간 전체에 걸쳐 변할 수 있는데 그 형태는 욕조 모양으로 3가지 영역으로 구분할 수 있다.

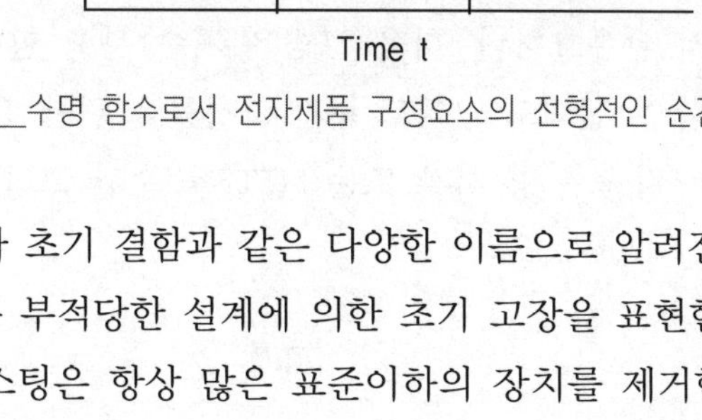

그림 10.2_수명 함수로서 전자제품 구성요소의 전형적인 순간고장률

오류 수정 단계나 초기 결함과 같은 다양한 이름으로 알려진 영역 I은 재료나, 조작 결함 또는 부적당한 설계에 의한 초기 고장을 표현한다. 질적 관리와 초기 생산물의 테스팅은 항상 많은 표준이하의 장치를 제거함으로서 높은 초

기 순간고장률을 제어하게 된다. 이 영역에서 순간고장률은 시간 함수로서 감소한다.

영역 Ⅱ는 유용한 수명 기간 혹은 정상동작 단계로 알려져 있으며, 돌연적인 부하(Stress) 또는 극도의 조건에 의한 우연한 고장을 표현한다. 단지 지수 분포가 타당한 영역이다. 영역 Ⅲ은 마모로 인한 고장을 표현하며, 순간 고장률은 급격한 증가로 특징된다.

감마와 와이블 분포와 같은 분포들은 이들 분포들이 지수분포와 다른 특징적 형상을 나타낼 수 있는 변량(Variation)으로서의 형상(Shape)과 척도(Scale)모수를 갖기 때문에 영역 Ⅰ과 Ⅲ을 표현 하는데 자주 사용되어 진다.

1) 지수분포

지수 분포는 매우 단순성과 응용성 때문에 가장 많이 알려졌으며, 신뢰도 분야에서 많이 사용된다. 확률 밀도 함수와 누적 분포 함수는 다음과 같이 각각 주어지며, β는 모수이다.

$$f(t) = \beta \exp(-\beta t), \quad \beta > 0$$
$$F(t) = 1 - \exp(-\beta t)$$

따라서 신뢰도 함수는 다음과 같이 표현되어 진다.

$$R(t) = \exp(-\beta t)$$

그리고 순간 고장률은 다음과 같다.

$$\lambda(t) = \beta$$

그러므로 지수분포는 상수인 순간 고장률 또는 고장률 β를 표현한다. 앞 절에서 설명과 같이 지수 분포는 단지 영역 Ⅱ(즉 유용한 수명 기간이나 정상 운영 단계)에서만 유효하다. 다음 그림은 지수 분포 함수에서 만들어질 수 있는 확률 밀도 함수, 신뢰도 그리고 순간 고장률을 위한 전형적 현상들을 표현한다. 다음과 같이 평균 수명 시간 또는 MTTF를 순간 고장률의 역수를 이용하여 얻을 수 있다.

$$E[T] = \frac{1}{\beta}$$

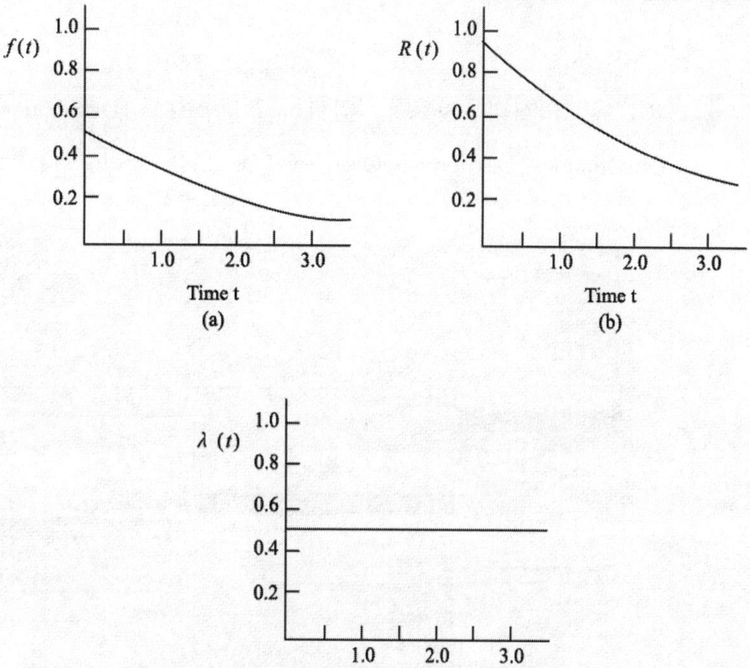

그림 10.3_$\beta = 0.5$일 경우의 지수 분포의 확률밀도함수(a), 신뢰도함수(b), 순간 고장률(c)의 전형적인 형태

예제 10.1

다음 자료는 어떤 소프트웨어 고장 자료 이다. 수명 분포를 지수분포로 사용하여 확률밀도함수와 고장률 패턴을 작도하시오.

소프트웨어 고장시간 자료				
1.627	28.429	52.473	86.296	130.544
12.902	29.528	52.606	92.562	131.868
13.231	32.761	52.645	94.61	132.877
17.65	37.777	65.393	104.447	135.994
18.675	39.501	65.423	105.775	137.308
23.749	41.178	73.179	106.528	138.067
24.504	41.618	78.809	114.353	143.038
25.383	47.072	80.499	114.79	144.713
27.516	49.046	83.743	117.599	147.93
27.594	50.489	84.7	120.957	150.448

Minitab ▶ 이용하기

1. "C1"에 50개의 자료를 입력하고 [Stat] ➔ [Distribution Analysis(Right Censorong] ➔ [Distribution Overview Plot ...]을 클릭 한다.

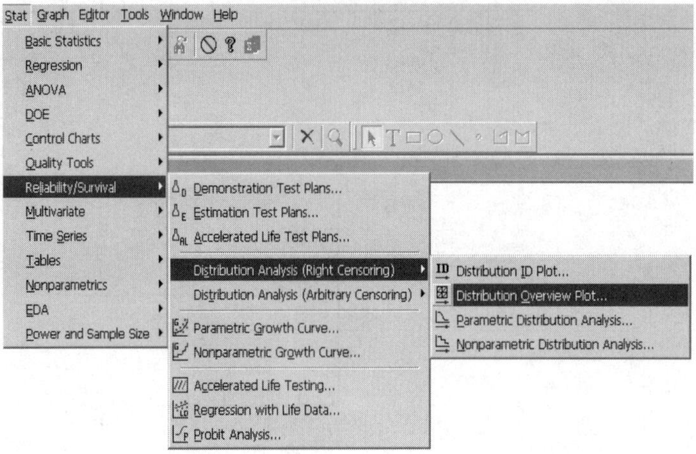

2. 다음과 같은 [Distribution Overview Plot]대화상자가 나타나면 변수란에 마우스를 올려놓고 "c1"을 더블 클릭하여 데이터를 입력하고 원하는 여러 가지 분포중에서 지수(Exponential)분포 패턴을 선택하고 [OK] 버튼을 클릭한다.

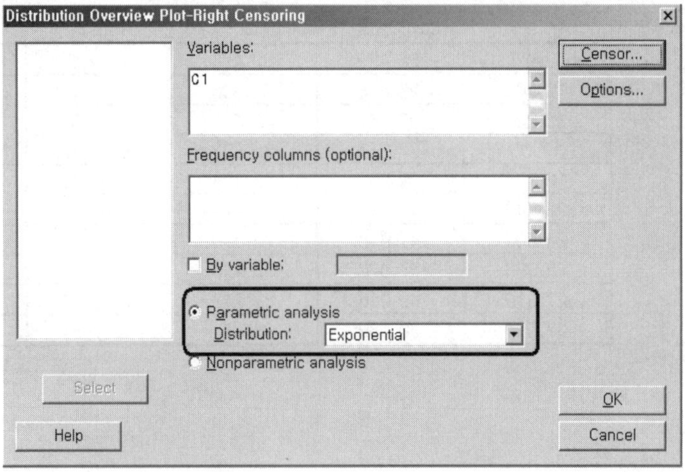

3. 다음과 같은 결과화면이 나타난다.

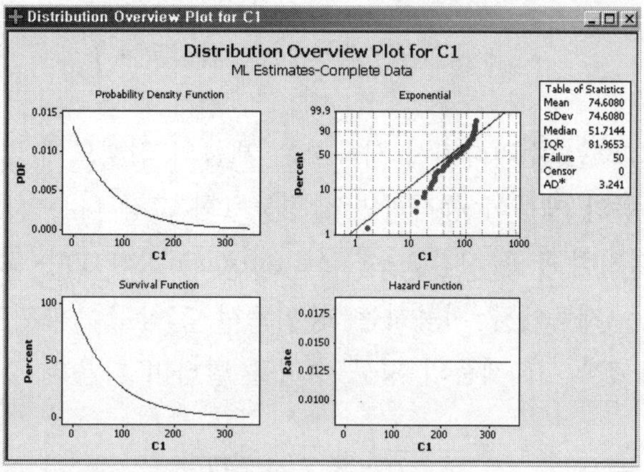

|해석| 확률밀도함수와 생존 함수는 단조 감소 패턴을 보이고 있으며 고장률은 시간에 관계없이 일정한 패턴을 보이고 있다.

예제 10.2

어떤 한 제품이 몇 개의 부품으로 구성 되어 있다고 가정하고 한 부품이 파손되기 까지의 (연속) 시간을 T라고 하면 이 T는 $\beta = 1/5$ 인 지수분포를 따른다고 하자. 이때 제품이 5개의 부품으로 구성 되어 있을 때 8년 후에 적어도 2개의 부품이 작동할 확률을 구하라.

|결과| 한 부품이 8년 후까지 작동할 확률은 다음과 같이 계산된다.

$$P(T>8) = \frac{1}{5}\int_{8}^{\infty} e^{-t/5}dt = 0.2$$

그리고 8년 후까지 작동하는 부품의 수를 X라고 하면 이 X는 이항분포를 따르므로 다음과 같이 계산된다

$$P(X \geq 2) = \sum_{x=2}^{5} B(x;5,0.2) = 1 - \sum_{x=0}^{1} B(x;5,0.2) = 1 - 0.7373 = 0.2627$$

▸ MTBF와 MTTF

평균고장간격시간(mean time beween failures; MTBF)은 고장이 발생해도 수리해서 사용 할 수 있는 제품에 사용되는 용어로서 고장에서 고장까지(수리를 완료

하여 다음 고장 시간까지) 제품이 정상상태에 있는 무고장 동작시간의 평균를 말하며 다음과 같이 정의된다.

$$MTBF = E(t) = \int_0^{\infty} R(t)\,dt = \int_0^{\infty} e^{-\beta t} = \frac{1}{\beta}$$

즉, MTBF는 수리하면서 사용하는 제품의 신뢰도에 많이 사용되는 척도이며 그 시간동안 제품이 동작하면서 평균 1회 고장 나는 시간의 길이를 의미한다.

고장까지의 평균 시간(mean time to failures; MTTF)은 고장이 발생하면 수명이 없어지는 제품에서 사용하는 용어로서 고장 날 때까지의 수명을 의미하며 MTBF와 같이 그 제품의 평균 수명을 말하며 다음과 같이 정의된다.

$$MTTF = \frac{1}{\beta}$$

▸ **신뢰도의 점추정**

지수 분포를 따르는 n개의 시료(샘플)로부터 수명을 측정하여(총 시험시간 T) $t_1, t_2, t_3, \cdots, t_n$과 같은 자료를 관측하였다고 가정하면

❶ 전체고장 자료인 완전자료인 경우

$$\widehat{MTBF} = \widehat{MTTF} = \sum_{i=1}^{n} \frac{t_i}{n} = \frac{T}{n}$$

❷ 미리 정해진 고장 개수가 $r(<n)$개인 정수중단인 경우 관측 중에 고장난 시료를 교체하지 않는 상황에서의 추정은 다음과 같다(단, t_r은 r번째(마지막) 고장 발생시간)

$$\widehat{MTTF} = \frac{\left(\sum_{i=1}^{r} t_i + (n-r)\,t_r\right)}{r}$$

교체하는 경우는 $\widehat{MTBF} = \frac{n\,t_r}{r} = \frac{T}{r}$

❸ 미리 정해진 관측 중단 시간이 $t_c(<t_n)$인 정시중단인 경우 관측 중에 고장난 시료를 교체하지 않는 상황에서의 추정은 다음과 같다(단, r은 고장 개수).

$$\widehat{MTTF} = \frac{\left(\sum_{i=1}^{r} t_i + (n-r)\, t_c\right)}{r}$$

$$\text{교체하는 경우는 } \widehat{MTBF} = \frac{n\ t_c}{r} = \frac{T}{r}$$

❹ 결국 고장 난 시료를 교체하는 상황에서의 추정은 다음과 같다.

$$\widehat{MTBF} = \frac{(\text{총동작 시간};\ T)}{(\text{고장수};\ r)} = \frac{T}{r}$$

▸ **신뢰 구간**

데이터가 지수분포를 따르고 완전 자료인 $t_1, t_2, t_3, \cdots, t_n$인 경우 $\dfrac{t_i}{MTBF}$은 독립이고 모수가 1인 지수분포를 따른다는 사실이 알려져 있다. 따라서 지수분포와 감마분포의 관계식을 이용하여 $\dfrac{T}{MTBF}$는 자유도가 $2n$인 감마분포를 따르고 $\dfrac{2T}{MTBF}$는 자유도가 $2n$인 χ^2 분포를 따른다고 알려져 있다.

따라서 MTBF의 $100(1-\alpha)\%$ 신뢰구간은 다음과 같이 유도 할 수 있다.

$$\left(\frac{2T}{\chi^2(2n, \alpha/2)},\quad \frac{2T}{\chi^2(2n,\ 1-\alpha/2)}\right)$$

위 사실을 이용하여 정수 중단 자료의 MTTF의 $100(1-\alpha)\%$ 신뢰구간인 자유도가 $2r$ 경우를 고려하면 다음과 같이 적용 할 수 있다.

$$\left(\frac{2T}{\chi^2(2r, \alpha/2)},\quad \frac{2T}{\chi^2(2r, 1-\alpha/2)}\right)$$

이 사실과 유사하게 관측 중에 고장난 시료를 교체하지 않는 경우에 임의의 시간 t_m 일 경우의 신뢰도 $R(t_m)$ 의 신뢰구간은 다음과 같이 표현 할 수 있다 (교체하는 경우에는 MTTF 대신에 MTBF를 사용) .

$$\exp(-t_m/MTTF_{LOW}) < R(t_m) < \exp(-t_m/MTTF_{UPP})$$

유사하게 정시 중단의 경우의 MTTF의 $100(1-\alpha)\%$신뢰구간은 다음과 같다.

$$\left(\frac{2T}{\chi^2(2(r+1),\ \alpha/2)},\quad \frac{2T}{\chi^2(2r,\ 1-\alpha/2)}\right)$$

신뢰구간중 신뢰하한만 보증 할 경우가 있다.

$$P\left(\frac{2T}{MTBF} < \chi^2(2r,\ \alpha)\right) = 1-\alpha = P\left(MTBF > \frac{2T}{\chi^2(2r,\alpha)}\right)$$

따라서 이 경우의 MTBF의 단측신뢰구간은 다음과 같고

$$\left(\frac{2T}{\chi^2(2r,\ \alpha)},\ \infty\right)$$

유사하게 정시중단의 경우도 다음과 같이 나타낼 수 있다.

$$\left(\frac{2T}{\chi^2(2(r+1),\ \alpha)},\ \infty\right)$$

예제 10.3

프로펠러의 수명은 지수분포를 따르고 이 프로펠러를 랜덤하게 15개를 선택하여 고장시간을 관측하는 실험을 하고 있다. 이러한 실험 중 10개가 고장 나면 실험을 중단하였고 부품을 교체하지 아니하였다. MTTF 및 고장률을 추정하고 25(시간)시점일 때의 신뢰도를 추정하시오.

27.4	14.4	13.5	5.1	10.5	41.2	27.7	20	29.1	23.6

|결과| 총동작시간

T=(27.4+14.4+13.5+5.1+10.5+41.2+23.6+27.7+20.0+29.1)+(41.2 ×5)=418.5

$\widehat{MTTF} = \frac{(\text{총동작 시간; } T)}{(\text{고장수; } r)} = \frac{T}{r}$ =418.5/10=41.85 이므로

$MTTF = \frac{1}{\beta}$을 이용하여 고장률 $\hat{\beta} = \frac{1}{MTTF}$=0.024(1/시간)이 되고

따라서 $\hat{R}(25) = \mathrm{EXP}(-0.03 \cdot 25) = 0.549$로 추정됨

예제 10.4

제품의 수명은 지수분포를 따르고 이 제품을 랜덤하게 10개를 선택하여 고장시간을 관측하는 실험을 하고 있다. 이러한 실험 중 7개가 고장이 나면 실험을 중단 하였다. 30(시간)시점일때의 신뢰도를 신뢰수준 90%로 구간 추정하시오.

3	8	10	15	25	27	32

|결과| 총동작시간 $T=(3+8+10+15+25+27+32)+(32\times3)=216,\ n=10,\ r=7$ 이다.

① MTTF의 90% 신뢰구간은 다음과 같이 계산 된다.

$$\left(\frac{2T}{\chi^2(2r,\alpha/2)},\ \frac{2T}{\chi^2(2r,1-\alpha/2)}\right)=\left(\frac{2\cdot216}{\chi^2(2\cdot7,\ 0.10/2)},\ \frac{2\cdot216}{\chi^2(2\cdot7,\ 1-0.1/2)}\right)$$
$$=\left(\frac{2\cdot216}{\chi^2(2\cdot7,\ 0.10/2)},\ \frac{2\cdot216}{\chi^2(2\cdot7,\ 1-0.1/2)}\right)$$
$$=\left(\frac{2\cdot216}{23.7},\quad \frac{2\cdot216}{6.57}\right)=(18.228,\ 65.753)$$

② $t_m=30$ 에서의 신뢰도는 다음과 같이 계산 된다.

$$\exp(-t_m/MTTF_{LOW})<R(t_m)<\exp(-t_m/MTTF_{UPP})$$
$$=\ \exp(-30/18.228)<R(t_m)<\exp(-30/65.753)$$

따라서 30시점에서의 90% 신뢰수준에서의 신뢰구간은
$0.193<R(30)<0.634$.

2) 와이블 분포(Weibull distribution)

와이블 분포는 감마 분포와 유사하게 적용성 때문에 신뢰도에서 중요한 역할을 한다. 신뢰도 함수에 포함된 모수로서 다른 분포들을 표현하거나 데이터를 적용하기 쉽게 변형 시 킬 수 있다.

α는 형상 모수, β는 척도 모수일 때, 확률 밀도 함수는 다음과 같다.

$$f(t)\ =\ \alpha\beta(\beta t)^{\alpha-1}\exp[-(\beta t)^{\alpha}],\qquad \alpha>0,\ \beta>0$$

따라서 신뢰도 함수를 다음과 같이 얻을 수 있다.

$$\begin{aligned}R(t)\ &=\ 1-F(t)\\ &=\ \exp[-(\beta t)^{\alpha}]\end{aligned}$$

앞 절의 정의를 이용하여 순간 고장률을 다음과 같이 표현이 가능하다.

$$\begin{aligned}\lambda(t)&=\ \frac{f(t)}{R(t)}\\ &=\ \alpha\beta(\beta t)^{\alpha-1}\end{aligned}$$

순간 고장률 함수는 t의 하나의 멱(Power) 함수이며, Γ는 다음과 같은 감마 함수로 정의될 때, 기대값은 아래와 같다.

$$E[T]\ =\ \frac{1}{\beta}\ \Gamma[\frac{1}{\alpha}+1]$$

$$\Gamma(\gamma) = \int_0^\infty t^{\gamma-1} \exp(-t)dx$$

X가 와이블 분포를 따를 때 다음과 같은 특징이 있다.

1. $E(X) = \frac{1}{\beta}\Gamma\left(1+\frac{1}{\alpha}\right)$

   $V(X) = \left(\frac{1}{\beta}\right)^2 \left\{\Gamma\left(1+\frac{2}{\alpha}\right) - \left[\Gamma\left(1+\frac{1}{\alpha}\right)\right]^2\right\}$

2. $\alpha = 1$일 때 지수분포의 평균과 분산이 된다.

다음과 같이 와이블 분포의 특수 형태가 널리 사용된다.

❶ $\alpha = 1$일 때 순간고장률은 상수가 된다. 즉,

$$\lambda(t) = \beta$$

따라서, 이것은 모수 β를 갖는 하나의 지수 분포이다.

❷ $\alpha = 2$ 일 때 순간고장률은 시간에 따라 선형적으로 증가한다. 즉,

$$\lambda(t) = 2\beta^2 t$$

대응하는 확률 밀도 함수와 신뢰도 함수는 각각 다음과 같다.

$$f(t) = 2\beta^2 t \ \exp[-(\beta t)^2]$$
$$R(t) = \exp[-(\beta t)^2]$$

이 분포를 랄리(Rayleigh) 분포라고 한다. 그것은 신뢰도에서 뿐만 아니라 통신 시스템과 관련된 잡음(Noise) 문제에서도 적용된다.

와이블 분포는 많은 분포들에 적합시키는데 사용될 수 있으며 와이블 분포에서 정의 할 수 있는 확률 밀도 함수, 신뢰도, 순간고장률을 위한 일반적인 형태는 다음과 같다.

Ⅰ) $0 < \alpha < 1$는 (오류 수정 단계에서 발생하는) 감소하는 순간고장률을 표현하고,

Ⅱ) $\alpha = 1$ 는 (정상 운영 단계에서 발생하는) 일정한 순간고장률을 표현하며,

Ⅲ) $\alpha > 1$ 는 (마모 단계에서 발생하는) 증가하는 순간고장률을 표현한다.

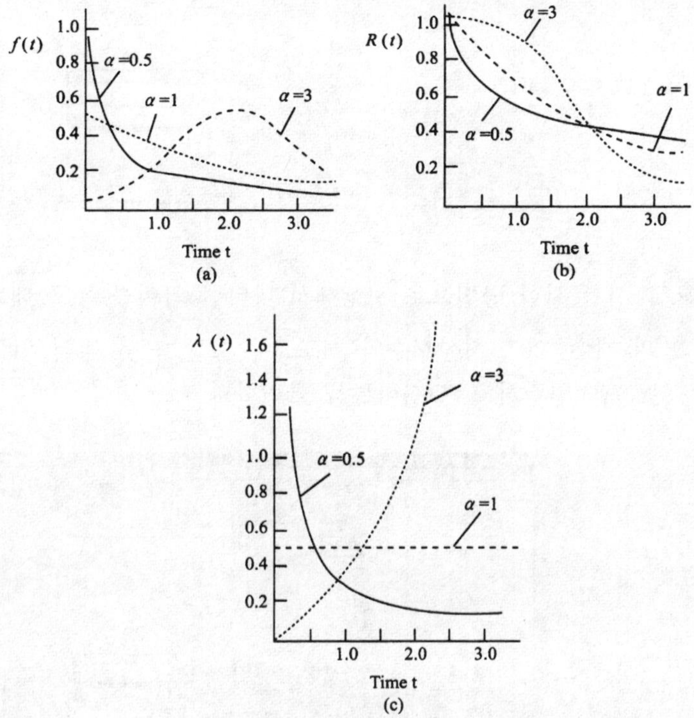

그림 10.4_$\beta = 0.5$ 일 경우의 와이블 분포의 확률 밀도 함수(a), 신뢰도(b), 순간 고장률(c)

예제 10.5

와이블 분포에서 $\beta = 1$ 인 경우에 α 가 0.5인 경우와 2인 경우에 모의 자료 30개를 이용하여 고장률과 생존 함수의 패턴을 설명 하시오.

Minitab ▶ 이용하기

1. 메뉴에서 Calc → Weibull... → [Random Data을 클릭 하고 나타난 와이블 분포대화 상자에서 난수의 개수 "30", 형상모수와 척도모수 "0.5", "1"을 각각 입력하고 저장될 열 "c1"을 입력하고 [OK]버튼을 클릭한다.

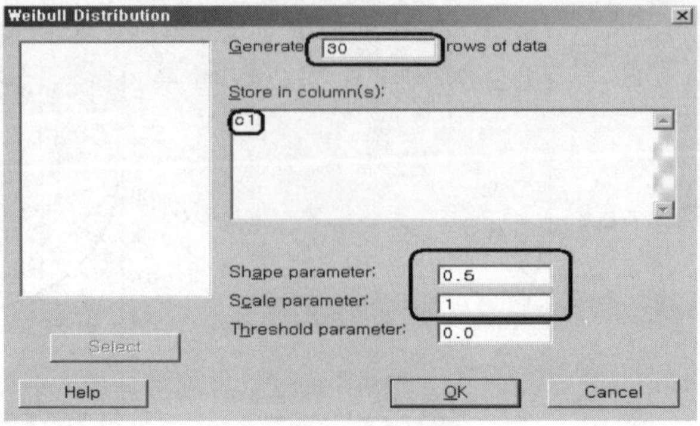

2. 다시 유사한 방법으로 시행해서 나타난 와이블 분포 대화 상자에서 난수의 개수 "30", 형상모수와 척도모수 "2", "1"을 각각 입력하고 저장될 열 "c2"을 입력하고 [OK]버튼을 클릭한다.

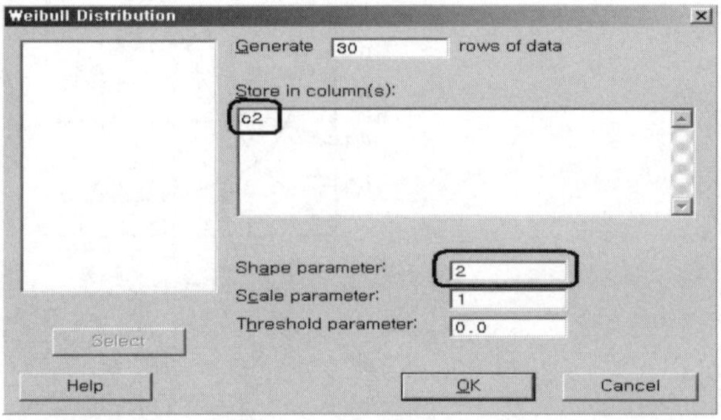

3. [Stat] → [Distribution Analysis(Right Censorong] → [Distribution Overview Plot ...]을 클릭 한다.

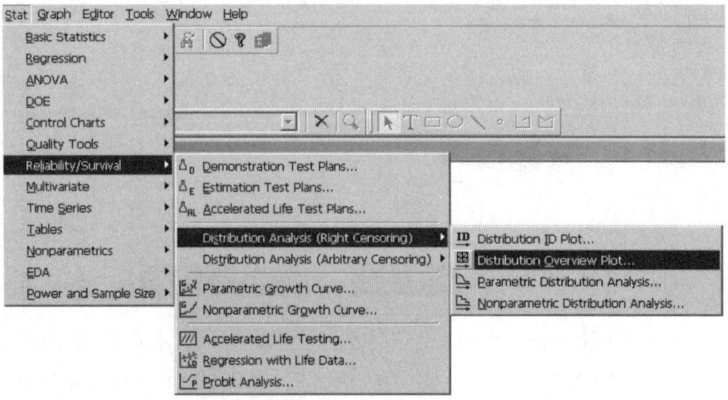

4. 다음과 같은 [Distribution Overview Plot]대화상자가 나타나면 변수란에 마우스를 올려놓고 “c1”과 “c2”을 더블 클릭하여 데이터를 입력하고 원하는 여러 가지 분포 중에서 와이블(Weibull)분포 패턴을 선택하고 [OK] 버튼을 클릭한다.

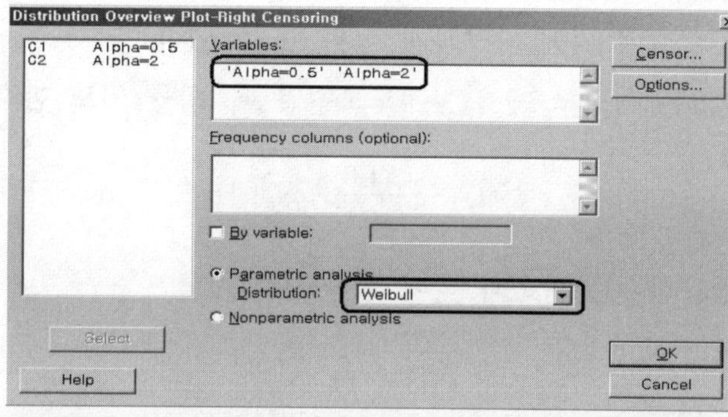

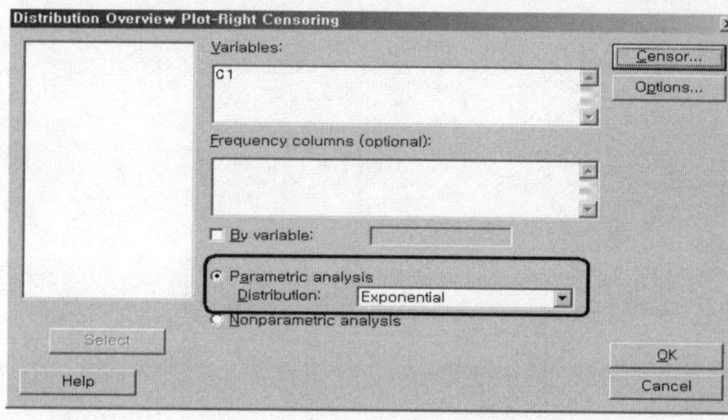

5. 다음과 같은 결과화면이 나타난다.

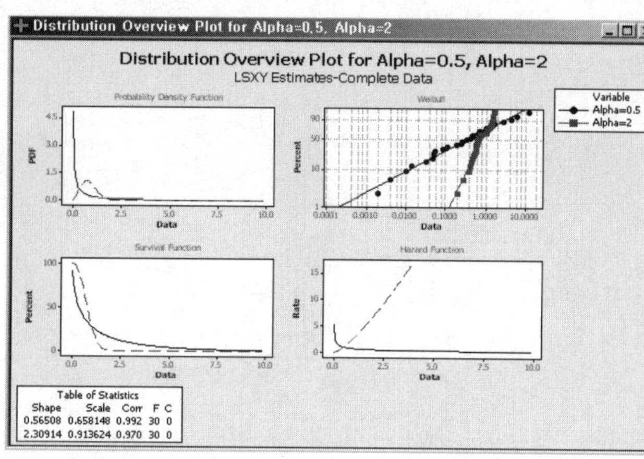

|해석| 확률밀도함수와 생존 함수는 단조 감소 패턴을 보이고 있으며 고장률은 α 가 0.5인 경우는 감소하고 2인 경우에는 증가 추세를 보이고 있다.

3) 감마 분포(Gamma Distribution)

감마 분포도 와이블 분포의 비슷한 속성을 갖는다. 그것은 다양한 형상모수와 척도모수에 의해 다양하게 이용 할 수 있다.

각각 α는 형상모수, β는 척도모수일 때, 확률 밀도 함수는 다음과 같다.

$$f(t) = \frac{\beta(\beta t)^{\alpha-1}}{\Gamma(\alpha)}\exp(-\beta t), \qquad \alpha, \beta, t > 0$$

신뢰도 함수는 다음과 같이 계산되어 진다.

$$R(t) = \int_t^\infty \frac{\beta(\beta t)^{\alpha-1}}{\Gamma(\alpha)} exp(-\beta t)dt$$

기대값 과 분산은 다음과 같이 표현된다.

$$E(T) = \frac{\alpha}{\beta}, \ \ V(T) = \frac{\alpha}{\beta^2}$$

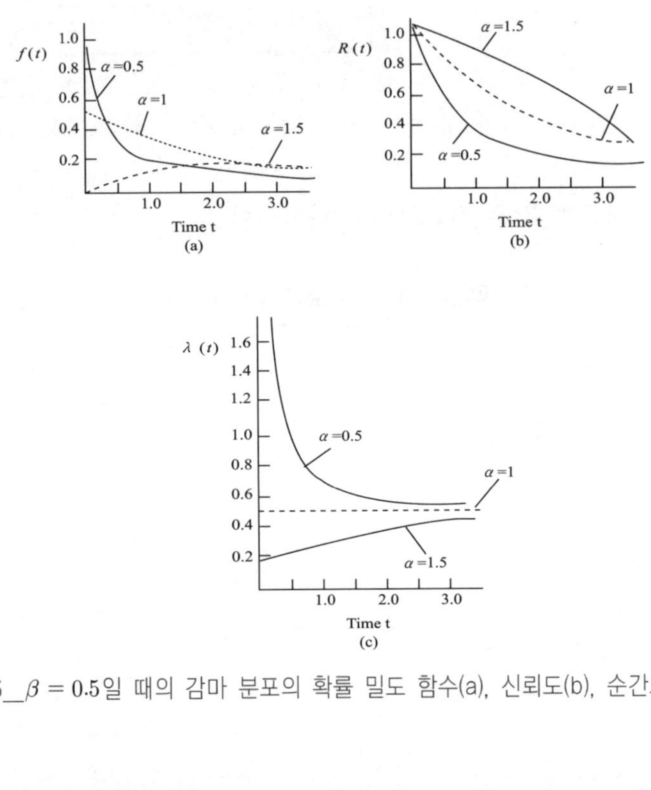

그림 10.5__$\beta = 0.5$일 때의 감마 분포의 확률 밀도 함수(a), 신뢰도(b), 순간고장률(c)

❶ $\alpha=1$ 일 때

확률 밀도 함수는 모수 β를 갖는 지수 분포와 동일하게 된다. 순간고장률은 상수가 된다.

❷ $\alpha=n$ 일 때(n은 정수)

특별하게 어랑 분포로 알려진 확률 밀도 함수는 다음과 같다.

$$f(t) = \frac{\beta(\beta t)^{n-1}}{(n-1)!} \exp(-\beta t), \qquad n = 1, 2, 3 \cdots$$

(모수 β 를 갖고) 지수로 분포된 확률 변수 n의 합계를 이 분포에 의해서 표현될 수 있다.

어랑 분포는 대기행렬 이론에서 서비스 시간과 도착간격 시간을 표현 하는데 자주 사용되어 지며 신뢰도 함수는 다음과 같다.

$$R(t) = \sum_{k=0}^{n-1} \frac{(\beta t)^k}{k!} \exp(-\beta t)$$

❸ $\beta=1/2$ 그리고 $\alpha = n/2$일 때 또 다른 접근으로 신뢰 한계의 통계적 테스팅과 구성에 사용되는 중요한 분포인 n 자유도를 갖는 카이제곱(Chi-square) 분포로 알려져 있다.

확률 밀도 함수는 다음과 같다.

$$f(t) = \frac{1}{\Gamma[\frac{n}{2}]\, 2^{n/2}} t^{(n/2)-1} \exp\left(-\frac{t}{2}\right)$$

4. 시스템 신뢰도

모든 하드웨어와 소프트웨어가 하나의 시스템으로 정해진 환경에서, 정해진 기간 중 요구되는 기능을 정상적으로 수행하는 능력을 시스템 신뢰도라고 한다. 이러한 모델들은 기본적으로 직렬 및 병렬패턴을 기본으로 하고 있다.

1) 직렬결합 모델의 신뢰도

조립품이나 컴포넌트 시스템 등을 구성하고 있는 여러 부품 중 어느 하나라도 고장이 나게 되면 시스템 전체가 기능을 상실하게 되도록 부품이 결합된 것을 직렬결합 모델이라고 한다. 예를 들어 <그림 10.6> 같이 A, B 2개의 부품이 직렬결합 모델로 되어 있다면 기기가 제대로 기능을 발휘하기 위해서는 A와 B 2개의 부품이 모두 정상 작동하여야 한다. 여기서 부품A의 신뢰도를 R_A 부품 B의 신뢰도를 R_B 라고 표현하면 직렬결합 모델의 전체 시스템이 작동하는 전체신뢰도 R_S는 다음과 같이 표현된다.

$$R_S = \Pr(A \text{ and } B) = \Pr(A \cap B)$$

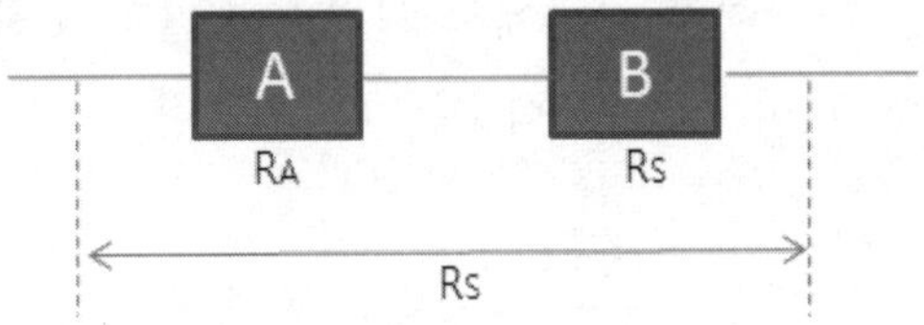

그림 10.6_직렬결합 모델

만일 A, B가 서로 독립사상이면 $R_S = \Pr(A) \cdot \Pr(B) = R_A \cdot R_B$ 가 된다.

따라서 n개 부품이 직렬결합시의 전 시스템의 신뢰도 R_S는 다음과 같이 된다.

$$R_S = R_1 \cdot R_2 \cdot \cdot \cdot \cdot R_n = \prod_{i=1}^{n} R_i = e^{-(\lambda_1 + \lambda_2 + \cdot \cdot \cdot \lambda_n)t}$$

그리고 각 부품의 고장밀도함수가 지수분포에 따르는 경우 $R_S = e^{-(\lambda_1 + \lambda_2 + \cdot \cdot \cdot \lambda_n)t}$

되기 때문에 전체의 고장률 $\lambda_S = \sum_{i=1}^{n} \lambda_i = \lambda_1 + \lambda_2 + \cdot \cdot \cdot \lambda_n$ 가 된다.

시스템의 t 시간 후의 잔존확률인 신뢰성 $R(t)$로서 다음에 같이 계산 된다 .

$$R(t) = e^{-\lambda t} = e^{-\frac{t}{MTBF}}$$

따라서 고장률일 λ_i인 부품이 여러 개 직렬 연결된 시스템 전체의 평균수명 $MTBF$는 다음과 같이 계산된다.

$$MTBF_S = \frac{1}{\lambda_1 + \lambda_2 + \cdot\cdot\cdot + \lambda_n} = \frac{1}{\lambda_S}$$

예제 10.6

❶ 신뢰도가 0.5인 부품 3개가 직렬 결합 모델로 구성되어 있는 제품의 신뢰도 R_S

❷ 각 부품의 평균고장률이 0.001(/시간)인 부품 5개가 동시에 모두 작동해야만 기능을 발휘하는 제품이 있다. 이 제품의 평균수명을 구하라.

|결과| ❶ $R_s = (0.5)\,(0.5)\,(0.5) = 0.125$

❷ 부품 5개의 직렬결합 모델이므로 제품 전체의 평균고장률 λ는 다음과 같다.

$$\lambda_S = \lambda_1 + \lambda_2 + \cdot\cdot\cdot + \lambda_5 = 5 \times 0.001 = 0.005(/\text{시간})$$

제품의 평균수명 $MTBF_S$ 는 $1/\lambda_s$ 이므로 다음과 같다.

$$MTBF_S = \frac{1}{\lambda_S} = \frac{1}{0.005} = 200(\text{시간})$$

2) 병렬결합 모델의 신뢰도

<그림 10.7>은 부품을 여분으로 한 개 더 부가시켜서 부품 2개중 어느 한 개만 작동하면 전체가 기능을 발휘할 수 있도록 결합한 것이다. 이와 같은 설계를 병렬설계라고 한다.

병렬설계를 하면 전체의 신뢰도를 크게 증대시킬 수 있다.

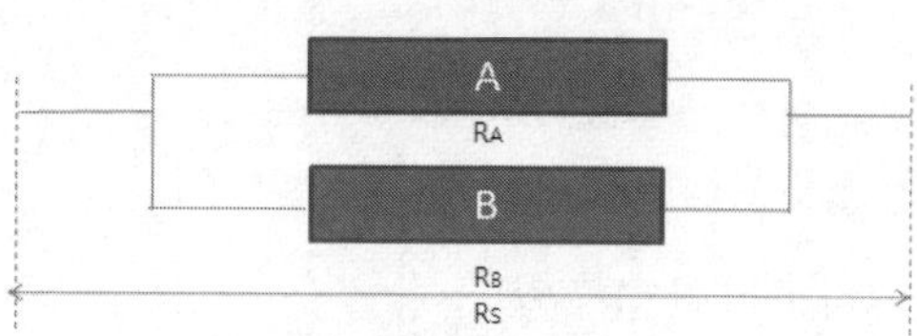

그림 10.7_병렬결합 모델

병렬결합 모델의 전체 시스템이 작동하는 전체 신뢰도 R_S는 다음과 같다.

$$R_S = \Pr(A\ OR\ B) = \Pr(A \cup B)$$
$$= \Pr(A) + \Pr(B) - \Pr(A) \cdot \Pr(B)$$
$$= R_A + R_B - R_A \cdot R_B$$

또한 $R(t)=1-F(t)$의 관계를 이용하면 다음과 같이 유도 가능하다.

$$\begin{aligned} R_S &= (1-F_A)+(1-F_B)-(1-F_A)(1-F_B) \\ &= 1-F_AF_B = 1-(1-R_A)(1-R_B) \end{aligned}$$

일반적으로 n개의 부품이 병렬결합인 경우 시스템 전체의 신뢰도 R_S는 다음과 같이 된다.

$$R_S = 1-\prod_{i=1}^{n} F_i = 1-\prod_{i=1}^{n}(1-R_i)$$

따라서 병렬결합 모델의 시스템이 지수분포를 따를 때 $MTBF$는 각 각 다음과 같이 유도되고

$$R(t)=e^{-\lambda t},\ R_1(t)=e^{-\lambda_1 t},\ R_2(t)=e^{-\lambda_2 t}$$

이 $MTBF$들을 이용하여 양변을 적분하면 다음과 같은 형태로 유도 할 수 있다.

① $\int_0^{\infty} R(t)dt = \int_0^{\infty} R_2(dt) + \int_0^{\infty} R_2(t)dt - \int_0^{\infty} R_1(t)R_2(t)dt$

② $\int_0^{\infty} e^{-\lambda t}dt = \int_0^{\infty} e^{-\lambda_1 t}dt + \int_0^{\infty} e^{-\lambda_2 t}dt - \int_0^{\infty} e^{-(\lambda_1+\lambda_2)t}dt$

③ $\frac{1}{\lambda} = \frac{1}{\lambda_1} + \frac{1}{\lambda_2} - \frac{1}{\lambda_1+\lambda_2}$

따라서 병렬결합시스템의 $MTBF_S$는 다음과 같다.

$$MTBF_s = \frac{1}{\lambda_s} = \frac{1}{\lambda_1} + \frac{1}{\lambda_2} - \frac{1}{\lambda_1+\lambda_2}$$

$\lambda_1=\lambda_2=\lambda_0$라고하면 $MTBF_s = \frac{3}{2}\cdot\frac{1}{\lambda_0}$

일반적으로 $\lambda_1=\lambda_2=\cdots\lambda_n=\lambda_0$인 n개 구성품의 병렬결합시스템의 $MTBF_s$는 다음 식으로 계산된다.

$$MTBF_s = \frac{1}{\lambda_0} + \frac{1}{2\lambda_0} + \cdots + \frac{1}{n\lambda_0}$$

따라서 시스템의 고장률 λ_s는 다음 식으로 구해진다.

$$\lambda_s = \frac{1}{MTBF_s} = \frac{1}{\frac{1}{\lambda_0} + \frac{1}{2\lambda_0} + \cdot \cdot \cdot + \frac{1}{n\lambda_0}}$$

예제 10.7

어떤 선박의 엔진이 3기에 의해 작동되고 있으나 이 3기의 엔진 중 어느 하나라도 작동되고 있으면 운항을 계속할 수 있고, 선박의 엔진의 고장률은 0.0001/H이고 1회 운항시간은 20시간이라고 했을 때 신뢰도를 계산하라.

|결과| 엔진 1기의 신뢰도 $\lambda_1 = 0.001$, $t = 20$ 이므로 $R_1 = e^{-0.001 \times 20} = 0.98$
따라서 병렬모형이므로

$$R_S = 1 - \prod_{i=1}^{3}(1 - R_i) = 1 - (1 - 0.98)^3 = 0.999992$$

3) m 통로(route) 시스템 신뢰도

병렬결합 모델의 특수한 경우로서 m route 시스템 신뢰도는 [그림 14]와 같은 구조로 된다.

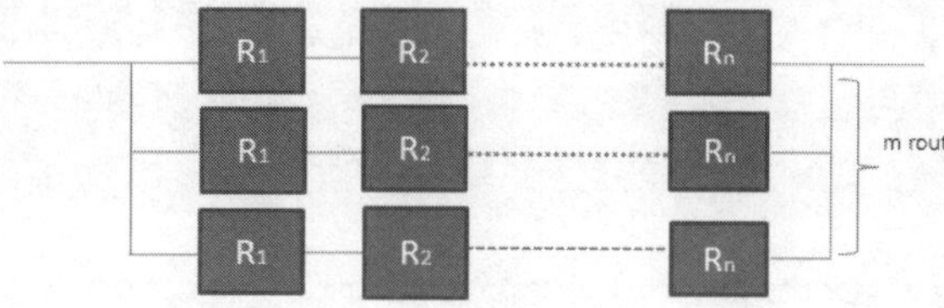

그림 10.8_m 통로 의 서브시스템 결합

직렬과 병렬(m 통로)인 경우에 서브시스템에는 각각 다음과 같이 표현 된다.

$$R_{Ls} = R_1 \cdot R_2 \cdot \cdot \cdot R_n = \prod_{i=1}^{n} R_i$$

$$R_s = 1 - (1 - R_{Ls})^m = 1 - (1 - \prod_{i=1}^{n} R_i)^m$$

따라서 $R_1 = R_2 = \cdot \cdot \cdot = R_n = R$인 경우에는 다음과 같이 표현된다.

$$R_s = 1 - (1 - R^n)^m$$

예제 10.8

$R = 0.5$인 부품 3개가 직렬과 병렬로 결합(3 route)되어 있다. 전체 신뢰도 R_s를 계산하라.

|결과| 직렬인 경우 $R_{Ls} = R_1 \cdot R_2 \cdot R_3 = \prod_{i=1}^{3} R_i = 0.5*0.5*0.5 = 0.125$

병렬인 경우를 적합시킨 전체신뢰도

$$R_s = 1-(1-R_{Ls})^3 = 1-(1-0.125)^3 = 0.33$$

4) n개 중 k (k out of n) 시스템 신뢰도

n개 중 k개만 작동하면($1 \le k \le n$) 시스템이 작동하는 경우 각 구성품의 신뢰도를 R이라 하면 시스템의 신뢰도 R_s는 다음과 같이 된다.

$$R_s = \sum_{i=k}^{n} \binom{n}{i} R^i (1-R)^{n-i}$$

만일 $R_s = e^{-t/\lambda}$의 지수분포에 따른다면, 이 경우 시스템의 $MTBF_s$는 다음과 같이 된다.

$$MTBF_s = \sum_{i=k}^{n} \frac{\lambda}{i}$$

예제 10.9

신뢰도가 0.99인 미사일 4개가 설치된 미사일 발사시스템이 있다. 그런데 4개의 미사일 중 3개만 작동하면 이 미사일발사시스템은 임무수행이 가능하다. 이 4 중 3개 미사일시스템의 신뢰도를 구하여라.

|결과| $n=4$, $k=3$, $R=0.99$ 이므로 이 4개 중 3개 미사일시스템의 신뢰도 R_{MS}은 다음과 같다.

$$R_{MS} = \sum_{i=3}^{4} \binom{4}{i} (0.99)^1 (1-0.99)^4 = \binom{4}{3}(0.99)^3 (0.01)^1 + \binom{4}{4}(0.99)^4 (0.01)^0$$
$$= (4)(0.0970)(0.01) + (1)(0.960) = 030388 + 0.960 = 0.9988$$

연 / 습 / 문 / 제

1 일정한 고장률을 가지는 제품 중 25개를 임의로 추출하여 수명 시간을 관측하고 있다. 20번째 고장에서 관측이 중단되었고 고장품은 교체하지 않았으며 자료는 다음과 같다.
MTTF의 점 추정치와 90%의 신뢰구간을 구하라.

15.794	25.925	55.855	73.445	92.78	112.174	122.181	130.56	157.3	180.119
192.93	211.517	248.318	281.41	292.791	329.847	340.363	361.943	369.852	376.958

2 어느 부품의 수명은 지수분포를 따르고 이 부품을 랜덤하게 10개를 선택하여 수명시험 하던 중 7개가 고장나면 실험을 중단하였다. MTTF 및 고장률을 추정하고 $t_0 = 100$(시간)일 때 신뢰도를 계산하라.

28.4	24.4	23.5	15.1	15.5	51.2	37.7

3 [2번 문제] 자료를 이용하여 MTTF 및 고장률을 추정하고 $t_0 = 100$(시간) 일 때 신뢰도를 구간추정 하라($\alpha = 0.10$).

4 욕조곡선에 따른 고장률을 설명하시오.

5 어느 부품의 수명 T가 다음의 확률밀도함수를 가진다. 신뢰도, 고장률, 기대(평균)수명을 계산하라.

$$f(t) = \begin{cases} e^{-t}, & t \geq 0 \\ 0, & t < 0 \end{cases}$$

6 감마분포와 카이제곱 분포의 관계를 설명하시오.

7 비행기의 엔진이 2기에 의해 작동되고 있으나 이 2기의 엔진 중 어느 하나라도 작동되고 있으면 운행을 계속할 수 있고. 비행기 엔진의 고장률은 0.005/H이고 1회 운항시간은 30시간이라고 했을 때 신뢰도를 계산하라.

8 각 부품의 평균고장률이 0.005(/시간)인 부품 7개가 동시에 모두 작동해야만 기능을 발휘하는 제품이 있다. 이 제품의 평균수명을 구하라.

9 신뢰도가 0.72인 소프트웨어 5개가 설치된 제품이 있다. 그런데 5개의 소프트웨어 중 3개만 작동하면 이 제품은 사용 할 수 있다. 이 5 중 3개 의 제품 신뢰도를 구하여라.

10 $R=0.6$인 부품 4개가 직렬과 병렬로 결합(4 route)되어 있다. 전체 신뢰도 R_s를 계산하라.

11 감마분포의 분포함수에 대하여 약술하시오.

12 다음 자료는 어느 분포에 따르는지를 미니텝을 이용하여 확인하라.

50 56 88 78 78 94 66 96 78 56
78 88 9 9 56 65 78 67 78 88 90
88 67 56 98 56 78 88 78 77 69

CHAPTER 11

비모수 통계

제11장에서는 기초적인 비모수적 방법에 대하여 살펴본다.

- 비모수 방법의 개념
- 윌콕슨의 순위합 검정
- 크루스칼-윌리스 검정법
- 윌콕슨의 부호순위 검정
- 순위 상관

일반적인 추정과 검정절차는 모집단이 일정한 분포 예를 들면, 정규분포 또는 이항분포 등을 따른다는 가정에 의존하거나 또는 모집단 특성에 관해 어떤 가정을 하기가 합당하지 않으면 대표본과 중심극한정리에 의존하였다. 모집단에 대한 지식이 충분하지 않거나 표본의 히스토그램을 적용하여도 모집단분포가 어떤 분포를 따르는지를 알 수 없는 경우도 있고 실험 자료가 대소 관계나 순위로 주어지는 경우가 있다. 이런 경우에는 모집단분포를 가정하지 않는 경우가 효율적 일 수 있다.

이런 상황에서 사용하는 방법을 비모수방법(nonparametric methods) 또는 분포무관방법(distribution-free methods)이라 한다. 즉, 모집단의 분포에 의존하지 않지만 통계적 예측을 하기 위한 통계량의 분포는 필요하다.

1. 비모수 방법의 개념

모집단의 분포에 의존하지 않고 통계적 예측을 하는 것이 이 방법의 특징이다. 비모수통계학을 사용하여 가설점검을 할 때에는 모수통계학에 비해 다음과 같은 장점이 있다.

첫째는 모수통계학을 적용할 때에는 모집단분포에 대한 특정한 가정이 필요하나 비모수통계학에서는 이러한 가정을 할 필요가 없다는 것이다.

예를 들어, 지금까지는 대부분 정규분포를 가정하였으나 실제로 정규분포라고 가정할 수 없을 경우가 있다. 예를 들면 강한 비대칭형, 꼬리부분에 몰려있는 분포, 특이한 값에서의 비정상적인 높은 확률값 등은 정규분포를 가정할 수 없는 대표적인 경우이며 실제로 자주 관측되는 분포이다. 이 때에 비모수검정법이 활용될 수 있다.

둘째로는 비모수통계학을 사용하는 데에는 연구 대상이 되는 변수가 꼭 양적변수일 필요가 없다. 즉, 모수적 검정들은 변수들의 속성 때문에 적용할 수 없는 경우에도, 비모수적검정은 만이 적용될 수 있다.

예를 들어, 치료효과에 대한 판정을 내리는 것과 같이 자료를 순위로 판정을 내릴 수는 있지만 양적으로 측정할 수 없는 경우가 바로 그러한 경우이다.

세 번째로는 비모수검정법은 대부분 계산이 간단하므로 쉽고 신속하게 검정할 수 있다는 것이다.

비모수적 방법은 흔히 관찰치의 실제적인 수치는 무시하고, 표본 내의 다른 관찰치들과의 관련 하여 상대적인 순위만을 고려하기 때문에 정보의 낭비가 따른다.

또한 모수적 검정이 적용될 수 있는 가정이 성립한다면, 비모수 검정은 상대적으로 비효율적이다. 즉, 모수적 검정법이 가설검정의 경우 검정력이 높으며 신뢰구간추정의 경우 구간의 길이가 짧다.

그러나 분포모양에 대한 가정이 성립하지 않은 경우에 모수적 검정법을 무리하게 사용하면 잘못된 결론에 도달할 수 있다. 따라서 두 가지 방법을 적절히 선택하여야 한다. 잘 알려진 비모수검정법에는 다음과 같은 것들이 있다.

Ⅰ) 중심위치검정 : 모집단의 중심 위치를 검정하기 위하여 모수적 통계학에서는 모평균에 대한 검정을 수행하였다. 비모수통계학에서는 평균보다는 중위수를 용이하게 검정할 수 있는 부호검정법이 있다.

Ⅱ) 독립적인 두 모집단의 동일성검정 : 비모수검정법으로 윌콕슨의 순위합 검정이 있다.

Ⅲ) 독립적인 여러 모집단의 동일성검정 : 비모수검정법으로 크루스칼-윌리스검정이 있다.

Ⅳ) 비독립적인 두 모집단의 동일성 검정 : 비모수검정법으로 부호검정과 윌콕슨의 부호순위검정이 있다.

Ⅴ) 상관계수검정 : 비모수적인 상관계수로는 스페어만 상관계수가 있다. 이는 수치가 아닌 순위만으로 표현되며 이를 이용한 상관관계에 관한 검정은 순위상관검정이라고 한다.

Ⅵ) 무작위성검정 : 관측된 자료가 무작위적인지를 점검하는 방법으로 런 테스트(run test, 연검정)가 있다.

2. 윌콕슨의 순위합 검정

두 모집단의 평균의 차에 대한 검정 문제를 고려하여 보면 두 모집단이 정규분포를 따르며 등분산(혹은 이분산)을 갖는다는 가정하에서 t 검정법을 시행하여 하였다. 그러나 정규성을 가정할 수 없는 경우에 사용할 수 있는 비모수적 방법으로는 윌콕슨의 순위합검정(Wilcoxon rank-sum test)이 있다. 또한 이 검정을 맨-휘트니 검정(Mann-Whitney test)이라고도 부른다.

두 개의 모집단이 차이가 없으면 각각에서 관측된 두 표본에 들어있는 자료들은 동일한 모집단에서 관측된 바와 같으므로 균등하게 분포되어 있을 것으로 예상할 수 있다. 그러나 만일 차이가 있다면 한 표본에 들어있는 자료들에 비하여 대개가 다 크거나 아니면 대개가 작거나 하는 경향이 있을 것이다. 따라서 이들을 자료의 크기 순서대로 나열한다면 두 표본은 고르게 섞이지 않고 서로 다른 방향으로 갈라지는 경향이 있을 것이다. 예를 들어, 초등학교 6학년 학생 10명과 중학교 1학년 학생 10명을 무작위로 뽑았을 때 이들을 키 순서대로 나열한다면 초등학교 6학년 학생들은 주로 작은 쪽에, 중학교 1학년 학생 들은 주로 큰 쪽에 서게 될 것으로 예상할 수 있다. 이렇게 나누어지는 추세를 측정하는 한 가지 방법으로서 이들을 한꺼번에 순서대로 나열한 후 그 순위의 합계를 각 표본별로 구한 값을 생각할 수 있다. 이러한 순위합계가 두 표본에서 비슷하게 나타나면 두 모집단은 같다고 간주 할 수 있고 이 값이 크게 다르면 두 모집단은 다르다고 볼 수 있다. 중학교 1학년 학생들의 표본의 순서합계는 초등학교 6학년 학생 표본의 순서합계보다 대부분의 경우 클 것이라 예상 할 수 있다.

따라서 순위 합계 검정의 가설은 다음과 같이 설정 할 수 있다.

H_0 : 두 모집단 분포는 동일하다.

H_1 : 두 모집단 분포는 동일하지 않다.

다음으로 통계량을 구하기 위하여 두 모집단으로부터 얻어진 표본의 크기를 각각 n_1과 n_2라고 가정하면 두 모집단의 표본을 합하면 $n=n_1+n_2$개의 관찰치를 얻을 수 있는데, 이 값을 작은 것부터 크기 순서대로 나열하여(오름 차순), 제일 작은 관찰값에서 시작하여 순위 1번부터 n번까지 매긴다. 모집단 1에서 나온 표본 1의 순위를 합하는 경우에 최소값과 최대값은 각각 다음과 같다.

$$\text{표본1의 최소값} = 1+2+\cdots+n_1 = \frac{n_1(n_1+1)}{2}$$

$$\text{표본1의 최대값} = (n_2+1)+(n_2+2)+\cdots+(n_2+n_1) = n_1n_2+\frac{n_1(n_1+1)}{2}$$

표분 1의 순위합계가 최소값 또는 최대값이 되는 경우에 귀무가설을 기각할 것이다. 두 모집단 분포가 동일하다는 귀무가설하에 n_1과 n_2의 값이 커짐에 따라 순위합계 W의 확률분포는 보다 커지게 되며, 근사적으로 정규분포로 접근한다. 이 때, 표본분포의 평균과 표준편차는 다음과 같다.

$$E(W)=\frac{\text{최소값}+\text{최대값}}{2}=\frac{n_1(n_1+n_2+1)}{2},$$

$$Var(W)=\frac{n_1n_2(n_1+n_2+1)}{12}.$$

n_1과 n_2가 10 이상인 경우에는 검정통계량 W가 정규분포에 접근한다는 성질을 이용하여 검정을 할 수 있다.

즉, 대표본에서(H_0가 참일 때)

$$Z=\frac{W-E(W)}{\sqrt{Var(W)}}$$

는 근사적으로 표준정규분포 $N(0,1)$을 따른다.

예제 11.1

두 종류의 재료를 이용하여 간장약을 제조하는 제약회사에서 재료의 성분함량을 실험하기 위하여 표본을 선택하였다. 유의수준 5%에서 두 재료의 성분함량 동일하다는 것을 검정하라.(단위, mg)

재료 1	21	25	28	29	26	19	20	22	24	27
재료 2	9	12	15	17	23	18	21	13	16	20

|결과| H_0 : 두 재료의 성분함량은 동일하다.

H_1 : 두 재료의 성분함량은 동일하지 않다.

❶ 귀무가설이 참인 상태에서 평균과 표준편차를 구하면 다음과 같다.

$$E(W)=\frac{n_1(n_1+n_2+1)}{2}=\frac{10(10+10+1)}{2}=105$$

$$\sigma_w=\sqrt{\frac{n_1n_2(n_1+n_2+1)}{12}}==\sqrt{\frac{10*10(10+10+1)}{12}}=13.23$$

❷ 관찰치들의 순위를 관찰하면 다음과 같다.

재료 1	11.5	16	19	20	17	8	9.5	13	15	18
재료 2	1	2	4	6	14	7	11.5	3	5	9.5

$$W=11.5+16+19+20+17+8+9.5+13+15+18=147$$

❸ 통계량을 계산하면

$$Z=\frac{W-E(W)}{\sqrt{Var(W)}}=\frac{147-105}{13.23}=3.17$$

이다. $Z=3.17>Z_{0.025}=1.96$ 이므로 귀무가설을 기각한다. 따라서 두 재료의 성분 함량은 유의수준 5%에서 같다고 할 수 없다.

Minitab ▶ 이용하기

1. 재료 1과 재료 2의 데이터를 각각 "c1", "c2"열에 입력한 후 메뉴에서 [Stat] → [Nonparametrics] → [Mann-Whitney...]을 클릭한다.

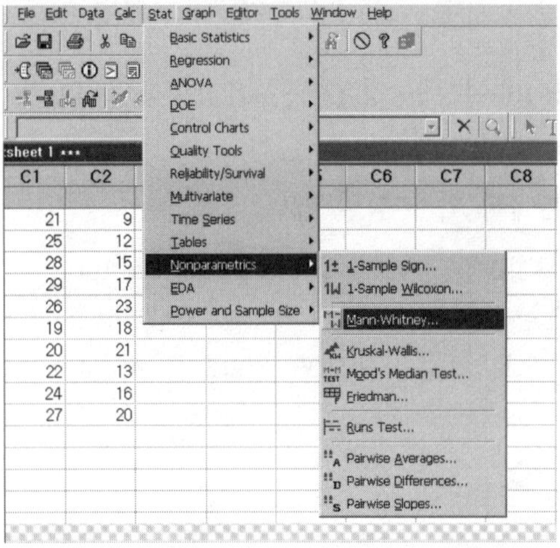

2. 재료 1자료를 입력하기 위하여 첫번째 입력난에 마우스를 올려놓고 "c1"을 더블 클릭하고 재료 2의 데이터를 입력하기 위하여 "c2"을 더블클릭한다. 양측검정 시행하기 위하여 "not equal"을 확인 한 후 [OK] 버튼을 클릭한다.

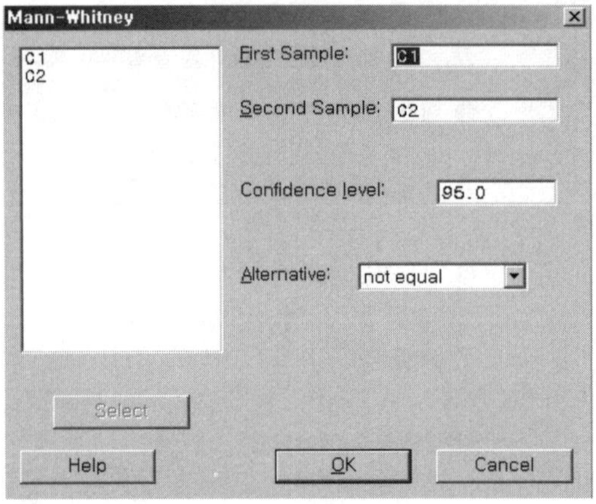

3. 다음과 같은 결과화면이 나타난다.

```
Session
Mann-Whitney Test and CI: C1, C2

     N  Median
C1  10  24.500
C2  10  16.500


Point estimate for ETA1-ETA2 is 8.000
95.5 Percent CI for ETA1-ETA2 is (4.001,12.000)
W = 147.0
Test of ETA1 = ETA2 vs ETA1 not = ETA2 is significant at 0.0017
The test is significant at 0.0017 (adjusted for ties)
```

|해석| 검정통계량은 W=147이고 p값이 0.0017이므로 귀무가설을 유의수준 5%에 서 귀무가설을 기각하고 95%의 신뢰구간은 (4.001, 12.000) 이다.

3. 크루스칼-윌리스검정법

여기서 k 개의 독립적인 모집단의 분포가 동일한지를 검정하고자 한다. 모집단이 정규분포를 따른다는 가정을 할 수 없을 때, 두 모집단에 대한 윌콕슨의 순위합계검정법을 k 개의 모집단으로 확장한 것이다.

이제 검정하고자 하는 문제는 k 개의 모집단이 모두 같은가 하는 것이다. 즉 귀무가설과 대립가설 다음과 같다.

H_0: k 개의 모집단은 모두 동일하다.

H_1: k 개의 모집단은 모두 동일하지 않다.

각 모집단에서 크기가 $n_i\,(i=1,2,\cdots,k)$인 표본을 추출하였다면 $n=n_1+n_2+\cdots+n_k$는 전체 자료의 총 수가 된다. W_i를 i 번째 표본의 순서합계라 하면,

$$R_i=\frac{W_i}{n_i}$$

는 i 번째 표본자료들의 평균 순위이다. 그리고 k개의 표본들에 대하여 얻어진 R_i의 평균 $\overline{R}$는 전체 n 개의 자료의 평균 순위와 같아지므로 총 순위 합계를 n으로 나눈 값과 같다.

$$\overline{R}=\frac{1+2+\cdots+n}{n}=\frac{n+1}{2}$$

그러면 H_0가 참일 때, 각 처리별 평균 순위는 혼합표본의 총 평균 순위인 $\frac{n+1}{2}$에 가까울 것으로 기대한다. 한편,

$$\left(R_1-\frac{n+1}{2}\right),\left(R_2-\frac{n+1}{2}\right),\cdots,\left(R_k-\frac{n+1}{2}\right)$$

는 각 처리별 평균 순위의 총 평균 순위로부터의 편차를 나타낸다. 이 편차들의 크기가 상대적으로 작을 때 H_0 가 참이라는 근거가 되며, 검정통계량은 다음과 같다.

$$H=\frac{12}{n(n+1)}\sum_{i=1}^{k}n_i\left(R_i-\frac{n+1}{2}\right)^2$$

실제로 H을 계산할 때는 다음 식이 더 유용하게 사용된다.

$$H=\frac{12}{n(n+1)}\sum_{i=1}^{k}\frac{W_i^2}{n_i}-3(n+1)$$

이와 같은 정의된 검정통계량 H는 이질성을 나타내는 측도로서, H의 값이 너무 클 때 귀무가설이 기각된다. H의 확률분포는 상당히 복잡하여 표본의 크기가 크고 k가 클 때는 분포표가 너무 방대해지는 단점이 존재한다. 따라서 표본의 크기가 클 때, 검정통계량은 자유도가 $k-1$인 χ^2 분포를 한다. 그러므로 유의수준 α에서의 검정법은 다음과 같다.

$H>\chi^2_{k-1}(\alpha)$일 때, H_0를 기각한다.

예제 11.2

다음 표는 S대학 세 학과 학생 17명을 무작위로 추출하여 평균 학점을 정리한 것이다. 모집단의 평균이 같은지를 유의수준 5%로 검정하라.

의료정보과	의료마케팅과	의료기기과
3.2	3.1	4.1
3.5	3.3	2.5
2	4.4	3.8
4.2	2.5	3.7
4.1	2.8	3.6
2.1		4.3

|결과| H_0 : 세 모집단의 분포는 같다.
H_1 : 세 모집단의 분포는 반드시 같지 않다.

의료정보과	의료마케팅과	의료기기과
3.2 (7)	3.1 (6)	4.1 (13.5)
3.5 (9)	3.3 (8)	2.5 (3.5)
2.0 (1)	4.4 (17)	3.8 (12)
4.2 (15)	2.5 (3.5)	3.7 (11)
4.1 (13.5)	2.8 (5)	3.6 (10)
2.1 (2)		4.3 (16)
47.5	39.5	66

❶ 귀무가설이 참인 상태에서 검정통계량의 계산된 값은 다음과 같다.

$$H=\frac{12}{n(n+1)}\sum_{i=1}^{k}\frac{W_i^2}{n_i}-3(n+1)$$
$$=\frac{12}{17(17+1)}\left(\frac{47.5^2}{6}+\frac{39.5^2}{5}+\frac{66^2}{6}\right)-3(17+1)=1.45$$

❷ $\chi^2_{0.05}(2)=5.99>1.45$ 이므로 귀무가설을 채택한다. 따라서 유의수준 5%에서 세 모집단의 분포는 같다고 할 수 있다.

Minitab ▶ 이용하기

1. 평균학점과 학과 요인 자료를 각각 "c1", "c2" 열에 입력한 후 메뉴에서 [Stat] → [Nonparametrics]→[Kruskal-Wellis...]을 클릭한다.

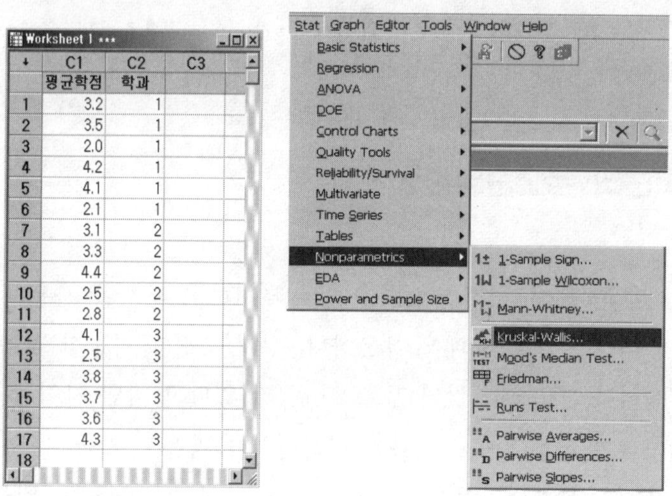

2. [Kruskal-Wellis] 대화상자가 나타나면 "c1"과 "c2"을 더블 클릭하여 "평균학점"과 "학과" 자료를 입력하고 [OK]버튼을 클릭한다.

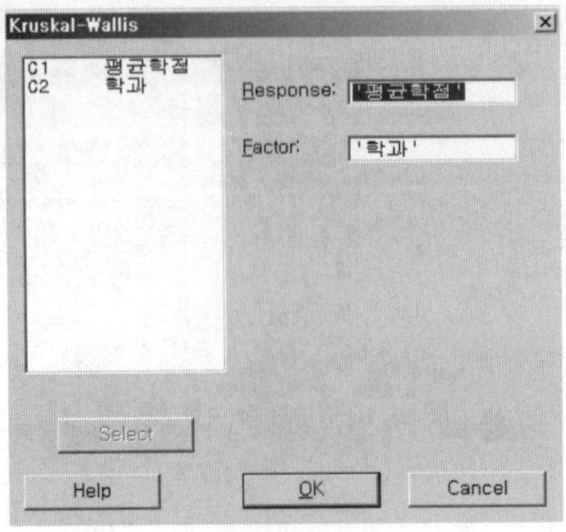

3. 다음과 같은 결과 화면이 나타난다.

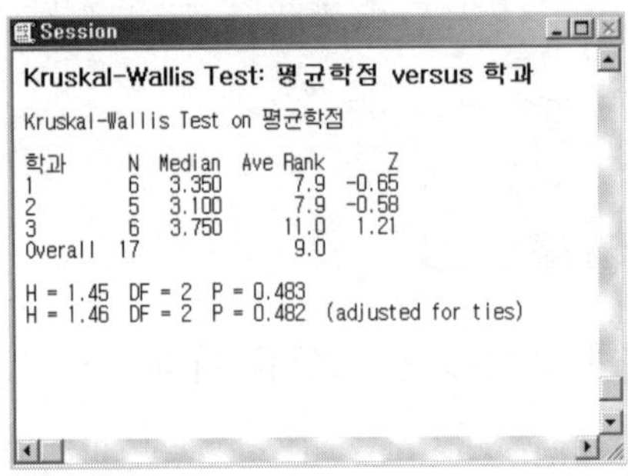

|해석| 검정통계량은 H=1.45이고 p값이 0.483이므로 유의수준 5%에 서 귀무가설을 채택.

4. 윌콕슨의 부호순위검정

부호검정에서는 관측치의 크기는 무시하고 부호만 사용하므로 수치를 측정하기 어려운 경우에 매우 유용하나, 수치 측정에 가능한 경우에는 정보의 낭비가 심하다. 따라서 n쌍의 자료(x_i, y_i)가 있다고 하면 차이 $d_i = x_i - y_i$의 부호뿐만 아니라 상대적인 크기를 고려하는 통계량을 생각할 수 있는데 이것이 바로 윌콕슨의 부호순위검정(Wilcoxon signed-rank test) 또는 일표본검정(one-sampel test)라 한다.

예를 들어, 강원 및 경기지역 소재의 병원에서 외과처치 서비스를 받기 위해 입원환자 들에게 청구된 일평균 의료비의 차이를 알아보기 위하여 입원환자

중에서 11명을 임의로 추출하여 강원지역소재 병원 환자 (X_1)와 경기지역소재 병원 환자(X_2)를 비교하여, 모수 검정의 t 검정 방식으로 윌콕슨의 검정을 하기로 하였다. t 검정에서는 두 시험의 차이 $d = X_2 - X_1$을 검정한다. 그러나 윌콕슨 검정은 차이의 절대값을 이용하여 그 크기 순서를 정한다. 가장 작은 값을 1로 시작하여 n까지 나아간다. 차이 크기가 같을 때에는 중간순위 값으로 한다. 그림에서 짝 지워진 관찰치의 차이가 0일 때는 표본의 크기에서 0의 수만큼 제외한다. [표 9.1]은 윌콕슨의 부호 순위검정을 위한 계산한 결과이다.

[표 9.1]에서 통계량 W를 계산하여 보자. 짝 지워진 관찰치 차이의 절대값 $|d|$에 대하여 순위를 정한 다음, 순위에 대해서 차이의 부호를 붙이고, 이를 모두 더하면 통계량은 다음과 같이 된다.

$$W = 1 - 9 - 10 - 5 - 3.5 - 8 + 2 + 3.5 + 6 - 7 = -14$$

순위부호의 합계 분포의 평균과 분산은 다음과 같이 구한다.

$$E(W) = 0$$

$$Var(W) = \frac{n(n+1)(2n+1)}{6}$$

위 예제에 대한 검정을 위하여 가설을 세우면

H_0 : 두 지역의 일평균 의료비의 분포는 같다.
H_1 : 두 지역의 일평균 의료비의 분포는 같지 않다.

이 된다. 분산이

$$Var(W) = \frac{10(10+10)(20+1)}{6} = 19.62^2$$

가 되므로 표준화된 W값은

$$Z_w = \frac{W - E(W)}{\sqrt{Var(W)}} = \frac{-14-0}{19.62} = -0.71$$

이다. 유의수준 5%에서 검정통계량 값이 -1.96보다 작거나 1.96보다 크면 귀무가설을 기각한다. $Z_W = -0.71 > -1.96$이므로 귀무가설을 채택한다. 따라서 유의수준 5%에서 두지역의 소재 병원 일평균 의료비의 분포 차이는 없다고 결론을 내릴 수 있다.

표 11.1_윌콕슨의 부호순위검정을 위한 계산

환자	강원지역소재병원	경기지역소재병원	$d = X_1 - X_2$	$\lvert d \rvert$의 순위	부호순위
1	86	85	1	1	1
2	64	80	−16	9	−9
3	72	90	−18	10	−10
4	70	77	−7	5	−5
5	92	98	−6	3.5	−3.5
6	90	80	10	8	8
7	65	60	5	2	2
8	48	48	0		
9	65	59	6	3.5	3.5
10	78	70	8	6	6
11	83	92	−9	7	−7

Minitab ▶ 이용하기

1. 강원소재지역 병원자료와 경기지역 병원소재 병원자료 를 각각 “c1”, “c2” 열에 입력한다.

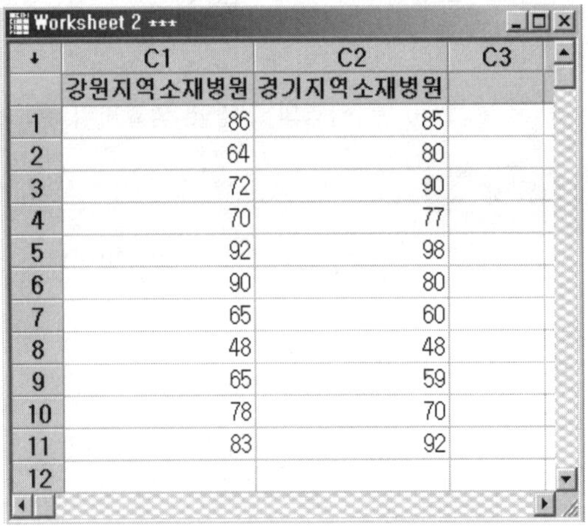

Worksheet 2 ***

↓	C1 강원지역소재병원	C2 경기지역소재병원	C3
1	86	85	
2	64	80	
3	72	90	
4	70	77	
5	92	98	
6	90	80	
7	65	60	
8	48	48	
9	65	59	
10	78	70	
11	83	92	
12			

2. 메뉴에서 [Calc] → [Calculator]을 클릭하고 나타난 계산기 대화상자에서 표현식란에 “c1−c2”을 입력하고 계산 결과 열에 “c3”을 입력하고 [OK] 버튼을 클릭한다.

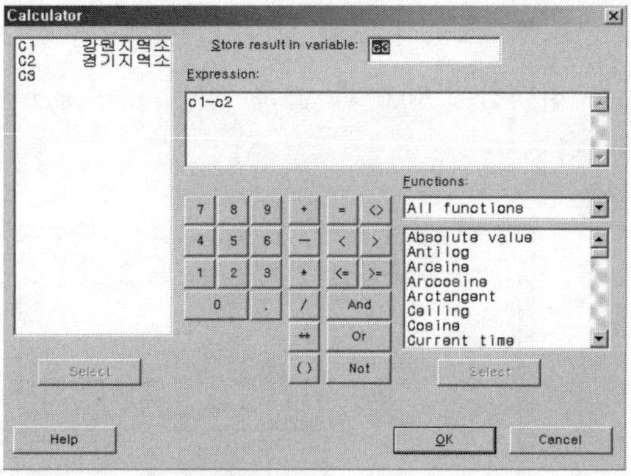

3. 다음과 같은 결과화면을 확인 한다.

↓	C1	C2	C3	C4
	강원지역소재병원	경기지역소재병원		
1	86	85	1	
2	64	80	-16	
3	72	90	-18	
4	70	77	-7	
5	92	98	-6	
6	90	80	10	
7	65	60	5	
8	48	48	0	
9	65	59	6	
10	78	70	8	
11	83	92	-9	
12				

4. 메뉴에서 [Stat] → [Nonparametrics]→[1-Sample Wilcoxon...]을 클릭한다.

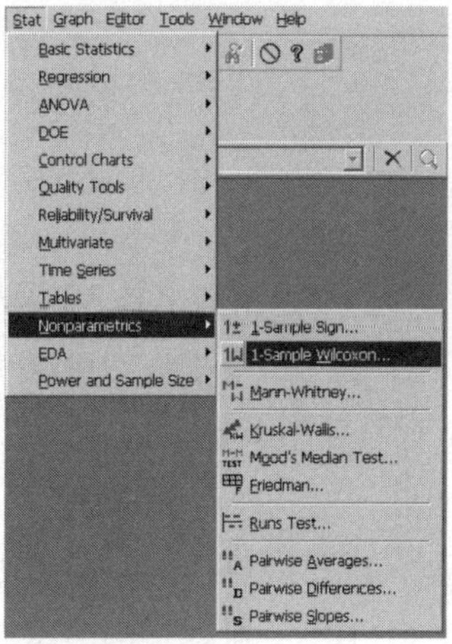

5. [1-Sample Wilcoxon...] 대화 상자가 나타나면 변수란에 "c3"을 [Test median] 항목을 선택하여 "0.0"과 양측 검정 "not equal"을 확인하고 [OK] 버튼을 클릭한다.

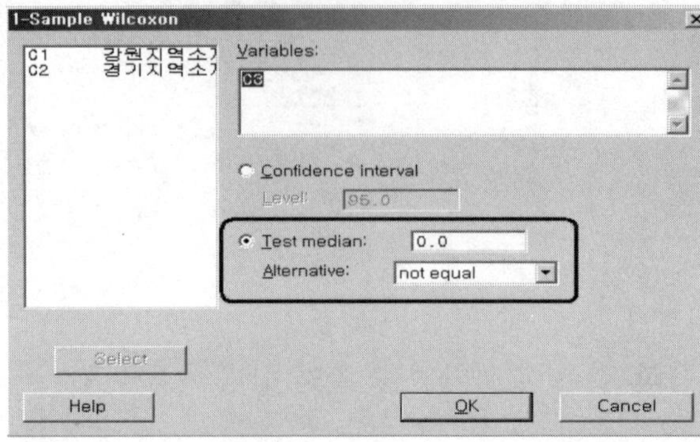

6. 다음과 같은 결과화면이 나타난다.

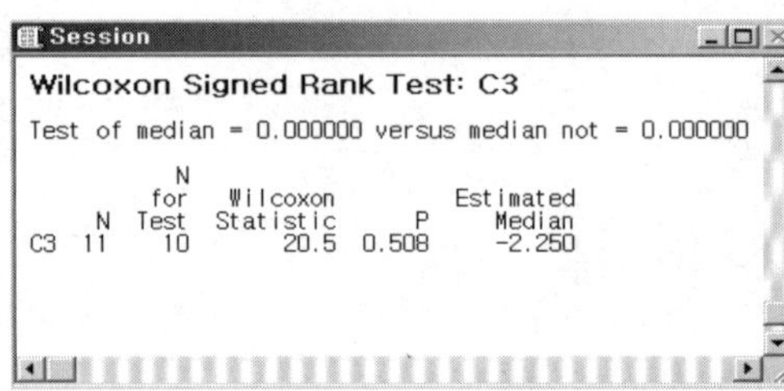

|해석| p값이 0.508이므로 유의수준 5%에 서 귀무가설을 채택.

5. 순위상관

두 변수사이에 상관관계를 알아보는 방법으로 Spearman의 상관계수를 들 수 있다. Spearman의 상관계수는 영국의 심리학자 스페어만(Spearman)에 의해 개발된 것으로, 순위의 상관관계(rank correlation)를 알아봄으로써 변수 사이의 독립성을 검정하는 것이다. 순위의 상관관계란 각 관측값에 주어진 순위(rank)를 사용하므로 순위검정의 한 종류라 할 수 있다.이 방법에 의하면 두 변수간의 독립성과 종속성뿐만 아니라 관계의 방향까지도 판단할 수 있다는 장점이 있다.

이와 같은 순위상관계수는 다음과 같이 구한다.

$$r_{rank} = 1 - \frac{6\sum_{i=1}^{n}(X_i - Y_i)^2}{n(n^2-1)}$$

이 경우 순위 상관계수는 -1과 1사이에 존재하며, 1이면 완전한 양의 상관(강상관), -1이면 완전한 음의 상관임을 나타내고, 0이면 두 변수의 관계가 독립적임을 나타내는 것이다.

표본의 크기가 적절하면, r_{rank}의 표본분포는 평균이(모순위상관계수인) ρ_{rank}이고, 표준편차가 σ_{rank} 인 근사 정규분포를 따른다. 이 경우 표준편차는 다음과 같이 됨이 알려져 있다.

$$\sigma_{rank} = \frac{1}{\sqrt{n-1}}$$

따라서, 검정통계량은

$$\frac{r_{rank} - \rho_{rank}}{\sigma_{rank}} = \sqrt{n-1}\,(r_{rank} - \rho_{rank})$$

이 되고 이 분포는 근사적으로 표준정규분포로 접근한다.

예제 11.3

강원지역과 수도권 지역의 병원 12곳을 랜덤 추출하여 원무과에 등록후 외과의료 서비스를 받는 시간에 대한 순위를 다음과 같이 얻었다. 이 때 순위상관 계수를 구하고, 두 지역간의 평가 순위가 관련성이 있는지 5%로 검정하라.

병원	강원지역(x)	수도권 지역(y)	d	d^2
1	7	8	-1	1
2	1	3	-2	4
3	3	2	1	1
4	8	7	1	1
5	6	5	1	1
6	5	4	1	1
7	4	6	-2	4
8	2	1	1	1
9	10	9	1	1
10	9	12	-3	9
11	11	11	0	0
12	12	10	2	4
합 계				28

|결과| 위의 계산표에서 $\sum_{i=1}^{12} d_i^2 = 28$임을 알 수 있다. 따라서,

$$r_{rank} = 1 - \frac{6\sum_{i=1}^{n}(X_i - Y_i)^2}{n(n^2-1)} = 1 - \frac{6 \times 28}{12 \times (12^2 - 1)} = 0.9$$

이 되며 귀무가설은 다음과 같다.

$H_0 : \rho_{rank} = 0$ (두 지역 의료 서비스 평가 순위는 무관하다.)

이 때 검정통계량의 계산한 값은 다음과 같다

$$\sqrt{n-1}(r_{rank} - \rho_{rank}) = \sqrt{12-1}(0.9) = 2.98$$

유의수준 5%에서 검정통계량의 계산값이 1.96보다 크거나 −1.96보다 작으면 귀무가설을 기각한다. 따라서 2.58>1.96이므로 귀무가설을 기각한다. 따라서 두 지역 의료 서비스 평가순위는 관련성이 있다고 결론을 내릴 수 있다.

연 / 습 / 문 / 제

1 대한주류 협회에서는 남녀 대학생의 알코올음료의 선택정도에 차이가 있는가를 조사하고자 남녀 대학생 각각 250명과 300명을 추출하여 다음과 같은 자료를 얻었다. 5% 유의수준에서 남녀 대학생간에 알코올음료 선택 정도는 무관하다고 할 수 있는가?

성별과 음료	맥주	양주	소주	막걸리
남	75	40	103	32
여	113	152	25	10

2 시중에 김치 판매가 점차 확대되어 가는 추세에 있는 데, 주부들의 연령에 따라 김장 담그는 실태를 차악해 본 결과 다음과 같았다. 5% 유의수준에서 주부의 연령과 김장 담그기와 관계가 있다고 할 수 있는가?

연령과 추세	담근다	담그지 않는다
20 - 30세	168	25
31 - 40세	253	16
41 - 50세	159	3
51세 이상	184	4

3 S대학 의료정보과에서는 남학생 12명과 여학생 12명을 각각 임의추출하여 해부학 중간고사 점수는 다음과 같았다. 이 성적의 분포는 남학생과 여학생 간에 차이가 없다는 가설을 유의수준 5%에서 검정하라.

남자	80	79	92	65	83	84	95	78	81	85	73	52
여자	82	87	89	91	93	76	74	70	88	99	61	94

4 세 종류의 식이요법에 대한 효과를 조사하기 위해서, 같은 종류의 쥐를 임의로 3집단으로 나눈 다음, 각각에 다른 식이요법을 실시했다. 일정 기간 후에 쥐의 콩팥과 내장에 낀 지방의 정도를 측정한 결과 다음과 같았다. 세 종류의 식이요법의 분포가 같은지를 유의수준 5%에서 검정하라.

식이요법1	식이요법2	식이요법3
120	96	98
93	62	92
95	84	81
96	86	93
105	69	75
96	74	61
110	78	94
		87

5 두 종류 A, B의 유아용 건강보조식품을 20명의 유아에게 에게 맛을 보게 한 다음 100점 만점으로 맛을 나타내도록 하였다. 맛의 점수와 그 차는 조사한 결과 다음과 같다. 부호가 붙은 순위검정으로 A, B, 유아용 건강보조식품의 맛에 차가 있는지를 유의수준 5%로 검정하라.

<A, B의 유아용 건강보조식품 맛의 점수표>

A	70	85	73	75	65	50	80	71	80	51	72	76	79	65	59	72	84	90	56	57
B	65	41	45	80	84	50	71	52	42	78	62	38	80	65	54	67	87	90	38	43
차	5	44	28	−5	−19	0	9	19	38	−27	10	38	−1	0	5	5	−3	0	18	14

6 체육학과에서 12명의 운동선수의 키와 몸무게에 관한 자료를 다음과 같이 얻었다. 위상관계수를 구하고, 운동선수의 신장과 체중간에 관련성이 있는지 5% 유의 수준으로 검정하라.

신 장	180	179	192	165	183	184	195	178	181	185	173	178
체 중	72	87	89	81	73	76	74	70	78	79	61	80

CHAPTER 12

다구찌에 의한 실험계획

다구찌는 목표치(target value)의 개념을 도입하여 허용한계내의 제품으로 이원화시켜 생각하는 기존의 이론에서 벗어나 허용한계내에 있어도 손실이 발생한다는 개념의 손실함수(loss function)를 제시하였다. 제품의 성능 특성치에 대한 변동 들은 사용환경(외부잡음, outer noise), 제품의 노후화(내부잡음, inner noise), 불완전 제조 등의 원인에 의해서 발생하는잡음(noise)이라고 하였다. 따라서 새로운 품질의 정의에 의하면, 좋은 품질은 어떤 상황에서도 산포가 적은 제품…, 즉 변동에 둔감한 제품은 사회에 손실을 작게 유발시키는 좋은 품질의 제품이기 때문에 다구찌 방법은 변동에 둔감한 제품을 만드는 것을 목적으로 하고 있다.은 품질은 어떤 상황에서도 산포가 적은 제품…, 즉 변동에 둔감한 제품은 사회에 손실을 작게 유발시키는 좋은 품질의 제품이기 때문에 다구찌 방법은 변동에 둔감한 제품을 만드는 것을 목적으로 하고 있다.

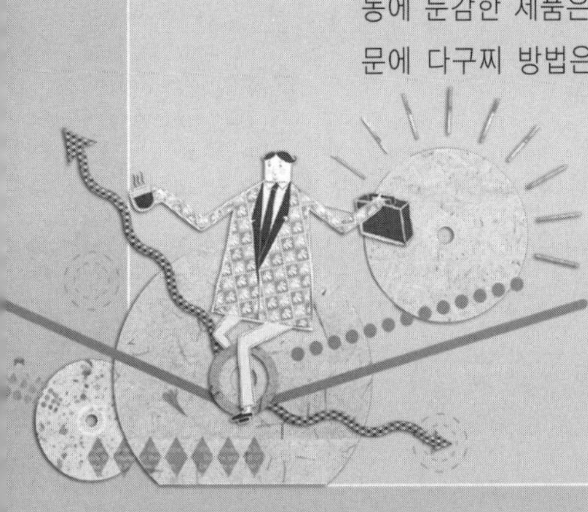

1. 실험의 의의

다구찌 기법이란, 일본의 다구찌 박사가 구현한 구체적인 제품최적화 기법으로, 그의 이름을 따서 다구찌 기법이라 알려져 있고 다구찌 기법의 기본은 품질개선보다는 제조비용의 절감이라고 할 수 있다. 즉, 회사 경영상의 이점을 위한 원가절감에 초점을 두어 원가개선이 목적이고, 품질개선은 그를 위한 수단이라고 간주 할 수 있다. 따라서 생산설계에서부터 생산성을 중시한 종합원가관리(TCM : Total Cost Management)를 강조하는 기법인 셈이다.

다구찌 기법의 목적인 품질개선과 원가절감의 두 가지를 동시에 달성하는 것이기 때문에, 기술자는 제품 코스트를 품질보다 더 비중을 두어야 한다. 결국, 다구찌 기법은 모든 상황에 일정하게 적용하는 기법이 아니라, 상황에 따라 기법을 변형하여 적용하는 기법이라고도 할 수 있다.

다구찌는 목표치(target value)의 개념을 도입하여 허용한계내의 제품으로 이원화시켜 생각하는 기존의 이론에서 벗어나 허용한계내에 있어도 손실이 발생한다는 개념의 손실함수(loss function)를 제시하였다. 여기에서 손실은 제품의 성능 특성치가 이상적인 값을 일관성 있게 유지하지 못하고 변동하기 때문에 발생한다. 이러한 변동들은 사용환경(외부잡음, outer noise), 제품의 노후화(내부잡음, inner noise), 불완전 제조 등의 원인에 의해서 발생하게 되고, 이렇게 변동을 야기하는 모든 원인들을 통칭하여 간단히 잡음(noise)이라고 하였다. 따라서 새로운 품질의 정의에 의하면, 좋은 품질은 어떤 상황에서도 산포가 적은 제품, 즉 변동에 둔감한 제품은 사회에 손실을 작게 유발시키는 좋은 품질의 제품이기 때문에 다구찌 방법은 변동에 둔감한 제품을 만드는 것을 목적으로 하고 있다.

2. 손실함수와 SN 비

다구찌는 목표치(Target value)의 개념을 도입하여 허용한계내의 제품으로 이원화시켜 생각하는 기존의 이론에서 탈피하여 허용한계내에 있어도 손실이 발생한다는 개념의 손실함수(Loss function)를 제시하였다. 여기에서 손실은 제품의 성능 특성치가 이상적인 값을 일관성 있게 유지하지 못하고 변동하기 때문에 발생한다. 이러한 변동들은 사용환경(외부잡음, Outer noise), 제품의 노후화(내부잡음, Inner noise), 불완전 제조 등의 원인에 의해서 발생하게 되고, 이렇게 변동을 야기하는 모든 원인들을 통칭하여 간단히 잡음(noise)이라고 하였다.

기존의 개념적인 측면은 어떤 품질특성이 규격 이나 허용차의 한계내에만 있으면 양품으로 간주되어 어떤 손실도 발생하지 않고 규격의 상한선을 넘거나 혹은 하한선을 벗어나면 손실이 발생한다는 개념이었지만 다꾸찌는 품질 특성치가 소비자 규격내에 부합된다 하드라도 목표치에서 벗어남에 따라 어느 정도의 손실이 발생한다는 개념으로 설명된다. 따라서 기존 품질 개념에 의한 손실함수와 다꾸치 손실함수의 패턴은 다음과 같다.

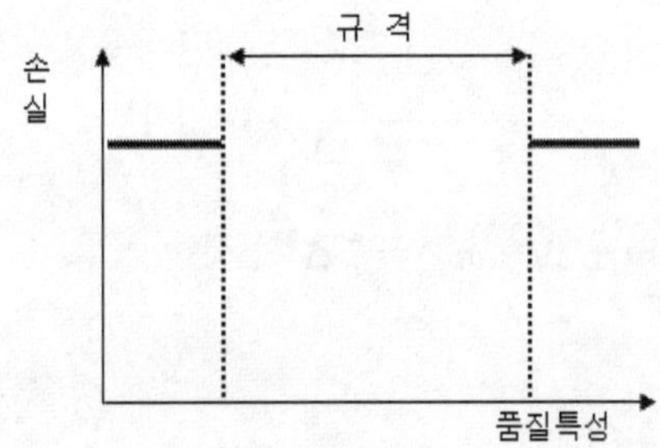

[기존 품질 개념에 의한 손실함수]

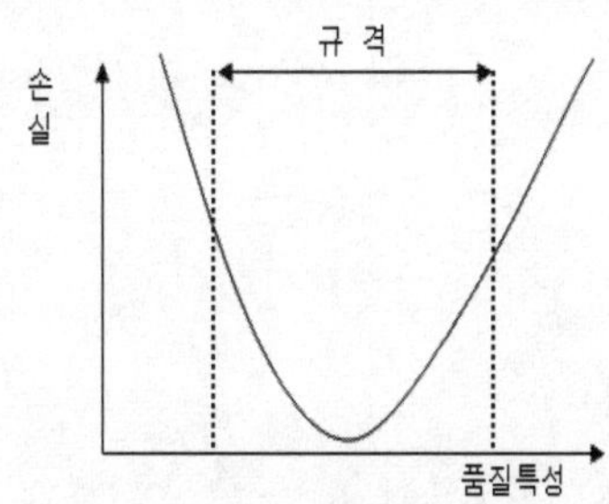

[다꾸치 손실함수]

즉, 기존 품질 개념에 의한 손실함수는 규격에 약간만 벗어나도 급격한 손실비용이 발생하는 단점을 가지고 있지만 다꾸치 손실함수는 품질특성치가 목표치에 벗어남에따라 손실비용이 부드러운 곡선 형태를 가지며 증가하는 모습으로 나타나고 있다. 따라서 품질에 따른 다꾸치의 손실함수를 수용하는 생산자는 품질 비용 손실을 줄이기 위하여 목표치에 보다 가깝게 품질개선 노력을 하게 될 것이다.

품질특성치를 세가지로 분류하여 각각에 대한 손실함수(Loss function)를 망목특성, 망소특성, 망대특성 3가지 경우로 구분된다.

1) 손실함수

❶ 망목특성(Nomal-is-best characteristics)

특정한 목표치가 주어져 있는 경우로 길이, 무게, 두께 등과 같이 지정된 목표가 있는 경우를 의미하며 특성치가 y 이고 목표치가 m 인 경우에 손실함수 $L(y)$는 다음과 같이 정의 된다.

$$L(y) = k(y-m)^2$$

위 식에서 k는 상수이고 다음 그림과 같이 특성치의 소비자 허용 한계시점 $m \pm \Delta$에서 소비자의 손실이 A 원 이라면 다음과 같이 표현 된다.

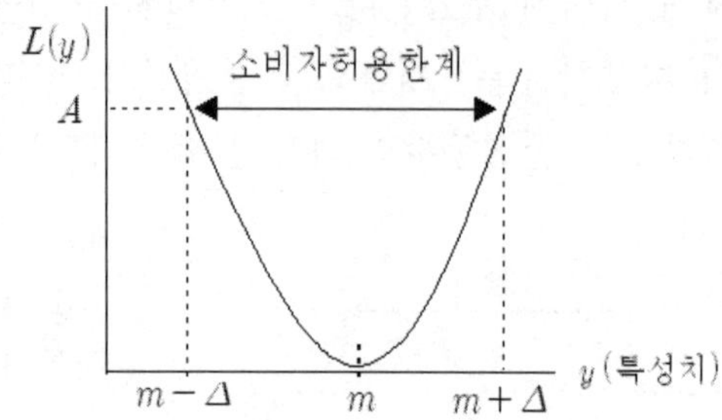

$$A = k(m \pm \Delta - m)^2 = k\Delta^2$$

따라서 $k = \frac{A}{\Delta^2}$을 유도 할 수 있다.

결국 망목특성인 경우의 손실 함수는 $L(y) = \frac{A}{\Delta^2}(y-m)^2$ 이 된다.

❷ 망소특성(Smaller-the-better characteristics)인 경우

특성치가 작으면 작을수록 좋은 경우로 마모, 진동, 불량률 등의 특성치이다. 이 경우에는 m 이 0이므로 손실함수는 다음과 같은 패턴이 된다.

$$L(y)= ky^2 = \frac{A}{\Delta^2}$$

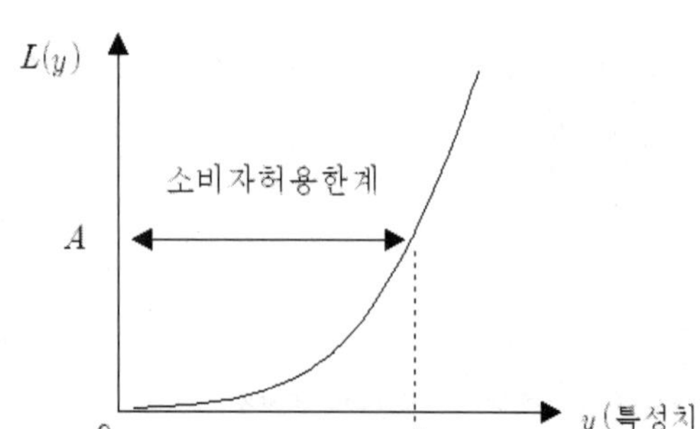

❸ 망대 특성(Larger-the-better characteristics)인 경우

값이 크면 클 수록 좋은 경우도 강도, 수명, 연료효율 등의 특성치를 의미하고 다음과 같은 패턴이 된다. 망대특성 y를 $y' = \frac{1}{y}$로 변환하면 망소특성이 되고 이 경우 망대특성의 손실함수는 다음과 같은 패턴이 된다.

$$L(y) = k\left(\frac{1}{y^2}\right)$$

$$k = A\Delta^2$$

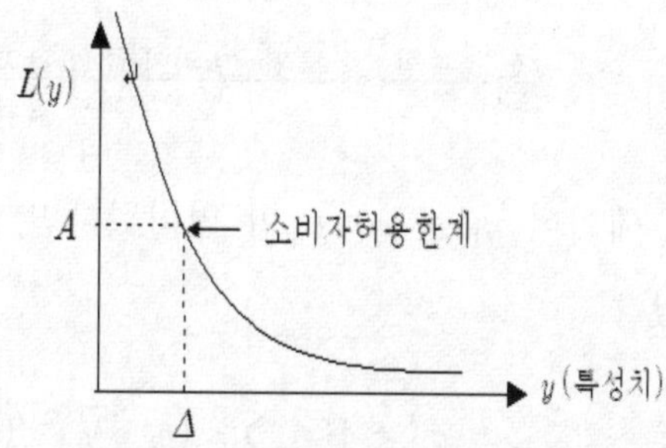

2) SN비(signal to noise ratio)

다꾸치기법에서 실험의 특성치로 SN비가 사용되는데 이 개념은 원래 통신공학에서 이용되는 기법이었다. 즉, 통신공학에서 기능적인 품질 특성을 구분 할 때 다음 그림과 같이 신호입력과 잡음이 시스템의 산출물에 어느 정도의 영향을 주는 지를 조사하게 된다.

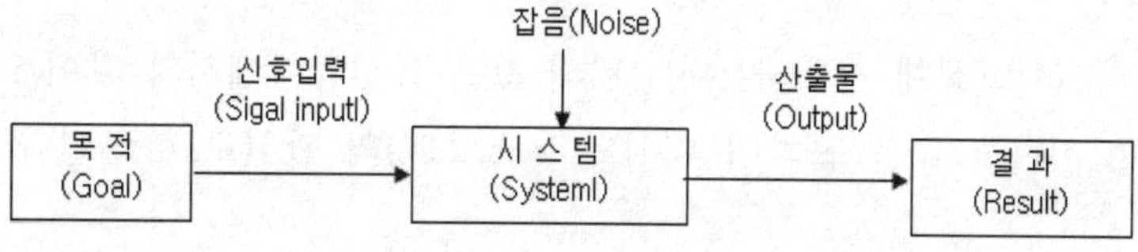

이런 환경에서 원하는 목적을 수행하기 위해서는 전달된 신호입력이 산출물의 품질수준에 영향을 주며 시스템에 가해지는 잡음이 산출물의 품질에 변동을 초래하게 되어 신뢰성을 떨어뜨리게 된다. SN비는 신호 대 잡음의 비율을 의미하는 개념으로 다음과 같이 정의 된다.

$$SN비 = \frac{신호의힘(power\ of\ \ signal)}{잡음의힘(power\ of\ noise)}$$

$$= \frac{목적이\ 산출물의\ 결과에\ 얼마나\ 반영\ 되었는가?}{잡음의\ 크기가\ 산출물\ 결과에\ 얼마나\ 나쁜\ 영향을\ 주는가?}$$

SN비는 종류별로 다르게 정의 된다.

❶ 망목특성인 경우

SN비의 비율을 실험 데이터로부터 추정할 때에 다구찌는 다음과 같이 정의하였다.

$$\frac{신호의힘}{잡음의힘} = \frac{모평균\mu의제곱(\mu^2)의추정값}{분산\sigma^2의추정값}다.$$

만약 n개의 데이터 $y_1, y_1, \cdots, y_n$이 얻어졌다면, σ^2의 추정값은 다음과 같이 표현 할 수 있다.

$$\widehat{\sigma^2} = V = \sum_{i=1}^{n} (y_i - \bar{y})^2/(n-1)$$

μ^2의 추정치는 $S_m = (y_1 + y_2 + \cdots + y_n)/n$ 인 경우에 $E(S_m) = \sigma^2 + n\mu^2$이 성립되므$S_m = \sigma^2 + \mu\sigma^2$이며 $\widehat{\mu^2} = \frac{1}{n}(S_m - V)$ 이 된다.

위 사항을 종합하면 SN비는 다음과 같이 나타낼 수 있다.

$$SN비 = \frac{\frac{1}{n}(S_m - V)}{V}$$

그러나 실제 사용되는 SN 비의 값은 통신공학에서와 같이 SN 비에 상용대수를 취하고 10을 곱하여 데시벨(decibal(db))의 단위로 나타낸다. 즉,

$$SN = 10\log\left[\frac{\frac{1}{n}(S_m - V)}{V}\right]$$

이다. 그런데 $S_m = n(\bar{y})^2$이므로, 다음과 같이 표현 가능하다.

$$SN = 10\log\left[(\bar{y})^2 - \frac{V}{n}\right]$$

n이 충분히 크면 $\frac{V}{n}$가 무시될 수 있을 정도로 작아지므로 $V = s^2$으로 나타내는 경우에 다음과 같이 변환하여 사용 할 수도 있다.

$$SN = 10\log\left[\frac{(\bar{y})^2}{V}\right]$$

$$= 10\log\left[\frac{(\bar{y})^2}{s}\right]$$

$$= 20\log\left[\frac{(\bar{y})}{s}\right]$$

❷ 망소특성인 경우

망소특성인 경우는 SN비의 정의식에서 목표치 m이 0이므로 μ^2을 추정할 경우에 $\widehat{\mu^2} < 0$이 될 수도 있으며, 상용대수를 취하여 실시되는 데시벨을 사용할 수 없다. 이런 이유로 인하여 망소특성인 경우에는 손실함수의 기대값

$$L = kE(y^2)$$

을 최소화시키는 SN비를 이용하게 된다.

반복 측정 데이터 $y_1, y_1, \cdots, y_n$이 얻어진 경우에 $E(y^2)$의 추정값은

$$MSD = \frac{1}{n}\sum_{i=1}^{n} (y_i - 0)^2$$

$$= \frac{1}{n}\sum_{i=1}^{n} y_i^2$$

으로 볼 수 있다. 여기서 MSD는 0으로부터의 평균제곱편차(Mean Squared Deviation)를 의미한다. 따라서 데시벨로 나타내는 SN비로 $10\log(MSD)$로 사용할 수 있으나, 망목특성이 경우와 같이 SN값을 크게 하는 것이 좋은 것으로 하기 위하여

$$SN = -10\log\left[\frac{1}{n}\sum_{i=1}^{n} y_i^2\right]$$

을 망소특성인 경우의 SN 비로 한다. 이 SN 의 값도 단위는 데시벨이다.

❸ 망대특성인 경우

망소특성인 경우와 같이 기대손실 $L = kE(\frac{1}{y^2})$을 작게 해주기 위하여 $E(\frac{1}{y^2})$의 추정값을

$$MSD = \frac{1}{n}\sum_{i=1}^{n} \left(\frac{1}{y_i} - 0\right)^2$$
$$= \frac{1}{n}\sum_{i=1}^{n} \frac{1}{y_i^2}$$

으로 사용하여 SN 비를

$$SN = -10\log\left[\frac{1}{n}\sum_{i=1}^{n} \frac{1}{y_i^2}\right]$$

으로 계산하다. SN 비의 값은 크면 클수록 좋은 것이다. 여기서 망대 특성에서의 MSD는 $\frac{1}{y} = \frac{1}{\infty} = 0$ 이 목표치가 되므로 $\frac{1}{y_i}$들이 0으로부터 얼마나 벗어나 있는가를 나타내는 평균제곱편차에 해당하고 SN의 값도 단위는 데시벨이다.

지금까지 열거한 내용을 정리하면 다음 표와 같다.

[손실함수 와 SN 비]

특성치의 종류	1개의 데이터 y 의 손실함수	n개의 사료 데이터에서 얻어진 경우의 개당 평균 손실함수	SN 비
망목특성	$k_1(y-m)^2$	$k_1\left[\frac{1}{n}\sum_{i=1}^{n}(y_i-m)^2\right]$	$10\log\left[\frac{\frac{1}{n}(S_m-V)}{V}\right]$ $=20\log\left[\frac{\bar{y}}{s}\right]$
망소특성	$k_1 y^2$	$k_1\left[\frac{1}{n}\sum_{i=1}^{n}y_i^2\right]$	$-10\log\left[\frac{1}{n}\sum_{i=1}^{n}y_i^2\right]$
망대특성	$k_2\left(\frac{1}{y^2}\right)$	$k_2\left[\frac{1}{n}\sum_{i=1}^{n}\frac{1}{y_i^2}\right]$	$-10\log\left[\frac{1}{n}\sum_{i=1}^{n}\frac{1}{y_i^2}\right]$

단, $k_1 = \frac{A}{\Delta^2}$ $\quad k_2 = A\Delta^2$

예제 12.1

다음과 같이 5개의 반복측정값이 얻어졌다고 하자.

15, 16, 15, 17, 15

망목, 망소, 망대특성치로 가정 SN 비를 구하시오.

|결과| ❶ 망목특성인 경우

$$\bar{y} = 15+16+15+17+15 = 15.6$$

$$S_m = \frac{1}{n}\left(\sum_{i=1}^{n} y_i\right)^2 = \frac{(15+16+15+17+15)^2}{5} = 1216.8$$

$$V = \frac{1}{n-1}\sum_{i=1}^{n}(y_i - \bar{y})^2$$

$$= \frac{1}{4}\left[(15-15.6)^2 + (16-15.6)^2 + (15-15.6)^2 + (17-15.6)^2 + (15-15.6)^2\right]$$

$$= 0.8$$

따라서

$$SN = 10\log\left[\frac{\frac{1}{n}(S_m - V)}{V}\right] = 10\log\left(\frac{\frac{1}{5}(1216.8-0.8)}{0.8}\right) = 24.8db$$

다른 식 $SN = 20\log\left[\frac{\bar{y}}{s}\right] = 20\log\left(\frac{15.6}{\sqrt{0.8}}\right) = 24.8db$

❷ 망소특성치인 경우

$$SN = -10\log\left[\frac{1}{n}\sum_{i=1}^{n} y_i^2\right] = -10\log\left(\frac{15^2+16^2+15^2+17^2+15^2}{5}\right) = -23.87db$$

❸ 망대특성인 경우

$$SN = -10\log\left[\frac{1}{n}\sum_{i=1}^{n}\frac{1}{y_i^2}\right] = 23.83$$

3. 계량치의 파라미터 설계

1) 설계의 구조

파라미터 설계(Parameter design)는 제품설계 또는 공정설계를 위해 잡음의 영향하에서도 성능특성치의 분산이 작고, 평균이 목표치에 접근하도록 하는 제어인자(설계변수)의 조건을 찾는 것이다. 제어인자의 최적조건에서도 특성치의 변동이 아직 만족할 만한 상태가 아닐 때에는 허용차 설계를 통하여 성능변동에 큰 영향을 주는 부품 등을 교환시키거나 기타 적절한 조치를 위하여 허용차를 줄여 주게 된다.

직교배열표를 이용한 파라미터 설계는 다음 몇 가지 중요한 특징이 있다.

❶ 파라미터 설계에서는 설계변수의 한 조합(직교배열표의 한 행)에서 여러 개의 특성치를 얻는다. 어느 한 실험점에서 성능특성치에 대한 잡음(내란, 외란, 불완전 제조)의 영향을 파악하기 위하여 특성치를 반복해서 얻는 방법에는 크게 다음 두 가지가 있다.

첫째, 잡음인자들(Noise factors)을 있는 상태에서 특성치를 반복하여 측정되고

둘째, 잡음인자들의 수준을 정하여 이들 수준조합에서 성능특정치를 측정하게 된다.

위와 같이 실험계획이 이루어지는 경우에 실험은 2개의 직교배열표가 교차(Crossed)되는 형태로 주어지며 제어인자들로 이루어진 직교배열을 내측배열(Inner array)(설계변수행렬(Catrix of design variables))이라고 부르고, 비제어인자들로 이루어진 직교배열을 외측배열(Cuter array)(비제어인자행렬(Catrix ofuncontrol factors))이라고 부른다. 다음과 같은 형태로 이루어진다.

구분	내측배열($L_8(2^7)$)							외측배열($L_4(2^3)$)				
요인배치	A	B	C	D	F	ⓔ	ⓔ	원 데이터				SN 비
인자이름												
수준	0							실험번호				비제어인자배치
	1							1	2	3	4	
열번호 / 실험번호	1	2	3	4	5	6	7	0	0	1	1	U
								0	1	0	1	V
								0	1	1	0	W
1	0	0	0	0	0	0	0	y_{11}	y_{12}	y_{13}	y_{14}	SN_1
2	0	0	0	1	1	1	1	y_{21}	y_{22}	y_{23}	y_{24}	SN_2
3	0	1	1	0	0	1	1	…	…	…	…	…
4	0	1	1	1	1	0	0	…	…	…	…	…
5	1	0	1	0	1	0	1	…	…	…	…	…
6	1	0	1	1	0	1	0	…	…	…	…	…
7	1	1	0	0	1	1	0	…	…	…	…	…
8	1	1	0	1	0	0	1	y_{81}	y_{82}	y_{83}	y_{84}	SN_8

❷ 분산분석시에 성능특성치 y_{ij} (i번째 행의 j번째 데이터)에 대하여 분석하지 않고 y_{ij}들로부터 SN비를 계산하여 SN 비를 새로운 특성치로 간주하여 분석을 실시한다.

따라서 SN비는 다음과 같이 계산하는데, SN는 i행의 SN 비값을 의미하고,

n은 각 행에서의 반복수이다.

망소특성인 경우 $SN_i = -10\log\left[\frac{1}{n}\sum_{j=1}^{n} y_{ij}^2\right]$ 이며 망대특성인 경우

$SN_i = -10\log\left[\frac{1}{n}\sum_{j=1}^{n} \frac{1}{y^{2_{ij}}}\right]$ 이고 망목특성인 경우는 다음과 같다.

$$SN_i = -10\log\left[\frac{\frac{1}{n}(S_{m(i)} - V_i)}{V_i}\right]$$

혹은 $SN_i = 10\log\left[\frac{\frac{1}{n}S_{m(i)}}{V_i}\right] = 10\log\left[\frac{\frac{1}{n}[n(\overline{y_i})^2]}{V_i}\right] = 10\log\left[\frac{(\overline{y_i})^2}{V_i}\right]$

$= 20\log\left[\frac{\overline{y}}{s}\right]$

단, $V_i = \frac{\sum_{j=1}^{n}(y_{ij} - \overline{y}_i)^2}{n-1}$; i번째 행의 n개 데이터의 표본분산

$S_{m(i)} = \frac{(\sum_{j=1}^{n} y_{ij})^2}{n}$; i번째 행의 n개 데이터의 수정항

$\overline{y}_{i.} = \frac{\sum_{j=1}^{n} y_{ij}}{n}$; i번째 행의 n개 데이터의 평균

망목특성인 경우에는 SN 비 값은 주로 분산 V에 의하여 좌우되므로, SN비를 크게 하는 조건은 V를 작게 하는 조건이 된다. 따라서 평균 $\overline{y}$ 에 유의한 영향을 주는 인자를 찾기 위하여 민감도(Sensitivity)를 다음과 같은 식을 정의하여 사용하기도 한다.

$$S_{n(i)} = 10\log(CT_i)$$

여기서 CT 는 수정항으로 $T_{i.} = \sum_j y_{ij}$라 하면 $CT_i = \frac{T_i^2}{n} = n(\overline{y_i})^2$ 가 되므로

$$S_{n(i)} = 10\log[n(\overline{y_i^2})] = 20\log(\sqrt{n}\,\overline{y_i})$$

으로 표현된다. 즉 i 번째 행의 민감도 $S_{m(i)}$는 $\overline{y}_{i.}$ 에 의하여 좌우되는 값이다.

❸ 제품설계나 공정설계의 대상이 되는 시스템에 대하여는 특성치에 영향을 주리라고 예상되는 가능한 모든 제어인자를 포함시키고, 비제어인자로서 잡음인자, 블록인자, 보조인자, 또는 표시인자 등을 배치하되 가능한 한 너무 많지 않게 배치한다.

2) 파라미터 설계 방법

■1 망소특성과 망대특성인 경우

망소특성과 망대특성에 대한 파라미터의 설계 방법 및 순서는 다음과 같다.

① 제어인자들로 이루어진 실험을 구성하며 이 때 주로 직교배열표가 사용되며 각 실험조건에서 반복측정치가 있도록 한다.

② 각 실험조건의 반복측정치로부터 SN비를 계산한다.

③ SN 비에 대한 분산분석을 통하여 SN비에 영향을 미치는 제어인자를 찾는다.

④ 위의 ③에서 찾은 유의한 제어인자들의 최적수준은 SN 비를 최대로 하는 수준조합이 되기 때문에 SN 비에 유의한 영향을 못주는 제어인자는 경제성, 작업성 등을 고려하여 적절한 수준을 선택한다.

⑤ 위의 ④에서 구한 최적 수준조합에서 특성치의 모평균을 추정하여보고, 확인실험을 실시하여 재현성이 있는가를 조사한다.

■2 망목특성인 경우

망목특성에 대한 파라미터의 설계 방법 및 순서는 다음과 같다.

① 망소특성과 망대특성의 경우의 ①과 동일하게 구성한다

② 각 실험조건의 반복측정치로부터 SN 비와 민감도 $S_{n(i)}$을 계산한다.

③ SN비에 대한 분산분석을 통하여 SN 비에 유의한 영향을 주는 제어인자를 찾아낸다.

④ $S_{n(i)}$에 대한 분산분석을 통하여 $\bar{y}$에 영향을 주는 제어인자를 찾아내고 ③과 ④의 분석을 실시하여 다음과 같이 3가지로 제어인자를 분류할 수 있다.

- 산포제어인자(Dispersion control factor) : SN 비에 유의한 영향을 주는 인자

• 평균조정인자(Mean adjustment factor) :$\overline{y}$에만 유의한 영향을 주는 인자

• 기타제어인자 :SN 비나 $\overline{y}$ 에 유의한 영향을 주지 못하는 인자

만약, 하나의 제어인자가 SN 비와 $\overline{y}$를 동시에 영향을 준다면 이는 산포제어인자로 분류한다.

⑤ 산포제어인자는 SN비를 최대로 하는 수준에 놓고, $\overline{y}$가 목표치에 접근하도록 평균 조정인자의 수준을 조정한다. 기타 제어인자에 대해서는 경제성, 작업성등을 고려하여 적절한 수준을 선택한다.

⑥ 위의 ⑤에서 구한 최적수준조합에서 특성치의 모평균을 추정하여 보고, 확인실험을 실시하여 재현성이 충분한가를 조사한다.

위의 ⑤에서 보는 바와 같이 인자의 최적수준을 선택할 때, 산포를 작게 해주는 조건이 가장 우선하며, 그 다음으로 평균치를 목표치에 근접시키는 조건이 따르게 된다. 이 원리는 파라미터 설계에서는 비제어인자에 의한 산포를 최소화시키 는 것이 가장 중요함을 말하여 주고 있으며, 따라서 파라미터 설계를 로버스트(둔감성) 설계(Robust design)라고도 부른다.

예제 12.2

건강 보조 식품을 생산하는 NJ회사에서는 이 건강 보조식품에 포함되는 지방 함유량을 줄이기 위한 실험을 하고 있다. 규격 상한은 6%이고 이 규격에 만족되지 않으면 1KG 당 200원 손실이 발생된다고 한다. 지방 함유량에 영향을 주리라 예상되는 제어인자를 4가지 선택되었다.

A 인자 : 물과 우유의 배합비 3 수준 A_0 , $A_1,$ A_2
B 인자 : 우유 생산지 3 수준B_0 , $B_1,$ B_2
C 인자 : 성분 요소 분리 방법 3 수준 C_0 , $C_1,$ C_2
D 인자 : 보관처리방법 3 수준 D_0 , $D_1,$ D_2

비 제어인자로서는

U : 작업자 2수준(남, 녀)
V: 가공 생산라인 2 수준

이러한 실험 환경에서 지방 함유량의 자료를 수집하였다. 이 실험은 망소특성실험으로 간주하고 현재 생산하고 있는 생산조건은 $A_1\,B_1\,C_1\,D_1$이다. 분산분석을 이용하여 분석하시오.

인자배치	A	B	C	D	지방함유량(%)				$SN_i = -10\log\left[\frac{1}{n}\sum_j y_{ij}^2\right]$
열번호	1	2	3	4	U_0		U_1		
실험번호					V_0	V_1	V_0	V_1	
1	0	0	0	0	8.23	7.41	4.39	5.80	-16.42
2	0	1	1	1	5.28	4.68	4.51	4.21	-13.42
3	0	2	2	2	4.31	4.45	3.63	3.79	-12.17
4	1	0	1	2	3.68	4.79	3.24	3.68	-11.80
5	1	1	2	0	3.72	4.32	4.62	4.24	-12.54
6	1	2	0	1	4.82	4.84	4.72	4.20	-13.35
7	2	0	2	1	4.35	4.23	3.80	3.61	-12.06
8	2	1	0	2	6.19	5.85	3.82	3.72	-14.02
9	2	2	1	0	6.12	5.31	3.45	4.33	-13.82

|결과| 각 실험별로 SN비의 값을 우선 계산해야 하는데 첫번째 실험번호에서의 SN비의 값은 다음과 같이 계산된다.

$$SN_1 = -10\log\left[\frac{1}{4}\sum_j y_{1j}^2\right]$$

$$= 10\log\left(\frac{8.23^2 + 7.41^2 + 4.39^2 + 5.80^2}{4}\right) = -16.42$$

다른 실험번호에서도 유사하게 계산된다.
그리고 이 SN비의각 인자별 수준의 합을 다음과 같이 계산한다.

[SN비의각 인자별 수준의 합]

수준 \ 인자	A	B	C	D
0	-42.01	-40.28	-43.80	-42.78
1	-37.69	-39.98	-39.03	-38.83
2	-39.90	-39.34	-36.77	-37.99
합	-119.60	-119.60	-119.60	-119.60

이 표를 참고로 하여 각 인자의 변동을 구하면 다음과 같다.

$$SSA = \frac{(-42.01)^2 + (-37.69)^2 + (-39.90)^2}{3} - \frac{(-119.60)^2}{9} = 3.104$$

유사한 방법으로 $SSB = 0.155$, $SSC = 8.577$, $SSD = 4.364$.

계산된 인자의 변동을 이용하여 SN비의 분산 분석표를 작성하면 다음과 같이 나타난다. 그런데 오차항의 항목이 없으므로 변동이 제일작은 B인자의 변동을 오차항으로 간주하여(풀링) 분산분석표를 작성하는 것이 일반적이다.

이런 결과를 이용하여 분산 분석표를 만들면 다음과 같이 표현 된다.

[SN비의 분산 분석표]

요인	SS	ϕ	V	F_0	$F(0.05)$
A	3.104	2	1.552	20.2	19
C	8.577	2	4.288	55.7	
D	4.364	2	2.182	28.3	
E	0.155	2	0.077		
계	16.200	8			

유의수준 5%에서 A, C, D 인자가 유의함을 나타내고 있다.

유의한 A, C, D 인자의 각 수준에서 모평균에 대한 95%신뢰구간을 구하기 위하여 우선 A_0 수준에서의 신뢰구간은 구하여 보자.

$$A_0 \text{수준에서의 점추정치} \quad \hat{\mu}(A_0) = \frac{-42.01}{3} = -14 \text{ 이고}$$

신뢰구간의 폭은 $t(\phi_E, 0.025)\sqrt{\frac{0.077}{3}} = 4.303\ \sqrt{(0.077/3)} = 0.6894$ 이므로 다음과 같이 신뢰구간이 계산된다. 즉, 신뢰구간은 -14 ± 0.6894이고 $(-14.69, -13.31)$. 다른 경우도 유사하게 계산된다. 계산된 결과표는 다음과 같다.

[유의한 인자의 각 수준에서의 SN비 모평균의 95% 신뢰구간]

인자	수준	SN비의 점추정치	95% 신뢰구간	
			하한	상한
A	0	-14	-14.69	-13.31
	1	-12.56	-13.25	-11.88
	2	-13.3	-13.99	-12.61
C	0	-14.6	-15.29	-13.91
	1	-13.01	-13.7	-12.32
	2	-12.26	-12.95	-11.57
D	0	-14.26	-14.95	-13.57
	1	-12.94	-13.63	-12.25
	2	-12.66	-13.35	-11.97

SN비를 크게 하는 조건이 좋은 조건이므로 A, C, D 인자의 최적조건은 $A_1\ C_2\ D_2$가 된다. B 인자는 유의하지 않은 인자이므로 B_1 수준을 그대로 사용하면 최적조건은 $A_1\ B_1\ C_2\ D_2$이 된다.

따라서 SN비의 추정치는 다음과 같이 표현가능하다.

$$\hat{\mu}(A_1 B_1 C_2 D_2) = \mu + a_1 + \widehat{b_1 + c_2} + d_2$$

$$= \widehat{\mu + a_1} + \widehat{\mu + b_1} + \widehat{\mu + c_2} + \widehat{\mu + d_2} - 3\hat{\mu}$$

$$= (-12.56) + (-13.33) + (-12.26) + (-12.66) - 3\,(-13.2891)$$

$$= -10.94db$$

이 실험이 실시하기전의 생산조건은 $A_1\, B_1\, C_1\, D_1$이 였다. 이조건에서 SN비의 추정치는 다음과 같다.

$$\hat{\mu}(A_1 B_1 C_1 D_1) = \mu + a_1 + \widehat{b_1 + c_1} + d_1$$

$$= \widehat{\mu + a_1} + \widehat{\mu + b_1} + \widehat{\mu + c_1} + \widehat{\mu + d_1} - 3\hat{\mu}$$

$$= (-12.56) + (-13.33) + (-13.01) + (-13.33) - 3\,(-13.2891$$

$$= -12.36db$$

망소특성인 경우의 평균손실금액은 $L = \frac{A}{\Delta^2}\, MSD$가 된다.

단, $MSD = \frac{1}{n}\sum_{i=1}^{n} y_i^2$

따라서 $SN = -10\log(MSD)$인 관계가 성립하므로 최적조건에서 SN비가 -10.94이므로 이에 해당하는 MSD는 다음과 같이 계산된다.

$$MSD = 10^{0.94} = 8.7096$$

즉,$\Delta = 6.0\%, A = 200$원이므로 손실금액은 다음과 같다.

$$L = \frac{A}{\Delta^2}\, MSD = \frac{200}{(6.0)^2} \times (8.7056) = 48.3868(\text{원})$$

이 실험이 실시하기전의 생산조건은 $A_1\, B_1\, C_1\, D_1$이 였다. 이조건에서 SN비의 추정치는 -12.36 이다.

따라서 $L = \frac{A}{\Delta^2}\, MSD = \frac{200}{(6.0)^2} \times (17.2187) = 95.6524$

그러므로 이 실험을 통해서 손실금액의 감소는 1kg당47.2725원이 된다

예제 12.3

어떤 화학제품의 합성반응공정에서 합성률(%)을 향상시킬 목적으로 정해진 목표치(50%)에 가까운 함유량을 얻기위한 실험을 하고 있다. 주요 실험인자와 각 인자의 수준은 다음과 같다.(망목실험이고 인자간의 교호작용은 고려하지 않음). A 인자의 수준은 2수준이고 그 외 인자는 3수준이므로 $L18$ 배열표를 이용하고 평균조정인자를 찾기 위하여 민감도 $S_{n(i)}$ 에 대하여도 분석 되어야 하며 분산분석을 통하여 최적 수준 조합을 분석을 시행하시오.

[실험인자와 수준]

인자 명	수준0	수준1	수준2
원료제조회사	A1	A2	
반응시간	2.0	2.5	3
반응온도	150℃	160℃	170℃
반응압력	10	12	14
탄소의 함유량	0.15%	0.3%	0.45%

인자배치	A	B	C	D	e	F	e	e	반복실험			합계	평균	분산	SN비	민감도
열번호 / 실험번호	1	2	3	4	5	6	7	8	1	2	3		$(\overline{y_i})$	(s_i^2)	(SN_i)	$(S_{n(i)})$
1	0	0	0	0	0	0	0	0	49.4	23.28	53.2	125.88	41.96	265.08	8.22	37.23
2	0	0	1	1	1	1	1	1	49.9	6.74	52.3	108.86	36.29	656.22	3.02	35.97
3	0	0	2	2	2	2	2	2	50.5	30.85	49.6	130.88	43.63	122.59	11.91	37.57
4	0	1	0	0	1	1	2	2	49.3	14.06	46.9	110.27	36.76	387.86	5.42	36.08
5	0	1	1	1	2	2	0	0	51.2	32.89	46.3	130.45	43.48	90.22	13.21	37.54
6	0	1	2	2	0	0	1	1	46.6	25.84	50.8	123.17	41.06	178.09	9.76	37.04
7	0	2	0	1	0	2	1	2	50.5	10.28	53	113.76	37.92	574.49	3.98	36.35
8	0	2	1	2	1	0	2	0	49.7	48.22	46.9	144.86	48.29	1.93	30.83	38.45
9	0	2	2	0	2	1	0	1	48	5.31	47.6	100.91	33.64	601.62	2.74	35.31
10	1	0	0	2	2	1	1	0	49.7	3.22	52.9	105.87	35.29	773.90	2.07	35.72
11	1	0	1	0	0	2	2	1	50.6	36.15	47.7	134.47	44.82	58.43	15.36	37.80
12	1	0	2	1	1	0	0	2	51.6	18.62	50	120.16	40.05	345.11	6.67	36.82
13	1	1	0	1	2	0	2	1	50	39.73	49.6	139.33	46.44	33.88	18.04	38.11
14	1	1	1	2	0	1	0	2	49.3	33.92	49	132.26	44.09	77.57	13.99	37.66
15	1	1	2	0	1	2	1	0	48.2	13.72	52	113.98	37.99	445.49	5.11	36.37
16	1	2	0	2	1	2	0	1	49.5	46.53	49.1	145.14	48.38	2.61	29.53	38.46
17	1	2	1	0	2	0	1	2	51.5	45.40	45.8	142.67	47.56	11.47	22.95	38.32
18	1	2	2	1	0	1	2	0	51.2	27.06	47.3	125.61	41.87	168.37	10.18	37.21
	합계								897	461.82	890	2248.50	41.64		213.00	667.99

|결과| 위의 SN비는 다음식을 이용하여 계산된 값들이다.

$$SN_i = = 20\log\left[\frac{\overline{y}}{s}\right]$$

평균 조정인자를 찾기 위하여 민감도 $(S_{n(i)})$는 다음과 같은 식을 이용하여 계산된 값들이다.

$$S_{n(i)} = 10\log[n(\overline{y_i^2})]$$

위의 민감도 식에서 i 번째 민감도는 $\overline{y}_i$ 에 의하여 그 크기가 결정되기 때문에 분산보다는 평균값이 목표치에 민감함을 알 수 있다.

일단 SN비에 대한 분산분석표 작성을 위하여 각 인자 수준별 합계와 평균은 다음과 같다.

[인자수준별 SN비의 합 및 평균]

인자		A	B	C	D	F	
수준 합계	0	89.10	47.26	67.27	59.80	96.47	합계 T
	1	123.90	65.53	99.36	55.11	37.42	1065.00
	2		100.21	46.37	98.09	79.11	
수준 평균	0	9.90	7.88	11.21	9.97	16.08	평균
	1	13.77	10.92	16.56	9.18	6.24	11.83
	2		16.70	7.73	16.35	13.19	

각 요인에 대한 제곱합은 다음과 같이 계산된다.

$$CT = \frac{213^2}{18} = 2520.48$$

$$SST = (8.22^2 + 3.02^2 + \cdots + 29.53^2 + 22.95^2) - 2520.48 = 1305.45$$

$$SSA = \frac{(89.10 - 123.90)^2}{18} = 67.25$$

$$SSB = \frac{(47.25^2 + 65.53^2 + 100.21^2)}{6} - 2520.48 = 241.14$$

유사한 방법으로 $SSC = 237.53$, $SSD = 185.26$, $SSF = 307.05$

$$SSE = SST - SAS - SSB - SSC - SSD - SSF = 267.23$$

이러한 정보를 이용하여 SN비에 대한 분산 분석표를 작성하면 다음과 같다.

[SN비의 분산 분석표]

요인	SS	ϕ	V	F_0	$F(0.10)$
A	67.25	1	67.25	2.01	3.46
B	241.14	2	120.57	3.61*	3.11
C	237.53	2	118.76	3.56*	3.11
D	185.26	2	92.63	2.77	3.11
F	307.05	2	153.52	4.6*	3.11
e	267.23	8	33.40		
계	1305.45	17			

유의수준 10%에서 B, C, F 인자가 유의함을 알 수 있다. 인자들의 최적 수준 조합은 SN비를 크게 해주는 수준들의 조합이므로 $B_2\, C_1\, F_0$ 임을 알 수 있다.

그 다음 단계로 평균조정인자를 찾기 위하여 인자수준별 민감도의 합계와 평균을 정리한 보조표는 다음과 같다.

[인자수준별 민감도의 합계와 평균]

인자		A	B	C	D	F	
수준 합계	0	331.52	221.11	221.95	221.09	225.96	합계T
	1	336.47	222.79	225.72	222.00	217.94	3339.94
	2		224.09	220.31	224.90	224.08	
수준 평균	0	36.84	36.85	36.99	36.85	37.66	평균
	1	37.39	37.13	37.62	37.00	36.32	37.11
	2		37.35	36.72	37.48	37.35	

각 요인에 대한 제곱합은 SN비와 유사한 방법으로 계산하여 분산분석표를 작성하면 다음과 같다.

[민감도의 분산 분석표]

요인	SS	ϕ	V	F_0	$F(0.10)$
A	1.36	1	1.36	2.61	3.46
B	0.75	2	0.37	0.71	3.11
C	2.57	2	1.28	2.46	3.11
D	1.32	2	0.66	1.26	3.11
F	5.87	2	2.93	5.62	3.11
e	4.17	8	0.52		
계	16.04	17			

위의 분산분석표에서 F 값이 1이상인 인자를 유의성이 있는 것으로 가정한다면 A, C, D, F 인자가 유의성을 가진다. 이 인자중에서 C, F 인자는 SN비에 대한 분산분석표에서 유의한 인자로 판명되었기 때문에 SN비와 민감도에 대한 분산분석의 결과의 정보를 이용하면 다음과 같은 결론을 도출할 수 있다.

즉, 산포제어인자는 B, C, F이고 평균조정 인자는 A, D가 된다.

평균조정인자로 채택된 A, D 에 대한 최적 수준을 찾기 위하여 다음과 같이 두 인자에 대한 각 수준에서의 데이터 평균을 산출해야 한다. 예를 들어 A_0 수준에서 데이터 평균은 $\frac{363.01}{9} = 40.33$. 다른 수준에서도 수준의 합을 이용하여 계산 하면 된다.

인자		A	D
수준 합계	0	363.01	242.72
	1	386.50	81.00
	2		260.73
수준 평균	0	40.33	40.45
	1	42.94	13.50
	2		43.45

따라서 두 인자의 모든 수준 조합 중에서 어떤 조합에서의 추정치가 합성률(%)의 목표치 50%에 가까운 조합인지를 찾아야 한다.

예를 들어 $A_i D_j$ 수준에서의 평균 합성률 추정치는 다음과 같이 계산된다.

$A_i D_j$ 수준에서의 평균 합성률 추정치

= A_i 수준에서의 평균 합성률 추정치 + D_j 수준에서의 평균 합성률 추정치 -전체평균

(단, $i = 1,2, j = 0,1,2$)

각 수준에서의 평균 합성률 추정치는 다음과 같이 계산되어 최적수준 조합은 $A_1 D_2$ 조합이 된다.(단, $\bar{y} = (40.33 + 42.94 + 40.45 + 13.5 + 43.45)/5 = 36.1$)

$A_0 D_0$수준에서의 평균 합성률 추정치=40.33+40.45-36.1=44.68

$A_0 D_1$수준에서의 평균 합성률 추정치=40.33+13.50-36.1=17.73

$A_0 D_2$수준에서의 평균 합성률 추정치=40.33+43.45-36.1=47.68

$A_1 D_0$수준에서의 평균 합성률 추정치=42.94+40.45-36.1=47.29

$A_1 D_1$수준에서의 평균 합성률 추정치=42.94+13.50-36.1=20.34

$A_1 D_2$수준에서의 평균 합성률 추정치=42.94+43.45-36.1=50.29

따라서 SN비와 민감도를 통한 최적 수준 조합은 $A_1 B_2 C_1 D_2 F_0$ 으로 결정된다.

4. 계수치의 파라미터 설계

1) 0, 1 데이터의 실험

어떤 실험에서 제품을 n개 만들어 품질검사를 수행하고자 할 때 i 번째 제

품의 결과가 불합격품인 경우와 합격품일 경우 로 나타나는 즉, 특성치가 계수치로 나타난는 경우에 대하여 본 절에서는 알아보고자 한다.

따라서 i 번째 제품의 결과를 다음과 같이 나타날 수 있다.

$$y_i = \begin{cases} 0 : \text{불합격품인 경우} \\ 1 : \text{합격품인 경우} \end{cases}$$

이와 같이 0, 1자료에 대하여 시료 합격률을 p 라고 하고 SN 비를 다음과 같이 정의하여 사용된다.

$$SN = -10\log\left(\frac{1}{p} - 1\right)$$

시료 합격률 p 가 증가할수록 SN 비가 커지므로 바람직한 상황이 된다.

예제 12.3

자동차 공장의 도금 불량 중 크롬불량을 줄이기 위하여 공정조건에 대한 최적화를 연구하기 위하여 다음과 같은 실험을 하여 자료를 수집하였다(크롬불량은 결점수가 하나라도 나타나면 불량으로 간주한다.) 최적조건을 찾으시오.

[실험인자와 수준]

인자명	수준0	수준1	수준2
수세불량	0.0-0.10(%)	0.11-0.15(%)	0.16-0.20(%)
바닥 불량	0.0-10(%)	11-20(%)	21-30(%)
벗겨짐	0-5(%)	6-15(%)	16-20(%)
예열온도	60℃	70℃	80℃

인자배치	A	B	C	D	자료	$SN_i = -10\log\left[\frac{1}{p} - 1\right]$
열번호 / 실험번호	1	2	3	4	200개중 양품수	
1	0	0	0	0	156	5.50
2	0	1	1	1	183	10.32
3	0	2	2	2	149	4.66
4	1	0	1	2	147	4.43
5	1	1	2	0	169	7.37
6	1	2	0	1	149	4.66
7	2	0	2	1	172	7.88
8	2	1	0	2	175	8.45
9	2	2	1	0	157	5.62
합 계					1457	58.88

|결과| 위의 SN비는 다음식을 이용하여 계산된 값들이다.

$SN_i = -10\log\left[\frac{1}{p}-1\right]$, 예를들어 $SN_1 = -10\log\left[\frac{200}{156}-1\right] = 5.50$, 다른 값들도 유사하게 계산된 값들이다.

SN비의 값이 크면 클수록 합격률은 높은 환경을 의미하며 분산분석표를 작성하기 위하여 SN비의 합을 나타내는 보조표를 작성하여 보자.

[SN비의 합 보조표]

인 자		A	B	C	D
수준합계	0	20.47	17.81	18.60	18.49
	1	16.45	26.14	20.37	22.86
	2	21.96	14.94	19.91	17.54
합		58.88	58.88	58.88	58.88

이 표를 참고로 하여 각 인자의 변동을 구하면 다음과 같다.

$$SSA = \frac{(20.47)^2+(16.45)^2+(21.96)^2}{3} - \frac{(58.88)^2}{9} = 5.46$$

유사한 방법으로 $SSB = 22.61$, $SSC = 0.61$, $SSD = 5.42$.

계산된 인자의 변동을 이용하여 SN 비의 분산 분석표를 작성하면 다음과 같이 나타난다. 그런데 오차항의 항목이 없으므로 변동이 제일작은 C 인자의 변동을 오차항으로 간주하여(풀링) 분산분석표를 작성하는 것이 일반적이다.

이런 결과를 이용하여 분산 분석표를 만들면 다음과 같이 표현 된다.

[SN비의 분산 분석표]

요인	SS	ϕ	V	F_0	$F(0.05)$
A	5.46	2	2.73	8.81	19.0
B	22.61	2	11.31	36.48*	
D	5.42	2	2.71	8.74	
E(C)	0.61	2	0.31		
계	34.1	8			

분석결과 유의수준 5%에서 B 인자가 유의함을 나타내고 있다. 그러나 인자 A도 무시못할 정도로 크기 때문에 A, B에 대한 최적조건을 구하여 보자. 인자 A, B의 수준의 합을 이용하면 최적인자는 A_2, B_1이 된다. 이 조건에서 SN비의 추정값은 인자 C, D와 대해서 경제성과 작업성을 고려하여 C_2, D_2을 사용할 경우 다음과 같이 추정된다.

$$
\begin{aligned}
\hat{\mu}(A_2\,B_1\,C_2\,D_2) &= \mu + a_2 + \widehat{b_1 +} c_2 + d_2 \\
&= \widehat{\mu + a_2} + \widehat{\mu + b_1} + \widehat{\mu + c_2} + \widehat{\mu + d_2} - 3\hat{\mu} \\
&= \overline{A_2} + \overline{B_1} + \overline{C_2} + \overline{D_2} - 3\,\overline{T} \\
&= \frac{21.96}{3} + \frac{26.14}{3} + \frac{19.91}{3} + \frac{17.54}{3} - 3 \cdot \frac{58.88}{9} \\
&= 8.89
\end{aligned}
$$

이 실험이 실시하기전의 생산조건은 $A_1\,B_1\,C_1\,D_1$이 였다. 이조건에서 SN비의 추정치는 다음과 같다.

$$
\begin{aligned}
\hat{\mu}(A_1\,B_1\,C_1\,D_0) &= \mu + a_1 + \widehat{b_1 +} c_1 + d_0 \\
&= \widehat{\mu + a_1} + \widehat{\mu + b_1} + \widehat{\mu + c_1} + \widehat{\mu + d_0} - 3\hat{\mu} \\
&= \overline{A_1} + \overline{B_1} + \overline{C_1} + \overline{D_0} - 3\,\overline{T} \\
&= \frac{16.45}{3} + \frac{26.14}{3} + \frac{20.37}{3} + \frac{22.86}{3} - 3 \cdot \frac{58.88}{9} \\
&= 7.53
\end{aligned}
$$

따라서 SN비의 증가는 $8.89 - 7.53 = 1.37$로 이만큼 개선된 것이다. 이와 같은 품질개선은 합격률로 비교하면 다음과 같다.

$$\text{현재품의 SN비}: 7.53 = -10\log\left[\frac{1}{p} - 1\right],\ p = 0.850$$

$$\text{개선품의 SN비}: 8.89 = -10\log\left[\frac{1}{p} - 1\right],\ p = 0.886$$

따라서 합격률이 85%에서 88.6%로 향상되는 결과를 얻게 된다.

2) 계수 분류치의 실험

계수분류치가 3조 이상으로 분류되는 경우, 즉,"상, 중, 하" 혹은 "우, 양, 가" 등으로 나누어져 있는 경우에는 각 조에 적절한 가중치를 주어 계산하는 방식을 채택한다. 일반적으로 가중치는 좋은 것으로부터 나쁜 것의 순서로 0,1,2,3,....의 므게를 부여한다.

일반적으로 k개의조로 나누어진 계수분류치의 경우에 그 합이 n이라고 하고 각 조에 속하는 각계수치자료를 n_i, 가중치를 w_i 라고 하면 SN비는 다음과 같이 표현하여 계산 할 수 있다.

$$SN = -10\log\left[\frac{\sum_{i=1}^{k} w_i^2 n_i}{n}\right]$$

단, $n_1 + n_2 + \cdots + n_k = n$

위 SN비의 정의식 에 포함된 $\sum_{i=1}^{k} w_i^2 n_i$에 대하여 모든 $i = 1, 2, \cdots, k$ 와 $j = 1, 2, \cdots, n$경우에

$$y_{ij} = \begin{cases} 1 : i \text{ 조에서 } j \text{ 번째 제품이 } i \text{ 조의 특성을 가진 경우} \\ 0 : \text{ 그렇지 않은 경우} \end{cases}$$

이라고 표현하면 다음과 같은 의미로 해석된다.

$$\sum_{i=1}^{k}\sum_{j=1}^{n}(w_i\, y_{ij})^2 = \sum_i w_i^2 \sum_j y_{ij}^2 = \sum_i w_i^2 n_i$$

예를 들어 제품을 150개 만들어서 상품, 중품, 하품으로 분류하여 각 각 80, 55, 15개 엿다고 가정하여 가중치를 0, 1, 2를 부여하여 계산하면 SN비는 다음과 같이 표현하여 계산 할 수 있다.

$$\begin{aligned} SN &= -10\log\left[\frac{\sum_{i=1}^{k} w_i^2 n_i}{n}\right] \\ &= -10\log\left(\frac{0^2 \cdot 80 + 1^2 \cdot 55 + 2^2 \cdot 15}{15}\right) \\ &= -10\log(7.67 \times 10^{-1}) \\ &= 1.15db \end{aligned}$$

결국 하품보다는 상품이 많을수록 로그안의 값이 작이지므로 SN비가 커진다. SN비가 큰것이 좋은 상황이며 상품족의 비율이 커짐을 의미한다,

연 / 습 / 문 / 제

1 어떤 자동차 회사에서 자동차의 문을 조립하는 공정에서 기능한계 Δ_0는 4mm 이고, 문이 닫히지 않거나 물이 샜을 때 필요한 수리비 등의 손실인 A_0는 100,000원이다. 유리문의 목표치가 300mm일때 특정 제품의 유리문의 치수가 310mm이라면 손실금액은 얼마인가?

2 다음과 같이 5개의 반복 측정값이 얻어졌다고 하자.

43, 47, 48, 49, 51

망목, 망소, 망대특성치 일 경우로 나누어 SN비를 구하시오.

3 배기가스의 일산화탄소 함량을 줄이기 위한 실험에서 선택한 제어인자는 A, B, C, D, E, F, G이다. 각 제어인자는 2수준을 취했으며, $L_8(2^7)$에 다음과 같이 배치하고 3가지의 운전상태 하에서 Co량을 측정하였다. 최적 설계조건을 구하고, 최적조건에서의 SN비에 대한 95% 예측구간을 구하시오.

	A	B	C	D	E	F	G	R1	R2	R3	SN비
1	1	1	1	1	1	1	1	1.04	1.20	1.54	−2.1247
2	1	1	1	2	2	2	2	1.42	1.76	2.10	−5.0170
3	1	2	2	1	1	2	2	1.01	1.23	1.52	−2.0803
4	1	2	2	2	2	1	1	1.50	1.87	2.25	−5.5668
5	2	1	2	1	2	1	2	1.28	1.34	2.05	−4.0577
6	2	1	2	2	1	2	1	1.14	1.26	1.88	−3.3052
7	2	2	1	1	2	2	1	1.33	1.42	2.10	−4.3644
8	2	2	1	2	1	1	2	1.33	1.52	2.13	−4.5819

4 자동차의 점화 케이블(cable)의 코어 인장력(core pulling force)을 규격$(40 \pm 5lb)$에 맞도록 하는 제품을 개발하기 위한 실험이다. 주요 실험인자와 수준은 다음과 같이 선택하여 주었다.

인자 구분	인 자 명	수준0	수준1	수준2
제어 인자	A : 압출장치	A_0형	A_1형	
	B : 생산라인의 속도	저속	중속	고속
	C : 가열온도	저온	보통	고온
	D : 절연재료	D_0	D_1	D_2
	F : CV압력	저압	중압	고압
	G : CV속도	저속	종속	고속
	H : 편조기 장력	낮다	보통	높다
	I : 릴리스도포	I_0	I_1	I_2
잡음 인자	S : 작업샘플	S_0	S_1	
	P : 샘플내의 위치	P_0	P_1	

$L_{18}(2^4 \times 3^7)$형 직교배열표에 배치하여 다음과 같은 실험 데이터를 얻었다. 평균조정인자를 찾기 위해 민감도 S_n에 대하여도 계산되었다. 분산분석표를 작성하여 분석하시오.

요인배치	A	B	C	D	F	G	H	I	데이터:코어 인장력(db)				합계	평균	분산	SN비	민감도
열번호 / 실험번호	1	2	3	4	5	6	7	8	S_0		S_1		$(T_i.)$	$(\bar{y}_i.)$	(V_i)	$=10log\dfrac{(\bar{y}_i.)^2}{V_i}$	$S_{m(i)}=10\log\left(\dfrac{T_i^2.}{4}\right)$
									P_0	P_1	P_0	P_1					
1	0	0	0	0	0	0	0	0	30	40	38	49	157	39.25	60.92	14.0	37.90
2	0	0	1	1	1	1	1	1	10	15	25	25	75	18.75	56.25	7.8	31.49
3	0	0	2	2	2	2	2	2	49	53	53	55	210	52.50	6.33	26.4	40.41
4	0	1	0	0	1	1	2	2	62	58	52	68	240	60.00	45.33	19.0	41.58
5	0	1	1	1	2	2	0	0	30	50	49	62	191	47.75	174.92	11.0	39.60
6	0	1	2	2	0	0	1	1	10	25	29	36	100	25.00	120.67	6.9	33.98
7	0	2	0	1	0	2	1	2	58	42	41	50	191	47.75	62.92	15.6	39.60
8	0	2	1	2	1	0	2	0	28	29	32	31	120	30.00	3.33	24.3	35.56
9	0	2	2	0	2	1	0	1	110	72	94	115	393	98.25	341.58	14.5	45.87
10	1	0	0	2	2	1	1	0	76	88	66	103	333	83.25	254.25	14.3	44.42
11	1	0	1	0	0	2	2	1	52	37	54	59	202	50.50	89.67	14.5	40.09
12	1	0	2	1	1	0	0	2	55	79	62	98	294	73.50	363.33	11.6	43.34
13	1	1	0	1	2	0	2	1	5	35	16	42	98	24.50	289.67	2.6	33.80
14	1	1	1	2	0	1	0	2	52	96	79	91	318	79.60	387.00	12.1	44.03
15	1	1	2	0	1	2	1	0	50	70	56	65	241	60.25	80.25	16.5	41.61
16	1	2	0	2	1	2	0	1	15	20	18	21	74	18.50	7.00	16.9	31.37
17	1	2	1	0	2	0	1	2	51	62	59	70	242	60.50	61.67	17.7	41.64
18	1	2	2	1	0	1	2	0	77	83	66	74	300	75.00	50.00	20.5	43.52
	합계								820	956	889	1,11	3,779	944.75		266.2	709.81

5 자동판매기의 신뢰도(동전을 넣었을 때 물품이 틀림없이 나오는 비율)는 신제품 개발 초기단계에서 85% 정도로 추정되어 있다. 이 신뢰도를 향상시키기 위해 4가지 대책 A, B, C, D를 직교배열표 $L_9(3^4)$형으로 실험하였다. 물음에 답하라.

A : 부품	A_0(현)	B_1(신Ⅰ)	A_2(신Ⅱ)
B : 부품	B_0(현)	B_1(신Ⅰ)	B_2(신Ⅱ)
C : 부품	C_0(현)	C_1(신Ⅰ)	C_2(신Ⅱ)
D : 부품	D_0(-20%)	D_1(현)	D_2(+20%)

인자배치 / 열번호 / 실험번호	A	B	C	D	데이터
	1	2	3	4	100회 중 정확한 동작 횟수
1	0	0	0	0	82
2	0	1	1	1	94
3	0	2	2	2	72
4	1	0	1	2	90
5	1	1	2	0	96
6	1	2	0	1	76
7	2	0	2	1	80
8	2	1	0	2	89
9	2	2	1	0	77
합계					756

① 최적조건을 구하라.

② 최적조건에서는 100회 중 정확한 동작 횟수가 어느 정도일까 추정하라.

부록

표1 누적 이항분포표

$$P(X \le c) = \sum_{x=0}^{c} \binom{n}{x} p^x (1-p)^{n-x}$$

〈표1의 계속〉

	c	.05	.10	.20	.30	.40	.50	.60	.70	.80	.90	.95
n=1	0	.950	.900	.800	.700	.600	.500	.400	.300	.200	.100	.050
	1	1.000	1.000	1.000	1.000	1.000	1.000	1.000	1.000	1.000	1.000	1.000
n=2	0	.902	.810	.640	.490	.360	.250	.160	.090	.040	.010	.002
	1	.997	.990	.960	.910	.840	.750	.640	.510	.360	.190	.97
	2	1.000	1.000	1.000	1.000	1.000	1.000	1.000	1.000	1.000	1.000	1.000
n=3	0	.857	.729	.512	.343	.216	.125	.064	.027	.008	.001	.000
	1	.993	.972	.896	.784	.648	.500	.352	.216	.104	.028	.007
	2	1.000	.999	.992	.973	.936	.875	.784	.667	.488	.271	.143
	3	1.000	1.000	1.000	1.000	1.000	1.000	1.000	1.000	1.000	1.000	1.000
n=4	0	.815	.656	.410	.240	.130	.063	.026	.008	.002	.000	.000
	1	.986	.948	.819	.652	.475	.313	.179	.084	.027	.004	.000
	2	1.000	.996	.973	.916	.821	.688	.525	.348	.181	.052	.014
	3	1.000	1.000	.998	.992	.974	.938	.870	.760	.590	.344	.185
	4	1.000	1.000	1.000	1.000	1.000	1.000	1.000	1.000	1.000	1.000	1.000
n=5	0	.774	.590	.328	.168	.078	.031	.010	.002	.000	.000	.000
	1	.977	.919	.737	.528	.337	.188	.087	.031	.007	.000	.000
	2	.999	.991	.942	.837	.683	.500	.317	.163	.058	.009	.001
	3	1.000	1.000	.993	.969	.913	.813	.663	.472	.263	.081	.023
	4	1.000	1.000	1.000	.998	.990	.969	.922	.832	.672	.410	.226
	5	1.000	1.000	1.000	1.000	1.000	1.000	1.000	1.000	1.000	1.000	1.000
n=6	0	.735	.531	.262	.118	.047	.016	.004	.001	.000	.000	.000
	1	.967	.886	.655	.420	.233	.109	.011	.011	.002	.000	.000
	2	.998	.984	.901	.744	.544	.344	.070	.070	.017	.001	.000
	3	1.000	.999	.983	.930	.821	.656	.256	.256	.099	.016	.002
	4	1.000	1.000	.998	.989	.959	.891	.580	.580	.345	.114	.033
	5	1.000	1.000	1.000	.999	.996	.984	.882	.882	.738	.469	.265
	6	1.000	1.000	1.000	1.000	1.000	1.000	1.000	1.000	1.000	1.000	1.000
n=7	0	.698	.478	.210	.082	.028	.008	.002	.000	.000	.000	.000
	1	.956	.850	.577	.329	.159	.063	.019	.004	.000	.000	.000
	2	.996	.974	.852	.647	.420	.227	.096	.029	.005	.000	.000
	3	1.000	.997	.967	.874	.710	.500	.290	.126	.033	.033	.000

〈표1의 계속〉

n	c	.05	.10	.20	.30	.40	.50	.60	.70	.80	.90	.95
	4	1.000	1.000	.995	.971	.904	.773	.580	.353	.148	.026	.004
	5	1.000	1.000	1.000	.996	.981	.938	.841	.671	.423	.150	.044
	6	1.000	1.000	1.000	1.000	.998	.992	.972	.918	.790	.522	.302
	7	1.000	1.000	1.000	1.000	1.000	1.000	1.000	1.000	1.000	1.000	1.000
n=8	0	.663	.430	.168	.058	.017	.004	.001	.000	.000	.000	.000
	1	.943	.813	.503	.255	.106	.035	.009	.001	.000	.000	.000
	2	.994	.962	.797	.552	.315	.145	.050	.011	.001	.000	.000
	3	1.000	.995	.944	.806	.594	.363	.174	.058	.010	.000	.000
	4	1.000	1.000	.990	.942	.826	.637	.406	.194	.056	.005	.000
	5	1.000	1.000	.999	.989	.950	.855	.685	.448	.203	.038	.006
	6	1.000	1.000	1.000	.999	.991	.965	.894	.745	.497	.187	.057
	7	1.000	1.000	1.000	1.000	.999	.996	.983	.942	.832	.570	.337
	8	1.000	1.000	1.000	1.000	1.000	1.000	1.000	1.000	1.000	1.000	1.000
n=9	0	.630	.387	.134	.040	.010	.002	.000	.000	.000	.000	.000
	1	.929	.775	.436	.196	.071	.020	.004	.000	.000	.000	.000
	2	.992	.947	.738	.463	.232	.090	.025	.004	.000	.000	.000
	3	.999	.992	.914	.730	.483	.254	.099	.025	.003	.000	.000
	4	1.000	.999	.980	.901	.733	.500	.267	.099	.020	.001	.000
	5	1.000	1.000	.997	.975	.901	.746	.517	.270	.086	.008	.001
	6	1.000	1.000	1.000	.996	.975	.910	.768	.537	.262	.053	.008
	7	1.000	1.000	1.000	1.000	.996	.980	.929	.804	.564	.225	.071
	8	1.000	1.000	1.000	1.000	1.000	.998	.990	.960	.866	.613	.370
	9	1.000	1.000	1.000	1.000	1.000	1.000	1.000	1.000	1.000.	1.000.	1.000.
n=10	0	.599	.349	.107	.028	.006	.001	.000	.000	.000	.000	.000
	1	.914	.736	.376	.149	.046	.011	.011	.000	.000	.000	.000
	2	.988	.930	.678	.383	.167	.055	.055	.002	.000	.000	.000
	3	.999	.987	.879	.650	.382	.172	.172	.011	.001	.000	.000
	4	1.000	.998	.967	.850	.633	.377	.377	.047	.006	.000	.000
	5	1.000	1.000	.994	.953	.834	.623	.623	.150	.033	.002	.000
	6	1.000	1.000	.999	.989	.945	.828	.828	.350	.121	.013	.001
	7	1.000	1.000	1.000	.998	.988	.945	.945	.617	.322	.070	.012
	8	1.000	1.000	1.000	1.000	.998	.989	.989	.851	.624	.264	.086
	9	1.000	1.000	1.000	1.000	1.000	.999	.999	.972	.893	.651	.401
	10	1.000	1.000	1.000	1.000	1.000	1.000	1.000	1.000	1.000	1.000	1.000
n=11	0	.569	.314	.086	.020	.004	.000	.000	.000	.000	.000	.000
	1	.898	.697	.322	.113	.030	.006	.001	.000	.000	.000	.000
	2	.985	.910	.617	.313	.119	.033	.006	.001	.000	.000	.000
	3	.998	.981	.839	.570	.296	.113	.029	.004	.000	.000	.000
	4	1.000	.997	.950	.790	.533	.274	.099	.022	.002	.000	.000
	5	1.000	1.000	.998	.922	.753	.500	.247	.078	.012	.000	.000
	6	1.000	1.000	.998	.978	.901	.726	.467	.210	.050	.003	.000

〈표1의 계속〉

n	c	.05	.10	.20	.30	.40	.50	.60	.70	.80	.90	.95
	7	1.000	1.000	1.000	.996	.971	.887	.704	.430	.161	.019	.002
	8	1.000	1.000	1.000	1.000	.994	.967	.881	.687	.383	.090	.015
	9	1.000	1.000	1.000	1.000	.999	.994	.970	.887	.678	.303	.102
	10	1.000	1.000	1.000	1.000	1.000	1.000	.996	.980	.914	.686	.431
	11	1.000	1.000	1.000	1.000	1.000	1.000	1.000	1.000	1.000	1.000	1.000
n=12	0	.540	.282	.069	.014	.002	.000	.000	.000	.000	.000	.000
	1	.882	.659	.275	.085	.020	.003	.000	.000	.000	.000	.000
	2	.980	.889	.558	.253	.083	.019	.003	.000	.000	.000	.000
	3	.998	.974	.795	.493	.225	.073	.015	.002	.000	.000	.000
	4	1.000	.996	.927	.724	.438	.194	.057	.009	.001	.000	.000
	5	1.000	.999	.981	.882	.665	.387	.158	.039	.004	.000	.000
	6	1.000	1.000	.996	.961	.842	.613	.335	.118	.019	.001	.000
	7	1.000	1.000	.999	.991	.943	.806	.562	.276	.073	.004	.000
	8	1.000	1.000	1.000	.998	.985	.927	.775	.507	.205	.026	.002
	9	1.000	1.000	1.000	1.000	.997	.981	.917	.747	.442	.111	.020
	10	1.000	1.000	1.000	1.000	1.000	.997	.980	.915	.725	.341	.118
	11	1.000	1.000	1.000	1.000	1.000	1.000	.998	.986	.931	.718	.460
	12	1.000	1.000	1.000	1.000	1.000	1.000	1.000	1.000	1.000	1.000	1.000
n=13	0	.513	.254	.055	.010	.001	.000	.000	.000	.000	.000	.000
	1	.865	.621	.234	.064	.013	.002	.000	.000	.000	.000	.000
	2	.975	.866	.502	.202	.058	.011	.000	.000	.000	.000	.000
	3	.997	.966	.747	.421	.169	.046	.001	.000	.000	.000	.000
	4	1.000	.994	.901	.654	.353	.133	.004	.000	.000	.000	.000
	5	1.000	.999	.970	.835	.574	.291	.018	.001	.001	.000	.000
	6	1.000	1.000	.993	.938	.771	.500	.062	.007	.007	.000	.000
	7	1.000	1.000	.999	.982	.902	.709	.165	.030	.030	.001	.000
	8	1.000	1.000	1.000	.996	.968	.867	.346	.099	.099	.006	.000
	9	1.000	1.000	1.000	.999	.992	.954	.579	.253	.253	.034	.003
	10	1.000	1.000	1.000	1.000	.999	.989	.798	.498	.498	.134	.025
	11	1.000	1.000	1.000	1.000	1.000	.998	.936	.766	.766	.379	.135
	12	1.000	1.000	1.000	1.000	1.000	1.000	.990	.945	.945	.746	.487
	13	1.000	1.000	1.000	1.000	1.000	1.000	1.000	1.000	1.000	1.000	1.000
n=14	0	.488	.229	.044	.007	.001	.000	.000	.000	.000	.000	.000
	1	.847	.585	.198	.047	.008	.001	.000	.000	.000	.000	.000
	2	.970	.842	.448	.161	.040	.006	.001	.000	.000	.000	.000
	3	.996	.956	.698	.355	.124	.029	.004	.000	.000	.000	.000
	4	1.000	.991	.870	.584	.279	.090	.018	.000	.000	.000	.000
	5	1.000	.999	.956	.781	.486	.212	.058	.000	.000	.000	.000
	6	1.000	1.000	.988	.907	.692	.395	.150	.002	.000	.000	.000
	7	1.000	1.000	.998	.969	.850	.605	.308	.012	.000	.000	.000
	8	1.000	1.000	1.000	.992	.942	.788	.514	.044	.001	.001	.000
	9	1.000	1.000	1.000	.998	.982	.910	.721	.130	.009	.009	.000

〈표1의 계속〉

	c	.05	.10	.20	.30	.40	.50	.60	.70	.80	.90	.95
	10	1.000	1.000	1.000	1.000	.996	.971	.876	.302	.044	.044	.004
	11	1.000	1.000	1.000	1.000	.999	.994	.960	.552	.158	.158	.030
	12	1.000	1.000	1.000	1.000	1.000	.999	.992	.802	.415	.415	.153
	13	1.000	1.000	1.000	1.000	1.000	1.000	.999	.956	.771	.771	.512
	14	1.000	1.000	1.000	1.000	1.000	1.000	1.000	1.000	1.000	1.000	1.000
n=15	0	.463	.206	.035	.005	.000	.000	.000	.000	.000	.000	.000
	1	.829	.549	.167	.035	.005	.000	.000	.000	.000	.000	.000
	2	.964	.816	.398	.127	.027	.004	.000	.000	.000	.000	.000
	3	.995	.944	.648	.297	.091	.018	.002	.000	.000	.000	.000
	4	.999	.987	.836	.515	.217	.059	.009	.001	.000	.000	.000
	5	1.000	.998	.939	.722	.403	.151	.034	.004	.000	.000	.000
	6	1.000	1.000	.982	.869	.610	.304	.095	.015	.001	.000	.000
	7	1.000	1.000	.996	.950	.787	.500	.213	.050	.004	.000	.000
	8	1.000	1.000	.999	.985	.905	.696	.390	.131	.018	.000	.000
	9	1.000	1.000	1.000	.996	.966	.849	.597	.278	.061	.002	.000
	10	1.000	1.000	1.000	.999	.991	.941	.783	.485	.164	.013	.001
	11	1.000	1.000	1.000	1.000	.998	.982	.909	.703	.352	.056	.005
	12	1.000	1.000	1.000	1.000	1.000	.996	.973	.873	.602	..184	.036
	13	1.000	1.000	1.000	1.000	1.000	1.000	.995	.965	.833	.451	.171
	14	1.000	1.000	1.000	1.000	1.000	1.000	1.000	.995	.965	.794	.537
	15	1.000	1.000	1.000	1.000	1.000	1.000	1.000	1.000	1.000	1.000	1.000
n=16	0	.440	.185	.028	.003	.000	.000	.000	.000	.000	.000	.000
	1	.811	.515	.141	.026	.003	.000	.000	.000	.000	.000	.000
	2	.957	.789	.352	.099	.018	.002	.000	.000	.000	.000	.000
	3	.993	.932	.598	.246	.065	.011	.001	.000	.000	.000	.000
	4	.999	.983	.798	.450	.167	.038	.005	.000	.000	.000	.000
	5	1.000	.997	.918	.660	.329	.105	.019	.002	.000	.000	.000
	6	1.000	.999	.973	.825	.527	.227	.058	.007	.000	.000	.000
	7	1.000	1.000	.993	.926	.716	.402	.142	.026	.001	.000	.000
	8	1.000	1.000	.999	.974	.858	.598	.284	.074	.007	.000	.000
	9	1.000	1.000	1.000	.993	.942	.773	.473	.175	.027	.001	.000
	10	1.000	1.000	1.000	.998	.981	.895	.671	.340	.082	.003	.000
	11	1.000	1.000	1.000	1.000	.995	.962	.833	.550	.202	.017	.001
	12	1.000	1.000	1.000	1.000	.999	.989	.935	.754	.402	.068	.007
	13	1.000	1.000	1.000	1.000	1.000	.998	.982	.901	.648	.211	.043
	14	1.000	1.000	1.000	1.000	1.000	1.000	.997	.974	.859	.485	.189
	15	1.000	1.000	1.000	1.000	1.000	1.000	1.000	.997	.972	.815	.560
	16	1.000	1.000	1.000	1.000	1.000	1.000	1.000	1.000	1.000	1.000	1.000
n=17	0	.418	.167	.023	.002	.000	.000	.000	.000	.000	.000	.000
	1	.792	.482	.118	.019	.002	.000	.000	.000	.000	.000	.000
	2	.950	.762	.310	.077	.012	.001	.000	.000	.000	.000	.000
	3	.991	.917	.549	.202	.046	.006	.000	.000	.000	.000	.000

〈표1의 계속〉

n	c	.05	.10	.20	.30	.40	.50	.60	.70	.80	.90	.95
	4	.999	.978	.758	.389	.126	.025	.003	.000	.000	.000	.000
	5	1.000	.995	.894	.597	.264	.072	.011	.001	.000	.000	.000
	6	1.000	.999	.962	.775	.448	.166	.035	.003	.000	.000	.000
	7	1.000	1.000	.989	.895	.641	.315	.092	.013	.000	.000	.000
	8	1.000	1.000	.997	.960	.801	.500	.199	.040	.003	.000	.000
	9	1.000	1.000	1.000	.987	.908	.685	.359	.105	.011	.000	.000
	10	1.000	1.000	1.000	.997	.965	.834	.552	.225	.038	.001	.000
	11	1.000	1.000	1.000	.999	.989	.928	.736	.403	.106	.005	.000
	12	1.000	1.000	1.000	1.000	.997	.975	.874	.611	.242	.022	.001
	13	1.000	1.000	1.000	1.000	1.000	.994	.954	.798	.451	.083	.009
	14	1.000	1.000	1.000	1.000	1.000	.999	.988	.923	.690	.238	.050
	15	1.000	1.000	1.000	1.000	1.000	1.000	.998	.981	.882	.518	.208
	16	1.000	1.000	1.000	1.000	1.000	1.000	1.000	.998	.977	.833	.582
	17	1.000	1.000	1.000	1.000	1.000	1.000	1.000	1.000	1.000	1.000	1.000
n=18	0	.397	.150	.018	.002	.000	.000	.000	.000	.000	.000	.000
	1	.774	.450	.099	014	.001	.000	.000	.000	.000	.000	.000
	2	.942	.734	.271	.060	.008	.001	.000	.000	.000	.000	.000
	3	.989	.902	.501	.165	.033	.004	.000	.000	.000	.000	.000
	4	.998	.972	.716	.333	.094	.015	.001	.000	.000	.000	.000
	5	1.000	.994	.867	.534	.209	.048	.006	.000	.000	.000	.000
	6	1.000	.999	.949	.722	.374	.119	.020	.001	.000	.000	.000
	7	1.000	1.000	.984	.859	.563	.240	.058	.006	.000	.000	.000
	8	1.000	1.000	.996	.940	.737	.407	.135	.021	.001	.000	.000
	9	1.000	1.000	.999	.979	.865	.593	.263	.060	.004	.000	.000
	10	1.000	1.000	1.000	.994	.942	.760	.437	.141	.016	.000	.000
	11	1.000	1.000	1.000	.999	.980	.881	.626	.278	.051	.001	.000
	12	1.000	1.000	1.000	1.000	.994	.952	.791	.466	.133	.006	.000
	13	1.000	1.000	1.000	1.000	.999	.985	.906	.667	.284	.028	.002
	14	1.000	1.000	1.000	1.000	1.000	.996	.967	.835	.499	.098	.011
	15	1.000	1.000	1.000	1.000	1.000	.999	.992	.940	.729	.266	.058
	16	1.000	1.000	1.000	1.000	1.000	1.000	.999	.986	.901	.550	.226
	17	1.000	1.000	1.000	1.000	1.000	1.000	1.000	.998	.982	.850	.603
	18	1.000	1.000	1.000	1.000	1.000	1.000	1.000	1.000	1.000	1.000	1.000
n=19	0	.377	.135	.014	.001	.000	.000	.000	.000	.000	.000	.000
	1	.755	.420	.083	.010	.001	.000	.000	.000	.000	.000	.000
	2	.933	.705	.237	.046	.005	.000	.000	.000	.000	.000	.000
	3	.987	.885	.455	.133	.023	.002	.000	.000	.000	.000	.000
	4	.998	.965	.673	.282	.070	.010	.001	.000	.000	.000	.000
	5	1.000	.991	.837	.474	.163	.032	.003	.000	.000	.000	.000
	6	1.000	.998	.932	.666	.308	.084	.012	.001	.000	.000	.000
	7	1.000	1.000	.977	.818	.488	.180	.035	.003	.000	.000	.000
	8	1.000	1.000	.993	.916	.667	.324	.088	.011	.000	.000	.000
	9	1.000	1.000	.998	.967	.814	.500	.186	.033	.002	.000	.000

〈표1의 계속〉

		p										
		.05	.10	.20	.30	.40	.50	.60	.70	.80	.90	.95
	c											
	10	1.000	1.000	1.000	.989	.912	.676	.333	.084	.007	.000	.000
	11	1.000	1.000	1.000	.997	.965	.820	.512	.182	.023	.000	.000
	12	1.000	1.000	1.000	.999	.988	.916	.692	.334	.068	.002	.000
	13	1.000	1.000	1.000	1.000	.997	.968	.837	.526	.163	.009	.000
	14	1.000	1.000	1.000	1.000	.999	.990	.930	.718	.327	.035	.002
	15	1.000	1.000	1.000	1.000	1.000	.998	.977	.867	.545	.115	.013
	16	1.000	1.000	1.000	1.000	1.000	1.000	.995	.954	.763	.295	.067
	17	1.000	1.000	1.000	1.000	1.000	1.000	.999	.990	.917	.580	.245
	18	1.000	1.000	1.000	1.000	1.000	1.000	1.000	.999	.986	.865	.623
	19	1.000	1.000	1.000	1.000	1.000	1.000	1.000	1.000	1.000	1.000	1.000
n=20	0	.358	.122	.012	.001	.000	.000	.000	.000	.000	.000	.000
	1	.736	.392	.069	.008	.001	.000	.000	.000	.000	.000	.000
	2	.925	.677	.206	.035	.004	.000	.000	.000	.000	.000	.000
	3	.984	.867	.411	.107	.016	.001	.000	.000	.000	.000	.000
	4	.997	.957	.630	.238	.051	.006	.000	.000	.000	.000	.000
	5	1.000	.989	.804	.416	.126	.021	.002	.000	.000	.000	.000
	6	1.000	.998	.913	.608	.250	.058	.006	.000	.000	.000	.000
	7	1.000	1.000	.968	.772	.416	.132	.021	.001	.000	.000	.000
	8	1.000	1.000	.990	.887	.596	.252	.057	.005	.000	.000	.000
	9	1.000	1.000	.997	.952	.755	.412	.128	.017	.001	.000	.000
	10	1.000	1.000	.999	.983	.872	.588	.245	.048	.003	.000	.000
	11	1.000	1.000	1.000	.995	.943	.748	.404	.113	.010	.000	.000
	12	1.000	1.000	1.000	.999	.979	.868	.584	.228	.032	.000	.000
	13	1.000	1.000	1.000	1.000	.994	.942	.750	.392	.087	.002	.000
	14	1.000	1.000	1.000	1.000	.998	.979	.874	.584	.196	.011	.000
	15	1.000	1.000	1.000	1.000	1.000	.994	.949	.762	.370	.043	.003
	16	1.000	1.000	1.000	1.000	1.000	.999	.984	.893	.589	.133	.016
	17	1.000	1.000	1.000	1.000	1.000	1.000	.996	.965	.794	.323	.075
	18	1.000	1.000	1.000	1.000	1.000	1.000	.999	.992	.931	.608	.264
	19	1.000	1.000	1.000	1.000	1.000	1.000	1.000	.999	.988	.878	.642
	20	1.000	1.000	1.000	1.000	1.000	1.000	1.000	1.000	1.000	1.000	1.000
n=25	0	.277	.072	.004	.000	.000	.000	.000	.000	.000	.000	.000
	1	.642	.271	.027	.002	.000	.000	.000	.000	.000	.000	.000
	2	.873	.537	.098	.009	.000	.000	.000	.000	.000	.000	.000
	3	.966	.764	.234	.033	.002	.000	.000	.000	.000	.000	.000
	4	.993	.902	.421	.090	.009	.000	.000	.000	.000	.000	.000
	5	.999	.967	.617	.193	.029	.002	.000	.000	.000	.000	.000
	6	1.000	.991	.780	.341	.074	.007	.000	.000	.000	.000	.000
	7	1.000	.998	.891	.512	.154	.022	.001	.000	.000	.000	.000
	8	1.000	1.000	.953	.677	.274	.054	.004	.000	.000	.000	.000
	9	1.000	1.000	.983	.811	.425	.115	.013	.000	.000	.000	.000
	10	1.000	1.000	.994	.902	.586	.212	.034	.002	.000	.000	.000
	11	1.000	1.000	.998	.956	.732	.345	.078	.006	.000	.000	.000

〈표1의 계속〉

c	.05	.10	.20	.30	.40	p .50	.60	.70	.80	.90	.95
12	1.000	1.000	1.000	.983	.846	.500	.154	.017	.000	.000	.000
13	1.000	1.000	1.000	.994	.922	.655	.268	.044	.002	.000	.000
14	1.000	1.000	1.000	.998	.966	.788	.414	.098	.006	.000	.000
15	1.000	1.000	1.000	1.000	.987	.885	.575	.189	.017	.000	.000
16	1.000	1.000	1.000	1.000	.996	.946	.726	.323	.047	.000	.000
17	1.000	1.000	1.000	1.000	.999	.978	.846	.488	.109	.002	.000
18	1.000	1.000	1.000	1.000	1.000	.993	.926	.659	.220	.009	.000
19	1.000	1.000	1.000	1.000	1.000	.998	.971	.807	.383	.033	.001
20	1.000	1.000	1.000	1.000	1.000	1.000	.991	.910	.579	.098	.007
21	1.000	1.000	1.000	1.000	1.000	1.000	.998	.967	.766	.236	.034
22	1.000	1.000	1.000	1.000	1.000	1.000	1.000	.991	.902	.463	.127
23	1.000	1.000	1.000	1.000	1.000	1.000	1.000	.998	.973	.729	.358
24	1.000	1.000	1.000	1.000	1.000	1.000	1.000	1.000	.996	.928	.723
25	1.000	1.000	1.000	1.000	1.000	1.000	1.000	1.000	1.000	1.000	1.000

표2 누적 포아송분포표

$$P(x \le c) = \sum_{x=0}^{c} \frac{e^{-m} m^{x}}{x!} \text{(( )안은 누적값)}$$

c \ m	0.1	0.2	0.3	0.4	0.5
0	0.905 (0.905)	0.819 (0.819)	0.741 (0.741)	0.670 (0.670)	0.607 (0.607)
1	0.091 (0.096)	0.164 (0.983)	0.222 (0.963)	0.268 (0.938)	0.303 (0.910)
2	0.004 (1.000)	0.016 (0.999)	0.033 (0.996)	0.054 (0.992)	0.076 (0.986)
3		0.010 (1.000)	0.004 (1.000)	0.007 (0.999)	0.013 (0.999)
4				0.001 (1.000)	0.001 (1.000)

c \ m	0.6	0.7	0.8	0.9	1.0
0	0.549 (0.549)	0.497 (0.497)	0.449 (0.449)	0.406 (0.406)	0.368 (0.368)
1	0.329 (0.878)	0.349 (0.845)	0.359 (0.808)	0.366 (0.772)	0.368 (0.736)
2	0.099 (0.977)	0.122 (0.967)	0.144 (0.952)	0.166 (0.938)	0.184 (0.920)
3	0.020 (0.997)	0.028 (0.995)	0.039 (0.991)	0.049 (0.987)	0.061 (0.981)
4	0.003 (1.000)	0.005 (1.000)	0.008 (0.999)	0.011 (0.998)	0.016 (0.997)
5			0.001 (1.000)	0.002 (1.000)	0.003 (1.000)

c \ m	1.1	1.2	1.3	1.4	1.5
0	0.333 (0.333)	0.301 (0.301)	0.273 (0.273)	0.247 (0.247)	0.223 (0.223)
1	0.366 (0.699)	0.361 (0.662)	0.354 (0.627)	0.345 (0.592)	0.335 (0.558)
2	0.201 (0.900)	0.217 (0.879)	0.230 (0.857)	0.242 (0.834)	0.251 (0.809)
3	0.074 (0.974)	0.087 (0.966)	0.100 (0.957)	0.113 (0.947)	0.126 (0.935)
4	0.021 (0.995)	0.026 (0.992)	0.032 (0.989)	0.039 (0.986)	0.047 (0.982)
5	0.004 (0.999)	0.007 (0.999)	0.009 (0.998)	0.011 (0.997)	0.014 (0.996)
6	0.001 (1.000)	0.001 (1.000)	0.002 (1.000)	0.003 (1.000)	0.004 (1.000)

c \ m	1.6	1.7	1.8	1.9	2.0
0	0.202 (0.202)	0.183 (0.183)	0.165 (0.165)	0.150 (0.150)	0.135 (0.135)
1	0.323 (0.525)	0.311 (0.494)	0.298 (0.463)	0.284 (0.434)	0.271 (0.406)
2	0.258 (0.783)	0.264 (0.758)	0.268 (0.731)	0.270 (0.704)	0.271 (0.677)
3	0.138 (0.921)	0.149 (0.907)	0.161 (0.892)	0.171 (0.875)	0.180 (0.857)
4	0.055 (0.976)	0.064 (0.971)	0.072 (0.964)	0.081 (0.956)	0.090 (0.947)
5	0.018 (0.994)	0.022 (0.993)	0.026 (0.990)	0.031 (0.987)	0.036 (0.983)
6	0.005 (0.999)	0.006 (0.999)	0.008 (0.998)	0.010 (0.997)	0.012 (0.995)
7	0.001 (1.000)	0.001 (1.000)	0.002 (1.000)	0.003 (1.000)	0.004 (0.999)
8					0.001 (1.000)

<표 2>의 계속

c \ m	2.1	2.2	2.3	2.4	2.5
0	0.123 (0.123)	0.111 (0.111)	0.100 (0.100)	0.091 (0.091)	0.082 (0.082)
1	0.257 (0.380)	0.244 (0.355)	0.231 (0.331)	0.218 (0.309)	0.205 (0.287)
2	0.270 (0.650)	0.268 (0.623)	0.265 (0.596)	0.261 (0.570)	0.256 (0.543)
3	0.189 (0.839)	0.197 (0.820)	0.203 (0.799)	0.209 (0.779)	0.214 (0.757)
4	0.099 (0.938)	0.108 (0.928)	0.117 (0.916)	0.125 (0.904)	0.134 (0.891)
5	0.042 (0.980)	0.048 (0.976)	0.054 (0.970)	0.060 (0.964)	0.067 (0.958)
6	0.015 (0.995)	0.017 (0.993)	0.021 (0.991)	0.024 (0.988)	0.028 (0.986)
7	0.004 (0.999)	0.005 (0.998)	0.007 (0.998)	0.008 (0.996)	0.010 (0.996)
8	0.001 (1.000)	0.002 (1.000)	0.002 (1.000)	0.003 (0.999)	0.003 (0.999)
9				0.001 (1.000)	0.001 (1.000)

c \ m	2.6	2.7	2.8	2.9	3.0
0	0.074 (0.074)	0.067 (0.067)	0.061 (0.061)	0.055 (0.055)	0.050 (0.050)
1	0.193 (0.267)	0.182 (0.249)	0.170 (0.231)	0.160 (0.215)	0.149 (0.199)
2	0.251 (0.518)	0.245 (0.494)	0.238 (0.469)	0.231 (0.446)	0.224 (0.423)
3	0.218 (0.736)	0.221 (0.715)	0.223 (0.692)	0.224 (0.670)	0.224 (0.647)
4	0.141 (0.877)	0.149 (0.864)	0.156 (0.848)	0.162 (0.832)	0.168 (0.815)
5	0.074 (0.931)	0.080 (0.944)	0.087 (0.935)	0.094 (0.926)	0.101 (0.916)
6	0.032 (0.983)	0.036 (0.980)	0.041 (0.976)	0.045 (0.971)	0.050 (0.966)
7	0.012 (0.995)	0.014 (0.994)	0.016 (0.992)	0.019 (0.990)	0.022 (0.988)
8	0.004 (0.999)	0.005 (0.999)	0.006 (0.998)	0.007 (0.997)	0.008 (0.999)
9	0.001 (1.000)	0.001 (1.000)	0.002 (1.000)	0.002 (0.999)	0.003 (0.999)
10				0.001 (1.000)	0.001 (1.000)

c \ m	3.1	3.2	3.3	3.4	3.5
0	0.045 (0.045)	0.041 (0.041)	0.037 (0.037)	0.033 (0.033)	0.030 (0.030)
1	0.140 (0.185)	0.130 (0.171)	0.122 (0.159)	0.113 (0.146)	0.106 (0.136)
2	0.216 (0.401)	0.209 (0.380)	0.201 (0.360)	0.193 (0.339)	0.185 (0.321)
3	0.224 (0.625)	0.223 (0.603)	0.222 (0.582)	0.219 (0.558)	0.216 (0.537)
4	0.173 (0.798)	0.178 (0.781)	0.182 (0.764)	0.186 (0.744)	0.189 (0.726)
5	0.107 (0.905)	0.114 (0.895)	0.120 (0.884)	0.126 (0.870)	0.132 (0.858)
6	0.056 (0.061)	0.061 (0.956)	0.066 (0.950)	0.071 (0.941)	0.077 (0.935)
7	0.025 (0.986)	0.028 (0.984)	0.031 (0.981)	0.035 (0.976)	0.038 (0.973)
8	0.010 (0.996)	0.011 (0.995)	0.012 (0.993)	0.015 (0.991)	0.017 (0.990)
9	0.003 (0.999)	0.004 (0.999)	0.005 (0.998)	0.006 (0.997)	0.007 (0.997)
10	0.001 (1.000)	0.001 (1.000)	0.001 (1.000)	0.002 (0.999)	0.002 (0.999)
11				0.001 (1.000)	0.001 (1.000)

<표 2>의 계속

c \ m	3.6	3.7	3.8	3.9	4.0
0	0.027 (0.027)	0.025 (0.025)	0.022 (0.022)	0.020 (0.020)	0.018 (0.018)
1	0.098 (0.125)	0.091 (0.116)	0.085 (0.107)	0.079 (0.099)	0.073 (0.091)
2	0.177 (0.302)	0.169 (0.285)	0.161 (0.268)	0.154 (0.253)	0.147 (0.238)
3	0.213 (0.515)	0.209 (0.494)	0.205 (0.473)	0.200 (0.453)	0.195 (0.433)
4	0.019 (1.706)	0.193 (0.687)	0.194 (0.667)	0.195 (0.648)	0.195 (0.628)
5	0.138 (0.844)	0.143 (0.830)	0.148 (0.815)	0.152 (0.899)	0.157 (0.785)
6	0.083 (0.927)	0.088 (0.918)	0.094 (0.909)	0.099 (0.899)	0.104 (0.889)
7	0.042 (0.969)	0.047 (0.965)	0.051 (0.960)	0.055 (0.954)	0.060 (0.949)
8	0.019 (0.988)	0.022 (0.987)	0.024 (0.984)	0.027 (0.981)	0.030 (0.979)
9	0.008 (0.996)	0.009 (0.996)	0.010 (0.994)	0.012 (0.993)	0.013 (0.992)
10	0.003 (0.999)	0.003 (0.999)	0.004 (0.998)	0.004 (0.997)	0.005 (0.997)
11	0.001 (1.000)	0.001 (1.000)	0.001 (0.999)	0.002 (0.999)	0.002 (0.999)
12			0.001 (1.000)	0.001 (1.000)	0.001 (1.000)

c \ m	4.1	4.2	4.3	4.4	4.5
0	0.017 (0.017)	0.015 (0.015)	0.014 (0.014)	0.012 (0.012)	0.011 (0.011)
1	0.068 (0.085)	0.063 (0.078)	0.058 (0.072)	0.054 (0.066)	0.050 (0.061)
2	0.139 (0.224)	0.132 (0.210)	0.126 (0.198)	0.119 (0.185)	0.113 (0.174)
3	0.190 (0.414)	0.185 (0.395)	0.180 (0.378)	0.174 (0.359)	0.169 (0.343)
4	0.195 (0.609)	0.195 (0.590)	0.193 (0.571)	0.192 (0.551)	0.190 (0.533)
5	0.160 (0.769)	0.163 (0.753)	0.166 (0.737)	0.169 (0.720)	0.171 (0.704)
6	0.110 (0.879)	0.114 (0.867)	0.119 (0.856)	0.124 (0.844)	0.128 (0.832)
7	0.064 (0.943)	0.069 (0.936)	0.073 (0.929)	0.078 (0.922)	0.082 (0.914)
8	0.033 (0.976)	0.036 (0.972)	0.040 (0.969)	0.043 (0.965)	0.046 (0.960)
9	0.015 (0.991)	0.017 (0.989)	0.019 (0.988)	0.021 (0.986)	0.023 (0.983)
10	0.006 (0.997)	0.007 (0.996)	0.008 (0.996)	0.009 (0.995)	0.011 (0.994)
11	0.002 (0.999)	0.003 (0.999)	0.003 (0.999)	0.004 (0.999)	0.004 (0.998)
12	0.001 (1.000)	0.001 (1.000)	0.001 (1.000)	0.001 (1.000)	0.001 (0.999)
13					0.001 (1.000)

표3 표준 정규분포표

$$P[Z \geq z] = \int_{z}^{\infty} \frac{1}{\sqrt{2\pi}} exp(-t^2/2)\,dt$$

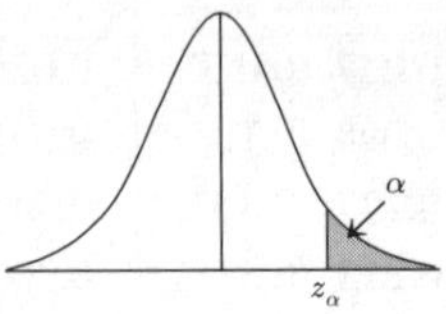

z	0.00	0.01	0.02	0.03	0.04	0.05	0.06	0.07	0.08	0.09
0.0	0.5000	0.4960	0.4920	0.4480	0.4840	0.4801	0.4761	0.4721	0.4681	0.4641
0.1	0.4602	0.4562	0.4522	0.4483	0.4443	0.4404	0.4364	0.4325	0.4286	0.4247
0.2	0.4207	0.4168	0.4129	0.4090	0.4052	0.4013	0.3974	0.3936	0.3897	0.3859
0.3	0.3821	0.3783	0.3745	0.3707	0.3669	0.3632	0.3594	0.3557	0.3520	0.3483
0.4	0.3446	0.3409	0.3372	0.3336	0.3300	0.3264	0.3228	0.3192	0.3156	0.3121
0.5	0.3085	0.3050	0.3015	0.2981	0.2946	0.2912	0.2877	0.2843	0.2810	0.2776
0.6	0.2743	0.2709	0.2676	0.2643	0.2611	0.2578	0.2546	0.2514	0.2483	0.2451
0.7	0.2420	0.2389	0.2358	0.2327	0.2296	0.2266	0.2236	0.2206	0.2177	0.2148
0.8	0.2119	0.2090	0.2061	0.2033	0.2005	0.1977	0.1949	0.1922	0.1894	0.1867
0.9	0.1841	0.1841	0.1788	0.1762	0.1736	0.1711	0.1685	0.1660	0.1635	0.1611
1.0	0.1587	0.1562	0.1539	0.1515	0.1492	0.1469	0.1446	0.1423	0.1401	0.1379
1.1	0.1357	0.1335	0.1314	0.1292	0.1271	0.1251	0.1230	0.1210	0.1190	0.1170
1.2	0.1151	0.1131	0.1112	0.1093	0.1075	0.1056	0.1038	0.1020	0.1003	0.0985
1.3	0.0968	0.0951	0.0934	0.0918	0.0901	0.0885	0.0869	0.0853	0.0838	0.0823
1.4	0.0808	0.0793	0.0778	0.0764	0.0749	0.0735	0.0721	0.0708	0.0694	0.0681
1.5	0.0668	0.0655	0.0643	0.0630	0.0618	0.0606	0.0594	0.0582	0.0571	0.0559
1.6	0.0548	0.0537	0.0526	0.0516	0.0505	0.0495	0.0485	0.0475	0.0465	0.0455
1.7	0.0446	0.0436	0.0427	0.0418	0.0409	0.0401	0.0392	0.0384	0.0375	0.0367
1.8	0.0359	0.0351	0.0344	0.0336	0.0329	0.0322	0.0314	0.0307	0.0301	0.0294
1.9	0.0287	0.0281	0.0274	0.0268	0.0262	0.0256	0.0250	0.0244	0.0239	0.0233
2.0	0.0228	0.0222	0.0217	0.0212	0.0207	0.0202	0.0197	0.0192	0.0188	0.0183
2.1	0.0179	0.0174	0.0170	0.0166	0.0162	0.0158	0.0154	0.0150	0.0146	0.0143
2.2	0.0139	0.0136	0.0132	0.0129	0.0125	0.0122	0.0119	0.0116	0.0113	0.0110
2.3	0.0107	0.0104	0.0102	0.0099	0.0096	0.0094	0.0091	0.0089	0.0087	0.0084
2.4	0.0082	0.0080	0.0078	0.0075	0.0073	0.0071	0.0069	0.0068	0.0066	0.0064
2.5	0.0062	0.0060	0.0059	0.0057	0.0055	0.0054	0.0052	0.0051	0.0049	0.0048
2.6	0.0047	0.0045	0.0044	0.0043	0.0041	0.0040	0.0039	0.0038	0.0037	0.0036
2.7	0.0035	0.0034	0.0033	0.0032	0.0031	0.0030	0.0029	0.0028	0.0027	0.0026
2.8	0.0026	0.0025	0.0024	0.0023	0.0023	0.0022	0.0021	0.0021	0.0020	0.0019
2.9	0.0019	0.0018	0.0018	0.0017	0.0016	0.0016	0.0015	0.0015	0.0014	0.0014
3.0	0.0013	0.0013	0.0013	0.0012	0.0012	0.0011	0.0011	0.0011	0.0010	0.0010
3.1	0.0010	0.0009	0.0009	0.0009	0.0008	0.0008	0.0008	0.0008	0.0007	0.0007
3.2	0.0007	0.0007	0.0006	0.0006	0.0006	0.0006	0.0006	0.0005	0.0005	0.0005
3.3	0.0005	0.0005	0.0005	0.0004	0.0004	0.0004	0.0004	0.0004	0.0004	0.0003
3.4	0.0003	0.0003	0.0003	0.0003	0.0003	0.0003	0.0003	0.0003	0.0003	0.0002
3.5	0.0002	0.0002	0.0002	0.0002	0.0002	0.0002	0.0002	0.0002	0.0002	0.0002
3.6	0.0002	0.0002	0.0001	0.0001	0.0001	0.0001	0.0001	0.0001	0.0001	0.0001
3.7	0.0001	0.0001	0.0001	0.0001	0.0001	0.0001	0.0001	0.0001	0.0001	0.0001
3.8	0.0001	0.0001	0.0001	0.0001	0.0001	0.0001	0.0001	0.0001	0.0001	0.0001
3.9	0.0000	0.0000	0.0000	0.0000	0.0000	0.0000	0.0000	0.0000	0.0000	0.0000

표4 t-분포표

$P[t(\phi) \geq t(\phi;\alpha)] = \alpha$

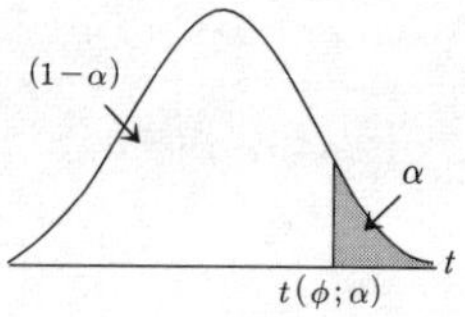

자유도 ϕ \ α	0.10	0.05	0.025	0.01	0.005	0.0005
1	3.078	6.314	12.706	31.281	63.657	636.619
2	1.886	2.920	4.303	6.965	9.925	31.598
3	1.638	2.353	3.182	4.541	5.841	12.924
4	1.533	2.132	2.776	3.747	4.604	8.610
5	1.476	2.015	2.571	3.365	4.032	6.869
6	1.440	1.943	2.447	3.143	3.707	5.959
7	1.415	1.895	2.365	2.998	3.499	5.408
8	1.397	1.860	2.306	2.896	3.355	5.041
9	1.383	1.833	2.262	2.821	3.250	4.781
10	1.372	1.812	2.228	2.764	3.169	4.587
11	1.363	1.796	2.201	2.718	3.106	4.437
12	1.356	1.782	2.179	2.681	3.055	3.318
13	1.350	1.771	2.160	2.650	3.012	4.221
14	1.345	1.761	2.145	2.624	2.977	4.140
15	1.341	1.753	2.131	2.602	2.947	4.073
16	1.337	1.746	2.120	2.583	2.921	4.015
17	1.333	1.740	2.110	2.567	2.898	3.965
18	1.330	1.734	2.101	2.552	2.878	3.922
19	1.328	1.729	2.093	2.539	2.861	3.833
20	1.325	1.725	2.086	2.528	2.845	3.850
21	1.323	1.721	2.080	2.518	2.831	3.819
22	1.321	1.717	2.074	2.508	2.819	3.792
23	1.319	1.714	2.069	2.500	2.807	3.767
24	1.318	1.711	2.064	2.492	2.797	2.745
25	1.316	1.708	2.060	2.485	2.787	3.725
26	1.315	1.706	2.056	2.479	2.779	3.707
27	1.314	1.703	2.052	2.473	2.771	3.690
28	1.313	1.701	2.048	2.467	2.763	3.674
29	1.311	1.699	2.045	2.462	2.756	3.659
30	1.310	1.697	2.042	2.457	2.750	3.646
40	1.303	1.684	2.021	2.423	2.704	3.551
60	1.296	1.671	2.004	2.390	2.660	3.460
120	1.289	1.658	1.980	2.358	2.617	3.373
∞	1.282	1.645	1.960	2.326	2.576	3.291

표5 카이제곱(χ^2) 분포표

$P[\chi^2 \geq \chi^2(\phi;\alpha)] = \alpha$

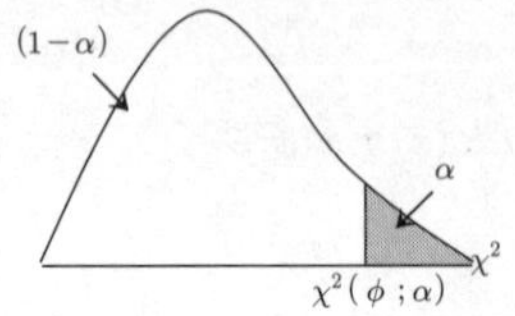

자유도 ϕ \ α	0.995	0.990	0.975	0.950	0.900	0.100	0.050	0.025	0.010	0.005
1	$.0^4393$	$.0^3157$	$.0^3982$	$.0^2393$	0.0158	2.71	3.84	5.02	6.63	7.88
2	0.0100	0.0201	0.0506	0.103	0.211	4.61	5.99	7.38	9.21	10.60
3	0.072	0.115	0.216	0.352	0.584	6.25	7.81	9.35	11.34	12.84
4	0.207	0.297	0.484	0.711	1.064	7.78	9.49	11.14	13.28	14.86
5	0.412	0.554	0.831	1.145	1.61	9.24	11.07	12.83	15.09	16.75
6	0.676	0.872	1.24	1.64	2.20	10.64	12.59	14.45	16.81	18.55
7	0.989	1.24	1.69	2.17	2.83	12.02	14.07	16.01	18.48	20.28
8	1.34	1.65	2.18	2.83	3.49	13.36	15.51	17.53	20.09	21.96
9	1.73	2.09	2.70	3.33	4.17	14.68	16.92	19.02	21.67	23.59
10	2.16	2.56	3.25	3.94	4.87	15.99	18.31	20.48	23.21	25.19
11	2.60	3.05	3.82	4.57	5.58	17.28	19.68	21.92	24.73	26.76
12	3.07	3.57	4.40	5.23	6.30	18.55	21.03	23.34	26.22	28.30
13	3.57	4.11	5.01	5.89	7.04	19.81	22.36	24.71	27.69	29.82
14	4.07	4.66	5.63	6.57	7.79	21.06	23.68	26.12	29.14	31.32
15	4.60	5.23	6.26	7.26	8.55	22.31	25.00	27.49	30.58	32.80
16	5.14	5.81	6.91	7.96	9.31	23.54	26.30	28.85	32.00	34.27
17	5.70	6.41	7.56	8.67	10.09	24.77	27.59	30.19	33.41	35.72
18	6.26	7.01	8.23	9.39	10.86	25.99	28.87	31.53	34.81	37.16
19	6.84	7.63	8.91	10.12	11.65	27.20	30.14	32.85	36.19	38.58
20	7.43	8.26	9.59	10.85	12.44	28.41	31.41	34.17	37.57	40.00
21	8.03	8.90	10.28	11.59	13.24	29.62	32.67	35.48	38.93	41.40
22	8.64	9.54	10.98	12.34	14.04	30.81	33.92	36.78	40.29	42.80
23	9.26	10.20	11.69	13.09	14.85	32.01	35.17	38.08	41.64	44.18
24	9.89	10.86	12.40	13.85	15.66	33.20	36.42	39.36	42.98	45.66
25	10.52	11.52	13.12	14.61	16.47	34.38	37.65	40.65	44.31	46.93
26	11.16	12.20	13.84	15.38	17.29	35.56	38.89	41.92	45.64	48.29
27	11.81	12.88	14.57	16.15	18.11	35.74	40.11	43.19	46.96	49.64
28	12.46	13.56	15.31	16.93	18.94	37.92	41.34	44.46	48.28	50.99
29	13.12	14.26	16.05	17.71	19.77	39.09	42.56	45.72	49.59	52.34
30	13.79	14.95	16.79	18.49	20.60	40.26	43.77	46.98	50.89	53.67
40	20.71	22.16	24.43	26.51	29.05	51.81	55.76	59.34	63.69	66.77
50	27.99	29.71	32.33	34.76	37.69	63.17	67.50	71.42	76.15	79.49
60	35.53	37.48	49.48	43.19	46.46	74.40	79.08	83.30	88.38	91.95
70	43.28	45.44	48.76	51.74	55.33	85.53	90.53	95.02	100.4	104.2
80	51.17	53.54	57.15	60.39	64.28	96.58	101.9	106.0	112.3	113.6
90	51.20	61.75	65.65	69.13	73.29	107.6	113.1	118.1	124.1	128.3
100	67.33	70.06	74.22	77.93	82.36	118.5	124.3	129.6	153.8	140.2

표6 F-분포표

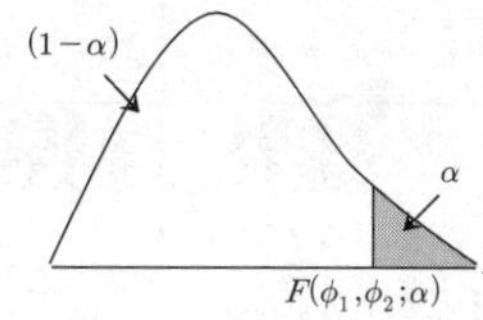

$$P[F(\phi_1,\phi_2) \geq F(\phi_1,\phi_2;\alpha)] = \alpha$$

$$F(\phi_1,\phi_2;\alpha) = \frac{1}{F(\phi_2,\phi_1;1-\alpha)}$$

ϕ_2	α	ϕ_1								
		1	2	3	4	5	6	7	8	9
1	0.10	39.9	49.5	53.6	55.8	57.2	58.2	58.9	59.4	59.9
	0.05	161	200	216	225	230	234	237	239	241
	0.025	648	800	864	900	922	937	948	957	963
	0.01	4.052	5.000	5.403	5.625	5.764	5.859	5.928	5.981	6.022
2	0.10	8.53	9.00	9.16	9.24	9.29	9.33	9.35	9.37	9.38
	0.05	18.5	19.0	19.2	19.2	19.3	19.3	19.4	19.4	19.4
	0.025	38.5	39.0	39.2	39.3	39.3	39.3	39.4	39.4	39.4
	0.01	88.5	99.0	99.2	99.2	99.3	99.3	99.4	99.4	99.4
3	0.10	5.54	5.46	5.39	5.34	5.31	5.28	5.27	5.25	5.24
	0.05	10.1	9.55	9.28	9.12	9.01	8.94	8.89	8.85	8.81
	0.025	17.4	16.0	15.4	15.1	14.9	14.7	14.6	14.5	14.5
	0.01	34.1	30.8	29.5	28.7	28.2	27.9	27.7	27.5	27.3
4	0.10	4.54	4.32	4.19	4.11	4.05	4.01	3.98	3.95	3.94
	0.05	7.71	6.94	6.59	6.39	6.26	6.16	6.09	6.04	6.00
	0.025	12.2	10.7	9.98	9.60	9.36	9.20	9.07	8.98	8.90
	0.01	21.2	18.0	16.7	16.0	15.5	15.2	15.0	14.8	14.7
5	0.10	4.06	3.78	3.62	3.52	3.45	3.40	3.37	3.34	3.32
	0.05	6.61	5.79	5.41	5.19	5.05	4.95	4.88	4.82	4.77
	0.025	10.0	8.43	7.76	7.39	7.15	6.98	6.85	6.76	6.68
	0.01	16.3	13.3	12.1	11.4	11.0	10.7	10.5	10.3	10.2
6	0.10	3.78	3.46	3.29	3.18	3.11	3.05	3.01	2.98	2.96
	0.05	6.99	5.14	4.76	4.53	4.39	4.28	4.21	4.15	4.10
	0.025	8.81	7.26	6.60	6.23	5.99	5.82	5.70	5.60	5.52
	0.01	13.7	10.9	9.78	9.15	8.75	8.47	8.26	8.10	7.98
7	0.10	3.59	3.26	3.07	2.96	2.88	2.83	2.78	2.75	2.72
	0.05	5.59	4.74	4.35	4.12	3.97	3.87	3.79	3.73	3.68
	0.025	8.07	6.54	5.89	5.52	5.29	5.12	4.99	4.90	4.82
	0.01	12.2	9.55	8.45	7.85	7.46	7.19	6.99	6.84	6.72
8	0.10	3.46	3.11	2.92	2.81	2.73	2.67	2.62	2.58	2.56
	0.05	5.32	4.46	4.07	3.84	3.69	3.58	3.50	3.44	3.39
	0.025	7.57	6.06	5.42	5.05	4.82	4.65	4.53	4.43	4.36
	0.01	11.3	8.65	7.59	7.01	6.63	6.37	6.18	6.03	5.91
9	0.10	3.36	3.01	2.81	2.69	2.61	2.55	2.51	2.47	2.44
	0.05	5.12	4.26	3.86	3.63	3.48	3.37	3.29	3.23	3.18
	0.025	7.21	5.71	5.08	4.72	4.48	4.32	4.20	4.10	4.03
	0.01	10.6	8.02	6.99	6.42	6.06	5.80	5.61	5.47	3.35
10	0.10	3.29	2.92	2.73	2.61	2.52	2.46	2.41	2.38	2.35
	0.05	4.96	4.10	3.71	3.48	3.33	3.22	3.14	3.07	3.02
	0.025	6.94	5.46	4.83	4.47	4.24	4.07	3.95	3.85	3.78
	0.01	10.0	7.56	6.55	5.99	5.64	5.39	5.20	5.06	4.94
11	0.10	3.23	2.86	2.66	2.54	2.45	2.39	2.34	2.30	2.27
	0.05	4.84	3.98	3.59	3.36	3.20	3.09	3.01	2.95	2.90
	0.025	6.72	5.26	4.63	4.28	4.04	3.88	3.76	3.66	3.59
	0.01	9.65	7.21	6.22	5.67	5.32	5.07	4.89	4.74	4.63
12	0.10	3.18	2.81	2.61	2.48	2.39	2.33	2.28	2.24	2.21
	0.05	4.75	3.89	3.49	3.26	3.11	3.00	2.91	2.85	2.80

<표 6>의 계속

ϕ_2	α	ϕ_1 1	2	3	4	5	6	7	8	9
	0.025	6.55	5.10	4.47	4.12	3.89	3.73	3.61	3.51	3.44
	0.01	9.33	6.93	5.95	5.41	5.06	4.82	4.64	4.50	4.39
13	0.10	3.14	2.76	2.56	2.43	2.35	2.28	2.23	2.20	2.16
	0.05	4.67	3.81	3.41	3.18	3.03	2.92	2.83	2.77	2.71
	0.025	6.41	4.97	4.35	4.00	3.77	3.60	3.48	3.39	3.31
	0.01	9.07	6.70	5.74	5.21	4.86	4.62	4.44	4.30	4.19
14	0.10	3.10	2.73	2.52	2.39	2.31	2.24	2.19	2.15	2.12
	0.05	4.60	3.74	3.34	3.11	2.96	2.85	2.76	2.70	2.65
	0.025	6.30	4.86	4.24	3.89	3.66	3.50	3.36	3.29	3.26
	0.01	8.86	6.51	5.56	5.04	4.69	4.46	4.28	4.14	4.03
15	0.10	3.07	2.70	2.49	2.36	2.27	2.21	2.16	2.12	2.09
	0.05	4.54	3.68	3.29	3.06	2.90	2.79	2.76	2.64	2.59
	0.025	6.20	4.77	4.15	3.80	3.58	3.41	3.36	3.20	3.12
	0.01	8.68	6.36	5.42	4.89	4.56	4.32	4.28	4.00	3.89
16	0.10	3.05	2.97	2.46	2.33	2.24	2.18	2.16	2.09	2.06
	0.05	4.49	3.63	3.24	3.01	2.85	2.74	2.71	2.59	2.54
	0.025	6.12	4.69	4.08	3.73	3.50	3.34	3.29	3.12	3.05
	0.01	8.53	6.23	5.29	4.77	4.44	4.20	4.14	3.89	3.78
17	0.10	3.03	2.64	2.44	2.31	2.22	2.15	2.13	2.06	2.03
	0.05	4.45	3.59	3.20	2.96	2.81	2.70	2.66	2.55	2.49
	0.025	6.04	4.62	4.01	3.66	3.44	3.28	3.22	3.06	2.98
	0.01	8.40	6.11	5.18	4.67	4.34	4.10	4.03	3.79	3.68
18	0.10	3.01	2.62	2.42	2.29	2.20	2.13	2.10	2.04	2.00
	0.05	4.41	3.55	3.16	2.93	2.77	2.66	2.61	2.51	2.46
	0.025	5.98	4.56	3.95	3.61	3.38	3.22	3.16	3.01	2.93
	0.01	8.29	6.01	5.09	4.58	4.25	4.01	3.93	3.71	3.60
19	0.10	2.99	2.61	2.40	2.27	2.18	2.11	2.08	2.02	1.98
	0.05	4.38	3.55	3.13	2.90	2.74	2.63	2.58	2.48	2.42
	0.025	5.92	4.56	3.90	3.56	3.33	3.17	3.10	2.96	2.88
	0.01	8.18	6.01	5.01	4.50	4.17	3.94	3.84	3.63	3.52
20	0.10	2.97	2.59	2.38	2.25	2.16	2.09	2.06	2.00	1.96
	0.05	4.35	3.49	3.10	2.87	2.71	2.60	2.54	2.45	2.39
	0.025	5.87	4.46	3.86	3.51	3.29	3.13	3.05	2.91	2.84
	0.01	8.10	5.85	4.94	4.43	4.10	3.87	3.77	3.56	3.46
24	0.10	2.93	2.54	2.33	2.19	2.10	2.04	2.04	1.94	1.91
	0.05	4.26	3.40	3.01	2.78	2.62	2.51	2.51	2.36	2.30
	0.025	5.72	4.32	3.72	3.38	3.15	2.99	3.01	2.78	2.70
	0.01	7.82	5.61	4.72	4.22	3.90	3.67	3.70	3.36	3.26
30	0.10	2.88	2.49	2.28	2.14	2.05	1.98	1.98	1.88	1.85
	0.05	4.17	3.32	2.92	2.69	2.53	2.42	2.42	2.27	2.21
	0.025	5.57	4.18	3.59	3.25	3.03	2.87	2.87	2.65	2.57
	0.01	7.56	5.39	4.51	4.02	3.70	3.47	3.50	3.17	3.07
60	0.10	2.79	2.39	2.18	2.04	1.95	1.87	1.82	1.77	1.74
	0.05	4.00	3.15	2.76	2.53	2.37	2.25	2.17	2.10	2.04
	0.025	5.29	3.93	3.34	3.01	2.79	2.63	2.51	2.41	2.33
	0.01	7.08	4.98	4.13	3.65	3.34	3.12	2.95	2.82	2.72
120	0.10	2.79	2.36	2.13	1.99	1.90	1.82	1.77	1.72	1.68
	0.05	4.00	3.07	2.68	2.45	2.29	2.18	2.09	2.02	1.96
	0.025	5.29	3.80	3.23	2.89	2.67	2.52	2.39	2.30	2.22
	0.01	7.08	4.98	4.13	3.65	3.34	3.12	2.95	2.82	2.72
∞	0.10	2.71	2.30	2.08	1.94	1.85	1.77	1.72	1.67	1.63
	0.05	3.84	3.00	2.60	2.37	2.21	2.10	2.01	1.94	1.88
	0.025	5.02	3.69	3.12	2.79	2.57	2.41	2.29	2.19	2.11
	0.01	6.63	4.61	3.78	3.32	3.02	2.80	2.64	2.51	2.41

<표 6>의 계속

ϕ_2	α	ϕ_1									
		10	11	12	15	20	24	30	60	120	∞
1	0.10	60.2	60.5	60.7	61.2	61.7	62.0	62.3	62.8	63.1	63.3
	0.05	242	243	244	246	248	249	250	252	253	254
	0.025	969	973	977	985	993	997	1.001	1.010	1.014	1.018
	0.01	6.056	6.082	6.106	6.157	6.209	6.235	2.261	6.313	6.339	6.366
2	0.10	9.39	9.40	9.41	9.42	9.44	9.45	9.46	9.47	9.48	9.49
	0.05	19.4	19.4	19.4	19.4	19.4	19.5	19.5	19.5	19.5	19.5
	0.025	39.4	39.4	39.4	39.5	39.5	39.5	39.5	39.5	39.5	39.5
	0.01	99.4	99.4	99.4	99.4	99.5	99.4	99.5	99.5	99.5	99.5
3	0.10	5.23	5.22	5.22	5.20	5.18	5.18	5.17	5.15	5.14	5.13
	0.05	8.79	8.76	8.74	8.70	8.66	8.64	8.62	8.57	8.55	8.53
	0.025	14.4	14.4	14.3	14.3	14.2	14.1	14.1	14.0	14.0	13.9
	0.01	27.2	27.1	27.1	26.9	26.7	26.6	2.65	26.3	26.2	26.1
4	0.10	3.92	3.91	3.90	3.87	3.84	3.83	3.82	3.79	3.78	3.76
	0.05	5.96	5.94	5.91	5.85	5.80	5.77	5.75	5.69	5.66	5.63
	0.025	8.84	8.80	8.75	8.66	8.56	8.51	8.46	8.36	8.31	3.26
	0.01	14.5	14.4	14.4	14.2	14.0	13.9	13.8	13.7	13.6	13.5
5	0.10	3.30	3.28	3.27	3.24	3.21	3.19	3.17	3.14	3.12	3.11
	0.05	4.74	4.71	4.68	4.62	4.56	4.53	4.50	4.43	4.40	4.37
	0.025	6.62	6.57	6.52	6.43	6.33	6.28	6.23	6.12	6.07	6.02
	0.01	10.1	9.96	9.89	9.72	9.55	9.47	9.38	9.20	9.11	9.02
6	0.10	2.94	2.92	2.90	2.87	2.84	2.82	2.80	2.76	2.74	2.72
	0.05	4.06	4.03	4.00	3.94	3.87	3.84	3.81	3.74	3.70	3.67
	0.025	5.46	5.41	5.27	5.27	5.17	5.12	5.07	4.96	4.90	4.85
	0.01	7.87	7.79	7.72	7.56	7.40	7.31	7.23	7.06	6.97	6.88
7	0.10	2.70	2.68	2.67	2.63	2.59	2.58	2.56	2.51	2.49	2.47
	0.05	3.64	3.60	3.57	3.51	3.44	3.41	3.38	3.30	3.27	3.23
	0.025	4.76	4.71	4.67	4.57	4.47	4.42	4.36	4.25	4.20	4.14
	0.01	6.62	6.54	6.47	6.31	6.16	6.07	5.99	5.82	5.74	5.65
8	0.10	2.54	2.52	2.50	2.46	2.40	2.40	2.38	2.34	2.32	2.29
	0.05	3.35	3.31	3.28	3.22	3.12	3.12	3.08	3.01	2.97	2.93
	0.025	4.30	4.25	4.20	4.10	3.95	3.95	3.89	3.78	3.73	3.67
	0.01	5.81	5.73	5.67	5.52	5.28	5.28	5.20	5.03	4.95	4.86
9	0.10	2.42	2.40	2.38	2.34	2.28	2.28	2.25	2.21	2.18	2.16
	0.05	3.14	3.10	3.07	3.01	2.90	2.90	2.86	2.79	2.75	2.71
	0.025	3.96	3.91	3.87	3.77	3.61	3.61	3.56	3.45	3.39	3.33
	0.01	5.26	5.18	5.11	4.96	4.73	4.73	4.65	4.48	4.40	4.31
10	0.10	2.32	2.30	2.28	2.24	2.20	2.18	2.16	2.11	2.08	2.06
	0.05	2.98	2.94	2.91	2.84	2.77	2.74	2.70	2.62	2.58	2.54
	0.025	3.72	3.67	3.62	3.52	3.42	3.37	3.31	3.20	3.14	3.08
	0.01	4.85	4.77	4.71	4.56	4.41	4.33	4.25	4.08	4.00	3.91
11	0.10	2.25	2.23	2.21	2.17	2.12	2.10	2.08	2.03	1.99	1.97
	0.05	2.85	2.82	2.79	2.72	2.65	2.61	2.57	2.49	2.43	2.40
	0.025	3.53	3.48	3.43	3.33	3.23	3.17	3.12	3.00	2.94	2.88
	0.01	4.54	4.46	4.40	4.25	4.10	4.02	3.94	3.78	3.66	3.60
12	0.10	2.19	2.17	2.15	2.10	2.06	2.04	2.01	1.96	1.93	1.90
	0.05	2.75	2.72	2.69	2.62	2.54	2.51	2.47	2.38	2.34	2.30
	0.025	3.37	3.32	3.28	3.18	3.07	3.02	2.96	2.85	2.79	2.72
	0.01	4.30	4.22	4.16	4.01	3.86	3.78	3.70	3.54	3.45	3.36
13	0.10	2.14	2.12	2.10	2.05	2.01	1.98	1.96	1.90	1.86	1.85
	0.05	2.67	2.63	2.60	2.53	2.46	2.42	2.38	2.30	2.23	2.21
	0.025	3.25	3.20	3.15	3.05	2.95	2.89	2.84	2.72	2.66	2.60
	0.01	4.10	4.02	3.96	3.82	3.65	3.59	3.51	3.34	3.22	3.17

<표 6>의 계속

ϕ_2	α	ϕ_1									
		10	11	12	15	20	24	30	60	120	∞
14	0.10	2.10	2.08	2.05	2.01	1.96	1.94	1.91	1.86	1.83	1.80
	0.05	2.60	2.57	2.53	2.46	2.39	2.35	2.31	2.22	2.18	2.13
	0.025	3.15	3.10	3.05	2.95	2.84	2.79	2.73	2.61	2.55	2.49
	0.01	3.94	3.86	3.38	3.66	3.51	3.43	3.35	3.18	3.09	3.00
15	0.10	2.06	2.04	2.02	1.97	1.92	1.90	1.87	1.82	1.79	1.76
	0.05	2.54	2.51	2.48	2.40	2.33	2.29	2.25	2.16	2.11	2.07
	0.025	3.06	3.01	2.96	2.86	2.76	2.70	2.64	2.52	2.46	2.40
	0.01	3.80	3.73	3.67	3.52	3.37	3.29	3.21	3.05	2.96	2.87
16	0.10	2.03	2.01	1.99	1.94	1.89	1.87	1.84	1.78	1.75	1.72
	0.05	2.49	2.46	2.42	2.35	2.28	2.24	2.19	2.11	2.06	2.01
	0.025	2.99	2.94	2.89	2.79	2.68	2.63	2.57	2.45	2.38	2.32
	0.01	3.69	3.62	3.55	3.41	3.26	3.18	3.10	2.93	2.84	2.75
17	0.10	2.00	1.98	1.96	1.91	1.89	1.87	1.84	1.78	1.75	1.72
	0.05	2.45	2.41	2.38	2.31	2.28	2.24	2.19	2.11	2.06	2.01
	0.025	2.92	2.87	2.82	2.72	2.68	2.63	2.57	2.45	2.38	2.32
	0.01	3.59	3.52	3.46	3.41	3.26	3.18	3.10	2.93	2.84	2.75
18	0.10	1.98	1.96	1.93	1.89	1.84	1.81	1.78	1.72	1.69	1.66
	0.05	2.41	2.37	2.34	2.27	2.19	2.15	2.11	2.02	1.97	1.92
	0.025	2.87	2.82	2.77	2.67	2.56	2.50	2.44	2.32	2.26	2.19
	0.01	3.51	3.43	3.37	3.23	3.08	3.00	2.92	2.75	2.66	2.57
19	0.10	1.96	1.94	1.91	1.86	1.81	1.79	1.76	1.70	1.67	1.63
	0.05	2.38	2.34	2.31	2.23	2.14	2.11	2.07	1.98	1.93	1.88
	0.025	2.82	2.77	2.72	2.62	2.51	2.45	2.39	2.27	2.20	2.13
	0.01	3.43	3.36	3.30	3.15	3.00	2.92	2.84	2.67	2.58	2.49
20	0.10	1.94	1.92	1.89	1.84	1.79	1.77	1.74	1.68	1.64	1.61
	0.05	2.35	2.31	2.28	2.20	2.12	2.08	2.04	1.95	1.90	1.84
	0.025	2.77	2.72	2.68	2.57	2.46	2.41	2.35	2.22	2.16	2.09
	0.01	3.37	3.29	3.23	3.09	2.94	2.86	2.78	2.61	2.52	2.42
24	0.10	1.88	1.85	1.83	1.78	1.73	1.70	1.67	1.61	1.57	1.53
	0.05	2.25	2.21	2.18	2.11	2.03	1.98	1.94	1.84	1.79	1.73
	0.025	2.64	2.59	2.54	2.44	2.33	2.27	2.21	2.08	2.01	1.94
	0.01	3.17	3.09	3.03	2.89	2.74	2.66	2.58	2.40	2.31	2.21
30	0.10	1.82	1.79	1.77	1.72	1.67	1.64	1.61	1.54	1.50	1.46
	0.05	2.16	2.13	2.09	2.01	1.93	1.89	1.84	1.74	1.68	1.62
	0.025	2.51	2.46	2.41	2.31	2.20	2.14	2.07	1.94	1.87	1.79
	0.01	2.98	2.91	2.84	2.70	2.55	2.47	2.39	2.21	2.11	2.01
60	0.10	1.71	1.68	1.66	1.60	1.54	1.51	1.48	1.40	1.35	1.29
	0.05	1.99	1.95	1.92	1.84	1.75	1.70	1.65	1.53	1.47	1.39
	0.025	2.27	2.22	2.17	2.06	1.94	1.88	1.82	1.67	1.58	1.48
	0.01	2.63	2.56	2.50	2.35	2.20	2.12	2.03	1.84	1.73	1.60
120	0.10	1.65	1.62	1.60	1.55	1.48	1.45	1.41	1.32	1.26	1.19
	0.05	1.91	1.87	1.83	1.75	1.66	1.61	1.55	1.43	1.35	1.25
	0.025	2.16	2.11	2.05	1.94	1.82	1.76	1.69	1.53	1.43	1.31
	0.01	2.47	2.40	2.34	2.19	2.03	1.95	1.86	1.66	1.53	1.38
∞	0.10	1.60	1.57	1.55	1.49	1.42	1.38	1.34	1.24	1.17	1.00
	0.05	1.83	1.79	1.75	1.67	1.57	1.52	1.46	1.32	1.22	1.00
	0.025	2.05	2.00	1.94	1.83	1.71	1.64	1.57	1.39	1.27	1.00
	0.01	2.32	2.25	2.18	2.04	1.88	1.79	1.70	1.47	1.32	1.00

표7 $\overline{X}-R$, $\overline{X}-\sigma$ 관리도용 계수표

$\overline{x}-R$관리도용 계수표(1)

(3 시그마법에 의한 $\overline{x}-R$관리도의 관리선을 계산하기 위한 계수를 구하는 표)

시료의 크기	$\overline{x}$의 관리도			R 관리도						
	$\sqrt{n}$	A	A_2	d_2	$1/d_2$	d_3	D_1	D_2	D_3	D_4
2	1.414	2.121	1.880	1.128	.8862	0.893	–	3.686	–	3.267
3	1.732	1.732	1.023	1.693	.5908	0.888	–	4.358	–	2.575
4	2.000	1.500	0.729	2.059	.4857	0.880	–	4.698	–	2.282
5	2.236	1.342	0.577	2.326	.4299	0.864	–	4.918	–	2.115
6	2.449	1.225	0.483	2.534	.3946	0.848	–	5.078	–	2.004
7	2.646	1.134	0.419	2.704	.3698	0.833	0.205	5.203	0.076	1.924
8	2.828	1.061	0.373	2.847	.3511	0.820	0.387	5.307	0.136	1.864
9	3.000	1.000	0.337	2.970	.3367	0.808	0.546	5.394	0.184	1.816
10	3.162	0.949	0.308	3.078	.3249	0.797	0.687	5.469	0.223	1.777

$\overline{x}-\sigma$관리도용 계수표(2)

(3 시그마법에 의한 $\overline{x}-\sigma$관리도의 관리선을 계산하기 위한 계수를 구하는 표)

자료의 크 기	$\overline{x}$의 관리도			σ의 관리도						
	$\sqrt{n}$	A	A_2^*	C_2^*	$1/C_2^*$	C_3^*	B_1^*	B_2^*	B_3	B_4
2	1.414	2.121	2.659	.7979	1.253	.6028	–	2.606	–	3.267
3	1.732	1.732	1.954	.8862	1.128	.4632	–	2.276	–	2.568
4	2.000	1.500	1.628	.9213	1.065	.3888	–	2.088	–	2.266
5	2.236	1.342	1.427	.9400	1.064	.3412	–	1.964	–	2.089
6	2.449	1.225	1.287	.9515	1.051	.3076	0.029	1.874	0.030	1.970
7	2.646	1.134	1.182	.9594	1.042	.2822	0.113	1.806	0.118	1.882
8	2.828	1.061	1.099	.9650	1.036	.2621	0.179	1.751	0.185	1.815
9	3.000	1.000	1.032	.9693	1.032	.2458	0.232	1.707	0.239	1.761
10	3.162	0.949	0.975	.9727	1.028	.2322	0.276	1.669	0.284	1.716
11	3.317	0.905	0.927	.9754	1.025	.2207	0.313	1.637	0.321	1.679
12	3.464	0.866	0.866	.9776	1.023	.2107	0.346	1.610	0.354	1.646
13	3.606	0.832	0.850	.9794	1.021	.2019	0.374	1.585	0.382	1.618
14	3.742	0.802	0.817	.9810	1.019	.1942	0.399	1.563	0.406	1.594
15	3.873	0.775	0.789	.9823	1.018	.1872	0.421	1.544	0.428	1.572
16	4.000	0.750	0.763	.9835	1.017	.1810	0.440	1.526	0.448	1.552
17	4.123	0.728	0.739	.9845	1.016	.1754	0.458	1.511	0.466	1.534
18	4.243	0.707	0.718	.9854	1.015	.1702	0.475	1.496	0.482	1.518
19	4.359	0.688	0.698	.9862	1.014	.1655	0.490	1.483	0.497	1.503
20	4.472	0.671	0.680	.9869	1.013	.1611	0.504	1.470	0.510	1.490
25	5.000	0.600	0.606	.9896	1.010	.1436	0.559	1.420	0.565	1.435
30	5.477	0.548	0.552	.9914	1.009	.1307	0.599	1.384	0.604	1.396
40	6.325	0.474	0.477	.9936	1.006	.1129	0.655	1.332	0.659	1.341
50	7.071	0.424	0.426	.9949	1.005	.1008	0.693	1.297	0.696	1.304
100	10.000	0.300	0.301	.9975	1.003	.0710	0.693	1.297	0.787	1.213
20이상		$\frac{3}{\sqrt{n}}$	$3/\sqrt{n} \times$ 1+1/4n	$1-\frac{1}{4n}$	$1+\frac{1}{4n}$	$\frac{1}{\sqrt{2n}}$	$1-\frac{3}{\sqrt{2n}}$	$1+\frac{3}{\sqrt{2n}}$	$1-\frac{3}{\sqrt{2n}}$	$1+\frac{3}{\sqrt{2n}}$

●●● 참 고 문 헌 ●●●

1. 통계학의 이해와 응용(한올출판사, 김희철 외1 공저, 2005,8)
2. 신뢰성공학(한국방송통신대학교 출판부, 김재주외 1인 공저, 1995,7)
3. 공학응용통계(홍릉과학출판사, 전치혁 외2 공저,1998,2)
4. MINITAB 신뢰성 분석((주) 이레테크, 서순근 저, 2002, 12)
5. 신뢰성공학(한올출판사, 김진규 저, 2003, 8)
6. 회귀분석(한국방송통신대학교 출판부, 박성현 외1 공저, 1994,1)
7. 통계적 품질관리(대영사, 박성현 저, 1989, 3)
8. 정보통계학 (영진서관, 김명철 외2 공저, 2000, 8)
9. MS오피스의 활용(한올출판사, 김희철 외1 공저, 2000, 2)
10. 통계학의 이해(상조사, 김희철 외1 공저, 2000, 6)
11. 통계적 품질관리(교우사, 김희철 외1 공저, 1997, 9)
12. 신뢰성 공학 (형설출판사, 이상용, 2005)
13. 통계학의 이해와 응용(민영사, 김상익 외4, 2004, 3)
14. 현대실험계획법(민영사, 박성현,2003)
15. 현대통계학의 이론과 응용(시그마프레스, 박범조, 1999)
16. 통계학의 기초(광림사, 김종호 외1, 1984)
17. 통계학(자유아카데미, 최기헌 외1, 1994)
18. 통계학 개론(영지문화사, 김우철 외9, 2001)
19. 통계자료분석(학문사, 전용진, 1996)
20. 통계적 품질관리(율곡출판사, 박창순, 1995)
21. 수명분포 개념과 응용(영지문화사, 박동호 외 2, 2006)
22. APPLIED SURVIVAL ANALYSIS
    (JOHN WILEY & SONS, INCHOSMER,D.W.and LEMESHOW,S. 1999)
23. Introduction to Mathematical Statistics
    (macmillan publishing co, inc. 3 red, New York,Hogg, R. V and Crag, A. T, 1970)
24. Statistical Inference(Duxbury press, Casell, G and Bergrer, R. L, 1990)
25. Statistical Models and Methods for Lifetime Data(Lawless, J. F. 1981)
26. Software Reliability: Measurement, Prediction, Application.
    (McGraw Hill, New York, J. D. Musa, A. Iannino and K. Okumoto. 1987)
27. S-Shaped Reliability Growth Modeling for Software Error Detection
    (IEEE Trans. on Reliability. R-32(5):475-485,S. Yamada, M. Ohba and S. Osaki, Dec., 1983)

찾 아 보 기

(ㅊ)

(ㅋ)

(ㅌ)

(ㅍ)

(ㅎ)

기타

저자약력

김희철

· 동국대학교 통계학과 졸업(이학석사 및 이학박사(1998))
· 제주정보기술 연구소 소프트웨어 개발 책임 연구원
· 동국대, 건국대, 청주대, 인천대 통계 및 전산 분야 강사
· 송호대학 인터넷비즈니스 전공 교수(2000-2004)
· 현) 남서울대학교 산업경영공학과 교수(2005~)

공업통계학의 기초 및 활용

2008년 3월 5일 초판1쇄 인쇄
2008년 3월 10일 초판1쇄 발행

저 자 김 희 철
펴낸이 임 순 재
펴낸곳 한올출판사
등록 제11-403호
121-849
주 소 서울시 마포구 성산동 133-3 한올빌딩 3층
전 화 (02)376-4298(대표)
팩 스 (02)302-8073
홈페이지 www.hanol.co.kr
e-메 일 hanol@hanol.co.kr
정 가 23,000원

▪ ISBN 978-89-8325-958-5